제3판

수문학

저자

선우중호(鮮于仲皓) 1963년 서울대학교 토목공학과 공학사
1973년 미국 콜로라도주립대학 공학박사(수문학)
1974년 서울대학교 공과대학 조교수, 부교수, 교수
1994년 서울대학교 공과대학 학장
1996년 서울대학교 총장
2000년 명지대학교 총장
2008년 광주과학기술원 총장
대한토목학학회 회장, 한국수자원학회 회장
한국공학한림원 명예회원, 한국과학기술한림원 종신회원

김영오(金永梧) 1989년 서울대학교 토목공학과 공학사
1991년 미국 University of Cincinnati 공학석사(수문학)
1996년 미국 University of Washington 공학박사(수자원)
1997년 미국 NASA Global Hydrology & Climate Center 연구원
1999년 서울대학교 공과대학 조교수, 부교수, 교수
2012년 서울대학교 학생부처장
2020년 서울대학교 건설환경공학부 학부장(예정)
2020년 아세아 오세아니아 지구과학학회 수문과학섹션 회장(예정)
2020년 (사)바른 과학기술사회 실현을 위한 국민연합 상임대표(예정)

표지 강원도 홍천강 | **사진** 선우중호

제3판 수문학

초판 발행 1983년 11월 30일
2판6쇄 발행 2014년 8월 4일
제3판 발행 2019년 12월 31일

지은이 선우중호, 김영오
펴낸이 최국주
펴낸곳 동명사
출판등록 1950년 11월 1일(제1-76호)
주소 (우 10881) 경기도 파주시 회동길 50(문발동)
전화 031-955-7200(대표)~2, 7203(편집부), 7204(물류)
팩스 031-955-7205
전자우편 webmaster@dmsbook.com
홈페이지 www.dmsbook.com

ISBN 978-89-411-8210-8 93530
값 42,000원

제3판 머리말

수문학의 학문적 발전은 15년이란 세월에 크게 이루어지는 것은 아니다. 그러나 최근 들어 급격히 발전한 최첨단 공학기술이 타 학문 분야에 전파되는 속도는 어느 시대보다도 급격히 상승하였다. 더구나 수문학은 기상 상황에 크게 의존되는 학문으로 최근의 기후변화는 수문학의 각 분야에 새로운 지평을 열어야만 했다.

이러한 시대적인 요구에 따라 재개정판인 이번 제3판은 다음과 같은 내용으로 요약될 수 있다.

첫째, 가장 최신의 연구 결과와 통계를 인용하여 교재 내용을 전면 개정하였다. 특히, 2019년 발간된 하천설계기준을 적극적으로 반영하였고, 확률강우량도, 가능최대홍수량도 등은 물론 관측소 개수 등 세세한 숫자까지도 모두 2019년 기준의 최신 통계로 갱신하였다.

둘째, 21세기 들어 급속하게 발전되어온 원격탐사, 인공위성 등의 최첨단 공학기술의 활용을 담았고, 미래 인류의 생존을 위협할 과학기술 논쟁점 중 하나인 기후변화의 영향도 깊이 있게 다루었다.

셋째, 각 장의 시작에 '미리 생각하기' 질문을 제시하여 '예습기반 토론지향형' 강의가 가능하도록 유도하였다. 또한, 팀 프로젝트 과제를 세 차례 다루어봄으로써 각 장의 개별이론들이 서로 어떻게 유기적으로 연결될 수 있는지 이해하도록 기획하였다. 그런데도 수문학의 기본 원리를 충실히 설명하고자 했던 1983년 초판본 저자의 집필 시 의도는 그대로 유지하고자 노력하였다.

개정 작업이었음에도 책을 쓴다는 일은 많은 분의 도움 없이는 불가능함을 다시 한번 깨달았다. 동경대학교 김형준 교수, 대진대학교 이재경 교수, 영남대학교 서용원 교수, 성균관대학교 최민하 교수, 서울대학교 박용성 교수, 서울시립대학교 서승범 교수, University of New South Wales

의 김석현 박사 등이 이론 검토와 사독에 참여해주었고, 옛 서울대학교 수문학연구실의 강태호, 김초롱, 성장현, 이현석, 장철호, 정지우 동문과 교토대학교 김화연 대학원생 등이 다양한 자료 제공에 힘써주었으며, 서울대학교 기후변화적응 수자원연구실 재학생 김기주, 김대호, 김지흔, 김현주, 이재황, 지희원 대학원생들이 오타 등을 꼼꼼히 수정해주어 완성도가 높아졌다. 또한 대부분의 재개정 작업은 두 번째 저자가 2019년 가을 교토대학교 방재연구소에 머무는 동안 이루어졌으며, 오랜 친구 Professor Tomoharu Hori 연구실의 지원에 힘 있은 바 크다. 이 모든 분들께 깊은 감사의 인사를 전한다.

2019년 12월

선우중호, 김영오

개정판을 내면서

이번 개정판에는 그동안 학교에서 이 책을 교과서로 사용하던 교수들이 대거 참여하여 수정을 가한 것이 특색이라 할 수 있다. 초판은 저자 혼자의 지식을 정리하였다고 한다면, 이 수정판은 많은 교수들의 경험과 지식이 추가되고 수정되었으므로 좋은 수정본이 되었으리라고 생각된다.

본 개정판의 주요한 것만 살펴보면, 우선 3장 수문관측이 추가되어 새로운 관측기술을 소개하고 있고, 초판 3장 강우와 4장 증발과 증발산이 개정판에서는 2장 수문기상학으로 통합되었으며, 초판 11장의 수리학적 추적이 수문학 보다는 수리학에 가까워 개정판에서는 제외되었다는 점이다.

이번 개정판에 많은 수고를 아끼지 않은 전병호 박사, 원고를 처음부터 끝까지 읽고 수정하여준 김영오 교수, 김영한 박사, 정대일 박사 그리고 각장을 맡아서 첨삭을 하여준 고영찬 김상준, 김진홍, 김철, 류권규, 박인보, 박재현, 박창근, 서일원, 성기원, 여운광, 여홍구, 오규창, 오남선, 우효섭, 유동훈, 윤병만, 윤성용, 이길하, 이재형, 전경수, 주철 박사께 깊은 감사를 드린다. 또한 교정에 참여해 준 서울대학교 수문학연구실의 강태호, 송대현, 음형일, 이승종, 이재경, 조탁근, 최용훈 군에게도 감사의 뜻을 전한다.

이 개정판의 출간으로 인하여 수문학의 이해와 우리나라 수문학 발전에 다소 기여를 하였으면 하는 기대를 하여 본다.

2006년 1월
저자 씀

초판 머리말

수문학(水文學, hydrology)을 공부하기 시작한 지도 벌써 40여 년이 지났고 또 대학에서 강의를 한 지도 금년이 10년째가 되고 보니, 이제야 겨우 수문학이란 학문(學問)의 문(門)에 들어선 느낌만 든다.

수문학의 공부를 시작한 동기가 특별히 있는 것은 아니었지만, 당시의 우리나라 수문학이란 통계를 사용한 빈도 해석, 강우분포 해석 정도이어서 비교적 쉽게 학문을 닦으리라 생각한 것이 결과적으로 큰 오판을 하여 아직까지도 방황하고 있는 결과는 초래하고 말았다. 약 15년 전이라 기억된다. 이론수문학(理論水文學)을 강의하던 수문학의 대가(大家) Dave Dawdy는 「과연 운명의 주사위가 던져졌을까?」라는 말을 강의 중에 한 적이 있다. 그 당시에는 아직 학문의 초입(初入)에 있어서인지 이 문구가 잘 이해가 되지 않았으나 수문학의 문제(問題)를 다룰 때마다 이 운명(運命)의 주사위의 행방(行方)을 알고 싶을 때가 많았다.

수문학은 자연(自然)을 상대로 하는 학문이다. 인간(人間)이 자연을 창조(創造)한 신(神)보다 더 영리할 수 없음은 당연한 일이지만, 운명의 주사위가 던져졌다면 수문현상(水文現像)은 결정론적 과정(決定論的過程)을 따를 것이고, 만일 주사위가 던져지지 않고 아직 신의 손바닥에 있다고 하면 자연의 수문현상이란 결정론적(決定論的)이라기보다는 확률론적(確率論的)인 과정(過程)을 따른다고 할 수 있겠다. 아직 이러한 두 개의 큰 학문 줄거리조차 확립되지 않은 상태의 수문학을 학부(學部) 학생(學生)들에게 강의를 한다는 것은 여간 어려운 일이 아니다. 항상 강의를 하면서 교재의 부족함을 느꼈고, 또한 수문학이라는 것이 단순 수문 자료의 통계처리(統計處理)만이 아니라는 것을 보여 줄 수 있는 수문학(水文學) 책을 찾고 있었다. 아직 학문의 성숙단계(成熟段階)에 이르지 못하여 집필하는 것을 거절하여 왔으나, 지난 1982년 약 1년 여 연구교수(研究教授)로 있는 동안 큰 용기를 내어 수문학의 개론(槪論)이라 할 수 있는 이 책을 출판(出版)하게 되었다.

이 책은 주로 학부의 수문학 강의를 상대로 한 교재이다. 한국의 수문자료를 많이 포함할 생각을 하였으나 학부생을 생대로 한 교과서라면 오히려 자료집보다는 기본원리에 치중하는 것이 이해에 도움을 줄 것이라 생각하였다. 수문학이 어렵다는 인상을 불식하기 위하여 될 수 있으면 쉽게 설명하여 딱딱한 수학공식에서 벗어나려고 노력하였다. 또한 대학원의 중급 수문학을 위해서도 이 책을 사용할 수 있도록 다소 심도 깊은 부분을 첨가하였으며, 독학으로도 수문학을 공부할 수 있도록 많은 예제를 삽입하였다.

우리는 흔히 외국의 학문을 받아들이는 데는 인색하지 않으면서도 자기 것을 연구하는데는 인색한 경우가 많다. 이런 점을 보완하기 위하여 이 책에서는 1개장을 한국수공학역사에 할애하였다. 선조의 슬기로움을 다시 되새기면서 우리의 것을 보다 확고히 하기 위해서다.

조금 더 욕심을 낸다면 유역 모형과 추계학적 수문학에 관한 내용이 추가된다면 보다 충실한 수문학 책이 되겠으나 차후로 미루기로 하였다.

이 책은 모두 11장으로서 처음 제1장과 제2장은 수문학의 정의, 역사 및 수자원의 부존량 등에 관한 일반적인 사항들이다. 제3장부터 제7장까지는 수문 과정의 각 부분을 세심하게 다루었으며, 제8장부터 제11장까지는 부수적으로 필요한 사항에 대한 설명들이다. 학부 1개 학기의 수문학 강의를 위해서는 다소 분량이 많은 느낌이 드나, 제5, 6, 7장의 일부분과 제11장의 전부를 대학원 석사 1년차로 넘긴다면 학부 강의용으로는 충분하다고 본다.

항상 무엇을 만들어 놓고 보면 노력에 비해 보잘 것 없이 느껴지게 마련이지만, 특히 책을 쓴다는 것은 더욱 마음에 들지 않는 경우인 것 같다. 몇 번의 교정 과정에서도 많은 내용을 고쳐 출판사와 인쇄소에 미안한 마음을 금치 못하지만 그래도 어린 자식을 물가에 갖다 놓는 심정과 같이 불안하기만 하다. 이 조그마한 노력이 우리나라 수문학 발전에 다소 도움이 된다면 저자로서는 더 이상 바랄 것이 없겠다. 그동안 이 책이 출판되기까지 꾸준히 격려를 하여 준 나의 가족과 동명사 여러분에게 감사를 드린다.

1983년 9월

관악산 기슭에서

著 者 識

미리 생각하기 0

이 책을 통해서 배우는 개별 이론들은 그 자체로도 의미가 있지만, 서로 유기적으로 연결되어 수문학과 관련된 문제들을 해결하는데 종합적으로 적용되어질 때 비로소 공학적 가치를 갖게 됩니다. 개별 수문학 이론들을 차례로 배우기에 앞서 아래 두 예제를 사전 지식 없이 창의적으로 우선 고민해봅시다. 이를 통하여 수문학 이론들이 큰 그림 안에서 어디에 활용되며 어떻게 연결되어지는지 이해할 수 있길 바랍니다.

1. 어떤 지역의 비탈 아래 홍수가 빈번히 발생하는 건물이 위치하고 있어, 여기서 수문학을 공부하는 A학생에게 대책을 마련보자는 의뢰가 왔습니다. 현장에 가서 우선 살펴본 결과 비탈 위에 조그마한 협곡이 있고 이곳에서 여름철 물이 넘쳐 그런 것으로 파악되었습니다. 이러한 홍수방지 대책에는 건물 앞에 자그마한 모래주머니나 턱을 쌓거나 도랑을 파는 것, 또한 협곡에 자그마한 보를 설치하는 것 등이 포함될 수 있으나, 빗물펌프장 건설 등 큰 예산을 투자할 여력은 없다고 가정합니다.

   (1) 대책 마련을 위해서는 어떤 정량적 계산들이 필요할까요(또는 어떤 양들을 알아야 할까요)? 대책에 직접 필요한 변수 X의 계산은 물론, X를 계산하기 위한 1차 입력변수 Y, Z의 계산, 그리고 Y를 계산하기 위한 2차 입력변수 U, V의 계산 등, 거꾸로 유추하면서 필요한 계산을 흐름도 형태로 그려보시기 바랍니다.

   (2) 각 계산을 아주 간단히 수행하기 위한 가정들을 설정해 보자. 이 가정들 아래에서 자신만의 식을 만들어 보시오. 이 식에는 어떤 자료들이 필요한가요?

2. B학생의 부모님은 귀농하여 자그마한 집을 마련하셨습니다. 그런데 이 지역은 상수도가 없어 식수를 자체적으로 마련할 수밖에 없어 수문학을 공부한 B군이 대책 마련에 나섰습니다. 이러한 물이용 대책에는 지하수 개발, 빗물 모으기 등이 포함될 수 있으나, 이 지역 인근에는 식수용 저수지가 없어서 물을 멀리서 끌어올 정도의 큰 예산을 투자할 여력은 없다고 가정합니다. 위 1번 질문 (1), (2)에 동일하게 답변합시다.

개인보다는 되도록 팀을 구성하여 위의 두 예제 중 하나에 대한 나름대로의 풀이를 적어봅시다. 2주 후 팀별로 15분 발표를 진행할 예정입니다.

제1장 서론(Introduction)

1.1 수문학이란?

1.2 지구의 수자원

1.3 우리나라의 수자원

1.4 세계 수문학 발달사

1.5 우리나라 수공학의 역사

미리 생각하기 1

'미리 생각하기' 질문은 이 책의 각 장을 읽기 전 배경 지식 없이 창의적으로 고민해 보자는 의도에서 기획되었습니다. 각 질문마다 최소 10분 이상 아무런 자료 없이 스스로 생각해 본 후, 인터넷 검색 등으로 관련 자료를 찾아 보완해 봅시다. 대부분 고정된 정답이 없으므로 완결성보다는 자기주도형 창의적 답변이 중요합니다.

1.1 수문학이란?

- 수문학에서는 어떤 내용을 배울 것이라 예상하면서 이 책을 구입하였는지요? 5줄 정도로 간단히 적어 봅시다.

1.2 세계의 수자원

- 인류가 탄생했을 당시 지구의 수자원 총량은 현재와 어떻게 달랐을까요? 또한 기체, 액체, 고체의 비율에도 차이가 있었을까요?
- 시간당 강우 30mm, 강수예보 30%, 하루 증발량 10mm, 유량 $1m^3$/sec, 소양강댐 저수용량 29억톤 등 숫자로 나타난 물의 "양(quantity)"을 우리는 어떻게 체감하고 있는가요?
- 서울 여의도 63빌딩을 모두 물로 채우면 그 부피와 무게가 얼마나 되는지 적절한 가정을 세워서 계산해 봅시다.

1.3 한국의 수자원

- 본인이 겪어본 홍수 피해 또는 침수로 인해 불편했던 경험을 아주 작은 것이라도 생각해 봅시다. 나는 홍수 또는 침수를 무엇이라 생각하는지요?
- 본인이 겪어본 가뭄 피해 또는 물 부족으로 인해 불편했던 경험을 아주 작은 것이라도 생각해 봅시다. 나는 가뭄 또는 물 부족을 무엇이라 생각하는지요?

1.4 세계 수문학 발달사

- 최첨단 미래 공학기술을 수문학 또는 물 관리에 활용한 사례(또는 활용할 계획)에 대한 기사 또는 동영상을 인터넷에서 찾아보고 1쪽 이내로 정리해봅시다.

1.5 우리나라 수공학의 역사

- 측우기는 세계에서도 인정받는 우리 선조의 수문학 기술이며, 측우기 기록을 적절히 활용할 수 있다면 100여년 남짓한 현재의 강우량 자료가 훨씬 길어질 수 있습니다. 측우기 기록을 현재 강우량 자료와 함께 활용할 때 가장 어려운 점은 무엇일까요?

제1장

서론

"All the powers of ancient philosophy was not able to settle any one principle of nature. But Thales maintained that the water was the great source of all things:……"

R. Rapin

1.1 수문학이란?

물은 지구 상에서 가장 흔하게 볼 수 있는 물질이다. 지구의 면적 $510\times10^6 km^2$ 중의 71%인 $361.3\times10^6 km^2$가 바다이며, 육지 중에서도 하천, 호수, 지하수, 토양수분, 생물에 존재하여 있는 수분 등을 생각할 때, 우리 주변에서 가장 흔하게 접할 수 있는 것은 물이라고 하지 않을 수 없다. 또한 인류 문명을 되돌아보면 이는 물의 역사라고 하여도 과언이 아니다. 문명의 발상지가 물의 근원임은 두말할 나위도 없으며, 고대 도시의 멸망도 물 공급의 중단에서 기인되는 경우가 대부분이었다. 이웃 간에 물로 인한 다툼은 옛날이나 지금이나 변함이 없으며, 국가 간의 물로 인한 분쟁은 오늘날에도 계속되고 있다.

과연 물은 어디서 생겨(origin)나며, 어떻게 분배(distribution)되고 있으며, 어디로 가는(diminish) 것일까? 이러한 물의 근원(根源), 분배(分配), 소멸(消滅)의 과정을 연구하는 것이 수문학(hydrology)이다. 수문학은 흔히 수리학(水理學, hydraulics)과 혼동하는 경우가 많으나, 수리학이란 흐르는 또는 정지된 물에 구조물(構造物)이 있을 경우 이들과의 관계를 연구하는 학문이라고 간단히 정의할 수 있다면, 수문학은 물의 발생 원리, 강우와 유출과의 관계, 지하수의 움직임 등을 연구하는 학문이다. 미국의 과학기술위원회(U. S. Council for Science and Technology)는 수문학을 다음과 같이 정의하고 있다.

> "Hydrology is the science that treats of the water of the earth, their occurrence, circulation and distribution, their chemical and physical properties, and their reaction with their environment, including their relation to living things. The domain of hydrology embraces the full life history of the water on the earth."

우선 이 위원회에서는 수문학을 과학(science)으로 정의하고 있다. 수문학이 포함하고 있는 연구 영역은 지구 상에 존재하고 있는 물의 생성(生成)으로부터 소멸(消滅)에 이르기까지 물 순환(water cycle) 과정의 전 분야로서 이는 자연의 근본 원리를 알고자 하는 자연 과학에 대한 연구라고 할 수 있다. 특히 20세기 후반에 들어서면서 수문학은 그 영역을 대륙, 해양, 대기를 모두 포함한 전 지구 물 수지(global water balance) 연구로 확장하면서 지구과학(geoscience)의 한 분야로 오늘날 견고하게 자리잡고 있다(Eagleson, 1991; Hornberger, 2012). 한편, 본 책의 상당 부분은 물을 효과적으로 다루기 위한 공학기술도 포함하고 있다. 이는 홍수를 막고 가뭄을 극복하기 위한 인류의 역사에서 실용적 기술 개발이 절실했기 때문이라 할 수 있다. 그러므로 여기서는 수문학을 수문과학(hydrological science)은 물론 수문공학(hydrological engineering)을 모두 포함한 학문이라 정의하고자 한다.

위에서도 정의한 바와 같이 수문학은 물의 생성(occurrence), 순환(circulation), 분배(distribution) 및 물의 화학·물리적 성질과 환경과의 관계 등을 연구하는 학문이다. 태초로부터 지구 상에는 일정한 양의 물이 끊임없이 순환하고 있다. 다만, 물이 언제, 어디서, 어떤 형태로 존재하는가가 다를 뿐이다. 즉, 그림 1.1에서 보는 바와 같이 바다의 표면에서 증발된 물은 구름을 형성하고, 구름은 비나 눈의 형태로 다시 지구 표면에 도달한다. 이의 일부는 지표(地表)의 흙 속 공극(空隙)을 채우기 위하여 침투되며, 또 일부는 지표의 흐름을 거쳐 하도(河道)를 통하여 바다로 흐른다. 이러한 끝없는 순환 과정(循環過程)의 지역적(地域的), 시간적(時間的) 불균형(不均衡)은 인류 생활에 큰 영향을 미치고 있다. 지구 어느 부분에서는 거의 증발만 일어나고 있는 반면, 어느 곳에는 필요 이상의 강수(降水)가 발생하여 막대한 인명과 재산의 피해를 주고 있다. 이러한 물 분배의 시간·지역적 불균형은 물의 순환 과정을 좀더 깊이 이해할 수 있는 노력을 요구하고 있다.

물의 순환 과정을 학문의 영역별로 구분하면 다음과 같다.

① **기상수문학(氣象水文學**, hydrometeorology): 증발 또는 증발산, 구름의 형성, 강수 등을 다루는 학문 분야

② **지표수문학(地表水文學**, surface hydrology): 유출, 홍수 추적, 강수와 유출 관계, 차단 등을 다루는 학문분야

③ **지하수문학(地下水文學**, subsurface hydrology): 침투, 지하수 등을 다루는 학문 분야

④ **환경수문학(環境水文學**, environmental hydrology): 대기, 지표, 지하에서의 환경 문제를 수문학적으로 다루는 학문 분야

기상수문학은 주로 지표면에서 유출이 이루어지기 이전까지의 현상을 다룬다. 증발(蒸發), 증산(蒸散), 구름의 형성, 강우의 형성, 강우의 시간·공간적 분포 등 기상학 중에서도 수증기를 포함한 물에 관한 부문을 다루고 있다. 또한 지표수문학은 강우 중 증발 및 차단, 침투 등에 의한 손실을 제외한 유효강우(有效降雨)의 생성 및 소멸 과정을 다루는 분야이다. 즉, 유효강우는 지표면을 흐르고 수로를 형성하여 점차 유역(流域)의 하류로 흐르면서 큰 하천을 이룬다. 이렇게 지표수문학은 지표면 유출에서부터 하천 유출까지의 전 과정을 다루는 학문 분야를 말한다. 반면 지하 수문학은 지표면을 통과하여 지하로 유입된 물의 거동을 다루는 분야이다. 비포화(非飽和) 흐름, 포화(飽和) 흐름, 지하수와 하천 유출과의 관계 등이 모두 이 범주에 속한다고 하겠다. 환경수문학은 대기, 지표, 지하에서의 오염물질의 전달, 이동, 확산 등을 거시적 또는 미시적으로 다루는 학문분야이다. 따라서 이 네 영역의 학문은 서로 분리시킬 수 없을 만큼 복잡한 관계를 유지하면서 서로 영향을 미치고 있다고 하겠다.

이러한 복잡한 관계 때문에 물의 순환과정(circulation process)을 다루는 학문인 수문학은 매우 광범위한 과학이다. 이는 물리학, 화학, 수학, 통계학, 생물학, 유체역학(流體力學) 등의 기본원리를 이용해야 하며, 이러한 기초 학문 이외에도 전문 영역인 기후학(climatology), 기상학(meteorology), 지표형태학(地表形態學, geomorphology), 지질학(地質學, geology), 해양학(oceanology), 농학(agronomy), 환경공학(environmental engineering), 생태학(ecology) 등과 밀접한 관계를 가지고 있다. 또한 수문학은 물의 자원(資源, water resource)을 다루는 학문이므로 이의 사회·경제적인 영향 등을 고려하지 않을 수 없다. 따라서 사회학, 법학, 경제학 등 실로 수문학은 우리 일상생활

에 관계되는 모든 학문과 연관이 있다고 하여도 과언이 아니다.

1.2 지구의 수자원

물의 순환은 시작도 없으며 끝도 없다. 이 과정이 일어나는 구역은 크게 대기, 지표, 지하의 세 구역으로 나눌 수 있다. 대기에서 물은 기체의 상태로 존재하고 있으며, 이는 강우(precipitation)로서 지상으로 분배된다. 지표에서는 액체 형태의 물이 존재하고, 지하에서의 물은 토양의 공극 또는 암반의 균열 등에 존재하며, 이는 다시 지표로 흐르거나 또는 사용할 수 없는 지하수층으로 움직이기도 한다. 이 세 구역에서의 물은 상호 밀접한 관계를 유지하고 있는 반면 매우 복잡한 계(系, system)를 형성하고 있다. 그림 1.1이 보여주고 있는 물의 순환 과정을 좀더 자세히 설명한다면, 지표나 수면에서 증발된 기체 상태의 물은 상승 작용에 의하여 대기로 환원되어 구름을 형성하고 구름은 또 강수로 변하여 지표 또는 바다에 도달하게 된다. 강수(降水)는 지표나 바다에 도착하기 이전에 다시 증발되기도 하여, 또는 식물에 의하여 차단(interception)되기도 한다. 지표에 도달한 물은 침투되며 이를 초과한 강우는 수로(水路)를 통하여 흐르고, 이는 점차 큰 하천을 형성하여 바다에 이르게 된다. 반면 침투된 물은 흙의 공극을 메우고 일부는 수두 경사로 인하여 복류수 유출(interflow)을 형성하거나 또는 깊은 지하수층을 채우기 위하여 수직으로 움직인다.

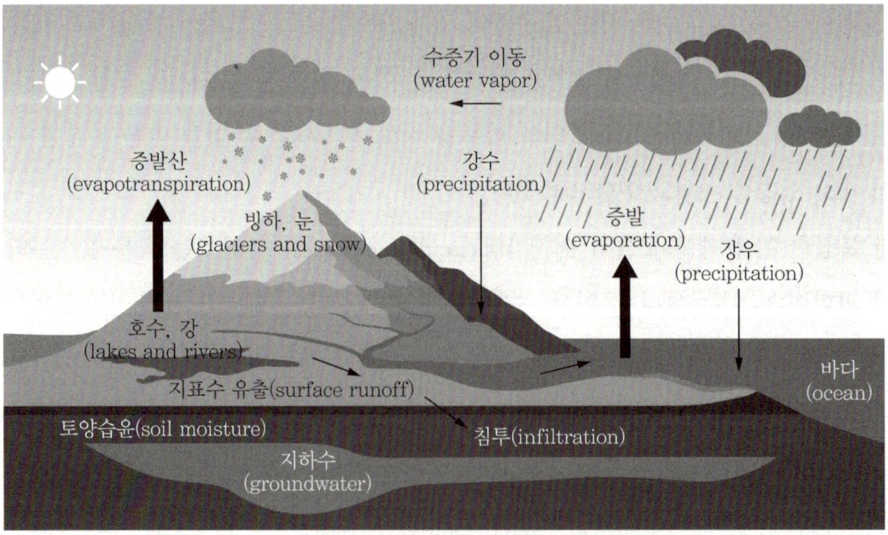

| 그림 1.1 | 물의 순환(http://stem.guide/the-hydrologic-cycle에서 수정)

지하수(地下水, groundwater)는 일반적으로 하천을 보충시키는 수원(水源)이므로, 지하수의 일부는 하천을 통하여 바다로 흐르게 된다.

이렇게 끊임없이 계속되고 있는 물의 순환 또는 수문 순환(hydrological cycle)을 지구 전체의 연간 물 수지(收支)로 계산한 것이 표 1.1이다. 지표면에 내리는 연 총 강우량을 100%로 보았을 때 지표면에 내리는 연 총 강우량 중 61%는 증발로 소멸되며, 나머지 39%만이 지구에 도달하여 바다로 흘러들어간다. 또한 바다에서의 증발량(지표강수량의 424%)은 지구 전체 수증기(61+424%)의 90%에 가까운 양을 공급하고 있음을 알 수 있다.

표 1.1 지구의 연평균 물 수지(Korzoun, 1978)

		바다	지표
면적(km^2)		361,300,000	148,800,000
강수	(km^3/yr)	458,000	119,000
	(mm/yr)	1,270	800
증발	(km^3/yr)	505,000	72,000
	(mm/yr)	1,400	484
하천 유출	(km^3/yr)	–	44,700
지하수 유출	(km^3/yr)	–	2,200
전체 유출	(km^3/yr)	–	47,000
	(mm/yr)	–	316

표 1.2에서 보는 바와 같이 바다에 존재하고 있는 물이 지구 상의 물 중 96.5%를 차지하고 있다. 다음으로는 북극과 남극에 빙하(氷河)로 존재하고 있는 것이 1.74%이며, 지하수에 포함되어 있는 것이 1.7%로서 제3위이다. 담수(淡水)만을 고려한다면 북극과 남극의 빙하로 존재하는 것이 68.7%이며, 지하수가 30.1%를 차지하고 있다. 이와 같이 지구 상의 물은 우리가 사용하기 어려운 곳에 있는 것이 99% 이상을 차지하고 있으며, 가장 쉽게 이용할 수 있는 하천의 물은 전 지구 상의 물 부존량의 경우 0.0002% 밖에 되지 않는다. 하지만, 호수와 하천의 부존량의 절대량은 약 80억 세계 인구(2019년 현재)가 충분히 먹고도 남을 양임에 주의해야 한다. 즉, 21세기에도 세계 곳곳에서 발생하고 있는 물 문제는 공간적, 시간적 불균형에서 기인함을 이해하여야 한다. 표 1.3은 세계 주요 하천 현황을 보여주고 있다.

한가지 흥미로운 사실은 표 1.1에서 0.8m/year(육지)~1.27m/year(바다)의 범위를 가지는 연평균 강수량은 표 1.2 수자원 부존량 중 가장 빠르게 순환하는 하천의 양(0.00416m)에 비하면 매우 크고 귀중한 수자원임을 알 수 있다는 점이다. 또한 표 1.1에서 전체 유출이 0.316m/year이므로 전 지구의 29%를 차지하는 육지의 하천 부존량(=0.00416/0.29)의 경우 체류시간이 약 17일(=(0.00416/0.29)/0.316)로 매우 짧음을 알 수 있다. 즉, 물 순환의 일부는 매우 빠르다는 것을 의미한다.

■ 표 1.2 지구의 수자원 부존량 추정(Korzoun, 1978)

물의 형태		면적(km^2)	부피(km^3)	평균 깊이*(m)	비율(%)	
					수자원 부존량	담수 부존량
바다		361.3×10^6	$1,338\times10^6$	2624	96.5	–
지하수	총량	134.8×10^6	23.4×10^6	45.9	1.7	–
	담수	134.8×10^6	10.5×10^6	20.6	0.76	30.1
토양수분		82.0×10^6	16.5×10^3	0.0323	0.001	0.05
빙하		16.2×10^6	24.1×10^6	47.2	1.74	68.7
만년동토		21.0×10^6	0.3×10^6	0.588	0.022	0.86
호수	담수	1.24×10^6	91×10^3	0.178	0.007	0.26
	염수	0.82×10^6	85.4×10^3	0.167	0.006	–
늪지		2.68×10^6	11.5×10^3	0.0225	0.0008	0.03
하천		148.8×10^6	2.12×10^3	0.00416	0.0002	0.006
대기수분		510.0×10^6	14.0×10^3	0.0275	0.0011	0.43
총계	총량	510.0×10^6	$1,386.0\times10^6$	2718	100	–
	담수	148.8×10^6	35.03×10^6	0.0687	2.53	100

* 평균 깊이 = 부존량 부피/전 지구 면적

■ 표 1.3 세계 주요 하천

		유역면적($km^2\times10^3$)	하천연장(km)
아시아	Ob(Irtysh 포함)	2,990	3,650
	Yenisei	2,580	3,490
	Lena	2,490	4,400
	Amur	1,855	2,820
	Yangtze	1,800	5,520
	한강	26	494
	낙동강	23	510
유럽	Volga	1,360	3,350
	Danube	817	2,860
	Dnepr	504	2,200
	Don	422	1,870
	Nothern Dvina	357	744

표 1.3 계속

		유역면적($km^2 \times 10^3$)	하천연장(km)
아프리카	Congo	3,820	4,370
	Nile(Kagera 포함)	2,870	6,670
	Niger	2,090	4,160
	Zambezi	1,330	2,660
	Orange	1,020	1,860
북미	Mississippi(Missouri 포함)	3,220	5,980
	Mackenzie	1,800	4,240
	St. Lawrence	1,290	3,060
	Nelson	1,070	2,600
	Yukon	852	3,000
남미	Amazon	6,915	6,280
	La Plata	2,970	4,700
	Orinoco	1,000	2,740
	Sao Francisco	600	2,800
	Parnaiba	325	1,450

지구 상 강우량의 분포는 지형 및 기후 조건에 따라 지역별로 큰 차이를 보이고 있는데, 이는 앞서 설명한 수자원의 공간적 불균형의 직접적 원인이라 할 수 있다. 그림 1.2에서 볼 수 있듯이 연간 2000mm 이상의 비가 내리는 다우 지역이 해안 지역을 따라 세계 곳곳에 있는가 하면, 미국 서부,

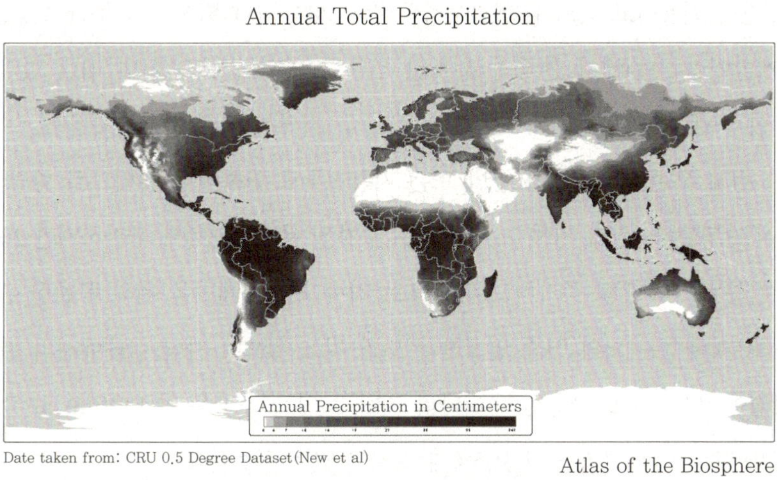

| 그림 1.2 | 지구 상의 강우분포(https://nelson.wisc.edu/sage/data-and-models/atlas/maps.php?datasetid=34&includerelatedlinks=1&dataset=34, Used by permission of The Center for Sustainability and the Global Environment(SAGE), Nelson Institute for Environmental Studies, University of Wisconsin-Madison)

칠레, 북아프리카, 서남아시아, 중국 북서부와 몽고, 호주, 그리고 툰드라 지역 등 연간 250mm 이하의 사막 지역이 지구 전체의 1/10을 차지하고 있다. 또한 인도 체라푼지(Cherrapunji) 지역의 경우 1860년 8월부터 1년간 무려 26,470mm의 강우량을 기록한 적이 있는 반면, 칠레 아리카(Arica) 지역에서는 1903년부터 172개월 동안 무강우를 기록하기도 하였다.

1.3 우리나라의 수자원

1.3.1 우리나라의 수자원 부존량

우리나라 국토의 총면적은 남북한(南北韓)을 합하여 220,300km^{2}이며, 이 중 남한은 99,700km^{2}이다. 또한 남한은 연평균 1,299.7mm의 강우량이 있으므로 우리나라의 총 연간 수자원 부존량(water resources)은 국토면적에 연평균 강우량을 곱한 후 북한강과 임진강을 통해 북한 지역에서 내려오는 유입량 23억m^{3}을 합한 1323억m^{3}으로 추정할 수 있다(국토교통부, 2016). 이 중 43%에 해당하는 563억m^{3}은 침투 및 증발 등에 의하여 손실되며 나머지 57%인 760억m^{3}이 하천을 통하여 유출된다(그림 1.3). 하천유출량 중의 41%에 해당하는 548억m^{3}은 홍수시(洪水時) 유출이며, 16%인 212억m^{3}은 평상시 유출이다. 하천유출량 760억m^3 중 29%는 바다로 유실되고 71%에 해당하는 372억m^{3}만을 이용하고 있으니, 연강우량의 단지 28% 밖에 활용하지 못하고 있는 실정이다.

수자원의 개발이란 차원에서 한국의 수자원 부존량을 관찰하면, 거의 매년 있다시피한 한발과 홍수로 인한 피해를 줄이기 위해 홍수시의 유출을 저류하여 한발시에 사용할 수 있도록 하여야 한다. 또한 전체 부존량의 43%가 증발 또는 지하침투로 인하여 손실되므로 증발의 억제 또는 지하수 개발이 요망된다. 현재 지하수 이용량은 수자원 총량의 3%에 불과하지만 2001년 31억m^{3}에서 2015년 기준 41억m^{3}으로 증가하고 있으므로 지속가능한 개발을 위해 꾸준한 관심이 필요한 실정이다. 특히, 지하수는 거의 연중 일정한 온도를 갖고 있으며 자연 상태에서의 저수능력을 갖고 있다는 장점이 있다. 개발 가능한 우리나라 지하수 연간 총량은 약 130억m^{3}로 추산되고 있으나, 이 중 41억m^{3}만 사용되고 있으니 31.5%에 그치고 있는 실정이다.

수자원의 총이용량을 용도별로 살펴보면 농업용수(40.9%), 하천유지용수(32.5%), 생활용수(20.4%), 공업용수(6.2%) 순이며, 수자원의 환경적 기능이 중요해지고 도시화가 가속화 됨에 따라 농업용수는 감소하고 하천유지용수는 증가하는 추세이다.

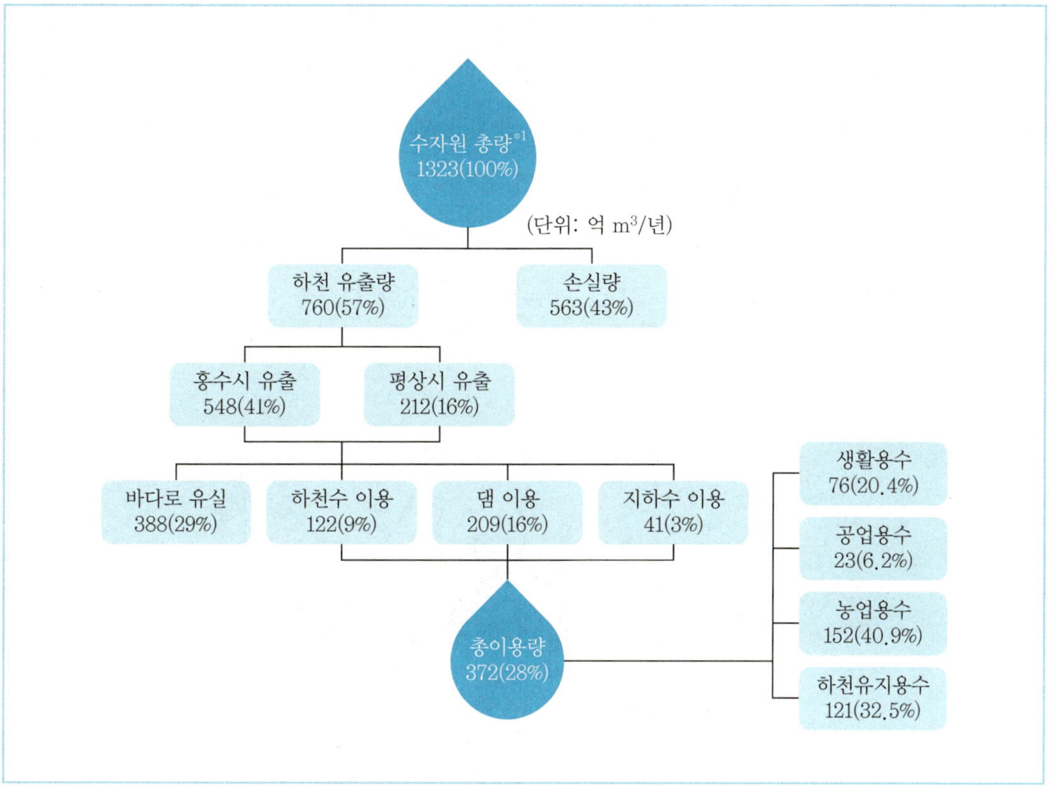

| 그림 1.3 | 한국의 수자원 이용현황(국토교통부, 2016)

1.3.2 우리나라의 강우 특성

우리나라는 아시아 대륙 동쪽 해안에 접해 있는 반도로서 여름철에는 남동 계절풍의 영향을 받아 태평양 위의 따뜻하고 습한 공기가 산맥에 부딪혀 산맥 남서부에 많은 비를 내리게 하고, 겨울철에는 북서 계절풍의 영향을 받아 서해상의 따뜻하고 습한 공기가 산맥에 부딪혀 산맥 북서부에 많은 눈을 내리게 한다. 6월 말에서 7월 말 사이에는 북태평양에 자리 잡고 있는 해양성 열대 기단(氣團)이 점차 그 세력을 서쪽으로 뻗혀서 그 끝 부분이 우리나라 쪽으로 북상되는 한편 오호츠크해상에 자리 잡고 있는 해양성 한대 기단이 남서쪽으로 뻗쳐서 우리 국토를 사이에 두고 서로 대치하게 되므로 기압골(강우전선 또는 장마전선이라고 부름)이 형성되어 본격적인 우기로 들어가게 되어 장마가 계속된다.

평균적인 장마기는 7월 초부터 시작되어 약 3주일간 계속되는 것이 보통이다. 한여름인 7월 말부터 9월 초 사이에는 태풍이 자주 내습하는 시기인 동시에 과열로 인한 강우의 발생이 많은 시기여서 한꺼번에 많은 양의 비가 내리는 달이 많다. 이런 특성 때문에 정부에서는 법정홍수기를 매년 6월 21일부터 9월 20일로 정하여 이 기간 동안에는 댐의 수위를 일정 수위 이하로 낮추어야 하는 등 홍수에 대비하기 위한 대책을 법제화하였다.

우리나라는 지리적으로 남북이 길고 지형이 복잡하기 때문에 면적이 좁은 국토임에도 불구하고 강수량의 지역적 차이가 비교적 크다. 우리나라의 강수량 분포를 살펴보면 그림 1.4와 같이

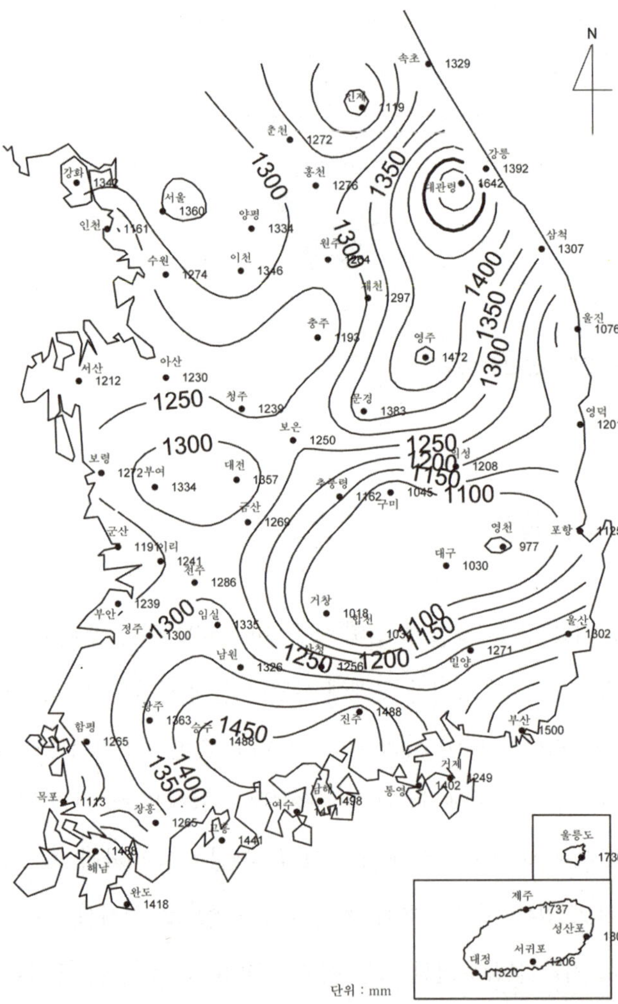

| 그림 1.4 | 우리나라 연 강수량 분포(건설교통부, 2000)

연평균 강수량에 있어 제주도와 울릉도가 1,730mm를 상회하여 가장 큰 반면 형산강 유역이 약 1,100mm이고 경상북도의 영양과 의성은 약 900mm로 소우 지역을 형성하고 있다. 우리나라 전체의 연평균 강수량은 지구온난화와 더불어 꾸준히 증가하고 있으나 1939년에 754mm 관측기간 역대 최저, 2003년에 1,756mm로 역대 최대를 기록하였다.

북한 지역의 연간 강수량은 600~1,500mm이며 그 중 60% 정도가 6~8월의 3개월 동안에 내린다. 북한 지역에서 연 강수량이 가장 많은 지역은 장전으로 1,500mm를 상회하고 있고, 가장 적은 지역은 혜산으로 600mm 정도이며, 전반적으로는 남한보다 적은 편이다. 북한의 지대별 강수량 분포를 살펴보면, 대체로 원산 지방을 비롯하여 마식령산맥과 광주산맥, 적유령산맥 일대가 연평균 1,300mm 내외로 가장 많은 편이고, 평안북도와 평안남도의 내륙지방은 700mm 이하이며, 동북부의 두만강 유역도 600~800mm 정도로 강수량이 적은 지대에 속한다.

우리나라 연 강수량의 변화는 지역별로나 계절별로도 변동이 심하다. 계절별로 볼 때 여름철에 강수가 집중하여 우기가 계속되며, 그 외 기간은 비교적 강수량이 적다. 전국 연평균 강수량은 1,300mm로서 세계 평균 813mm의 1.6배에 해당하는 적지 않은 양이나 이를 인구수로 나누면 1인당 강우량은 세계 평균의 $\frac{1}{6}$에 지나지 않는다(K-water, 2019). 더욱이 그림 1.5에서 보는 바와 같이 이 중 약 $\frac{2}{3}$에 해당하는 양이 6월부터 9월 사이에 강하하여 나머지 8개월 이상의 기간 동안에는 가뭄이 일어날 가능성이 커 수자원 관리가 가장 어려운 나라 중 하나이다.

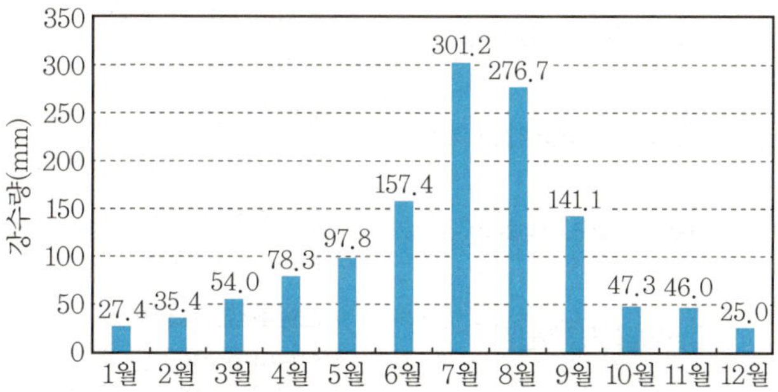

구분	강수량(mm)		
	평균	최대	최소
전국	1,300	1,756	830
한강	1,292	1,972	846
낙동강	1,250	1,874	749
금강	1,240	1,727	694
섬진강	1,423	2,014	829
영산강	1,293	1,838	777
제주도 울릉도	1,729	2,717	984

| 그림 1.5 | 전국 월평균 강수량 변동 및 권역별 연강수량 평균 및 범위(국토교통부, 2016)

1.3.3 우리나라의 하천

우리나라는 국토면적이 좁기 때문에 대부분의 하천은 그 유역면적이 작고 유로연장(流路延長)이 짧으며 또한 산지가 65%로 많기 때문에 하천경사도 급경사를 이룬 곳이 많다. 남한에서는 남북으로 종관(縱貫)하고 있는 척추격인 태백산맥이 수원지대로서 각 하천을 함양하고 있다.

산지는 대개 고원성(高原性)을 나타내고 산봉우리는 침식에 저항하다가 남은 구릉이 많고 암반이 노출되어 있다. 이와 같은 산지 수원지대에 내린 강우는 동해안쪽에서는 유로가 짧고 급경사이기 때문에 성급한 출수를 일으키게 되고 남서해안 쪽 각 하천의 상류부에서도 급경사인 곳이 많아서 태풍이나 국지호우가 수원지대(水源地帶)에서 일어날 때 많은 토사를 함유한 홍수파가 중하류에 빠르게 도달하여 범람하게 되며, 운반된 토사는 하상(河床)에 퇴적되고 있다. 수원지대의 지질은 수목의 성장에 부적당한 화강암지대가 많아 임상이 불량하다. 이러한 여러 가지 자연적 여건으로 말미암아 하천에서의 평수량 및 갈수량이 적은 반면에 홍수량은 극히 커서 변동이 심하다.

우리나라 하천(표 1.4)은 대륙지방의 큰 하천과는 달리 수원지대에서 유출 시간이 짧아서 한강 및 낙동강과 같은 하천에 있어서도 강우로 인한 유출은 수일 내에 바다로 유입된다. 또한, 강우량과 마찬가지로 유출량의 계절 변동(그림 1.6)도 매우 큼을 알 수 있다. 유황(流況)의 변동 진폭을

■ **표 1.4** 한국의 주요 하천(건설교통부, 2000)

번호	하천명	유역면적 (km^2)	유로연장 (km)	수원 군명	하구 도군명
1	한강	25,954	494	강원도삼척군하장면대덕산	경기도김포군월곶면 경기도개풍군흥교면
2	낙동강	23,384	510	강원도삼척군상장면함백산	경남김해군명지면 부산시서구
3	금강	9,912	398	전북장수군수명사두봉	전북옥구군미면 충남서천군서남면
4	영산강	4,960	224	전남담양군용면율치	전남무안군일노면 전남나주군동강면
5	섬진강	3,468	137	전북진안군백우년팔곡산	전남하동군남면 전남광양군진월면
6	안성천	1,656	60	경기안성군삼죽면국사봉	경기도평택군현덕면 충남아산군인주면

표 1.4 계속

번호	하천명	유역면적 (km^2)	유로연장 (km)	수원	하구
				군명	도군명
7	삽교천	1,650	59	충남홍성군장곡면조첩산	충남아산군인주면 충남당진군신평면
8	만경강	1,504	81	전북완주군동상면원등산	전북옥구군구읍면 전북김제군진봉면
9	형산강	1,133	63	경남울주군두서면내와리	경북영일군포항읍포항리
10	동진강	1,124	51	전북정읍군산외면풍방산	전북김제군진봉면 전북부안군동진면

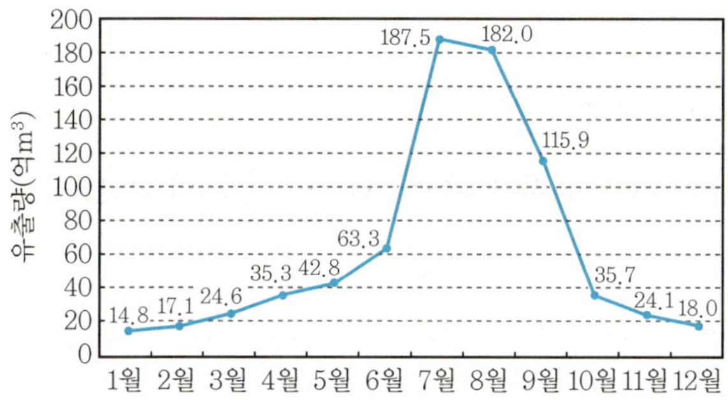

구분	유출량(억 m^3)		
	평균	최대	최소
전국	760	1,241	416
한강	296	557	158
낙동강	209	387	87
금강	128	203	56
섬진강	68	117	28
영산강	58	96	22

| 그림 1.6 | 전국 월평균 유출량 변동 및 권역별 연유출량 평균 및 범위(국토교통부, 2016)

대표하는 지표로서 이용되는 하상계수(河狀係數, 최소 유량과 최대 유량과의 비)로 다른 나라와 비교하면 표 1.5에서 볼 수 있는 바와 같이, 한강의 하상계수는 1:115으로서 독일의 라인강(1:16), 프랑스의 세느강(1:34) 등에 비하면 아직도 몇 배에 가까운 숫자를 나타내고 있다. 즉, 댐 건설과

표 1.5 우리나라와 세계 주요 하천의 하상계수(국토교통부, 2016)

하천명(지점)	하상계수			하천명(국명)	하상계수
	댐 건설전	'80~'90	'95~'14		
한강(한강대교)	390	90	115	대정천(일본)	110
낙동강(진동)	372	260	101	세느강(프랑스)	34
금강(공주)	300	190	71	나일강(이집트)	30
섬진강(송정)	390	270	272	라인강(독일)	16
영산강(나주)	320	130	214	템즈강(영국)	8

하도정비사업으로 유황이 많이 개선되었지만, 우리나라의 하천은 하천의 폭이 크며 유량은 적다는 고유의 특성 때문에 하천 관리 및 수자원 개발에 큰 어려움이 있음을 알 수 있다.

1.4 세계 수문학 발달사

수문학의 역사는 인류의 역사와 같이 시작된다고 해도 지나치지 않다. 인류 생활의 가장 중요한 요소 중의 하나인 물의 역사는 B.C. 3500년경부터 시작되었으며, 그 이후로 물에 관한 체계적인 이론이 정립되기 시작하였다. 수문학은 다른 학문의 발전 과정과 마찬가지로 이론과 실험의 두 방향으로 발전되었다. 이들을 시대적으로 구분하면 다음의 시대들로 구분할 수 있다.

① B.C. 3500~A.D. 1500: 초기 이론 및 측정의 태동

② A.D. 1500~A.D. 1800: 실험에 의한 이론 전개 시작, 측정기술(測定技術)의 발전

③ A.D. 1800~A.D. 1945: 물 순환 영역별(領域別) 이론의 발전

④ A.D. 1945~A.D. 1990: 단일 학문으로 정착, 전산모형의 개발 시작, 첨단 수문관측 기술의 이용

⑤ A.D. 1990~현재: 전지구 수문과학으로 발전, 기후학 및 생태학 등과 융복합 시작, 인터넷 및 빅데이터 기술 이용

표 1.6는 이들 시기별로 수문학의 발전 과정을 연대별로 표시한 것이다.

■ **표 1.6** 수문학의 이론, 측정 및 계산 방법의 발전 과정

시대	이론	측정/전산모형	기관/교과서
〈B.C. 3500~A.D. 1500〉			
B.C. 3500~3000		수위 측정(nileometer)	
B.C. 1050		유량계(water meter)	
B.C. 450~350	Plato와 Aristotle: 물 순환 과정의 기본구상	그리스 기상 관측, 우량계 사용	
B.C. 27	Vitruvius: 물의 순환 과정 재정립		
A.D. 64~150	Hero: 유량=유속×면적의 개념	Palestine: 우량계 사용	

표 1.6 계속

시대	이론	측정/전산모형	기관/교과서
1441		한국: 측우기 발명	
1452~1519		Leonardo da Vinci: 부자로 유속 측정	
〈A.D. 1500~A.D. 1800〉			
1510~1590	Palissy: 물의 순환 이론 정립		
1610		Santorio: 첫 유속계 (current meter)	
1628~1639	Castelli: $Q=AV$ 확인	Castelli: Europe의 첫 우량계	
1663		Wren: 자기우량계	
1674	Perrault: 강우 유출 관계 시도		
1678		Hooke: 천공자기유량계	
1687~1715		Halley: 증발계 사용	
1738	Bernoulli: 속도 수두 개념		
1769	Franklin: 고도에 대한 강우량 변화		
1775	Chezy: 개수로 유속공식		
1797	Venturi: 확대 및 축소관의 흐름	Smeaton: 모형 실험	
〈A.D. 1800~A.D. 1945〉			
1802	Dalton: 증발 및 증기압 이론		
1820			
1827	Smith: 지하수 원리		
1851	Mulvaney: 합리식 $Q=CIA$		
1856	Darcy: 지하수 이론	Henry: 전기식 counter meter	
1865	Dickens: 홍수경험 공식		
1879			미국: USGS 창설
1883	Rippl: 저수지 설계에 누가곡선 사용		
1885	Manning: 개수로 유속공식	Herschel: Venturi meter	
1914	Hazen: 추계수리학 개념		
1922			International Association of Scientific Hydrology 창설

표 1.6 계속

시대	이론	측정/전산모형	기관/교과서
1924	Foster: 빈도 개념을 공학에 응용		
1929	Folse: 확정론적 유량의 모의 발생		
1930	Hazen: plotting position formula		
1931	Richard: 비포화 흐름 공식		American Geophysics Union 수문분과 첫 논문(Horton) 출간
1932	Sherman: 단위도 이론		
1933	Horton: 침투 공식		
1934	Foster: duration curves		
1935	McCarthy: Muskingum 방법 Theis well equation		
1939	Weibull plotting formula		
1941	Gumbel: 극치 분포 이론		
〈A.D. 1945~A.D. 1990〉			
1945	Horton: stream laws		
1947		미 기상청 최초 기상레이더 설치	
1948	홍수 계산에 analog 계산기 사용 Penman evaporation equation		
1950	Blaney-Criddle: 증발산 공식		
1954	Philip: 침투 이론		
1955			Harvard 대학 water resources program 시작
1956		미 공병단: SSARR 모형 개발 시작	Stanford 대학 water resources program 시작
1957	Nash cascade model for unit hydrograph		
1958			Linsley, Kohler, Paulhus: "Hydrology for Engineers"
1959			Chow: "Open-Channel Hydraulics" Todd: "Groundwater Hydrology"
1960		미 기상위성 TIROS 발사	
1961	Yevjevich: stochastic hydrology 이론 정립		

표 1.6 계속

시대	이론	측정/전산모형	기관/교과서
1962			British Institute of Hydrology 창설 Thomas-Fiering model for streamflow synthesis
1963	Gringorton: plotting position formula		논문집 Journal of Hydrology 출간 시작
1964			Chow: "Handbook of Applied Hydrology"
1965			International Hydrological Decade 시작 논문집 Water Resources Research 출간 시작
1966		Stanford Watershed Model IV	
1967			한국수문학회 창설
1968	Clark: unit hydrograph model	Barnes & Bowley: 수문학에 위성자료 사용	
1969	Muskingum-Cunge routing method		
1970	Urban hydrology 활성화 시작		
1971		Storm Water Management Model(SWMM)	IASH에서 IAHS(Inter-national Association of Hydrological Science)로 개명
1972	Priestley-Taylor: evaporation equation	NASA Landsat1 위성 발사	Bear: "Dynamics of Fluids in Porous Media" IWRA(International Water Resources Association) 창설
1973			Dooge: "Linear Theory of Hydrologic Systems"
1975			영국: NERC "Flood Studies Report" 출간
1978	Cunnane: plotting positions formula	미 기상청 가능최대강우량 지침 HMR-51 출간	
1979			Freeze & Cherry: "Groundwater"
1980		USGS: 지하수 흐름 소프트웨어 MODFLOW 출시	Salas 등: "Applied Modeling of Hydrologic Time Series"
1982			미국: 홍수빈도해석 "Bulletin 17B" 출간

표 1.6 계속

시대	이론	측정/전산모형	기관/교과서
1986	Hosking: L-moment		
1987			호주: "Australian Rainfall and Runoff" 출간
1988		미국 차세대 레이더 네트워크 WSD-880 구축	Chow, Maidment, Mays: "Applied Hdrology"
1989			
〈A.D. 1990~현재〉			
1990	기후변화 연구 활성화 시작		정부간 기후변화 협의체(IPCC): "First Assessment Report" 발간
1991			미국연구재단 수문학 NRC Blue Report 발간
1992		미 공병단 HEC-HMS Model 출시	UN 물의 날 지정
1993			Maidment 등: "Handbook of Hydrology"
1995			한국수문학회에서 한국수자원학회로 개명
1997	UNESCD IHP: 생태수문학 채택	미·일 공동 기상위성 TRMM 발사	
1999			영국: "Flood Estimation Handbook" 출간
2003			Asia Oceania Geosciences Society 창설
2008	Milly 등: 수문자료의 비정상성 논문 발표		

1.4.1 B.C. 3500~A.D. 1500년

수문학의 역사에서 가장 초기 시대라고 할 수 있는 B.C. 3500~A.D. 1500시대에 있어서도 수문학자와 수력 기술자들의 물에 관한 관심사는 오늘날과 같은 이수(利水, water use)와 치수(治水, water control)였다고 할 수 있다. 이 시대의 인류는 오늘날보다도 더욱 자연에 대한 의존도가 컸으므로 홍수나 가뭄에 대한 두려움은 더욱 지대했다고 할 수 있겠다. 이들 시대에서 물의 효율적인 이용은 주로 경험 또는 경험으로 인한 판단에 의존하였다. 초기 이집트인은 나일강의 수위를 관측하기 시작하였다. B.C. 3000년경에 Nileometer라는 수위측정(水位測定) 장치를 설치하였으며, B.C. 600년에 이르기까지 수원(水原)으로부터 물을 공급하기 위한 수리구조물(水理構造物), 댐, 수로, 유량계, 관정 등을 설치하여 운영해 왔다. 반면에 철학자들은 물의 순환 과정에 대해 원시적이지만 이론을 전개하기 시작하였으며 계산 및 측정의 도구로서 '모래(abacus)'를 사용하기도 하였다.

이론적인 근거는 없었으나 유량은 단면적 및 유속과 관계가 있다는 것은 A.D. 65~150년에 건설되었다고 믿어지는 로마 수로(Roman aqueducts)로부터 알 수 있다. 그러나 이러한 발견도 A.D. 1628년까지는 일반적으로 적용되지는 않았다. 로마 문명이 전성 시기에 이르러서 사람들은 물의 순환 과정을 이해하기 시작하였으나 물론 이론적인 증명을 하지는 못하였으며 일반적으로 알려지지도 않았다.

우량계(雨量計)가 사용되었다는 기록은 여러 곳에서 발견되고 있으나(인도 4세기, 팔레스타인 A.D. 65~150년) 이에 대한 명확한 기록은 없고 우리나라 세종시대(1441년)에 처음으로 사용되었던 측우기(測雨器)는 과학적으로 만들어진 세계 최초의 것으로 알려지고 있다. 이러한 형태의 우량계는 유럽에서는 A.D. 1678년, 중국은 A.D. 1747년에 사용되기 시작하였으므로 우리나라 측우기 사용 시기와는 약 200년의 차이가 있다.

A.D. 200~A.D. 1500년까지는 과학의 암흑시대라고 일컬어질 만큼 신학(神學)의 발전으로 인하여 과학은 도외시되어 왔으나 1452~1519년의 레오나르도 다빈치(Leonard da Vinci)로 대표되는 르네상스 시대가 개막되면서부터 인류의 과학은 발전하기 시작하였다. 레오나르도 다빈치는 현재 사용 중인 유속계(流速計)의 원조(元祖)라고 할 수 있는 유속 측정장치(流速測定裝置)를 고안하였으며, 이때부터 유량(流量)은 면적(面積)과 유속의 곱으로 구할 수 있다는 이론이 확립되기 시작하였다.

1.4.2 A.D. 1500~A.D. 1800년

중세기에 접어든 과학은 이 300년 동안 이론과 실험에 많은 발전을 보였고 현대 과학의 근본을 닦아 놓았다. 1510~1590년에 이르러 Palissy는 현대 물의 순환 과정의 과학적인 이론을 전개하였으며, 1610년에 Santorio는 흐름 정도에 따른 충격으로 유속을 측정할 수 있는 유속계를 고안하였다. 1628년에 Castelli는 우량계를 유럽에서 처음 사용하였으며, 1639년에 Here는 $Q=AV$의 이론을 실험에 의하여 증명하였다. 1663년에 Wren은 처음으로 자기우량계(自記雨量計, recording rain gage)를 고안하였으며, 1678년에 Hook는 천공형(穿孔型, punched type)의 우량계를 소개하였다.

17세기는 이러한 측정 기구의 개발로 인하여 정량적 수문학(定量的水文學, quantitative hydrology)의 효시를 이루었다고 할 수 있다. 1674년의 Perrault 및 1686년의 Mariotte는 처음으로 우량과 유량과의 관계를 정립하기 위하여 강우-유출(降雨-流出)모형을 시도하였으며, 유출이 있기 위해서는 충분한 강우가 있어야 된다는 것을 증명하였다. 18세기에 이르러서는 많은 유명한 학자가 나타나기 시작하였다. 1738년 Bernoulli는 속도수두(速度水頭)에 대한 이론을 전개하였고, 1769년에 Herberden은 강우와 고도(高度)와의 관계를 수립하였으며, 1775년에는 Chezy가 개수로(開水路) 흐름에 대한 공식을, 그리고 1797년에는 Venturi가 확대 및 축소관의 흐름에 대한 연구를 발표하였다.

1.4.3 A.D. 1800~A.D. 1945년

19세기 이전의 수문학의 연구는 주로 측정 및 실험에 의한 실험적 연구라 한다면 19세기 이후의 수문학 연구는 이론을 근거로 한 계산적 연구라고 할 수 있겠다. 앞에서 18세기의 Venturi, Bernoulli, Chezy 등은 주로 실험에 의한 경험 공식을 발표하였으나 19세기에 이르러서는 제1세대 계산기가 개발됨으로써 전자계산기의 적용이 시도되었다. 1812년에 Babbage가 기계식 차분기(機械式 差分機, difference engine)를 발명하여 수표(水表)를 계산하였고 약 100년 후인 1939년에 Aitken는 진공관을 이용한 전자식 계산기를 발명하여 현대 전자계산기의 효시를 이루었다. 그 후 1948년 Bardeen과 Bratain은 진공관 대신에 트랜지스터를 이용하여 기억을 할 수 있는 제2세대 전자계산기를 고안하였으며, 1951년에 이르러서는 상업화되기 시작하여 학문의 각 분야에 이용되기 시작하였다.

19세기와 20세기 초반에 이르러 계산 방법의 개발뿐만 아니라 이론적 수문학(理論的 水文學)에도 많은 발전을 이루었다. 1856년에 지하수 흐름에 관하여 Darcy는 Darcy 공식으로 불려지는 지하수 유속공식(地下水流速公式)을 발표하였고, 비슷한 시기인 1851년에 Mulvaney는 현재 합리식(合理拭, rational formula)이라고 불리는 $Q=CIA$를 고안하여 사용하였다. 20세기에 와서는 통계가 수문학에 응용되기 시작하였다. 1914년 Hazen은 처음으로 유량 합성을 시도하였으며, 1924년에 Foster는 홍수빈도곡선(洪水頻度曲線)을, Gumbel(1941)은 극치분포이론(極値分布理論)을 발표하기에 이르렀다. 또한 개수로(開水路) 연구에서 1885년에 Manning은 유명한 Manning 공식을 발표하였으며, 1932년에 Sherman은 단위유량도를, 1935년에 McCarthy는 Muskingum 홍수추적방법을, 1933년에 Horton은 침투공식을 소개하였다. 이 시기에 개발된 모든 이론 및 계산 방법은 현재까지도 많이 이용되고 있으며, 현대 수문학의 근본을 이루는 시기라고 할 수 있겠다. 또한 1922년에는 국제수문학회(International Association of Hydrological Science)가 탄생되어 세계 수문학자들의 구심점이 되고 있다.

1.4.4 A.D. 1945~A.D. 1990년

제2차 세계대전의 종식이 과학기술에도 큰 영향을 끼친 것은 자명한 사실이며, 수문학도 예외는 아니었다. 전쟁기간 중 이룬 항공기술의 발달은 1960년대 미국과 소련의 인공위성 발사 경쟁을 가속화 시켰으며, 그 결과 미국은 TIROS(Television Infrared Observation Satellite)라는 저궤도 인공위성을 발사하였는데 기상관측 목적으로는 최초의 성공사례로 평가받고 있다. 그후 미 항공우주국 NASA(National Aeronautics and Space Admistration)를 중심으로 시도된 여러 가지 인공위성 중 Landsat1은 1972년 발사된 후 지금까지 8개의 후속 위성으로 이어졌으며 현재 Landsat9의 발사가 2020년 목표로 진행되고 있을 정도로 오랜 기간 지구 관측에 큰 기여를 해오고 있다. 이 Landsat 프로그램은 미국 수문자료 관리의 주관 기관인 USGS(United State Geological Survey)와 공동으로 운영됨으로써 그 활용도가 더욱 높아지고 있다. Barnes와 Bowley은 1964년 이러한 위성자료로 snow cover를 추정하였는데, 최초의 수문학 적용 사례로 평가되고 있다. 첨단 수문관측의 또 다른 축은 레이다(radar)의 활용인데, 미국에서는 이미 1947년 기상 전용 레이다가 설치되었으며 1988년 도플러 레이다를 장착한 WSR(Weather Surveillance Doppler Radar)-88D 네트워크로 진화하였다. 이러한 인공위성과 레이다에서의 자료 수집은 제2차 세계대전 이후 급격히 발전하게 된 리모트센서(remote sensor) 기술에 힘입은 바 큰데, 종전에는 불가능했던 시공간 자료 취득이 가능해졌음은 물론이고 특히 GIS(Geographical Information System)와 연결되면서 디지털 자료와 수문 모형의 연결에 큰 개선이 이루어진 시기도 20세기 후반이라 할 수 있다. 이러한 첨단 수문관측 기술은 3장에서 자세히 다루기로 한다.

20세기 중반까지 물 순환의 영역별로 발전한 이론들은 1950년대에 들어서면서 수문학이라는 이름하에 종합되기 시작되면서 학문 분야로 정착되기 시작하였다. 1950년대 하버드와 스탠포드

대학에 water resources program이 탄생하였고, Linsley, Chow 등에 의해 교과서와 handbook이 본격적으로 발행되었으며, 지금까지도 그 명성을 유지하고 있는 Water Resources Research, Journal of Hydrology 등의 세계적 논문집이 1960년대 시작되어 수문학 분야의 연구 문화를 진작시켰다. 물 순환의 물리적 규명의 한계점이 자연 현상 그 자체의 무작위성에 있다는 인식에 기초해 확률 및 통계 이론의 수문학 응용이 활성화 된 것도 이 시기이었다. 1960년대 Yevjevich는 추계수문학(stochastic hydrology) 이론을 정립하여 교과서를 발간하였고, 미국, 영국, 호주 등 홍수빈도해석 가이드라인의 제작이 시작된 것도 이 시기였으니, 1970~1980년대는 가히 수문통계학(statistical hydrology)의 전성기였다고 부를 만하다. 또한 미국 등 건조지역을 중심으로 지하수 개발과 보존에 관심이 커지면서 지하수 수문학(groundwater hydrology) 연구가 활성화 되었고 1979년 Freeze와 Cherry의 교과서가 탄생하였다.

또한 물 순환 영역별 이론들은 전산모형을 통해서도 종합될 수 있었는데, 비공병단의 SSARR, Stanford 대학의 watershed model 등이 1950년대 말에 최초의 수문모형으로 개발이 시작되었으며, 이 중 후자는 미국 EPA(Environment Protection Agency)의 HSPF 모형으로 발전하였다. 또한 도시 유출 모의를 위한 SWMM, 지하수 흐름 모의 위한 MODFLOW가 EPA와 USGS에서 1971년 각각 출시되었다. 그후 1980년대 개인컴퓨터의 발전과 더불어 전 세계에서 수문모형 소프트웨어의 출시가 급격히 증가하였는데, 이 또한 이 시기만의 매우 중요한 특징임에 분명하다.

1.4.5 A.D. 1990~현재

복잡하기 그지없는 기상현상이 20세기 후반 기상모형의 급속한 개선으로 점차 규명됨에 따라 수문학에서도 전 지구 스케일의 연구가 시작된다. 즉, 각자가 생활하는 지역의 물 문제를 해결하기 위해 개발되어져 왔던 수문학 이론들의 많은 한계점들이 전지구 수문학(global hydrology)의 등장과 함께 획기적인 전환기를 맞이하기 시작한 것이다. 특히 전 지구를 하나의 시스템으로 정의한 후 3차원 격자로 나눈 전지구순환모형 즉, GCM(Global Circulation Model)이 다양하게 출시됨에 따라 이들과 지표수 모형 또는 더 나아가 지하수 모형까지 접합하는 기상수문학의 연구들이 활발하게 진행되고 있는 것이 1990년대 이후의 가장 큰 특징이라 할 수 있다. 더욱이 온실가스의 배출로 지구온난화가 가속화 된다는 기후변화 이슈가 세계적 화두가 되면서, 기후변화에 따른 물 순환 각 영역에서의 변화에 대한 연구가 현재까지도 가장 각광 받는 분야가 되고 있다. 특히 정부

간기후변화협의체인 IPCC(Intergovernmental Panel on Climate Change)는 1990년 1차 평가보고서를 발간한 이후 4개의 평가보고서를 차례로 내놓았으며 2022년 6차보고서를 앞두고 있는데, 이 보고서가 발간될 때마다 여기에 포함된 GCM 전망 결과들로 각국의 수자원 변화를 전망하여야 하는 필요성이 주기적으로 요구되고 있다. 기후변화 관련 연구는 불확실성이 매우 크기 때문에 1980년대 부흥기를 이루었던 통계수문학 연구가 다시 활성화 되고 있다. 특히 강우량이나 유량과 같은 수문 변수의 통계특성들(즉, 평균과 분산 등)이 시간의 함수라는 비정상성(nonstationaity) 연구가 급속히 증가하고 있는 것이 21세기를 시작하는 추세라 할 수 있는데, Milly 등이 2008년 Science에 발표한 "Stationarity is Dead"라는 논문이 대표적 사례이다.

20세기 중반부터 영역별 통합이 이루어지며 학문으로 정착된 수문학은 20세기 말부터 인접 학문과의 학제간 연구를 적극적으로 모색하고 있는데, 위에 언급한 전지구 수문학이나 기후변화 관련 연구 등 기상학과의 학제간 연구가 가장 먼저 활성화 된 것은 온도, 강수, 증발 등이 두 학문 분야의 공통분모임을 고려할 때 당연한 결과이다. 1990년대 생태학 분야와의 학제간 연구인 생태수문학(ecohydrology)도 자연스럽게 탄생하였는데, 물 순환에서 물 그 자체만이 아니라 물 순환과 더불어 공존하는 학문 분야로까지 수문학의 영역이 확장된 대표적 사례라 할 수 있다. 생태수문학은 1997년 UNESCO IHP(Internationa Hydrological Programme)의 일환으로 공식 채택되었는데, 물 순환이 동식물에 미치는 영향은 물론 식물의 물 소비와 하천에의 영향 등 생태계와 물 순환계의 상호작용을 연구하는 학문으로 자리 잡고 있다.

20세기 후반부에 가속화 된 첨단 수문관측도 진화를 거듭해서 미국 NASA와 일본 JAXA(Japan Aerospace eXploration Agency)이 공동으로 개발한 기상위성 TRMM(Tropical Rainfall Measuring Mission)이 1997년 발사되었으며 17년 동안 강우관측에 지대한 기여를 하였고, NASA EOS(Earth Obesrving System)은 2018년 현재 18개의 인공위성을 보유하며 지구 기상을 지속적으로 관측하고 있다. 또한 NEXRAD(NEXt generation RADar)로 불리우는 미 기상청의 WSR-88D 네트워크도 미국 50개주 160개 지점에 설치되어 미국 전역의 기상관측을 수행함으로써 수문학 연구에 값진 자료를 제공하고 있다. 이러한 기상위성과 기상레이다, 더 나아가 강우 전용 레이다는 이제 우리나라를 포함한 대부분의 선진국이 대부분 보유하고 있을 정도로 보편화 되고 있다. 또하나 강조하지 않은 수 없는 이 시기의 특징은 모바일폰의 등장인데, 수문관측에서도 이를 활용하여 강수량, 유량 등을 실시간으로 관측하고 전송하여 보다 많은 사람들에게 제공하는 혁신이 진행되고 있다. 또다른 최첨단 기술인 인공지능과 빅데이타, 그리고 클라우드를 활용하여 실시간 예측은 물론 장기 전망의 정확도를 획기적으로 개선하는 연구도 다양하게 진행되고 있다.

국제적으로는 AGU와 EGU(European Geosciences Union)와 동일한 역할을 아세아오세아니아에 수행하기 위해 AOGS(Asia Oceania Geosciences Society)가 2003년 창설되면서 수문과학(hydrological science)이 중요한 분야 중 하나로 포함되었으며, IAHR이 2009년 수리학(hydraulics)에서 영역을 확장하여 International Association for Hydro-environmental engineering and Research의 약자로 개명하면서 수문학의 많은 부분을 포함하고 있다.

1.5 우리나라 수공학의 역사

1.5.1 삼국시대의 저수지[*1]

수력사회(水力社會)로 불려온 우리나라는 계절풍의 영향으로 다우지역(多雨地域)에 속하므로 물을 많이 필요로 하는 미작농업(米作農業)이 일찍부터 시작되었다. 우리나라의 경우, 언제부터 벼농사가 시작되었는지 확실하지 않으나 삼국사기 백제본기(三國史記 百濟本紀)에 의하면 다루왕(多婁王) 6년(33)에 도작(稻作)이 시작되었다는 기록이 있고, 또한

> 『백제(百濟) 다루왕(多婁王) 40년 하(夏) 6월에 큰 비가 10일간 내려 황강(潢江)이 넘쳐 민가(民家)가 파괴되고 떠내려가다. 추(秋) 7월에 유사(有司)에게 명하여 수해전(水害田)을 하였다.』

는 것으로 보아 우리나라의 농경(農耕)도 B.C. 100년대에 시작된 것으로 생각할 수 있다. 기록상 우리나라에서 최초로 저수지를 축조한 것은 330년(신라 흘해왕 21년)의 일이다. 삼국사기(三國史記)에

> 『흘해니사금(訖解尼師今) 이십일년(二十一年) 시개벽골제(始開碧骨池) 안장일천팔백보(岸長一千八百步)』

*1 김의원, 한국국토개발사 연구, 1982.

라 하였으니 김제(金堤)에 있는 벽골제(碧骨堤)는 우리나라 최고(最古)의 저수지이다.

벽골제는 삼국사기에 신라가 축조한 것처럼 기록되어 있으나, 이는 330년에는 신라가 백제를 정복하기 이전이므로, 백제의 축조로 보는 것이 사학계(史學界)의 지배적인 견해로 되어 있다. 축조 이후 몇 번의 보수를 하였으나, 대부분 황폐된 채로 방치되어 있다가 본격적인 보수론(補修論)이 대두된 것은 조선(朝鮮) 태종(太宗) 15년(1415)이다. 태종은 장정 1만여 명을 동원하여 약 2개월간에 걸쳐 보수를 실시하였으나 세종(世宗) 2년(1420)의 대홍수로 다시 붕괴된 채 방치되었다가 1925년 동진농지개량조합(東津農地改良組合)의 창설로 원형의 언제(堰堤)에 김제간선(金堤幹線)이 개통되었다.

김제의 벽골제와 같이 삼국시대에 축조된 저수지로서는 영천(永川)의 청못(菁堤)을 들 수 있다. 청못은 경부고속도로 영천(永川) 인터체인지 바로 옆에 있는 저수지인데, 여기에서 발견된 청제비(菁堤碑)에 따르면, 이 저수지(貯水池)는 530년[신라 법흥왕(法興王) 23년]에서 596년(신라 진평왕 18년)에 걸쳐 축조된 것으로, 비문(碑文)에는 사서 이두(吏讀)를 섞은 신라 속한문체(俗漢文體)로 입비(立碑)의 목적, 규모, 동원된 인원 및 역사담당자(役事擔當者)의 관직과 인명 등이 기재되어 있다. 이 비문에 의하면 공사에 약 7,000여 명이 동원되었으며, 공사 기간은 2월 2일부터 4월 13일까지임을 알 수 있다.

이 이외에 삼국시대에 축조되었다고 알려진 저수지로서는 시제(矢堤), 의림지(義林池), 대제(大堤), 수산제(守山堤) 및 공검지(恭儉池) 등이 있다. 이와 같이 삼국시대의 수공학 발전은 주로 저수지의 건설에 의한 농업 생산의 증산을 주로 하여 이루어졌으므로 현대적 감각을 가진 과학적인 발전이 이루어진 것은 아니다.

1.5.2 고려시대의 수공학[*2]

918년 후삼국을 통일한 고려태조는 신라 멸망의 원인이 토지 국유제가 무너지고 지방토호가 대지주형태로 강성해짐에 따라서 중앙집권제가 무너졌음에 있다는 점을 거울삼아, 즉위 초부터 토지 국유제의 확립을 추진함과 동시에 치수(治水)와 수리(水利) 및 개간에 힘썼다.

기록에 따라 그 추진 사항을 보면 973년(광종 24년)에 진전(陣田)의 개간을 하명했고, 1053년(문

*2 김의원, 한국국토개발사 연구, 1982.

종 7년) 8월에는 나성(羅城) 동남쪽 언덕에 올라 도읍의 허결(虛缺)한 곳을 보수함과 동시에 홍수진 뒤에 역부(役夫) 3,000~4,000명을 징발하여 제방을 보수했다는 기록이 있다. 이보다 앞서 1106년(예종 원년)에는 일관(日官)이 아뢰기를 송악(松嶽)은 경도진산(京都鎭山)인데 적년(積年)토록 비가 와서 사토(沙土)가 씻겨내려 암석이 들어나 초목이 자라지 않으니 직수(植樹)를 하도록 재가를 청하니 왕은 곧 허락했다는 기록도 있다.

고려조(高麗朝) 918~1122년(태종~예종)까지의 약 200년간은 정치와 경제 체제를 정비, 강화하는 한편 밖으로는 송(宋)과 통교(通交)하여 선진 문화를 섭취하면서 계원(契圓)과 여진족(女眞族)에게는 평화 유지에 힘썼으나, 후반기에는 왜구(倭寇) 및 북방으로부터의 끊임없는 내구(來寇)와 안으로는 쉴 사이 없는 정치적 변란 등으로 국운은 기울기 시작하였으므로 치수(治水)나 수리사업(水利事業)이 활발할 수가 없었다. 또한 고려시대에는 자연을 극복해 보려는 의지보다는 오히려 자연의 섭리를 거역하지 않고 순종하는 것이 도리에 맞는다는 사고가 지배적이었기 때문에 자연의 개조를 내용으로 하는 국토개발이 활기를 띨 수는 없었다.

1.5.3 조선시대의 수공학

(1) 측우기의 출현

삼국시대, 고려를 거쳐 조선에 이르는 동안, 그들의 경제에 직결되어 있는 강우(降雨)에 대하여 많은 관심을 가져오던 중 조선에 들어와서 고려시대의 천문·기상관측중앙기관이던 서운관제도[書雲觀制度, 후에 관상감(觀象監)으로 개명]를 그대로 받아들여 유지, 발전시켰던 것은, 그들의 경제·사회적 환경에 비추어 볼 때 너무도 자연스러운 일이었다. 이렇게 농업 생산이 국가 경제에 대한 영향이 절대적이었던 조선에서 건국 이후 세종시대까지 그 과학적, 기술적인 확고한 기틀이 잡혀 오던 중 세종의 과학진흥정책에 의하여 정초(鄭招), 이순지(李純之), 김담(金淡), 윤사웅(尹士雄) 등의 과학자와 장영실(蔣英實), 김빈(金鑌) 등의 과학기술자들이 등용되어 국가적인 과학 연구의 분위기가 무르익게 되었다.

세종 초기의 강우량 측정 방법으로 처음 기록에 나타난 것은 세종실록(世宗實錄) 제20권 세종 5년 5월에 "임오, 시야우입토 일촌허(壬午, 是夜雨入土 一寸許)"과 또 실록 제28권 세종 7년 4월의 조항에 "경자삭(중략) 임갑, 시방한, 명제도군현, 유우측입토, 심천개구치보(庚子朔(中略) 壬甲, 時方旱, 命諸道郡縣, 有雨測入土, 深淺開具馳報"라는 두 기록이다.

당시 길이 2척(尺, 41.32cm) 지름 8촌(寸, 16.48cm)의 철제원통(鐵製圓筒)에 대해 이름이 주어지지는 않고 있다. 또 강수량 측정을 하천 수위의 증감에 의해 구하는 방법으로 제작한 수위표(水位標, 그림 1.7(b))의 위치 중의 한 곳인 마전교(馬前橋)를 지금 서울의 수표교(水標橋) 자리로 보고 있다. 이렇게 처음 출현한 조선의 강우량측정제도는 세종 24년(1442) 초여름 우기(雨期)에 접어들면서 보다 완성되었으며, 그 최종적인 방안을 구체적으로 확립시켜 측우기(그림 1.7(a))란 이름도 최초로 사용하였다.

(a) 측우기(헌종 3년, 1837, 보물561호)

(b) 수표(영조 49년, 1773)

| 그림 1.7 | 조선시대의 측우기 및 수표

세종 24년(1442) 5월 8일에 개선된 점은 첫째, 측우기 크기의 변화로 높이 2척이 1척 5촌(41.2cm에서 30.9cm)으로, 지름 8촌이 7촌(16.53cm에서 14.46cm)으로 축소되었다. 둘째, 강우량을 재는 자로서 세종 23년에는 척(尺)이라고만 되었으나 주척(周尺)이라고 명기하였으며 일척(一尺)은 20.66cm에 해당한다. 셋째 강우량 측정은 비가 그친 후에 하며 강우의 일시(日時) 및 우청(雨晴)의 일시(日時)를 기록할 것과, 넷째 수심(水深)은 척, 촌, 분까지 정확히 재어 각 도(道) 감사가 집계하여 중앙에 보고하게 하였다. 그리고 지방에는 전년(前年)의 예와 같이 와제(瓦製) 또는 자제(磁製)의 측우기를 보급하고 또 척(尺)도 목제(木製) 또는 죽제(竹製)를 쓴 것으로 나타나 있다.

측우기를 이용한 우량 관측이 시작된 세종 당시에는 전년(全年)을 모두 측정한 것이 아니고 기록상으로 보아 5월부터 9월까지의 미작기간(米作期間)에만 행하여졌다. 세종시대(世宗時代)에 이루어 놓은 측우기를 이용한 과학적인 강우측정제도는 임진왜란(壬辰倭亂, 1592~1597), 정유재란(丁酉再亂, 1597~1598)과 정묘(丁卯) 및 병자호란(丙子胡亂, 1627~1636) 등으로 파괴·유실되어 사라질 위기에까지 왔었으나 영조대(英祖代)에 들어서면서 다시 그 재흥(再興)을 보게 되었다. 『기우기청담록(祈雨祈晴謄錄)』 중 건륭(乾隆) 35년경인(庚寅) 5월 1일의 조항에 보면 영조는 측우기를 세종대(世宗代)와 같이 전국적으로 설치하라는 교서(敎書)를 내리게 하였다.

당시 조선(朝鮮)에서는 강우량을 수심(水深)으로만이 아니라 강우(降雨) 정도에 따라 미우(微雨), 세우(細雨), 소우(小雨), 하우(下雨), 쇄우(灑雨), 취우(驟雨), 대우(大雨), 폭우(暴雨)의 방법으로 분류했다. 또 그 횟수 및 측정 시각 등에 있어서 정종(正宗) 15년 신해(辛亥, 1791) 이전에는 1일 2회, 즉 매상(昧爽)에서 일입(日入)에 이르는 것은 일입후(日入後), 또 일입후(日入後)인 초혼(初昏)에서 오경(五更)에 이르는 것은 개문(開門)을 기다려 서계(書啓)토록 했으나, 정종(正宗) 신해(辛亥) 이후에는 1일 3회 측정하여 측우기의 수표단자(水標單子)를 봉정(奉呈)케 하였다.

우량 관측의 자료를 얻을 수 있는 중요한 고서류(古書類)로서 관상감(觀象監)의 관측원부(觀測原簿)인 풍운기(風雲記), 여기에는 당직관(堂直官)이 담당한 시간에 관측한 대소(大小)의 현상을 상세히 기록한 서류이고, 또 매년 춘추(春秋)에 춘추관(春秋館)에 제출한 반년보(半年報)의 원고(原稿)로서 매일의 중요한 사항을 초출(抄出)해서 써 놓은 천변초출등록(天變抄出謄錄), 여기에는 강우의 상황, 시작, 우량 등은 물론 우량의 월계(月計) 및 연계(年計)까지 기록한 것이 있다. 또 왕이 신하에게 한 전교(傳敎)와 신하가 궁중에 올린 보고 등을 기록한 승정원일기(承政院日記) 또 조선(朝鮮)의 내각일지(內閣日誌)인 일성록(日省錄) 등에서 찾을 수 있다.

고대로부터 농업경제(農業經濟)의 봉건국가(封建國家)이던 한국에서 세계의 그 어느 곳보다도 먼저 과학적이고 현대적인 방법인 측우기를 사용하여 전 국토에 걸쳐 효과적인 강우량 측정제도를 실시하고 있었다는 역사적 사실은 매우 자랑스러운 일이 아닐 수 없다. 이것은 이탈리아의 Benedetto Castelli(1639)보다 무려 198년 전에 현대적이고 과학적인 측우기가 우리 선인들의 손에 의해 만들어졌음을 아울러 밝혀 주고 있다. 그리고 비록 측우기가 발명되었던 초기의 관측 기록은 측우기와 함께 현존하지 않지만 1770년 이후의 자료들이 여러 기록에 남아 있으므로 우리에게 더없이 값진 자료가 되고 있다(그림 1.8 참조).

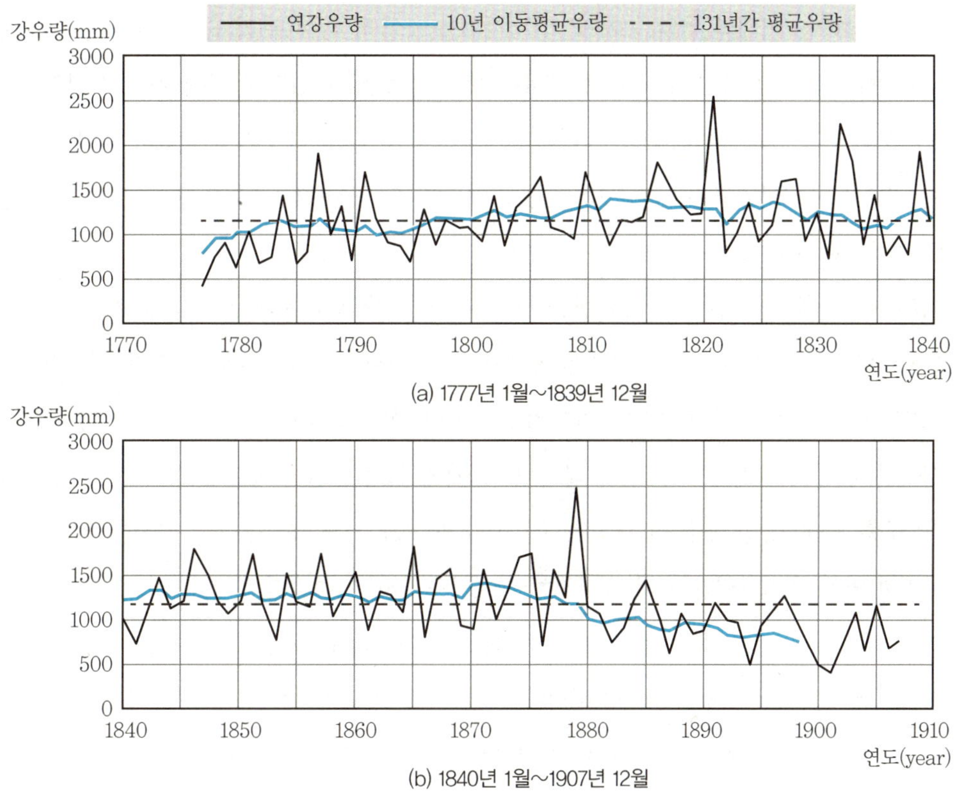

| 그림 1.8 | 『승정원일기』에서 발췌한 강우량 관측 기록(서울대학교 자연과학대학 전종갑 명예교수 제공)

(2) 치수 사업의 변천

조선시대의 치수 사업은 건국 초기부터 국가의 주요 사업으로서 주력을 두어 개발하였으나 시대가 변천함에 따라 그 중요도는 많은 변화를 가져와 조선시대의 치수 사업의 발전은 크게 4개의 기로 구분할 수 있다.

① 제1기(1392~1494): 태조 원년에서 성종 25년까지 102년간의 왕성기

② 제2기(1495~1639): 연산군 원년에서 인조 17년까지 144년간의 침체기

③ 제3기(1640~1800): 인조 18년에서 정조 24년까지 160년간의 부흥기

④ 제4기(1801~1910): 순조 원년에서 한일합방까지 109년간의 쇠퇴기

조선의 치수 사업은 태종대에서부터 활발하게 추진되었다. 1414년(태종 14년) 12월에는 수리와 치수 사업에 남다른 이해와 열의를 가져 치수 사업을 소홀히 하는 관리 중 이품(二品) 이상은 신문과죄(申聞科罪)하고 삼품(三品) 이하는 조률직단(照律直斷)케 함과 동시에 치수 시설의 실태를 조사하도록 하였다. 세종 23년(1441)에는 앞서 기술한 바와 같이 측우기를 발명하여 각 도에 보급케 하는 정책을 수립하였고 제언수축(堤堰修築)에 태만한 군령(君令, 수령)은 전 가족을 변방(邊方)으로 추방하는 형까지 적용시키도록 하였다.

제2기는 연산군 원년 17년까지의 144년간으로 우리 역사상 치수 사업이 가장 침체했던 시기이다.

국초에 활발하였던 치수 사업은 연산군에 이르러 선대까지의 모든 문물제도가 해이되면서 이것도 쇠퇴하기 시작했고, 중종·명종대에까지 그것을 만회하지 못한 채 임진왜란과 병자호란으로 치수 사업은 완전히 위축되고 말았다. 다만 이 시기에 특기할 만한 것은 1602년(선종 35년)에 선천(宣川) 군수(郡守) 상인(姜絪)이 수도(水道) 30리(里, 12km)를 개착했다는 기록이 있는데, 전란 중에 이러한 일을 추진하였다는 것은 가찬해 마지않을 일이라 하겠다.

제3기는 인종(仁祖) 18년에서 정조(正祖) 미년(未年)까지의 160년간으로서 병자호란의 전흔(戰痕)도 가고 무너졌던 문물제도가 재정비되어 감에 따라 치수와 수리사업도 다시 활기를 되찾는 부흥기라고 할 수 있다. 영·정조시대(英·正祖代)에 와서는 실학(實學)을 부르짖는 많은 석학들이 나타났는데, 이들은 주로 농업 생산의 확대를 위한 토지제도의 개혁과 농업기술의 개량 등을 주장하고 나섰으니, 정체되었던 치수 사업과 수리도 이러한 새로운 기운에 힘입어 활발하게 전개되었다. 이어 1778년(정조 2년)에는 제언절(堤堰節)을 공포하는 등 치수와 수리사업은 활기를 띠었다. 이리하여 1782년(정조 6년)에 조사한 전국제언총수(全國堤堰總數)는 3,378개소에 달하기도 하였다. 부흥기(復興期)의 업적으로는 1675~1720년대 숙종대(肅宗代)에 이룩한 강화도의 축언(築堰) 영·정조시대에 실시한 고언(古堰)의 수축, 낙동강변의 천방사업(川防事業) 등이 주축을 이루고 있었다.

제4기, 즉 순조(純祖) 원년(元年)에서 한일합병(韓日合併)까지의 치수 사업은 발전은 커녕 오히려 후퇴가 된 시기였다. 이 시기의 업적으로서는 1854년(철종 5년)에 충청도 청주군 북삼면 화소평에 혜정제(惠政堤)가 완성된 것 외에는 아무런 기록도 보이지 않는다.

1.5.4 일제시대의 수자원 개발사

조선시대의 수자원 개발은 주로 농업의 생산성을 높이기 위함과 홍수로부터 재산을 보호하기 위하여 실시되어 왔으므로 물을 자원(資源)으로서 개발하려고 시도한 것은 아니다. 그러나 일제에 의한 우리나라 치수 및 하천조사사업은 한국을 공업의 전진 기지로 건설하려는 의도에서 수력 발전의 개발과 농업의 증산을 위하여 실시되었다.

하천개수공사(河川改修工事) 실시의 필요성을 느낀 조선총독부는 1915~1928년까지 14년간에 걸쳐 14개 하천을 대상으로 1백 13만원의 방대한 예산을 투입하여 제1기 하천 조사를 끝냈다. 이 조사의 대상은 하천 답사 1개소, 측량 구역 총 2,296km, 기상 조사 206개소, 수위 조사 186개소, 유량 조사 39개소였다.

이와 같은 현대적인 조사 기법으로 하천의 홍수는 막연히 수위 또는 침수 가옥, 인명 피해 등으로 표시하던 방법이 유량의 개념을 도입하여 홍수량을 m^3/sec로 나타내게 되었다. 한강인도교(漢江人道僑) 지점에서 한강 역사상 최대의 홍수라고 일컫는 1925년의 을축년(乙丑年) 홍수를 기술한 조선총독부의 기록을 보면

『1923년 대동강(大同江) 대홍수(大洪水)를 정확히 예보한 우리들은 제등총독(齊藤總督)에게 한강 수위는 그리 상승하지 않을 것이라고 설명했다.……그런데 나중에 알고 보니 보고 당시 이미 뚝섬 제방이 무너졌고 김포(金浦)에서도 제방이 결괴(決壞)하였기 때문에 수위가 실제 이하로 떨어져 있었던 것이다.……예측은 크게 빗나갔고 결과적으로 최고홍수위가 될 시간은 반일(半日)이 틀렸고 수위도 예측보다 2m나 높아져 있었다.……우리들이 한강개수계획(漢江改修計劃) 수립시는 1초당 2만m^3의 수량을 처리할 수 있게 되어 있었다(이것도 상당히 여유를 둔 것임). 그런데 1925년에는 한강인도교에서 1초당 32,361m^3(팔당에서는 초당 37,768m^3)의 홍수량이었고, 유속 또한 1초당 17m나 되었으니 어찌할 도리가 없었다.』

고 술회하고 있다.

어쨌든 빈발한 우리나라의 홍수는 조선총독부 관리들로 하여금 저 유명한 가지야마(梶山) 공식(公式)을 창출(創出)케 했다. 가지야마(梶山) 공식(公式)은 우리나라에서 최초로 개발된 강우량으로부터 홍수량을 산정하는 공식으로서 당시의 수문학 이론은 상당한 경지에까지 이르렀다고

볼 수 있다. 또한 하천의 개수사업을 실시하기 위하여 처음으로 직할하천(直轄河川)과 준용하천(準用河川)의 개념을 도입하였으며, 주요 하천에 대하여는 1940년까지 거의 매듭을 지었고 1925년부터 1945년 해방 때까지 하천개수에 투자한 액수는 약 2억 7천만 원에 이르렀다.

식민 통치 13년의 경험을 쌓은 일제는 우리나라의 부분적인 공업화의 필요성에서 1923년 3월 총독부 체신국에 임시수력조사과(臨時水力調査課)를 설치하고, 1922년부터 착수한 제2차 조사를 1929년까지 8년간에 걸쳐 30만 원의 방대한 예산으로 매듭지었다. 제2차 조사의 대상은 제1차 조사 지점 외에 1차에서 조사하지 못했던 지점을 전국에 걸쳐 실시하였다. 조사 기준으로서는 갈수량에 수배(數倍)하는 평수량에 중점을 두고 풍수량(豊水量)과 고수량(高水量)까지 상세한 조사를 실시했다.

"전력통제자료조사(電力統制資料調査)"라는 명칭 하에서의 제3차 조사는 1936년 이후 6개년 사업으로 50만 원의 예산을 투입하여 사실상 1945년에야 작업이 끝났다. 조사 하천은 국경 하천인 압록강(鴨綠江)과 두만강(豆滿江)이 주 대상이었으나 조선내(朝鮮內) 대하천(大河川)의 중하류부(中下流部)에 있어서의 큰 댐 발전 방식의 조사, 종래의 유역변경방식(流域變更方式)에 있어서도 더욱 큰 댐의 축조로 이용수량(利用水量)의 증가를 기할 수 있는 발전 방식의 조사, 댐 지점의 지질 조사(地質調査) 및 경제성 조사가 주 내용이었다. 1945년 8월 제3차 조사에서 밝혀진 수력지점수(水力地點數)는 154개소, 포장수력(包藏水力)은 643만 6,660kW에 달하였다.

1945년 8월 해방당시 일본은 우리나라 전포장수력(全包藏水力)의 27.1%에 해당하는 174만 4,800kW의 수력 29개 지점을 이미 개발했고, 공사 중이었던 것이 20.9%에 해당하는 134만 6,700kW 10개 지점으로서 전포장(全包藏) 수력자원(水力資源)의 48.0%가 개발되었거나 개발 중에 있었다. 그런데 문제는 80.0% 이상이 북부 지역에 편재해있었고, 이미 개발이 끝났거나 개발 중에 있는 것의 대부분이 북쪽에 있었다는 사실이다.

이와 같은 수력에너지의 북부 편재가 급기야는 남농북공정책(南農北工政策)을 유도하게 되었을 뿐만 아니라, 광복 후에는 남북간의 심한 전력 불균형을 나타내게 되었다.

1.5.5 해방 이후 1990년대까지의 수자원종합개발 시기

수자원종합개발을 중심으로 한 수문학, 수리학, 수자원공학 등은 해방 이후로부터 1980년대까지 장족의 발전을 보았다. 해방 후 초기인 군정시대에서 한국 전쟁 이후까지는 별로 이렇다 할 진전은 없었으나 1960년대에 이르러 정부의 경제개발 5개년 사업에 따른 수자원종합개발계획의 수립으로 이 분야는 새로운 국면을 맞게 되었다.

1966년부터 1975년까지를 계획 기간으로 하는 「수자원종합개발 10개년 계획」은 1965년 우리나라에서는 처음으로 물을 자원으로서 종합적으로 개발하여야 한다는 최초의 시도이었다. 이 계획에서 물은 자유재로부터 경제재의 개념으로 변환되었으며, 현대적인 기법에 의하여 우리나라 수자원의 공급과 수요를 물 수지(收支, water budget)의 개념으로 추정할 수 있었다. 이 계획과 병행하여 1차로 한강 유역 합동조사단이 구성되어 1965년 10월부터 본격적인 유역조사에 들어가게 되었다. 1972년에까지 한강, 낙동강, 금강 유역의 조사로써 전 국토의 60% 이상을 조사하게 되었는데, 그 사항은 대개 다음과 같다.

- 수자원 개발계획
- 수문 사항(水文事項)
- 목적별 개발계획(홍수 조절 계획, 내륙주운, 발전, 농업 생산, 지하수 개발, 야생동식물 등)
- 수질 오염(水質汚染)
- 수자원 경제(水資源經濟)

1966년 이후 1980년까지는 이 조사를 바탕으로 유역종합개발 및 다목적댐의 개발이 시작됨으로써 하천유역개발의 새로운 기법이 도입된 시기이다. 이 기간에는 유역수자원종합개발의 핵심인 다목적댐 건설에 의해 치수와 이수를 동시에 해결하는 종합적이고 장기적인 개발을 기본 방향으로 한 유역 조사사업이 착수되었다. 한강, 낙동강, 금강, 영산강(섬진강) 등 4대강에 대하여 전반적인 조사가 외국기술진과 국내 관민 500여 명에 의하여 6년간에 걸쳐 수행되었다. 이 조사의 범위는 수자원 관련 전 부분을 포괄한 4대강 유역별 수계를 일관한 종합적인 것이었다. 정부에서는 유역 조사보고서에서 건의된 유역별 종합개발계획의 시안을 기초로 하여 4대강 유역종합개발계획(1970~1981)을 수립하였으며 1970년 8월 부총리를 위원장으로 한 4대강 유역종합개발위원회를 설치하여 부처별 사업의 총괄, 조정, 통제 등으로 성공적인 사업목표를 달성하였다. 이 시기에 한국 최초의 다목적댐인 소양강댐 건설이 시작되었으며, 이의 준공(1967~1973)과 더불어 낙동강 유역의 안동댐(1971~1976), 금강 유역의 대청댐(1975~1980)이 건설되었고, 1985년에는 남한강 유역의 충주댐이 착공되었다.

1979년~1981년 정치적 대격변기는 수자원 관련 행정조직에도 영향을 미쳐 4대강 유역종합개발위원회가 유명무실하게 되었고, 부처별 사업의 총괄, 조정, 통제가 미흡한 상태에서(1981년 당시 명칭) 건설부(다목적댐 관할), 농수산부(농업용저수지 관할), 동력자원부(발전용댐 관할) 등이 부처별로 수자원 개발사업을 추진하였다. 1980년대에는 이전 단계에서 진행된 대형 다목적댐이 차례로 완공됨에 따라 이들을 수원으로 한 광역상수도사업이 적극적 추진되어 유역간 용수공급 불균형을 대거 해소하였고, 국가가 주요 지류까지 일관 정비하는 수계치수사업이 1987년 실시되었으며, 1990년에는 한강, 낙동강에 이어 금강과 섬진강에도 홍수예보가 도입되었다.

고등교육에 있어서는 1946년 서울대학교에 하천공학의 일부로 수문학이 최초로 개설되었고, 1974년 서울대학교에서 최초로 수문학 전공 박사가 배출되었으며, 1983년 국문교과서 「수문학(선우중호) 저」이 출간되었다. 또한 학술 활동에 있어서는 한국수문학회가 1967년 창립되어 1995년 수자원학회로 개명된 후 현재에 이르고 있다.

1.5.6 1990년대 친환경 물 관리 시기와 21세기 기후변화 대응형 물 관리 시기

1987년 6월 민주 항쟁과 1993년 문민정부의 탄생이라는 또한번의 정치적 격변도 대한민국 수자원 역사에 전환기를 만들게 된다. 국내에서는 1980년대 싹 트기 시작한 환경 문제에 대한 인식은 1993년 환경운동연합이 공식 출범함으로써 시민운동으로 이어졌고, 1991년 낙동강 페놀 유출 사건은 1994년 환경부라는 정부 조직이 탄생하는 계기가 되었다. 이에 따라 맑은 물의 공급, 친환경 수자원 개발 등 수자원의 환경적 기능이 이수 및 치수 기능과 동일하게 여겨지게 되었다. 1990년대는 대규모 댐의 건설이 지양되고 임하댐과 부안댐 등 중소규모 댐이 건설되는 시기였으며, 이수 및 치수 목적으로 추진되던 동강댐 건설을 2000년 정부가 전면 백지화 하면서 우리나라 수자원 정책은 공급 확대 정책에서 수요관리 및 수자원의 효율적 이용 정책(Water Vision 2020)으로 전환되었다. 1999년 하천환경을 고려한 하천법 전문 개정, 2005년 국가하천 환경정비사업 시행, 2006년 5대강 본류와 지류에 환경 및 생태 개선을 위한 하천유지유량 고시 등 친환경 수자원 관리가 점차 확대 강조 되다가, 우리나라 수자원 정책은 2018년 국토교통부의 물관리 기능이 환경부로 일괄 이관됨으로써 중요한 전환기를 맞게 된다.

하지만, 2008년부터 2012년까지 대통령의 공약 실행으로 강력하게 추진된 4대강살리기사업은 기후변화 대응 수해방지냐 하천의 자연성 유지냐 라는 심각한 국론 분열을 몰고 왔으며, 이때 설치된 16개 보 철거에 따른 찬반양론은 2019년 현재까지도 매우 중요한 사회 문제로 남아 있는 실정이다. 그럼에도 불구하고 기후변화로 인한 수해의 지속적 증가는 21세기 가장 중요한 전 세계적 사회 이슈로 남아 있으며, 우리나라도 예외는 아니어서 물 순환의 변화를 규명하기 위한 수문학 분야의 연구와 기후변화에 대응하기 위한 수자원공학 분야 연구에 정부 투자가 2018년 최근 5년간 약 연평균 150억원으로 점점 증가하고 있는 추세이다. 더욱이 2015년에는 제7차 세계물포럼을 대구에서 개최하여 168개국 46,000명의 참가자를 기록하였다.

2014년 기준 우리나라의 수자원 이용량은 251억m^3(예: 1965년 51억m^3), 상수도 보급률은 96.1%(예: 1960년 22%), 하천정비율 76.7%(예: 1979년 48.0%), 홍수조절용량 60억m^3(2016년 기준), 하천유지유량고시 71개 하천 113개 지점(2015년 기준)에 달하고 있으며(국토교통부, 2016), 표 1.7은 2019년 1월 기준 우리 나라의 다목적댐 현황을 보여주고 있다.

■ **표 1.7 하천별 다목적댐 현황(K-water, 2018)**

2019년 1월 기준

수계명	댐명	유역면적	제원		총저수량 (백만m^3)	유효 저수용량 (백만m^3)	발전시설 용량 (천kW)	사업효과		사업기간
			높이(m)	길이(m)				홍수조절 (백만m^3)	용수공급 (백만m^3/년)	
계		23,011			12,923	9,170	1,056	2,296	11,282	
한강	소양강	2,703	123	530	2,900	1,900	200	500	1,213	'67~'73
	충주	6,648	97.5	447	2,750	1,789	412	616	3,380	'78~'86
	횡성	209	48.5	205	86.9	73.4	1.3	9.5	119.5	'90~'02
낙동강	안동	1,584	83	612	1,248	1,000	91.5	110	926	'71~'77
	임하	1,361	73	515	595	424	51.1	80	591.6	'84~'93
	성덕	41.3	58.5	274	27.9	24.8	0.2	4.2	20.6	'02~'15
	영주	500	55.5	400	181.1	160.4	5.0	75.0	203.3	'09~'18
	군위	87.5	45	390	48.7	40.1	0.5	3.1	38.3	'00~'11
	김천부항	82.0	64	472	54.3	42.6	0.6	12.3	36.3	'02~'14
	보현산	32.6	58.5	250	22.1	17.9	0.2	3.5	14.9	'10~'15
	합천	925	96	472	790	560	101.2	80	599	'82~'89
	남강	2,285	34	1,126	309.2	299.7	14	270	573.3	'87~'03
	밀양	95.4	89.5	535	73.6	69.8	1.3	6	73	'90~'02
금강	용담	930	70	498	815	672	26.2	137	650.4	'90~'05
	대청	3,204	72	495	1,490	790	90.8	250	1,649	'75~'81

표 1.7 계속

수계명	댐명	유역면적	제원		총저수량 (백만m^3)	유효 저수용량 (백만m^3)	발전시설 용량 (천kW)	사업효과		사업기간
			높이(m)	길이(m)				홍수조절 (백만m^3)	용수공급 (백만m^3/년)	
계		23,011			12,923	9,170	1,056	2,296	11,282	
섬진강	섬진강	763	64	344.2	466	429	34.8	32	435	'61~'65
	주암	1,010	58	330	457	352	1.4	60	270.1	'84~'92
	주암조절지	134.6	99.9	562.6	250	210	22.5	20	218.7	'84~'92
직소천	부안	59	50	282	50.3	35.6	0.2	9.3	35.1	'90~'96
웅천천	보령	163.6	50	291	116.9	108.7	0.7	10	106.6	'90~'00
탐진강	장흥	193	53	403	191	171	0.8	8	127.8	'96~'07

참고문헌

건설교통부 (2000) 「수자원장기종합계획(Water Vision 2020 예정)」.

국토교통부 (2016) 「제4차 수자원장기계획(2001~2020): 제3차 수정계획」.

김의원 (1982) 「한국국토개발사연구」.

K-water (2018) 「물관리 실무편람」.

K-water (2019) 「물과 미래」.

Eagleson DS (1991) *Opportunities in the Hydrologic Sciences*, National Academy Press.

Hornberger GM (2012) *Challenges and Opportunities in the Hydrology Sciences*, National Academy Press.

Korzoun VI (1978) *Atlas of World Water Balance*, United Nations Educational, Scientific and Cultural Organization (UNESCO) Press.

연습문제

(*는 필수 문제)

1* 체류시간(residence time)이란 물 분자가 물 순환의 각 시스템을 통과하는 평균 시간을 의미한다. 예를 들어 바다의 총 부피는 1,338,000,000km^3(표 1.2)이고 바다에서 증발되는 양은 505,000km^3/년(표 1.1)이므로 바다의 체류시간은 1,338,000,000/505,000=2,649.5년이다(각 5점).

(1) 바다로 유출되는 모든 지표수가 하천으로부터 온다면, 하천의 체류시간은 얼마인가?

(2) 공기 중 수증기의 체류시간은 얼마인가? 위의 바다와 하천의 체류시간에 비하면 어떤 특징이 있는가?

2 다음은 범지구 수자원에 관한 문제이다. 문헌을 인용할 경우 반드시 출처를 밝혀라.

(1) 현재 지구 전체 인구는 얼마로 추정되며, 미래 지구 전체의 인구를 추정하기 위해 가장 널리 사용되고 있는 예측식에는 어떠한 것이 있는가?

(2) 현재 지구 전체 연간 물 사용량은 얼마로 추정되는가?

(3) 현재 인류는 지구 전체의 담수 부존량 중 몇 %를 이용하고 있으며 그 양은 얼마인가?

(4) 현재 물 사용량과 담수 이용률이 변하지 않을 것이라 가정하면, 평균적으로 인류는 과연 미래 어느 시점부터 물 부족을 겪게 될 것인가?

(5) 위 (4)에 사용된 가정을 열거하고 계산된 결과의 타당성을 논하여라.

3* 우리나라 홍수의 원인을 크게 두 가지로 설명하시오. 우리나라 홍수피해금액은 최근 10년 어떻게 증가하고 있는가?(5점)

4 우리나라 가뭄의 원인을 크게 두 가지로 설명하시오. 우리나라 가뭄피해금액은 최근 10년 어떻게 증가하고 있는가?

5 다음은 본인의 고향(또는 거주지)에 대한 문제이다. 문헌을 인용할 경우 반드시 출처를 밝혀라.

(1) 고향(또는 거주지)은 어디인가?

(2) 월평균 온도와 강우량을 대표할 수 있는 자료를 수집하여 도시하여라. 눈으로 보았을 때 어떤 특징이 두드러지는가?

(3) 인근에 최근에 발생한 가뭄과 홍수 등 물난리를 두 가지만 열거해 보고 피해사례나 경험 등을 간단히 아는 범위에서 서술하여라.

(4) 먹는 물은 어디로부터 어떻게 공급되고 있으며 버리는 물은 어떻게 처리되어 어디로 방류되는가?

(5) 수자원을 담당하고 있는 기관을 두 가지만 열거하고 주요 임무와 조직을 간단히 서술하여라.

(6) 현재 진행 중인 수자원 관련 사업을 한 가지만 찾아보고 이를 간단히 서술하여라.

6 인터넷을 이용하여 최소 2개 국가의 연평균 물 수지를 표 1.1 및 표 1.2와 비슷한 형식으로 조사하고, 우리나라의 수문학적 특성 및 수자원 문제점과는 어떻게 다른 특징을 가지고 있는지를 설명하여라. 본인의 고향에 대해서도 동일한 분석을 시도하여라.

수문학 인물사 1 Leonardo da Vinci(1452~1519)

르네상스 시대 화가 중 3대 거장으로 알려진 Leonardo da Vinci는 조각·건축·토목·수학·과학·음악에 이르기까지 탁월한 업적으로 남긴 천재 과학자이기도 하였다. 1452년 4월 15일 이탈리아의 작은 마을 빈치에서 태어난 Leonardo da Vinci는 1469년 피렌체의 유명한 미술가이자 공학자인 베르키오의 공방에 들어가 수학하였다. 1482년 밀라노로 떠난 그는 다방면에 걸쳐 다양한 시도를 도모하였고 그곳에서 세계적 걸작 최후의 만찬을 1498년 완성하였다. 1500년 다시 피렌체로 귀환하여 1503년 '물의 성질과 움직임'에 관한 수리학(水理學) 연구를 시작하였다. Leonardo da Vinci시대에 수로는 매우 중요한 운송수단이었으며, Leonardo da Vinci는 피렌체 근처 아르노강의 흐름을 바꾸기 위한 기발한 해결책을 제시한 변경 계획서를 1503년 제출하기도 하였다. 특히 수로의 물높이를 조절하는 갑문은 수로에서 선박이 위아래로 자유롭게 움직이도록 설계된 발명품으로 그의 천재성이 드러난 흥미로운 작품이다. 1506년 프랑스 치하의 밀라노에 초빙되어 루이 12세의 궁정화가 겸 기술자로서 6년 남짓 머무르는 동안 그는 여러 가지 과학 연구에 주력하였는데, 특히 기류법칙과 비교 연구한 수류(水流)법칙 등 물의 물리적 특성에 관한 연구가 전해지고 있다. 1516년에는 프랑수아 1세의 초청으로 프랑스로 가서 궁정화가로서의 활동뿐만 아니라 방대한 양의 수기를 정리하고 여러 가지 사색에 잠겼으며, 운하설계나 궁정설계 등을 지휘하면서 충실한 생활을 하였다. 그의 방대한 수기는 평생에 걸친 각종 과학의 연구 및 예술론과 인생론이 기록된 것으로, 유언에 따라 제자 멜치에게 보내졌으나 현재는 약 5,000장의 일부만이 서구 각지에 분산 소장되어 있다.

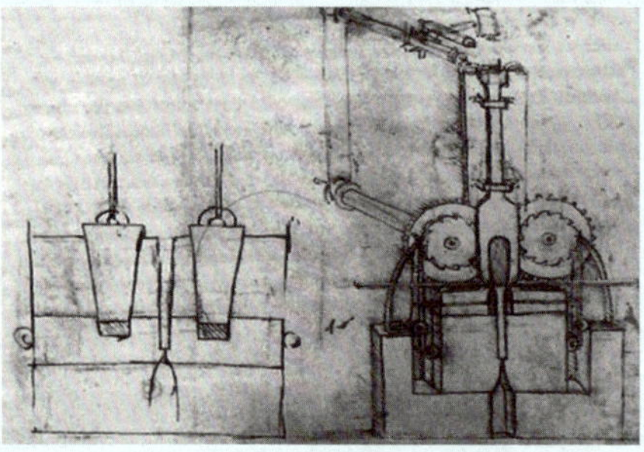

Leonardo da Vinci, 물 퍼올리는 기계

제2장 기상수문학(Hydrometeorology)

2.1 기후학적 인자

2.2 강수

2.3 증발

2.4 기후변화와 수문 현상

미리 생각하기 2

'미리 생각하기' 질문은 이 책의 각 장을 읽기 전 배경 지식 없이 창의적으로 고민해 보자는 의도에서 기획되었습니다. 각 질문마다 최소 10분 이상 아무런 자료 없이 스스로 생각해 본 후, 인터넷 검색 등으로 관련 자료를 찾아 보완해 봅시다. 대부분 고정된 정답이 없으므로 완결성보다는 자기주도형 창의적 답변이 중요합니다.

2.1 기후학적 인자

아래의 물리학 기초 이론을 개인별로 예습하기 바랍니다.

- The Dalton's law of partial pressure
- The ideal gas law
- The Stefan-Bolzmann law
- Latent heat & sensible heat
- Lapse rate, albedo, emissivity

2.2 강수

아래 각 질문을 팀별로 준비하기 바랍니다.

- 인터넷이나 보고서 등을 통해 서로 다른 두 지역의 시간(hourly) 강우량 자료를 최소한 10가지 사상 이상 얻어 봅시다. 여기서 '사상'이란 비가 오기 시작하여 끝날 때까지를 의미하며, 지속시간은 모두 다를 수 있습니다.
- 획득한 강우사상들을 시간별로 분석해 봅시다. 각 사상의 전체 강우량 중에 매 시간 강우량을 백분율로 나타내면 됩니다. 전반부, 중반부, 후반부 중 어느 한 부분에 강우량이 집중되고 있나요?
- 어떤 유역에 우량계들이 아래 지점과 같이 설치되어 있을 경우, 모월 모일 관측된 각 지점별 강우량은 그림 옆의 표와 같습니다. 지점별 강우량을 사용하여 유역 전체에 내린 강우량을 추정해 봅시다. 창의력을 발휘하여 최소한 두 가지 이상의 방법으로 구해봅시다.

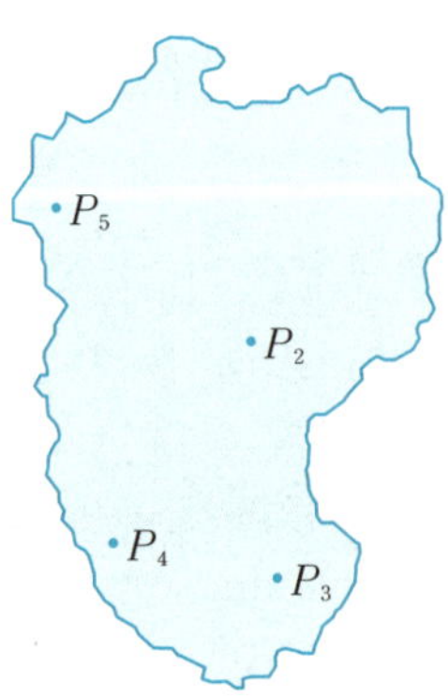

	관측 강우량 (mm)
P_2	20.0
P_3	30.0
P_4	40.0
P_5	50.0

– 앞서 획득한 강우 자료들을 활용하여 다음의 관계를 그려봅시다. 어떤 관계가 보이나요?

  * 강우량과 지속시간

  * 강우강도(=강우량/지속시간)와 지속시간

2.3 증발

(1) 댐으로 만들어진 저수지는 저수지의 저수용량과 댐에서의 방류량을 매일 측정할 수 있다는 장점이 있습니다. 이제 이 저수지의 일별 증발량을 계산하려 합니다. 어떤 자료들이 더 필요하고 이들을 사용하여 어떻게 증발량을 계산할지 창의적으로 고민하여 봅시다.

(2) 아래 각 질문을 A, B, C 세 팀으로 나누어 준비하기 바랍니다.

– 인터넷이나 보고서 등을 통해 월별 증발량 자료를 취득하여 봅시다. 지역의 선정은 개인별로 다음의 조건을 따르기 바랍니다. 지역별로 어떤 차이를 보이고 있습니까?

  * A팀: 위도가 다른 2개 지역

  * B팀: 내륙 및 해안 지역

  * C팀: 도시와 산간 지역

– 위의 자료들은 월별로 어떤 차이를 보이고 있습니까? 증발량에 영향을 미칠 것으로 예상되는 인자를 모두 유추해 봅시다. 앞서 선정한 해당지역(또는 인접지역)에서 이러한 인자들의 자료를 찾아 상관관계가 있는지 그려봅시다. 어떤 인자가 가장 중요한가요? 지역마다 중요한 인자가 다릅니까?

2.4 기후변화

다음 질문을 개인별로 준비하기 바랍니다.

– 온실가스는 미세먼지나 황사와 어떻게 다른가요?

– 온실가스는 어떻게 측정하며, 현재 지구의 온실가스는 정량적으로 어떤 수준인가요?

– 지구에 공룡이 번창했던 주라기 시대의 기후는 현재와 어떻게 달랐을까요?

제2장

기상수문학

기상수문학(氣象水文學, hydrometeorology)은 지구 상의 물 순환 과정 중 대기 현상에 관한 학문을 말한다. 일반적으로 기상수문학은 강우(降雨, rainfall)가 지상에 도달하기 이전까지의 대기 현상을 다루고 있으며, 여기에는 강우의 근원이 되는 증발(蒸發, evaporation)과 증산(蒸散, transpiration) 과정까지도 포함한다.

물의 순환 과정에서 하천 유량의 근원은 지하수(地下水, groundwater)와 강수(降水, precipitation)이다. 지하수는 강수가 흙의 표면으로부터 침투(浸透, infiltration)되어 보충되는 부분이 큰 부분을 차지한다고 볼 때, 수문학에서 가장 큰 관심사인 유출(流出, runoff)의 근원은 강수이다. 강수에는 강우(rainfall)와 강설(降雪, snowfall)은 물론 진눈깨비와 우박 등 수증기가 응결되어 중력 때문에 강하하는 모든 것들이 포함되며, 우리나라의 경우는 유출에 미치는 영향에 있어 강설보다 강우가 지배적이다. 또한 낙하된 강우의 약 75%가 다시 증발과 증산에 의하여 대기로 환원되므로 증발과 증산 과정도 유출에 큰 영향을 미친다. 이와 같이 강우와 증발 및 증산과정은 수문학의 중요한 요소이므로 이 장에서는 기상수문학과 관련된 내용 중 강우와 관련한 기후학적 인자, 강우의 형성, 강우 자료의 분석, 그리고 증발과 증산 등에 대하여 기술하고자 한다.

2.1 기후학적 인자

2.1.1 태양에너지

지구에 전달되는 태양에너지(solar energy)는 거의 모든 지구 상 생명체의 생존을 가능케 하며 지구의 날씨 및 기후를 만든다. 따라서, 지표에 도달하는 태양에너지의 양, 태양과 지구와의 상대적 위치 등은 물 순환 과정의 각 요소에 지대한 영향을 미치고 있다. 태양은 약 6000K의 온도를 가지고 있으나, 지구에 도달하는 태양에너지는 전체 태양이 발산하는 에너지 중 극히 일부분인 5×10^{-10}%에 지나지 않으며, 이 중에서도 지표면에 직접 도달하는 에너지는 대기와 지표에서의 산란, 흡수, 반사 등으로 극히 적은 부분에 지나지 않는다. 태양으로부터 발산되는 에너지는 전자기파(electromagnetic wave)의 형태를 갖고 있으며, 전도(傳導, conduction) 및 대류(對流, convestion)와는 달리 매개물질 없이도 열에너지가 직접 전달되는 복사(輻射, radiation) 과정을 통해 지구로 전달된다.

(1) 태양상수와 외기복사에너지

태양이 지구 대기권의 시작점까지 수직으로 전달하는 에너지를 태양상수(solar constant)라고 하는데, 인공위성으로도 측정이 가능하며 1.366kW/m²=0.0820MJ/m²/min=1.958cal/cm²/min=1.958langley/min의 값을 갖는다고 보고되고 있다. 지구는 둥글고 기울어져 있기 때문에 대기권으로 입사(入射)되기 직전의 태양 외기복사(extraterrestrial radiation)는 태양상수로부터 위도와 날짜 및 시각까지 고려해서 다음과 같이 계산하여야 하는데 태양상수와는 구별되어져야 한다.

$$R_{se} = R_{so}(d_{so}/d_{si})\cos\beta = R_{so}(d_{so}/d_{si})(\cos\varphi\cos\omega\cos\delta + \cos\varphi\cos\delta) \qquad (2.1)$$

여기서 R_{se}는 대기권으로 입사되는 외기복사에너지, R_{so}는 태양상수, β는 태양과 지축의 각도거리(angular distance), φ는 위도, ω는 시간에 따른 각도(정오에 $\omega=0$이고 자정에 $\omega=\pi$), δ는 태양편각이다. 또한 d_{si}와 d_{so}는 각각 태양과 지구의 순간 및 연평균 거리인데, 두 값 사이에 최대 3.5% 밖에 차이가 나지 않기 때문에 수문학에서는 서로 상쇄된다고 가정하기도 한다. 그림 2.1은 이렇게 계산된 R_{se}의 월별 변동을 보여주고 있다.

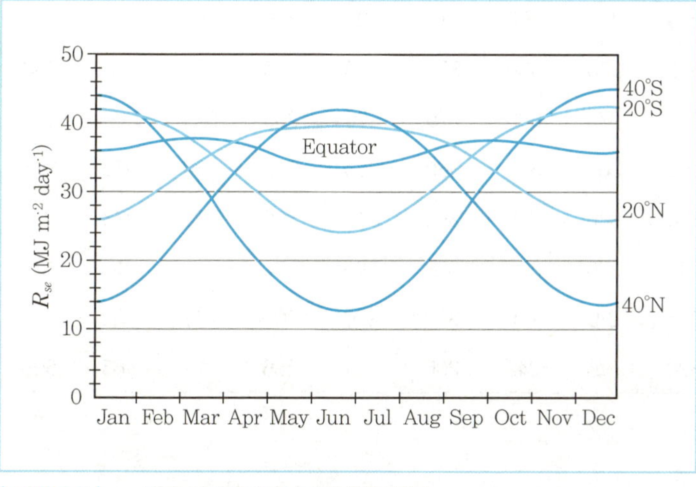

| 그림 2.1 | 태양 외기복사에너지의 월별 변동

(2) 태양에너지의 입사

태양에너지는 대기권 안으로 입사된 후에도 구름 등의 영향으로 변화를 겪게 되는데, 이때 대부분의 파동(wave)은 길이 0.1~4μm 범위를 가지는 단파(short wave)이다. 이러한 태양의 입사(incoming solar radiation)에너지를 추정하기 위해서 여러 가지 계산식들이 제안되어져 왔는데, 이 중 가장 간단한 회귀식(Angstrom, 1924)을 소개하면 다음과 같다.

$$R_{si} = R_{se}[a+b(n/N)] \tag{2.2}$$

여기서 R_{si}는 대기권으로 입사한 태양에너지, n은 실제 일조시간, N는 최대가능일조시간(표 2.1)이다. 또한 a와 b는 회귀계수로 지역, 계절, 대기 상태(예: 습도, 먼지)에 따라 그 값이 달라지나, 자료가 불충분할 경우 평균값인 0.25와 0.50을 각각 사용하면 된다. 만일 구름 등의 영향이 전혀 없는 최적의 조건(n=N)일 경우, R_s=(0.25+0.5)R_{se}이 되는데, 이는 평균적으로 태양 외기에너지의 약 75%가 대기권으로 입사됨을 의미한다. 표 2.2는 우리나라 주요 도시의 연 평균일조시간을 보여주고 있다.

■ **표 2.1** 최대가능일조시간(이재수, 2006)

(단위: hr/month)

위도	1월	2월	3월	4월	5월	6월	7월	8월	9월	10월	11월	12월
50°N	265	280	366	415	480	490	495	450	380	330	274	252
40	303	300	370	400	445	450	455	425	375	345	300	290
30	324	314	370	388	425	420	430	410	370	353	320	316
20	341	324	370	378	407	400	410	400	366	360	335	338
10	360	327	370	370	390	380	390	385	366	366	352	356
0	375	340	375	363	375	363	375	375	363	375	363	375
10	388	350	378	355	363	346	360	364	360	380	378	396
20	410	360	378	350	346	328	340	344	360	388	393	414
30	430	370	380	342	330	306	328	345	360	404	410	435
40	466	380	385	334	310	280	302	330	360	415	432	463
50°S	490	403	387	320	276	242	266	315	356	427	465	508

■ **표 2.2** 우리나라 주요 도시의 연 평균일조시간(1981년~2010년)

(단위: hr)

서울	160.3	163.3	189.0	205.0	213.0	182.0	120.0	152.5	176.2	198.8	153.2	152.6
대전	163.4	172.2	200.3	212.3	223.9	180.6	139.8	157.8	168.2	195.9	161.6	162.6
대구	193.5	185.2	202.9	220.4	229.7	183.8	151.3	165.3	161.1	203.2	180.0	189.7
광주	159.9	164.6	192.0	213.0	222.8	169.2	145.4	172.6	172.3	205.2	163.6	155.9
부산	199.0	182.5	193.0	210.0	221.7	179.7	165.8	200.9	167.2	208.9	194.4	204.3
제주	70.4	105.4	158.9	194.4	211.9	170.9	195.6	195.6	161.7	178.5	126.0	84.8

(3) 대기권에서의 복사에너지 교환

대기권으로 입사된 태양에너지는 대기권 내에 존재하는 구름과 기체, 그리고 지표면에 의해 반사, 산란, 또는 흡수된다. 또한 이 중 흡수된 에너지는 장파의 형태로 우주와 지구로 방출되는데, 이러한 과정을 거치면서 에너지는 대기권 내에서 교환된다. 지구 표면에서 보았을 때 단파인 태양 복사에너지와 장파인 지구 복사에너지는 그 양에서 차이가 생기게 되는데, 이를 순복사에너지(net radiation)라 하며 다음과 같이 표현된다.

$$R_n = (1-\alpha_s)R_{si} - R_{lu} + \varepsilon_s R_{ld} \tag{2.3}$$

여기서 R_n은 순복사에너지, R_{si}는 대기권으로 입사된 태양에너지, R_{ld}는 대기에서 지표로 방출되는 장파 에너지, R_{lu}는 지표에서 대기로 방출되는 장파 에너지이며, α_s는 지표면의 알베도(surface albedo), ε_s는 지표면의 방사율(surface emissivity)이다. 순복사에너지는 순복사계(net radiometer)라는 장치로 지표면에서 직접 측정할 수도 있지만, 그렇지 못한 경우 식 (2.3) 오른쪽 항들로부터 추정하여야 하는데 이들 요소들을 하나씩 살펴보면 다음과 같다.

(i) 단파 복사에너지의 반사와 지표면 알베도

식 (2.3)의 오른쪽 첫 번째 항은 지표면에서 반사되는 태양에너지의 양을 의미한다. 여기에 사용된 알베도 α_s의 정의는 지표면으로 입사되는 태양에너지 전체에 대한 반사된 태양에너지의 비율이다. 알베도에는 산란되는 복사에너지의 비율까지도 포함되기 때문에 반사율(reflectivity)과는 차별화 되어야 한다. 또한 알베도는 단파인 태양복사에만 적용되는 개념인데, 장파는 흡수와 방사의 현상이 단파의 경우와 상당히 다르기 때문이다. 알베도는 구름의 영향이 없는 경우 하루 중 태양의 고도에 따라 변동하며, 표 2.3은 여러 가지 지표면 형태에 따른 알베도의 일 평균값을 근사적으로 보여주고 있다.

■ **표 2.3 지표 형태에 따른 일 평균알베도의 근사값(Brutsaert, 2005)**

지표면 형태	알베도
Deep water	0.04–0.08
Moist dark soils; ploughed fields	0.05–0.15
Gray soils, bare fields	0.15–0.25
Dry soils, desert	0.20–0.35
White sand; lime	0.30–0.40
Green grass and other short vegetation(e.g. alfalfa, potatoes, beets)	0.15–0.25
Dry grass; stubble	0.15 0.20
Dry prairie and savannah	0.20–0.30
Coniferous forest	0.10–0.15
Deciduous forest	0.15–0.25
Forest with melting snow	0.20–0.30
Old and dirty snow cover	0.35–0.65
Clean, stable snow cover	0.60–0.75
Fresh dry snow	0.80–0.90

(ii) 지표면으로부터의 방출되는 장파 복사에너지

지구는 태양에 비하면 차가운 천체이므로, 4~100μm 범위에서 상대적으로 긴 적외선(infrared wave) 파동을 내보낸다. 즉, 해가 뜬 시간에 단파인 태양에너지를 흡수하였다가 장파의 복사에너지로 돌려보내는 것이다. 그러나 다양한 지표면으로부터 방사(emit)되는 복사에너지를 직접 측정하기란 어려운 일이기 때문에 아래와 같은 이론으로 추정해오고 있다.

스테판-볼츠만법칙(Stefan-Bolzman law)에 의하면 검은 물체가 단위면적당 단위시간에 방출하는 에너지의 양은 물체 표면 절대온도(T)의 네제곱에 비례한다. 검은 물체가 아닌 경우에는 방사율(emissivity)의 개념을 도입하여 복사에너지를 정량화 할 수 있는데, 식 (2.3)의 오른쪽 두 번째 항의 경우 다음과 같이 표현할 수 있다.

$$R_{lu} = \varepsilon_s \sigma T_s^4 \tag{2.4}$$

여기서 R_{lu}는 지표면에서 방사되는 복사에너지이고, T_s는 지표면의 온도로 측정이 어려울 경우 기온으로 대체하기도 하며, Stefan-Bolzman 상수는 $\sigma=5.6697\times10^{-8}W/m^2/K^4=1.354\times10^{-12}cal/cm^2/K^4/sec$의 값을 갖는다. 또한 ε_s는 지표면의 방사율로 표 2.4와 같이 지표면 형태에 따라 서로 다른 값을 가지는데, $\varepsilon_s=1$로 가정하여도 식 (2.4) 계산에서 의미 있는 오차를 유발하지는 않는다고 알려져 있다. 표 2.5는 온도에 따른 스테판-볼츠만법칙의 σT^4 계산값을 보여주고 있다.

■ **표 2.4 지표 형태에 따른 방사율 값**

지표면 형태	방사율
Bare soil(mineral)	0.95-0.97
Bare soil(organic)	0.97-0.98
Grassy vegetation	0.97-0.98
Tree vegetation	0.96-0.97
Snow(old)	0.97
Snow(fresh)	0.99

■ **표 2.5 온도에 따른 스테판-볼츠만 σT^4 계산값**

T(℃)	σT^4(MJ/m²/day)	T(℃)	σT^4(MJ/m²/day)	T(℃)	σT^4(MJ/m²/day)
1.0	27.70	17.0	34.75	33.0	43.08
1.5	27.90	17.5	34.99	33.5	43.36
2.0	28.11	18.0	35.24	34.0	43.64
2.5	28.31	18.5	35.48	34.5	43.96
3.0	28.52	19.0	35.72	35.0	44.21
3.5	28.72	19.5	35.97	35.5	44.50
4.0	28.93	20.0	36.21	36.0	44.79
4.5	29.14	20.5	36.46	36.5	45.08
5.0	29.35	21.0	36.71	37.0	45.37
5.5	29.56	21.5	36.96	37.5	45.67
6.0	29.78	22.0	37.21	38.0	45.96
6.5	29.99	22.5	37.47	38.5	46.26
7.0	30.21	23.0	37.72	39.0	46.56
7.5	30.42	23.5	37.98	39.5	46.85
8.0	30.64	24.0	38.23	40.0	47.15
8.5	30.86	24.5	38.49	40.5	47.46

표 2.5 계속

T(℃)	σT^4(MJ/m²/day)	T(℃)	σT^4(MJ/m²/day)	T(℃)	σT^4(MJ/m²/day)
9.0	31.08	25.0	38.75	41.0	47.76
9.5	31.30	25.5	39.01	41.5	48.06
10.0	31.52	26.0	39.27	42.0	48.37
10.5	31.74	26.5	39.53	42.5	48.68
11.0	31.97	27.0	39.80	43.0	48.99
11.5	32.19	27.5	40.06	43.5	49.30
12.0	32.42	28.0	40.33	44.0	49.61
12.5	32.65	28.5	40.60	44.5	49.92
13.0	32.88	29.0	40.87	45.0	50.24
13.5	33.11	29.5	41.14	45.5	50.56
14.0	33.34	30.0	41.41	46.0	50.87
14.5	33.57	30.5	41.69	46.5	51.19
15.0	33.81	31.0	41.96	47.0	51.51
15.5	34.04	31.5	42.24	47.5	51.84
16.0	34.28	32.0	42.52	48.0	52.16
16.5	34.52	32.5	42.80	48.5	52.49

(iii) 대기로부터 지표면으로 방출되는 장파 복사에너지

대기권에 순환하는 복사에너지는 대기권 내에 존재하는 구름과 기체(예: 수증기, 이산화탄소) 등에도 흡수되었다가 장파의 형태로 방출되어 지표면으로 다시 돌아오는데, 이러한 복사에너지가 식 (2.3)의 오른쪽 세 번째 항 R_{ld}이다. 식 (2.3)에서 R_{ld}에 지표면 방사율인 ε_s가 곱해져 있는 이유는 키르히호프법칙(Kirchhoff law)에 의하여 방사율과 흡수율의 경우 온도가 평형을 이루는 동안 동일하기 때문이다. 즉, 대기에서 방출된 복사에너지 중 ε_s의 비율만큼만 흡수된다는 의미이다.

대기에서 방출되어 지표면으로 회귀되는 복사에너지 R_{ld}는 이론적으로 다음과 같이 표현될 수 있다.

$$R_{ld} = (1+am_c^b)\varepsilon_{ac}\sigma T_a^4 \tag{2.5}$$

여기서 m_c는 구름비율, ε_{ac}는 구름이 없는 경우 대기의 방사율, T_a는 기온, a, b는 매개변수이다. 식 (2.5)의 의미는, R_{ld}의 계산이 기본적으로 스테판-볼츠만법칙을 따르지만 구름의 영향을 고려하여야한다 것이라 할 수 있다. 대기의 방사율 ε_{ac}의 합리적 계산과 매개변수 a, b의 추정을 위해

많은 연구들이 진행되어 왔는데, 간단한 사례를 소개하면 다음과 같다. 대기의 방사율 계산에는 수증기와 기온 자료가 중요하며, $\varepsilon_{ac}=1.24(e_a/T_a)^{1/7}$으로 추정할 수 있는데 여기서 수증기압 e_a의 단위는 mb이고 기온 T_a의 단위는 K이다(Brutsaert, 2005). 또한 구름의 종류를 고려하지 않는 경우 미국 대평원(Great Plains)에 적합한 a, b의 값은 각각 0.0496과 2.45임을 제안한 바 있다(Sugita와 Brutsaert, 1993).

(ii)와 (iii)에서 각각 계산한 장파의 에너지수지(즉, 식 (2.3)의 오른쪽 두 번째와 세 번째 항)를 하나의 식으로 묶어서 계산하는 시도도 있었는데, 이를 소개하면 다음과 같다.

$$R_{ln}=\sigma\left[\frac{T_{\max^4}+T_{\min^4}}{2}\right](0.34-0.14\sqrt{e_a})\left(1.35\frac{R_{si\max}}{R_{si}}-0.35\right) \tag{2.6}$$

여기서 $T_{\max}$, $T_{\min}$는 각각 일 최대 및 최저 기온(K), e_a는 대기의 증기압(kPa), R_{si}는 식 (2.2)의 태양 입사에너지(MJ/m^2/day), $R_{si\max}$는 구름이 없고 일조시간이 최대가 될 때, 즉 식 (2.2)의 $n=N$가 될 때, 태양 입사에너지의 최대값(MJ/m^2/day)이며 다음과 같이 계산할 수 있다.

$$R_{si\max}=(0.75+2z/100000)R_{se} \tag{2.7}$$

여기서 z는 고도(m)이다.

(4) 전 지구 에너지수지

그림 2.2는 전 지구 에너지수지(global energy budget)를 요약하여 나타내고 있는데, 대기권 시작점에서 입사되는 태양에너지(즉, 외기복사에너지)를 100으로 보았을 때 대기권에서 반사되거나 흡수하는 양이 53이며 나머지 47만이 지표에 도달하게 된다. 그러나 지표면의 관점에서 보면 태양에너지에서(short wave 즉 단파로) 도달하는 47이 대기권에서(long wave 즉 장파로) 들어오는 에너지 98과 합쳐서 총 145의 에너지를 형성하는데, 이들은 각각 지표면으로부터의(장파) 복사(116)와 숨은열(24) 및 현열(5) 형태를 통해 모두 다시 방출되면서 장기적으로는 균형을 이루게 된다. 여기서 숨은열(latent heat)은 증발과 같이 기체, 액체, 고체의 상태(phase) 간 변화 시 소요되는 에너지이며, 현열(sensible heat)은 온도 상승에 소요되는 에너지를 의미한다. 지표면에서의 에너지수지와 마찬가지로 대기 내에서의 에너지수지와 대기권 시작점에서의 에너지수지도 장기적으로는 균형을 이루고 있음을 그림 2.2의 숫자들로 확인하기 바란다.

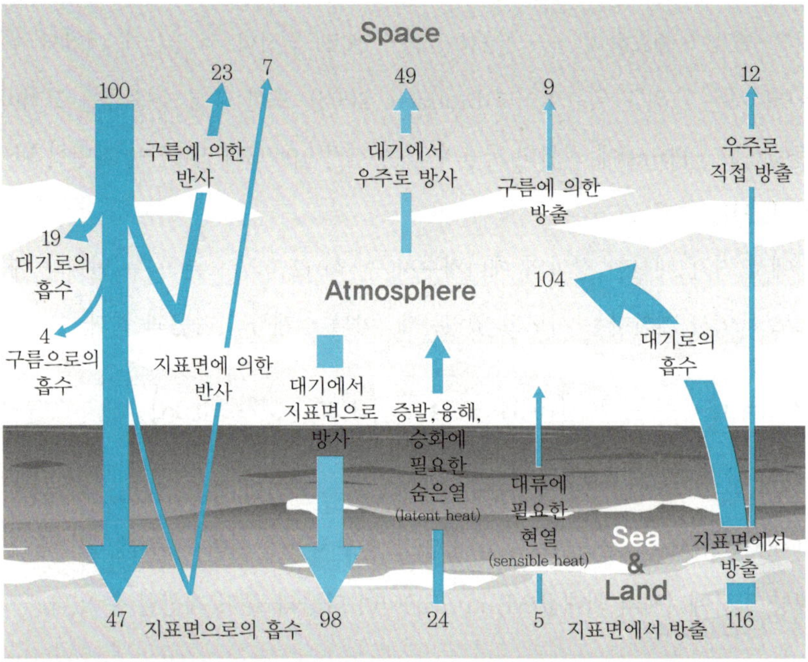

| 그림 2.2 | 전 지구 에너지수지

2.1.2 기온

태양에너지와 지구의 자전에 의하여 변화되는 대기의 온도(temperature)인 기온(氣溫)은 지표면의 상태, 고도 등에 의하여 영향을 받으며 지역적, 시간적으로도 많이 변화하고 있다. 기온의 지역·시간적 변화는 지표면과 태양열을 받는 각도에 따라 달라지기 때문에 지구의 자전, 지구의 위치 등의 함수이기도 하다. 이러한 대기의 기온 변화는 직접적으로 물의 순환 과정에 영향을 준다. 특히 기온에 따라 변화하는 증발량과 증산량은 물의 순환 과정에서 큰 부분을 차지하며, 기온에 따른 식물의 성장은 물의 흐름 상태를 변화시켜 유출 현상에 영향을 주게 된다. 또한, 시공간은 물론 고도에 따라서도 크게 변화하는데, 대기 상층부에서 만나는 두 기단의 온도 차이로 인하여 유입되는 기단의 상승과 하강이 결정됨으로써 강우의 형성에 매우 중요한 역할을 하게 된다.

(1) 기온의 표현

어떤 기간 동안의 기온은 통상 평균기온(平均氣溫, mean or average temperature)과 정상기온(正

常氣溫, normal temperature)으로 표현된다. 평균기온은 원하는 기간의 평균을 산술평균하는 방법으로 일 평균기온, 월 평균기온, 연 평균기온 등이 있다. 정상기온은 원하는 특정의 일, 월, 계절, 연에 대한 최근 30년 단위의 평균기온을 의미한다. 일반적으로 1991년에서 2000년 사이의 특정 일의 정상기온은 1961년부터 1990년까지 30년의 특정 일의 기온을 평균한 값을 사용하며, 2001년에서 2010년 사이의 특정 월의 정상기온은 1971년부터 2000년까지 30년간 특정 월의 기온을 평균하여 구한다.

일 평균기온은 하루 동안의 평균기온을 의미하는 것으로 매시간의 기온을 평균하는 방법, 3~6시간 간격으로 측정된 기온을 평균하는 방법, 하루 동안의 최고 기온과 최저 기온을 평균하는 방법 등이 있다. 매시간의 기온을 평균하는 방법이 가장 정확하나 일반적으로 계산의 간편성 때문에 최고 기온과 최저 기온을 평균하는 방법이 많이 사용되는데, 이 값은 실제의 평균기온보다 약 1℃ 정도 낮은 값을 가지는 것으로 알려져 있다. 월 평균기온은 월 최저기온과 월 최고기온을 산술평균하여 결정한다. 그리고 연 평균기온은 12달의 월 평균기온을 산술평균하여 결정한다.

기온의 단위로는 섭씨(Celsius, ℃), 화씨(Fahrenheit, ℉), 절대온도(Kelvin, K)가 이용된다. 절대온도 0K는 섭씨 −273.16℃에 해당되며, 섭씨온도와 화씨온도 사이에는 다음과 같은 관계가 있다.

$$T_f = 32 + \frac{9}{5} T_c \tag{2.8}$$

여기서, T_f는 화씨온도, T_c는 섭씨온도이다.

(2) 기온변화율

기온은 지상으로부터의 고도가 높아질수록 감소하는데 그 감소율을 기온변화율(氣溫變化率, lapse rate)이라 한다. 외부와의 열교환이 없는 상태인 단열(斷熱) 과정에서 공기가 상승하면 기압이 낮아지므로 단열팽창하게 된다. 팽창하는 공기는 주위에 일을 하게 되고 그만큼의 열에너지를 잃게 되면서 온도는 낮아지게 되는데 이 과정을 단열냉각이라 하며, 반대의 과정을 단열승온이라 한다. 기온변화율은 지표면에서는 큰 변화를 보이는데, 낮에는 지표면의 가열로 인하여 큰 값의 기온변화율을 나타내며, 밤에는 지표면의 냉각으로 인하여 작은 값의 기온변화율을 나타낸다. 단열 과정을 수식으로 표현하면 다음과 같다.

$$\frac{dT}{dz} = -\alpha \tag{2.9}$$

여기서 T는 온도, z는 고도, α는 기온변화율(lapse rate)이다. 그러므로 고도가 다른 두 지점에서의 온도 차는 $T_2 - T_1 = -\alpha(z_2 - z_1)$이다.

공기가 건조한 상태에서 기온변화율은 0.976℃/km으로 일정하며, 이를 건조단열 기온변화율(dry adiabatic lapse rate)이라 한다. 습윤한 공기가 상승할 경우에는 부피가 팽창하면서 냉각되고 함유한 수증기는 이슬점온도에서 액체상태로 응축(凝縮, condensation)된다. 수증기는 응축되면서 숨은열을 방출하게 되므로 이때의 공기는 건조한 경우보다 냉각속도가 떨어지는데, 포화상태에서의 기온변화율을 포화단열 기온변화율(saturated adiabatic lapse rate)이라 한다. 온도에 따라 수증기의 양이 달라지기 때문에 습윈상태의 기온변화율은 온도에 따라 변하는데 4℃/km~9.8℃/km 범위를 갖으며 일반적으로 약 5℃/km이다.

(3) 우리나라의 기온

미국 NASA 지구관측[*1]에 의하면 지구의 기온은 1880년 이후 평균 0.8℃가 상승하였고, 이 중 0.5℃ 이상이 1975년 이후에 상승하였다고 보고하고 있으며, 2015년부터 2018년이 관측 이래 가장 따뜻한 연도의 1위부터 4위였음을 전하고 있다. 우리나라도 예외는 아니어서 20세기 초 30년(1912~1941년)과 비교할 때 최근 30년(1988~2017년)의 기온이 무려 1.4℃ 상승한 것으로 보고되고 있다(K-Water, 2016). 우리나라의 경우 도시화로 인한 열섬(heat island)현상이 온실가스 증가와 중첩되어 세계 평균의 거의 2배 가까운 온도 상승을 겪고 있는 것으로 전문가들은 분석하고 있다. 계절별로 보면 겨울철의 기온 상승이 가장 두드러지나, 열대야와 폭염 등 여름철의 극한기후 현상도 함께 증가하고 있는 것으로 보고되고 있다(K-Water, 2016).

기온은 하루 중에도 시간에 따라 변하는데, 일반적으로 일 최저기온은 해가 뜨기 직전인 반면 일 최고기온은 태양복사열로 지면이 충분히 가열된 오후 3시경에 발생한다. 일 최고기온과 일 최저기온의 차이를 일교차(diurnal temperature range)라고 정의하는데, 우리나라에서 일교차가 가장 큰 계절과 지역은 각각 봄철과 내륙 분지(예; 안동, 보은, 춘천, 홍천 등)로, 예를 들어 2008년 4월 경상북도 의성의 일교차는 섭씨 24℃를 기록하기도 했다. 하지만 해안지역의 일교차는 대체로 작아서 통상 10℃ 미만이다.

일교차와 대비하여, 기온의 연교차(annual range)는 월평균 온도가 가장 큰 달에서 가장 작은

*1 https://earthobservatory.nasa.gov/world-of-change/DecadalTemp4

달의 차이로 정의되는데, 역시 내륙지방이 커서 북한 중간진이 42℃ 이상으로 가장 크다고 알려져 있는 반면, 서귀포의 경우 20℃ 정도로 보고되고 있다. 표 2.6은 서울의 기온 통계량을 보여주고 있다.

■ 표 2.6 서울의 기온 통계량(1973년 1월~2013년 12월; 서울특별시, 2016)

(단위: ℃)

구분	1월	2월	3월	4월	5월	6월	7월	8월	9월	10월	11월	12월
일 평균기온	−2.6	0.0	5.4	12.2	17.7	22.2	24.9	25.6	21.1	14.7	7.1	0.1
일 최대기온	1.4	4.4	10.3	17.6	23.0	27.0	28.6	29.6	25.8	19.9	11.5	4.0
일 최저기온	−1.6	−3.7	1.3	7.5	13.0	18.1	21.9	22.4	17.1	10.2	3.1	−3.5
일교차	7.5	8.1	9.0	10.0	10.0	8.9	6.7	7.2	8.6	9.7	8.4	7.5

2.1.3 습도와 강수가능량

기상학적 인자 중 가장 변화가 심한 것은 습도(濕度, humidity)이다. 또한 습도는 기후 및 기상 상태를 결정하는 중요한 역할을 할 뿐만 아니라 물의 순환 과정에도 큰 영향을 미친다. 대기 중의 물의 존재는 물의 순환 과정 중 증발, 증산, 강수의 형성, 식물의 성장 등에 영향을 준다. 물은 대기 중에 주로 기체 상태로 존재하게 되고, 이 기체 상태의 물은 주위 환경의 여건에 따라 액체나 고체 상태로 변할 수도 있다.

(1) 물의 상태 변화

액체 상태의 물이 수증기로 변화되는 과정은 증발(蒸發, evaporation)이라 한다. 증발은 물분자의 운동에너지가 물분자 간의 응집력보다 커질 때 수표면을 이탈하면서 일어나게 된다. 기온이 상승할수록 운동에너지는 커지고 표면장력(表面張力, surface tension)은 작아지기 때문에 증발률은 기온의 상승에 따라 증가한다. 물분자는 눈 또는 얼음의 표면에서도 직접 증발될 수 있다. 기상학에서는 이와 같이 고체가 기체 상태로 직접 변화하는 과정을 승화(昇化, sublimation)라 하며 수문학에서는 일반적으로 증발 현상에 포함시킨다. 증발 현상과 반대로 수증기가 액체 또는 고체 상태로 변화하는 현상을 응축(凝縮, condensation)이라 한다. 또한 고체가 액체 상태로 변화하는 현상을 융해(融解, melting)라 한다.

물의 각 상태는 서로 다른 수준의 내부에너지를 가지고 있으며 상태의 변화는 밀도의 변화를 초래한다. 따라서 물의 상태가 변화하는데는 열의 방출이나 흡수가 필요하게 되는데 온도의 변화 없이 물의 상태가 변화하는데 필요한 열을 숨은열이라 한다. 숨은열의 단위로는 cal/g이 주로 사용되며 1g의 물질이 상태가 변화되는데 필요한 열을 의미하며 specific latent heat이라고도 한다. 각 현상에 대한 물의 대략적인 숨은열의 값은 식 (2.10)~(2.12)와 같이 계산할 수 있다.

$$\text{증발숨은열(또는, 증발열)} : l_v = 597.3 - 0.57\,T \tag{2.10}$$

$$\text{승화숨은열(또는, 승화열)} : l_s = 677 - 0.07\,T \tag{2.11}$$

$$\text{융해숨은열(또는, 융해열)} : l_m = 79.7 \tag{2.12}$$

여기서 숨은열의 단위는 cal/g이며, T는 물 또는 얼음의 온도(℃)이다. 참고로, 수문학에서 유용한 식 (2.10)은 −20~40℃의 범위에서 0.1% 이하의 오차를 갖는다.

(2) 증기압과 습도

여러 종류의 기체가 같이 섞여 있을 경우, 각각의 기체는 다른 기체와 독립된 부분압력(部分壓力, partial pressure)을 갖는다. 대기 중에 수증기가 존재할 경우 수증기는 독립된 부분압력을 갖게 되는데 이 압력을 증기압(蒸氣壓, vapor pressure)이라 한다. 대기 중에 포함될 수 있는 수증기의 양은 대기의 온도에 따라 그 최대값이 정해져 있다. 일정 온도에서 포함할 수 있는 수증기의 양이 최대값에 도달하게 되면 수증기의 증발과 응축에 의한 수분의 이동이 평형상태에 도달하게 되며, 이때의 증기압을 포화증기압(飽和蒸氣壓, saturation vapor pressure)이라 한다. 그림 2.3은 온도에 따른 물의 포화증기압의 변화를 그림으로 나타낸 것이다.

증기압을 나타내는데 주로 이용되는 단위는 bar, millibar(=mb), mmHg 등이 있으며, 각각 다음과 같은 관계를 가지고 있다.

$$1\text{ bar} = 10^3\text{ mb} = 10\text{ N/m}^2 = 10^5\text{ Pa} = 0.9869\text{ atm} \tag{2.13}$$

$$1\text{ mmHg} = 13.60\text{ mm }H_2O = 133.3\text{ N/m}^2 = 133.3\text{ Pa} = 1.333\text{ mb} \tag{2.14}$$

표 2.7은 대기의 온도에 따른 포화증기압을 나타낸 것이다. 표에 제시된 포화증기압은 온도만의 함수이므로 다음 식 (2.15) 또는 (2.16)과 같은 근사식에 의해서도 구할 수 있다(Raudkivi, 1979).

$$e_s = 33.8639\,[(0.00738\,T + 0.8072)^8 - 0.000019\,|1.8T + 48| + 0.001316] \tag{2.15}$$

■ **표 2.7** 온도에 따른 포화증기압(mmHg)

대기온도(℃)	0.0	0.1	0.2	0.3	0.4	0.5	0.6	0.7	0.8	0.9
−10	2.15									
−9	2.32	2.30	2.29	2.27	2.26	2.24	2.22	2.21	2.19	2.17
−8	2.51	2.49	2.47	2.45	2.43	2.41	2.40	2.38	2.36	2.34
−7	2.71	2.69	2.67	2.65	2.63	2.61	2.59	2.57	2.55	2.53
−6	2.93	2.91	2.89	2.86	2.84	2.82	2.80	2.77	2.75	2.73
−5	3.16	3.14	3.11	3.09	3.06	3.04	3.01	2.99	2.97	2.95
−4	3.41	3.39	3.37	3.34	3.32	3.29	3.27	3.24	3.22	3.18
−3	3.67	3.64	3.62	3.59	3.57	3.54	3.52	3.49	3.46	3.44
−2	3.97	3.94	3.91	3.88	3.85	3.82	3.79	3.76	3.73	3.70
−1	4.26	4.23	4.20	4.17	4.14	4.11	4.08	4.05	4.03	4.00
−0	4.58	4.55	4.52	4.49	4.46	4.43	4.40	4.36	4.33	4.29
0	4.58	4.62	4.65	4.69	4.71	4.75	4.78	4.82	4.86	4.89
1	4.92	4.96	5.00	5.03	5.07	5.11	5.14	5.18	5.21	5.25
2	5.29	5.33	5.37	5.40	5.44	5.48	5.53	5.57	5.60	5.64
3	5.68	5.72	5.76	5.80	5.84	5.89	5.93	5.97	6.01	6.06
4	6.10	6.14	6.18	6.23	6.27	6.31	6.36	6.40	6.45	6.49
5	6.54	6.58	6.65	6.68	6.72	6.77	6.82	6.86	6.91	6.96
6	7.01	7.06	7.11	7.16	7.20	7.25	7.31	7.36	7.41	7.46
7	7.51	7.56	7.61	7.67	7.72	7.77	7.82	7.88	7.93	7.98
8	8.04	8.10	8.15	8.21	8.26	8.32	8.37	8.43	8.48	8.54
9	8.61	8.67	8.73	8.78	8.84	8.90	8.96	9.02	9.08	9.14
10	9.20	9.26	9.33	9.39	9.46	9.52	9.58	9.65	9.71	9.77
11	9.84	9.90	9.97	10.03	10.10	10.17	10.24	10.31	10.38	10.45
12	10.52	10.58	10.66	10.72	10.79	10.86	10.93	11.00	11.08	11.15
13	11.23	11.30	11.38	11.75	11.53	11.60	11.68	11.76	11.83	11.91
14	11.98	12.06	12.14	12.22	12.30	12.38	12.46	12.54	12.62	12.70
15	12.78	12.86	12.95	13.03	13.11	13.20	13.28	13.37	13.45	13.54
16	13.63	13.71	13.80	13.90	13.99	14.08	14.17	14.26	14.35	14.44
17	14.53	14.62	14.71	14.80	14.90	14.99	15.09	15.17	15.27	15.38
18	15.46	15.56	15.66	15.76	15.86	15.96	16.06	16.16	16.26	16.36
19	16.46	16.57	16.68	16.79	16.90	17.00	17.10	17.21	17.32	17.43
20	17.53	17.64	17.75	17.86	17.97	18.08	18.20	18.31	18.43	18.54
21	18.65	18.77	18.88	19.00	19.11	19.23	19.35	19.46	19.58	19.70
22	19.82	19.94	20.06	20.19	20.31	20.43	20.58	20.69	20.80	20.93
23	21.05	21.19	21.32	21.45	21.58	21.71	21.84	21.97	22.10	22.23
24	22.37	22.50	22.63	22.76	22.91	23.05	23.19	23.31	23.45	23.60
25	23.75	23.90	24.03	24.20	24.35	24.49	24.64	24.79	24.94	25.08
26	25.31	25.45	25.60	25.74	25.89	26.03	26.18	26.32	26.46	26.60
27	26.74	26.90	27.05	27.21	27.37	27.53	27.69	27.85	28.00	28.16
28	28.32	28.49	28.66	28.83	29.00	29.17	29.34	29.51	29.68	29.85
29	30.03	30.20	30.38	30.56	30.74	30.92	31.10	31.28	31.46	31.64
30	31.82	32.00	32.19	32.38	32.57	32.76	32.95	33.14	33.33	33.52

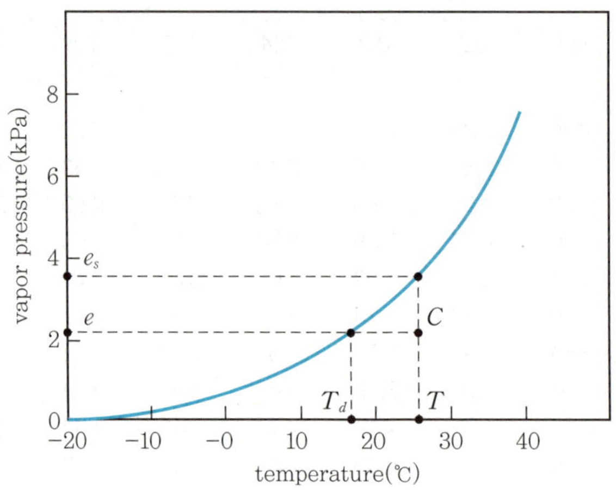

| 그림 2.3 | 온도별 물의 포화증기압

여기서 e_s는 포화증기압(mb), T는 기온(℃)이다.

$$e_s = 611 \exp\left(\frac{17.27\,T}{237.3+T}\right) \tag{2.16}$$

여기서 e_s는 포화증기압(Pa), T는 기온(℃)이다.

상대습도(相對濕度, relative humidity)는 어떤 온도에서의 포화증기압에 대한 실제 증기압의 비로써 정의되며, 그림 2.3에서 C점의 상대습도 r_h(%)는 다음식과 같이 나타낼 수 있다.

$$r_h = 100\times\frac{e}{e_s} \tag{2.17}$$

여기서 e와 e_s는 각각 현재 온도에서의 실제 증기압과 포화증기압이다.

일반적인 상태에서 우리가 온도의 측정에 이용하는 온도계를 건구(乾球)온도계라 하며, 온도계의 구부(球部, bulb)를 물에 적신 면포로 감싼 상태에서 환기시키면서 측정하는 온도계를 습구(濕球)온도계라 한다. 습구온도계에서는 증발로 인하여 증기압은 높아지고 기온은 낮아지게 된다. 이때의 건구온도와 습구온도에서의 기온과 증기압 사이의 관계는 다음과 같다.

$$e = e_w-\gamma(t-t_w) \tag{2.18}$$

여기서 t(℃)와 t_w(℃)는 각각 건구온도와 습구온도이며, e는 건구온도에서의 실제 증기압(mb) 그리고 e_w는 습구온도에서의 포화증기압(mb)을 나타낸다. γ는 psychrometer 상수라 하는데 증기압의 단위가 mb일 때 0.66의 값을 가지며, 증기압의 단위가 mmHg일 때는 0.485의 값을 가진다. 이 때 건구온도계와 습구온도계의 기온차를 습구강하량(wet bulb depression)이라 하며 건구온도와 습구온도를 알 경우 식으로부터 계산에 의하여 상대습도를 구할 수 있는데, 건구온도와 습구강하량만으로 상대습도를 구할 수 있는 습도계표(濕度計表)를 표 2.8에 나타내었다.

표 2.8 온도 변화에 따른 상대습도(%)

대기 온도(℃)	습구강하량(deg.)															
	0	1	2	3	4	5	6	7	8	9	10	11	12	13	14	15
−10	91	60	31	2												
−8	93	65	39	13												
−6	94	70	46	23	0											
−4	96	74	53	32	11											
−2	98	78	58	39	21	3										
0	100	81	63	46	29	13										
2	100	84	68	52	37	22	7									
4	100	85	71	57	43	29	16									
6	100	86	73	60	48	35	24	11								
8	100	87	75	63	51	40	29	19	8							
10	100	88	77	66	55	44	34	24	15	6						
12	100	89	78	68	58	48	39	29	21	12	4					
14	100	90	79	70	60	51	42	34	26	18	10	3				
16	100	90	81	71	63	54	46	38	30	23	15	8				
18	100	91	82	73	65	57	49	41	34	27	20	14	7			
20	100	91	83	74	66	59	51	44	37	31	24	18	12	6		
22	100	92	83	76	68	61	54	47	40	34	28	22	17	11	6	
24	100	92	84	77	69	62	56	49	43	37	31	26	20	15	10	5
26	100	92	85	78	71	64	58	51	46	40	34	29	24	19	14	10
28	100	93	85	78	72	65	59	53	48	42	37	32	27	22	18	13
30	100	93	86	79	73	67	61	55	50	44	39	35	30	25	21	17
32	100	93	86	80	74	68	62	57	51	46	41	37	32	28	24	20
34	100	93	87	81	75	69	63	58	53	48	43	39	35	30	26	23
36	100	94	87	81	75	70	64	59	54	50	45	41	37	33	29	25
38	100	94	88	82	76	71	66	61	56	51	47	43	39	35	31	27
40	100	94	88	82	77	72	67	62	57	53	48	44	40	36	33	29

이슬점온도(dew point)는 일정한 압력과 일정한 양의 수증기를 유지하면서 공기를 냉각시켰을 때, 그 공간이 포화상태로 되는 온도를 말하며 그림 2.3에서 C점 상태에 위치하는 대기의 이슬점 온도는 온도가 낮아져서 포화곡선과 만나는 점의 온도로 T_d이다. 만약 어떤 온도 T(℃)에서의 상대습도를 알고 있다면 그때의 이슬점 온도 T_d는 다음과 같은 근사식으로 구할 수 있다.

$$T-T_d \approx (14.55+0.114\,T)X+[(2.5+0.007T)X]^3+(15.9+0.177T)X^{14} \tag{2.19}$$

여기서 $X=1-\frac{r_h}{100}$, r_h는 상대습도이다.

기온과 이슬점온도를 알 경우 상대습도는 다음과 같은 근사식으로 구할 수도 있다.

$$r_h \approx 100\left(\frac{112-0.1\,T+T_d}{112+0.9\,T}\right)^8 \tag{2.20}$$

예제 2.1

지상의 압력이 1000mb, 건구온도계와 습구온도계의 온도가 각각 26℃ 및 16℃일 때, (가) 상대습도, (나) 포화증기압, (다) 공기의 증기압, (라) 이슬점 온도, (마) 비습도를 구하여라.

| 풀이 |

(가) 상대습도는 표 2.2에서 대기온도 26℃, 습구강하량 10℃이므로 r_h=34%

(나) 대기온도 26℃에서의 포화증기압은 표 2.1로부터 25.31mmHg이며, 또는 식 (2.15)를 이용하여 구할 수도 있다.

(다) 공기의 증기압은 상대습도를 알고 있으므로 식 (2.20)을 이용하면

$$e = r_h \times e_s = 0.34 \times 25.31 = 8.61 \text{ mmHg}$$

(라) 이슬점 온도 T_d는 현재의 증기압 8.61mmHg가 포화증기압이 되는 온도이므로 표 2.1에서 9℃이며, 또는 식 (2.19)를 이용할 수도 있다.

예제 2.2

임의의 지점에서 대기의 온도가 20℃, 이슬점 온도가 16℃로 측정되었다. 상대습도와 습구온도를 구하여라.

| 풀이 |

20℃에서의 포화증기압은 표 2.1로부터 17.53mmHg이고, 그림 2.1의 관계에서 현재의 증기압은 이슬점 온도에서의 포화증기압과 같으므로 표 2.1로부터 13.63mmHg이다.

따라서 상대습도는 식 (2.9)에서

$$r_h = \frac{e}{e_s} = \frac{13.63}{17.53} = 77.8\%$$

표 2.2로부터 습구강하량은 보간법을 이용하면 $2+\frac{83-77.8}{83-74}=2.58℃$

따라서 습구온도는 $20-2.58=17.42℃$

습도를 표현하는 또 다른 방법으로 비습도(比濕度)가 있는데, 비습도 q_h(g/kg)는 습윤한 공기의 단위질량(kg)에 포함된 수증기의 질량(g)으로 정의되며 다음과 같은 식에 의해 계산할 수 있다.

$$q_h = 622\frac{e}{P_a - 0.378\,e} \approx 622\frac{e}{P_a} \tag{2.21}$$

여기서 e는 증기압(mb), P_a는 수증기를 포함한 공기의 전체압력(mb)이다. 여기서 주의할 점은 식 (2.21)에서 비습도의 단위가 g/kg이라는 점인데, 만일 kg/kg으로 비습도를 표현하면 식 (2.21)은 $q_v=0.622e/\text{Pa}$가 된다.

공기층 내에 존재하는 총 수증기량을 강수가능량(降水可能量, precipitable water)이라고 한다. 즉, 강수가능량(W_p)은 강수에 기여할 수 있는 최대값이며 아래와 같이 구할 수 있다.

$$W_p = 0.01\int q_h\,dP_a = 0.01\sum \bar{q}_h \cdot \varDelta P_a \tag{2.22}$$

여기서 $\bar{q}_h$는 이산화 된 공기층 사이의 평균비습도(g/kg), $\varDelta P_a$는 이산화 된 공기층 사이의 대기압차(mb)이며 W_p의 단위는 mm이다.

예제 2.3

기상관측 풍선으로부터 기상자료를 수집하여 수문학에 이용하는 경우가 있다. 기상관측 풍선으로부터 고도에 따라 다음과 같은 자료를 얻었을 때, 강수가능량을 깊이 단위로 구하여라.

고도번호	대기압(mb)	비습도(g/kg)
1	1,005	14.2
2	850	12.4
3	750	9.5
4	700	7.0
5	620	6.3

표 계속

고도번호	대기압(mb)	비습도(g/kg)
6	600	5.6
7	500	3.8
8	400	1.7
9	250	0.2

| 풀이 |

강우가 될 수 있는 물의 양(강수가능량)은 지상으로부터 조사된 지점까지 수직으로 공기 중에 포함된 물의 양을 말한다. 지상의 압력은 1000mb 정도이며, 고도번호 1에서의 압력이 1005mb이므로 1번 지점을 지상으로 간주할 수 있다. 고도번호 1번에서 9번 지점까지의 사이에 있는 물의 양을 구하기 위하여 식 (2.22)를 이용하기로 한다. 따라서 강우가 될 수 있는 물의 양은

$$W_p = 0.01 \sum \bar{q}_H \, \Delta P_a = 0.01 \times 5{,}107.5 = 51.08 \text{ mm}$$

고도번호	P_a(mb)	$\Delta P_a = P_{n+1} - P_n$(mb)	q_h(g/kg)	$\bar{q}_h$(g/kg)	$\bar{q}_h \cdot \Delta P_a$(mm)
1	1005	–	14.2		
2	850	155	12.4	13.30	2061.5
3	750	100	9.5	10.95	1095.0
4	700	50	7.0	8.25	412.5
5	620	80	6.3	6.65	532.0
6	600	20	5.6	5.95	119.0
7	500	100	3.8	4.70	470.0
8	400	100	1.7	2.75	275.0
9	250	150	0.2	0.95	142.5
$\sum = 5{,}107.5$mm					

식 (2.22)와 예제 2.3은 고도 값에 대한 정보가 없어도 각 고도 지점의 압력과 비습도 정보만으로 강수가능량을 면적평균 깊이 단위로 계산하는 절차를 보여주고 있다. 이제 강수가능량을 질량 단위로 계산해 보자.

고도와 온도와의 관계인 식 (2.9)와는 달리, 고도와 압력과의 관계는 아래와 같이 비선형으로 표현할 수 있다.

$$\frac{dP}{dz} = \rho_a g \tag{2.23}$$

여기서 P는 압력, z는 고도, ρ_a와 g는 각각 공기의 밀도와 중력가속도이다. 식 (2.23)의 오른쪽 항에 이상기체방정식($P=\rho_a R_a T$, 여기서 R_a는 공기의 기체상수)을 대입한 후 정리하면 다음과 같다.

$$\frac{dP}{P} = \left(\frac{-g}{R_a T}\right) dz \tag{2.24}$$

여기서 수분을 포함한 공기의 기체상수 R_a는 건조한 공기의 기체상수 R_d로 계산할 수 있는데, $R_a=R_d(1+0.608q_v)=287(1+0.608q_v)$이며 J/kg·K의 단위를 갖는다.

식 (2.9)에서 $dz=-dT/\alpha$이므로 이를 식 (2.24)의 오른쪽 항에 대입한 후 적분하면 다음과 같이 된다.

$$\text{In}\left(\frac{P_2}{P_1}\right) = \left(\frac{g}{\alpha R_a}\right) \text{In}\left(\frac{T_2}{T_1}\right) \tag{2.25}$$

또는

$$P_2 = P_1 \left(\frac{T_2}{T_1}\right)^{g/\alpha R_a} \tag{2.26}$$

이제 단면적이 A이고 높이가 dz인 원기둥이 수증기를 포함하고 있다고 가정해보자. 이때 수증기를 포함한 공기의 질량은 $q_v \rho_a A dz$이므로 이를 고도 z_1부터 z_2까지 적분하면 강수가능량을 질량으로 구할 수 있다.

$$m_P = \int_{z_1}^{z_2} q_v \rho_a A dz \fallingdotseq \sum \overline{q_v}\, \overline{\rho_a} A \triangle z \tag{2.27}$$

여기서 $\overline{q_v}$와 $\overline{\rho_a}$는 각각 서로 다른 두 고도 지점의 비습도 및 공기밀도의 평균이다.

예제 2.4

어떤 구름 밑 원기둥 모양의 기단에 수증기가 포화되어 있다고 가정하자. 이 원기둥의 단면적은 1m^{2}이고 지표면의 기압과 기온은 각각 100kPa와 25℃이며, 기온변화율은 5℃/km일 때 강우가능량을 질량으로 구하여라.

| 풀이 |

본 풀이 과정에서는 각 구간 간격을 $\triangle z$=2km=2000m로 계산하였고, 이를 정리한 것이 아래 표 (1)이다. $\triangle z$ 값을 작게 할수록 정확도가 높아지는 반면 계산량은 많아지지만, spreadsheet를 활용하면 보다 쉽게 계산 과정을 다룰 수 있을 것이다.

지표면인 z_1=0m에서부터 계산을 시작하면, 기온은 T_1=25℃=(25+273)K=298K이다. 다음으로 z_2=2km에서 α=5.0℃/km=0.005℃/m를 식 (2.9)에 대입하여 아래와 같이 계산하면, 표 (1)의 ⓒ열을 차례로 채울 수 있다.

$$T_2 = T_1 - \alpha(z_2 - z_1) = 25 - 0.005(2000-0) = 15℃ = (15+273)\ K = 288\ K$$

위에 언급한 바와 같이 수증기를 포함한 공기의 기체상수 R_a는 비습도 q_v의 함수이지만 그 영향이 미비하므로 여기서는 287J/kg/K로 가정하였다. 그러나 정확한 계산을 위해서는 추후 비습도가 계산된 후 기체상수를 다시 계산하여 확인해 볼 수 있을 것이다. 2km에서의 기압이 $g/\alpha R_a$=9.81/(0.005×287)=6.84임을 활용하면 압력은 다음과 같으며, 표 (1)의 ⓓ열을 차례로 채울 수 있다.

$$P_2 = P_1\left(\frac{T_2}{T_1}\right)^{g/\alpha R_a} = 100\left(\frac{288}{298}\right)^{6.84} = 79.18\ \text{kPa}$$

다음으로 지표면에서의 공기의 밀도는 이상기체방정식에 의해 다음과 같이 구할 수 있으며,

$$\rho_a = \frac{P}{R_a T} = \frac{100\times10^3}{(287\times298)} = 1.17\ \text{kg/m}^3$$

이를 고도에 따라 반복하여 계산한 값들이 ⓔ열에 나타나 있다.

강수가능량은 강수에 기여할 수 있는 최대값이므로 식 (2.16)으로부터 지상에서의 포화증기압을 아래와 같이 구하고

$$e = 611\ \exp\left(\frac{17.27T}{237.3+T}\right) = 611\ \exp\left(\frac{17.27\times25}{237.3+25}\right) = 3169\ \text{Pa} = 3.17\ \text{kPa}$$

또한 식 (2.21)로부터 지표에서의 비습도를 구하면 다음과 같은데, 원기둥이 수증기로 포화되었으므로 $e=e_s$이다.

$$q_v = 0.622\frac{e}{P} = 0.622\times\frac{3.17}{100} = 0.0197\ \text{kg/kg}$$

표 (1)의 ⓕ열과 ⓖ열이 고도에 따른 포화증기압과 비습도를 각각 구한 결과이다. 표 (1)의 결과에서 알 수 있듯이 고도 각 지점에서 모든 변수값이 상당한 차이를 보이고 있으므로, 어떤 구간에서의 대푯값은 서로 인접한 두 고도 사이의 평균값으로 사용하는 것이 합리적일 것이다. 비습도와 밀도에 대해서 이렇게 평균값을 계산한 것이 각각 ⓗ열과 ⓘ열이다.

이제 마지막 단계인 강수가능량을 구해보자. 첫 2km 원기둥에서 강우가능한 질량은

$$\triangle m_P = \overline{q_v}\,\overline{\rho_a}A\triangle z = 0.0162\times1.07\times1\times2000 = 35.5\ \text{kg}$$

이며 10km까지 모두 더한 총질량은 m_P=71.7kg인데, 이를 면적평균으로 환산하면 $m_P/\rho_w A$=71.7/

$(1000\times1)\simeq0.0717\text{m}=71.7\text{mm}$임을 알 수 있다. 마지막 열은 각 구간에서의 질량을 비율로 보여주고 있는데, 한 가지 주목할 사실은, 최초 2km까지의 구간이 강우 형성에 거의 50%에 가까운 기여를 하고 있다는 결과이다. 만일 $\triangle z=1000\text{m}$로 설정하고 동일한 계산을 수행했을 때 그 결과로 첫 1km에 몇 %가 포함될지 확인해 보는 것도 흥미로울 것이다.

표 (1) 강수가능량 계산 표

ⓐ 고도 z (km)	ⓑ 기온 T (℃)	ⓒ (°K)	ⓓ 기압 P (kPa)	ⓔ 질량 ρ_a (kg/m^3)	ⓕ 증기압 e (kPa)	ⓖ 비습도 q_v (kg/kg)	ⓗ 구간평균 비습도 $\overline{q_v}$ (kg/kg)	ⓘ 구간평균 밀도 $\overline{\rho_a}$ (kg/m^3)	ⓙ 구간 순질량 $\triangle m$ (kg)	ⓚ 순질량 비율 (%)
0	25	298	100	1.17	3.17	0.0197	0.0166	1.07	35.5	49.5
2	15	288	79.18	0.96	1.71	0.0134	0.0111	0.87	19.3	26.9
4	5	278	62.18	0.78	0.87	0.0087	0.0071	0.7	9.9	13.8
6	−5	268	47.94	0.62	0.42	0.0054	0.0043	0.56	4.8	6.7
8	−15	258	36.58	0.49	0.19	0.0032	0.0025	0.44	2.2	3.1
10	−25	248	27.60	0.39	0.08	0.0018			$\sum\triangle m=71.7$	

우리나라의 습도는 전국적으로 60~75%의 범위이며, 7월과 8월은 70~80% 정도이고, 3월과 4월은 50~70%이다. 연 평균습도가 높은 지역은 여수, 부안 제주 등 주로 해안지역이나, 강릉과 속초는 동해안임에도 불구하고 연 평균습도가 대구지역과 비슷하게 60% 대로 낮다는 점이 특이하다.

2.1.4 바람

습기와 온도는 바람(wind)에 의해서 쉽게 전달되며 물의 표면에서 일어나는 증발은 바람에 의하여 많은 영향을 받는다. 바람은 크게 지구의 회전과 태양과의 관계에서 일어나는 것과 지역적 및 계절적으로 지상의 온도 변화에 따른 것으로 구분할 수 있다. 그림 2.4는 지구의 회전과 태양열에 의한 지구 전체의 공기의 움직임을 나타내고 있다.

적도 부근에서의 공기는 태양열을 가장 많이 받아 기온이 상승하여 북극과 남극 쪽으로 움직이게 된다. 상승된 공기는 다시 냉각되어 북극이나 남극으로 가기 이전인 위도 30°N(S)에서 하강하게 되므로 적도 부근에서는 저기압, 30°N(S) 부근에서는 고기압을 형성하게 된다. 같은 원리에

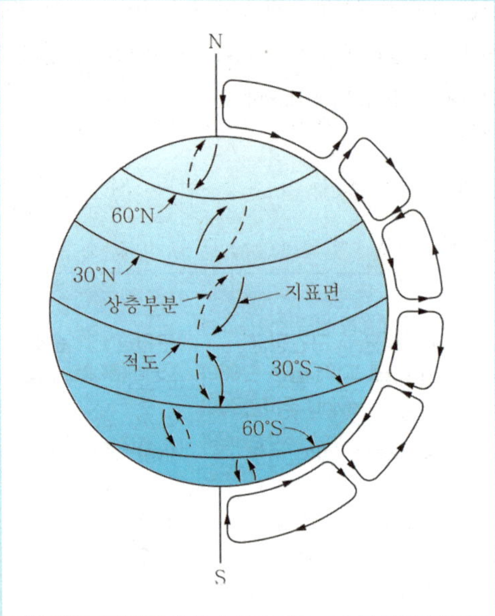

| 그림 2.4 | 지구의 대기 순환

의해서 30°와 60°사이에서의 순환과 60°와 남극, 북극 사이에서 지구적인 공기 순환이 발생한다. 공기의 움직임은 지구의 회전에 영향을 받아 적도와 양극 부근에서는 동풍이 되며, 북남위 30° 부근에서는 서풍이 된다. 적도 부근의 습한 공기는 상승됨에 따라 냉각되어 많은 강우를 유발한 후, 30° 부근에서는 공기가 매우 건조하게 되어 전 지구 상으로 볼 때 북위와 남위 30° 부근에서 많은 사막을 볼 수 있다.

지역적으로는 육지와 바다의 위치, 산과 계곡의 위치 등에 따라 공기의 움직임이 발생한다. 겨울에 육지는 바다보다 빨리 냉각되어 고기압을 형성하고 바다는 상대적으로 따뜻하여 저기압을 형성하며 건조한 바람이 육지 쪽에서 바다로 불게 된다. 반면에 여름에는 고기압과 저기압의 형성이 겨울과 반대로 되어 해양의 축축한 바람이 육지로 불어와 몬순(monsoon) 강우를 형성하게 된다. 우리나라의 경우 겨울에는 시베리아 지역에 큰 고기압이 발생하여 차가운 온도의 북서계절풍이 불며 여름에는 육지에 저기압이 발생하여 바다에서 남동계절풍이 불어오게 된다.

우리나라는 해마다 적도 부근에서 발생한 따뜻한 공기가 바다로부터 수증기를 공급받으면서 강한 바람과 많은 비를 동반하며 고위도로 이동하는 태풍이 발생한다. 열대성 저기압인 태풍은 강한 비바람을 동반하고 움직이게 되는데, 지역에 따라 북서태평양에서는 태풍(typhoon), 북중미에서는 허리케인(hurricane), 인도양에서는 사이클론(cyclone)으로 불린다. 일반적으로 우리나라에서는 최대 풍속 17m/sec 이상의 모든 열대성저기압을 태풍으로 구분하는데 해마다 발생하는 월별 태풍의 빈도는 표 2.9와 같다. 한 해에 2~3개 정도의 태풍이 우리나라에 영향을 미치며, 태풍의 내습이 가장 잦은 시기는 7월, 8월, 9월 경으로 내습하는 태풍의 90% 이상이며, 드물게 6월, 10월에도 내습하는 경우가 있다.

바람의 속도는 나무, 건물 등의 장애물로 인하여 지표면에 가까운 곳에서는 감소하게 된다. 이와 같이 지표면의 영향을 받는 층을 경계층(boundary layer)이라 하며 기상조건에 따라 100m에서 몇 km까지 변한다. 일반적으로 지표면에서의 풍속은 경계층 위의 풍속의 약 40%, 바다표면의 풍

■ 표 2.9 우리나라에 영향을 미치는 태풍의 월별 통계

월	1	2	3	4	5	6	7	8	9	10	11	12	합계
30년 평균 (1981~2010)	–	–	–	–	–	0.3	0.9	1.1	0.6	0.1	–	–	3.1
10년 평균 (2001~2010)	–	–	–	–	0.1	0.3	0.7	1	0.4	–	–	–	2.5

속은 약 70% 정도이다. 지상 50m 정도까지의 지표면 근처 풍속은 고도와 지표면의 상태에 따라 다음과 같은 대수함수(logarithm)로 표현될 수 있다고 알려져 있다.

$$\frac{u}{u^*} = \frac{1}{\varkappa} ln\left(\frac{z}{z_0}\right) \tag{2.28}$$

여기서 u는 고도 z에서의 풍속, $u^* = \sqrt{\tau/\rho_a}$는 전단속도(剪斷速度, shear velocity), $\varkappa$는 von Karman 상수로 대개의 경우 0.4이며, z_0는 조고(粗高, roughness height)로 표 2.10을 참조한다.

■ 표 2.10 표면에 따른 조고(Brutsaert, 2005)

표면	조고(roughness height)(cm)
Ice, mud flats	0.001
물	0.01~0.06
잔디(길이 10cm까지)	0.1~2.0
잔디(길이 10~50cm)	2~5
풀(길이 1~2m)	20
나무(높이 10~15m)	40~70

2.2 강수

2.2.1 강수의 형성

대기 중의 수분이 강우나 강설 또는 진눈깨비나 우박 등 수증기가 응결되어 중력때문에 지상에 도달할 때 이를 강수(降水, precipitation) 현상이라고 한다. 강수에 대한 이해를 위해서는 강수의 형성과정에 대한 이해가 필요하다. 강수의 형성과정을 이해함으로써 강수의 시간·공간적 불균형

이 일어나는 원인을 알 수 있으며 수자원 문제의 해결에 도움을 받을 수 있다. 강우가 형성되어 지상에 도달하기 위해서는 여러 가지 조건을 충족시켜야 하는데 그 조건은 다음과 같다.

첫째, 충분한 수분이 공급된 공기가 존재하여, 둘째, 충분한 냉각과정(cooling process)을 거쳐, 셋째, 수분으로 응축되어야 하며, 넷째, 지상에 낙하할 수 있는 크기로 수분입자가 성장하여야 한다.

위의 네 가지 조건이 동시에 충족되지 않으면 대기 중의 수분은 지상에 낙하하지 않는다. 구름이 많이 있는 날에도 강우가 형성되지 않는 이유는 이 과정 중의 하나 이상이 결여되어 있기 때문이다. 각 조건에 대하여 자세히 살펴보면 다음과 같다.

(1) 수분의 공급

강우가 형성되기 위해서는 우선 대기 중에 충분한 수분이 있어야 함은 자명한 일이다. 대기 중의 수분은 지상 또는 바다로부터의 증발로 공급되므로 수문학자들은 지상의 증발량을 증가시키기 위하여 인공호수, 식물로부터의 증산을 증가시키는 방법 등을 연구하여 왔으나, 대기 중의 강우를 형성하는 수분의 대부분은 바다에서의 증발이 크게 기여하고 있음이 밝혀졌다. 즉, 지상의 증발은 전체 강우량의 약 10%만 기여를 하며, 나머지 90%는 바다로부터의 증발에 의한다. 그러나 반드시 바다 근처의 지역에서 강우가 많은 것은 아니다. 바다 근처라도 많은 사막 지역을 볼 수 있듯이 강우는 수원(水源)과의 거리보다는 대기의 순환과 관계가 많으며 앞에서 기술한 네 가지 조건이 동시에 충족되어야만 이루어진다. 대기에 존재하는 수분은 전체 수자원의 0.0011%, 담수부존량의 0.043%를 차지하고 있으며 이 양은 지구 전체를 27mm로 덮을 수 있는 양이다. 따라서 수자원의 부족 현상은 대기 중 수분의 절대량이 모자라는 것이 아니라 수분의 지역·시간적 불균형에 기인한다.

(2) 냉각과정

대기 중에 충분한 수분이 있더라도 물방울을 형성하기 위해서는 수분을 포함한 기단(氣團, air mass)이 냉각되어야 한다. 즉, 온도가 이슬점 아래로 내려가 수분이 응축되기 위해서는 기단의 고도가 상승하면서 건조단열 기온변화율에 따라 공기가 냉각되는 과정이 필요하며 이를 냉각과정(cooling process)이라 한다. 강수가 형성되기 위한 냉각과정은 기단의 고도가 상승하는 원인에 따라 대류형(對流型, convective lifting), 전선형(前線型, frontal lifting), 산악형(山岳型, orographic lifting)과 선풍형(旋風型, cyclonic lifting) 등으로 나눌 수 있다. 일반적인 강우는 여러 가지의 상승과정이 복합적으로 작용하면서 발생하게 된다.

대류형 냉각과정(그림 2.5(a))은 지표면의 불균등한 가열 또는 공기층 상부의 불균등한 냉각 등에 의한 기온차이 때문에 시작된다. 차갑고 무거운 공기 사이에 따뜻하고 가벼운 공기가 생성되어 불안정한 상태가 되면 가벼운 공기는 상승하게 된다. 대류형 강우는 점 형태로 불규칙한 분포를 보이며 가벼운 소나기에서 높은 강도의 호우로 짧은 시간 동안 발생한다.

전선형 냉각과정(그림 2.5(b))은 차가운 기단의 한쪽 면과 따뜻한 공기의 기단이 만나면서 상승하는 과정이다. 온난전선형(溫暖前線型, warm-front) 강수는 정체된 차가운 공기 위로 따뜻한 공기가 상승하면서 형성된다. 차가운 공기의 경사는 1/100에서 1/300 정도로 완만하므로 온난전선의 상승 속도는 느리다. 따라서 온난전선이 통과할 때까지 넓은 지역에 장시간에 걸친 낮은 강도의 강우를 형성하게 된다. 한랭전선형(寒冷前線型, cold-front) 강수는 정체된 따뜻한 공기 위로 차가운 공기가 진행하여 따뜻한 공기가 상승하면서 발생한다. 한랭전선은 온난전선보다 이동속도가 빠르고 경사가 1/50에서 1/150 정도로 크다. 따라서 전선 근처에서 짧은 시간에 높은 강우강도로 많은 양의 강우가 발생한다.

산악형 냉각과정은 기단이 움직이는 진로에 물리적인 장애물이 있는 경우에 발생한다. 그림 2.5(c)에서 보는 바와 같이 수분을 포함한 기단이 산과 같은 장애물에 부딪치면 공기가 상승하면서 냉각된다. 우리나라와 같은 산악지형에서는 산악형강우도 강우의 주요한 원인의 하나가 된다.

선풍형(旋風型) 냉각과정은 싸이클론(cyclone)과 같은 열대성 저기압 또는 일반적인 저기압 지역으로 공기가 몰려들면서 상승하며 일어나게 된다. 선풍형강우는 전선형일 경우도 있고 그렇지 않을 경우도 있다. 우리나라의 경우 여름과 초가을 태풍이 동반하는 호우가 여기에 해당한다.

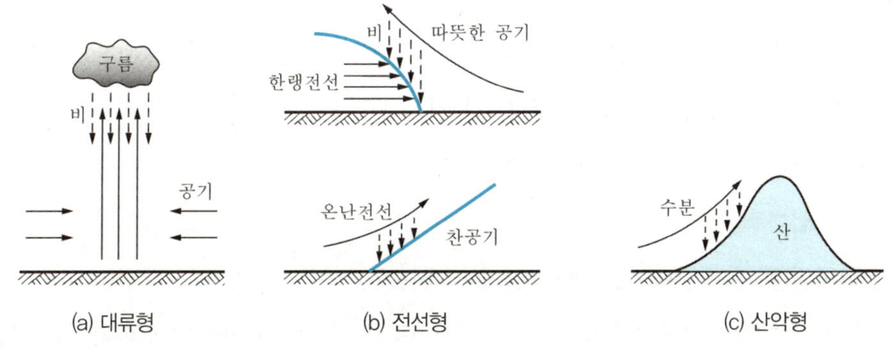

| 그림 2.5 | 대기의 냉각과정

(3) 응결

냉각과정에 의하여 기온이 이슬점 이하로 내려가면, 이때의 증기압은 포화증기압이 되어 공기 중의 수분이 응결되어 물방울을 형성할 수 있는 여건이 조성된다. 그러나 이러한 여건이 조성되었다고 반드시 물방울이 형성되는 것은 아니고 과포화상태로 지속되는 경우가 많다. 이러한 상태에서 응결을 도와주는 것이 응결핵(凝結核, condensation nucleus)이다. 수분 자체는 서로 모여 물방울을 형성하기가 어려우나 다른 물체와는 쉽게 모일 수 있는 성질이 있기 때문이다. 응결핵의 작용을 하는 물질은 공기 중에 존재하는 먼지 등이다. 대기 중에 수증기는 있으나 응결핵이 부족하여 비가 오지 않을 경우에는, 인공적으로 응결핵을 구름 속에 주입하여(cloud seeding) 인공강우(artificial rainfall)를 유도하기도 한다. 인공적인 응결핵으로는 옥화은(沃化銀, silver iodide), 드라이아이스(dry ice) 등이 있다. 이 단계에서의 물방울 크기는 10^{-3}~10mm 정도로 에어로졸(aerosol)에 해당한다.

(4) 물방울의 성장

물방울이 형성되었다고 하더라도 물방울이 지상에 낙하하기 위해서는 일정 크기 이상으로 성장하여야 한다. 대부분의 구름에서는 상승기류가 있기 때문에 적절한 크기로 물방울이 성장하지 않으면 지상에 낙하하지 않는다. 응결핵을 중심으로 형성된 물방울은 주변의 수분을 흡수하여 성장하게 되고 약 0.1mm 정도의 크기가 되어야 상승기류보다 큰 속도를 가질 때 낙하가 시작된다.

2.2.2 강수 자료의 보완 및 검증

(1) 결측자료의 보완

수문분석 및 설계와 관련한 많은 문제에서 관측된 강우 자료는 매우 중요하다. 그러나 관측자의 실수나 관측기의 고장 등에 의하여 일정기간 결측자료가 존재할 수 있다. 이러한 경우 결측자료의 보완이 필요하며 다음과 같은 방법들이 이용된다.

① 산술평균법(算術平均法, station-average method)

만일 인근 관측소와 보완하고자 하는 관측소의 연평균 강우량이 10% 이내의 차이를 보일 경우에는 인근 n개 관측소의 자료를 식 (2.29)와 같이 산술평균하여 사용할 수가 있으며 일반적으로

3개 정도의 인근 관측소를 이용한다.

$$\hat{P} = \frac{1}{n}\sum_{i=1}^{n} P_i \tag{2.29}$$

여기서 $\hat{P}$는 보완하고자 하는 관측소의 결측값, P_i는 i번째 관측소에서의 강우량이다.

② 정상비율법(正常比率法, normal-ratio method)

인근 관측소와 보완하고자 하는 관측소의 연평균 강우량이 10% 이상의 차이를 보일 경우에는 가중치를 이용한 평균을 사용한다. 즉 인근 3개 관측소의 강우량을 이용할 경우 식 (2.30)과 같이 계산할 수 있다.

$$\hat{P} = \frac{1}{n}\sum_{i=1}^{n} \frac{\bar{P}}{\bar{P}_i} P_i \tag{2.30}$$

여기서 $\bar{P}_i$는 i번째 관측소에서의 연평균 강우량, $\bar{P}$는 보완하고자 하는 관측소에서의 연평균 강우량이다. 식 (2.29)와 (2.30)은 인근 관측소의 강우 특성이 보완하고자 하는 관측소와 상당한 상관관계를 갖고 있을 경우에 적절한 방법이며, 관측소의 거리가 상당히 멀다든지 또는 산과 같은 장애물이 있어 기상학적 동질성에 의심이 갈 경우에는 오히려 기상학적 동질성이 있다고 판정되는 1개 관측소의 자료만을 이용하는 것이 보다 정확할 수 있다. 특히 여름철에 대류형 강우 자료를 보완할 경우에는 세심한 주의를 요한다.

예제 2.5

관측소 A의 호우가 아래와 같이 결측되어 있다. 주변의 관측소 B, C, D의 자료를 이용하여 이를 보완하여라.

관측소	연평균 강우량(mm)	지속기간 18시간 강우량(mm)
A	604	결측
B	472	70
C	723	90
D	984	122

| 풀이 |

$\frac{P_D}{P_A}$=162.9%에서 관측소 D는 연평균 강우량이 관측소 A보다 10% 이상 크므로, 산술평균에 의하여 결측값

을 보완할 수 없다. 관측소의 위치에 관한 자료가 없으므로 정상비율법을 이용하면

$$\hat{P} = \frac{1}{3}\left(\frac{604}{472}\times 70+\frac{604}{723}\times 90+\frac{604}{984}\times 122\right) = 79.88 \text{ mm}$$

③ 사분면법(四分面法, quadrant method)

주변 관측소의 강우량을 산술평균하거나 가중평균하는 방법은 강우관측망의 밀도나 상호 간의 거리 등을 고려하지 못한다. 즉, 위의 두 방법은 강우관측소가 한 곳에 집중되어 있을 경우 집중되어 있는 관측소들의 강우량 자료가 결측치의 보완에 큰 영향을 주게 되는 단점이 있으며, 관측소 간의 거리가 결측치의 보완에 반영되지 못하는 단점이 있다. 정상비율법을 적용하기 위해서는 추가적으로 각 관측소의 연평균 강우량 자료를 필요로 한다. 이와 같은 단점을 극복할 수 있는 방법의 하나가 사분면법이다. 사분면법에서는 그림 2.6과 같이 결측된 관측소를 원점으로 하여 동서남북 방향으로 영역을 사분한 후 각 사분면에서 하나씩 가장 가까운 관측소만을 선택한다(그림의 경우 C, D, G, H 관측소). 그리고 선택된 4개의 관측소의 강우량에 가중치(거리의 제곱의 역수)를 곱하여 식 (2.31)과 같이 계산한다.

$$P = \sum_{i=1}^{4} w_i P_i \tag{2.31}$$

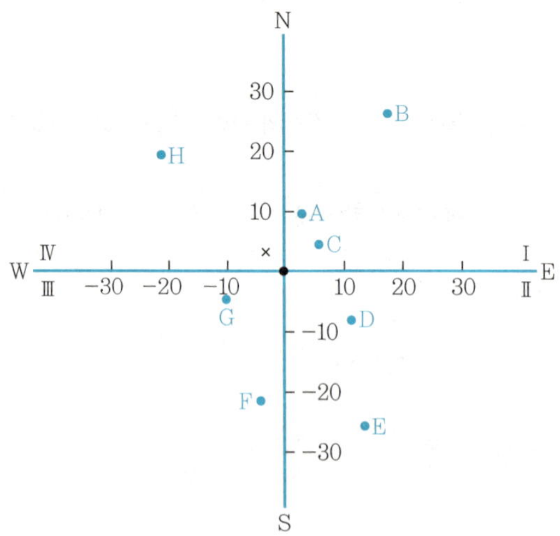

| 그림 2.6 | 사분면법에 의한 강우자료의 보완

여기서, 가중치 $w=(1/d_i^2)/(\sum_{i=1}^{4} 1/d_i^2)$, d_i는 중앙에서 i번째 관측소까지의 거리이다.

사분면을 분할하는 축은 동서남북 방향 이외에도 지형적 영향 등 필요에 따라 다른 기준에 의하여 결정될 수도 있다.

예제 2.6

그림 2.6과 같은 형태의 강우관측망이 있다. 각 강우관측소의 위치와 강우량이 아래와 같을 때 결측된 강우관측소 X지점에서의 강우량을 보완하시오. 강우량의 보완에 있어서 강우관측소의 밀도나 상호 간의 거리를 고려하시오.

사분면	강우관측소	좌표		강우량(mm)
		남북	동서	
I	A	9	3	10.0
	B	26	18	8.5
	C	4	6	11.0
II	D	−8	11	7.0
	E	−26	14	4.0
III	F	−22	−4	3.4
	G	−5	−10	10.7
IV	H	19	−21	4.4

사분면	강우관측소	좌표		d_i^2	ⓐ d_i	ⓑ $\left(\frac{1}{d_i^2}\right)\times 10^3$	ⓒ w_i	ⓓ p_i(mm)	ⓔ w_ip_i
		남북	동서						
I	A	9	3	90	9.49			10.0	
	B	26	18	1000	31.26			8.5	
	C	4	6	52	7.21*	19.231	0.568	11.0	6.248
II	D	−8	11	185	13.60*	5.405	0.159	7.0	1.113
	E	−26	14	872	29.53			4.0	
III	F	−22	−4	500	22.36			3.4	
	G	−5	−10	125	11.18*	8.000	0.236	10.7	2.525
IV	H	19	−21	802	28.32*	1.247	0.037	4.4	0.163
합계						Σⓑ$=33.883$			10.049

*는 각각의 사분면에서 원점과 가장 가까운 강우관측소를 선택하였음을 의미한다.

| 풀이 |

강우관측소 간의 밀도와 상호 간의 거리를 고려할 수 있는 방법인 사분면법을 이용한다. 아래 표와 같이 X지점에서 각 강우관측소까지의 거리(d_i)를 좌표로부터 계산한 후 각 사분면별로 가장 가까운 관측소(C, D, G, H 관측소)를 하나씩 선정한다.

선정된 4개의 강우관측소에 대하여 식 (2.31)에 의하여 가중치(ⓒ열=ⓑ열/∑ ⓑ열)를 계산한다. 각 지점의 가중치(ⓒ열)를 강우량(ⓓ열)과 곱하여 결측지점 X에서의 강우량(=∑ ⓔ열)을 산정한다. 따라서 X지점에서의 보완된 강우량 값은 10.049mm이다.

④ 등우선법(等雨線法, isohyetal method)

등우선은 주변에 위치하는 강우관측소의 위치를 지도상에 표시하고 각 관측소의 강우 자료를 이용하여 같은 크기의 강우를 가지는 선을 연결한 것이다. 즉, 지도상에 같은 높이를 연결하는 등고선을 연결하는 것과 같은 원리이다. 등우선이 완성되면 결측된 관측소에서의 강우량은 등우선으로부터 내삽하여 결정할 수 있다. 등우선에 의한 결측자료의 보완은 등우선을 정확히 작성할 수 있도록 많은 관측소가 있을 때 효과적이며, 다른 방법에 비하여 산악지형이나 장애물의 영향을 고려할 수 있다는 장점이 있다.

(2) 자료의 일관성 검증

강우관측자료는 기기의 교체, 설치 장소의 이동, 관측원의 변경, 관측 절차의 변경 등으로 인하여 일관성을 갖지 못하는 경우가 많다. 이와 같이 자료의 일관성이 의심될 경우 이중누가곡선(二重累加曲線, double mass curve)의 해석에 의하여 일관성을 검증하고 자료를 보정할 수 있다. 이중누가곡선 해석에 의한 검증방법은 기상학적 동실성이 있는 관측소들 중에서 임의 지점 관측소의 누가강우량은 나머지 관측소들의 누가강우량과 선형관계에 있다는 원리를 이용하는 것이다. 이중누가곡선은 검사하고자 하는 관측소의 누가강우량과 그 주변의 동질성이 있는 다른 관측소 군의 누가강우량의 평균값을 비교한 곡선이다. 만일 자료의 일관성이 있을 경우 이중누가곡선은 하나의 직선으로 표시되며 일관성이 없을 경우 두 개 또는 그 이상의 직선을 나타낸다. 만일 이중누가곡선이 두 개 이상의 직선으로 구성될 경우 자료의 일관성이 없는 것으로 판단하고 직선부분의 기울기를 조절하여 강우량을 수정하게 된다.

이중누가곡선법을 사용하여 자료의 일관성을 판단할 때는 우선 주변에 있는 관측소의 수가 많아야 한다. 만일 관측소의 수가 적을 경우에는 한 관측소 자료의 비일관성이 분석에 영향을 주기 때문이다. 또한 산악지역의 자료를 검토할 경우 이중누가곡선에 의한 방법은 매우 세심한 주의를 요한다. 산악지역의 경우는 고도에 따라 상당한 강우량의 차이를 보여줄 뿐만 아니라 거리가 가까운 관측소라도 서로 기상학적으로 다른 특성을 가질 때가 많기 때문이다. 또한 이중누가곡선 방법은 연평균 강우량, 계절강우량 등의 장기간 강우량에 대하여 사용할 수 있으나 변화가 심한 기간, 일 강우량 등에 대해서는 사용할 수 없다.

예제 2.7

다음 표와 같이 4개 관측소에서의 강우량 자료가 있다. D 관측소에서의 강우량을 주변 관측소 A, B, C의 강우량을 이용하여 일관성을 검증하고 자료의 수정이 필요하다면 수정하여라.

연도	연강우량(mm)			
	A 관측소	B 관측소	C 관측소	D 관측소
2007	120	124	108	116
2008	132	144	128	128
2009	104	108	96	112
2010	108	104	108	116
2011	136	136	120	120
2012	124	132	124	116
2013	112	120	96	112
2014	140	136	132	156
2015	148	156	144	164
2016	136	140	140	148

| 풀이 |

이중누가곡선을 그리기 위하여 강우량 자료로부터 A, B, C 관측소의 평균 강우량과 D 관측소의 강우량에 대한 누가강우량을 계산하면 각각 아래의 표와 같다.

연도	평균 강우량(mm)	누가강우량(mm)	
	(A+B+C)/3	(A+B+C)/3	D
2007	117	117	116
2008	135	252	244

표 계속

연도	평균 강우량(mm)	누가강우량(mm)	
	(A+B+C)/3	(A+B+C)/3	D
2009	103	355	356
2010	107	461	472
2011	131	592	592
2012	127	719	708
2013	109	828	820
2014	136	964	976
2015	149	1113	1140
2016	139	1252	1288

표에서 계산된 주변 관측소와 검정대상 관측소의 누가강우량을 각각 x좌표, y좌표로 하여 이중누가곡선을 그리면 다음 그림과 같다. 그림에서 2013년을 기준으로 직선의 경사가 변화한 것을 알 수 있다. 따라서 이중누가곡선에 의한 해석 결과 이 자료는 일관성이 없다고 볼 수 있으므로 이 자료는 2013년을 기준으로 2013년 이전의 자료와 이후의 자료를 일관성 있게 수정하여야 한다.

자료의 수정에 있어서 만약 관측소의 임시 이동 등 일시적인 원인에 의하여 2013년 이후의 강우량 자료가 일관성이 없는 것으로 판단되는 경우에는 2013년 이전의 강우량 자료를 기준으로 이후의 강우량 자료를 수정하게 되며 그렇지 않고 주변 환경 등의 영구적 변화에 의하여 자료가 변화하였다면 현재의 자료를 바탕으로 이전의 자료를 수정하게 된다.

여기서는 2013년 이후 한시적인 관측 환경의 변화로 이후의 자료가 일관성이 없다고 가정하고 2013년 이전

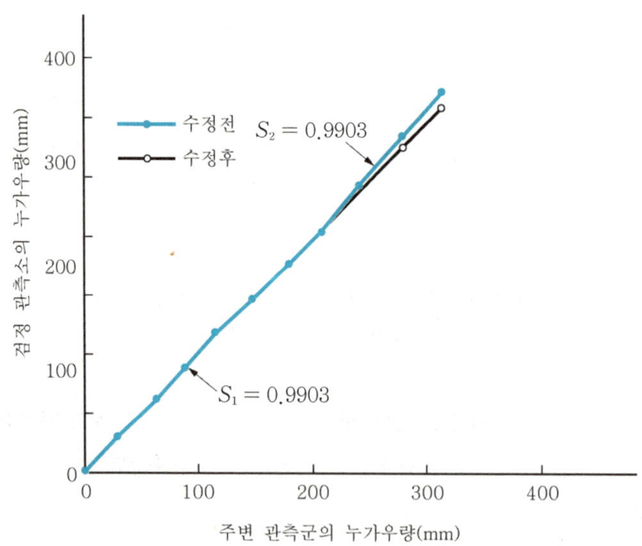

의 자료를 기준으로 2014년부터 2016년까지의 자료를 수정해 보고자 한다. 자료의 수정을 위하여 2013년 이전의 경사를 구하면

$$S_2 = \frac{1288-820}{1252-828} = 1.1038$$

또한 2014년 이후의 경사를 구하면

$$S_1 = \frac{820-0}{828-0} = 0.9903$$

위 결과로부터 2014년 이후의 D 관측소에서의 강우량 자료에 두 경사의 비 0.9903/1.1038=0.8972를 곱하여 기울기가 같게 수정한다. 따라서

2014년의 강우량 = 156×0.8972 = 139.96mm

2015년의 강우량 = 164×0.8972 = 147.14mm

2016년의 강우량 = 148×0.8972 = 132.78mm

2.2.3 면적에 대한 평균 강우량 산정

관측된 강우의 자료는 관측된 지점의 우량을 나타내는 점우량(點雨量, point rainfall)이므로, 이들 자료로부터 면적을 대표할 수 있는 면적우량(areal rainfall)을 구할 필요가 있다. 과거로부터 여러 가지 방법이 제안되어 왔으나, 보편적으로 사용되는 방법으로서는 산술평균법, Thiessen법, 등우선법, 삼각형법 등이 있다.

(1) 산술평균법(그림 2.7(a))

기상학적 동질성이 있다고 판단되는 비교적 평탄한 지역에 사용될 수 있는 방법으로 단순히 유역 내에 있거나 유역과 인접한 관측소의 자료를 평균하는 방법이다. 관측소는 균등하게 분포되어 있고, 관측소 간 강우량의 차이가 적을 경우 이 방법은 비교적 정확한 면적평균값을 보여준다. 그러나 관측소의 분포가 균등하지 않을 경우 이 방법을 이용하면 큰 오차가 발생할 수 있다.

$$\bar{P} = \frac{1}{n}\sum_{i=1}^{n} P_i \tag{2.32}$$

여기서 P_i는 i 관측점에서의 우량이다.

(2) Thiessen법(그림 2.7(b))

강우량 간의 편차가 크거나 강우관측소가 유역에 균등하게 분포하지 않을 때 Thiessen법은 산술평균법의 대안으로 이용될 수 있다. Thiessen법에 의하여 평균 강우량을 구하기 위해서는 우선 인접하는 강우관측소 사이에 수직이등분선을 그어 이 선에 의하여 분할된 Thiessen 다각형을 구성하게 된다. Thiessen 다각형이 그려지면 Thiessen 다각형이 분할하는 면적이 각 관측소가 대표하는 면적이 되고 이를 전체 면적으로 나눈 값을 가중치로 하여 평균 강우량을 구하게 된다.

$$\bar{P} = W_1 P_1 + W_2 P_2 + \cdots W_n P_n \tag{2.33}$$

여기서 가중값 $W_1 = A_1/A$, $W_2 = A_2/A$, $\cdots$, $W_n = A_n/A$이고, A_1, A_2, $\cdots$, A_n은 각 관측소가 대표하는 면적이며, $A = \sum_{i=1}^{n} A_i$이다.

Thiessen법은 강우관측소가 차지하는 면적을 고려하게 되므로 강우관측소의 밀도를 고려할 수 있으나, 강우가 지형의 영향을 많이 받는 곳에서는 정확한 결과를 기대하기 어렵다. 또한 같은 유역에 적용할 경우에도 결측치가 존재할 때마다 Thiessen망을 새로 구성해야 하는 단점이 있다.

(3) 등우선법(그림 2.7(c))

유역 내 관측소의 수가 많을 경우 같은 강우의 크기를 연결한 선인 등우선(等雨線, isohyete)을 작성할 수 있다. 등우선이 완성되면 전체 유역의 강우분포가 결정되므로, 각 등우선 사이의 면적

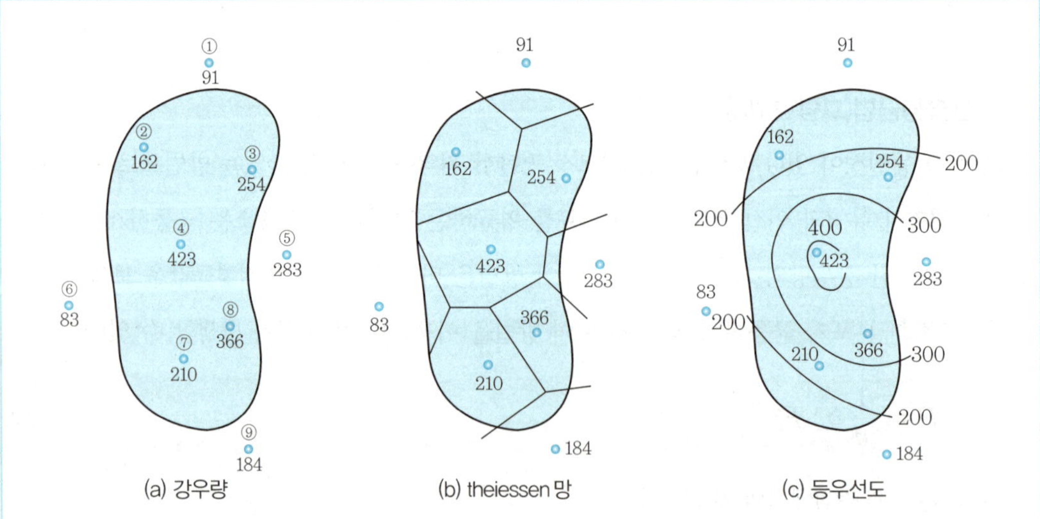

| 그림 2.7 | 면적에 대한 평균 강우량 산정(숫자 단위 mm)

을 가중치로 하여 평균 강우량을 구할 수 있다. 등우선법에 의한 평균 강우량 계산을 식으로 표시하면 다음과 같다.

$$\bar{P} = \sum_{i=1}^{n} \left(\frac{A_i}{A} \right) \bar{P}_i \tag{2.34}$$

여기서, A_i는 i번째와 $i+1$번째 등우선 사이의 유역면적, $\bar{P}_i$는 i번째와 $i+1$번째 등우선 사이의 평균 강우량이며, n은 등우선 사이의 간격의 개수이다.

등우선법은 산악지역과 같이 강우가 지형적 영향을 많이 받는 지역에서 지형적 영향이 고려된 평균 강우량을 구할 수 있다. 그러나 등우선의 작성은 주관적이기 때문에 관측소의 수가 작을 경우 작업자에 따라 다른 결과를 가져오게 된다. 따라서 평균우량 산정의 정확도가 작업자의 지식과 기술에 크게 영향을 받을 수 있다. 등우선법은 다른 방법에 비하여 작업량이 많으며, 컴퓨터를 이용할 수는 있으나 등우선 작성이나 면적 산정에 있어 숙련된 컴퓨터 기술이 소요된다.

(4) 각 방법의 비교

일반적으로 산술평균법은 빠르고 적용하기가 쉬운 반면, 관측소의 분포가 균등하지 않고 강우가 지형적 영향을 받을 경우에 정확성은 빈약하다. Thiessen법은 산술평균법보다는 다소 계산상의 복잡성이 있으나 관측소의 분포가 균등하지 않을 경우 산술평균법보다 월등히 정확하다. 등우선법은 여기에 제시한 방법 중 가장 정확하다고 할 수 있으나, 계산의 정확도가 주관적인 작업자의 등우선도 작성과정에 영향을 크게 받으며, 계산이 복잡한 단점이 있다.

예제 2.8

그림 2.7과 같은 유역에 발생한 강우 자료를 가지고 산술평균법, Thiessen법, 등우선법을 이용하여 유역의 면적평균된 강우량을 산정하라. 그림에 나타난 분할된 유역에 대한 자료는 다음 표와 같다.

관측소명	강우량(mm)	Theissen망에 의해 분할된 면적 (km^2)	등우선 범위(mm)	등우선 사이의 평균 강우량, $\bar{P}_j$	등우선 사이 면적(km^2), A_j
A	91	1.41	~200	150	10.92
B	162	6.10	200~300	250	13.10
C	254	6.16	300~400	350	12.37
D	423	8.36	400~	410	1.11

표 계속

관측소명	강우량(mm)	Theissen망에 의해 분할된 면적 (km²)	등우선 범위(mm)	등우선 사이의 평균 강우량, $\bar{P}_j$	등우선 사이 면적(km²), A_j
E	283	0.73			
F	83	1.65			
G	210	7.53			
H	366	4.70			
I	184	0.86			
합계		37.50			37.50

| 풀이 |

(가) 산술평균법

유역 내의 5개 강우관측소만의 강우자료를 이용하기로 하면

$$\bar{P} = \frac{1}{n}\sum_{i=1}^{n} P_i = (162+254+423+366+210)/5 = 283 \text{ m}$$

(나) Theissen법

주어진 자료에서 Theissen 다각형에 의하여 분할된 면적을 가중치로 이용하여 평균 강우량을 구하면

$$\bar{P} = W_1 P_1 + W_2 P_2 + \cdots + W_n P_n$$
$$= \frac{1.41}{37.50}91 + \frac{6.10}{37.50}162 + \cdots + \frac{0.86}{37.50}184 = 267.07 \text{ m}$$

(다) 등우선법

작성된 등우선도와 표의 자료로부터 식 (2.34)를 이용하면

$$\bar{P} = \sum_{i=1}^{n}\left(\frac{A_i}{A}\right)\bar{P}_i = 258.6 \text{ mm}$$

2.2.4 강우의 시공간 분포와 관계

(1) 강우의 공간적 분포

유역에 내린 강우량은 유역 내에 균등하게 내리는 것으로 가정하여 강우의 깊이(depth), 즉 길이 단위(mm)로 표현된다. 지속기간(持續期間, duration)은 강우가 지속된 시간의 길이를 의미하며 강우강도(降雨强度, rainfall intensity)란 강우의 깊이를 지속기간으로 나눈 값(mm/hr)이다. 강우는 발생할 때 강우의 중심을 형성하며 중심에서 가장 많은 비를 내리고 중심에서 멀어짐에 따라 강우강

도는 점점 약화되는 것이 일반적이다. 또한 강우강도는 그 지속기간에 따라 강도의 크기가 다르다.

소나기와 같은 대류형(對流型) 강우는 지속기간이 짧은 대신 많은 비를 내리나 장마와 같은 장기간의 지속기간을 가진 비는 비교적 짧은 지속기간을 가진 강우보다 낮은 강우강도를 갖는다. 이러한 강우강도와 면적, 강우강도와 지속기간의 관계는 각각의 강우마다 현상이 다르기 때문에 일정한 관계를 찾기는 매우 어려우나 통계적인 처리에 의하여 일반적인 경향은 찾을 수 있다.

강우관측소에 의하여 관측된 강우량은 해당 지점에 발생한 점우량(point rainfall)이나 일반적으로 수문학적 설계에 필요한 우량은 해당 유역에 발생하게 되는 면적우량이다. Horton은 유역면적이 20~20,000mi^2(또는 30~50,000km^2)일 때 강우 중심에서 발생한 최대 강우량(점우량)으로부터 유역에 발생한 강우량(면적우량)을 산정할 수 있는 다음과 같은 강우깊이-유역면적의 관계식을 제안하였다.

$$P = P_m \cdot \exp\left(-0.01\, A^{\frac{1}{2}}\right) \tag{2.35}$$

여기서 P_m은 강우 중심에서의 최대 강우량(inch), A는 면적(mi^2)이다. 강우 중심에서 멀어질수록 강우강도는 약화되기 때문에 일반적으로 강우면적이 커지면 면적 내의 총 강우량을 전체 면적으로 나눈 값인 강우의 깊이는 지수함수의 형태로 감소되는 것을 알 수 있다. 그림 2.8은 미국 기상청에서 작성한 강우깊이-면적 곡선의 일례인데, Y축 값을 면적감소계수(Areal Reduction Factor, ARF)라고도 부르며 유역면적이 커질수록 지점강우량들로부터 계산한 설계수문량을 일정 비율로

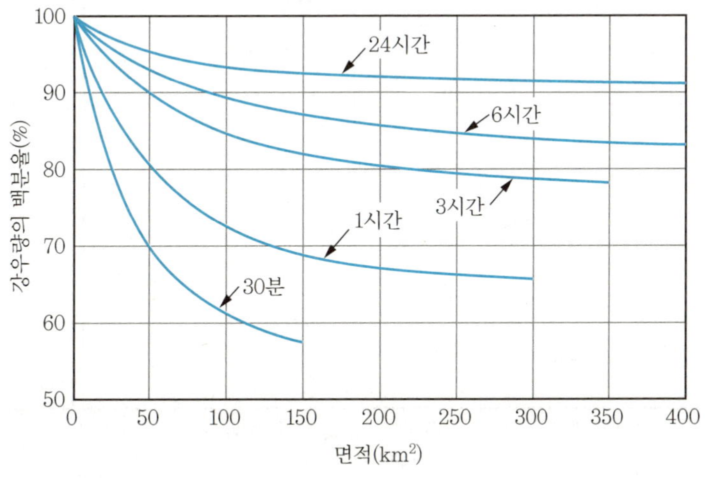

| 그림 2.8 | 강우깊이-면적 곡선 사례

감소시켜야한다는 개념이다. 우리나라에서는 면적감소계수를 다음과 같은 식으로 계산하도록 제안하고 있다(국토해양부, 2011; 국토해양부, 2012).

$$\mathrm{ARF}(A) = 1 - M \cdot \exp(-[aA^{b}]^{-1}) \tag{2.36}$$

여기서 ARF(A)는 유역면적 A(km^2)에 해당되는 면적감소계수이고, M, a, b는 지역별 회귀계수이다. 그림 2.9는 국토해양부(2011)에서 계산한 지속기간별 면적감소계수 사례를 보여주고 있다.

요약하자면, 그림 2.8에서도 알 수 있듯이, 면적평균 강우와 강우 중심에서의 최대강유량과의 차이는 일반적으로 지속기간이 증가할수록 감소하고 총면적이 커질수록 증가한다. 또한, 그 차이는 대류형 강우와 산악형 강우에서 증가하고 총가우량이 증가할수록 감소하는 것으로 알려져 있다. 강우깊이와 면적 관계의 유도를 위해 여러 가지 방법이 고안되었으나, 해당 유역의 강우 자료가 존재할 경우 일반적으로 다음과 같은 순서에 의하여 구할 수 있다.

① 강우 자료로부터 등우선도를 작성한다.

② 각 등우선 사이의 면적을 계산한다.

③ 각 등우선 사이의 면적평균 강우량을 산정한다.

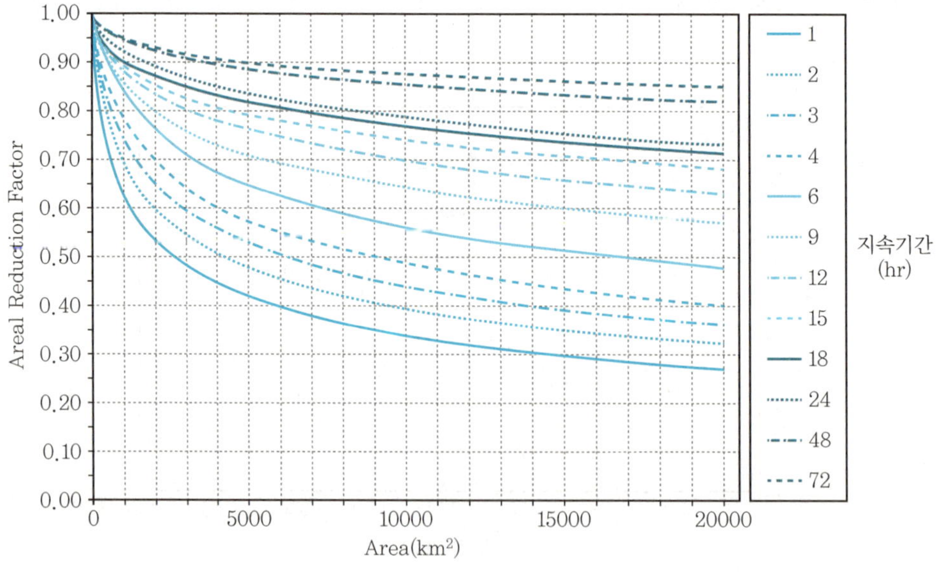

| 그림 2.9 | 한강 유역면적 감소계수 사례(국토해양부, 2011)

④ 누가면적과 누가면적별 강우량을 산정한다.

⑤ 누가강우량을 누가면적으로 나누어 강우깊이를 계산한다.

⑥ 강우깊이와 면적과의 관계를 그림으로 작성한다.

예제 2.9

다음 그림과 같은 유역에 강우가 발생하였다. 강우깊이-유역면적 관계를 계산하여라.

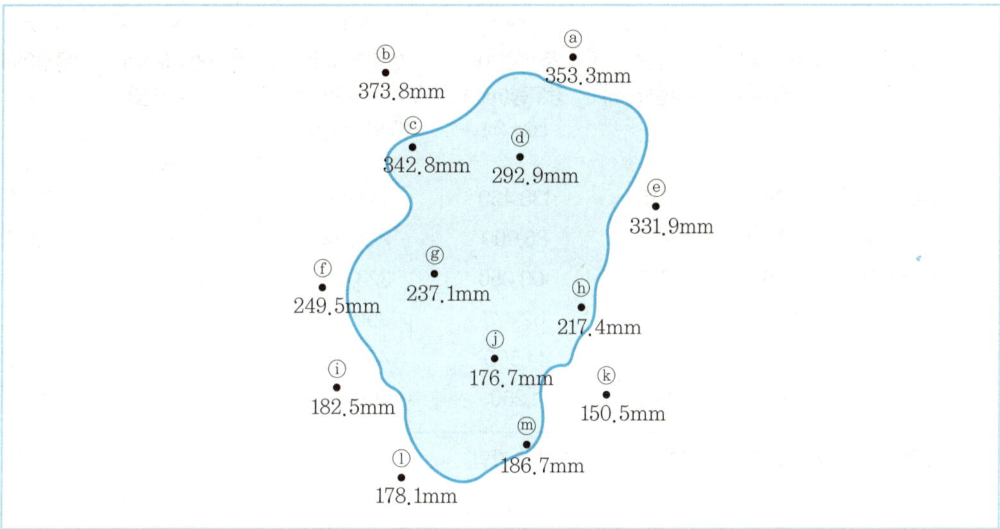

| 풀이 |

(가) 등우선도를 작성하면 아래와 같다.

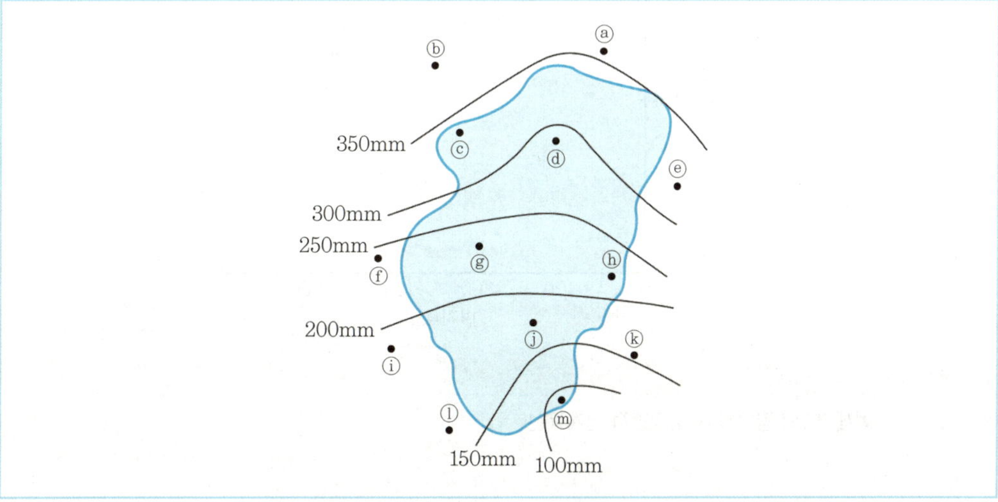

(나) 그림으로부터 등우선 사이의 면적(아래 표의 ⓑ열)을 산출한다.

(다) 등우선 사이에 내린 면적평균 강우량(ⓓ열)을 계산한다.

(라) 강우량과 유역면적의 누가량(ⓔ열, ⓕ열)을 계산한다.

(마) 누가강우량을 누가면적으로 나누어 강우깊이(ⓖ열)를 계산한다.

(바) 누가면적(ⓕ열)과 강우깊이(ⓖ열)의 관계를 다음과 같이 그래프로 나타내어 강우깊이-유역면적 관계곡선을 그린다. 본문에서 서술한 바와 같이 유역면적이 커지면서 강우깊이는 작아지는 관계곡선을 구할 수 있다.

ⓐ 등우선	ⓑ 등우선 내 면적(km^2)	ⓒ 평균 강우량(mm)	ⓓ 등우선 내 강우량(mm) (ⓑ×ⓒ)	ⓔ 면적에 따른 누가강우량(mm) (ⓓ의 누가량)	ⓕ 누가면적(km^2) (ⓒ의 누가량)	ⓖ 강우깊이(mm) (ⓔ/ⓕ)
300~350	426	325	138,450	138,450	426	325.0
250~350	356	275	86,900	225,350	742	303.7
200~350	458	225	103,050	328,400	1200	273.7
150~350	357	175	62,475	390,875	1557	251.0
100~350	116	125	14,500	405,375	1673	242.3
<100	14	90*	1,260	406,635	1687	241.0

*는 중간값 50mm가 너무 적으므로 주관적 조정한 값임.

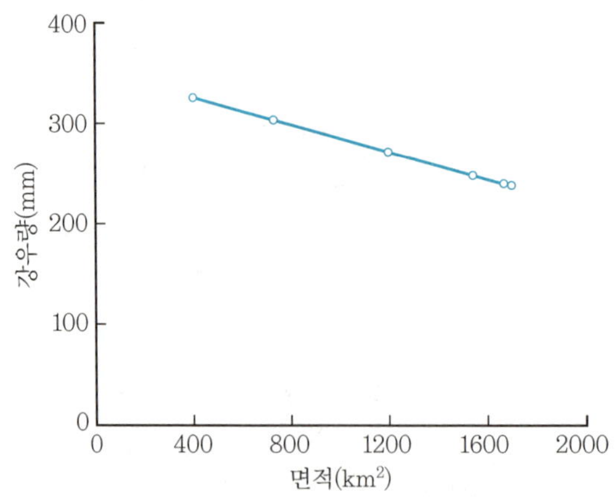

그림 (1) 예제 2.9의 강우깊이-유역면적 관계곡선

(2) 강우의 시간적 분포

강우가 진행됨에 따라 누가량이 시간적으로 어떻게 변동하는지는 예측불허일 것이다. 그러나 전체 지속기간을 2~4개의 구간으로 나누고 그 경향성을 분석한다면 홍수 대비 등에 도움이 될 수 있을 것이다. 즉, 강우의 시간적 분포는 강우의 종류와 형태에 따라 달라지는데, 소나기 등의 대류형 강우는 높은 강도의 비가 호우 초반에 주로 발생하는 반면 장마와 같은 전선형(특히 온난 전선에 의한) 강우는 강우 지속기간 중반 이후에 강도 높은 비가 내리는 것이 보통이다.

이러한 강우의 시간적 분포를 간단한 식으로 표현하는 것은 매우 어려운 일이였음에도 불구하고 몇 가지 경험공식들이 존재하는데, 일례로 Corn(1955)은 미국 중부의 호우를 분석한 결과

$$Y = 3.25\,X^{0.831} \qquad 0 < X < 38$$

$$Y = 14.90\,X^{0.413} \qquad 38 < X < 100 \tag{2.37}$$

과 같은 결과를 얻었다. 여기서 Y는 전체 강우량의 백분율(%), X는 지속기간의 백분율(%)이다.

그림 2.10은 한강 유역 내의 총 83개 우량관측소로부터 수집한 1444개의 호우를 대상으로 강우의 시간적 분포를 정리한 결과이다. 한강 유역 내의 강우의 시간 분포는 그림 2.10에서 보는 바와 같이 4개의 형태가 총강우 1444개의 92.3%를 차지하고 있으며 그 가운데 제4형이 30.5%를 차지하고 있으나, 한강 유역 강우의 시간분포를 단일곡선으로 나타내기는 어렵다. 분석된 자료에 의하면 태풍에 의한 강우는 제2형과 같은 Bimodal형으로서 두 개의 최대값이 발생하는 것으로 나타나며, 전선형 강우(장마)의 대부분은 제4형과 같이 주로 호우 후반에 많은 비가 내리는 것이 특성이라 하겠다.

그림 2.10의 4가지 형태도 조금 더 자세히 분석해 보면 총 강우량에 따라 크게 달라질 수 있다. 즉, 자주 발생하는 작은 양의 강우와 가끔 발생하는 대형 폭우와는 시간적 분포에서 큰 차이를 보이지만 식 (2.37)이나 그림 2.10은 무차원 강우량을 다루고 있기 때문에 이를 반영할 수 없었다. 이러한 영향을 고려하기 위해 강우의 초과확률(또는 누가확률)에 따라 강우의 시간적 분포를 분석하는데, 그림 2.11은 초과확률이 10%인 강우와 90%인 강우를 비교하고 있다. 여기서 1분위와 4분위의 의미는 전체 지속기간을 4구간으로 나누었을 때 최대강우가 발생하는 구간이 각각 첫 구간과 마지막 구간이라는 것이다. 초과확률의 개념은 강우강도-지속기간-빈도에서 자세히 설명하기로 한다.

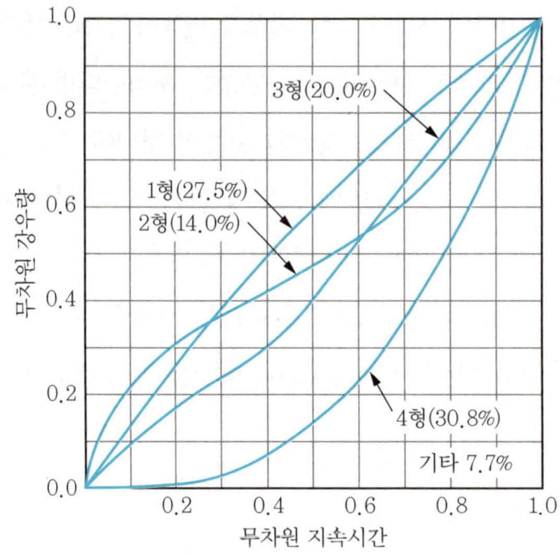

| 그림 2.10 | 한강 유역 강우의 시간적 분포(건설교통부, 1983)

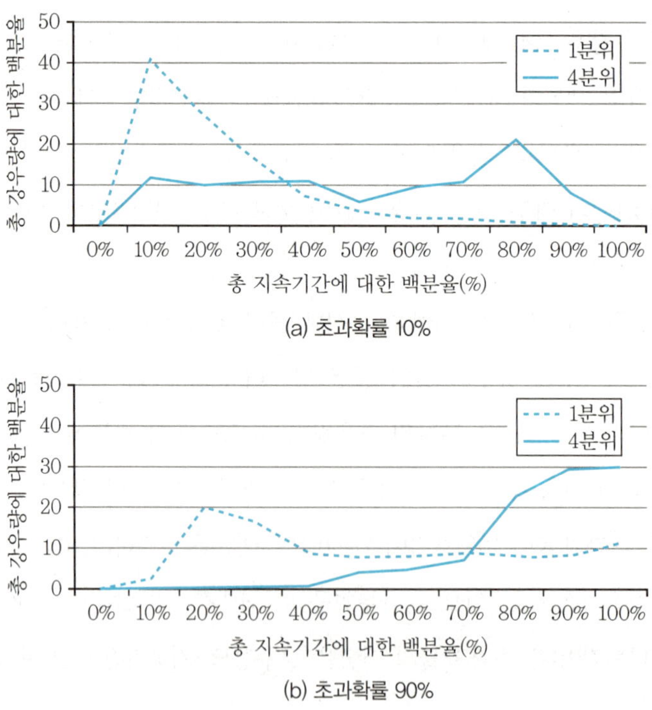

| 그림 2.11 | 서울 지역 강우의 시간적 분포(국토해양부, 2011)

(3) 강우깊이-유역면적-지속기간의 관계

강우깊이, 유역면적, 지속기간의 관계를 DAD(Depth-Area-Duration) 관계라 하며 이로부터 유역면적-지속기간의 변화에 따라 발생 가능한 최대 강우량을 산출할 수 있다. 따라서 DAD 자료는 우수거(storm sewer)나 고속도로의 배수구(culvert) 등을 설계하는데 유용하게 사용되고 있다. DAD 해석은 유역에서 일어난 강우 중 최대값을 선택하여 분석하게 되며, 일반적인 절차는 다음과 같다.

① 선택된 유역의 강우 기록 중 최대 강우량을 선택한다.
② 유역 내 및 주변 우량관측소의 시간별 누가우량을 산정한다.
③ Thiessen 또는 등우선법을 이용하여 등우선에 의하여 분할된 구간마다의 시간별 누가우량을 산정한다.
④ 분할된 구간마다 시간별 누가우량으로부터 지속기간별 최대 강우량을 구한다.
⑤ ④의 강우량 자료를 면적에 따라 누가함으로써 누가면적별 지속기간별 최대 강우량을 구한다.
⑥ ⑤의 자료를 바탕으로 DAD 곡선을 반대수지(semi-logarithmic paper)에 그린다.

예제 2.10

예제 2.9의 자료로부터 DAD 관계곡선을 구하라. 주어진 강우량은 24시간 동안에 내린 강우로 가정하라.

| 풀이 |

(가) DAD 해석을 위해서는 시간별 강우 자료가 필요하나, 주어진 자료에서는 전체 강우량만이 주어져 있다. 일반적으로 그림 2.10과 같이 우량의 시간별 분포를 알 경우 이를 이용할 수 있으나 그렇지 않을 경우 전체 강우량으로부터 시간별 강우량을 적절하게 산출해내어야 한다. 여기서는 아래 표와 같이 지속기간별 백분율(X)과 전체 강우량의 백분율(Y) 관계를 이용한다.

시간	2	4	6	8	10	12	14	16	18	20	22	24
X(%)	8.3	16.6	25.0	33.3	41.7	50.0	58.3	66.7	75.0	83.3	91.7	100
Y(%)	18.9	33.7	56.3	63.4	69.5	75.0	79.9	84.4	88.6	92.6	96.3	99.9

(나) 위의 관계로부터 각 강우관측소에 내린 강우량을 시간에 따른 누가강우량으로 전환하면 다음과 같다.

관측소별 시간을 따른 누가우량(mm)

관측소 \ 시간	2	4	6	8	10	12	14	16	18	20	22	24
①	66.8	118.8	198.7	223.8	245.0	264.6	282.0	298.0	312.9	326.8	339.9	353.0
③	65.1	115.4	193.0	217.3	238.3	257.0	273.9	289.4	303.8	317.3	330.1	342.8
④	55.4	98.6	164.9	185.7	203.6	219.6	234.0	247.3	259.6	271.1	282.0	292.9
⑤	62.8	111.7	186.9	210.4	230.8	248.8	265.2	280.2	294.2	307.3	319.6	331.9
⑥	47.2	84.0	140.5	158.2	173.4	187.0	199.3	210.6	221.1	230.9	240.2	249.5
⑦	44.8	79.8	133.5	150.3	164.8	177.7	189.4	200.2	210.1	219.5	228.3	237.1
⑧	41.1	73.2	122.4	137.8	151.1	162.9	173.7	183.5	192.6	201.3	209.3	217.4
⑨	34.5	61.4	102.7	115.7	126.9	136.8	145.8	154.1	161.8	168.9	175.7	182.5
⑩	33.4	59.5	99.5	112.0	122.8	132.5	141.2	149.2	156.6	163.6	170.1	176.7
⑫	33.7	59.9	100.3	112.9	123.8	133.5	142.3	150.4	157.9	164.9	171.5	178.1
⑬	35.3	62.8	105.1	118.4	129.8	140.0	149.2	157.6	165.5	172.8	179.8	186.7

(다) 관측소별 누가우량으로부터 면적에 따른 누가우량을 산출하기 위하여 Thiessen법으로 유역을 다음과 같이 분할한다.

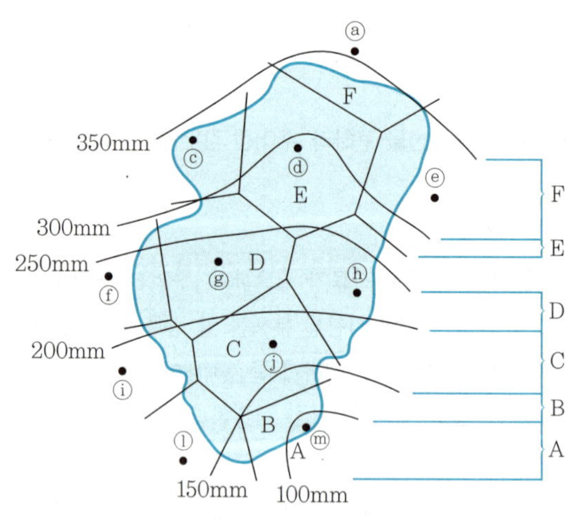

(라) Thiessen망으로부터 지점 누가우량을 각 등우선 별 면적평균 누가우량으로 변환하면 다음과 같다.

㉮ A지역 ($P<100$, 면적$=14km^2$)

$$P_A = P_{13}$$

㉯ B지역 ($100<P<150$, 면적=$116km^2$)

$$P_B = 0.7P_{13}+0.15P_{12}+0.15P_{10}$$

㉰ C지역 ($150<P<200$, 면적=$357km^2$)

$$P_C = 0.6P_{10}+0.15P_9+0.15P_{12}+0.1P_8$$

㉱ D지역 ($200<P<250$, 면적=$458km^2$)

$$P_D = 0.5P_7+0.3P_8+0.2P_6$$

㉲ E지역 ($250<P<300$, 면적=$316km^2$)

$$P_E = 0.6P_4+0.3P_7+0.1P_5$$

㉳ F지역 ($300<P<350$, 면적=$426km^2$)

$$P_F = 0.2P_3+0.4P_4+0.2P_5+0.2P_1$$

위의 식을 바탕으로 등우선 사이 지역별(시간에 따른) 누가우량을 구하면 다음과 같다.

지역 A~F의 면적평균 누가우량(mm)

지역 \ 시간	2	4	6	8	10	12	14	16	18	20	22	24
A	35.3	62.8	105.1	118.4	129.8	140.0	149.2	157.6	165.5	172.8	179.8	186.7
B	34.8	61.9	103.5	116.6	127.9	137.9	147.0	155.3	163.0	170.2	177.1	183.9
C	34.4	61.2	102.3	115.3	126.4	136.3	145.3	153.5	161.2	168.4	175.1	181.9
D	44.2	78.7	131.6	148.1	162.4	175.1	186.7	197.3	207.1	216.3	224.9	233.7
E	52.9	94.3	157.7	177.6	194.7	210.0	223.7	236.5	248.1	259.2	269.7	280.1
F	61.1	108.6	181.7	204.6	224.3	241.9	257.8	272.4	286.0	298.7	310.7	322.7

(마) 이제 등우선도 면적에 따른 누가우량을 높은 등우선에서 낮은 등우선의 순서로 계산하면 다음과 같다.

㉮ $P>300$ (면적=$426km^2$)

$$P_{300} = P_F$$

㉯ $P>250$ (면적=$742km^2$)

$$P_{250} = \frac{316P_E+426P_F}{742}$$

㉰ $P>200$ (면적=$1,200km^2$)

$$P_{200} = \frac{458P_D+316P_E+426P_F}{1200}$$

㉱ $P>150$ (면적=$1,557km^2$)

$$P_{150} = \frac{357P_C+458P_D+316P_E+426P_F}{1673}$$

㉮ $P>100$ (면적=1,673km^2)

$$P_{100}=\frac{116P_B+357P_C+458P_D+316P_E+426P_F}{1673}$$

㉯ $P<100$ (면적=1,687km^2)

$$P_{<100}=\frac{14P_A+116P_B+357P_C+458P_D+316P_E+426P_F}{1687}$$

위 식으로부터 계산한 누가우량은 다음과 같다. 여기서 누가우량은 면적과 시간 모두를 고려한 것으로 밑줄 친 사례 171.5mm는 24시간 동안 250mm 이상 내리는 강우의 경우 최초 6시간까지 내리는 누가우량의 시간에 따른 평균이 171.5mm임을 의미한다.

(단위: mm)

지속시간 / 등우선	2	4	6	8	10	12	14	16	18	20	22	24
300	61.1	108.6	181.7	204.6	224.3	241.9	257.8	272.4	286.0	298.7	310.7	322.7
250	57.6	102.5	171.5	193.1	211.7	228.3	243.3	257.1	269.9	281.9	293.2	304.6
200	52.5	93.4	156.3	175.9	192.9	208.0	221.7	234.3	245.9	256.8	267.2	277.5
150	48.3	86.0	143.9	162.0	177.6	191.6	204.2	215.8	226.5	236.6	246.0	255.5
100	47.4	84.4	141.1	158.9	174.2	187.8	200.2	211.6	220.1	232.0	241.3	250.6
<100	47.3	84.2	140.8	158.5	173.8	187.4	199.8	211.1	221.6	231.5	240.8	250.1

(바) (마)에서 계산된 누가우량으로부터 지속기간 2, 4, 6, …시간별 최대 강우량을 찾는다. 왜냐하면 2시간 지속시간 강우는 최초 2시간뿐 아니라 2~4, 4~6시간 등의 지속기간도 2시간 강우이기 때문이다. 예로써 등우선 300mm 이상에서의 2시간 지속기간의 최대 강우량을 찾아보면 누가시간 4시간과 6시간 사이(지속기간 2시간)에 내린 181.7－108.6=73.1mm임을 알 수 있다.

(단위: mm)

지속시간 / 등우선	2	4	6	8	10	12	14	16	18	20	22	24
300	73.1	120.6	143.5	163.2	180.8	196.7	211.3	224.9	237.6	249.6	261.6	322.7
250	69.0	113.9	135.5	154.1	170.7	185.7	199.5	212.3	224.3	235.6	247.0	304.6
200	62.9	103.8	123.4	140.4	155.5	169.2	181.8	193.4	204.3	214.7	225.0	277.5
150	57.9	95.6	113.7	129.3	143.3	155.9	167.5	178.2	188.3	197.7	207.2	255.5
100	56.7	93.7	111.5	126.8	140.4	152.8	164.2	172.7	184.6	193.9	203.2	250.6
<100	56.6	93.5	111.2	126.5	140.1	152.5	163.8	174.3	184.2	193.5	202.8	250.1

(사) (바)에서 계산된 값이 유역면적-지속기간별 강우깊이를 나타내는 DAD 곡선이므로 이를 그래프로 나타내면 다음과 같다.

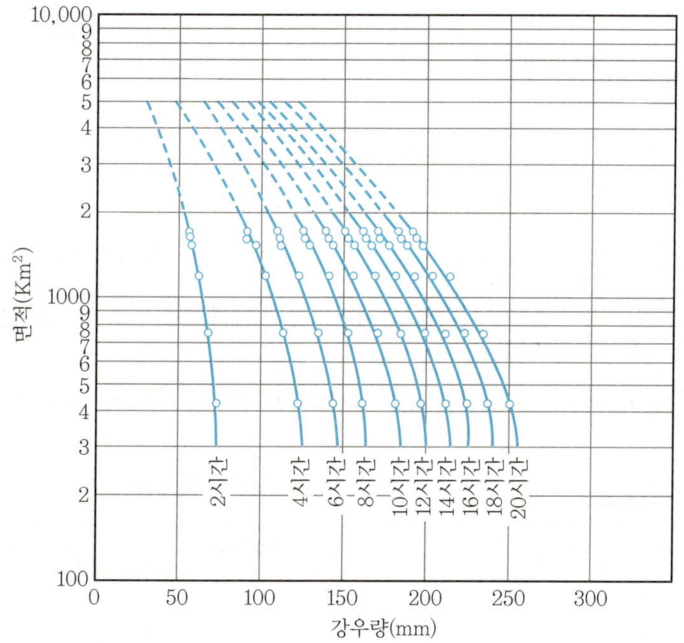

그림 (1) 예제 2.10의 DAD 곡선

(4) 강우강도-지속기간(Intensity-Duration)의 관계

앞서 언급한 것처럼 강우강도는 일반적으로 강우의 지속기간에 따라 다르게 된다. 강우량이 긴 지속기간을 가진 강우는 짧은 지속기간을 가진 강우보다 그 강도가 낮고 반대로 짧은 지속기간을 가진 강우는 강도가 높다. 또한 강우강도와 지속기간의 관계는 같은 지속기간을 가졌다고 하더라도 강우강도의 크기에 따라 달라진다.

이와 같은 강우강도-지속기간의 관계는 지역에 따라 그리고 강우강도의 크기에 따라서도 달라지는데 다음 다섯 가지 형태의 식이 보편적으로 사용된다.

$$i = \frac{a}{b+t_D} \quad : \text{Talbot형} \tag{2.38}$$

$$i = a t_D^{\,b} \quad : \text{Sherman형} \tag{2.39}$$

$$i = \frac{a}{\sqrt{t_D}+b} \quad : \text{Japanese형} \tag{2.40}$$

$$i = a + b\log(t_D) \quad : \text{Semi-log형} \tag{2.41}$$

$$i = \frac{a}{t_D{}^n + b} \quad : \text{General형} \tag{2.42}$$

여기서, i는 강우강도(mm/hr), t_D는 지속기간(min 또는 hr) a, b는 계수로써 회귀분석에 의하여 구할 수 있다.

국토교통부(2011)는 우리나라 69개 지점의 강우량 자료를 분석하여 다음과 같은 강우강도-지속기간 식을 만들었으며, 서울 지역의 경우 재현기간별 매개변수는 표 2.11과 같다.

$$\text{In}(I) = a + b\,\text{In}(t_0) + c(\text{In}(t_0))^2 + d(\text{In}(t_0))^3 + e(\text{In}(t_0))^4 + f(\text{In}(t_0))^5 + g(\text{In}(t_0))^6 \tag{2.43}$$

■ **표 2.11 식 (2.43)의 서울 지역 매개변수 추정값(국토교통부, 2011)**

재현기간(년)	매개변수						
	a	b	c	d	e	f	g
2	3.793	−0.457	−0.03515	−0.01057	0.00106	0.00022	−0.00001
3	3.965	−0.435	−0.04505	−0.01300	0.00221	0.00038	−0.00006
5	4.127	−0.418	−0.05279	−0.01456	0.00308	0.00046	−0.00009
10	4.299	−0.403	−0.05984	−0.01566	0.00377	0.00053	−0.00012
20	4.440	−0.392	−0.06532	−0.01647	0.00467	0.00056	−0.00013
30	4.513	−0.387	−0.06768	−0.01673	0.00458	0.00058	−0.00014
50	4.598	−0.382	−0.07027	−0.01721	0.00485	0.00061	−0.00015
70	4.649	−0.378	−0.07189	−0.01751	0.00506	0.00060	−0.00016
80	4.669	−0.377	−0.07260	−0.01746	0.00511	0.00060	−0.00016
100	4.701	−0.375	−0.07365	−0.01748	0.00519	0.00060	−0.00016
200	4.795	−0.371	−0.07659	−0.01748	0.00549	0.00056	−0.00016
300	4.845	−0.368	−0.07747	−0.01782	0.00558	0.00059	−0.00017
500	4.906	−0.365	−0.07902	−0.01791	0.00570	0.00060	−0.00017

(5) 강우강도-지속기간-빈도(Intensity-Duration-Frequency)의 관계

높은 강우강도를 가진 강우는 일반적으로 오랜 지속기간동안 발생하기 힘들어진다. 따라서 같은 지속기간을 가진 강우라 할지라도 얼마만큼 자주 발생하는 강우인가에 대한 개념이 도입되어야 한다. 이 개념을 이른바 빈도(頻度, frequency)라고 하며, 재현기간(再現期間, return period)이나 초과확률(超過確率, exceeding probability)로 정량화 될 수 있다. 어떤 크기 이상의 강도가 평균적으로 발생할 수 있는 기간을 재현기간(再現期間, return period)이라고 하며, 초과확률과 다음의 관계를 가진다.

$$Pr\,[R \geq R_T] = \frac{1}{T} \tag{2.44}$$

여기서 Pr은 확률연산자, R은 강우변수, R_T는 재현기간 T를 갖는 강우량이다. 예를 들어 재현기간이 100년인 홍수량은 초과확률 1%를 갖는다.

일반적으로 강우강도-지속기간-빈도의 관계는 그림 2.12에 표시한 바와 같이 재현기간을 매개변수로 하고 세로좌표는 강우강도, 가로좌표는 지속기간으로 하여 표시한다. 이와 같은 그림을 강우강도-지속기간-빈도(Intensity-Duration-Frequency, IDF)이라 한다. IDF는 일반적으로 다음의 식으로 표현될 수 있다.

$$i = \frac{a + T_R^{\,b}}{c + t_D^{\,d}} \tag{2.45}$$

여기서 T_R은 재현기간(year)이며, a, b, c, d는 지역별 회귀계수이다. 우리나라의 경우 건설교통부(2000a)가 전국 22개 관측소 강우 자료를 분석하여 다음과 같은 IDF 식을 제시한 바 있다.

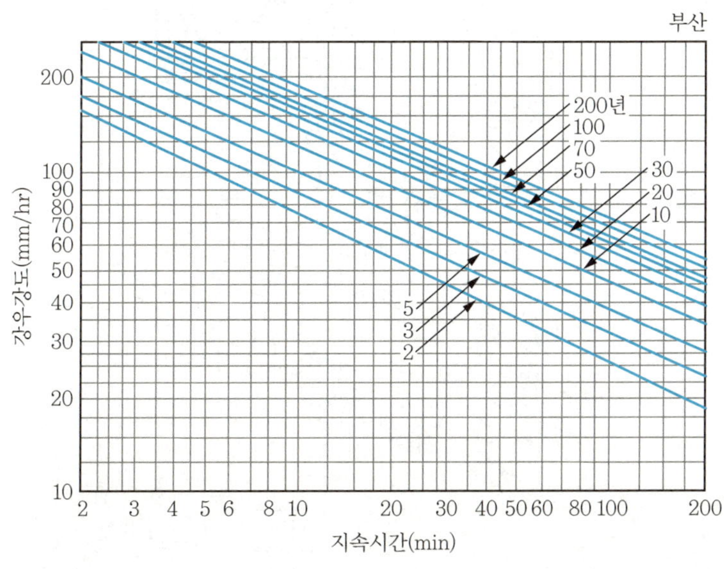

| 그림 2.12 | 부산 지역의 강우강도-지속기간-빈도

$$i = \frac{a+b+\ln\left(\frac{T_R}{t_D{}^n}\right)}{c+d\ln\left(\frac{T_R}{t_D}\right)+\sqrt{t_0}} \tag{2.46}$$

설계자는 농업용 관개시설과 댐, 도로의 암거, 비행장 배수시설, 도시지역 하수도, 내배수 시설, 홍수나 유사량 조절 댐 등 수문설계의 경우 적합한 강우강도의 선정에 이와 같은 IDF 공식이나 곡선을 이용하게 된다. DAD 곡선도 수문학적 설계에 널리 사용되나 이는 기왕최대값만을 사용하는 반면 IDF 곡선은 재현기간별 강우강도를 제공하고 있다. 그러나 IDF 곡선은 특정지점의 강우강도가 그 대상이기 때문에 면적평균 강우가 그 대상인 DAD 곡선과는 차별되어 설계에 사용되어야 한다.

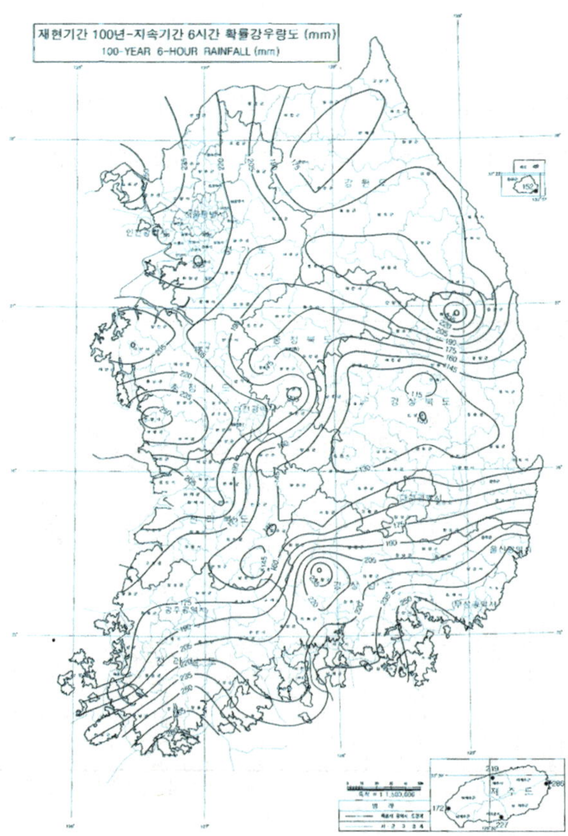

| 그림 2.13 | 우리나라의 확률강우량도 사례(건설교통부, 2000a)

여러 지점의 강우강도-지속기간-빈도의 관계를 알면, 이를 이용하여 지속기간 및 재현기간별 확률강우량을 표시한 확률강우량도를 작성할 수 있는데, 그림 2.13은 우리나라 68개 관측지점의 자료를 이용하여 작성한 확률강우량도이다. 그 이후 국토교통부(2011)에서는 그림 2.13을 다시 수정 및 보완하여 우리나라 확률강우량도를 갱신하였으며, 100년 빈도 강우량의 경우 10년(2000년~2010년) 동안 평균적으로 4.8%가 증가하였음을 보고하였다.

예제 2.11

기상청 웹사이트 날씨누리를 방문하면 다양한 기상자료를 획득할 수 있다. 우선 1971년~2010년의 40년 동안 서울지역 10분 최대 강우량, 1시간 최대 강우량, 1일 최대 강우량을 취득한 후 이들 자료로부터 IDF곡선을 그려보자. 재현기간을 추정하는 방법은 여러 가지가 있으나 이는 8장에서 배울 예정이므로 본 예제에서는 간단하게 $N/(i-0.5)$로 추정하는데, 여기서 N은 자료의 개수(즉, $N=40$)이고 i는 자료들을 내림차순으로 정렬하였을 때 각 자료의 순위(즉, 가장 큰 값의 경우 $i=1$)를 의미한다.

| 풀이 |

(가) 웹사이트에서는 mm 단위의 강우량을 제공하므로 이를 강우강도로 변환하여 표 (1) 5, 6, 7열에 정리하였다. 또한 표 (1) 2, 3, 4열에는 연 최대강우가 발생한 날짜를 괄호 안에 명시하였다. 한 가지 흥미로운 사실은, 1972년의 경우에는 10분, 1시간, 1일 지속기간 모두에 있어 동일한 날짜에 최대값이 발생한 반면 1973년의 경우에는 최대값의 발생 날짜가 지속기간마다 다르다는 점이다.

(나) 각 지속기간마다 연 최대 강우량을 내림차순으로 정렬한 후 예제에서 제시한 공식으로 재현기간을 계산한 것이 표 (2)의 마지막 열이다. 여기서 특이한 점은 지속기간 10분 연 최대는 1993년, 1시간은 2001년, 1일은 1998년 발생하였다는 것인데, 모두 1990년대 이후라는 점이 주목할 만하다. 이러한 현상은 상위순위에 위치한 연최대 강수량들의 발생이 해당기간 후반부에 편중되어 있다는 점(예: 10순위까지 60%)에서도 유사함을 알 수 있다.

(다) 표 (2)의 결과 중 재현기간 2, 10, 20, 50, 80년에 해당하는 연최대 강우강도를 정리해 놓은 것이 표 (3)이다. 해당 재현기간이 표 (2)에 없는 경우가 대부분인데, 이 경우는 선형보간법으로 해당 강우강도를 추정하였다. 이 결과를 도시한 것이 그림 (1)의 IDF 곡선이다.

표 (1) 1971년~2010년 연최대 강우량으로부터 연최대 강우강도의 계산

연도	지속기간별 연최대 강우량(mm) (발생 날짜 월/일)			지속기간별 연최대 강우강도(mm/hr) (발생 날짜 월/일)		
	10분	1시간	1일	10분	1시간	1일
1971	17.6 (6/27)	71.4 (7/17)	188.6 (7/17)	105.6 (6/27)	71.4 (7/17)	7.6 (7/17)

표 (1) 계속

연도	지속기간별 연최대 강우량(mm) (발생 날짜 월/일)			지속기간별 연최대 강우강도(mm/hr) (발생 날짜 월/일)		
	10분	1시간	1일	10분	1시간	1일
1972	13.0 (8/19)	56.8 (8/19)	273.2 (8/19)	78 (8/19)	56.8 (8/19)	11.3 (8/19)
1973	9.5 (9/1)	22.0 (7/30)	61.2 (8/17)	57 (9/1)	22 (7/30)	2.6 (8/17)
1974	14.0 (7/29)	39.6 (7/29)	84.3 (8/3)	84 (7/29)	39.6 (7/29)	3.5 (8/3)
1975	12.7 (9/7)	38.5 (7/25)	130.5 (7/25)	76.2 (9/7)	38.5 (7/25)	5.4 (7/25)
1976	17.5 (8/13)	42.9 (8/13)	96.2 (8/13)	105 (8/13)	42.9 (8/13)	4.0 (8/13)
1977	13.4 (7/4)	43.4 (7/4)	155.8 (7/8)	80.4 (7/4)	43.4 (7/4)	6.5 (7/8)
1978	14.0 (7/9)	27.4 (6/25)	194.6 (6/25)	84 (7/9)	27.4 (6/25)	8.1 (6/25)
1979	15.6 (7/25)	43.0 (8/2)	92.0 (8/2)	93.6 (7/25)	43 (8/2)	3.8 (8/2)
1980	10.2 (7/20)	28.9 (7/20)	131.0 (8/13)	61.2 (7/20)	28.9 (7/20)	5.5 (8/13)
1981	6.8 (7/26)	26.5 (7/1)	137.0 (7/1)	40.8 (7/26)	26.5 (7/1)	5.7 (7/1)
1982	18.5 (7/27)	47.5 (7/27)	106.8 (7/27)	111 (7/27)	47.5 (7/27)	4.5 (7/27)
1983	22.0 (9/2)	67.3 (9/2)	131.6 (9/2)	132 (9/2)	67.3 (9/2)	5.4 (9/2)
1984	22.0 (9/1)	59.5 (9/1)	268.2 (9/1)	132 (9/1)	59.5 (9/1)	11.2 (9/1)
1985	23.5 (8/16)	61.4 (8/16)	124.5 (8/10)	141 (8/16)	61.4 (8/16)	5.2 (8/10)
1986	20.0 (7/24)	46.2 (8/11)	147.8 (7/24)	120 (7/24)	46.2 (8/11)	6.2 (7/24)
1987	22.2 (7/27)	69.5 (7/27)	294.6 (7/27)	133.2 (7/27)	69.5 (7/27)	12.3 (7/27)
1988	12.0 (8/17)	24.3 (7/9)	101.6 (7/9)	72 (8/17)	24.3 (7/9)	4.2 (7/9)

표 (1) 계속

연도	지속기간별 연최대 강우량(mm) (발생 날짜 월/일)			지속기간별 연최대 강우강도(mm/hr) (발생 날짜 월/일)		
	10분	1시간	1일	10분	1시간	1일
1989	13.6 (8/11)	45.3 (8/11)	103.1 (7/25)	81.6 (8/11)	45.3 (8/11)	4.3 (7/25)
1990	19.5 (8/8)	59.6 (7/18)	247.5 (9/11)	117 (8/8)	59.6 (7/18)	10.3 (9/11)
1991	18.5 (7/19)	41.5 (7/25)	140.2 (7/25)	111 (7/19)	41.5 (7/25)	5.8 (7/25)
1992	20.0 (7/27)	54.7 (8/7)	153.3 (8/27)	120 (7/27)	54.7 (8/7)	6.4 (8/27)
1993	28.5 (7/11)	60.2 (7/11)	91.8 (7/13)	171 (7/11)	60.2 (7/11)	3.8 (7/13)
1994	11.0 (8/25)	37.6 (7/5)	79.4 (10/12)	66 (8/25)	37.6 (7/5)	3.3 (10/12)
1995	18.5 (7/10)	54.0 (8/19)	149.2 (8/19)	111 (7/10)	54 (8/19)	6.2 (8/19)
1996	22.7 (7/26)	37.1 (7/26)	168.6 (7/26)	136.2 (7/26)	37.1 (7/26)	7.0 (7/26)
1997	16.5 (8/4)	37.6 (7/1)	127.7 (7/1)	99 (8/4)	37.6 (7/1)	5.3 (7/1)
1998	22.2 (9/5)	66.2 (8/4)	332.8 (8/8)	133.2 (9/5)	66.2 (8/4)	13.9 (8/8)
1999	25.8 (8/30)	59.8 (8/30)	261.6 (8/2)	154.8 (8/30)	59.8 (8/30)	10.9 (8/2)
2000	14.6 (8/28)	44.4 (8/28)	122.9 (8/25)	87.6 (8/28)	44.4 (8/28)	5.1 (8/25)
2001	21.0 (7/15)	99.5 (7/15)	273.4 (7/15)	126 (7/15)	99.5 (7/15)	11.4 (7/15)
2002	15.5 (9/28)	60.5 (8/7)	178.0 (8/7)	93 (9/28)	60.5 (8/7)	7.4 (8/7)
2003	20.5 (8/24)	67.0 (8/24)	177.0 (8/24)	123 (8/24)	67 (8/24)	7.4 (8/24)
2004	18.5 (7/6)	43.5 (7/6)	108.5 (7/16)	111 (7/6)	43.5 (7/6)	4.5 (7/16)
2005	16.5 (8/10)	53.5 (7/28)	115.0 (7/28)	99 (8/10)	53.5 (7/28)	4.8 (7/28)

표 (1) 계속

연도	지속기간별 연최대 강우량(mm) (발생 날짜 월/일)			지속기간별 연최대 강우강도(mm/hr) (발생 날짜 월/일)		
	10분	1시간	1일	10분	1시간	1일
2006	15.5 (8/7)	49.5 (7/12)	241.0 (7/16)	93 (8/7)	49.5 (7/12)	10.0 (7/16)
2007	16.0 (8/4)	27.5 (8/4)	76.0 (7/2)	96 (8/4)	27.5 (8/4)	3.2 (7/2)
2008	14.0 (7/24)	43.0 (7/24)	127.5 (7/24)	84 (7/24)	43 (7/24)	5.3 (7/24)
2009	14.0 (8/1)	50.5 (7/2)	190.0 (7/9)	84 (8/1)	50.5 (7/2)	7.9 (7/9)
2010	19.0 (8/27)	75.0 (9/21)	259.5 (9/21)	114 (8/27)	75 (9/21)	10.8 (9/21)

표 (2) 내림차순 순위별 강우강도 및 재현기간

순위	지속기간별 연최대 강우량(mm) (발생 날짜 월/일)			지속기간별 연최대 강우강도(mm/hr) (발생 날짜 월/일)			재현 기간
	10분	1시간	1일	10분	1시간	1일	
1	28.5 (1993/7/11)	99.5 (2001/7/15)	332.8 (1998/8/8)	171 (1993/7/11)	99.5 (2001/7/15)	13.9 (1998/8/8)	80
2	25.8 (1999/8/30)	75.0 (2010/9/21)	294.6 (1987/7/27)	154.8 (1999/8/30)	75 (2010/9/21)	12.3 (1987/7/27)	26.67
3	23.5 (1985/8/16)	71.4 (1971/7/17)	273.4 (2001/7/15)	141 (1985/8/16)	71.4 (1971/7/17)	11.4 (2001/7/15)	16
4	22.7 (1996/7/26)	69.5 (1987/7/27)	273.2 (1972/8/19)	136.2 (1996/7/26)	69.5 (1987/7/27)	11.3 (1972/8/19)	11.43
5	22.2 (1987/7/27)	67.3 (1983/9/2)	268.2 (1984/9/1)	133.2 (1987/7/27)	67.3 (1983/9/2)	11.2 (1984/9/1)	8.89
6	22.2 (1998/9/5)	67.0 (2003/8/24)	261.6 (1999/8/2)	133.2 (1998/9/5)	67.0 (2003/8/24)	10.9 (1999/8/2)	7.27
7	22 (1983/9/2)	66.2 (1998/8/4)	259.5 (2010/9/21)	132 (1983/9/2)	66.2 (1998/8/4)	10.8 (2010/9/21)	6.15
8	22 (1984/9/1)	61.4 (1985/8/16)	247.5 (1990/9/11)	132 (1984/9/1)	61.4 (1985/8/16)	10.3 (1990/9/11)	5.33
9	21 (2001/7/15)	60.5 (2002/8/7)	241 (2006/7/16)	126 (2001/7/15)	60.5 (2002/8/7)	10 (2006/7/16)	4.71
10	20.5 (2003/8/24)	60.2 (1993/7/11)	194.6 (1978/6/25)	123 (2003/8/24)	60.2 (1993/7/11)	8.1 (1978/6/25)	4.21

표 (2) 계속

순위	지속기간별 연최대 강우량(mm) (발생 날짜 월/일)			지속기간별 연최대 강우강도(mm/hr) (발생 날짜 월/일)			재현 기간
	10분	1시간	1일	10분	1시간	1일	
11	20 (1986/7/24)	59.8 (1999/8/30)	190 (2009/7/9)	120 (1986/7/24)	59.8 (1999/8/30)	7.9 (2009/7/9)	3.81
12	20 (1992/7/27)	59.6 (1990/7/18)	188.6 (1971/7/17)	120 (1992/7/27)	59.6 (1990/7/18)	7.6 (1971/7/17)	3.48
13	19.5 (1990/8/8)	59.5 (1984/9/1)	178 (2002/8/7)	117 (1990/8/8)	59.5 (1984/9/1)	7.4 (2002/8/7)	3.2
14	19 (2010/8/27)	56.8 (1972/8/19)	177 (2003/8/24)	114 (2010/8/27)	56.8 (1972/8/19)	7.4 (2003/8/24)	2.96
15	18.5 (1982/7/27)	54.7 (1992/8/7)	168.6 (1996/7/26)	111 (1982/7/27)	54.7 (1992/8/7)	7 (1996/7/26)	2.76
16	18.5 (1991/7/19)	54.0 (1995/8/19)	155.8 (1977/7/8)	111 (1991/7/19)	54.0 (1995/8/19)	6.5 (1977/7/8)	2.58
17	18.5 (1995/7/10)	53.5 (2005/7/28)	153.3 (1992/8/27)	111 (1995/7/10)	53.5 (2005/7/28)	6.4 (1992/8/27)	2.42
18	18.5 (2004/7/6)	50.5 (2009/7/2)	149.2 (1995/8/19)	111 (2004/7/6)	50.5 (2009/7/2)	6.2 (1995/8/19)	2.29
19	17.6 (1971/6/27)	49.5 (2006/7/12)	147.8 (1986/7/24)	105.6 (1971/6/27)	49.5 (2006/7/12)	6.2 (1986/7/24)	2.16
20	17.5 (1976/8/13)	47.5 (1982/7/27)	140.2 (1991/7/25)	105 (1976/8/13)	47.5 (1982/7/27)	5.8 (1991/7/25)	2.05
21	16.5 (1997/8/4)	46.2 (1986/8/11)	137 (1981/7/1)	99 (1997/8/4)	46.2 (1986/8/11)	5.7 (1981/7/1)	1.95
22	16.5 (2005/8/10)	45.3 (1989/8/11)	131.6 (1983/9/2)	99 (2005/8/10)	45.3 (1989/8/11)	5.5 (1983/9/2)	1.86
23	16 (2007/8/4)	44.4 (2000/8/28)	131 (1980/8/13)	96 (2007/8/4)	44.4 (2000/8/28)	5.4 (1980/8/13)	1.78
24	15.6 (1979/7/25)	43.5 (2004/7/6)	130.5 (1975/7/25)	93.6 (1979/7/25)	43.5 (2004/7/6)	5.4 (1975/7/25)	1.70
25	15.5 (2002/9/28)	43.4 (1977/7/4)	127.7 (1997/7/1)	93 (2002/9/28)	43.4 (1977/7/4)	5.3 (1997/7/1)	1.63
26	15.5 (2006/8/10)	43.0 (1979/8/2)	127.5 (2008/7/24)	93 (2006/8/10)	43.0 (1979/8/2)	5.3 (2008/7/24)	1.57
27	14.6 (2000/8/28)	43.0 (2008/7/24)	124.5 (1985/8/10)	87.6 (2000/8/28)	43.0 (2008/7/24)	5.2 (1985/8/10)	1.51
28	14 (1974/7/29)	42.9 (1976/8/13)	122.9 (2000/8/25)	84 (1974/7/29)	42.9 (1976/8/13)	5.1 (2000/8/25)	1.45

표 (2) 계속

순위	지속기간별 연최대 강우량(mm) (발생 날짜 월/일)			지속기간별 연최대 강우강도(mm/hr) (발생 날짜 월/일)			재현 기간
	10분	1시간	1일	10분	1시간	1일	
29	14 (1978/7/9)	41.5 (1991/7/25)	115 (2005/7/28)	84 (1978/7/9)	41.5 (1991/7/25)	4.8 (2005/7/28)	1.40
30	14 (2008/7/24)	39.6 (1974/7/29)	108.5 (2004/7/16)	84 (2008/7/24)	39.6 (1974/7/29)	4.5 (2004/7/16)	1.36
31	14 (2009/8/1)	38.5 (1975/7/25)	106.8 (1982/7/27)	84 (2009/8/1)	38.5 (1975/7/25)	4.5 (1982/7/27)	1.31
32	13.6 (1989/8/11)	37.6 (1994/7/5)	103.1 (1989/7/25)	81.6 (1989/8/11)	37.6 (1994/7/5)	4.3 (1989/7/25)	1.27
33	13.4 (1977/7/4)	37.6 (1997/7/1)	101.6 (1988/7/9)	80.4 (1977/7/4)	37.6 (1997/7/1)	4.2 (1988/7/9)	1.23
34	13 (1972/8/19)	37.1 (1996/7/26)	96.2 (1976/8/13)	78 (1972/8/19)	37.1 (1996/7/26)	4 (1976/8/13)	1.19
35	12.7 (1975/9/7)	28.9 (1980/7/20)	92 (1979/8/2)	76.2 (1975/9/7)	28.9 (1980/7/20)	3.8 (1979/8/2)	1.16
36	12 (1988/8/17)	27.5 (2007/8/4)	91.8 (1993/7/13)	72 (1988/8/17)	27.5 (2007/8/4)	3.8 (1993/7/13)	1.13
37	11 (1994/8/25)	27.4 (1978/6/25)	84.3 (1974/8/3)	66 (1994/8/25)	27.4 (1978/6/25)	3.5 (1974/8/3)	1.1
38	10.2 (1980/7/20)	26.5 (1981/7/1)	79.4 (1994/10/12)	61.2 (1980/7/20)	26.5 (1981/7/1)	3.3 (1994/10/12)	1.07
39	9.5 (1973/9/1)	24.3 (1988/7/9)	76 (2007/7/2)	57 (1973/9/1)	24.3 (1988/7/9)	3.2 (2007/7/2)	1.04
40	6.8 (1981/7/26)	22.0 (1973/7/30)	61.2 (1973/8/17)	40.8 (1981/7/26)	22.0 (1973/7/30)	2.6 (1973/8/17)	1.01

표 (3) 재현기간별 지속시간별 연최대 강우강도(mm/hr)

재현기간(년)	지속기간		
	10분	1시간	1일
80	171	99.5	13.9
50	166.1	92.2	13.4
20	147.9	73.2	11.8
10	134.7	68.4	11.3
2	102	46.9	5.8

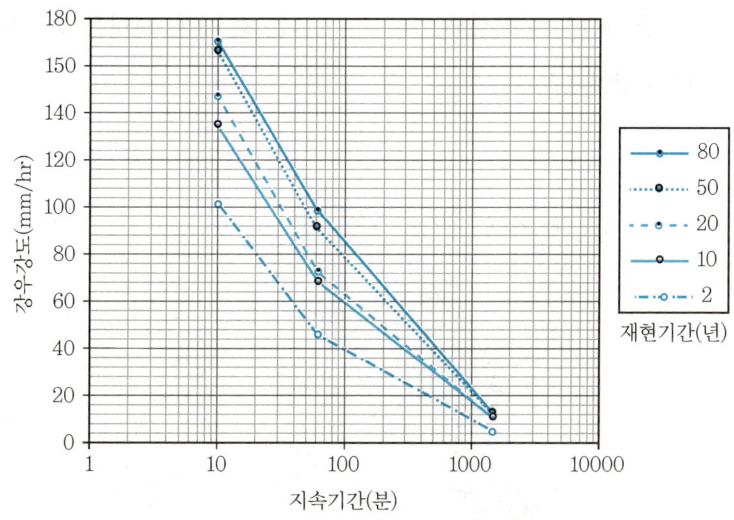

그림 (1) 유도된 IDF곡선

2.2.5 가능최대강우량

기상수문학자들의 오랜 관심사 중 하나는 "과연 강우량의 최대값은 얼마인가?"이었다. 이러한 가상의 최대 강우량을 가능최대강우량(可能最大降雨量, Probable Maximum Precipitation; PMP)이라고 하며, 이는 최악의 기상조건이 동시에 작용하여 발생되는 강우로서 과거의 최대 강우량뿐만 아니라 앞으로도 이보다 더 큰 강우는 발생하지 않을 것이라는 가정 하의 강우량을 의미한다. 가능최대강우량으로부터 계산되는 홍수량을 가능최대홍수량(可能最大洪水量, probable maximum flood)이라고 하며, 이는 구조물의 파괴로 인한 피해가 경제 단위로 표시할 수 없을 만큼 중요한 구조물을 설계하는데 사용되어져야 한다. 가능최대강우량은 앞서 언급한 것처럼 과거 관측된 자료로부터 최악의 기상 조건을 가상으로 조합하여 추정하기도 하지만, 재현기간을 매우 크게 설정하는 통계적인 빈도 개념을 적용하기도 한다. NRC(1994) 등의 연구에 따르면 PMP의 재현기간은 이론적으로는 무한대(즉, 초과 확률=0)이지만 계산 과정에서의 불확실성 등으로 인하여 통계적으로는 최소 10만년인 것으로 추정하고 있다.

건설교통부(2000b)는 우리나라 대규모 수공 구조물 설계에 적용 가능한 표준수문량을 제시하기 위하여 가능최대강수량도를 작성하였다. PMP 산정방법으로 기상수문학적 방법을 이용하였으며 면적별, 지속기간별 PMP도를 작성하였다. 그림 2.14는 전 계절, 24시간, 1,000km^{2}에 대한 가능최대강수량을 나타낸 것이다.

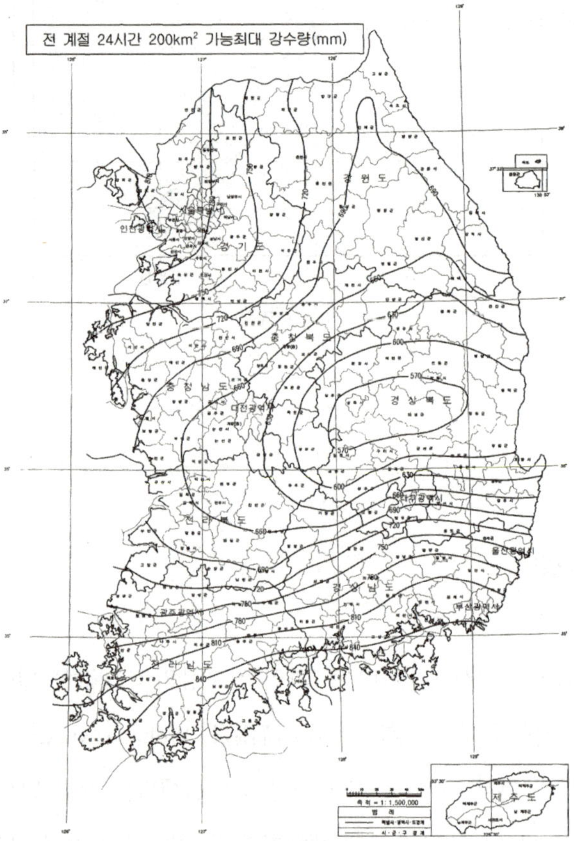

| 그림 2.14 | 우리나라의 가능최대강수량도 사례(건설교통부, 2000b)

2.3 증발

2.3.1 증발과 증발산

지구 전체로 볼 때 지상에 낙하된 강수의 약 70%는 다시 증발(蒸發, evaporation)과 증산(蒸散, transpiration)에 의하여 대기로 환원되며 나머지 30%가 하천을 통과하는 것으로 알려져 있다. 증발이라 함은 어떤 물질이 액체 상태에서 기체 상태로 변하는 것을 말한다. 물의 경우에는 물 분자가 충분한 에너지를 받아 수면에서 대기로 이탈하는 현상을 의미한다. 물 분자는 식물을 통하여 식물의 표면에서 대기 중으로 증발되기도 하는데 이러한 과정을 증산이라고 한다. 수문학적 순환 과정에서는 수면에서의 증발과 식물에서의 증산에 의한 총 증발량이 중요한 경우가 많으며 증발과 증산에 의한 대기 중의 물의 증발 과정을 통틀어서 증발산(蒸發散, evapotranspiration)이라 한다.

증발 현상에 의한 물 손실은 대규모 저수지의 경우 큰 영향을 미친다. 연 강수량이 적은 지역에서의 증발산량은 유역의 물 수지(water budget)에 크게 영향을 주며, 저수위의 하강과 밀접한 관계를 가진다. 또한 증발산은 수질 문제, 레크리에이션, 관개용수 공급, 수력 발전 등에도 영향을 주게 된다. 예를 들어 건조한 지역에서는 자유수면에서의 증발이 연 2.5m에 달하는 곳도 있으며 습윤 지역에서도 증발이 많게는 연 60cm 이상인 것으로 알려져 있기도 하다.

2.3.2 증발량의 산정

액체인 물이 기체인 수증기로 변환되기 위해서는 우선 에너지가 필수적이다. 증발과 같은 자연현상에서 에너지의 원천은 태양이지만 온도가 높은 주변 공기도 증발에 필요한 에너지원으로 다소간 기여하기도 한다. 자유수면이 에너지를 흡수하게 되면 물 분자 간의 당기는 힘이 약해지게 되고 공기 중으로 물 분자의 이탈이 시작되는데, 주변 공기와의 습도(정확히는 증기압) 차이가 클수록 빠른 속도로 증발이 진행된다. 이론상 증발 과정은 주변 공기의 수증기 포화도가 커질수록 느려지다가 완전히 포화가 되면 멈추겠지만, 바람이 불어 외부에서 상대적으로 건조한 공기를 공급해주면 계속 진행될 수 있을 것이다. 그러므로 증발량을 산정하기 위해서(태양복사와 주변 기온에 의한) 에너지와 풍속의 물리학적 고려는 매우 중요하며, 이렇게 개발된 방법들이 각각 에너지수지(energy budget) 방법과 공기동역학적(aerodynamic) 방법이다. 본 절에서는 저수지에서 상세한 자료가 존재하는 경우 활용 가능한 물 수지(water budget) 방법을 먼저 설명한 후 위의 두 가지 방법 및 연관된 다양한 경험식들을 소개하고자 한다.

증발은 저수지 등 수면에서만 일어나는 것이 아니라 토양의 표면에서도 일어날 수 있는데, 이 경우는 에너지와 풍속 이외에 식물 잎들이 드리우는 그림자와 토양수분 등이 또다른 요소로 작용한다. 즉, 식물 잎들의 그림자로 인해 에너지 공급이 감소하고 토양수분이 충분치 못하면 증발에 제약이 생기기 때문이다. 그러나 이 부분은 본 절에서 다루지 않고 다음 절인 증발산에서 함께 서술하기로 한다. 또한 이러한 산정 방법들과 더불어 관측에 의한 방법도 매우 중요한데, 이는 제3장 수문관측 3.2절에서 다루기로 한다.

(1) 물 수지 방법

물 수지(water budget) 방법은 저수지 내에 들어오고 나가는 모든 물의 양을 계산함으로써 증발량을 산정하는 방법이다. 산정 기간 동안 저수지 내로 유입되는 양은 강우에 의한 유입량(P), 하천으로부터의 유입량(Q_i), 지하수를 통한 유입량(Q_s) 등이 있으며, 손실량은 저수지로부터의(물 수지 방법으로 구한) 증발량(E_w), 하천을 통한 유출량(Q_o), 침투(seepage)에 의한 유출량(Q_d) 등이 있다. 따라서 이를 식으로 나타내면 다음과 같다.

$$(P \cdot A+Q_i+Q_s)-(E_wA+Q_o+Q_d) = \frac{dS}{dt} \tag{2.47}$$

$$E_w = I-O-\frac{S_2-S_1}{t_2-t_1} \tag{2.48}$$

여기서 $I=P \cdot A+Q_i+Q_s$, $O=E_wA+Q_o+Q_d$, S_1과 S_2는 각각 시점 t_1과 t_2에서의 저수량, A는 저수지 표면적이며 면적평균 강우량(P)과 증발량(E_w)의 단위는 mm/day 등이 사용된다.

식 (2.47)에서 각 항목의 측정을 정확히 추정하는 것은 역시 매우 어려운 일이다. 각 항목의 측정에서 발생하는 오차는 직접적으로 증발량의 계산에 영향을 주게 되며, 특히 강설량의 측정, 지하를 통한 침투, 소규모 하천들로 인한 유입량과 유출량의 산정 등은 매우 어려운 일이다. 일반적으로 물 수지 방법의 정확도는 산정 기간(dt)을 길게 할수록 높아지기 때문에, 월 이상의 산정 기간이 추천되고 있다. 물 수지 방법은 필요한 자료의 측정이 정확하게 되도록 많은 노력을 기울여 사용하여야 한다.

(2) 에너지수지 방법

에너지수지(energy budget) 방법은 바람이 충분히 불어준다는 가정 하에 에너지만을 제약요소(limiting factor)로 고려한다. 즉, 그림 2.15와 같은 에너지수지의 개념을 자유수면에 초점을 맞추어 적용하는 방법인데, 저수지나 증발접시와 같은 자유수면에서 유입되고 유출되는 모든 에너지들을 식으로 표현하면 아래와 같다.

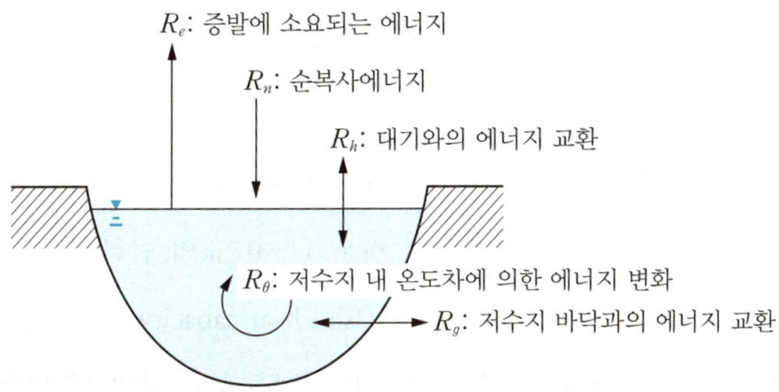

| 그림 2.15 | 자유수면에서의 에너지수지

$$R_e = R_n - R_h + R_g - R_\theta \tag{2.49}$$

여기서 R_e는 증발에 사용되는 에너지, R_n은 식 (2.3)에서 서술한 순복사에너지, R_h는 자유수면에 접한 대기와의 에너지 교환량, R_g는 저수지(또는 증발접시) 바닥을 통한 에너지 교환량, R_θ는 저수지 내 물의 온도 변화에 따른 에너지의 변화량이다. $R_e = E_e\ A\ l_v\ \rho_v$이므로 1m^{2}의 자유수면에서의 (에너지수지 방법에 의한) 증발량 E_e는

$$E_e = R_e/l_v\rho_v = \frac{1}{l_v\rho_v}(R_n - R_h + R_g - R_\theta) \tag{2.50}$$

수면의 온도와 수면에 접한 대기의 온도와의 차이 때문에 발생하는 에너지 교환량 R_h를 직접 측정하는 것은 매우 어려운 일이다. 그러나 일찍이 Bowen(1926)은 증발에 소요된 에너지 R_e와의 비율을 쉽게 산정할 수 있는 계수 Bowen Ratio를 도입하였다. 즉,

$$B = \frac{R_h}{R_e} = c\left(\frac{T_0 - T_a}{e_s - e_a}\right)\frac{P_a}{1000} \tag{2.51}$$

여기서 T_0와 T_a는 각각 수면과 대기의 온도(℃), e_s와 e_a는 각각 포화증기압과 대기에서의 증기압(mb), P_a는 대기압(mb), c는 0.58~0.66 사이의 값을 갖는 상수로 그 평균값은 0.61이다. 식 (2.51)에서 Bowen의 이론은, 공기 중에서 열이 대류를 통해 전이되듯이 수증기도 대류에 의해서 전이되기 때문에 두 현상의 에너지가 비례한다고 가정한 것에 바탕을 두고 있다. 식 (2.5)의 맨 오른쪽 항으로부터 Bowen Ratio를 구하고 $R_h = BR_e$로 치환하여 식 (2.49)에 대입하면 R_e를 계산할 수 있다.

한편, 저수지(또는 증발접시) 바닥을 통한 에너지 교환량 R_g는 R_n에 비해, 특히 시간 단위가 하루 이상이 되거나 지면이 식물로 덮혀져 있을 때, 그 상대적 양이 작은 것으로 알려져 있다. 일반

적으로 R_g는 다음과 같이 계산될 수 있다(Allen, 1998).

$$R_g = c_s \triangle T_a d_s \tag{2.52}$$

여기서 R_g의 단위는 MJ/m^2/day, $\triangle T_a$는 산정 기간 시작시점과 종료시점의 기온차(℃), d_s는 유효 토양깊이(effective soil depth, m)로 몇 일 단위인 경우 0.1~0.2m의 범위이나 몇 개월 단위인 경우 2m 이상이 되기도 한다. 또한 c_s는 토양의 열용량(soil heat capacity, MJ/m^3/℃)으로 토양성분과 함수량에 따라 달라지는데 2.1MJ/m^3/℃로 가정하기도 한다. Allen(1998)에 의하면 R_g를 계산함에 있어 일 단위나 10일 단위의 경우에는 0으로 가정하여도 되나, 시간 단위나 그 이하의 경우에는 0.1R_n(낮)~0.5R_n(밤)로 가정할 것을 제안하고 있으며, 월 단위의 경우

$$R_g = 0.14 \triangle T_{am} \tag{2.53}$$

으로 산정할 수 있는데 여기서 $\triangle T_{am}$은 직전 월과 해당 월평균 기온차(℃)이다.

식 (2.49)의 오른쪽 마지막 항은 앞서 설명한 바와 같이 저수지 내 물의 온도 변화에 따른 에너지의 변화량이다. 저수지의 온도는 수평 방향으로도 변화가 있으나 주로 수직 방향으로 변화하면서 밀도 차이를 보인다. R_θ를 측정하는데는 많은 작업량이 필요하므로, 다음의 일반적 공식에 의하여 구한다.

$$R_\theta = \rho_1 C_{pw} V_1(T_1 - T_b) - \rho_2 C_{pw} V_2(T_2 - T_b) \tag{2.54}$$

여기서 ρ, V, T는 각각 물의 밀도, 체적, 온도이고, 아랫첨자 1과 2는 각각 산정 기간 시작시점과 종료시점을 의미하며, C_{pw}는 물의 (정압)비열(1kcal/kg/K=4187J/kg/K=4187J/kg/℃), T_b는 기준온도로 0℃가 주로 사용된다. 하지만, 에너지수지 방법은 대개의 경우 저수지 내에서의 온도 변화는 없다고 가정하는데, 깊지 않은 저수지에서 일 단위 이상의 증발량을 계산하는 경우 이 가정이 유효하다고 알려져 있다.

예제 2.12

어떤 자유수면에 순복사계(net radiometer)를 설치하고 순복사에너지를 측정하였더니 250W/m^{2}이였고 수면 위 대기의 온도는 25℃이었다고 하자. 잠재열과 현열에 의한 에너지 교환은 없다고 가정할 때, 이 자유수면에서의 증발량을 에너지수지 방법으로 구하시오.

| 풀이 |

25℃ 일 때 증발열을 식 (2.10)으로 구하면, $l_v=(597.3-0.57\times25)\times4.184=2439.48\text{J/g}$이고 물의 밀도는 $\rho_w=997\text{kg/m}^3$이므로 이를 식 (2.50)에 대입하면

$$E_e = \frac{250}{2439\times10^3\times997} = 1.03\times10^{-7}\ \text{m/s} = 1.03\times10^{-7}\times1000\times86400\ \text{mm/day} = 8.90\ \text{mm/day}$$

(3) 공기동역학적 방법

공기동역학적(aerodynamic) 방법은 질량전이(mass transfer) 방법이라고도 불리우는데, 태양을 통한 열에너지는 충분히 공급된다는 가정 하에 바람의 공급만을 제약요소로 고려한다. 자유수면으로부터 이탈한 물 분자의 이동은 증기압의 경사에 비례한다는 1802년 Dalton의 공기동역학 법칙으로 계산할 수 있는데, 증발량과 증기압의 관계를 표시하면

$$E_a = b(e_s-e_a) \tag{2.55}$$

이다. 여기서 E_a는 공기동역학적 방법으로 구한 증발량, b는 증기전이계수(vapor transfer coefficient), e_s와 e_a는 각각 포화증기압과 대기의 증기압이다. 식 (2.55)는 단순해 보이지만, 실제 자유수면에서의 증발은 확산(擴散, diffusivity), 난류(亂流, turbulence), 와류(渦流, eddy) 등 때문에 매우 복잡한 과정을 거친다. 그러므로 식 (2.55)의 계수 b에 이러한 현상들을 포함하기 위해 많은 연구가 수행되어져 왔다. Thornthwaite과 Holzman(1939)은 자유수면에서 이탈하는 수증기의 시간당 질량(즉, vapor flux) $\dot{m}=\rho_w AE$을 다음과 같이 유도하였다.

$$\dot{m} = \frac{K_w k^2\ \rho_a(q_{v1}-q_{v2})(u_2-u_1)}{K_m[\ln(z_2/z_1)]^2} \tag{2.56}$$

여기서 q, u, z는 각각 비습도, 바람의 속도, 고도이고, 아랫첨자 1, 2는 서로 다른 두 고도 지점을 나타내며, k는 von Karman 상수(약 0.4), 또한 K_w와 K_m은 각각 질량확산계수와 모멘텀확산계수로 대개의 경우 실제 계산에서는 $K_w/K_m=1$로 가정한다. 위의 Thornthwaite-Holzman식은 태양에너지가 충분히 공급될 경우 증발량을 결정하는 것을 두 가지 요소로 보고 있는데, 첫째는 자유수면을 가로지르는 바람의 속도이고, 둘째는 자유수면과 대기 사이의 습도기울기인 것이다.

하지만, 증발량을 산정하기 위해서 1과 2지점이라는 두 개의 대기 관측소를 유지하기란 쉽지 않은 것이 현실이다. 그러므로 식 (2.21)에서 $q_v=0.622e/p$을 도입한 후 다음의 두 가지 가정 ①, ②

를 전제로 식 (2.57)로 간략하면 한 지점만의 측정 자료로 계산할 수 있게 된다.

가정 ① z_1에서 바람의 속도는 $u_1=0$이고 $z_1=z_0$ 즉 표 2.10의 조고로 가정한다.

가정 ② z_1에서의 대기는 수증기로 포화된 상태이므로 증기압은 포화증기압 e_s이다.

$$\dot{m} = \frac{0.622k^2 \rho_a(e_s - e_a)u_2}{P_a[\ln(z_2/z_0)]^2} \tag{2.57}$$

그러므로 식 (2.55)의 증기전이계수 b는 다음과 같이 정리될 수 있으며, 증발량 계산에 널리 사용되고 있다.

$$b = \frac{0.622k^2 \rho_a u_2}{P_a \rho_w[\ln(z_2/z_0)]^2} \tag{2.58}$$

식 (2.58)이 풍속의 함수임을 고려할 때, 공기동역학적 방법의 기본식 식 (2.55)는 다음과 같은 바람함수(wind function) $f(u)$를 비례상수(K)와 함께 사용하여 표현하는 것이 더 일반적일 것이다.

$$E_a = Kf(u)(e_s - e_a) \tag{2.59}$$

증발량 계산에 있어 식 (2.55) 또는 (2.59)의 또다른 의미는 이 형태를 기반으로 여러 가지 경험식들이 개발되었다는 점이다. 대표적 사례를 나열하면 다음과 같다.

미국(Meyer) $E(\text{mm/day}) = 0.36(1+0.0621\,u_8)(e_s - e_a)$

영국(Penman) $E(\text{mm/day}) = 0.35(1+0.149\,u_2)(e_s - e_a)$

미국(Marciano) $E(\text{mm/day}) = 0.0359\,u_8(e_s - e_8)$

소련(Kuzmin) $E(\text{mm/day}) = 6.0(1+0.131\,u_8)(e_s - e_8)$ (2.60)

여기서 아래첨자 2, 8은 각각 2m, 8m에서의 풍속(km/hr) 또는 증기압(mmHg)을 의미한다.

예제 2.13

다음의 경우 자유수면에서의 증발량을 공기동역학적 방법으로 구하여라. 자유수면 위 2m에서 기온은 25℃, 상대습도는 40%, 대기압은 100kPa, 그리고 풍속은 3m/sec이며 조고는 z_0=0.03cm로 가정한다.

| 풀이 |

기온이 25℃인 경우 공기와 물의 밀도는 각각 ρ_a=1.19kg/m^3, ρ_w=997kg/m^{3}이며, von Karman 상수는 통상 k=0.4이므로, 식 (2.58)에 의해 증기전이계수 b를 구하면

$$b = \frac{0.622k^2 \rho_a u_2}{P\rho_w[\text{In}(z_2/z_0)]^2} = \frac{0.622\times0.4^2\times1.19\times3}{100\times10^3\times997\ \text{In}[2/(3\times10^{-4})]^2} = 4.597\times10^{-11}\ \text{m/Pa/sec}$$

식 (2.55)에 의해 증발량을 구하려면 포화증기압과 25℃ 대기의 증기압이 필요한데, 식 (2.16)로부터 e_s=3168.8Pa이고, $e_a=R_h e_s$=0.4×3169=1267.5Pa이므로

$$E_a = b(e_s-e_a) = 4.597\times10^{-11}(3168.8-1267.5) = 8.74\times10^{-8}\ \text{m/s}$$

$$= 8.74\times10^{-8}\times\left(\frac{1000\ \text{mm}}{1\ \text{m}}\right)\times\left(\frac{86400}{\text{day}}\right) = 7.55\ \text{mm/day}$$

(4) 에너지수지 방법과 공기동역학적 방법을 결합한 방법

실제 증발현상에서는 에너지와 바람 모두 증발에 제약요소로 작용하기 때문에 에너지수지 방법이나 공기동역학적 방법 어느 한쪽에 전적으로 의존하는 것은 비현실적일 수밖에 없다. 따라서 에너지수지 방법과 공기동역학적 방법을 결합한 방법이 개발되어 왔으며 그 중 Penman에 의하여 제안된 방법이 널리 사용되고 있다. Penman(1948)은 에너지 균형과 질량 전이의 조합을 이용하여 수면이나 포화된 지표면에서의 증발 공식을 아래와 같이 유도하였다. Penman 방법은 이론 기반이 확고하여 수문학이나 농공학 분야에서 잠재증발산을 계산하기 위해서 널리 사용되고 있다.

$$E = \frac{\Delta}{\Delta+\gamma}E_e + \frac{\gamma}{\Delta+\gamma}E_a \tag{2.61}$$

여기서 E_e는 에너지수지 방법에 의하여 계산된 증발량, E_a는 공기동역학적 방법에 의하여 계산된 증발량, Δ는 온도에 대한 포화증기압곡선의 기울기인데 식 (2.16)을 온도에 대하여 미분하여 얻을 수 있다.

$$\Delta = \frac{4098e_s}{(237.3+T)^2} \tag{2.62}$$

또한 γ는 건습계(psychrometer)상수라 불리는데, γ=0.66mb=0.485mmHg인 고정값으로 가정하기도 하지만, 증기이송방정식과 열이송방정식으로 유도하여 다음의 식으로 계산하기도 한다.

$$\gamma = \frac{C_{pa}K_h P_a}{0.622 l_v K_w} \tag{2.63}$$

여기서 C_{pa}는 공기의 (정압)비열로 C_{pa}=0.24kcal/kg/K=1005J/kg/K=1005J/kg/℃인데, 물의 비열(식 2.54의 C_{pw})에 비하면 1/4 이하이다. 또한 식 (2.56)과 유사하게 열에너지 확산계수와 모멘

텀 확산계수의 비, $K_h/K_w=1$로 가정한다.

식 (2.61)의 분모와 분자를 γ로 나누면 다음과 같이 된다.

$$E=\frac{\Delta/\gamma}{\Delta/\gamma+1}E_e+\frac{1}{\Delta/\gamma+1}E_a \qquad (2.64)$$

여기서 온도 변화에 따른 $\frac{\Delta}{\gamma}$의 값을 Van Bavel(1966)이 제시하였는데 표 2.12와 같다.

식 (2.61)을 넓은 지역에 적용하는 경우 증발량은 상당 부분 에너지수지에 의해 결정된다고 알려져 있다. Priestley와 Taylor(1972)는 이러한 경우 식 (2.61)의 두 번째 항이 첫 번째 항의 약 30%

■ **표 2.12 온도 T(℃)와 $\frac{\Delta}{\gamma}$의 관계**

T	Δ/r	T	Δ/r	T	Δ/r	T	Δ/r	T	Δ/r	T	Δ/r
0.0	0.67	10.0	1.23	20.0	2.14	30.0	3.57	40.0	5.70	50.0	8.77
0.5	0.69	10.5	1.27	20.5	2.20	30.5	3.66	40.5	5.83	50.5	8.96
1.0	0.72	11.0	1.30	21.0	2.26	31.0	3.75	41.0	5.96	51.0	9.14
1.5	0.74	11.5	1.34	21.5	2.32	31.5	3.84	41.5	6.09	51.5	9.33
2.0	0.76	12.0	1.38	22.0	2.38	32.0	3.93	42.0	6.23	52.0	9.52
2.5	0.79	12.5	1.42	22.5	2.45	32.5	4.03	42.5	6.37	52.5	9.72
3.0	0.81	13.0	1.46	23.0	2.51	33.0	4.12	43.0	6.51	53.0	9.92
3.5	0.84	13.5	1.50	23.5	2.58	33.5	4.22	43.5	6.65	53.5	10.10
4.0	0.86	14.0	1.55	24.0	2.64	34.0	4.32	44.0	6.80	54.0	10.30
4.5	0.89	14.5	1.59	24.5	2.71	34.5	4.43	44.5	6.95	54.5	10.50
5.0	0.92	15.0	1.64	25.0	2.78	35.0	4.53	45.0	7.10	55.0	10.80
5.5	0.94	15.5	1.68	25.5	2.85	35.5	4.64	45.5	7.26	55.5	11.00
6.0	0.97	16.0	1.73	26.0	2.92	36.0	4.75	46.0	7.41	56.0	11.20
6.5	1.00	16.5	1.78	26.5	3.00	36.5	4.86	46.5	7.57	56.5	11.40
7.0	1.03	17.0	1.82	27.0	3.08	37.0	4.97	47.0	7.73	57.0	11.60
7.5	1.06	17.5	1.88	27.5	3.15	37.5	5.09	47.5	7.90	57.5	11.90
8.0	1.10	18.0	1.93	28.0	3.23	38.0	5.20	48.0	8.07	58.0	12.10
8.5	1.13	18.5	1.98	28.5	3.31	38.5	5.32	48.5	8.24	58.5	12.30
9.0	1.16	19.0	2.03	29.0	3.40	39.0	5.45	49.0	8.42	59.0	12.60
9.5	1.20	19.5	2.09	29.5	3.48	39.5	5.57	49.5	8.60	59.5	12.80
10.0	1.23	20.0	2.14	30.0	3.57	40.0	5.70	50.0	8.77	60.0	13.10

에 해당한다고 밝혔는데, 이를 Priestley-Taylor 식 (2.66)이라 부르며 그 타당성이 여러 적용 사례를 통해 입증된 바 있다.

$$E = \alpha \frac{\Delta}{\Delta+\gamma} E_e \tag{2.65}$$

여기서 α는 지역마다 조금씩 차이는 있지만, 대개의 경우 $\alpha=1.3$으로 사용한다.

예제 2.14

예제 2.12와 예제 2.13의 조건이 동시에 주어졌을 때 에너지수지 방법과 공기동역학적 방법을 결합하여 증발량을 구하시오.

| 풀이 |

결합방법은 가중값에 사용되는 Δ과 γ을 먼저 구해야한다. C_{pa}=1005J/kg/K이고, $l_v=2441\times10^3$J/kg이며, K_h/K_w=1.00임을 가정하면 식 (2.63)으로부터 건습계상수는,

$$\gamma = \frac{C_{pa}K_hP}{0.622l_vK_w} = \frac{1005\times1.00\times100\times10^3}{0.622\times2441\times10^3} = 66.2\ \text{Pa/°C}$$

또한 기온 25℃에서 포화증기압곡선의 기울기 Δ는 식 (2.62)에서

$$\Delta = \frac{4098e_s}{(237.3+T)^2} = \frac{4098\times3169}{(237.3+25)^2} = 188.8\ \text{Pa/°C}$$

그러므로 가중값은 $\gamma/(\Delta+\gamma)$=66.2/(188.8+66.2)=0.260, $\Delta/(\Delta+\gamma)$=188.8/(188.8+66.2)=0.740이 되어 증발량은 다음과 같이 최종 산출된다.

$$E = \frac{\Delta}{\Delta+\gamma}E_e + \frac{\gamma}{\Delta+\gamma}E_a = 0.740\times8.90+0.26\times7.55 = 8.55\ \text{mm/day}$$

2.3.3 증발산량의 산정

증발산(蒸發散, evapotranspiration)은 앞에서 서술한 바와 같이 수면으로부터의 증발과 식물로부터의 증산을 합한 것으로 수분이 대기로 환원되는 모든 것을 포함하는 것이다. 이는 기상학적 인자 이외에도 식물의 종류, 색깔의 농도, 식물의 밀도, 성장속도, 잎 표면의 크기 등의 식물 요소뿐만 아니라 토양의 공극률, 투수계수, 입자의 크기, 토양의 함수율 등 토양 요소에도 영향을 받으므로 증발량의 산정보다 훨씬 복잡하다. 또한 증발과 증산을 분리하여 산정하기도 매우

어렵기 때문에 통상 증발산량 전체를 산정하는 방법들이 개발되어져 왔다. 20세기에는 Blaney-Criddle 방법, Jesen-Haise 방법, Thornthwaite 방법 등 기후변수들을 주요 인자로 고려하는 방법들이 많이 사용되어져 왔으나, 1990년대에 이르러 국제기구 FAO에서 개선한 Penman-Monteith 방법의 우수성이 인정되면서 현재까지도 가장 각광 받고 있다. 그러므로 본 책에서는 이 방법을 상세히 서술하기로 한다.

Food and Agriculture Organization of the United Nations(FAO)는 오랜 기간 증발산 추정 연구에 커다란 기여를 해온 기관 중 하나이다. 이 기관에서는 1990년대 초반 미국과 유럽 전문가의 자문을 심도 있게 받으며 본인들의 방법을 포함하여 여타 방법론들을 심도 있게 검토한 결과, 지난 1998년 Irrigation&Drainage Report 56(Allen, 1998)을 발간하면서 새로운 증발산 산정 가이드라인을 발표했다. 이 보고서는 Penman-Monteith 방법이 당시 사용되고 있었던 다른 방법들보다 다양한 기후대에서 우수하다고 결론지었으며, 이를 수정하여 FAO Penman-Monteith 방법(이하 FAO-PM)으로 제안하였다. 이후 이 방법의 세부 사항을 개선하기 위해 많은 연구 결과들이 제안되었으나 아직 공식적으로 채택되지는 못했기 때문에, FAO-PM은 20년이 지난 지금까지도 가장 널리 사용되고 있는 것이다.

증발량 산정에서의 결합 방법처럼 Monteith(1963)는 다음과 같은 Penman-Monteith 결합식을 제안하였다.

$$\lambda ET = \frac{\Delta(R_n - R_g) + \rho_a C_{pa}\dfrac{(e_s - e_a)}{r_a}}{\Delta + \gamma\left(1 + \dfrac{r_s}{r_a}\right)} \tag{2.66}$$

여기서 $\lambda = (R_n - R_h + R_g)/ET$, r_s와 r_a는 각각 표면저항(surface resistance)과 공기역학적 저항(aerodynamic resistance), c_a는 공기의 비열이며, 나머지 기호는 모두 증발량 산정에서 정의한 바와 동일하다. 식 (2.66)에 새롭게 도입된 개념이 저항인데, 이는 증발산의 촉진을 저해하는 요소들이라고 이해하면 된다. 즉, 그림 2.16에서처럼 토양의 공극과 잎의 기공(氣空, stomata)은 각각 토양 아래와 잎 내부에 포화된 수증기가 대기 밖으로 나오기 위한 저해 요소가 되며 또한 식물의 잎들도 태양을 막아 증발을 저해하게 되는데, 이 세 가지를 모두 총칭하여 표면저항이라고 한다. 한편, 공기동역학적 저항은 (증발시 자유수면에서의 조고처럼) 바람 흐름에 저해가 되는 식생 군락(canopy)에 의한 것이다(그림 2.16 참조).

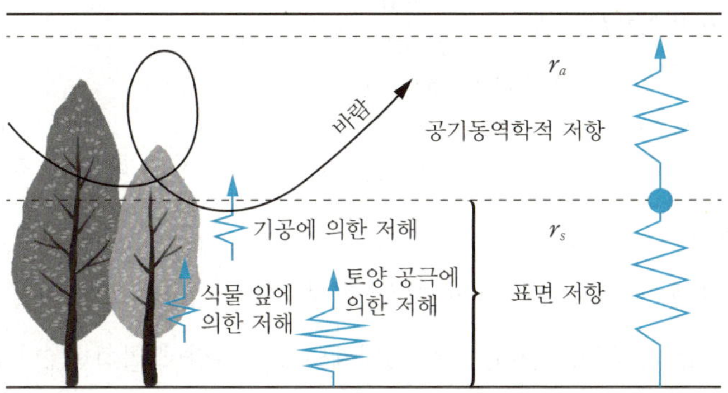

| 그림 2.16 | 증발산 현상을 저해하는 저항(resistance)들

식 (2.66)의 Penman-Monteith 공식을 제대로 사용하기 위해서는 여러 가지 세부 요소들의 추정이 필요한데, 그 중 표면저항 r_s의 추정이 가장 어려운 것으로 알려져 있다. 이를 극복하기 위해 FAO-PM에서는 기준작물(reference crop)의 개념을 도입하였다. 즉, 표면저항 r_s 값이 일정하다고 가정하여 증발산량을 구한 후 여기에 다양한 작물계수(K_c, crop coefficient)와 수문결핍계수(water stress coefficient, K_s)를 곱하는 3단계 과정을 아래와 같이 제안한 것이다.

① 표준경작조건 아래에서 기준작물의 증발산량(ET_0)은 FAO-PM 수정 공식으로 계산
② 표준경작조건 아래에서 관심 대상 작물의 증발산량(ET_c) 계산: $ET_c=K_c \times ET_0$
③ 표준경작조건이 아닌 경우 관심 대상 작물의 증발산량($ET_{c,adj}$) 계산: $ET_c=K_c \times K_s \times ET_0$

단계 ①의 FAO-PM 수정 공식은 다음의 두 가지 가정에서부터 시작된다.

- 기준작물은 길이가 0.12m, 표면저항(r_s)이 70sec/m, 알베도가 0.23인 잔디가 일정하게 덮혀 있고 왕성하게 성장하는 가상의 잔디 표면이다.
- 표준 경작조건에서는 물은 충분히 공급되며, 토양의 상태는 작물의 성장에 저해 요소가 되지 않는다.

이 가정과 함께 공기동역학적 저항 r_a가 식 (2.28)과 같이 풍속의 함수임을 활용하면 식 (2.66)은 다음과 같이 FAO-PM 단계 ①의 핵심 공식인 식 (2.67)로 표현된다.

$$ET_0 = \frac{0.408\Delta(R_n - R_g) + \gamma \dfrac{900}{T+273} u_2(e_s - e_a)}{\Delta + \gamma(1 + 0.34\, u_2)} \tag{2.67}$$

여기서 u_2는 2m에서의 풍속이다. 식 (2.67)에 의한 증발산량은 오직 에너지, 증기압차, 온도, 풍속 등 기후변수만의 함수로 계산된다.

다음으로, 2단계의 핵심 요소는 작물계수(K_c)인데 FAO는 100여개의 작물에 대해서 4구간의 성장시기별 작물계수를 제공하고 있다.[*2] 이를 1단계의 증발산량에 곱하면 2단계의 증발산량이 된다. 마지막으로, 3단계에서 FAO-PM은 수분결핍계수(K_s) 등을 사용하여 표준경작상태가 아닌 경우의 영향을 정량화 하였는데, 여기서는 생략하기로 한다.

예제 2.15

위도가 13°44′N인 지역의 월간 자료가 다음과 같이 주어졌을 때, 고도 2m에서의 4월 기준작물 평균 증발산량을 계산하라. 단, 평균 일풍속과 2m에서의 풍속은 동일하다고 가정한다.

4월 일최고 온도=34.8℃, 4월 일최저 온도=25.6℃, 4월 평균 기온=30.2℃, 3월 평균 기온=29.2℃, 4월 평균 일증기압=2.85kPa, 4월 평균 일풍속=2m/sec, 4월 평균 일조시간=8.5hr/day, 4월 평균 일평균 외기복사에너지=38.06MJ/m^2/day

| 풀이 |

기준작물 증발산량(ET_0) 계산하기 위해 FAO-PM 수정 공식인 식 (2.67)을 다시 한번 써보면 다음과 같다.

$$ET_0 = \frac{0.408\Delta(R_n - R_g) + \gamma \dfrac{900}{T+273} u_2(e_s - e_a)}{\Delta + \gamma(1 + 0.34\, u_2)} \ [\text{mm/day}]$$

이 식에서 주어진 자료 이외에 계산해야 할 항들은 R_n, R_g, e_s, Δ, γ 이다.

(가) 먼저, 순복사에너지를 구하려면 식 (2.3)으로부터 $R_n = (1-\alpha_s)R_{si} - R_{ln}$ 이기 때문에 R_{ln}을 우선 식 (2.6)으로부터 구해야 한다.

$$R_{ln} = \sigma\left[\frac{T_{\max^4} + T_{\min^4}}{2}\right](0.34 - 0.14\sqrt{e_a})\left(1.35\frac{R_{si\max}}{R_{si}} - 0.35\right)$$

순장파 복사 에너지 식을 차례로 계산하면 아래와 같다.

첫 번째 항인 온도에 따른 스테판-볼츠만 σT^4 값은 표 2.5를 사용하여 구하되, 주어진 온도가 없을 때는 선형보간법으로 추정한다.

*2 http://www.fao.org/3/X0490E/x0490e0b.htm#TopOfPage

$$T_{max} = 34.8℃ \text{ 일 때, } \sigma T_{max^4} = 44.10 \text{ MJ/m}^2\text{/day}$$

$$T_{min} = 25.6℃ \text{ 일 때, } \sigma T_{min^4} = 39.06 \text{ MJ/m}^2\text{/day}$$

$$\frac{\sigma T_{max^4}+\sigma T_{min^4}}{2} = \frac{44.10+39.06}{2} = 41.58 \text{ MJ/m}^2\text{/day}$$

두 번째 항인 평균 일증기압은 e_a=2.85kPa 이므로 $0.34-0.14\sqrt{e_a}=0.10$ 이고,

세 번째 항인 대기권으로 입사한 태양에너지 R_{si}, 최대값 $R_{si\,max}$은 식 (2.2)과 식 (2.7)로부터

$$\frac{R_{si\,max}}{R_{si}} = \frac{[0.75+2z/100000]R_{se}}{[a+b(n/N)]R_{se}} = \frac{[0.75+2\times 2/100000]}{[0.25+0.5(8.5/12.4)]} = 1.27$$

여기서 N=12.4hr/day은 표 2.1에서 위도 13°44′N에 해당하는 4월의 근사값 370~378을 보간법으로 구한 것이다. 그러므로, α_s=0.23을 가정하면

$$R_{ln} = 41.58\times 0.10\times(1.35\times 1.27-0.35) = 5.67 \text{ MJ/m}^2\text{/day}$$

$$R_n = (1-\alpha_s)R_{si}-R_{ln} = (1-0.23)\times 0.59\times 38.06-5.67 = 11.62 \text{ MJ/m}^2\text{/day}$$

(나) 토양과의 에너지 교환량 R_g는 식 (2.53)에 의해

$$R_g = 0.14\Delta T_{am} = 0.14\times(30.2-29.2) = 0.14 \text{ MJ/m}^2\text{/day}$$

(다) 포화증기압은 식 (2.16)으로부터

$$T_{max} = 34.8℃ \text{ 일 때, } e_s = 5.56 \text{ kPa}$$

$$T_{max} = 25.6℃ \text{ 일 때, } e_s = 3.28 \text{ kPa}$$

로부터 평균값을 택하여 e_s=4.42kPa이 된다.

(라) 온도변화에 대한 증기압 변화의 기울기(kPa/℃) Δ는 식 (2.62)에 위에서 계산한 포화증기압 e_s=4.42kPa, 일최고기온과 일최저기온의 평균값 T=30.2℃을 대입하여 구한다.

$$\Delta = \frac{4098e_s}{(237.3+T)^2} = 0.246 \text{ kPa/℃}$$

(마) 건습계상수는 식 (2.63)에서 K_h/K_w=1로 가정하여

$$\gamma = \frac{C_{pa}K_hP}{0.622l_vK_w} = \frac{1005\times P_a}{0.622\times 2427} = 0.0000674\, P_a$$

여기서 $P_a=101.3\times\left(\frac{293-0.0065z}{293}\right)^{5.26}$ 인데, z=2m이므로 P_a=101.3kPa이 된다.

그러므로 γ=0.0674kPa/℃이 된다.

(바) 마지막으로 식 (2.67)을 다음과 같이 두 개 항으로 분해하여 구하면 다음과 같다.

$$ET_0[\text{mm/day}] = \frac{0.408\Delta(R_n-R_g)+\gamma\frac{900}{T+273}u_2(e_s-e_a)}{\Delta+\gamma(1+0.34u_2)}$$

$$= 0.408(R_n-R_g)\times\frac{\Delta}{\Delta+\gamma(1+0.34u_2)}+\frac{900}{T+273}u_2\times(e_s-e_a)\frac{\gamma}{\Delta+\gamma(1+0.34u_2)}$$

㉮ $0.408(R_n - R_g) = 0.408 \times (11.62 - 0.14) = 4.68$

$$\frac{\Delta}{\Delta + \gamma(1+0.34u_2)} = \frac{0.246}{0.246 + 0.0674 \times (1+0.34 \times 2)} = 0.685$$

㉯ $\frac{900}{T+273} u_2(e_s - e_a) = \frac{900}{30.2+273} \times 2 \times (4.30 - 2.85) = 8.605$

$$\frac{\gamma}{\Delta + \gamma(1+0.34u_2)} = \frac{0.0674}{0.246 + 0.0674 \times (1+0.34 \times 2)} = 0.188$$

결국 증발산량은 다음과 같이 계산된다.

$$ET_0 = 4.68 \times 0.685 + 8.605 \times 0.188 = 4.824 \text{ mm/day}$$

2.4 기후변화와 수문 현상

2.4.1 지구온난화와 기후변화

인류는 불확실한 자연을 예측하고 미래에 대비하기 위해 부단히 노력한 결과, 이제 수백 개의 인공위성을 거느린 행성의 주인으로 21세기를 맞이하였다. 그러나 2020년대를 맞이하고 있는 현재까지도 전 지구를 뒤흔들고 있는 기상재해는 이러한 과학문명에 대한 인류의 자부심을 비웃고 있는 듯하다. 지구의 한쪽에서는 살인적인 폭우로 대홍수를 겪고 있을 때, 또 다른 한쪽에서는 극심한 가뭄으로 인해 고통 받고 있는 현상이 지금도 빈번히 발생하고 있으며, 우리나라도 예외는 아니어서 일생에 한번 겪을 것으로 예상했던 홍수와 가뭄이 지난 20년 수차례나 일어났다고 기억되고 있다. 이제 수문학에서도 비정상(abnormal)은 그저 새로운 정상(new normal)으로 다가오는 느낌이다.

전문가들은 물론 언론과 일반인들도 이러한 이상 기후 현상의 주요 원인으로 온실가스 배출에 의한 기후변화를 지목해왔다. 최소 지난 20여년 동안 세계 곳곳에서 우리는 지구가 더워지고 있음을 체감해 왔으며, 지구온난화=기후변화로 혼용하여 사용하여 왔다. 여기서는 우선 용어의 정의부터 시작하려고 한다.

우리는 이미 2.1절에서 지구 대기 내 복사에너지의 교환을 공부한 바 있다. 그림 2.2을 보면 98이라는 장파 복사가 대기로부터 다시 지구로 돌아오는데 이 때문에 지구는 최근까지 오랜 기간 평균 15℃라는 기온을 유지할 수 있었다. 이는 지구라는 행성에 대기권이 있기 때문에 생기는 '온실효과(greenhouse effect)'이며 수증기로부터 반사되는 영향이 가장 크다고 알려져 있다. 만일 수증기가 없다면 온실효과가 거의 사라져 지구의 기온은 −18℃ 정도로 크게 떨어지고 극히 일부의 생물체만이 존재할 수 있다 한다. 즉, 수증기는 지구 수자원 총량의 십만분의 일(표 1.2) 밖에 안 되지만 온실효과, 특히 33도의 온도 상승이라는 결정적 기여를 인류에게 제공하고 있는 것이다.

그러나 19세기 후반 산업혁명으로 CO_2, CH_4, N_2O 등 인류의 온실기체(greenhouse gas) 배출이 급증하기 시작하였는데, 이로 인하여 대기 밖으로 배출되어야 하는 장파 복사의 지표면 회귀가 증가하게 되었고 지구 기온의 평형이 깨지게 되었다. 이렇게 인간의 활동으로 인하여 자연(nature)의 일부인 기후가 변화하는 현상을 '기후변화(climate change)'라고 부른다. 기후변화는 단지 지구의 기온 상승만을 지칭하지는 않는다. 예를 들어 도시 강우는 목요일이나 금요일에 주로 발생한다는 가설이 있는데, 만일 이것이 사실이라면 이는 기후변화의 또다른 사례가 될 것이다. 왜냐하면, 주말에 도시에 가라앉아 있던 먼지들이 월요일 대규모 인간 활동의 재개로 대기 중에 다시 떠돌아다니게 되고(2.2절 강우의 형성에서 서술한) 응결핵의 역할을 화요일에 수행함으로써 수요일에 물방이 맺히고 목요일에 구름을 형성하여 금요일에 비로 내리기 때문이라는 것이다. 가설에 지나지 않지만 인간이 만들어 놓은 주(週, week) 시스템을 자연이 따라오게 되었으니 기후변화가 아닐 수 없을 것이다.

이러한 기후변화는 자연적 현상인 기후변동(climate variability)과는 구분되어야 한다. 오늘의 온도, 강수, 증발이 작년 오늘의 그것들과 다른 이유가 기후변수의 자연적 변동 때문이며, 이러한 기후변동은 근본적으로 무작위(random) 특성에 기인한다. 일반인들이 많이 혼동하는 현상 중 하나가 엘리뇨/라니냐 현상을 기후변화라고 오해하는 것인데, 이 또한 태평양 두 지점에서의 기압차 때문에 생기는 자연 현상으로 기후변화라기보다는 기후변동의 범주에 포함하여야 옳다. 단지 온실기체의 증가가 기후변동인 엘리뇨/라니냐 현상을 가속화 시킨다는 가설은 검증되어야 하지만, 기후변동과 기후변화는 엄격히 구분되어져야 할 것이다.

혼용되기 쉬운 용어 중 또 하나는 '지구온난화(global warming)'이다. 그림 2.17과 같이 지구의 기온은 인류가 관측을 시작한 이래로 그 평균이 꾸준히 증가하고 있으며, 이는 누구도 부인할 수 없는 '사실(fact)'임에 분명하다. 그러나, 온실기체 증가로 인한 기후변화가 지구온난화를 유발한다는 이론에 대부분의 학자들이 동의하고 있지만, "지구온난화의 원인이 100% 온실기체 때문일까?"라는 구체적 질문 아직 명확히 규명되지 못하고 있는 실정이다. 45억년 동안의 지구 온도 변화를 그래프로 살펴보면 한눈에 엄청난 변동을 겪어 왔다는 것을 확인할 수 있으며, 우리가 살고

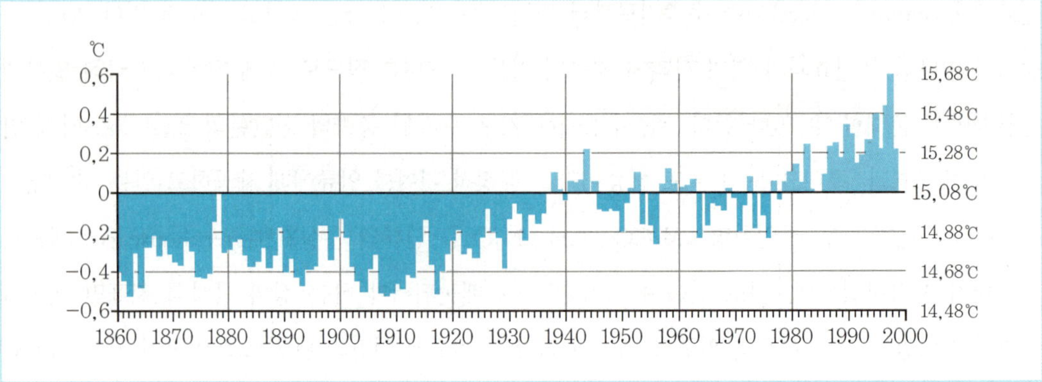

| 그림 2.17 | 산업혁명 이후 범지구 평균기온 추세

있는 시기는 전체 평균보다 온도가 낮은 간빙기임을 알 수 있다. 즉, 지구온난화의 원인에 다만 몇 %만이라도 자연 변동이 섞여 있을 가능성도 열어 놓아야 하는 것이다. 결론적으로 말하자면, '지구온난화'는 관측으로 밝혀졌기 때문에 그 원인을 떠나 누구도 부인할 수 없는 사실을 지칭하는 용어이며, 이의 원인으로 가장 가능성이 크다고 동의되고 있는 '기후변화'는 엄밀히 말하면 구별되어져야 하는 것이다.

2.4.2 기후변화가 물 순환에 미치는 영향

기후변화는 지구 상에 존재하는 거의 모든 자연 현상과 생물체에 영향을 미친다고 할 수 있다. 이 중 물 순환에 미치는 영향은 매우 커서 21세기 가장 중요한 연구 분야 중 하나로 각광 받고 있는데, 이는 물이 모든 생명체의 근원이며 우리 생활의 근간이기 때문일 것이다.

앞 절에서 서술한 바와 같이 지구 평균기온의 상승은 관측된 사실이다. 국가나 유역으로 공간적 범위를 좁히면 조금 다른 양상을 보일 수 있지만 대부분의 국가에서 기온의 상승은 통계적으로 유의하다고 보고되고 있다. 평균기온 뿐 아니라 최저 기온과 최대 기온도 마찬가지 양상을 보이고 있다. 그러므로 기후변화 영향은 기온 상승과의 연결점에서부터 찾아보아야 할 것이다.

기온 상승으로 가장 먼저 영향을 받는 물 순환 요소는 증발일텐데, 증발량의 상승을 가져올 것이다. 그러나 기후변화 때문에 바람이 잠잠해졌다(stilling)는 관측이 제기되고 있어(IPCC, 2014) 증발량과의 관계가 아주 명쾌하게 결론지어지는 것은 아니다. 전 지구 풍속의 감속은 기후변화에 따른 대기대순환의 변화 때문일 수도 있고 도시화로 인한 조도계수의 증가 때문일 수도 있다고 알려지고 있다(백경록, 2018). 그럼에도 불구하고 Brutsaert(2017)는 전 지구 증발이(2017년 기준) 지난 50년 동안 연간 0.4~0.5mm 증가하였음을 간단한 이론으로 증명하였으며 이는 관측에 의한 다른 연구들과 유사한 추세였다고 밝히고 있다. 여기서 증발의 증가는 수증기의 증가를 가져온다. 그러나, 증가된 수증기는 과연 강우의 증가로 연결될 것인가? 이미 설명한 바와 같이 강우의 형성은 몇 가지 과정을 거치는데, 이들의 복잡한 상호 작용으로 인하여 역시 단순하게 추론하기는 쉽지 않다. 우선 온실기체의 증가는 응결핵의 증가로 이어지겠지만, 기온 상승은 포화증기압의 상승으로 더 많은 수증기를 포함하여 오히려 응결을 방해할 수도 있을 것이다. 관측에 의하면 20세기 들어 전 지구 연평균강수량은 10년에 2.03mm 정도 증가하였다고 보고되고 있으나, 강수량 증가가 통계적 유의수준을 넘는 경우는 그리 많지 않은 것으로 알려지고 있다.

통계적인 관점에서 보았을 때 기후변화는 강우량과 유량 등의 기상수문변수들이 가지는 정상성(stationarity)의 가정이 무너지고 있음을 의미한다(Milly 등, 2008). 정상성이란 어떤 변수의 평균이나 분산 등의 통계량이 시간에 따라 변하지 않는 특성으로 정의된다. 정상성이 무너지면 과거 측정한 자료로 계산한 평균이 더 이상 미래에 유용하지 않게 된다. 즉, 과거에는 강우량과 유량의 평균과 분산이 변하지 않는다고 가정하여 수공 구조물을 설계하고 수자원 계획을 수립하였으나, 미래에 기후변화가 일어난다고 가정하면 과거의 자료는 현재와 미래의 수자원 설계 및 계획에 중요한 정보가 되지 못함을 의미한다. 그러므로 공학적으로 새로운 설계 및 계획 방법론이 요구되고 있는 시대에 우리는 살고 있다.

2.4.3 기후변화 영향평가 방법

수문학에서 있어 기후변화 영향평가란 지구온난화의 결과로 인해 특정 유역의 유량이 어떻게 변화할 것인가를 평가하는 것을 가리키며, 통상 몇 가지 모형들을 연쇄적으로 연결하는 방법으로 수행된다. 즉 1) 범지구 규모(global scale)의 기후변화 전망, 2) 연구대상 유역규모(basin scale)의 기후변화 전망, 그리고 마지막으로 3) 연구대상 유역규모의 유량변화 전망이 그것이다(그림 2.18). 여기서 전망(projection)이라는 용어는 예측과는 다른데, 어떤 기간에 평균적인 상태를 추정하는 것이며, 기후변화 전망이란 수문학에서는 주로 온도와 강수 전망을 의미한다.

기후변화 영향평가의 첫 단계는 온실기체의 증가에 따른 온도, 강수 등을 전망하는 과정인데, 온실기체의 증가 시나리오로 CO_2가 전망 기간 동안 현재 상태보다 두 배($2CO_2$) 증가하는 경

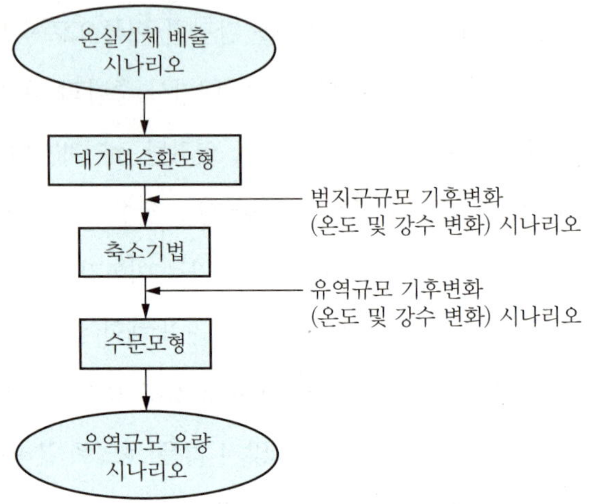

| 그림 2.18 | 기후변화 영향평가 과정

우가 일반적으로 사용된다. 이러한 전망을 수행하기 위해서는 통상 GCM(General Circulation Model)이라 불리는 대기대순환모형을 사용하는데 이는 지구 전체를 수많은 격자(grid)로 분할한 3차원 수치모형이다. GCM은 우리나라를 포함하여 전 세계에 걸쳐 여러 종류의 모형이 개발되어져 있으나 전망 결과에 상당한 차이를 보이고 있으므로 아직 많은 개선이 필요한 분야이기도 하다. GCM은 지구 전체를 모형화하기 때문에 한정된 전산처리 용량의 범위 내에서 단위 격자를 일정 크기 이상으로 유지해야 한다는 한계를 가지고 있다. 현재의 기술 수준으로는 최첨단 컴퓨터를 사용한다고 하여도 GCM의 단위 격자의 한 면을 200km 이하로 줄이기가 어려운 것이 현실이며, 이러한 크기는 특정 유역(예를 들어 안양천 유역면적 약 286km^2)의 강수량나 유량 변화를 살피기에는 상당히 큰 규모라 할 수 있다. 즉, GCM으로는 연구 대상 유역을 포함한 광활한 지역의 공간 평균온도 및 평균강수량만을 전망할 수 있을 뿐이다. 이러한 한계를 극복하기 위해 격자의 평균값으로부터 유역규모의 국지적 전망으로의 축소기법(downscaling technique)이 필요하며, 이 과정이 영향평가의 두 번째 단계를 구성한다. 축소기법에는 회귀분석과 같은 통계기법과 좀 더 세밀한 격자를 가진 중소규모의 지역대기모형(Regional Climate Model, RCM)을 GCM에 접합시키는 기법 등이 있다. 이 중 후자는 모형화와 계산 과정이 복잡하지만 지형의 변화 등을 모형에 포함시킬 수 있으므로 그 정확도가 상대적으로 높다는 장점이 있다. 하지만, 여러 가지 GCM에 접합시키기 어렵다는 단점으로 인하여 통계적 축소기법이 간편하게 사용되기도 한다.

기후변화 영향평가의 세 번째 단계에서는 유역규모로 축소된 기후변화로부터 유량변화를 강우유출 모형을 통하여 산출하는 과정이다. 강우유출 모형은 이름에서 가리키는 바와 같이 온도와 강우 등의 입력자료로부터 유량을 계산하는 수치모형이며, 이에 대한 설명은 제5장을 참조하기 바란다.

미래 유량변화가 관심의 주요 초점인 수문학자들은 국제적으로 공개된 GCM 온도 및 강수 전망 자료들을 사용하여 강우유출모형을 수행한다. 경우에 따라서는 유역규모로 축소된 전망 자료의 취득이 가능하며, 수문학자들이 직접 통계적 축소기법을 수행하여 유역규모로 가공하기도 한다. IPCC(Intergovernmental Panel on Climate Change, 정부간기후변화협의체)에서는 공인된 전 세계 GCM의 전망 자료들을 한 자리에 모아 IPCC Data Center(https://www.ipcc-data.org/sim/gcm_monthly/)를 통해 연구자들에게 제공하고 있다. 더욱이 IPCC는 수년마다 평가보고서를 발간하는데, 여기에 전 세계 기후변화 연구결과들이 총망라되어 있다고 할 수 있다. 가장 최근에는 2014년도에 5번째 평가보고서인 AR5(Assessment Report 5)를 발간하였으며, 2022년도에 6번째 보고서의 발간을 앞두고 있다. 평가보고서가 출시되면 이에 따라 다양한 GCM들의 전망 결과도 함께 공개되는데, 이를 근거로 각 나라에서의 지역 전망이 다양한 분야(예; 수자원, 해양, 농림, 보건, 생태 등)에 있어 활발하게 수행되어진다.

그림 2.19는 위의 방법론으로 수행한 국내 연구사례를 보여준다. 이 연구에서는 기존에 전 세계에서 수행된 5가지 GCM 결과를 이용하였으며, 산출된 기온과 강우량 예측 시나리오 중 최대

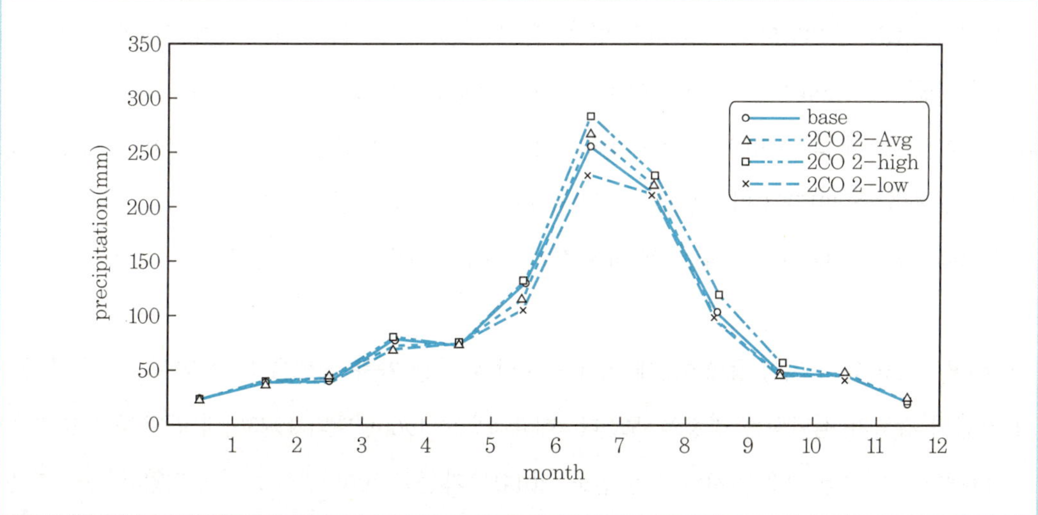

| 그림 2.19 | 대청댐 유역 2100년 월별 유량 예측(Kim et al., 2000)

와 최소값을 이용한 시나리오를 각각 '$2CO_2$ – High'와 '$2CO_2$ – Low' 시나리오로, 이들의 평균을 '$2CO_2$ – Average' 시나리오로 설정하였다. 또한 'Base' 시나리오는 이산화탄소의 변화가 없을 경우, 즉 기후변화가 일어나지 않는다고 가정하였을 경우의 시나리오를 나타낸다. 이러한 네 가지 시나리오를 이용하여 2100년 대청댐 유역의 월별 유량을 전망한 결과가 그림 2.19에 나타나 있다. 여기서 가장 주목해야 할 부분은 갈수기인 겨울과 봄의 유량을 비교해 볼 때 'Base' 시나리오가 '$2CO_2$ – High' 시나리오, 즉 가장 낙관적인 시나리오와 유사하다는 점이다. 이산화탄소가 2배가 되면 대청댐 유역의 유량은 많아야 현재의 수준을 유지할 것이란 결론을 내릴 수 있으며, 이는 기후변화가 지속될 경우 대청댐 유역의 갈수기 수자원 관리가 더욱 어려워질 전망을 하고 있는 것이다.

2.4.4 기후변화와 한반도 수자원

기후변화의 영향을 전망하기 위해서는 우선 과거의 경향성을 면밀히 분석하여야 한다. 왜냐하면 미래는 과거의 연속선상에 있기 때문이다. 여기서는 국립기상과학원에서 2018년 발간한 '한반도 100년의 기후변화' 보고서를 인용하여 요약하고자 한다. 이 보고서는 1912년부터 2017년까지 106년 동안의 관측 자료에 근거하여 다양한 기상수문학적 변수들의 추세를 분석하였는데, 먼저 20세기초 30년(1912~1941년)과 최근 30년(1988~2017년)을 비교하였을 때 우리나라의 연 평균기온은 1.4℃ 상승하였는데, 이는 10년 평균 +0.18℃씩 증가한 것이다. 이에 따라 여름은 19일 길어졌고, 겨울은 18일 짧아졌다. 그림 2.20을 보면 평균, 최저, 최고 기온 모두 증가 추세가 뚜렷하며 통계적으로도 유의하다고 보고되고 있다. 윤선권(2014), 조현곤(2014) 등에 의하면 강우강도는 10년 평균 0.188mm/일로 증가 추세에 있으며, 100년을 기준으로 강수일수에 유의미한 변화는 나타나지 않았으나, 최근 30년 동안 증가하는 경향을 나타냈다. 또한 강건국 등(2014), 최유진 등(2015), 심규범 등(2017)에 따르면 일강수량 10mm 이하의 강수빈도와 강수량이 감소한 반면, 강한강수(80mm 이상)와 극한강수(150mm 이상)의 강수일수가 증가하여 강수 발생의 양극화가 심화되었다.

이주헌 등(2015), 유지영 등(2016)에 의하면 지난 40년간 가뭄 경향은 가뭄 발생빈도가 증가하며 가뭄의 강도가 심화되는 경향을 보였다. 대표적으로 1960년대와 1970년대의 가뭄은 10년 빈도, 1988년과 1994년 가뭄은 40~50년 빈도, 2014년 가뭄은 100년빈도로 추정되었다. 전시영 등(2015), 이주헌 등(2015)에 의하면 지역적으로 영동지방보다 영서지방 가뭄강도가 상대적으로 극

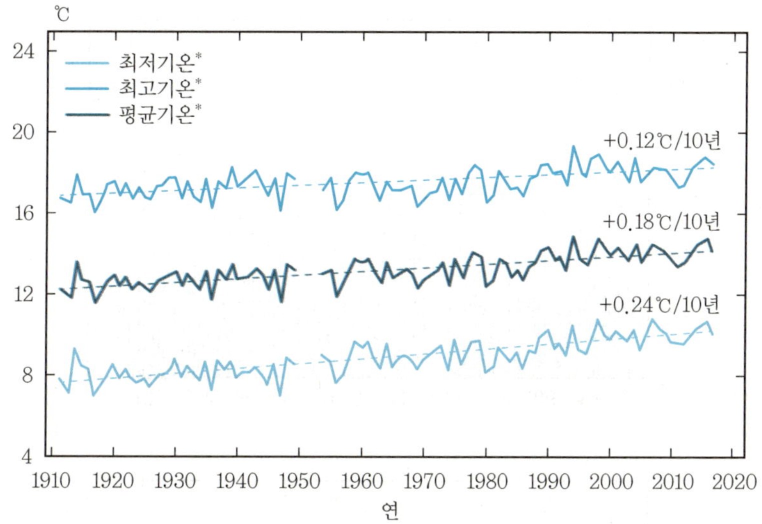

| 그림 2.20 | 기온(℃) 관련 통계량의 변화(국립기상과학원, 2018)

심하였으며, 경기북부, 남해, 전남지역 가뭄도 심화되는 경향을 보였다. 홍수의 경우 역시 발생빈도와 규모 모두 꾸준히 증가하는 추세를 갖는다. 김양수 등(2014)에 따르면 특히 단시간(지속시간 3 시간 이내) 강우강도 증가 등 극한호우 발생의 증가가 하천의 홍수 발생으로 이어지고 있으며, 중소하천의 홍수 발생과 피해가 증가하고 있어 2009년 이후, 그 피해액이 전체의 80% 이상을 차지하고 있다고 보고되고 있다.

다음으로 연 평균강수량은 124mm 증가하였는데, 10년 평균 16.3mm씩 증가한 것이다. 여름 강수량의 증가가 가장 컸으며, 80mm 이상의 강한 강수의 증가가 뚜렷하였다. 강수일수에는 큰 변화가 없으나 80mm 이상의 강수일수는 증가하였다. 그림 2.21은 강수량 통계량의 변화를 보여주고 있는데, 증가 추세가 다소 있어 보이나 통계적으로 유의하지는 않다고 알려져 있다.

우리나라 환경부에서도 IPCC와 유사하게 수년에 한번씩 한국 기후변화 평가보고서[*3]를 발간하였고, 가장 최근에는 2014년도에 발간되었으며, 2020년을 앞두고 새로운 보고서의 출간을 앞두고 있다. 아래의 전망 결과들은 한국 기후변화 평가보고서(2020)에 근거하여 최근 5년 동안 한반도를 대상으로 수행된 연구 결과들을 인용한 것이다. "한반도의 기온이 지속적으로 상승하는 추세로

*3 한국 기후변화 평가보고서 2020(기상청·환경부 2020)

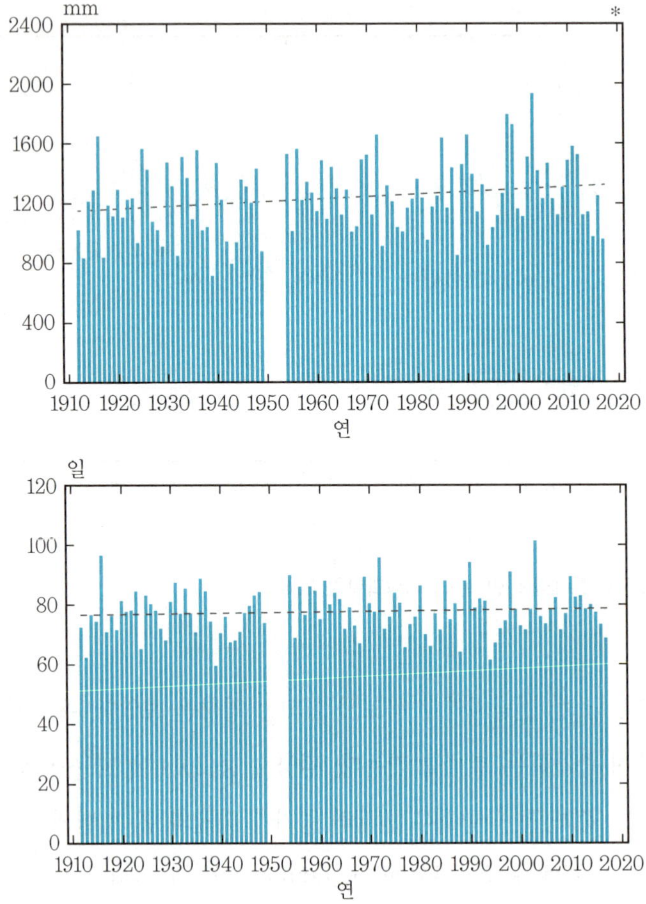

| 그림 2.21 | 강수량(mm, 위)과 강수일수(일, 아래)의 변화(국립기상과학원, 2018)

나타났으며(견고한 동의), 강수량뿐만 아니라 가능최대강수량, 확률강수량, 설계강수량, 극치강수량 등도 전반적으로 증가하는 것으로 나타났다(견고한 동의). 강수 전망과 유사하게 미래 유출량 또한 전반적으로 증가하며(중간적 동의), 특히 여름철 유출량이 크게 증가할 것으로 나타났으나(중간적 동의), 전망 모델 및 배출시나리오 선정과정에 따라 지역별·기간별 결과의 불확실성도 증가하고 있다(견고한 동의). 증발산은 강수·유출과 유사하게 증가 추세를 보였으며, 강설은 지역별, 시나리오별 차이가 있지만 확률 최심신적설량은 감소하며(중간적 동의), 확률신적설일수 및 폭설가능성은 전망이 상이했다.

극한호우 사상의 발달과 돌발호우 등의 증가로 홍수 취약성이 증가하며, 특히 한강 및 금강 유역의 미래 홍수 발생빈도 및 크기가 증가할 것으로 전망되었다(중간적 동의). 그러나 다양한 모형과 기법의 적용으로 전망 결과의 차이가 발생하였으며, 전망기간이 길어질수록 결과의 불확실성이 증가했다(견고한 동의). 미래 가뭄은 전반적으로 발생빈도 또는 규모가 심화될 것으로 나타났으며(중간적 동의), 전망 기간이 길어질수록 가뭄 발생빈도와 규모가 증가하여 가뭄피해가 증가하며(중간적 동의), 특히 한강권역 및 남부지역에서 피해가 증가할 것으로 분석되었다(중간적 동의). 그러나 전망 과정에서 발생하는 불확실성이 큰 것으로 나타났다(견고한 동의). 마지막으로, 하천 수질오염에 대한 연구가 일부 지역에서 진행되었으며 대체로 수질오염이 증가할 것으로 분석되었다(제한적 동의)."

참고문헌

건설교통부 (2000a) 「1999년 수자원관리기법개발연구조사 보고서: 제1권 별책부록-한국 확률강우량도」.

건설교통부 (2000b) 「1999년 수자원관리기법개발연구조사 보고서: 제2권 별책부록-한국 가능최대강수량도」.

국립기상과학원 (2018) 「한반도 100년의 기후변화」.

국토해양부 (2011) 「확률강우량도 개선 및 보완」.

백경록 (2018) "우리 시대의 기후 변화를 돌아보다," *한국수자원학회논문집* 51, 1045–1056.

서용원, 이승현, 김영오, 이동률 (2000) "대청댐 운영에 대한 기후변화 영향평가," *대한토목학회 학술발표회 논문집* 3, 427–430.

서울특별시 (2016) 「서울시 기후환경에너지 지도 제작」.

이재수 (2006) 수문학, 구미서관.

기상청·환경부 (2020 예정) 「한국 기후변화 평가보고서 2020」

Allen RG, Pereira LS, Raes D and Smith M (1998) *Crop Evapotranspiration Guidelines for Computing Crop Water Requirements, FAO Irrigation and Drainage* 56, Food and Agriculture Organization of the United Nation (FAO).

Brutseart W (2005) *Hydrology: Introduction*, Cambridge.

Brutseart W (2017) "Global land surface evaporation trend during the past half century: corroboration by Clausius-Clapeyron scaling," *Advances in Water Resource* 106, 3–5.

IPCC (2014) *Climate Change 2014: Synthesis Report, Contribution of Working Groups I, II and III to the Fifth Assessment Report*, Intergovernmental Panel on Climate Change.

National Research Council (1994) *Estimating Bounds on Extreme Precipitation Events*, National Academy Press.

Kim YO, Seo YW, Lee SH and Lee DR (2000) "Sensitivity of the Keom river basin to climate change," *Water Engineering Research* 1(4), 267–277.

예습 프로젝트 1

본 프로젝트는 흙 속에서(또는 다양한 매질 속에서) 물이 얼마나 빨리(사실은 느리게) 흐르는지를 관측하고 이를 결정짓는 요소들을 살펴보는 실험입니다. 창의력을 발휘하여 어떠한 형태의 실험 장치를 만들어도 무방합니다만, 제작 총비용은 3만원 이내이어야 합니다. 실험결과는 Power Point 파일로 정리하여 3주 후 수업 시간에(제4장을 들어가기에 앞서) 팀별로 15분간 발표하여야 하고, 실제 사용한 실험 장치로 시범 실험을 재현하여야 합니다. 발표 후에 제출할 발표 자료는 다음의 내용을 최소한 포함하고 있어야 합니다.

- 실험 목적
- 실험 장치
- 실험 과정
- 주요 가정
- 실험 결과
- 결론
- 아쉬웠던 점, 향후 개선 방향
- 각 팀원의 역할

여러분들은 다양한 형태의 시도를 해볼 수 있습니다. 예를 들어 다음과 같은 궁금증들을 풀기 위해 여러 가지 실험을 시도해 볼 수 있습니다.

- 흙 속에서 물은 어떤 경로로 흐르는가?
- 물은 흙 속에서 수평방향으로도 흐르는가? 그렇다면 수직방향에 비해 얼마나 느린가?
- 흐름의 기울기는 속도(또는 유량[L^3/T])에 어떤 영향을 미치는가?
- 흙 알갱이의 크기는 흐름에 영향을 주는가?
- 흙 알갱이 크기가 일정한 것과 일정하지 않은 경우는 흐름에 어떤 영향을 미치는가?
- 흙이 모두 젖어 있는 경우와 그렇지 않은 경우는 흐름에 어떤 영향을 미치는가?
- 속도(또는 유량[L^3/T])와 속도(또는 유량[L^3/T])에 영향을 미치는 요인 사이에 어떤 간단한 법칙을 발견 할 수 있는가?

어떠한 사전 이론도 필요 없이 창의력과 토론만을 통해 실험을 진행하기 바라며, 평가도 그렇게 수행될 예정입니다.

연습문제

(*는 필수 문제)

1* 그림 2.2 중 대기 내에서의 에너지수지와 대기권 시작점에서의 에너지수지도 각각 장기적으로 균형을 이루고 있음을 밝히시오.

2 공기의 온도와 이슬점 온도가 각각 20℃와 10℃이고 공기의 압력이 1,000mb일 때, 상대습도와 비습도를 구하여라.

3 공기의 온도와 상대습도가 15℃ 및 49%일 경우, 이슬점 온도, 증기압, 그리고 비습도를 구하여라. 표준대기압은 101.3kPa로 가정하여라.

4 기상관측풍선으로부터 관측한 결과 온도가 16.0, 11.6, 6.2℃일 때 압력은 각각 900, 800, 700mb이었다고 한다. 이로부터 비가 될 수 있는 물의 양을 구하여라. 공기는 완전히 포화상태이었다고 한다.

5 지상의 온도는 20℃, 압력은 101.3kPa, 기온변화율은 6.5℃/km이다. 10km 두께의 포화된 대기층이 존재할 때 강수 가능량을 계산하여라.

6* 지표면의 기온이 10, 20, 30, 40°C인 경우로 가정하여 예제 2.4를 각각 다시 풀고 지표면 기온에 따라 강우가능량이 어떻게 변하는지 도시하여라. 또한 지표면의 온도가 30°C인 경우, 고도의 구간 간격을 2km에서 1km로 줄이면, 계산 결과는 얼마나 변하는지 (간격 2km 경우의) 전체 질량에 대한 %로 나타내시오.

7 관측소 X, A, B, C에서 관측된 정상 연평균 강우량은 각각 1174, 1201, 1121, 1155mm이다. 임의의 기간 동안 X 관측소에서 관측을 실시하지 못했으며, A, B, C 관측소의 강우량은 각각 141, 130, 132mm로 관측되었다. X 관측소에서의 결측값을 보완하여라.

8 아래와 같은 강우량 자료가 있다. X 관측소에서의 결측값을 산술평균법, 정상 연 강수량 비율법에 의하여 각각 계산한 후 그 결과를 비교하여라. 어떠한 값이 더 정확한 값이며 그 이유는 무엇인가?

관측소명	A	B	C	D	E	X
연 강수량	1200	1600	1360	1580	1100	1050
관측값	80	100	95	102	75	?

9 아래와 같이 X 관측소에서 결측된 강우량 자료가 있다. 결측자료를 보완하여라.

관측소	정상 연평균 강수량(mm)	관측치(mm)
A	1300	30
B	1400	40
C	1100	20
X	1200	?

10 관측소 X에서의 강우량 자료가 관측기기의 고장으로 결측되었다. 관측소 X에 대한 주변 강우관측소의 위치와 강우량이 다음과 같을 때 사분면법을 이용하여 결측값을 보완하여라.

강우관측소명	좌표(km)		강우량(mm)
	N-S	E-W	
A	10	7	34.5
B	15	12	28.9
C	8	8	56.4
D	−11	7	27.2
E	−8	20	18.4
F	−20	−5	29.3
G	12	−18	17.5
H	5	−19	11.4
I	15	−10	16.3

11 아래와 같은 강우량 자료가 있다. 관측소 D의 위치는 1930년에 현재의 위치로 영구 이전한 사실이 있다. 1930년을 기준으로 자료의 일관성이 있는지를 검사하고 일관성이 없는 것으로 판단되면 수정하여라. 단 A, B, C 관측소의 강우 자료는 일관성을 가지고 있는 것으로 가정한다.

연도	연강우량(mm)			
	A 관측소	B 관측소	C 관측소	D 관측소
1926	46	31	37	33
1927	39	41	31	28
1928	48	40	42	34
1929	35	32	40	30
1930	45	37	36	24
1931	53	62	37	58
1932	40	48	39	46
1933	30	33	27	30
1934	42	36	32	47
1935	48	31	42	38
1936	39	35	31	43
1937	44	39	44	38
1938	39	43	51	51
1939	42	50	41	47
1940	50	48	39	51

12 해당 유역에 대하여 등우선을 작성한 후 분석한 결과 아래와 같은 표를 얻었다. 해당 유역에 대한 면적우량을 구하여라.

강우량(mm)	면적(km^2)	강우량(mm)	면적(km^2)
<20	15	40~60	120
20~40	85	60~80	10

13 30km^2의 유역에 내린 강우를 5개 관측소에서 관측한 결과 15mm, 20mm, 30mm, 25mm, 18mm의 값이 기록되었다. 산술평균법을 이용하여 면적우량을 계산하여라.

14 강우량을 관측한 결과 다음과 같은 표를 구하였다. Thiessen법과 등우선법에 의하여 평균 강우량을 구하여라. 유역의 형태는 정사각형으로 아래와 같이 각 꼭지점에 관측소가 설치되어 있다.

강우관측소명	좌표(km)		강우량(mm)
	N-S	E-W	
A	10	10	100
B	−10	10	90
C	−10	−10	90
D	10	−10	80

15 반지름이 10km인 원형태의 유역이 있다. 원의 중심으로부터 각 강우관측소가 아래와 같이 존재할 때 관측값으로부터 Thiessen법과 등우선법에 의하여 면적우량을 계산하여라.

강우관측소명	좌표(km)		강우량(mm)
	N-S	E-W	
A	5	5	80
B	0	0	100
C	−5	−5	80

16 어느 지역에 대하여 재현기간 10년에 해당하는 강우에 대한 IDF 곡선으로부터 두 점을 선택한 결과 다음과 같은 자료를 얻었다.

지속기간 = 30분일 때 강우강도 = 20cm/hr
지속기간 = 2시간일 때 강우강도 = 5m/hr

위 자료로부터 각각 Talbot형, Sherman형, Japanese형의 IDF 곡선식에 적합한 계수를 결정하여라.

17 각 시간별 강우량을 측정한 결과 아래와 같은 누적강우량을 얻었다. 위로부터 지속기간별(10분 간격) 최대 강우강도를 산출하고 지속기간-강우강도 곡선을 그려라.

시간(분)	10	20	30	40	50	60
강우량(mm)	6	30	48	102	132	150

18* 부산지역 자료를 취득하여 예제 2.11을 다시 계산하시오.

19 다음과 같은 자료로부터 Penman방법과 Priestly-Taylor방법에 의하여 서울지역의 6월의 자유수면에서의 증발량을 구하여라.

대기온도 = 24℃	상대습도 = 60%
풍속 = 1m/sec	일조시간/낮의 길이 = 70%

20 다음과 같은 자료가 주어졌을 때 표면적이 50km^{2}인 저수지에서의 증발량을 구하여라.

대기온도 = 20℃	증기압 = 13.25㎜Hg
일조시간 = 7.6시간	낮의 길이 = 15.2시간
지상 2m에서의 풍속 = 2.5m/s	반사율 = 0.05
위도 = 34°N	

21 어느 농지에 소요되는 농업용수는 48,000m^3/월이다. 저수지에서 농지까지는 길이 10km, 폭 2m의 수로로 연결되어 있을 때 저수지에서 월간 방류하여야 하는 수량은 얼마인가? 증발접시를 이용하여 측정한 증발량은 5mm/day이다.

22* 순복사에너지 20MJ/m^2/day, 기온 20℃, 상대습도 60%, 고도 2m에서의 풍속이 2.5m/s인 지역에서의 자유수면 증발량을 에너지수지, 공기동역학, 그리고 결합방법으로 계산하여라. Priestley-Taylor식으로 계산하면 결합방법에 비해 몇 % 과소(또는 과대) 추정하게 되는가?

23* 서울 지역의 4월 기준작물 평균 증발산량을 구하되 기상조건은 2910년 자료로 가정하시오.

수문학 인물사 2 Howard Penman(1909~1984)

과학자들은 한 분야에 두 가지 방법으로 자신의 업적을 남긴다. 하나는 놀랄 만한 새로운 이론과 사실의 발견이고, 또 하나는 장기간의 꾸준한 공헌이다. Howard Penman은 후자에 해당하는 사람으로, 일생 동안 증발에 관한 연구에 헌신하였다.

Penman은 농업 기상학과 수문학, 이 두 가지 분야에서 뛰어난 과학자였다. 그의 공부는 본래 순수물리학에서 시작했다. 영국에 있는 Rothamsted Experimental Station의 물리학과에서 그는 첫 번째로 맡은 직위에 있으면서 흥미로운 일을 찾아내었다. 그것은 맨 토양에서, 강우량과 배수량의 차이를 이용해 연간 증발량을 측정하는 것이었다. 그는 이때부터 나뭇잎, 곡식, 숲, 저수지 등의 연구를 하며 증발의 물리학에 평생을 바쳤다. 그의 이러한 일은 세계적으로 관개 계획과 유역 수문학, 그리고 land surface processes라고 알려진 분야에서 결정적 역할을 하였다.

Penman의 노력은 농업 기상학에 큰 영향을 미쳤다. 맨 토양과 트인 물 혹은 식물로부터 열과 증기의 이동을 설명하는 방정식에서 표면온도를 제거함으로써, 습한 표면의 증발률을 알아냈다. 그의 증발률 측정에 대한 주의 깊은 분석은 몇몇 필수적인 제약조건의 가치가 발전하는데 도움을 주었고, 1948년 이 노력의 결과물인 "Natural Evaporation from Open water, Bare Soil, and Grass"라는 제목의 논문은 고전이 되었다.

Penman은 1954년에 Rothamsted의 물리학과의 학과장이 되었고, 그의 은퇴기인 20년 후까지 그 자리를 맡고 있었다. 그는 1952년 Royal Meteorological Society에서 Darton상을 수상한 것, 1966년에 지구 표면의 물 균형과 그것을 농업에의 응용한 공로로 Hugh Robert Mill 메달을 딴 것 등 많은 학문적인 영광을 얻었다. 그러나 그의 분야에 대한 헌신과 Penman formula 등의 공헌과는 별개로 그는 젊은 동료들을 고무시키는 능력과 유머가 있는 사람으로 기억되고 있다. 그는 온화한 신사였고, 그가 동료를 비판하는 논문은 면밀한 조사와 분석을 거친 후에만 발표되었으며, 그의 발표는 이렇게 시작했다. "선생님, 비록 아는 것은 없지만 여쭈어보아도 되겠습니까?"

제3장 수문관측(Hydrological Measurement)

3.1 강수량 관측

3.2 증발량 측정

3.3 침투량 측정

3.4 유량 측정

미리 생각하기 3

'미리 생각하기' 질문은 이 책의 각 장을 읽기 전 배경 지식 없이 창의적으로 고민해 보자는 의도에서 기획되었습니다. 각 질문마다 최소 10분 이상 아무런 자료 없이 스스로 생각해 본 후, 인터넷 검색 등으로 관련 자료를 찾아 보완해 봅시다. 대부분 고정된 정답이 없으므로 완결성보다는 자기주도형 창의적 답변이 중요합니다.

3.1 강수량의 측정

- 본인이 다니는 학교나 직장의 강우량을 추정하기 위해서는 어떤 우량계를 사용하여야 하는지 찾아봅시다.
- 작년에 발표된 뉴스 중 레이더나 인공위성으로 강수량을 측정한 최신 기술에 대한 기사를 읽고 1쪽으로 요약해봅시다.

3.2 증발량의 측정

- 기후나 지형학적으로 매우 다른 조건의 두 지점에서 일주일 동안 증발량을 측정하여 비교해 봅시다. 어떤 가정이 필요했으며, 어떤 점이 가장 어려웠는지요?
- 증발과 달리 증발산을 측정할 때 어려운 점은 어떤 것들이 있을까요?
- Flux는 물리학에서 어떻게 정의 되는지 조사해 봅시다. 2장에서 배운 수문 현상 중에 어떤 것이 flux에 해당되나요?

제3장

수문관측

수문관측(hydrological measurement)이란 적절한 장치를 사용하여 강수, 증발산, 침투, 유출과 같은 수문변수의 물리량을 수치로 나타내는 과정이다. 일반적으로 measurement는 측정으로 번역되지만, 여기서는 관찰(觀察)과 측정(測定)을 모두 포함하는 관측(觀測)으로 번역하기로 한다. 또한 이 책의 전체를 통해서, 물리량의 크기를 재는 행위만을 지칭할 경우에는 '측정'으로 표현하고, 조금 더 포괄적인 측정의 과정까지 포함하는 경우에는 '관측'으로 표현하며, 측정이나 관측을 통하여 간접적으로 물리량을 가늠하는 경우에는 '추정'이라는 용어를 사용하고자 한다.

수문학의 자료들은 대부분 실험에 의해서 생성될 수 없기 때문에 정확한 측정은 모든 수문학 이론의 출발점이라 하지 않을 수 없다. 또한 수문학 자료들은 많은 경우 시공간적 변동이 크고 연속성이 크기 때문에 적절한 측정 시점 및 지점의 선택 또한 매우 중요하지 않을 수 없다. 더욱이, 오늘날 빅데이터 시대에는 넘쳐나는 자료들의 세심한 검증과 저장, 그리고 공유에 이르기까지 합리적인 수문관측 체계가 확립되어 있어야만 될 것이다.

다행히 우리나라에서도 수문관측의 중요성이 인식되어 측정 장비가 첨단화 되고, 산재되었던 관리의 효율성을 위해 기관의 기능 통폐합 및 신설이 이루어졌으며, 온라인을 통한 자료 공유시스템이 꾸준히 향상되어져 왔다. 강우레이더와 천리안 기상위성 운영, 한국수자원조사기술원의 신설, 국가수자원관리시스템(www.wamis.go.kr)의 확장 등이 21세기 이후 주목되는 대표적 수문관측의 발전 사례라 할 수 있을 것이다.

본 장에서는 강수량, 증발산량, 침투량, 유량에 대한 관측 이론과 기법을 차례로 소개한다. 전통적으로 널리 사용되어온 지상에서의 계기에 의한 측정 기법은 물론 레이더와 인공위성에 의한 원격탐사 기술의 최신 동향도, 특히 강우량 측정을 중심으로, 심도 있게 서술하고자 한다.

3.1 강수량 관측

3.1.1 우량계

제2장에서 설명한 바와 같이, 강수란 수증기가 응결하여 구름에서 떨어지거나 공기 중으로부터 지면에 침전된 액체 또는 고체를 의미한다. 강수량은 지면에 떨어진 강수의 양으로서, 강수가 정해진 시간 내에 수평한 지표면에 낙하하여 증발되거나 유출되지 않고 그 자리에 고인 물의 깊이를 말한다. 또한 눈, 싸락눈, 우박 등 강수가 얼음인 경우에는 이것을 녹인 물의 깊이를 말하고, 이슬, 서리, 안개를 포함한다. 비의 경우 강우량 또는 강우깊이라 하고, 눈의 경우 강설량이라고 하며, 이것을 통칭하여 강수량이라고 한다. 강우량의 측정 단위는 mm이고, 적설의 단위는 cm로 측정하며, 소수 첫째자리까지 측정한다. 강우량과 강설량은 각각 우량계(rain gauge)와 설량계(snow gauge)로 측정한다.

매일 오전 9시로부터 다음날 오전 9시까지의 강수량이 일 강수량으로 측정된다. 일 강수량은 최소한 0.2mm까지 관측해야 하지만 가능하면 0.1mm까지 관측해야 한다. 또한 주 또는 월 강수량은 최소한 1mm까지 관측해야 하며, 강수량으로부터 강설의 깊이를 추정하는 경우에는 1/10로 환산하여야 한다. 예를 들어, 강설의 깊이가 10cm이면 이에 해당하는 물의 깊이는 대략 1cm로 추정하는 것이 보통이다.

0.1mm 이상의 강수가 있었던 날만을 강수일수로 취급하며, 이슬이나 서리만이 있는 날은 제외한다. 강설일수는 눈, 진눈깨비, 얼음침 중의 한 가지 이상의 현상이 있었던 일수(日數)로 싸락눈은 포함되지 않는다. 일 강수량이 0.1mm 이하일 때는 무강우일로 취급하며, 비 이외의 다른 강수의 측정은 수수기(受水器)에 담긴 눈, 우박 등에 일정량의 더운물을 넣어 녹이고 전체 수량을 측정한 후 가해 준 물의 양을 뺌으로써 측정할 수 있다.

(1) 관측 지점의 선정

강수량의 측정은 관측 대상 지역에 내린 실제 강수량을 대표할 수 있는 표본 관측의 성격을 지니므로 관측 지점의 선정이 중요한 요소 중 하나이다. 우량계나 설량계를 설치하는 곳에는 기류가 될 수 있는 한 수평이 되도록 지면을 골라야 하고, 바람이 빠져나가거나 괴어 모이는 곳을 피하는 한편, 빌딩의 옥상이나 지붕 위도 바람직한 장소는 아니다. 주위에 건물이나 수목 등이 있으면 바람의 영향을 어느 정도 막을 수 있지만 난류(亂流)가 생기므로 오히려 좋지 못하다.

우량계 중 빗물을 받는 장치인 수수기는 수평이 되도록 설치하여야 하며 될 수 있는 한 지면에 가깝게 한다. 바람막이는 우량계의 물받이에 들어가는 빗물, 눈, 우박 등이 바람의 영향을 받는 것을 막기 위해 원형 테에 금속 쪽판을 매달아 풍속을 감소시키는 구조로 되어 있다. 수수기의 주위에는 잔디를 심어 빗방울이 튀어 들어가지 않도록 하며, 잔디의 길이는 너무 길지 않고 적당해야 한다. 바람이 있을 때는 수수기 주위의 기류가 뒤섞여 빗방울이 들어오는 것이 적어지는 현상인 제본스(Jevons) 효과를 최소로 줄이도록 설치한다. 풍속이 클수록, 강수의 낙하 속도가 느릴수록 제본스 효과가 크다.

(2) 보통우량계

보통우량계는 대부분 원통형 우량계이다. 원통형 우량계는 수수기, 저수기(貯水器) 그리고 우량 측정관으로 구성되어 있다. 가장 원시적인 관측 장치로서 관측할 때마다 현장에 나가 관측하여야 하는 번거로움이 있고 강우 시작과 종료 시각의 구분이 불분명하며, 무인 관측이나 원격 기록이 불가능한 단점이 있으나, 적은 비용으로 정확한 우량을 관측할 수 있는 장점이 있다. 이러한 보통우량계는 자동 기록이 불가능하므로 현재는 거의 사용되고 있지 않지만, 여타 우량계의 기본 형식이 되므로 여기서는 조금 더 설명하고자 한다.

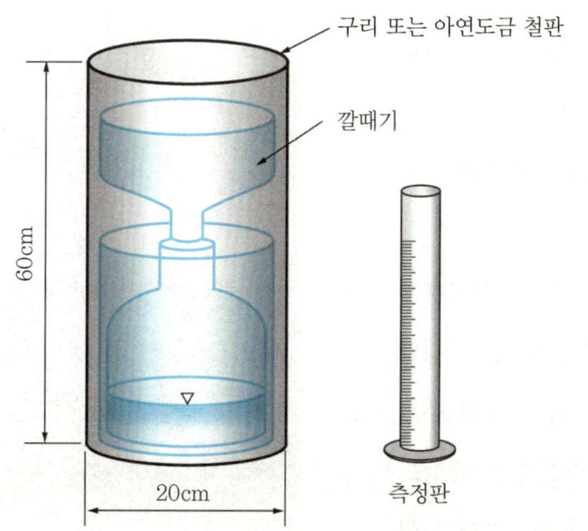

| 그림 3.1 | 보통우량계

전통적으로 많이 사용되었던 방식은 지름 20cm, 높이 60cm의 상단이 개방된 원통형 구리관 혹은 아연 도금 철관으로서, 이 관 상단의 내부에 깔때기 모양의 수수기를 얹고 그 밑에 저수기를 받혀 빗물을 받은 다음 이를 눈금이 새겨진 우량 측정관에 부어 측정하게 된다. 겨울에 동파를 방지하기 위하여 부동액을 사용하기도 하며 여름의 증발을 막기 위하여 미리 증발성이 적은 액체를 넣어 수면을 공기와 차단하는 방법을 쓰기도 한다. 우량 측정관은 우량계에 부속된 실린더 모양의 되를 말한다.

(3) 자기우량계

일반적으로 사용되는 자기우량계에는 전도형(tipping bucket type), 중량측정형(weighing type) 및 부자형(floating type)이 있다. 관측된 강우량은 기계적으로 또는 전기적으로 변환되어 내부의 기록 장치에 기록되기도 하고 유선 또는 무선으로 전송되기도 한다. 자기우량계는 우량을 연속적으로 자동 기록하는 측정 장치로써 무인 관측이나 원격 기록 또는 전송이 가능한 장점이 있고 시간에 따른 강우량 및 강우강도의 변화가 측정 가능하다.

① 전도형(顚倒型) 자기우량계

전도형 자기우량계는 비교적 장치가 간단하며, 관측 신호의 디지털화가 용이하므로 T/M(telemetry)이라 불리는 자동기상관측시스템에 널리 사용되고 있다. 현재 우리나라에서 강우량 측정에 가장 많이 사용되고 있는 우량계이다.

| 그림 3.2 | 전도형 우량계

전도형 자기우량계는 수감부인 전도형 우량계와 변환기 및 기록 장치로 구성되어 있다. 수수기를 통해 빗물이 누수기에 들어가면, 누수기(累水器) 속의 물은 배수관을 통하여 3각형의 전도용기(tipping-bucket)에 고이게 되며, 일정량(0.1mm 또는 0.5mm)이 되면 물의 무게에 의하여 전도용기는 회전축을 중심으로 전도(轉倒)된다. 전도용기는 2개가 한 쌍으로 되어 있으며 교대로 전도되면서

전기적 접촉을 일으켜 전기적 신호를 발생시킨다. 전도용기에서 발생된 전기적 신호는 변환기에서 강우량으로 변환되어 기록 장치에 기록되기도 하고 유선 또는 무선으로 전송되기도 한다.

전도형 자기우량계는 수수기 내부에 히터(heater)를 설치하여 강설량도 함께 측정할 수 있으나, 1회 전도량 이하의 강수는 측정이 불가능하다는 단점이 있다. 또한 전도용기는 전도할 때 짧게나마 시간이 필요하므로, 그 순간에 추가되는 비는 이미 계산되어진 강우량에 포함되어 유실되게 되며, 기록의 불연속적인 성질로 인해 약한 가랑비가 내릴 경우 정확한 자료를 제공하지 못하는 단점이 있다.

② 중량측정형(重量測定型) 자기우량계

평형우설량계(平衡雨雪量計)라고도 하며, 강수의 중량을 강우깊이로 환산하기 위한 저울로 구조는 일반적인 접시형 저울과 같다. 눈, 싸라기, 우박 등을 액체 상태로 녹이지 않고 즉시 무게를 이용하여 강수량으로 측정하도록 되어 있는데, 고체성 강수 및 많은 양의 강수 현상이 있을 경우 빠르고 정확히 강수량을 측정할 수 있는 장점이 있다. 저수기 속에 고인 빗물이 일정 수위에 달하면 사이펀의 작용으로 자동적으로 배수된다.

③ 부자형(浮子型) 자기우량계

부자형 자기우량계는 부자를 이용해 저수기 내의 수위를 자동으로 관측하는 장치로써 저수형 자기우량계라고도 한다. 비가 내리면 수수기에 연결된 호스와 자기우량계의 조절관을 통해서 저수기에 흘러 들어가게 된다. 따라서 저수기 내 수위의 변화에 따라 금속제의 부자가 움직이게 되어 있고, 저수기 속에 고인 빗물이 일정 수위에 달하면 사이펀의 작용으로 자동적으로 배수되고 부자는 다시 내려간다.

(4) 적설량 측정

적설이란 고체 상의 강수(눈, 싸락눈, 싸락우박 등)가 지면에 내려 쌓여있는 깊이를 말하며, 일반적으로 우박은 적설로 취급하지 않는다. 아무리 많은 눈이 내리더라도 지면에 쌓이기 전에 녹아버려 지면의 반 이상을 덮지 못하면 적설은 없고, 단지 강우 현상만이 있는 것이다. 그러므로 강설량이란 눈으로 내린 강수량을 뜻하는 것으로 적설과는 전혀 뜻이 다르다. 적설의 단위는 cm이며, 소수 첫째자리까지 측정한다.

어느 장소의 적설을 전부 녹였을 경우 물의 깊이를 적설상당수량(snow water equivalent)이라고 한다. 적설상당수량은 강수량과 같이 mm를 단위로 해서 나타내는 것이 보통이나, 적설상당수량의 측정은 댐의 설계와 관리 또는 홍수 대책 등을 위해 해빙기의 유출량을 추정하는 목적으로 실시하는 적설 조사로서 채설기(snow sampler)를 이용한다. 적설판(snow measuring plate)은 적설 깊이(snow pack depth)를 측정하기 위해 사용되는 측정판으로 가로, 세로 각각 50cm 크기로 복사열의 흡수를 방지하기 위해 백색의 페인트가 칠해져 있다. 적설심도계(depth of snow cover meter)는 측정 장소에 수감부를 설치하고, 관할 기상관서에서 임의 시간에 적설량을 모니터링 할 수 있는 원격 기능을 갖고 있는 관측 장비이다. 초음파 감지기를 바닥면으로부터 일정 높이에 설치하고, 바닥면을 향해 초음파를 발사하여 되돌아오는 시간을 측정하여 적설심도를 산출한다.

한반도에서는 함경도나 강원도 산간 지역 정도에서 적설량 측정이 중요할 수 있다. 하지만 시베리아나 알래스카 등 고위도 지역에서는 물 순환에 있어 적설량의 영향이 상당하여, 그 측정 장비의 첨단화에 많은 투자를 하고 있는 실정이다. 예를 들어, 미국의 경우 SNOTEL(snow telemetry)이라고 불리는 적설량 자동측정시스템을 사람이 접근하기 힘든 산간에 설치하여 알래스카를 포함한 11개 주에서 체계적으로 운영하고 있다. 이러한 겨울철 산간 적설량 정보는 봄철과 이른 여름철까지 발생하는 융설에 의한 유량(또는 홍수) 예측에 결정적 요소가 되기 때문이다.

3.1.2 강우관측망

강우의 공간적 분포를 알기 위해서는 많은 수의 관측소를 설치하여야 한다. 관측소의 설치망을 관측망이라 하며, 지역 조건은 물론 자료의 사용 목적과 유역의 중요도에 따라 관측망은 달라지게 된다.

(1) 관측망의 밀도

우량계에 의하여 강우량이 측정되는 면적은 전체 유역면적에 비하여 거의 무시할 정도로 적으므로 우량계에 의한 강우량은 점(point, at site)우량이라고 할 수 있다. 그러나 유역의 수문 해석을 위해서는 면적의 강우 총량 또는 유역 평균 강우량의 자료가 필요하다. 따라서 면적을 대표할 수 있는 강우량 자료(rain data)를 구하기 위해서는 유역면적의 크기와 강우의 지속기간에 따른 강우의 변동성을 적절하게 관측할 수 있는 관측망이 필요하다. 강우 변동성은 지형, 바람, 강우 이동

방향 및 강우 형태에 따라 달라진다.

예를 들면 비교적 평탄한 지세를 가진 넓은 지역에 대한 연평균 강우량과 같은 일반적 강우가 관심의 대상일 경우에는 관측망의 밀도는 조밀할 필요가 없으나 우기의 단기간 집중호우 해석이 주요 관심사일 경우에는 비교적 조밀한 관측망을 운영해야 할 것이다. 동일한 유역에 내린 호우를 2개의 상이한 밀도를 가진 관측망으로 측정하여 등우선을 그리면 완전히 다른 형태의 등우선도를 얻을 경우가 많으며 특히 관측된 호우 중심의 위치가 달라질 수도 있다.

관측소의 수는 지형, 기상 조건에 따라 다르나, WMO는 다음과 같은 관측망의 최소 밀도를 제시하고 있다.

① 온대, 열대 및 지중해성 기후 하의 비교적 평탄한 지역: 600~900km^2당 1개 관측점

② 온대, 열대 및 지중해성 기후 하의 산악 지역: 100~250km^2당 1개 관측점

③ 건조 지역(arid region) 및 극지방: 1,500~10,000km^2당 1개 관측점

④ 강우 특성이 불규칙하고 약간의 산이 있는 섬: 25km^2당 1개 관측점

(2) 관측망의 구성

관측망을 구성하는 특별한 원칙은 없으나 WMO에서는 관측소를 1급 관측소(principal station), 2급 관측소(secondary station), 특수 관측소(special station)로 구분하도록 권장하고 있다. 1급 관측소는 영구적이며 기본이 되는 자료를 관측하는 곳으로 운영되어야 하며, 2급 관측소는 수년간 운영한 후 부근의 1급 관측소와 비교하여 자료의 동질성 등을 평가한 후 폐쇄 또는 1급으로 승격시키며, 특수 관측소는 특별한 목적을 위하여 설치 운영한 후, 그 결과에 따라 폐쇄시키는 관측소를 말한다.

우리나라의 강우관측은 주로 환경부와 기상청에 의하여 수행되고 있으며 환경부는 전국 5대강 유역에 설립된 4개의 홍수통제소에서 원격관측(telemetry, 이하 T/M) 체계로 운영하고 있다. 즉, tipping bucket으로 더 잘 알려 있는 전도형 우량계를 디지털 방식으로 기록한 후 몇 가지 통신망을 통해 전송하는 방식으로 2019년 현재(아날로그 방식의 자기우량계는 거의 사라지고) 전국 대부분의 우량계가 전도형 T/M 방식을 따르고 있다.

기상청에서는 80개의 관측소에서 강우량을 포함한 종관(綜觀)기상관측을 수행하고 있다. 종관기상관측이란 정해진 시각의 전반적인 기상상태를 파악하기 위하여 세계 각지에 있는 기상관측

소에서 같은 시각에 실시하는 종합적인 기상관측으로 우리나라에서는 ASOS(Automatic Synoptic Observation System)라고 통상 불리운다. 기상청에서는 또한 500 여개의 지점에 무인 자동기상대(Automatic Weather Station, AWS)를 설치하여 산악 지역이나 섬처럼 사람이 관측하기 어려운 곳의 집중호우, 우박, 뇌우, 돌풍 등과 같은 국지적인 위험기상 현상을 실시간으로 감시하고 있다.

한국수자원공사도 다목적댐 관리를 목적으로 주로 댐 상류유역에 186개의 우량관측소를 운영하고 있고, 한국수력원자력에서도 15개의 우량관측소를 운영하고 있으며, 수문조사연보에 포함되지는 않지만 한국농어촌공사도 10여개의 우량관측소를 보유하고 있다.

각 기관이 관장하고 있는 우량관측소의 현황은 표 3.1과 같은데, 우리나라 관측소의 총 수는 한국수문조사연보(한강홍수통제소, 2018)에 공식 등록된 것만 626개소에 이르러, 평균적으로 1개의 우량계가 약 160km^{2}를 대표하고 있다. 그러므로 이러한 조밀도는 (기상청 AWS를 포함하지 않더라도) WMO의 기준 내에 있다고 할 수 있겠다.

표 3.1 우량관측소 현황(한강홍수통제소, 2018)

유역	합계	환경부 (4대강 홍수통제소)	기상청	한국수자원공사	한국수력원자력
합계	626	425	80	186	15
한강	199	129	14	56	14
안성천	13	13	1		
양양남대천	1	1			
강릉남대천					
삼척오십천	1	1			
한강서해권	2	2	3		
한강동해권	2	1	5	1	
낙동강	183	114	15	69	
형산강	14	13		1	
태화강	10	6	1	4	
영덕오십천					
서낙동강	1	1			
회야강	1	1	1		
낙동강동해권	2	1	4	1	
낙동강남해권	3	1	4	2	
금강	83	58	7	25	
삽교천	11	11	1		

표 3.1 계속

유역	합계	환경부 (4대강 홍수통제소)	기상청	한국수자원공사	한국수력원자력
만경강	8	8	1		
동진강	6	6	2		
금강서해권	6	2	3	4	
섬진강	42	29	2	12	
섬진강남해권	5	1	4	4	
영산강	25	21	1	4	
탐진강	8	5	1	3	
영산강서해권			6		

(3) 강우량 기록의 집성 및 보관

앞서 1.5절에서 서술한 바와 같이 우리나라는 세계 최초로 표준화된 우량계인 측우기로 강우를 관측한 국가이다. 19세기에 들어서는 1917년 일본총독부에 의한 본격적인 우량관측이 시작되었으며, 1962년 건설부는 1917년부터 1961년까지의 일 강우량 기록을 관측 지점별로 집성하여 "한국수문조사서: 우량편"이라는 단행본을 출간하였다.

건설교통부는 1962년부터 "한국수문조사연보"를 출간하여 강우량과 수위 자료를 수록하여 왔는데, 1995년부터는 유량편을 발간하기 시작하였으며, 2008년부터는 강수량편, 수위편, 유량편 합본으로 한국수문조사연보를 매년 현재까지도 출간하고 있다. 한국수문조사연보는 4대강 홍수통제소, 기상청, 한국수자원공사, 한국수력원자력 등 물 관련 기관에서 관측한 수문 자료를 종합하여 수록하고 있으며, 현재 한강홍수통제소 웹페이지(http://hrfco.go.kr)에서 취득할 수 있다. 이 연보의 기초가 되는 실시간 자료는 "국가수자원관리종합정보시스템"(WAMIS, http://www.wamis.go.kr)에서 일 단위로 제공되고 있다. 홍수통제소는 1973년 건설부 산하로 한강에 설치된 후 4대강 유역으로 확장되었으며, 현재 환경부 산하 기관으로서 실시간 관측 자료를 10분 단위로 제공하고 있는데 여기에는 수위, 강수량, 댐(수위, 유입량, 방류량), 보(수위, 유입량, 방류량) 자료는 물론 CCTV와 레이다 자료까지도 포함되어 있다. 정리하자면, 10분 단위의 실시간 자료의 경우 홍수통제소와 한국수자원공사 관측 자료가 홍수통제소 웹페이지에 우선 제공되고 있고, 다른 기관들 자료까지는 일 단위로 WAMIS에서 찾을 수 있으며, 이들이 모여서 매년 한국수문조사연보로 발간되는 것이다.

한편 기상청이 운영 관리하고 있는 대도시 및 중소도시 중심의 우량관측소 자료는 매월 "기상

월보"의 형태로 기온, 습도, 풍속 및 풍향, 일조시간, 증발량, 강설량 등의 타 기상 자료와 함께 출간되고 있으며 이들 자료를 집성하여 매년 "기상연보"를 발행하고 있다. 기상청의 강수량 자료는 지점별 일 강우량은 물론 시간 우량 등의 단기간 호우 자료로 보관되고 있어 여러 가지 수문 분석에 많이 활용되고 있으며, 기상청 웹페이지인 "날씨누리"(http://www.weather.go.kr)를 통해 실시간 및 과거 자료가 공개되고 있어 쉽게 취득할 수 있다.

3.1.3 원격탐사에 의한 강우량 관측

원격탐사(remote sensing)란 멀리 떨어져 있는 대상물을 직접 접촉하지 않고도 신호를 활용하여 대상물의 특성을 관측하는 기술이다. 여기서 신호라 함은 목표물로부터 방출(emission) 또는 반사(reflection) 되어 나오는 전자기(electromagnetic) 복사를 의미하는데, 전자기파 중 (파장이 짧은 순서, 즉 주파수가 큰 순서로 나열할 때) 가시광선(visible light), 적외선(infrared light), 그리고 마이크로파(microwave)가 원격탐사의 대상이 된다. 원격탐사로 취득한 전자기파 스펙트럼 중 가시광선의 영역은 지표면에서 반사되는 태양 복사에너지이고, 적외선 영역은 대기와 지구에서 방출되는 복사에너지의 영역이며, 마이크로파의 영역은 에너지가 낮은 지구 물체들의 복사에너지 영역이 된다. 이러한 특성을 기반하여 가시광선 영역은 지표 피복(land cover), 적외선 영역은 지표 온도, 마이크로파는 토양수분(soil moisture) 등의 관측에 응용되고 있다.

원격탐사는 크게 수동형(passive)과 능동형(active)으로 나눌 수 있는데, 수동형 원격탐사는 피사체에서 방출 혹은 반사되어 나오는 자연적 전자기파를 감지하여 관측하는 방식으로 인공위성들이 대부분 이 방식을 취한다. 반면, 능동형 원격탐사는 특정 전자기파를 만들어 피사체를 향해 발사한 후 반사되어 돌아오는 전자파를 수신하여 관측하는 방식으로 레이더가 이 방식을 취한다.

원격탐사를 활용한 수문관측은 이제 수문학 연구에 필수적 기술임에 틀림없다, 특히 레이더와 인공위성에서의 원격탐사 기술과 취득된 자료의 특성을 이해하는 것은 중요하지 않을 수 없다. 아래에서는 강우량을 포함한 강수량 관측을 중심으로 레이더 및 인공위성 활용성을 서술하고자 한다.

(1) 레이더에 의한 강수량 관측

Radar는 Radio Detection And Ranging의 합성어로써 전파(電波)의 반사 및 산란 특성을 이용

하여 목표로 하는 물체의 거리와 방위 등 위치 정보를 얻기 위한 장치를 말한다. 1930년대 무선 통신의 연구와 도플러(doppler) 기술의 개발로 레이더 기술이 한 차원 발전하는 계기가 되었다. 거리는 마이크로파를 발사하여 목표로부터 반사되어 오는 왕복 시간으로부터 구하고, 방위는 안테나의 지향성(指向性)으로부터 구한다. 레이더 에코(radar echo)는 전파가 목표에서 반사되어 온 수신 신호를 말한다.

기상용 도플러 레이더는 특정한 주파수를 가진 마이크로파를 강수입자에 발사한 후 강수입자에 부딪혀 되돌아온 반사파의 주파수를 분석한다. 레이더에서 멀어지는 강수입자의 주파수는 감소하는 반면 레이더 쪽으로 다가오는 강수입자의 주파수는 증가하기 때문에 강수의 이동까지 측정이 가능하다. 그러나 도플러 레이더가 아닌 경우에는 강수의 영역과 강도까지만 측정이 가능하고 강수의 이동은 측정이 불가능하다.

레이더에 의한 강수량 측정 시 가장 큰 장점은 넓은 공간에 걸쳐 거의 연속적으로 관측이 가능하다는 점이다, 또한 모든 종류의 강수에 대해서 연직 방향의 강수 분포도 측정할 수 있다는 장점을 가지고 있다. 그러나 레이더로 관측한 강수 또한 여러 가지 이유로 부정확할 수 있다. 이는 목표물에서 반사되어 오는 신호가 간섭(clutter) 또는 잡음(noise)에 의해서 오염되기 때문인데, 이들을 효과적으로 처리하는 것은 중요한 레이더 기술 영역이기도 하다. 간섭은 목표물이 아닌 대상으로부터의 개입을 의미하는 반면 잡음은 목표물의 신호가 낮을 때 발생하는 무작위 오차를 지칭한다.

레이더에서 제공되는 자료는 통상 3차원(위도-경도-고도) 상 각 지점에서의 반사계수(reflectivity factor)이며 이를 빗방울의 사이즈로 전환하는 과정이 기상수문학자와 같은 사용자의 몫이 된다. 전환된 레이더 강수값은 지상의 우량계 강수값과의 비교를 통해 검증 및 보정 될 수 있는데, 우량계가 설치되어 있는 지점에서는 우량계 자료가 가장 높은 정확도를 보여주기 때문이다.

반사계수(Z)는 $1m^3$의 정육면체 단위체적 내 존재하는 빗방울의 직경과 개수를 활용하여 다음과 같이 이론적으로 구할 수 있다.

$$Z = \Sigma n_i \times D_i^6 \tag{3.1}$$

여기서 n_i와 D_i는 I번째 물방울의 개수와 직경이며, 반사계수 Z의 단위는 mm^6/m^3이다. 반사계수(또는 radar의 returned power)가 빗방울의 직경의 6승에 비례하는 현상은 입자에 비해 파장이 매우 긴 Rayleigh 산란(scattering)의 일반적 이론에 근거한 것이다. 즉, 이 이론에 의하면 $(\frac{1}{4})$mm 빗방울 1개의 산란 에너지는 $(\frac{1}{8})$mm 빗방울 64개의 산란 에너지와 동일함을 알 수 있다.

위의 반사계수 값의 범위는 매우 크기 때문에 통상 다음과 같은 상용로그 스케일로 전환하여 사용하는데, 반사계수에 상용로그를 취한 값은 dBZ라는 단위로 표현된다.

$$dBZ = 10\log_{10} Z_e \tag{3.2}$$

여기서 Z_e는 equivalent reflectivity로 실제 물방울의 분포를 알기란 불가능하기 때문에 사용되는 용어이다. 표 3.2는 dBZ의 대표적 값에 따른 강우강도와 강우형태를 보여주고 있다.

■ **표 3.2** dBZ**에 따른 강우강도 및 강우형태**

dBZ	강우강도(mm/hr)	강우형태
5	0.07	거의 보이지 않음
10	0.15	약한 안개
15	0.3	안개
25	1.3	약한 비
35	5.6	적당량의 비
50	48.6	강한 비
65	421	매우 큰 우박

반사계수가 결정되면 다음과 같은 식을 사용하여 강우강도(R, mm/hr)를 계산할 수 있는데, 이를 $Z-R$ 관계식이라고 부른다.

$$Z = aR^b \tag{3.3}$$

계수 a, b는 레이더의 종류, 강수형태, 물방울의 크기는 물론 지형학적 요인에 의해서도 변하게 되는데, 일반적으로 Marshall과 Palmer가 1948년 제안한 값인 $a=200$, $b=1.6$이 아직도 사용되고 있다. 또한 대류형 강우의 경우는 $Z=486R^{1.37}$이며, 미국 WSR-88D의 경우는 $Z=300R^{1.4}$의 관계식이 사용되고 있다.

결국 강우강도 R은 dBZ로 표현되는 반사계수를 다음의 식에 입력하여 구해진다.

$$R = \left(\frac{Z}{200}\right)^{\frac{5}{8}} = \left[\left(\frac{10^{\left(\frac{dBZ}{10}\right)}}{200}\right)^{\frac{5}{8}}\right] \tag{3.4}$$

그림 3.3은 dBZ로 제공되는 레이더 강우 정보를 보여주고 있다.

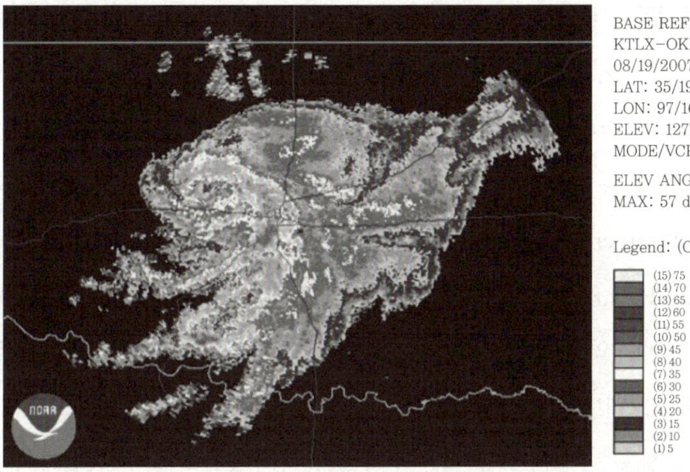

| 그림 3.3 | 레이더 강우 정보 사례

예제 3.1

단위부피에 직경 1mm 강수입자 64개와 직경 2mm의 강수입자 1개가 있는 경우의 반사도를 비교하고 강수량까지 추정하시오.

| 풀이 |

(가) 직경 1mm 강수입자 64개가 있는 경우,

$$Z = (64)(1)^6$$
$$dBZ = 10\log 64 = 18.06$$
$$R = 0.49$$

(나) 직경 2mm 강수입자 1개가 있는 경우,

$$Z = (1)(2)^6$$
$$dBZ = 10\log 64 = 18.06$$
$$R = 0.49$$

기상레이더는 강우 뿐 아니라 눈과 우박 그리고 바람과 구름 등 기상 전반에 대한 관측에 목적을 두고 있다. 그러므로 집중호우나 태풍 등의 대응에 기상레이더가 매우 유용하게 사용되고 있음은 물론 레이더 자료로 표출된 영상은 이제 일반인들에게도 익숙한 정보로 자리 잡고 있다. 기상레이더에서 한걸음 더 나아가 강우만을 관측하는 강우레이더도 개발되어져왔다. 일반적으로 기상레이더가 5km/10분 단위의 시공간 해상도를 가지고 있다면 강우레이더는 이를 1km/5분 단위로 줄일 수 있다고 알려져 있다. 또한 기상레이더는 2,000m 이상의 기상 현상을 대상으로 하는 반면 강우레이더는 더 낮은 공간의 강우 현상을 그 대상으로 한다는 특징이 있다.

레이더의 선진국인 미국의 경우 159개의 고해상도 S-밴드(주파수 약 2.8GHz) 도플러 기상레이더가 기상청(National Weather Serive)의 운영으로 미국 전역을 관측하고 있는데, 이를 WSR-88D(Weather Surveillance Radar 1988 Doppler)에 의한 NEXRAD(NEXt generation RADar)라고 부르고 있다. 유럽 역시 202개의 기상레이더를 보유하면서 미국에 버금가는 레이더 네트워크를 구축하고 있지만, 대부분 C-밴드(주파수 약 5GHz) 레이더라는 차이점이 있다. 그림 3.4는 밴드 명칭과 주파수, 그리고 특성을 보여주고 있는데, 주파수가 작아질수록 외부 간섭과 신호의 감쇄(attenuation)가 적어지나 안테나가 커지는 등 가격이 높아지는 것이 일반적이다.

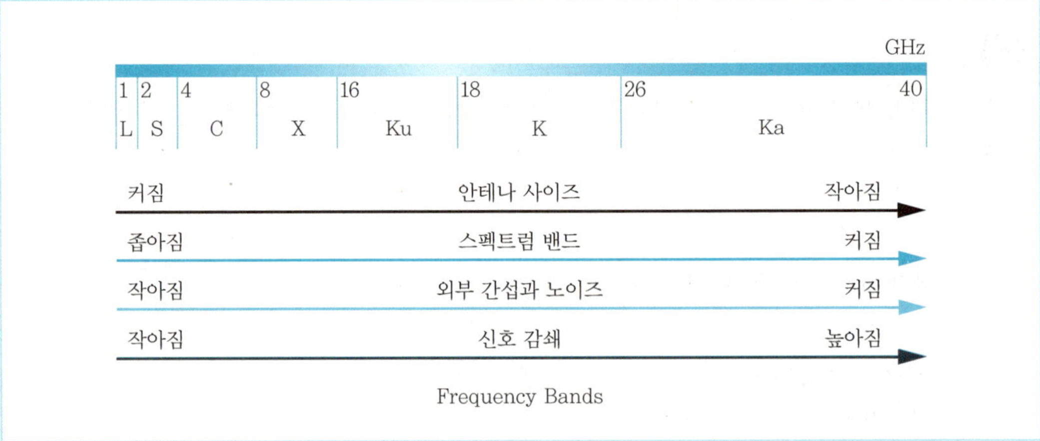

| 그림 3.4 | 밴드 주파수별 특성 비교

우리나라는 1969년 관악산 기상레이더의 설치를 시작으로 2019년 현재 11개의 기상레이더가 기상청에 의해 운영되고 있는데, 대부분 S-밴드로 약 240km 이상의 거리까지 탐지하는 능력을 가지고 있다. 한편 강우레이더는 2000년 임진강 유역에 최초로 설치된 이후 2019년 현재 총 9곳에 강우레이더가 한국홍수통제소에 의해 운영되고 있으며, 대형 S-밴드와 소형 X-밴드 레이더가 섞여서 구축되어져 있다. 그림 3.5는 우리나라에 설치된 기상청 기상레이더와 홍수통제소 강우레이더 현황을 보여주고 있다.

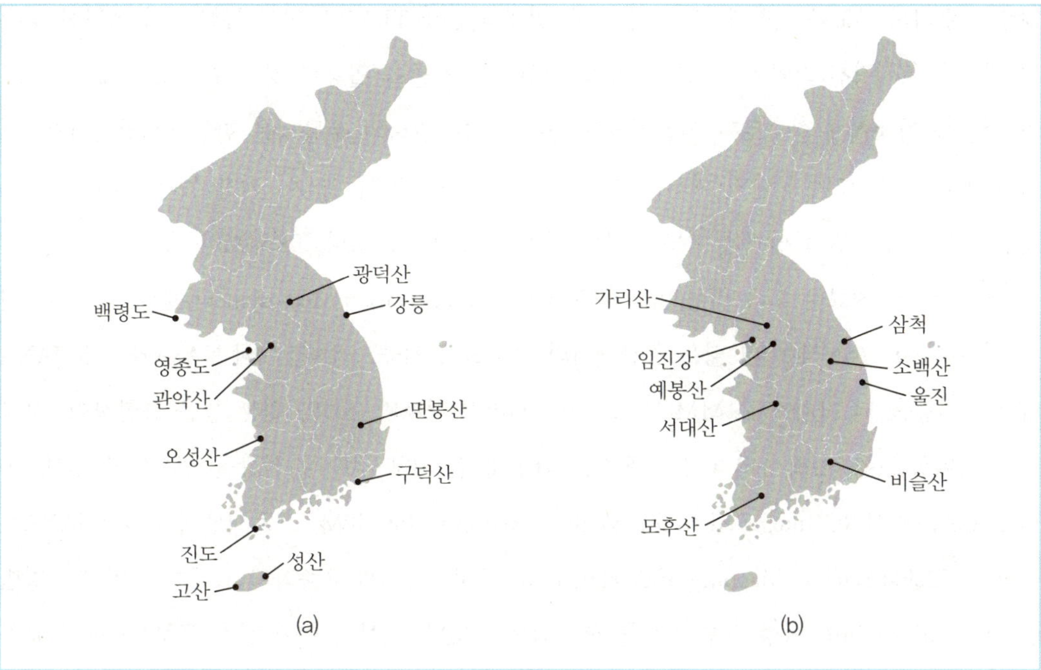

| 그림 3.5 | 우리나라 (a) 기상레이더 및 (b) 강우레이더 현황(2019년 기준)

(2) 인공위성에 의한 강수량 관측

우량계 및 레이더에 비해 인공위성의 가장 큰 장점은 매우 넓은 공간을 포함할 수 있다는 점이다. 특히 해양에서의 강우량 측정은 인공위성 덕분에 가능해졌다고 해도 과언이 아닌데, 지구표면적의 70% 이상을 차지하는 해양은 물 순환에 매우 중요한 역할을 담당하고 있기에 그 의미가 더 크다고 할 수 있다.

강수관측에 이용되는 인공위성은 대부분 가시광선, 적외선, 또는 마이크로파를 활용하는 센서를 탑재한다. 가시광선이나 적외선은 구름을 통과할 수 없기 때문에 이를 이용한 센서는 인공위성에서 촬영된 구름 상층부의 온도 등에 의해 간접적으로 강수량을 추정하는 방법이다. 반면 마이크로파를 활용한 센서는 강수층을 통과할 때 강수입자에 의해 산란되거나 강수층에서 방출되는 특성을 이용하여 직접적으로 강수를 측정하는 방법이다. 하지만 마이크로파는 현재 극궤도 기상위성에서만 운용되고 있으며, 이를 이용한 상시관측은 아직 이루어지지 않고 있다.

인공위성 센서에 있어 또 다른 기술 도약은 능동형 원격탐사인 강수레이더(Precipitation Radar, PR)를 위성에 장착한 것이라 할 수 있다. 이는(제1장 세계 수문학 발달사에서도 서술한 바와 같이) 미국 NASA와 일본 JAXA가 공동으로 진행한 위성 프로젝트 TRMM에 탑재되었고, 그 결과

강수의 수직적 분포를 위성에서도 측정할 수 있게 되었다. TRMM/PR을 통한 보다 정확한 강수량 관측은 가시광선/적외선/마이크로파 등 다양한 센서들을 활용한 강수량 추정의 보정 및 교차 검증을 가능하게 함으로써 인공위성을 이용한 강수관측의 유용성을 한층 더 향상시키기도 했다. TRMM은 17년 동안의 미션을 마치고 2015년 종료되었는데, 이 기간 동안 TRMM이 수문관측 특히 강수관측 발전에 이룬 기여는 지대하다고 할 수 있다. TRMM이 제공해온 공간 범위 35S~35N의 자료는 후속 위성 미션 GPM(Global Precipitation Measurement)에서 보다 확장되어 현재는 65S~65N라는 더 넓은 공간에서의 강수를 탐지하고 있다. 미국 NASA와 일본 JAXA에서는 한걸음 더 나아가 TRMM(그리고 이후 GPM) 자료와 (EU와 일본 등을 포함하여) 다양한 기상위성들(예, 그림 3.6)의 강수관측을 합성해 전 지구 강수 분석장을 생산하고 있다. 미국 NASA는 IMERG(Integrated Multi-SatellitE Retrievals for GPM) 프로그램에서 일본 JAXA는 GSMaP(Global Satellite Mapping of Precipitation) 프로그램에서 표준화된 교차해석 및 합성방법을 제안하고 전 지구 합성 강수 자료를 생산해오고 있다. 더불어 이와 같은 프로젝트에서 교차 분석된 위성 자료는 마지막으로 전 세계에 광범위하게 분포한 지상의 우량계 자료들과 교차 검증이 이루어지고 있다. 이러한 강우관측 자료들은 모두 온라인(https://pmm.nasa.gov/data-access/data-sources; https://sharaku.eorc.jaxa.jp/GSMaP_crest/)을 통해 세 가지 단계로 일반에게 공개

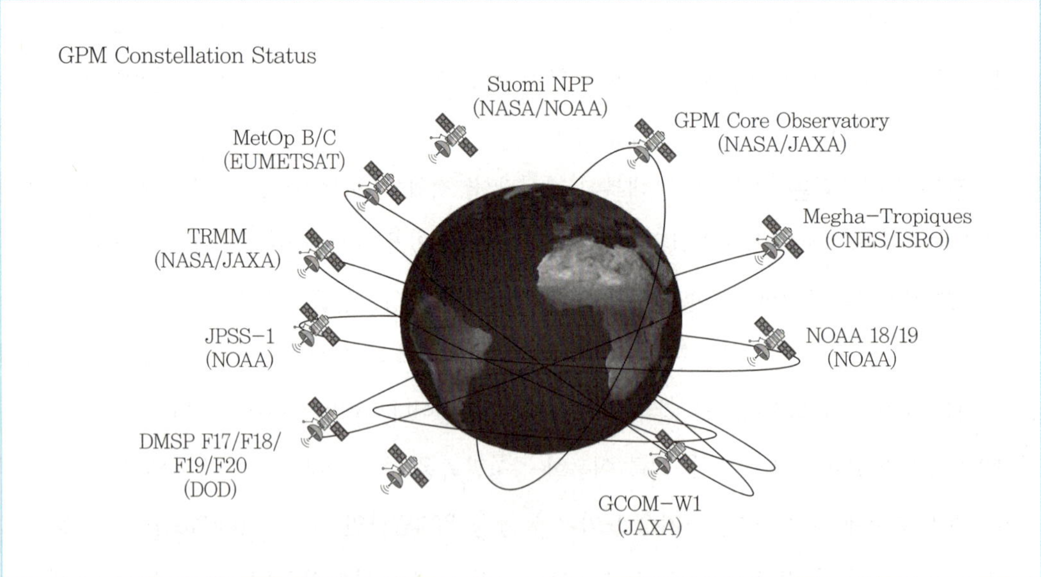

| 그림 3.6 | GPM 프로그램에 포함된 기상위성들
(https://pmm.nasa.gov/education/images/gpm-constellation-satellites)에서 수정

되고 있다.

인공위성을 이용해 세계 기상을 체계적으로 감시하는 것은 일찍이 매우 중요하게 인식되었다. UN은 1964년 세계기상기구 WMO가 세계기상감시(World Weather Watch) 프로그램을 담당하도록 결의하였고 이는 지금까지도 운영되고 있다. 그림 3.7은 이 프로그램에 의해 운영되고 있는 기상위성을 보여주고 있는데, 바깥쪽과 안쪽 궤도가 각각 정지궤도 및 극궤도 기상위성이다. 정지궤도와 극궤도 기상위성에 대한 서술은 그림 3.8 다음부터 조금 더 서술하기로 한다.

우리나라에서 위성사진을 예보 자료로 이용하기 시작한 것은 1970년부터이나 본격적인 위성사진을 이용하게 된 것은 1978년 중앙관상대 내 위성기상과가 신설되고, 1979년 일본 정지궤도기상위성 GMS로부터 저해상도 위성사진을 수신하면서부터였으며, 2009년에는 기상청 내 국가기상위성센터가 개설되어 현재까지 기상위성 업무를 총괄하고 있다. 국가위성센터에서는 2010년과 2019년 각각 발사한 천리안 1호과 2호 인공위성으로부터 관측 자료를 수신하고 있음은 물론, 중국(FY-2E), 일본(Himawari-8) 등의 정지궤도위성과 미국(NOAA-15/18/19/20), 유럽(MetOp-A/B) 등의 극궤도위성 관측 자료도 직접 수신 및 처리·분석하여 인터넷을 통해 국내외 위성 자료 사용자들에게 제공하고 있다.

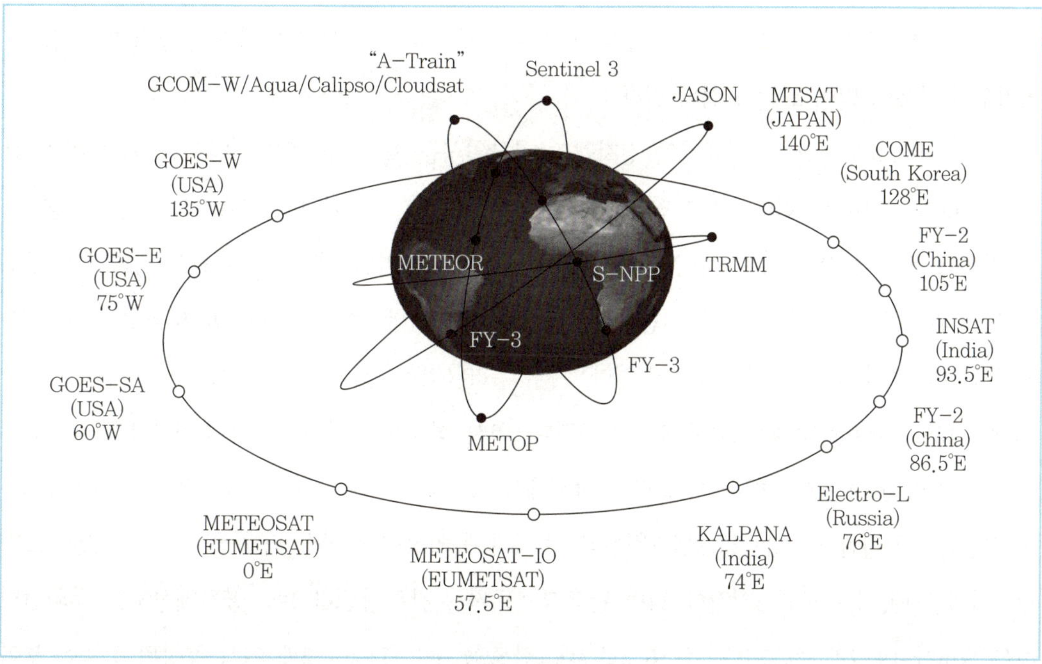

| 그림 3.7 | 2022년 기준 세계기상감시 프로그램에 포함된 기상위성
(https://public.wmo.int/en/programmes/wmo-space-programme)에서 수정

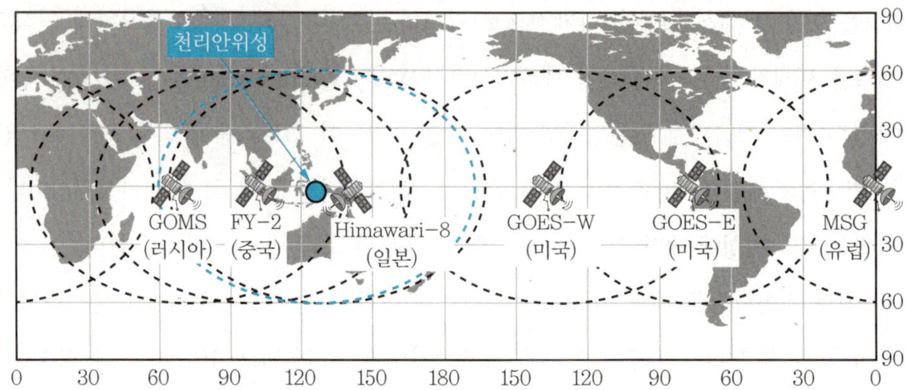

| 그림 3.8 | 대표적 정지궤도 기상위성의 관측 범위

① 정지궤도 기상위성

정지궤도(geostationary) 기상위성은 위성이 받는 중력과 위성의 원심력이 균형을 이루는 적도 상공 35,800km 고도에서 지구의 자전 속도와 같은 각속도로 지구 주위를 돌기 때문에, 상대적으로 정지해 있으므로 일정한 범위(직하점을 중심으로 반지름 약 6,000km, 즉 지구표면의 1/4)의 연속 관측이 가능하다. 그러나 고도가 매우 높기 때문에 정밀한 정보를 얻기가 힘들고 기술적으로 어려우며 비용이 많이 드는 단점이 있다.

그림 3.8은 2017년 기준 대표적인 정지궤도 기상위성을 보여주고 있다. 앞서 서술한 바와 같이 우리나라도 2010년 천리안 1호 인공위성을 발사하였는데, 이 위성은 정확히는 통신, 해양, 기상 관측을 동시에 수행하는 복합위성이다. 이 중 기상과 관련된 천리안의 기능은 장기간의 해수면 온도 관측을 통한 기후변화 감시는 물론 한반도를 1시간에 8번 관측 함으로써 태풍, 집중호우, 황사 등 위험기상을 조기 탐지하는데 있다. 이후 우리나라는 천리안 2호의 개발을 준비하여 지난 2018년 12월 천리안 2A호의 발사에 성공하였다. 역시 정지궤도 복합위성인 천리안 2A호와 2B호는 시스템 및 본체는 동일하나 서로 다른 탑재체를 탑재함으로써 각각 고유의 기능을 수행하도록 설계되었다. 천리안 2A호는 2019년 7월부터 전 세계에 영상이 서비스 되고 있는데, 천리안 1호와 비교하였을 때, 한반도를 1시간에 24번 관측함으로써 시간해상도가 3배, 공간해상도는 적외선의 경우 2km까지로 2배, 채널수는 총 16개로 3배, 산출물 수는 52개로 3배 이상 향상된 성능을 보여주고 있다.

② 극궤도위성

극궤도(polar orbiting) 위성은 지구의 중심을 지나는 면을 궤도면으로 하여 지구를 공전하는데, 남극과 북극 상공을 통과하기 때문에 극궤도 위성으로 불리고 있다. 극궤도 위성은 타원형 궤도를 가지면서 비교적 낮은 고도(일반적으로 700~800km)로 공전하므로 약한 신호까지 감지할 수 있어 다양한 정보를 얻을 수 있고, 하루에 지구 전역을 관측할 수 있으며, 궤도에 올리는 것이 비교적 간단하여 비용도 적은 장점이 있다. 반면, 정지위성처럼 한 지점의 연속 관측은 불가능

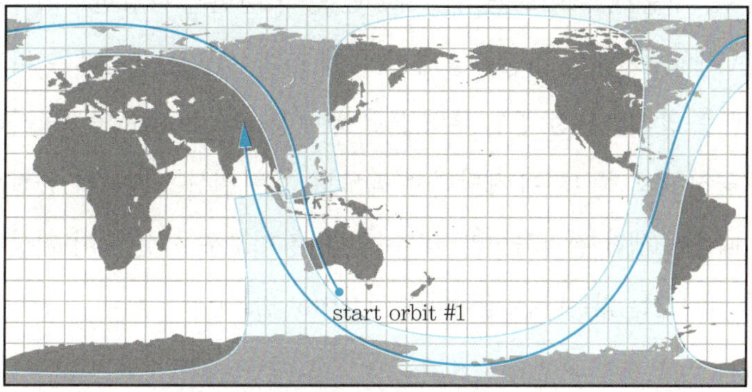

(a) 1회 공전 시 이동 경로(극지 제외)

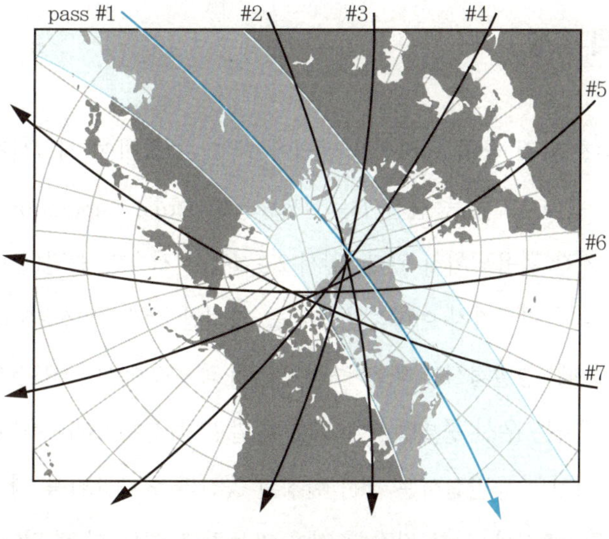

(b) 12시간 동안의 북극 이동 경로

| 그림 3.9 | 1일 14회 공전하는 NOAA 태양동기궤도 기상위성의 이동 경로와 관측 영역 사례 (https://ral.ucar.edu/~djohnson/satellite/coverage.html#polar)

하지만, 주로 동일한 장소를 동일한 시간(약 12시간) 주기로 관측할 수 있는 태양동기궤도(Sun-syncronized orbiting)를 채택하여 보다 긴 시간에 걸친 변화를 감시하는데 이용되고 있다.

2019년 기준 한반도를 관측하고 있는 대표적 극궤도 기상위성은 유럽 EUMETSAT에서 운영하고 있는 위성 MetOp-A/B와 미국 NOAA에서 운영하고 있는 NOAA-15/17/18 등으로, 하나의 위성에서 매일 2~4회만 자료 수신이 가능하지만 기상청에서는 이들을 종합하여 실시간 예보를 생산하고 있다. 특히 NOAA위성의 영상과 관련된 주된 계측기는 AVHRR(Advanced Very High Resolution Radiometer)인데, 가시~원적외 영상까지 파장이 다른 다섯 개의 채널로부터 각각 영상이 생성되어 구름, 수증기, 에어로졸, 눈, 해수면 등과 관련된 다양한 기상 현상을 관측한다. 그림 3.9는 NOAA 태양동기궤도 기상위성 중 하루에 14회 지구를 공전하는 위성의 지구 공전궤도(붉은선)와 그 관측 영역(붉은선 주위 투명 붉은색 부분, 약 3000km의 폭) 사례를 보여주고 있다. 그림 3.9(a)는 공전 14회 중 1회에 해당하는 궤도로 이는 위성이 지구를 공전하는 동시에 지구 자체가 자전하기 때문에 생긴 결과물이라 할 수 있다. 흥미로운 사실은 이 기상위성의 경우 정확히 남극과 북극을 지나지는 않는다는 점이다(그림 3.9(b) 참조).

3.2 증발량 측정

3.2.1 실제증발량의 측정

증발량의 측정은 수천년 전 극히 원시적인 방법에서부터 시작하여 지금까지 기상 자료의 하나로 꾸준히 수행되어져 왔다. 그 중 증발접시는 실제증발량(actual evaporation)을 간편하게 측정할 수 있는 도구로 오랜 기간 활용되어져 왔다. 앞서 2.3절에서 서술한 증발(산)량 추정식들이 대부분 매우 복잡할 뿐 아니라 한두가지 이상적인 조건을 가정한 잠재증발산량(potential evaporation)의 추정임을 고려해 볼 때, 증발접시에 의한 측정은 실용적 측면에서 중요한 의미를 가진다 할 수 있다. 그러므로 본 절에서는 우선 증발접시에 의한 증발량 측정에 대해 서술하고자 한다. 하지만 우량계와 마찬가지로 하나의 증발접시는 극히 한정된 공간만을 대표함을 항상 유의하여야 하며, 이를 극복하기 위해 원격탐사에 의한 간접 추정이 가능하나 이는 다음 절인 증발산량의 측정에서 다루기로 한다.

증발접시는 소형과 대형으로 구분되는데, 우리나라의 경우 소형 증발접시는 지름 20cm, 깊이

10cm의 원통형이며 대형 증발접시는 지름 120cm, 깊이 30cm의 큰 접시이다. 대형 증발접시는 미국에서 가장 일반적으로 사용되고 있는 표준 A급 접시(standard class A pan)와 비슷한 규격을 갖고 있는데 표준 A급 접시는 아연철로 제작된 원통형 용기로 지름 122cm(4ft), 깊이 25.4cm(10inch)의 크기를 갖는다. 접시의 설치 방법에 따라 매몰형 증발접시(suncken pan), 부유형 증발접시(floating pan), 지표설치형 증발접시(surface pan) 등으로 구분할 수 있다.

(1) 매몰형 증발접시

매몰형 증발접시(그림 3.10(a))는 접시가 지표에 노출되지 않도록 설치하는 것으로 이는 증발접시의 벽이 태양열에 의하여 가열되는 것을 방지하는 장점이 있으나 잡풀, 돌 등이 들어가기 쉽고 벽을 통하여 주위 토양과의 에너지 교환을 측정하기 어려운 단점이 있다.

(2) 부유형 증발접시

부유형 증발접시(그림 3.10(b))는 수면에 증발접시를 띄우는 것으로서 저수지 증발량 측정에 이상적인 방법이라 할 수 있으나 실제적으로는 운영상의 어려운 점이 많으므로 널리 이용되지는 않는다. 즉 증발접시에 접근하기가 어렵고 주변으로부터 물방울이 튀어 들어가기 쉬우며 증발접시 내의 수면을 측정하기가 어렵다는 단점이 있다.

(3) 지표설치형 증발접시

가장 많이 쓰이는 형태로 지상에서 약 15cm 위에 설치하는 지표설치형 증발접시(그림 3.10(c))이다. 이 증발접시는 일반적으로 지표에서 떠 있도록 설치되어 있는데, 이 때문에 증발접시 바닥에 공기가 유통됨으로써 증발접시 내 물의 온도가 대기 온도 변화에 민감하게 변할 수 있으며 또한 지표로부터 잡물이 들어가는 것을 방지할 수 있다. 그러나 증발접시 벽면이 가열되어 실제 증

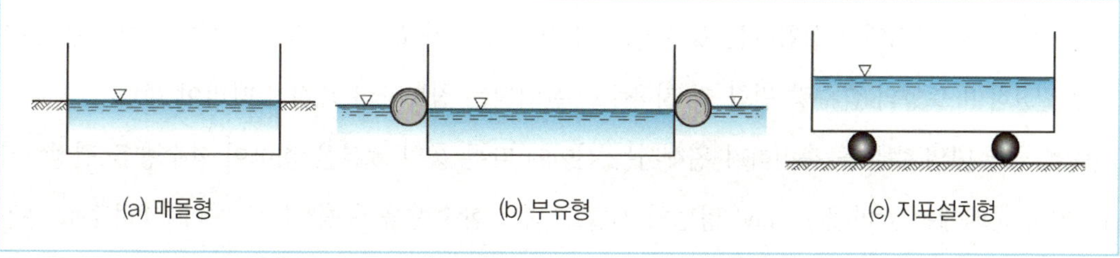

| 그림 3.10 | 증발접시

발량보다 더 크게 측정되는 것이 일반적이다. 이를 조정하기 위한 계수를 증발접시계수(pan coefficient)라고 부르며, 표 3.3에 그 대표적인 값을 표시하였다. 이 증발계수는 대형 증발접시로부터의 값을 비교한 것으로서, 이 값을 증발접시 증발량에 곱함으로써 실제증발량을 추정할 수 있다.

■ 표 3.3 대표적 증발접시계수

지역	연평균 증발접시 계수	Lake Hefner 자료	
		계절	증발접시계수
미국(Ft. Collins, Col.)	0.70	6월~10월(하계)	0.76
미국(Utah)	0.67	11월~5월(동계)	0.61
미국(ASCE 추천)	0.70		
미국(Lake Hefner)	0.69		
영국(London)	0.70		
구 소련(Valdai)	0.82		
한국 금강 유역(소형 증발접시)	0.68		
한국 금강 유역(대형 증발접시)	0.80		
한국 한강 유역(대형 증발접시)	0.70		

3.2.2 증발산량의 측정

증발량과 마찬가지로 증발산량의 산정은 2.3절에서 설명한(FAO-PM 등에 의한) 추정식에 의한 계산, 직접 측정, Flux 타워나 원격탐사 측정에 의한 간접 추정 등 3가지로 산정할 수 있다. 여기서는 두 번째와 세 번째에 해당하는 직접 측정과 간접 추정에 의한 방법을 서술하기로 한다.

(1) 직접 측정에 의한 증발산량 추정

증발산량은 리시미터(lysimeter)라는 장치로 측정할 수 있다. 측정 용기 내에 특정 식물을 심고 식물이 성장하는 동안 유입된 물의 양과 토양 내의 수분 변화를 측정함으로써 증발산량을 환산하는 방법이다. 옥외에서 실험하는 경우에는 정확한 강우 자료, 또는 관개 시에는 관개수량의 측정이 필요하며 토양의 함수량 변화 및 지하수로 유입되는 침투량의 측정이 따라야 한다.

토양 공극 내의 수분을 측정하기 위해서는 깊이에 따른 흙의 표본을 취하여 함수량을 결정하기도 하며, 근래에는 감마선(γ-ray) 방법의 개발로 직접 함수량을 측정하기도 한다. 지하수로 유입되는 수분량은 직접 측정하기 어려우나 지하수위의 변동 등을 측정하여 환산할 수 있다. 이렇게 토양의 함수량, 지하수로의 유입량 등의 측정에 어려움이 있어 증발산의 측정은 보통 옥내의 완전히 통제된 조건하에서 실시한다. 규모가 작은 경우에는 전체 용기를 저울로 측정할 수 있게 함으로써 정확한 값을 구할 수 있도록 고안된 것도 있다. 이러한 증발산량의 측정기구인 리시미터에는 ebermayer형, fill-in형, monolith(soil block)형 등의 종류가 있다.

증발산량을 측정하는데 있어서 하나로 표준화 된 장치는 없다. 리시미터는 일반적으로 벽과 바닥은 불투수층의 콘크리트 또는 철판 등으로 제작하고, 이 통에 흙을 채우고 식물을 심어 식물 성장에 따라 소비량을 결정한다. 리시미터에 의하여 결정되는 증발산량은 식물 성장에 필요한 수량, 흙의 표면 및 식물의 잎 표면을 통한 증발량이므로 보통 자유수면을 가진 유역에서의 증발산량과는 다르다. 따라서 리시미터를 사용한 자료는 주로 관개용수 등의 결정에 사용된다. 식물의 증산은 측정된 증발산량과 흙으로부터 동시에 측정된 증발량 간의 차이를 계산함으로써 구할 수 있다. 그림 3.11은 리시미터의 예를 보여주고 있다.

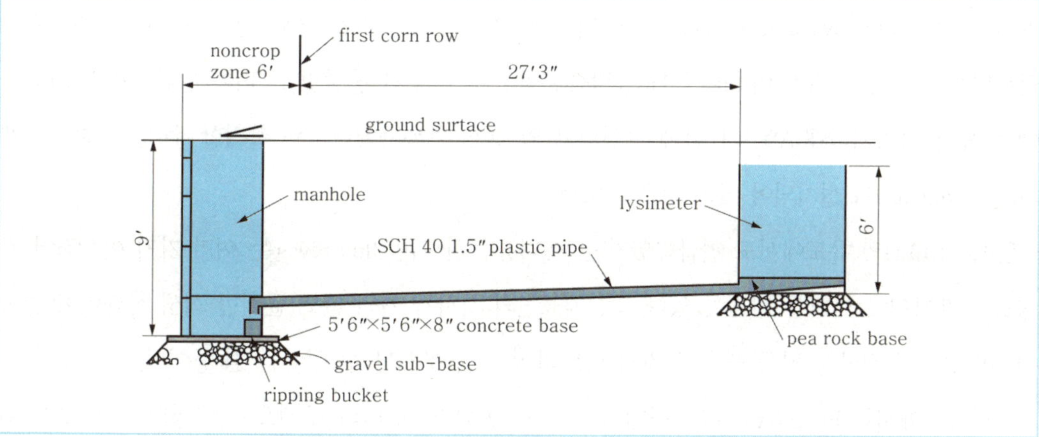

| 그림 3.11 | 리시미터(lysimeter)

(2) Flux Tower 측정에 의한 증발산량 간접 추정

Flux Tower는 지상 위에 설치된 타워형 구조물로, 여러 센서들이 부착되어 있어 수증기, 열, 그리고 이산화탄소 등의 flux를 측정한다. 여기서 flux라 함은 단위시간 동안 단위면적을 이동하는 물질의 양으로 단위면적당 증발산량[$L^3/L^2/T=L/T$]이 이 개념에 해당한다. 전 세계에 분포하는 flux tower system을 연결하여 FluxNet 관측망이 구축되어 있기도 한데, 이들은 주로 기후변화의 주범으로 알려져 있는 이산화탄소를 측정하기 위함이다. Flux tower의 핵심 요소는 바람의 속도를 재는 풍속계(anemometer)와 기체의 농도를 감지하는 적외선기체분석기(infrared gas analyser)인데, 증발산량의 경우는 적외선기체분석기에서 수증기의 농도를 측정하는 것이다.

Flux tower로부터 증발산량을 직접 측정할 수는 없기 때문에 난류 flux를 시시각각 측정함으로써 추정을 시작한다. 즉, 공기의 흐름을 연속적으로 회전하는 크고 작은 에디(eddy, 소용돌이)로 설정하고 tower의 한 점에서 관측되는 각 에디의 수직방향 움직임을 측정하고 이를 누적하여 평균을 취하는 원리인 것이다. 이 경우 flux는 수직방향 풍속과 기체 농도의 공분산(covariance)으로 표현될 수 있는데, 몇 가지 중요한 가정을 전제하면 결국 flux 식은 아래와 같이 간단히 표현 될 수 있다.

$$F = E[w', c'] = E[(w-\mu_w)(c-\mu_c)] = E(w)E(c)-\mu_w\mu_c \qquad (3.5)$$

여기서 F는 flux, w은 풍속, c는 기체의 농도, $*'$는 확률변수 $*$의 평균으로부터의 편차, $\mu_*=E[*]$으로 평균을 의미한다. 식 (3.5)는 통계적으로는 두 확률변수 w와 c의 공분산을 의미하기 때문에 에디공분산(eddy covariance) 식이라고 불리는데, 기체가 수증기인 경우 c는 수증기의 농도, F는 단위면적당 증발이 되며 이 flux F를 증발숨은열 l_e로 나누면 증발량[L/T]이 된다. 이 flux tower에는 통상 자동기상대 AWS가 함께 운영되고 있으며, 순복사에너지를 측정할 수 있는 순복사계(net radiometer)가 설치되어 있는 경우도 있다.

앞서 식 (3.1)의 유도에서도 언급하였지만, 에디공분산 기반 flux tower는 여러 가지 이상적인 가정을 전제하여야 한다는 단점이 있다. 즉, 지표면의 경사가 거의 없고 균질한 식생 상태이어야 하며, 이 경우 수직방향 평균 풍속과 기체 밀도의 변동은 무시할 수 있다는 점 등이다.

우리나라에서는 FluxNet와 유사하게 KoFlux가 농림기상센터의 주관으로 운영되고 있으며, 이와는 독립적으로 국가수자원조사기술원에서 설마천과 청미천에 증발산 측정을 위한 에디공분산 기반 flux tower를 운영 중에 있다(국가수자원조사기술원, 2018).

예제 3.2

에디공분산 기반 flux tower에서 24시간 동안 30분 간격으로 측정한 자료들을 식 (3.1)로 계산한 결과 flux는 100W/m^{2}이었다. AWS에서 대기의 온도가 20℃로 측정되었을 때 일증발산량은 평균 얼마로 추정할 수 있는가? (국가수자원조사기술원, 2018)

| 풀이 |

식 (2.10)으로부터 증발숨은열은 l_v=597.3-(0.57)(20)=585.9cal/g=2451.4J/g이므로 100W/m²에 해당하는 증발질량 flux는 100/2451.4=4.079×10-5kg/m²/sec가 된다. 여기에 20℃에서의 물의 밀도 998.2kg/m² 를 곱하면 증발깊이 flux는 다음과 같이 된다.

$$4.079\times10-5\ \mathrm{kg/m^2/sec}\times998.2\ \mathrm{kg/m^2} = 4.087\ \mathrm{m/sec} = 3.5309\ \mathrm{mm/day}$$

(3) 원격탐사 측정에 의한 증발산량의 간접 추정

원격탐사 방법도 flux tower 방법과 비슷한 개념으로 증발산량을 간접적으로 추정한다. 즉, 순복사에너지, 현열에너지, 토양열에너지를 직간접으로 측정 또는 추정한 후 이를 증발숨은열로 나누어 증발산량을 계산한다. 즉, 에너지수지에 기반하여 각 픽셀(pixcel)별로 $ET=(R_n-R_g-R_h)/l_e$를 구하는 것이다. 그러나, 원격탐사에 의한 방법은 위에서 설명한 flux tower의 단점, 즉 여러 가지 가정이 필요하다는 점과 공간적 제약이 있다는 점 등을 상당히 극복할 수 있다는 장점이 있다.

원격탐사에 의한 방법은 다음과 같은 방향으로 개발되어져 왔다. 첫째, (강수와는 달리) 증발산량의 경우 지상에서의 직접 측정 자료 없이 추정될 수는 없지만 이를 최소한으로 사용하도록 개발되어져 왔고, 둘째, 직접 또는 원격탐사 측정 자료들로 현열과 토양열 에너지의 간접 추정 시 알고리즘의 정확성과 편리성이 향상되도록 개발되어져 왔다. 이러한 과정에서 다양한 에너지수지 기반 알고리즘이 개발되어져 왔는데, 대표적 사례로 SEBAL(Surface Energy Balance Algorithm for Land)이라는 알고리즘이 널리 사용되고 있다. SEBAL에는 인공위성 센서로부터 가시광선, 근적외선, 그리고 열적외선으로 측정된 지표온도(radiometric surface temperature), 정규식생지수(NDVI, Normalized Difference Vegetation Index), 알베도 등의 자료가 디지털 이미지 지도로 입력된다. 순복사에너지는 2.3절에서 설명된 바와 같이 단파와 장파 복사에너지의 차이로 계산되는데, 지표로 입사되는 단파 복사에너지는 지상에서 측정되는 반면 지구에서 방사되는 장파 복사에너지는 위성의 센서로 측정되는 알베도, 방사율, 지표온도에 근거하여 계산된다. 또한 토양열에너지는 앞서 언급한 (방사분석, radiometric)지표온도, 정규식생지수, 알베도, 그리고 순복사에너지의 경험적 함수로 계산된다. 마지막으로 현열에너지는 초기 픽셀을 dry와 wet으로 가정한 후 (방사분석지표) 온도 및 공기동역학적 저항과 현열에너지와의 관계식이 공간 전체로 안정화가 될 때까지 반복 계산으로 추정한다. 이러한 여러 가지 측정과 추정은 알고리즘 내부에서 자동 보정 및 계산을 거쳐 분 단위로 수행되며, 이들이 종합되어 일별 증발량이 계산되는 것이다.

3.3 침투량 측정

침투량은 타당성이 있는 자료를 얻기 어렵고 상당한 시간을 요구하는 등 정확한 측정이 가장 어려운 인자 중 하나이다. 침투량 산정에는 원관침투계(cylinder infiltrometers)법, 웅덩이법(pondingmethod), 폐쇄형재순환침투계(blocked recirculating infiltrometers)법, 발달 형상과 방류 수문곡선(hydrograph)으로부터 추론하는 방법 등의 4가지 방법이 일반적으로 사용된다.

3.3.1 원관침투계법

원관침투계는 보통 40cm의 높이, 30cm 혹은 그 이상의 지름을 갖는 금속원통을 토양에 설치한다. 그림 3.12는 원관침투계의 모식도이다. 설치 장소는 차량 이동 등에 따른 표면 교란, 동물들의 땅굴, 침투계에 피해를 줄 수 있는 암석의 유무 등에 대한 세밀한 검토를 통하여 설정된다. 설치 위치가 정해지면 원관을 토양에 단단히 눌러놓은 후 평판을 위에 놓고 해머 등을 이용하여 두드려서 약 15cm 깊이까지 박아 넣는다. 설치가 완료되면 측정방법은 다음과 같다.

원관의 토양 윗부분의 체적(지름, 깊이 등)을 조심스럽게 측정한다. 어떤 형태의 계기라도 내벽은 수위가 변하면 측정할 수 있도록 고정된다. 미리 측정한 체적을 침투계에 더한다. 수면이 잠잠해지면 초기기록을 시작한다. 추가적인 기록들은 주기적으로 하되 시험 시작 때는 5분에서 10분 간격을 갖고 3회 혹은 4회 기록한 후에는 30~60분 간격으로 기록한다. 이 측정 주기는 침투율에 따라 조정된다. 측정기록은 흡수율이 한두 시간 간격 동안 일정한 값을 보일 때까지 계속되어야 한다. 수위가 원관 깊이의 약 1/2까지 떨어질 때 대략 초기 수위까지 표면에서 물을 더해 주어야 한다. 원관에서 물의 깊이는 시험하는 동안 6~10cm가 유지되도록 해준다. 물을 더해줄 때 채우기 전 후의 수위를 기록해둘 필요가 있다. 이 두 측정 사이의 간격은 다시 채우는 동안 침투로 인한 오차를 피하기 위해 가능한 한 짧을수록 좋다.

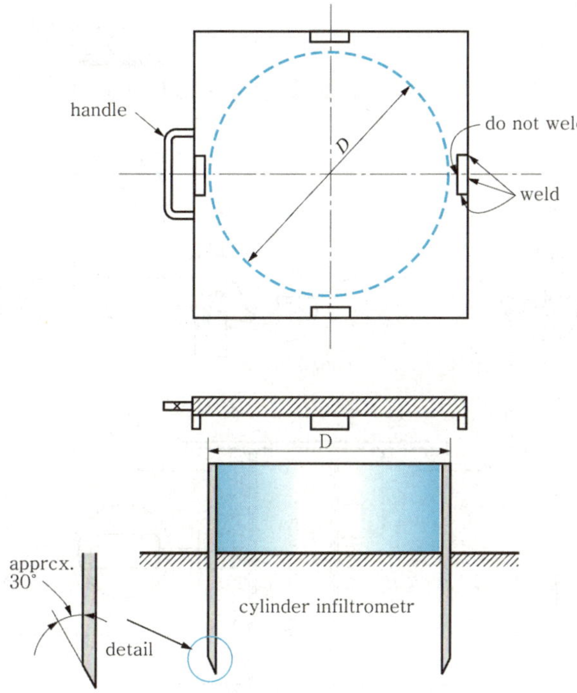

| 그림 3.12 | 원관침투계 모식도(Haise et al., 1956)

3.3.2 웅덩이법

웅덩이법(ponding method)은 작은 유역에서 주로 사용되는데, 웅덩이는 땅위의 일정한 영역 주위에 둑을 쌓아 조성하고 운영 방법은 원통을 이용한 방법과 같다. 이 방법의 단점은 경계면 효과가 중요하게 작용한다는 것이다. 이러한 단점은 웅덩이 주변을 점토나 플라스틱 방책을 이용하여 차수함으로써 해결할 수 있다. 운영과 자료 수집 과정은 원관침투법과 같다.

웅덩이법의 적용에 있어 고랑을 이용한 방법은 약간 상이한 침투계의 형상이 필요하다. 고랑에서 총 침투량은 아래로 수직이동한 물과 고랑의 측면을 통과하여 횡적으로 이동한 물로 구성된다.

두 개의 평판을 도랑의 양 끝에 설치하면 판으로 분리되는 도랑의 형상이 기록을 시작한다. 도랑의 횡단면에서 수심이 낮아지므로 그림 3.13과 같이 완충 고랑을 두어 고정된 수위를 유지하고 그에 따른 필요한 양을 기록하는 것이 좋다. 자료를 분석할 때에 웅덩이 형상과 고랑 형상의 차이는 표면적 비로 자료의 차이를 설정해 줄 필요가 있다.

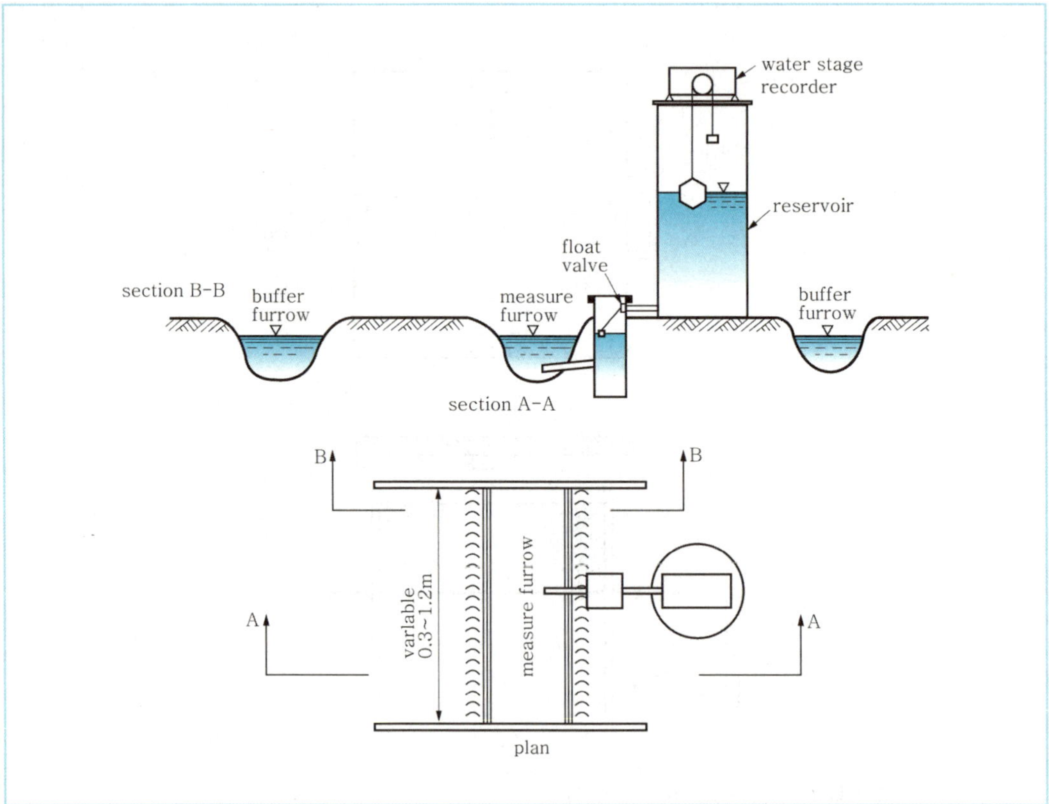

| 그림 3.13 | 폐쇄형 고랑형태 침투계 모식도(Walker and Skogerboe, 1987)

3.3.3 재순환침투계법

재순환침투계법(그림 3.14)은 기본적으로 도랑을 이용하면서 순환시키는 방법이다. 이 방법의 장점은 시험하는 동안 지형학적 수리학적 조건이 모두 고려된다는 것이다. 이는 앞서 언급한 정적인 방법보다 실제 현장 상황을 보다 적절히 표현할 수 있다. 토양과 물의 경계면에서 동적 변화를 실제에 가깝게 모의한다. 부유입자들은 정적인 수면과는 다른 표면 상태를 만든다. 정적인 경우는 지표수의 일반적인 상태와는 다른 더욱 불투수성인 토양층을 형성하는 경향이 있다. 고랑에 의한 순환침투법은 그림 3.14와 같다. 물 웅덩이를 고랑의 각 끝에 5~6m의 길이 구간에 설치한다. 물 웅덩이는 땅위에 조심스럽게 파서 고랑의 바닥 높이보다 낮게 한다. 물은 공급 수조로부터 호스를 경유하여 고랑으로 가서 웅덩이로 흘러들어 가도록 한다. 물은 고랑의 검사 단면을 지나 배수 웅덩이에 모인다. 다른 펌프는 물을 공급 수조로 회귀시킨다. 이 시스템의 유량은 다양한

(a) 재순환 고랑 시험단면　　　(b) 배수 웅덩이와 순환장치

| 그림 3.14 | 재순환 고랑형 침투계(Malano, 1982)

밸브를 이용하여 조절할 수 있고 배수 웅덩이의 수위를 일정하게 유지할 수 있다.

3.4 유량 측정

하천은 크게 이수, 치수 및 환경의 기능을 수행하며, 이러한 하천의 주요 기능을 원활하게 유지하기 위한 하천 관리에 있어서 신뢰성 있는 유량 자료의 획득이 가장 기본적인 사항이라 할 수 있다. 예를 들어 용수공급 계획, 각종 수공 구조물의 설계, 제방 축조, 홍수 예경보시스템 설계, 하천 수질관리 등에서 유량은 가장 기본이 되는 중요한 자료이다.

유량 자료는 여러 가지 방법으로 획득할 수 있는데 현재 일반적으로 사용되는 방법은 평·저수시에는 유속계를 이용하고 홍수시에는 봉부자를 이용하여 유량 측정을 하는 방법이다. 최근에는 초음파와 LSPIV(Large Scale Particle Image Velocimetry) 등을 이용한 표면유속(surface velocity) 측정을 통하여 유량을 측정하는 기법도 개발되고 있다.

3.4.1 유량 측정과 관련된 기본 개념

(1) 유량의 정의

유량은 특정 시간동안 임의 단면에서 단면적을 통해 흐르는 물의 양으로 정의된다. 따라서 유속이 단면에 대해 V(m/s)로 일정하다면 단면적 A(m^2)를 통해 흐르는 유량 Q(m^3/s)는 다음과 같이 식 (3.6)으로 정의할 수 있다.

$$Q = A \times V \tag{3.6}$$

(2) 개수로에서의 평균유속(mean velocity)

일반적으로 개수로 하천에서의 유속분포(velocity distribution)는 수면에서부터 하저까지 다르게 나타나며, 이는 하상 상태, 하폭, 풍향, 수면경사(surface slope) 등의 영향을 받게 된다. 수면폭에 따른 수평선상의 유속분포는 최심부에서 유속이 최대가 되고 이 부분에서 점차 양안으로 향해 감소하여 그 변화는 타원에 근사한 곡선으로 표시될 수 있다. 연직선상의 유속분포는 하저에서 유속이 최소가 되고 수면 또는 수면에 인접한 지점에서 유속이 최대가 되며 그 변화는 포물선 또는 대수곡선으로 표시할 수 있다. 따라서 측정된 유속으로부터 정확한 유량을 산정하기 위해서는 각 단면의 평균유속을 구하여 유량을 산정하여야 한다.

개수로에서 유속의 분포는 흐름의 상태가 층류(laminar flow) 또는 난류(turbulent flow)인가에 따라 달라지며, 일반적으로 개수로에서의 층류와 난류의 구분은 다음 식 (3.7)의 Reynolds 수로부터 정의될 수 있다.

$$R_e = \frac{VR\rho}{\mu} = \frac{VR}{\nu} \tag{3.7}$$

여기서 V는 유속, ρ는 유체의 밀도, ν는 동점성계수이며 R은 동수반지름이다. R_e<500일 경우의 흐름을 층류라 하며, R_e<2000일 경우의 흐름을 난류라고 한다. 흐름 상태가 층류일 경우에 속도는 관수로의 상사성을 이용하여 식 (3.8)과 같은 포물선의 분포를 가진다고 할 수 있다.

$$V = V_0\left[1-\left(\frac{d-y}{d}\right)^2\right] \tag{3.8}$$

여기서 V_0는 최대 유속(표면의 유속), y는 하상으로부터 수직 거리, d는 수심이다. 식 (3.8)을 y

에 대하여 적분하고 수심 d로 나누면 식 (3.9)의 평균유속을 얻을 수 있다.

$$\overline{V} = \frac{1}{2} V_0 \tag{3.9}$$

즉, 층류의 경우 평균유속은 표면유속의 1/2이므로, 표면유속을 측정하여 이 값의 반을 택하면 평균유속을 얻을 수가 있다. 일반적으로 유출현상에서는 지표면흐름(overland flow)인 경우의 흐름 상태는 층류이므로 지표면 유출에서의 평균유속은 표면유속을 측정하여 쉽게 구할 수 있다.

지표면흐름을 제외한 대부분의 개수로 흐름은 난류라고 할 수 있다. 난류 상태에서 유속의 분포를 해석하기는 매우 어려우나 Prandtl은 혼합거리이론(mixing length theory)을 이용하여 식 (3.10)과 같이 속도분포를 대수분포(logarithmic distribution)로 표시하였다.

$$V = V_{max} + \frac{2.3}{K_0} V^* \log y/d \tag{3.10}$$

여기서 V_{max}는 최대유속, V^*는 마찰속도($\sqrt{\tau_0/\rho}$), K_0는 혼합거리의 계수, y는 하상으로부터 수직거리, d는 수심이다. 식 (3.7)에 의하면 유속의 분포는 대수분포(그림 3.15(a))를 하고 있으므로, 이를 평균유속 $\overline{V}$의 함수로 표시하면 식 (3.11)과 같다.

$$V = \overline{V} + \frac{V^*}{K_0} (1 + 2.3 \log y/d) \tag{3.11}$$

식 (3.11)에서 $V = \overline{V}$가 되는 y를 구하면

$$y = 0.368d \fallingdotseq 0.4\, d \tag{3.12}$$

이므로 평균유속 $\overline{V}$는 하상으로부터 $0.4d$가 되는 지점 또는 수면으로부터 $0.6d$가 되는 지점에서의 유속과 같다고 할 수 있다. 또한 식 (3.7)에서 평균유속은 $y = 0.839d$와 $y = 0.161d$가 되는 지점의 유속의 평균값과 같으므로, 이 지점의 유속을 측정하여 이를 평균하면 평균유속을 구할 수 있다.

그러나 이 방법에 의한 평균유속과 식 (3.12)에 의한 평균유속은 실제의 평균유속보다는 다소 높은 값을 보여준다. 이는 실제의 유속분포는 그림 3.15(b)에서 보는 바와 같이 최대유속(V_{max})이 수면보다 다소 낮은 지점에서 일어나고 있기 때문이다. 실제에 있어서 평균유속의 산정은 수면부터 $0.6d$의 깊이에서의 유속 또는 $0.8d$ 및 $0.2d$ 지점에서 유속의 평균값을 택하는 것이 보통이다.

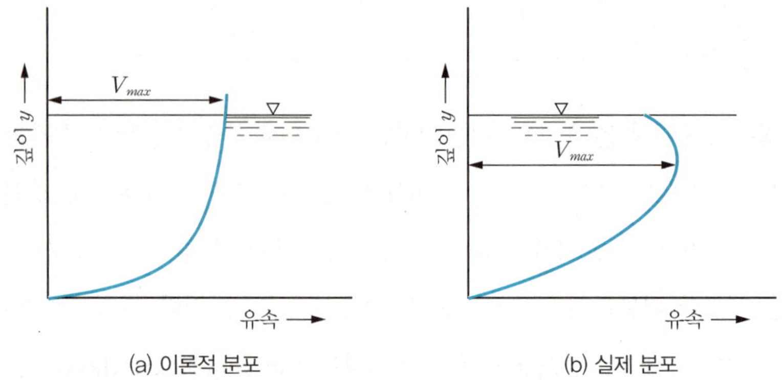

| 그림 3.15 | 난류 상태에서 유속분포

3.4.2 관측 지점의 선정 및 관측망 구성

유량 측정을 위한 관측 지점의 선정은 대상유역의 지형, 수리 특성, 기후 상태뿐만 아니라 하천 계획 및 관리상 적절한 위치를 고려하여야 한다. 따라서 적절한 관측 위치를 선정하기 위해서는 수계 전체의 관측망을 구성하고 각 관측지점 간의 관계로부터 가장 합리적인 적정 배치 계획을 수립할 필요가 있다. 하천설계기준(한국수자원학회, 2000)에서는 유량 관측지점 선정을 위해 다음과 같은 구체적인 위치를 제시하고 있다.

(1) 바람직한 위치

- 중요한 지파천 분합류의 전후
- 보, 유수지, 호소, 저수지의 상하류
- 하도가 직선화되어 있는 협곡
- 폭포 등 자유낙하가 있는 지점의 상류

(2) 바람직하지 못한 장소

- 대하천과의 합류점, 직상류의 지천 등과 같이 본류 수위의 영향으로 수위-유량곡선의 정확도가 좋지 않은 곳

- 하구에서의 감조구간
- 발전소의 방류로 인하여 수위 변동이 있는 곳

수위 또는 유량 관측 지점의 배치는 지역의 특성, 설치 목적 등에 따라 크게 변하므로, 이를 일반적으로 기술하기는 어려우나 WMO에서는 지형적 특성에 따라 표 3.4과 같이 최소 계측망을 구성하도록 권장하고 있다.

표 3.4 국제기상기구에서 권장하는 수위, 유량 관측소의 최소 밀도

지형적 특성	관측소당 면적(km^2)
해안 지역	2,750
산악 지역	1,000
내륙 평야 지역	1,875
구릉 지역	1,875
소규모 도서 지역	300
도시 지역	–
극 지방, 사막 지역	20,000

유량 관측소의 위치를 선정하기 위해서는 대상 하천의 관측망과 하천 주변의 지형도 및 하천 구간에 대한 종횡단도 등을 고려하고, 현지 답사 등을 통해 적절한 위치를 선정한다. 대상 하천에 대한 관측소의 선정은 지역의 특성 및 설치 목적을 고려해야 함은 물론 일반적으로 안정된 수위-유량곡선을 구할 수 있고, 현장 관측상의 안전 및 편리성을 고려하여 갈수 및 홍수 시에도 충분한 정확도를 관측할 수 있는 지점을 선정하도록 해야 한다.

유량 측정을 위한 관측망은 대상 하천의 상하류 관측소의 관측값 간의 관계를 통해 중간 임의 지점에서의 유량을 추정할 수 있도록 실용적으로 구성되어야 한다. 우리나라의 유량 관측망은 크게 한강, 낙동강, 금강, 영산강, 섬진강의 5대강과 제주권의 6대권역으로 나누어져 있고, 각 권역별로 모두 310개의 관측소로 구성되어 있다. 한 예로서 한강의 유량 측정 관측망의 구성은 표 3.5와 같다.

■ 표 3.5 국내 유량 관측소 현황(환경부, 2018)

수계명(수계별 관측소 개수)	하천명(하천별 관측소 개수)
한강(146)	한강(15), 안양천(6), 섬강(6), 평창강(5), 홍천강(4), 청미천(4), 중랑천(4), 경안천(4), 한탄강(3), 인북천(3), 왕숙천(3), 양화천(3), 신천(3), 복하천(3), 내린천(3), 굴포천(3), 기타*(72)
안성천(19)	황구지천(5), 진위천(5), 안성천(4), 오산천(3), 기타*(2)
양양남대천(1)	양양남대천(1)
낙동강(158)	낙동강(21), 남강(9), 위천(6), 감천(6), 내성천(5), (4), 용전천(3), 영천강(3), 영강(3), 양천(3), 반변천(3), 밀양강(3), 덕천강(3), 단장천(3), 길안천(3), 금호강(3), 기타*(77)
형산강(5)	형산강(3), 대천(1), 기계천(1)
태화강(3)	태화강(3)
금강(82)	금강(17), 미호천(8), 보청천(4), 초강(3), 지천(3), 유등천(3), 무주남대천(3), 갑천(3), 기타*(38)
삽교천(3)	곡교천(2), 삽교천(1)
만경강(8)	만경강(4), 전주천(3), 소양천(1)
동진강(4)	정읍천(3), 동진강(1)
섬진강(35)	섬진강(16), 오수천(6), 보성강(4), 동복천(4), 요천(3), 추령천(2)
섬진강남해권(1)	이사천(1)
영산강(42)	영산강(19), 지석천(5), 황룡강(3), 기타*(15)
탐진강(7)	탐진강(7)
황룡강(1)	황룡강(1)

* 기타: 2개 이하

3.4.3 수위측정

하천의 수위는 기준면으로부터 측정한 수면까지의 높이로 정의되며, 영점표고(gauge datum)를 기준 표고로 수위를 나타낸다. 일반적으로 수위는 측정된 유량으로부터 수위-유량 관계곡선식을 유도하기 위해 유량 측정과 병행하여 실시하며, 유도된 수위-유량관계를 통해 연속된 수위 자료로부터 유량의 연속자료로 변환하여 이용한다. 따라서 수위는 일정한 시간 간격 또는 연속적으로 측정하는 것이 일반적이다.

수위를 측정하는 장치를 수위계라 하며 수위계는 수위 자료의 수집 방식에 따라 자기수위계(automatic stage gage)와 보통수위계로 대별할 수 있다. 보통수위계는 눈금이 색인된 목자판을 이용하여 수위를 측정하는 방식이고, 자기수위계는 수위의 변화를 연속적으로 기록하게 되어 있다. '하천설계기준'(수자원학회, 2000)에서는 보통수위계와 자기수위계를 병설하고 보통수위계에서 읽은 값을 기준으로 하되, 자기수위계의 값이 보통수위계의 값과 다르면 자기수위계 값을 수정하는 것을 원칙으로 규정하고 있다.

보조수위계(가수위표)는 주로 홍수시 수위관측을 수행하거나 실측한 유량과의 비교검토를 위해 기존의 수위계 지점 사이의 중요지점에 설치하며 유량 측정을 실시하는 수위계 지점과 수위차가 30~50cm 정도 되도록 기존 수위계 상하류 약 1km 내외 지점에 설치한다.

| 그림 3.16 | 수위계

3.4.4 유량 측정

(1) 유속계에 의한 유량 측정

평·저수시는 유속이 작으며 흐름의 상태도 안정된 정상류이므로 일반적으로 유속계에 의하여 측정한다. 유속계는 회전식, 전자식 유속계가 대표적이며 최근 초음파의 원리를 응용한 초음파 표면유속계와 PIV(Particle Image Velocimetry)의 원리를 응용한 LSPIV 등 첨단기술을 이용한 유속계도 사용되고 있다.

① 유속계의 종류

(i) 회전식 유속계

회전식 유속계는 회전자가 cup형인 것과 propeller형 두 가지가 있으며, 유수가 가지는 운동에너지에 의하여 회전자가 회전하면 전기 신호가 구성되어 수신부에서 '삐' 소리를 내거나 digital 장치에 회전수가 기록되어 유속을 구하게 된다. 즉 회전식 유속계는 유속의 에너지가 유속계의 회전자의 각속도에 비례한다는 점에 원리를 두고 있다. 회전식 유속계는 회전자의 회전수(N)와 유속(V) 간의 다음 식 (3.13)의 관계식으로부터 유속을 계산한다.

$$V = a+b\,N \tag{3.13}$$

여기서 a, b는 계기에 따른 계수이다.

(ii) 전자식 유속계

전자식 유속계는 물 속에 전자 기계를 형성하고 그 주위에 전도체를 통과시키면 그 전도체에 전압이 발생해 전류가 흐르는 Faraday의 전자유도법칙을 이용한 것으로 하천의 물은 전도체이므로 자계를 가로질러 흐르는 유체에 발생하는 전압은 유속에 비례하게 된다. 기전력(E)는 다음 식 (3.14)로 정의되며,

$$E = B\times B\times d_x\times 10^{-8}\,(V_0/t) \tag{3.14}$$

여기서 B는 자속밀도(Gauss), V는 유속(m/s) 그리고 d_x는 자장에 직각방향 위치좌표이므로 기전력이 측정되면 유속을 알 수 있다.

(iii) 초음파 유속계

최근 많이 사용되고 있는 초음파 유속계는 전기적인 신호를 음파의 진동신호로 변환하여 수표면에 전파한 후 반사되는 신호를 분석하여 유속을 구하는 방식이다. 그림 3.17은 초음파의 원리를 나타낸 그림이며, 이러한 원리를 이용하여 식 (3.15)로부터 유속을 계산한다.

$$V = \lambda f_0/(2\cos\theta),\ f_0 = f-f' \tag{3.15}$$

초음파 유속계는 기존 유속계나 부자를 이용한 방법과는 달리, 측정기기 자체에 의한 흐름의 교란이 발생하지 않고 야간에도 측정할 수 있다는 장점이 있다.

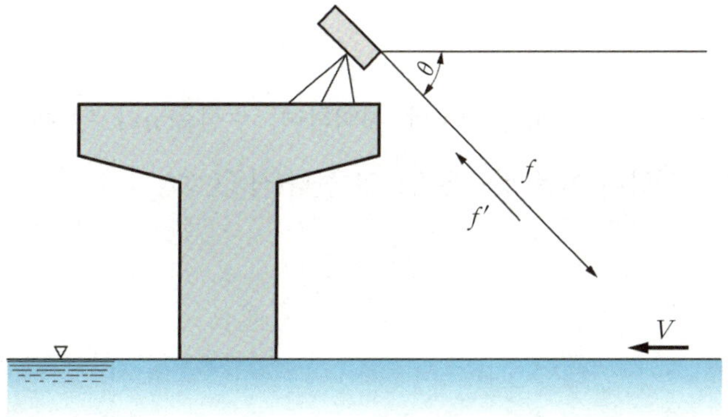

| 그림 3.17 | 초음파 유속계를 이용한 유속 측정

(iv) LSPIV(Large Scale Particle Image Velocimetry)

LSPIV는 영상기술을 이용하여 보다 간편하게 표면유속을 측정하는 방법으로 초음파 유속계보다 방식이 간단하나, 야간에는 측정이 힘든 단점이 있다. 특히 최근의 하천현장에 응용된 사례는 평수시이기는 하지만, 궤적 추적을 위한 입자를 투입하지 않은 상태에서도 하천의 표면유속장을 구할 수 있음을 보여주고 있다. LSPIV는 최종적으로 비디오 카메라와 분석 소프트웨어만 있으면 하천이나 실험실의 유속장 측정이 가능하므로 현재의 고비용을 요구하는 유속 측정 작업을 상당히 경제적으로 만들어 줄 것으로 기대되고 있다.

② 유속 측정으로부터 유량의 산정

유속계를 이용하여 하천의 유속을 측정하고 이로부터 유량을 산정하기 위해서는 유속의 측정과 병행하여 하천단면 측정을 실시하여야 한다. 따라서 하천의 연직면상에서 횡단방향으로 등간격이 되도록 유속측선을 선정하고 각 측선에 대해 수심 및 유속을 측정하여 식 (3.16)과 같이 각 단면에 대한 유량을 합산하여 전체단면에 대한 유량을 계산한다.

$$Q = \sum_{i=1}^{n} A_i \overline{V_i} \tag{3.16}$$

여기서 A_i, $\overline{V_i}$는 각각 단면 i의 흐름단면적 및 평균유속이며, n은 소단면수이다.

유속의 측정은 일반적으로 수심에 따라 1점법, 2점법, 3점법을 사용하며 측정방법 및 평균유속의 산정은 다음과 같다.

(i) 1점법

수심이 50~75cm 또는 50~60cm인 경우에 채택하며, 수심을 h라 할 때 수면으로부터 $0.6h$인 지점의 유속($V_{0.6}$)을 측정하여 이를 평균유속으로 한다(식 (3.17)).

$$\overline{V} = V_{0.6} \tag{3.17}$$

(ii) 2점법

수심이 60cm~1m 또는 75cm~1m인 경우에 채택하며 수면으로부터 $0.2h$와 $0.8h$인 지점의 유속 $V_{0.2}$, $V_{0.8}$을 측정하고 식 (3.18)로부터 평균유속을 계산한다.

$$\overline{V} = \frac{V_{0.2}+V_{0.8}}{2} \tag{3.18}$$

(iii) 3점법

수심이 1m 이상인 경우에 채택하며 수면으로부터 $0.2h$, $0.6h$, $0.8h$인 지점의 유속 $V_{0.2}$, $V_{0.6}$, $V_{0.8}$을 측정하여 식 (3.19)로부터 평균유속을 계산한다.

$$\overline{V} = \frac{V_{0.2}+2\,V_{0.6}+V_{0.8}}{4} \tag{3.19}$$

(2) 봉부자에 의한 유량 측정

부자에 의한 유량 측정은 부자를 투하하여 부자가 소정의 구간을 유하하는데 소요된 시간을 측정하여 그 구간의 평균유속을 구하는 방법이다. 일반적으로 홍수시에는 유속이 대단히 빨라서 유속계를 이용하여 측정할 수 없을 뿐만 아니라 기타의 관측 설비가 없으므로 부자에 의한 유속을 측정한 뒤 통수단면적을 곱하여 유량을 구하는 방법을 이용한다. 봉부자를 이용하여 유량을 측정하기 위해 측정지점을 선정할 때는 특히 부자 유하 구간에 가능한 한 하도 단면형상의 변화가 없는 곳, 적어도 유심이 좌우로 상호 변화하지 않는 곳을 선정하는 것이 좋다.

부자의 유하 구간은 보조 구간과 측정 구간으로 나누어지며, 보조 구간은 부자의 투하 위치로부터 제1측정단면까지이고 측정구간은 제1측정단면과 제2측정단면까지의 구간으로 부자의 유하거리를 측정하는 구간에 해당한다. 부자는 한쪽 하안으로부터 정해진 간격으로 차례로 투하하며, 제1측정단면 통과로부터 제2측정단면까지 부자가 유하하는데 걸리는 시간을 초시계로 측정하여 두 횡단면간의 거리를 유하시간(time of travel)으로 나누어 유속을 계산한다. 측정된 유속과 측선에 따른 각 단면의 단면적으로 유량을 계산한다.

(3) 표면유속계에 의한 유량 측정

기존의 유량 측정방법과는 달리 표면유속계에 의한 방법은 물 표면만의 유속을 측정할 수 있기 때문에 이로부터 대상구간에 대한 유량을 산정하기 위해서는 표면유속계로부터 측정한 표면유속을 수심평균유속 환산계수 f를 이용하여 식 (3.20)과 같이 평균유속으로 환산해주어야 한다.

$$Q = \sum \overline{V_i}\, A_i = \sum (f_y V_i)_y A_i = f \sum V_i \cdot A_i \tag{3.20}$$

수심평균유속 환산계수는 일반적으로 단면적의 형태, 하상의 조도계수, 만곡부 등의 여부에 따라 달라지는데, 일반적으로 0.85~0.95 범위의 값이 사용된다.

(4) 경사단면적법(slope-area method)

경사단면적법은 대규모 홍수가 발생할 경우 홍수량을 간접적으로 측정하는 방법으로써 수면경사와 하천횡단면과의 수리학적 관계를 이용하여 유량을 계산하는 방법이다. 경사단면적법은 수로구간내의 수로경사(S), 평균단면적(A)과 구간길이(L), 그리고 조도계수(n)가 결정되면 식 (3.21)의 Manning 공식에 의해 유량을 계산할 수 있다.

$$Q = A \frac{1}{n} R^{2/3} S^{1/2} = K\sqrt{S} \tag{3.21}$$

상하류단의 통수능을 각각 K_u와 K_d라고 한다면, 이들의 기하평균($K=\sqrt{K_u \cdot K_d}$)으로부터 수로 구간의 통수능(K)의 대표값을 구할 수 있다.

각 지점에서의 유량은 근사값으로, 식 (3.22)와 같이 유속수두를 0으로 가정하여 수로 구간의 수면의 낙차 F를 구간거리 L로 나누어 에너지경사를 식 (3.21)에 입력하여 계산한다.

$$S = \frac{F}{L} \tag{3.22}$$

이 근사값을 유량으로 가정하여 상하류 단면의 속도수두를 식 (3.24)과 같이 계산한 후 식 (3.23)와 같이 에너지경사를 구한다.

$$S = \frac{h_f}{L} = (F + k\Delta h_v)/L \tag{3.23}$$

$$h_v = \alpha_u \frac{V_u^2}{2g} - \alpha_d \frac{V_d^2}{2g} \tag{3.24}$$

여기서 V_u와 V_d는 각각 상류단 및 하류단의 유속이며 k는 계수인데 $V_u < V_d$인 경우(즉, 수로 구간 내에서 폭이 축소하는 경우) $k=1.0$, $V_u > V_d$인 경우(즉, 폭이 확대하는 경우)는 $k=0.5$이다. 결국 이에 대한 유량은 식 (3.21)로 계산되며 유량 Q로부터 V_u와 V_d를 식 (3.23), 식 (3.24)에 대입하여 S를 구한 후 가정값과 비교한다. 이러한 과정을 반복하여 오차가 적정범위 내에 들 때까지 계산을 수행하여 수위에 대한 유량을 계산한다.

예제 3.3

150m 떨어진 두 점 A, B에서 수위 표고는 각각 3.63m와 3.48m이며 수위차는 0.15m이었다고 한다. 각 지점의 단면적 (A)와 K의 값이 아래와 같을 때 경사단면적법으로 유량을 구하여라.

$A_A = 1.028 \times 103\text{m}^2$	$K_A = 1.277 \times 105$
$A_B = 1.021 \times 103\text{m}^2$	$K_B = 1.306 \times 105$

| 풀이 |

평균 $K = \sqrt{1.277} \times 1.306 \times 10^5 = 1.291 \times 10^5$

제1근사값 $S = F/L = 0.15/150 = 0.001$ $Q = K\sqrt{S} = 4.082 \times 10^3$

$$V_A = Q/A_A = 4.082 \times 103/1.028 \times 10^3 = 3.9713 \text{ m/sec}$$

$$V_B = Q/A_B = 4.082 \times 103/1.028 \times 10^3 = 3.9985 \text{ m/sce}$$

$V_A < V_B$이므로 단면이 축소된다고 할 수 있다. 따라서 $k=1.0$으로 하면

$$S = [0.15 + 1.0(3.9712 - 3.99852)/2\text{g}]150 = 0.926 \times 10^{-3} < 0.001$$

제2근사값 $S = 0.926 \times 10^{-3}$ $Q = K\sqrt{S} = 3.928 \times 10^3$

$V_A = 3.822$ $V_B = 3.848$

$V_A < V_B$이므로　　　　　　　　$k = 1.0 \quad S = 0.9316 \times 10^{-3} \neq 0.926 \times 10^{-3}$

⋮　　　　　　　　　　　　　　　⋮

제4근사값 $S = 0.9312 \times 10^{-3}$　　　$Q = K\sqrt{S} = 3.9379 \times 10^{3}$

$V_A = 3.832$　　　　　　　　　　$V_B = 3.859$

$V_A < V_B$이므로 $k = 1.0$

$S = 0.9312 \times 10^{-3}$ 이 값은 제3 근사값과 거의 같으므로 계산은 여기서 종결한다. 식 (3.21)에 의하여 Q를 계산하면, $Q = 3.9397 \times 10^{3}$이 된다.

(5) 기타 방법

유량을 측정하기 위한 기타 방법으로는, 추적물질(tracer)의 농도변화 또는 물의 전도도를 측정하여 유량을 구하는 희석법, 위어를 이용 월류하는 수심을 측정하여 유량을 산정하는 방법 등이 있다.

3.4.5 수위-유량 관계곡선

하천수위와 이에 상응하는 유량을 동시에 측정하여 상당한 기간 동안의 자료를 수집, 수위와 유량 간의 관계를 표시하는 곡선을 수위-유량 관계곡선(rating curve 또는 stage-discharge curve)라 한다. 하천의 유량은 연속적으로 측정할 수 없으므로 연속적으로 측정할 수 있는 수위로부터 이 곡선을 이용하여 연속값으로서의 유량을 산출한다. 수위-유량 관계곡선은 그림 3.18과 같이 일반적으로 가로축에 유량을, 세로축에 수위를 표시하여 나타낸다.

수위-유량곡선은 흐름이 정상류인 경우에는 단순한 곡선을 가지나 그렇지 않은 경우에는 수면의 경사에 따라 수위-유량 관계가 다르게 된다. 그림 3.19(a)는 홍수파에 의하여 수위가 상승상태에 있는 경우와 하강상태의 경우를 나타내 주고 있으며, 이러한 수면의 경사에 따라 같은 수위에서도 각각 다른 유량을 갖는 것을 보여주고 있다. 이는 흐름이 비정상류인 경우의 일반공식으로부터 쉽게 알 수 있다. 비정상류의 일반공식은 식 (3.25)와 같다.

$$\frac{\partial V}{\partial t} + V\frac{\partial V}{\partial x} + g\frac{\partial y}{\partial x} - gS + gS_f = 0 \tag{3.25}$$

여기서, V는 유속, g는 중력가속도, y는 수심, S는 하상경사, S_f는 마찰경사 또는 에너지경사이다.

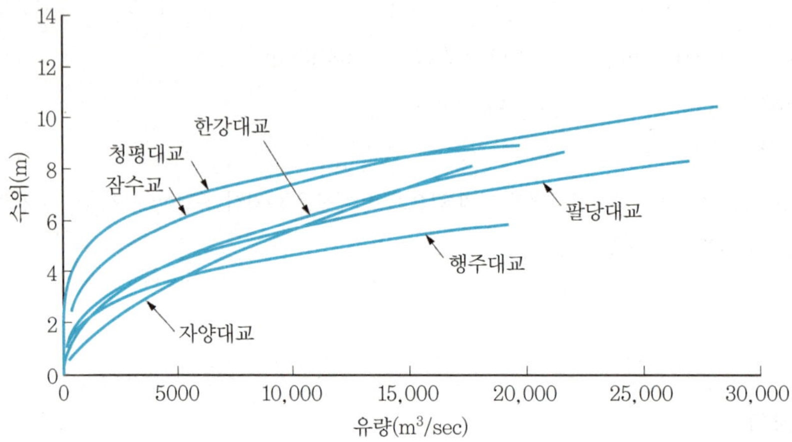

| 그림 3.18 | 서울의 대표적 수위-유량관계곡선

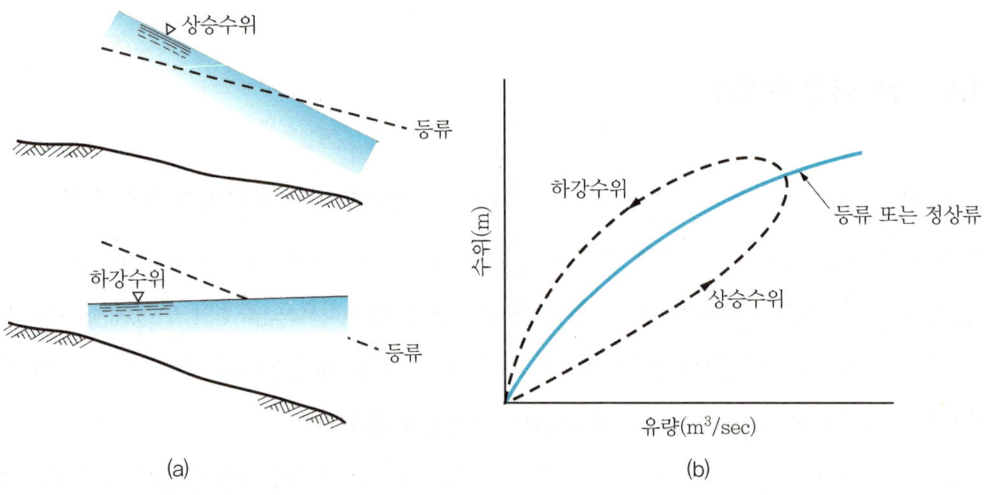

| 그림 3.19 | 수면경사에 따른 수위-유량곡선의 변화

식 (3.21)의 왼쪽 첫번째 2개항은 가속 상태(속도의 시간 및 거리에 따른 변화)를 나타내주는 항으로서 홍수파의 경우에는 이 항들은 다른 항들에 비하여 극히 적으므로 이를 무시하면 식 (3.25)는 다음과 같이 식 (3.26)으로 간단히 표시될 수 있다.

$$\frac{\partial y}{\partial x} - S + S_f = 0 \tag{3.26}$$

식 (3.25)에서 S_f는 Chezy 공식이나 Manning 공식의 S_f와 같으므로 만일 Chezy 공식을 사용하면 식 (3.27)과 같다.

$$S_f = V^2/(C^2R) \tag{3.27}$$

식 (3.27)을 식 (3.26)에 대입하여 다시 정리하면

$$V = C\sqrt{RS\left(1-\frac{1}{S}\frac{\partial y}{\partial x}\right)} \tag{3.28}$$

로 표시할 수 있다. 식 (3.28)의 $\left(1-\frac{1}{S}\frac{\partial y}{\partial x}\right)$항은 비정상류에 대한 수정항이라고 해석할 수 있으며, 이는 수면의 경사 $\left(\frac{\partial y}{\partial x}\right)$의 함수임을 알 수 있다. 같은 수위에서 수면경사에 따른 유량의 변화를 알기 위하여 식 (3.28)을 유량으로 표시하면

$$Q = Q_0\sqrt{1-\frac{1}{S}\frac{\partial y}{\partial x}} \tag{3.29}$$

이다. 여기서 $Q_0=AC\sqrt{RS}$로서 정상류 및 등류에서의 유량이다. 식 (3.29)로부터 알 수 있는 것은 수문곡선에서 상승부분의 수면경사 $\frac{\partial y}{\partial x}<0$이며, 하강 부근에서는 $\frac{\partial y}{\partial x}>0$이므로, 같은 수위일지라도 홍수파의 상승부근에서의 유량은 하강부근에서의 유량보다 크게 되어 그림 3.19(b)와 같은 환(loop)상의 곡선을 형성하게 된다.

(1) 배수 영향이 있는 하천의 수위-유량 관계

하천 하류의 조건에 따라 배수효과가 상류로 전파되므로 이러한 배수 효과의 영향을 받는 지점에서의 수위-유량곡선은 에너지경사를 고려하여 결정할 필요가 있다. 에너지경사는 하천에서는 수면의 경사와 같다고 가정하면 Manning 공식에 의하여 한 관측점에서 같은 수위일 때 유량의 비는 식 (3.30)과 같이 나타낼 수 있다.

$$\frac{Q}{Q_0} = \left(\frac{S}{S_0}\right)^{1/2} = \left(\frac{F}{F_0}\right)^m \tag{3.30}$$

여기서 F는 기준 관측점과 보조 관측점간에 수위표고의 차이이다. 수위 하강 높이 F_0를 일정하게 하기 위하여 보통 1.0(m) 또는 1(ft)로 하며, 이때의 유량을 Q_0로 한 후 기준 관측점과 보조 관측점의 수위와 유량을 측정하여 그 자료를 F/F_0와 같이 표시하면 식 (3.30)에 의하여 Q를 구할 수 있다. m은 F/F_0와 Q/Q_0를 대수지상에 도시하였을 때의 경사이다.

예제 3.4

배수 효과의 영향을 받는 관측점의 수위-유량 관계를 구하여라. 다음 자료는 기준 관측점과 1500m 떨어진 보조 관측점의 자료이다. 또한 기준 관측점과 보조 관측점의 수위가 각각 25.00 및 24.00일 때 유량은 얼마이겠는가?

기준 관측점 수위(m)	유량 (m^3/s)	보조 관측점 수위(m)	기준 관측점 수위(m)	유량 (m^3/s)	보조 관측점 수위(m)
14.02	2,400	13.00	26.40	55,000	25.70
23.80	29,600	23.25	22.20	74,200	21.00
17.70	21,200	16.60	16.20	9,550	15.30
24.60	85,500	23.55	21.20	43,500	20.13
20.40	28,200	19.55	25.60	84,000	24.60
17.00	7,400	16.40	23.20	93,500	21.95
18.65	34,000	17.50			

| 풀이 |

ⓐ 기준 관측점 수위(m)	ⓑ 보조 관측점 수위(m)	ⓒ 수위차 (m)	ⓓ 유량 Q (m^3/s)	ⓔ Q_0 (m^3/s)	ⓕ Q/Q_0
14.02	13.00	1.02	2,400	3,600	0.66
23.80	23.25	0.55	29,600	68,600	0.43
17.70	16.60	1.10	21,200	19,500	1.16
24.60	23.55	1.05	85,500	75,500	1.13
20.40	19.55	0.85	28,200	39,700	0.71
17.00	16.40	0.60	7,400	15,400	0.48
18.65	17.50	1.15	34,000	26,000	1.31
26.40	25.70	0.70	55,000	90,500	0.61
22.20	21.00	1.20	74,200	55,000	1.35
16.20	15.30	0.90	9,550	11,600	0.82
21.20	20.13	0.97	43,500	45,500	0.96
25.60	24.60	1.00	84,000	84,000	1.00
23.20	21.95	1.25	93,500	63,600	1.47

F_0=1m로 하였을 경우, ⓒ열의 수위차는 직접 F/F_0의 값이라고 할 수 있으며, 이 값을 아래 그림에 표시하였다. 또한 F/F_0와 Q/Q_0의 값을 같은 그림에 표시하였다. 기준 관측점의 수위가 25.00m이고 보조 관측점의 수위가 24.20m일 경우 F=25.0−24.20=0.8이므로 F_0=1이라고 가정하면 그림으로부터 Q/Q_0=0.69임을 알 수 있다. 따라서 기준 관측점의 수위가 25.0일 경우, 그림으로부터 Q_0=79,500m^3/s이므로 유량 Q는

$$Q = 0.69 \times 79{,}500 = 54{,}855 \text{ m}^3/\text{s}$$

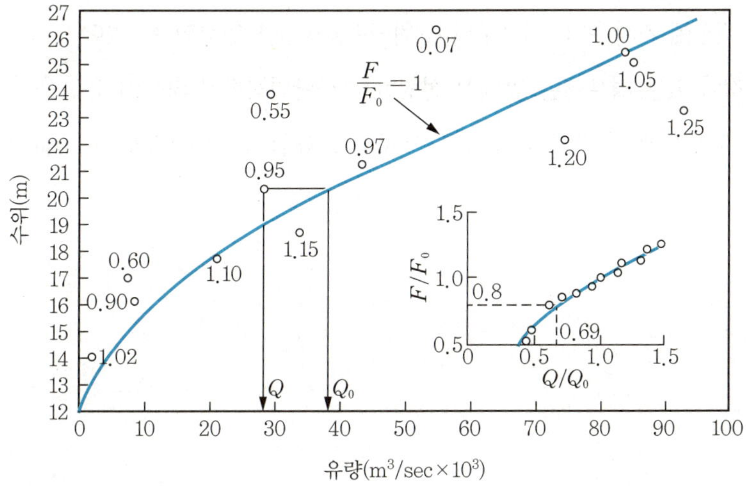

그림 (1) 배수 효과의 영향을 받는 경우의 수위유량곡선

(2) 수위-유량곡선의 연장

유량 측정이 되어 있지 않은 범위에서의 수위-유량곡선을 사용하기 위해서는 기존의 수위-유량곡선을 연장할 필요가 생긴다. 가장 좋은 방법은 수위-유량곡선이 다음과 같은 식 (3.31)로 대표할 수 있다고 가정하는 것이다. 즉

$$Q = a(h-z)^b \tag{3.31}$$

식 (3.31)을 대수지에 도시하여 a와 b를 구할 수 있으며, h는 수위의 표고, z는 계기의 영점표고이다. 수위-유량곡선의 연장 방법으로서 Chezy 공식을 사용하기도 한다. Chezy 공식은 식 (3.32)와 같다.

$$Q = AC\sqrt{RC} \tag{3.32}$$

여기서 A는 단면적, C는 조도계수, R은 수리반지름, S는 에너지선의 경사이다. 만일 한 지점에서 $C\sqrt{S}$가 일정하다고 가정할 수 있다면 식 (3.32)는 식 (3.33)으로 표시할 수 있다.

$$Q = kA\sqrt{D} \tag{3.33}$$

여기서 D는 평균수심으로 수리반지름 R 대신에 사용했으며 k는 상수이다. 식 (3.33)의 Q와 $A\sqrt{D}$를 도시하면 직선에 가까우며, 이로부터 수위-유량곡선을 연장할 수 있다.

홍수의 흔적이 있는 경우에는 앞에서 설명한 경사단면적법에 의하여 유량을 추정할 수가 있다. 이 방법은 조도계수에 따라 유량에 많은 오차를 초래할 위험이 있으므로 n값 선정에 많은 주위를 요한다.

참고문헌

건설교통부 (1999) 「수문조사연보」.

건설교통부 (2000) 「유량연보」.

건설교통부 (2001) 「수문 관측 효율성 제고 방안 연구 보고서」.

국가수자원조사기술원 (2018) 「증발산량조사매뉴얼(Ver1.1)」.

한국건설기술연구원 (1992) 「유량 측정방법의 적용에 관한 연구」.

American Society of Civil Engineers (ASCE) (1996), *Hydrology Handbook*.

Haise HR, Donnan WW, Phelan JT, Lawhon LF, and Shockley DG (1956) *The use of cylinder infiltrometers to determine the intake characteristics of irrigated soils*, ARS 41-7, United States Department of Agriculture (USDA).

Malano HM (1982) "Comparison of the infiltration processes under continuous and surge flow," MS Thesis, Utah State University.

Walker WR and Skogerboe V (1987) *Surface irrigation. Theory and practice*, Prentice-Hall.

장영실(蔣英實)

조선 전기 과학자. 기생의 아들로 동래현의 관노로 있을 때 재능이 뛰어나 세종의 명으로 중국에 파견되어 공부하였다. 귀국하자 천민에서 벗어나게 되고, 1423년(세종 5년) 상의원별좌 벼슬에 임명되어 궁중기술자로 활동하였다.

1424년 물시계를 완성하여 정5품의 행사직으로 승진하였고, 1432년 천문관측의기(天文觀測儀器) 제작 계획에 착수하여 먼저 간의(簡儀), 혼천의(渾天儀)를 완성하고, 1437년 대간의, 소간의 및 휴대용 해시계인 현주일구(懸珠日晷), 천평일구(天平日晷), 정남일구(定南日晷), 앙부일구(仰釜日晷), 일성정시의(日星定時儀), 규표(圭表) 등을 만들었다. 1434년 새로운 형태의 물시계인 자격루(自擊漏)를 완성하여, 그 공로로 대호군에까지 승진하였다. 자격루의 원리는 다음과 같다. 수통에는 1시에서 12시까지를 표시하는 12개의 틀이 있는데, 각각의 틀 속에는 자그마한 쇠구슬이 들어갈 만한 구멍이 일정한 넓이로 뚫려 있다. 규칙적으로 낙하하는 물이 수수통에 차오르면 부전은 상승하고, 부전 끝에 매달린 화살촉이 수수통 옆틀에 닿으면서 쇠구슬을 친다. 그러면 쇠구슬이 구멍 속 길을 따라 종착점인 구리통으로 굴러 떨어지고 수저 모양의 막대를 눌러 종을 울리는 것이다.

장영실은 1438년 다시 천상시계와 자동 물시계 옥루(玉漏)를 만들었다. 1441년에서 1442년에 걸쳐 수표를 제작하였다. 이것은 서울 청계천과 한강에 설치한 하천 수위 측정계였다. 세종대왕 대의 첫 수표는 나무 기둥에 자, 치, 푼의 길이를 표시하고 돌기둥 사이에 묶어 하천에 세운 반목재였으나 그 후 석재로 개량하였다.

또한 이천 등과 함께 금속활자의 주조사업에도 심혈을 기울여 조선시대의 활판기술을 대표하는 갑인자와 그 인쇄기를 완성하였다. 1442년 그의 감독으로 제작된 왕의 가마가 부서져 투옥되고 장형을 받은 뒤 파면당했다.

현재에는 조선 세종 때 측우기, 자격루, 우량계 등 수많은 발명품을 남긴 장영실의 업적을 기리기 위해 과학기술의 독창성, 기술적 중요성이 인정되는 제품에 주어지는 상인 IR52장영실상이 수상되고 있다.

제4장 지하수(Groundwater)

미리 생각하기 4

'미리 생각하기' 질문은 이 책의 각 장을 읽기 전 배경 지식 없이 창의적으로 고민해 보자는 의도에서 기획되었습니다. 각 질문마다 최소 10분 이상 아무런 자료 없이 스스로 생각해 본 후, 인터넷 검색 등으로 관련 자료를 찾아 보완해 봅시다. 대부분 고정된 정답이 없으므로 완결성보다는 자기주도형 창의적 답변이 중요합니다.

4.1~4.2 Darcy 공식

〈예습 프로젝트 I〉로 대신합니다.

4.3 지하수 흐름의 기본 방정식

아래의 각 질문을 개인별로 준비해주기 바랍니다.

- steady vs. unsteady(or transient) flows
- uniform vs. non-uniform flows

4.4 지하수 양수에 의한 흐름

지하수를 저장하고 있는 공간을 '대수층(aquifer)'이라고 합니다. 기계로 지하수를 양수(pumping)하여 수자원으로 활용하려고 할 때, 어떤 특성을 가진 대수층이 가장 좋을까요? 또한 양수 전후에 지하수위는 어떻게 변하게 되는지 대략적으로 그려보고, 대수층에서는 어떤 지하수 흐름과 현상들이 일어날 수 있는지 다양하게 생각해 봅시다.

4.5~4.6 비포화 흐름

아래 질문을 개인별로 준비해주기 바랍니다.

- 흙 속의 공극이 물로 포화되지 않았을 경우 흙의 알갱이, 물, 그리고 공기가 어떠한 형태로 있게 되는지 그림으로 그려봅시다.
- 상수도와 하수도에서의 물 흐름에 있어 대표적 차이점을 5가지 이상 적어봅시다. 이와는 별도로, 흙 속의 공극이 물로 포화된 경우와 그렇지 않은 경우 흐름의 차이점도 생각해 봅시다. 전자(즉, 상수도와 하수도)의 차이점과 후자(즉, 공극 포화와 비포화)의 차이점에서 공통된 부분이 있는지요?

제4장

지하수

강우(降雨)는 지상에 도달하면서부터 흙의 흡수 능력에 따라 흙 표면을 통하여 침투되고 나머지는 지표에서 유출(流出)된다. 침투된 물은 흙의 공극(空隙)을 포화시키고 중력이나 모세관(毛細管) 현상에 의한 힘으로 인하여 이동하고, 종국에는 지표면으로 나오기도 하며, 혹은 지하수를 보충하기도 한다.

흙 표면을 통하여 물이 땅으로 들어가는 현상을 침투(浸透, infiltration)라 하며, 흙내에서 물의 연직 이동으로 인하여 지하수(groundwater)로 보충되는 현상을 침루(侵漏, percolation)라고 한다. 지표 밑에서 일어나는 물의 이런 현상들을 통칭하여 지표하 흐름(subsurface flow)이라고 부른다.

침투 및 침루 현상은 물의 순환 과정, 특히 강우와 유출이 원활하게 지속되는데 매우 중요한 요소이지만 매우 큰 불확실성을 내포하고 있어 해석이 어려운 분야이기도 하다. 일반적으로 유역은 각각 성질이 다른 흙으로 덮여 있는 비균질(heterogeneity) 특성을 가지고 있으며, 흙의 함수량은 이미 발생된 강우 등에 따라 변화하고 있기 때문이다.

침투 현상 및 지표하 흐름이 수문학에서 차지하는 비중이 커짐에 따라 이들의 연구 분야를 지하수문학(地下水文學, subsurface hydrology)으로 별도로 구분하고 있다. 지하수문학은 또다시 주로 침투 현상을 다루는 비포화 흐름(unsaturated flow)과 지하수만을 다루는 포화 흐름(saturated flow)으로 구분된다. 비포화 흐름이란 흙의 공극의 일부만을 차지하는 상태에서 물의 흐름을 말한다. 포화 흐름과 비포화 흐름(unsaturated flow)의 차이를 이해하는데 가장 큰 특징은 포화 흐름에서 물을 움직이는 힘으로 중력(重力)이 가장 큰 역할을 하나 비포화 흐름 중에서는 중력뿐만이 아니라 모세관(毛細管) 현상에 의한 힘(capillary force)도 매우 큰 역할을 한다는 것이다.

물의 순환 과정 중에서 지하수는 중요한 역할을 하고 있다. 강우에 의한 직접유출(直接流出, direct runoff) 이외의 기저유출(基底流出, base flow)은 지하수에 의하여 보충되며, 반면 지하수위가 하천수위보다 낮을 경우 지하수는 거꾸로 하천에 의하여 보충을 받는 상호 보완작용을 하고 있다. 이러한 지하수의 중요한 역할로 인하여 지하수는 수문학 분야 이외에도 환경공학, 지질학, 석유공학, 농공학, 지반공학 등 많은 분야에서 연구되고 있으며, 특히 지표수와의 연계성 등은 전통적으로 많은 학자들의 연구 대상이 되어 왔다. 본 장의 전반부에서는 포화 흐름인 지하수의 움직임에 대하여 기술하기로 하며 비포화 흐름인 침투 현상과 흙내에서의 물이 움직이는 원리에 대해서는 본 장의 후반부에서 다루기로 한다. 또한 침투량은 지표 수자원의 측면에서는 유출량의 손실에 해당되기 때문에, 다양한 침투량 산정 공식은 제5장 유출편에서 서술한다.

4.1 기본 개념

4.1.1 흙의 구성성분 및 관련 물리량의 정의

흙은 고체, 액체, 기체의 세 가지 상태를 공유하고 있다. 고체 상태인 토립자(土粒子)는 그림 4.1에서와 같이 겹쌓여서 거의 안정된 골격 구조로 되어 있지만, 공극을 채우는 액체(주로 물)와 기체(주로 공기)는 토립자 사이를 오가며 그 구성비는 시간에 따라 변동하는 경우가 많다. 이들 세 가지의 질량과 부피에 관련된 물리량을 나열하면 다음과 같다.

(1) 입자의 밀도(density of solid, ρ_s)

$$\rho_s = \frac{M_s}{V_s} \tag{4.1}$$

여기서, M_s는 입자의 질량, V_s는 입자의 부피이다.

(2) 건조밀도(dry bulk density, ρ_d)

$$\rho_d = \frac{M_s}{V_T} = \frac{M_s}{V_s+V_a+V_w} \tag{4.2}$$

여기서, V_a와 V_w는 각각 공기와 물의 부피이고, $V_T=V_s+V_a+V_w$이다.

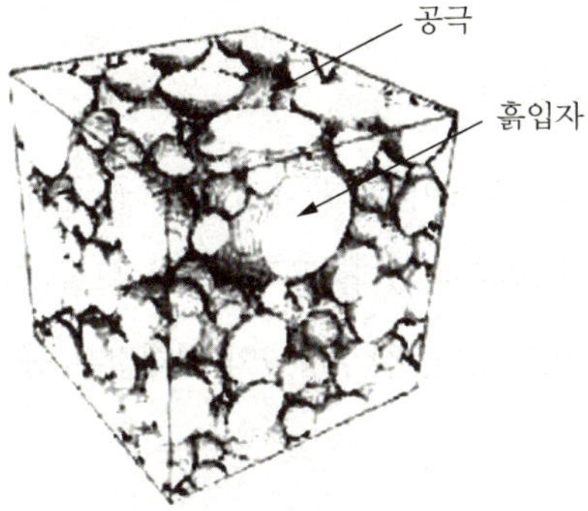

| 그림 4.1 | 흙의 입자와 공극

(3) 습윤밀도(wet or total bulk density, ρ_w)

$$\rho_w = \frac{M_T}{V_T} = \frac{M_s+M_w}{V_s+V_a+V_w} \tag{4.3}$$

여기서, M_s는 흙의 질량, M_w는 흙 속의 물의 질량이며, $M_T=M_s+M_w$이다.

(4) 공극률(porosity, n)

$$n = \frac{V_f}{V_T} = \frac{V_a+V_w}{V_s+V_a+V_w} \tag{4..4}$$

(5) 공극비(void ratio, e)

$$e = \frac{V_f}{V_s} = \frac{V_f}{V_T-V_f} \tag{4.5}$$

여기서, V_f는 공극의 체적이다.

(6) 포화도(saturation, s)

$$s = \frac{V_w}{V_f} = \frac{V_w}{V_a+V_w} \tag{4.6}$$

(7) 함수량(water content or moisture content, θ)

$$\theta = \frac{V_w}{V_T} = \frac{V_w}{V_s + V_a + V_w} \tag{4.7}$$

토립자의 밀도(ρ_s)는 $2.65 \mathrm{g/cm^3}$ 정도이다. 공극률 n은 공극의 체적을 상대적으로 나타내주는 지표이며 일반적으로 0.3~0.6의 범위에 있다. 공극비 e는 토질역학에서 많이 이용되고 있으며 공극률 n은 수문학에서 많이 쓰이고 있다. 함수량 θ의 최대값은 공극률 n이다. θ, s 및 n 사이에는 다음과 같은 관계가 있다.

$$\theta = sn$$

예제 4.1

다음과 같은 흙 시료 측정치를 이용하여 토립자의 밀도와, 흙의 공극률을 구하여라(단, 물의 밀도는 $1 \mathrm{g/cm^3}$으로 가정한다).

시료의 건조질량: 126.3g	시료의 포화질량: 153.7g
시료의 (겉보기) 부피: $75.0 \mathrm{cm^3}$	

| 풀이 |

공극을 채운 물의 질량 $= 153.7 \mathrm{~g} - 126.3 \mathrm{~g} = 27.4 \mathrm{~g}$

물의 부피 $= \dfrac{27.4 \mathrm{~g}}{1 \mathrm{~g/cm^3}} = 27.4 \mathrm{~cm^3}$

토립자의 부피 $= 75.0 \mathrm{~cm^3} - 27.4 \mathrm{~cm^3} = 47.6 \mathrm{~cm^3}$

토립자의 밀도 $= \dfrac{123.6 \mathrm{~g}}{47.6 \mathrm{~cm^3}} = 2.60 \mathrm{~g/cm^3}$

흙의 공극률 $= \dfrac{27.4 \mathrm{~cm^3}}{75.0 \mathrm{~cm^3}} = 0.365(=36.5\%)$

4.1.2 대수층의 정의 및 분류

(1) 지하수(groundwater)

지하의 투수성(透水性)이 높은 지층에 포함된 사용 가능한 물을 칭한다. 일반적으로 지표하 흐름을 모두 지하수라고 부르지만, 과학적으로는 지표하 흐름 중 공극이 포화된 상태의 흐름만을 지하수라고 정의한다.

(2) 지하수층 또는 대수층(aquifer)

지하수를 포함하고 있는 투수성이 높은 지층을 말한다. 투수성이 낮은 진흙층, 화강암층 등은 물을 포함하고 있어도 수로의 역할을 하지 못하므로, 이를 지하수층으로 말하지 않는다.

(3) 자유수면(free water surface)을 가진 지하수층 또는 비피압대수층(unconfined aquifer)

지하수층의 수면이 대기압과 접하여 있는 지하수층을 말한다. 이 지하수층에서 피조미터(piezometer)의 수위는 수면의 수위와 동일하다(그림 4.2 참조). 지하수층의 두께는 수위의 변화에 따라 달라진다.

(4) 압력을 받는 지하수층 또는 피압대수층(confined aquifer)

지하수층의 상하 경계가 불투수층으로 되어 있어 지하수층의 표고(標高)에 따라 압력을 받고 있는 지하수층을 말한다. 그림 4.2에서 지하수층은 h만큼의 수두(水頭)를 갖고 있어 피조미터의 수위는 지표와 동일하게 된다. 일명 pressure aquifer 또는 artesian aquifer라 하며, 자유수면을 갖는 지하수층과는 달리 수두는 피조미터의 높이가 된다.

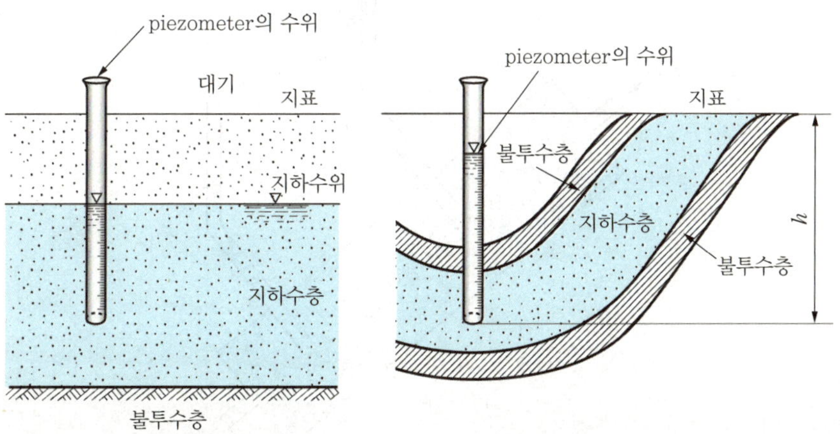

(a) 자유수면을 가진 지하수층 (b) 압력을 받는 지하수층

| 그림 4.2 | 지하수층의 형태

4.2 Darcy 법칙

4.2.1 Darcy의 실험

1865년 프랑스의 Henry Darcy는 흙내에서의 물의 움직임을 규명하기 위하여 그림 4.3와 같은 실험을 실시하였다. 즉, 투명한 튜브에 모래를 채운 뒤 일정량의 물을 연속적으로 주입한 후 튜브의 출구에서도 동일한 양의 물이 나올 때가지 기다렸는데, 이때 시간 t 동안 단면적 A를 통하여 흐른 물의 체적 Q와 수두 h_1과 h_2를 측정한 결과 다음과 같은 관계식이 있음을 발견하였다.

$$Q = KA(h_1 - h_2) \times t/l$$

또는

$$q = \frac{Q}{A \times t} = K \times \frac{h_1 - h_2}{l} = Ki \tag{4.8}$$

여기서, q=유속, K=투수계수(透水係數, permeability coefficient), i=수두경사, l=이동거리, A=시료의 단면적, t=시간이다.

식 (4.8)을 Darcy 공식이라 하며 유속 q는 모래의 단면적 A(즉 물이 통과하는 면적뿐만 아니라

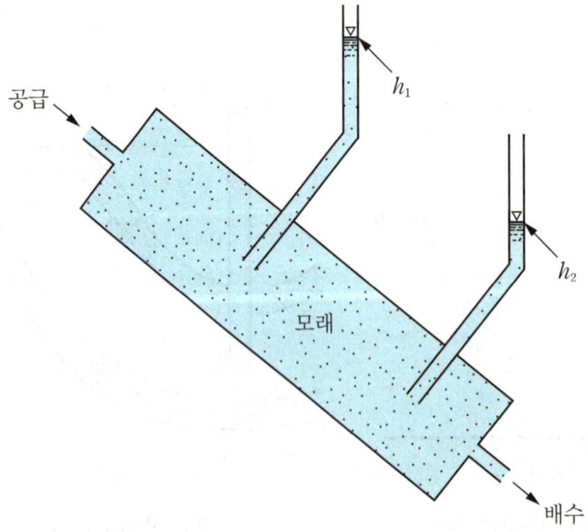

| 그림 4.3 | Darcy의 실험

흙의 입자가 차지하고 있는 단면적을 포함)를 통하는 유속으로 속도의 단위를 가지고 있으나 일반 유체역학이나 수리학의 유속 개념과는 다르다는 점에 유의해야한다. 일반적으로 유속은 유량을 흐름 단면적으로 나눈 것으로 정의되나 식 (4.8)의 유속은 흐름 단면적뿐만 아니라 흙의 입자가 차지하고 있는 단면적을 포함하고 있기 때문에 일반 유속의 개념과는 다르며, 이를 구분하기 위하여 식 (4.8)으로 정의되는 유속을 Darcy 유속이라고 한다. 침투 또는 지하수 흐름에서의 유속은 Darcy 유속을 의미하므로, 이를 일반 개념의 유속으로 환산하기 위해서는 Darcy 유속을 흙의 공극률 n으로 나누어 주어야 한다.

식 (4.8)에 의하면 유속은 수두경사에 비례하며, 또한 물이 통과하는 물질의 특성(즉, 투수계수)에 비례함을 알 수 있다. 물은 수두경사가 감소하는 방향으로 흐르기 때문에 식 (4.8)을 벡터(vector)로 표시하면 다음과 같다.

$$q = -K \nabla h \tag{4.9}$$ [*1]

여기서 h는 수두(hydraulic head)이며 비포화 흐름에서는 포텐셜(potential)이라고도 한다. 1차원의 흐름인 경우 식 (4.9)는

$$q = -K \frac{dh}{dx} \tag{4.10}$$

로 표시될 수 있다.

Darcy 공식은 물리학에서 쓰이는 공식과 많은 상사성을 가지고 있다. 전기에서 Ohm의 법칙(전류는 전기 potential 경사에 비례), Fourier법칙(열전도는 온도경사에 비례), Ficks법칙(확산은 농도경사에 비례) 등은 모두 식 (4.9)의 형태와 비슷함을 알 수 있다.

예제 4.2

그림 4.3에서 실린더의 단면적은 25cm^2, 길이를 60cm라고 할 때, 실린더의 출구에서 12분 동안 채취한 물의 체적이 100cm^{3}이었으며 두 단면간의 수두차는 30cm로 측정되었다. 이 경우 투수계수는 얼마인가?

*1 $\nabla = \frac{\partial}{\partial x} i + \frac{\partial}{\partial y} j + \frac{\partial}{\partial z} k$

| 풀이 |

식 (4.8)에서

$$K = \frac{Q}{A \cdot t \cdot i} = \frac{100 \text{ cm}^3}{25 \text{ cm}^2 \cdot (12 \times 60)\text{sec} \cdot (30 \text{ cm}/60 \text{ cm})} = 0.011 \text{ cm/sec}$$

4.2.2 투수계수

식 (4.8) 또는 식 (4.9)에서의 투수계수(hydraulic conductivity 또는 permeability) K는 물이 통과하는 전도 능력을 나타내주는 계수이다. 투수계수는 흐르는 유체 및 매개물질의 성질에 영향을 받는 것으로 알려져 있으며 그 단위는 유속의 단위와 같다.

포화 상태에서의 흐름은 작은 관을 통한 흐름과 비슷한데 Hagen-Poiseulli는 작은 관에서의 층류(層流)로 지하수 흐름을 해석하여 식 (4.8)과 비슷한 공식을 유도하였다. 즉 유체의 밀도를 ρ, 중력 가속도를 g, 점성을 μ라고 할 때 작은 관을 통하는 유체의 속도는

$$Q = \frac{\rho g d^2}{32\,\mu}\left(\frac{h_1 - h_2}{l}\right) \tag{4.11}$$

이다. 여기서 d는 관(즉, 공극)의 지름이지만 입자의 평균지름 등으로 대신하여 대표값으로 사용한다. 이 공식과 식 (4.8)을 비교한다면 투수계수 K는

$$K = \frac{d^2}{32}\frac{\rho g}{\mu} \tag{4.12}$$

이며, 여기서 $\frac{d^2}{32}$은 매개물질의 특성이고, $\frac{\rho g}{\mu}$는 유체의 특성이다. 따라서 식 (4.12)를

$$K = k\frac{\rho g}{\mu} \tag{4.13}$$

로 표시할 수 있으며, 여기서 k는 고유투수계수(intrinsic permeability)로서 $[L^2]$의 차원이고 매개물질의 특성에만 의존한다. 즉, 식 (4.12)나 식 (4.13)에서 알 수 있는 바와 같이 투수계수 K는 유체의 성질뿐만 아니라 매개체의 성질에 영향을 받음을 알 수 있다.

k의 단위는 보통 cm^2 혹은 darcy인데, k를 다시 표현하면 수평 흐름의 Darcy공식으로부터

$$k = \frac{\mu(Q/A)}{dp/dl} \tag{4.14}$$

이므로

$$1 \text{ darcy} = \frac{1 \text{ centipoise} \times (\text{cm}^3/\text{sec})/\text{cm}^2}{1 \text{ atmosphere/cm}}$$

로 정의할 수 있다. 여기서

$$1 \text{ centipoise} = 0.01 \text{ poise} = 0.01 \text{ dyne} \cdot \text{sec/cm}^2$$

$$1 \text{ atmosphere} = 1.0132 \times 10^6 \text{ dyne/cm}^2$$

이므로

$$1 \text{ darcy} = 0.987 \times 10^{-8} \text{ cm}^2$$

이다.

즉, darcy 단위는 투수계수 K의 단위가 아니고 고유투수계수 k의 단위임에 주의하여야 한다. k가 darcy로 표시되면 이로부터 유체의 성질 $\left(\frac{\rho g}{\mu}\right)$을 곱하여 투수계수를 구할 수 있다. 표 4.1과 표 4.2는 각각 k와 K 값을 제시하고 있다.

표 4.1 지하수층의 k 값

지질분류	k(darcy)
석회석(공극률 2%)	1.0×10^{-4}
석회석(공극률 16%)	1.4×10^{-1}
수성암(공극률 12% Silt)	2.6×10^{-3}
수성암(공극률 12% Coarse)	1.1
수성암(공극률 29%)	2.4
가는 모래	9.9
중간 모래	2.6×10^{2}
거친 모래	3.1×10^{3}
진흙	$10^{-3} \sim 10^{-5}$

표 4.2 투수계수 K

<table>
<tr><th>투수계수 K(cm/sec)</th><th>10^{2}</th><th>10^{1}</th><th>10^{0}</th><th>10^{-1}</th><th>10^{-2}</th><th>10^{-3}</th><th>10^{-4}</th><th>10^{-5}</th><th>10^{-6}</th><th>10^{-7}</th><th>10^{-8}</th><th>10^{-9}</th><th>10^{-10}</th></tr>
<tr><td>투수성</td><td colspan="4">투수</td><td colspan="4">반투수</td><td colspan="5">불투수</td></tr>
<tr><td>대수층</td><td colspan="5">좋음</td><td colspan="4">나쁨</td><td colspan="4"></td></tr>
<tr><td rowspan="2">흙</td><td colspan="2">자갈</td><td colspan="3">모래 또는 모래와 자갈</td><td colspan="4"></td><td colspan="4"></td></tr>
<tr><td colspan="4"></td><td>Peat</td><td colspan="4">진흙</td><td colspan="4">비풍화 진흙</td></tr>
<tr><td>암</td><td colspan="4"></td><td colspan="2">Oil Rock</td><td colspan="3">수성암</td><td colspan="2">석회암</td><td colspan="2">화강암</td></tr>
</table>

4.2.3 Darcy 공식의 적용 범위

Darcy 공식이 흙에서 유체 흐름의 모든 경우에 다 적용시킬 수 없다는 것은 일반적으로 알려진 사실이다. 실험에 의하면 유속이 어느 정도 커지기 시작하면 유속이 수두에 선형으로 비례하지 않고 비선형으로 변한다는 것을 알 수 있다. 유속이 수두경사에 선형으로 비례하는 범위는 흐름의 상태가 층류(層流, laminar flow)일 경우에 한하며, 유속이 크게 되어 관성력이 중요한 역할을 하는 경우에는 유속은 수두경사에 비선형으로 변한다. 따라서 Darcy 공식은 흐름의 상태가 층류인 경우에만 적용할 수 있다.

흐름 상태를 판단하기 위한 방법으로서 다음과 같은 레이놀즈수(Reynolds number) R을 사용한다.

$$R = \frac{Vd\rho}{\mu} \tag{4.15}$$

여기서 V는 유속, d는 공극의 지름 또는 흙 입자의 평균 지름, ρ 및 μ는 각각 유체의 밀도 및 점성계수이다. 보통 $R<1\sim10$인 경우에 Darcy 공식은 유효하며 R이 이보다 커지는 경우에는 공극 내에서는 난류(亂流, turbulent flow)가 발생하며 난류에 의한 에너지 손실을 초래하므로 유속은 수두경사와 선형으로 비례하지 않게 된다.

4.3 지하수 흐름의 기본 방정식

지하수 흐름의 방정식을 유도하기 위하여 그림 4.4와 같은 미소 직육면체를 가상해 보자. 먼저 유체의 유입량을 각 방향별로 나열하면 다음과 같다.

x 방향(단면 $dy\,dz$) 유입 질량의 순증(純增)

$$\rho q_x dy\,dz - \left(\rho q_x + \frac{\partial \rho q_x}{\partial x} dx\right) dy\,dz \tag{4.16}$$

y 방향(단면 $dy \cdot dz$) 유입 질량의 순증

$$\rho q_y dx\,dz - \left(\rho q_y + \frac{\partial \rho q_y}{\partial y} dy\right) dx\,dz \tag{4.17}$$

z 방향(단면 $dx \cdot dy$) 유입 질량의 순증

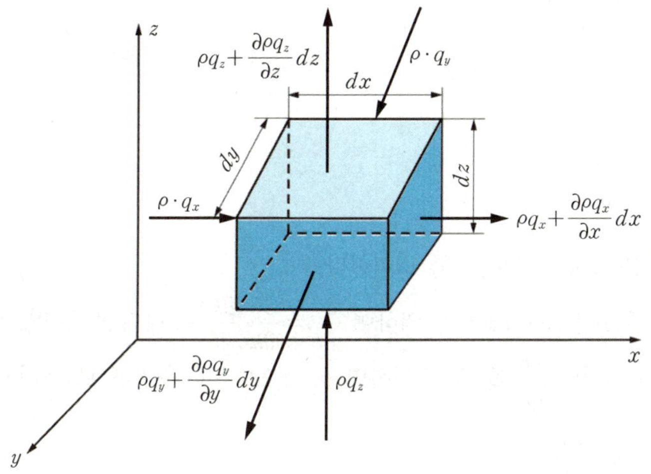

| 그림 4.4 | 연속방정식의 유도

$$\rho q_z dx\, dy-\left(\rho q_z+\frac{\partial \rho q_z}{\partial z}dz\right)dx\, dy \tag{4.18}$$

그리고 직육면체 $dx\, dy\, dz$에서 저류량의 시간에 따른 변화량은

$$\frac{\partial}{\partial t}(\rho\theta)dx\, dy\, dz \tag{4.19}$$

이다. 이제 주어진 미소 직육면체에 질량보존법칙을 적용하면, 각 방향에서의 유입량과 유출량의 차이는 직육면체 내 저류량의 변화율과 같으므로, 이를 다음과 같이 표시할 수 있다.

$$\frac{\partial}{\partial x}(\rho q_x)+\frac{\partial}{\partial y}(\rho q_y)+\frac{\partial}{\partial z}(\rho q_z)=-\frac{\partial}{\partial t}(\rho\theta) \tag{4.20}$$

여기서 θ는 전술한 바와 같이 함수량을 의미하며 포화 흐름의 경우 θ는 공극률 n으로 대치할 수 있다.

식 (4.20)에서 유체를 비압축성으로 가정하면 ρ는 방향에 상관없이 일정하며 Darcy 공식 식 (4.10)을 적용하면 $q_x=K_x\frac{\partial h}{\partial x}$, $q_y=K_y\frac{\partial h}{\partial y}$, $q_z=K_z\frac{\partial h}{\partial z}$이므로 식 (4.20)은

$$\frac{\partial}{\partial x}\left(K_x\frac{\partial h}{\partial x}\right)+\frac{\partial}{\partial y}\left(K_y\frac{\partial h}{\partial y}\right)+\frac{\partial}{\partial z}\left(K_z\frac{\partial h}{\partial z}\right)=\frac{\partial\theta}{\partial t} \tag{4.21}$$

가 된다. 만약 식 (4.21)에서 투수계수가 균질하고 등방성($K_x=K_y=K_z=K$)임을 정하면,

$$K\left(\frac{\partial^2 h}{\partial x^2}+\frac{\partial^2 h}{\partial y^2}+\frac{\partial^2 h}{\partial z^2}\right)=\frac{\partial\theta}{\partial t}$$

또는

$$K\nabla^2 h=\frac{\partial\theta}{\partial t} \tag{4.22}$$

이 된다. 여기서 ∇^2은 Laplace 연산자를 의미한다.

한편 식 (4.22)의 우변은 chain rule에 의하여 $\frac{\partial\theta}{\partial t}=\frac{\partial\theta}{\partial h}\frac{\partial h}{\partial t}$로 나타낼 수 있으며, 여기서 수두 변화에 대한 저류량의 변화인 $\frac{\partial\theta}{\partial h}$을 S_S 표시하면 식 (4.22)는 다음 식으로 표시된다.

$$K\nabla^2 h=S_s\frac{\partial h}{\partial t} \tag{4.23}$$

식 (4.23)에서 S_s는 비저류계수(specific storage)라고 불리는 매개변수이다. 압력 또는 수두가 시간에 따라서 변하지 않는 정상흐름에서 식 (4.23)은

$$\frac{\partial^2 h}{\partial x^2}+\frac{\partial^2 h}{\partial y^2}+\frac{\partial^2 h}{\partial z^2}=0 \tag{4.24 a}$$

또는

$$\nabla^2 h=0 \tag{4.24 b}$$

이며, 이는 Laplace 방정식이다.

2차원 지하수 문제의 경우 수평방향의 흐름만을 고려한다면 식 (4.23)은 다음 식으로 나타낼 수 있다.

$$K\nabla^2 h=\frac{S}{b}\frac{\partial h}{\partial t} \tag{4.25}$$

여기서 $S(=S_s\cdot b)$는 지하수층의 단위면적당 단위수두의 변화로 인하여 지하수층에서 유출되는 물의 양으로 저류계수(storage coefficient)라고 하며, b는 대수층의 두께를 의미한다.

식 (4.25)을 다시 쓰면,

$$\nabla^2 h=\frac{S}{T}\frac{\partial h}{\partial t} \tag{4.26}$$

여기서 $T=Kb$는 전달계수(transmissivity)라 한다. S와 T는 대수층의 가장 중요한 특성으로 저장

능력과 전달능력을 의미한다.

또한, 식 (4.26)에 양수(揚水, pumping)항을 추가하여 다시 쓰면 다음과 같다.

$$\nabla^2 h = \frac{\partial^2 h}{\partial x^2} + \frac{\partial^2 h}{\partial y^2} = \frac{S}{T}\frac{\partial h}{\partial t} - \frac{Q(x,\ y,t)}{T} \tag{4.27}$$

여기서 Q은 단위시간당 단위면적당의 양수량을 의미하는데, 유속의 차원을 가지며 물이 대수층에 공급되는 경우에는 부호가 양(+)이며, 배출되는 경우에는 음(−)이다.

위의 미분방정식 중 하나를 대상 지역의 조건에 맞추어 적용한 후, 해석적 또는 우회적으로 해를 구하면 좌표(즉, 정상흐름의 경우) 또는 좌표 및 시간(즉, 비정상흐름의 경우)에 따른 수두 h를 계산할 수 있으나 4.5절에서 일부 다루도록 한다.

예제 4.3

식 (4.20)으로 다음의 경우에 해당하는 지하수 흐름의 기본 방정식을 각각 적어보시오.

(가) 투수계수가 등방성이나 균질하지 않을 경우(즉, isotropic but heterogeneous)

(나) 투수계수가 균질하나 등방성이 아닐 경우(즉, homogeneous but anisotropic)

| 풀이 |

(가) 투수계수가 등방성이면 $K_x=K_y=K_z=K$이나 균질하지 않으면 공간의 함수가 되므로 식 (4.21)의 각 항에서 K는 괄호 밖으로 나올 수 없다. 그러므로 식 (4.21)은 다음과 같이 된다.

$$\frac{\partial}{\partial x}\left(K\frac{\partial h}{\partial x}\right) + \frac{\partial}{\partial y}\left(K\frac{\partial h}{\partial y}\right) + \frac{\partial}{\partial z}\left(K\frac{\partial h}{\partial z}\right) = \frac{\partial \theta}{\partial t}$$

(나) 투수계수가 균질하면 공간의 함수가 아니므로 식 (4.21)의 각 항에서 K는 괄호 밖으로 나올 수 있다. 그러나 등방성이 아니므로 공간 변수인 x, y, z 아래 첨자는 그대로 유지하여야 한다. 그러므로 식 (4.21)은 다음과 같이 된다.

$$K_x\frac{\partial h}{\partial x^2} + K_y\frac{\partial h}{\partial y^2} + K_z\frac{\partial h}{\partial z^2} = \frac{\partial \theta}{\partial t}$$

4.4 지하수 양수에 의한 흐름 현상

지하수는 일반적으로 연중 비교적 일정한 온도를 유지하고 지하수층의 자정작용(自淨作用, self

purification)에 의하여 청정한 수질을 유지하고 있으므로 지하수는 지표수와 같이 중요한 수자원의 역할을 하고 있다. 우리나라의 경우 전체 수자원 이용량의 11% 정도(약 41억m^3)를 지하수에 의존하고 있으며 대부분 생활용수와 농업용수로 사용하고 있다(국토교통부, 2016). 또한, California 주 전체 물소비량의 60% 이상이 지하수로 공급되고 있으며(Dieter et al., 2018), 미국 전체 물소비량의 24% 정도(약 4,768억톤m^3)가 지하수에 의해 공급되고 있다(OECD, 2008)고 보고되고 있다.

평면적으로 넓게 퍼져 있는 대수층에서 관정(管井 또는 우물, well)을 설치하여 양수를 시작하면, 주위의 물은 대수층과 관정과의 수두차에 의해서 관정으로 몰려들게 되며, 지하수 흐름은 관정을 축으로 하는 방사흐름(radial flow)의 형태를 나타낸다. 이 경우, 흐름의 해석을 위해서는 전술한 직교좌표(rectangular coordinate)보다는 원주좌표(cylindrical coordinate)를 이용하는 것이 편리하며, 따라서 여기서는 원주좌표를 사용하여 지하수 흐름 해석을 하고자 한다.

관정으로부터 양수량을 결정하는 공식을 유도하는데는 정상상태(steady state)와 비정상상태(unsteady or transient state)로 나눌 수 있다. 정상상태에서는 모든 변수(수두의 높이, 양수량 등)가 평형상태에 있어 시간에 따라 변하지 않음을 뜻하고 비정상상태의 경우에는 이들 변수가 시간에 따라 변하는 것을 말한다. 또한 일반적으로 이들 공식의 유도에는 특별히 언급된 경우를 제외하고는 다음과 같은 가정에 기초를 두고 있다.

- 관정으로부터 양수되는 유량은 시간에 따라 변하지 않는다.
- 관정은 지하수층의 바닥(불투수층으로 된 경계)까지 설치되어 있어 지하수층의 전 두께를 포함하고 있다.
- 지하수층의 특성은 지점 및 방향에 따라 변하지 않으며(homogeneous and isotropic), 시간에 따라 변하지도 않는다.
- 지하수층은 수평으로 되어 있으며, 그 크기는 무한하다.

4.4.1 압력을 받는 지하수층(정상류)

정상상태에서의 흐름은 이미 유도한 바와 같이 Laplace 공식(식 (4.24))으로 표시되며, 이를 다음과 같이 원주좌표로 표시하면 된다.

$$\nabla^2 h = \nabla \cdot (\nabla h) = \frac{1}{r}\frac{\partial}{\partial r}\left(r\frac{\partial h}{\partial r}\right) + \frac{1}{r^2}\frac{\partial^2 h}{\partial \theta^2} + \frac{\partial^2 h}{\partial z^2} = 0 \tag{4.28}$$

압력을 받는 지하수층에서의 흐름은 수평이며 원점(즉, 관정)을 향하므로 θ 방향과 z 방향의 흐름은 없다. 따라서 상기 식은 다음과 같이 간단한 상미분방정식으로 표시될 수 있다.

$$\frac{1}{r}\frac{d}{dr}\left(r\frac{\partial h}{\partial r}\right) = 0 \tag{4.29}$$

그러므로, 관정으로부터의 거리(r)에 따른 수두(h)를 구하려면 식 (4.29)를 적분하고 경계 조건에 따라 적분상수를 구하면 된다.

그림 4.5는 압력을 받는 지하수층에 설치된 관정에서 일정한 유량을 양수하는 정상류 상태를 나타내고 있다. 정상상태에서 지하수층으로부터 관정으로 유입되는 유량은 관정에서 양수되는 유량과 같으므로

$$Q = VA = q(2\pi rb) \tag{4.30}$$

여기서 V는 관정으로 유입되는 지하수의 Darcy 유속(q)이며 A는 유입 단면적, b는 지하수층의 두께를 의미하는데, 원기둥과 같은 관정의 표면적 전체에 지하수 흐름이 방사형으로 작용하고 있

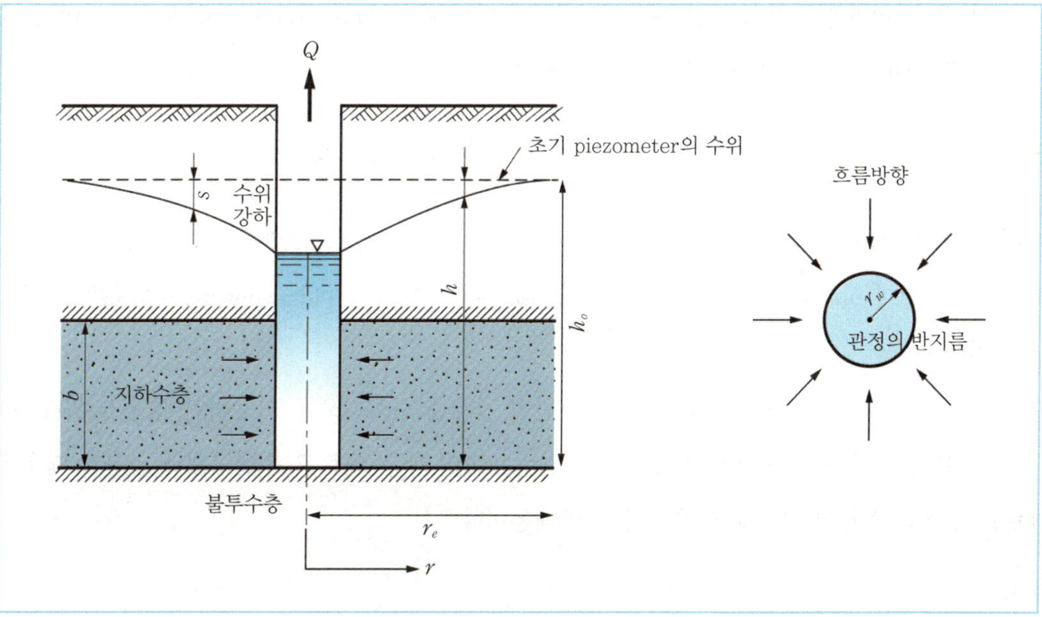

| 그림 4.5 | 압력을 받는 지하수층에 설치된 관정

는 현상을 표현하고 있다. 식 (4.30)에 Darcy 식 $q=K\dfrac{dh}{dr}$(변수 r의 (+)방향과 유속 V의 (+)방향을 서로 반대로 설정하였으므로 Darcy 공식의 (−)부호는 소거)을 대입하면

$$Q = q(2\pi rb) = K\frac{dh}{dr}(2\pi rb) \tag{4.31}$$

이며, 이는 h에 대한 r의 상미분방정식의 형태이다. 수두 h와 거리 r의 관계는 식 (4.31)을 적분함으로서 구할 수 있다. 즉,

$$\int dh = \frac{Q}{2\pi Kb}\int \frac{1}{r}\,dr \tag{4.32}$$

또는

$$h = \frac{Q}{2\pi Kb}\ln r + c \tag{4.33}$$

여기서 c는 상수이며, Kb는 식 (4.26)에서 정의한 바와 같이 전달계수 T이다.

식 (4.33)은 Thiem 공식으로 알려져 있으며, 특정 양수량 Q에 대해 대수층의 특성 $Kb=T$가 알려져 있는 경우 거리 r에 따른 수두 h를 구할 수 있는 식이다. 이 식은 r이 무한히 큰 경우 h도 무한히 커진다는 단점을 갖고 있기 때문에 대체로 r이 크지 않은 범위 내에서 사용된다.

앞서 언급한 바와 같이 식 (4.33)을 사용하기 위해서는 대수층의 특성 $Kb(=T)$를 먼저 파악해 놓아야 한다. 이러한 목적으로 양수를 실시하기에 앞서 관측정(observation well)을 두 개 이상 설치하는데, 이때 식 (4.33)은 아래와 같이 표현된다.

$$KD = T = \frac{Q}{2\pi(h_2-h_1)}\ln\frac{r_2}{r_1} = \frac{Q}{2\pi(s_1-s_2)}\ln\frac{r_2}{r_1}$$

여기서 h_1와 h_2는 관측정 1, 2의 수두, r_1과 r_2는 관정관측정 1, 2까지의 거리, $s_1=h_0-h_1$, $s_2=h_0-h_2$인데 실제로는 h 대신 초기 수위(h_o)로부터 강하된 깊이(drawdown)를 측정할 수 있기 때문이다.

관측정 설치의 번거로움을 피하기 위하여 관정 자체를 관측정으로 사용하는 경우가 있다. 이때에는 특히 주의를 요하는데, 관정 근처에서는 유속이 매우 빠르고 수면구배가 급하기 때문에 Darcy 공식의 적용이 어렵게 될 우려가 있기 때문이다.

예제 4.4

지하수층의 특성을 알기 위하여 그림과 같이 관정으로부터 50m 간격으로 관측정을 설치하고 관측정의 수위를 측정하였다. 관정으로부터 Q=100m^3/hr로 양수하였더니 관측정의 수위차(h_2-h_1)가 2m였다고 한다. 지하수층의 전달계수 $T(=Kb)$를 구하라.

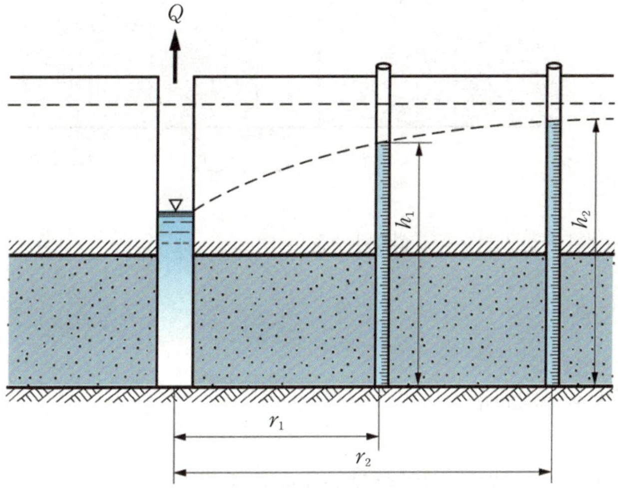

| 풀이 |

식 (4.33)으로부터

$$h_1 = \frac{100}{2\pi Kb}\ln 50 + c$$

$$h_1 = \frac{100}{2\pi Kb}\ln 100 + c$$

$$h_2 - h_1 = \frac{100}{2\pi Kb}\ln\frac{100}{50} = \frac{100}{2\pi Kb}\ln 2$$

$$\therefore T = Kb = \frac{100}{2\pi(h_2-h_1)}\ln 2 = 5.52\ \mathrm{m^2/hr}$$

4.4.2 자유수면을 가진 지하수층(정상류)

그림 4.6은 자유수면을 갖는 지하수층에 설치된 관정에서 일정한 유량을 양수하는 정상류 상태를 나타내고 있다. 정상상태에서 지하수층으로부터 관정으로 유입되는 유량은 관정에서 양수

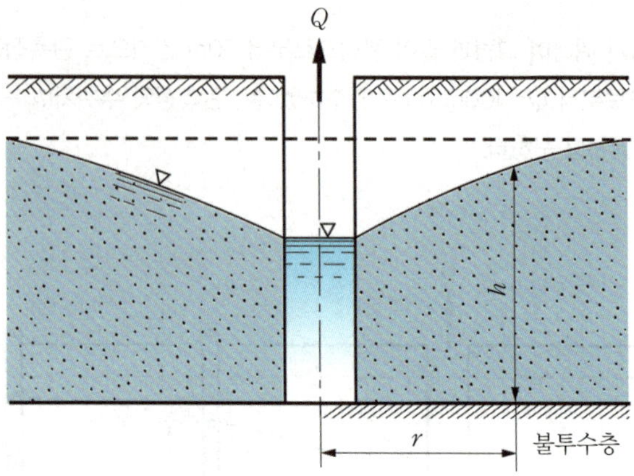

| 그림 4.6 | 자유수면을 가진 지하수층에 설치된 관정

되는 유량과 같으므로

$$Q = VA = q(2\pi rh) \tag{4.34}$$

여기서 V는 관정으로 유입되는 지하수의 Darcy 유속이며 A는 유입 단면적, h는 지하수위의 깊이를 의미하는데, 압력을 받는 대수층과 근본적으로 다른 점은 지하수위가 (식 (4.31)처럼 b로) 일정하지 않고 h와 같이 변한다는 점이다. 식 (4.34)에 Darcy 식 $q=\dfrac{dh}{dr}$을 대입하면

$$Q = q(2\pi rh) = K\frac{dh}{dr}(2\pi rh) \tag{4.35}$$

이며, 수두 h와 거리 r의 관계는 식 (4.35)를 적분함으로서 구할 수 있다. 즉,

$$\int hdh = \frac{Q}{2\pi Kb}\int\frac{1}{r}dr \tag{4.36}$$

또는

$$h^2 = \frac{Q}{\pi K}\ln r + c \tag{4.37}$$

예제 4.5

그림과 같은 반지름이 r_w인 관정으로부터 일정유량 Q로 양수를 할 때, 관정에서의 수위는 h_w이었으며 관정에서 거리 r_e에서 수위는 초기수위 h_o와 같았다고 한다. 이 지하수층의 투수계수 K를 구하라.

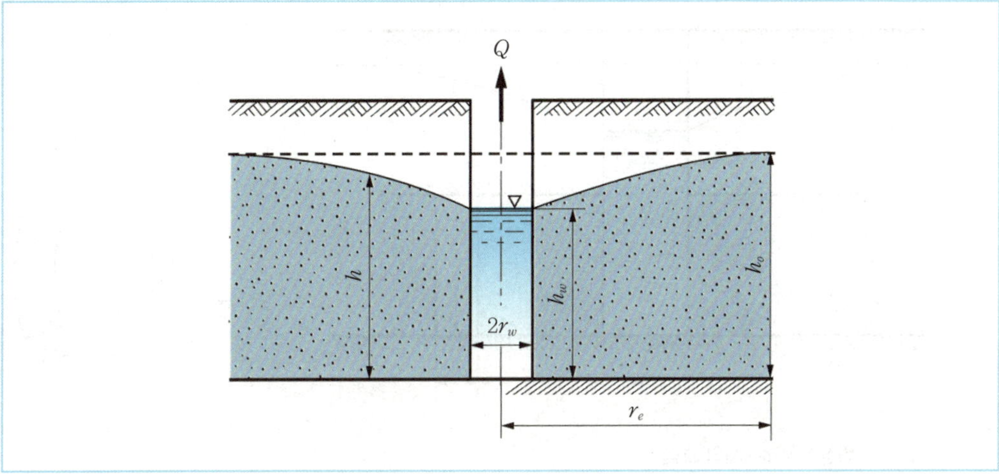

| 풀이 |

경계 조건

$$r = r_w \qquad h = h_w$$
$$r = r_e \qquad h = h_H$$

을 식 (4.37)에 적용하면

$$h_w^2 = \frac{Q}{\pi K} \ln r_w + c$$

$$h_o = \frac{Q}{\pi K} \ln r_e + c$$

$$\therefore K = \frac{Q}{\pi(h_o^2 - h_w^2)} \ln\left(\frac{r_e}{r_w}\right)$$

일반적으로 자유수면을 가진 지하수층에서 수위강하가 일어나는 범위를 영향권(cone of influence)이라고 하며 여기서 r_e는 영향반지름이라고 칭한다.

4.4.3 압력을 받는 지하수층(비정상류)

비정상상태에서의 흐름공식도 정상류의 경우와 비슷하게 z 방향과 Ψ 방향(그림 4.7 참조)의 흐름은 없으며 단지 r 방향만의 흐름으로 생각하고 질량보존법칙을 적용하여 유도할 수 있다.

그림 4.7의 밑면적이 $2\pi r dr$인 지하수층에서 방류될 수 있는 유체체적(V_Q)의 시간에 대한 변화는

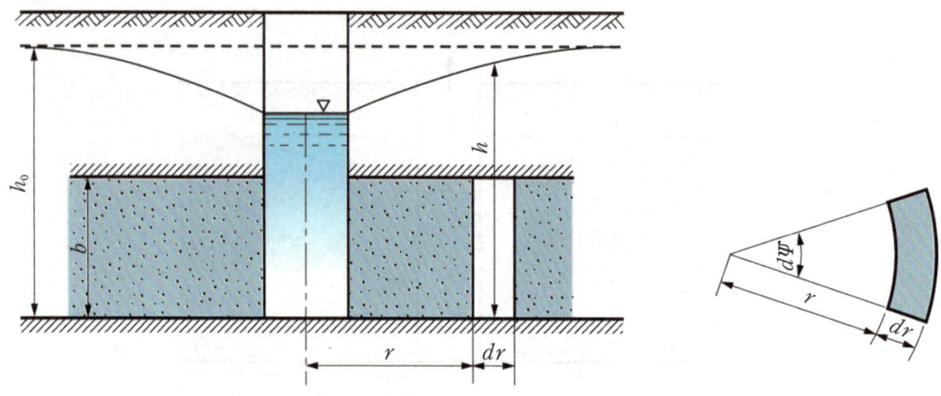

| 그림 4.7 | 비정상상태에서의 흐름

$$\frac{\partial V_Q}{\partial t} = -\frac{\partial h}{\partial l} S(2\pi r dr) \tag{4.38}$$

로 표시할 수 있다. 여기서 S는 저류계수인데, 앞서 서술한 바와 같이 지하수층의 단위면적당 단위수두 변화로 인하여 지하수층에서 방류될 수 있는 유체의 양을 말한다. 또한 r 방향(단면적 $2\pi rb$)으로 흐르는 유체의 순증(純增)은

$$\frac{\partial Q}{\partial r} dr \tag{4.39}$$

이므로 질량보존법칙에서 식 (4.38)과 식 (4.39)는 같아야 한다. 즉

$$\frac{\partial Q}{\partial r} dr = -\frac{\partial h}{\partial t} S(2\pi r dr) \tag{4.40}$$

Darcy공식을 이용하여 유량 Q를 구하면

$$Q = 2\pi rbK \frac{\partial h}{\partial r} \tag{4.41}$$

이므로, 이를 r에 관하여 미분하면

$$\frac{\partial Q}{\partial r} = 2\pi bK \frac{\partial}{\partial r}\left(r \frac{\partial h}{\partial r}\right) \tag{4.42}$$

식 (4.42)를 식 (4.40)에 대입하여 정리하면 비정상상태에서의 흐름의 기본 공식을 구할 수 있다.

$$\frac{1}{r}\frac{\partial h}{\partial r} + \frac{\partial^2 h}{\partial r^2} = \frac{S}{T}\frac{\partial h}{\partial t} \tag{4.43}$$

여기서 $T(=Kb)$는 전달계수이다.

이 미분방정식을 풀기 위해 Theis(1935)는 열전달과 지하수와의 상사성을 이용한 결과, 다음과 같은 h와 r과의 관계 식을 구하였다.

$$h_0 - h = \frac{Q}{4\pi t}\int_u^\infty \frac{e^{-u}}{u}\,du \tag{4.44}$$

$$u = \frac{r^2 S}{4Tt}$$

식 (4.44)의 적분은 지수적분과 같은 형태를 갖고 있으며 이를 수열로서 표시함으로써 그 값을 계산할 수 있다. 즉,

$$W(u) = \int_u^\infty \frac{e^{-u}}{u}\,du = -0.5775 - \ln u + u - \frac{u^2}{2 \cdot 2!} + \frac{u^3}{3 \cdot 3!} - \frac{u^4}{4 \cdot 4!} + \cdots \tag{4.45}$$

여기서 $W(u)$는 관정함수(well function)라고 부르며 대표되는 u값에 대한 $W(u)$의 값은 표 4.3에

■ **표 4.3** u에 대한 관정함수 $W(u)$의 값

u	1.0	2.0	3.0	4.0	5.0	6.0	7.0	8.0	9.0
	0.219	0.049	0.013	0.0038	0.0011	0.00036	0.00012	0.000038	0.00
$\times10^{-1}$	1.82	1.22	0.91	0.70	0.56	0.45	0.37	0.31	0.26
$\times10^{-2}$	4.04	3.35	2.96	2.68	2.47	2.30	2.15	2.03	1.92
$\times10^{-3}$	6.33	5.64	5.23	4.95	4.73	4.54	4.39	4.26	4.14
$\times10^{-4}$	8.63	7.94	7.53	7.25	7.02	6.84	6.69	6.55	6.44
$\times10^{-5}$	10.94	10.24	9.84	9.55	9.33	9.14	8.99	8.86	8.74
$\times10^{-6}$	13.24	12.55	12.14	11.85	11.63	11.45	11.29	11.16	11.04
$\times10^{-7}$	15.54	14.85	14.44	14.15	13.93	13.75	13.60	13.46	13.34
$\times10^{-8}$	17.84	17.15	16.74	16.46	16.23	16.05	15.90	15.76	15.65
$\times10^{-9}$	20.15	19.45	19.05	18.76	18.54	18.35	18.20	18.07	17.95
$\times10^{-10}$	22.45	21.76	21.35	21.06	20.84	20.66	20.50	20.37	20.25
$\times10^{-11}$	24.75	24.06	23.65	23.36	23.14	22.96	22.81	22.67	22.55
$\times10^{-12}$	27.05	26.36	25.96	25.67	25.44	25.26	25.11	24.97	24.86
$\times10^{-13}$	29.36	28.66	28.26	27.97	27.75	27.56	27.41	27.28	27.16
$\times10^{-14}$	31.66	30.97	30.56	30.27	30.05	29.87	29.71	29.58	29.46
$\times10^{-15}$	33.96	33.27	32.86	32.58	32.35	32.17	32.02	31.88	31.76

나타내었다. 식 (4.45)를 식 (4.44)에 대입하면 수위강하 s는

$$s = \frac{Q}{4\pi T}\left[-0.5772-\ln u+u-\frac{u^2}{2\cdot 2!}+\frac{u^3}{3\cdot 3!}-\frac{u^4}{4\cdot 4!}+\cdots\right] \tag{4.46}$$

이다. 식 (4.46)을 Theis의 해라고 부르며 이를 이용하면 피압 관정에서 Q로 양수할 경우, 수위강하가 시간과 거리에 따라 변하는 상태를 구할 수 있다.

한편, Cooper와 Jacob(1946)은 식 (4.38)에서 u가 비교적 작은 값($u \le 0.01$)에서는 식 (4.46)의 괄호 안의 수열은 2개항 만이 중요하다는 가정 하에 다음과 같이 표현하였다.

$$s = \frac{Q}{4\pi T}[-0.5772-\ln u] = \frac{Q}{4\pi T}\ln\left[\frac{2.25Tt}{r^2S}\right] \tag{4.47}$$

예제 4.6

압력을 받는 지하수층이 전달계수 T=1000m^3/day/m, 저류계수 S=0.0001의 성질을 갖고 있다. 관정으로부터 Q=1000m^3/day로 양수하였을 경우, 관정으로부터 100m, 200m 떨어진 지점에서의 수위강하를 시간에 따라 구하여라.

| 풀이 |

식 (4.44)로부터 r=100m 및 r=200m에서의 u값은

$$u_{100} = \frac{100^2\times 0.0001}{4\times 1000\times t} = \frac{1}{4000}\frac{1}{t}$$

$$u_{200} = \frac{200^2\times 0.0001}{4\times 1000\times t} = \frac{1}{1000}\frac{1}{t}$$

u값에 대한 관정함수 $W(u)$의 값을 표 4.3에 의해 계산한다. T와 Q의 단위가 day로 표시되어 있으므로 시간 t의 단위도 day이어야 한다. 계산 결과는 다음과 같다.

t(day)	r=100m			r=200m		
	u	$W(u)$	s(m)	u	$W(u)$	s(m)
0.01	0.025	3.136	0.249	0.1	1.823	0.145
0.1	0.0025	5.417	0.431	0.01	4.038	0.322
0.5	0.0005	7.024	0.559	0.002	5.639	0.449
1	0.00025	7.717	0.614	0.001	6.331	0.504
5	0.00005	9.326	0.742	0.0002	7.940	0.632
10	0.000025	10.0	0.795	0.0001	8.633	0.687

Theis의 이론을 이용하면, S와 T를 이미 알고 있는 대수층에서 수위의 강하깊이를 구할 수 있지만, 역으로 양수시험으로부터 얻은 수위강하의 측정 기록으로부터 대수층의 S와 T를 구할 수도 있다. 여기서는 두 가지 방법에 대하여 설명하기로 한다.

(1) Theis 방법

식 (4.44)와 식 (4.45)를 다시 쓰면,

$$s = \frac{Q}{4\pi T}[W(u)], \qquad u = \frac{r^2 S}{4Tt} \tag{4.48}$$

$$W(u) = \int_u^\infty \frac{e^{-u}}{u} du \tag{4.49}$$

이다. 주어진 시험 양수에 대하여 Q, S, T는 일정한 상수이므로 u는 $\frac{r^2}{t}$에 의해서만 변하며, s는 $W(u)$에 의해서만 결정된다. 그러므로 식 (4.49)에서 $W(u)$가 u에 따라 변하는 곡선의 모양은 식 (4.48)에서 s가 $\frac{r^2}{t}$에 따라 변하는 곡선의 모양과 같게 된다. 왜냐하면 s는 $W(u)$만으로 결정되며 또한 u는 $\frac{r^2}{t}$에 의하여 결정되므로 결국 s가 $\frac{r^2}{t}$에 따라 변화하는 율은 $W(u)$가 u에 의한 변화율과 같다. 다시 말하면 전대수지상에 s와 $\frac{r^2}{t}$를 표시한 곡선은 $W(u)$와 u를 표시한 곡선과 같은 모양을 가지며 단지 $\frac{Q}{4\pi T}$와 $\frac{4T}{S}$만큼 서로 수평 또는 수직으로 이동되었을 뿐이다. 즉, 전대수지상에 s와 $\frac{r^2}{t}$의 곡선을 그리고, 또 다른 전대수지상에 $W(u)$와 u의 곡선을 그린 후 평행이동하면, 서로 일치하는 부분을 찾을 수 있다. 이 부분에서 임의의 점을 택하여 각각의 좌표를 읽으면 이 값은 $W(u)$, u, s 및 $\frac{r^2}{t}$의 값이 된다. 식 (4.48)로부터

$$T = \frac{Q}{4\pi s}[W(u)], \qquad S = \frac{4utT}{r^2} \tag{4.50}$$

이므로, 이 식을 이용하여 T와 S를 각각 구할 수 있다.

예제 4.7

압력을 받는 지하수층의 특성을 알기 위하여 Q=1,000m^3/day로써 시험양수(試驗揚水) 한 결과 r_1=100m, r_2=200m에 위치한 관측정에서 수위강하 s는 다음과 같았다고 한다. T와 S를 구하여라.

시간(day)		0.01	0.1	0.5	1	5	10
s(m)	$r = 100$	0.249	0.431	0.559	0.614	0.742	0.795
	$r = 200$	0.145	0.322	0.449	0.504	0.632	0.687

| 풀이 |

수위강하 s와 $\frac{r^2}{t}$와의 관계 그림을 구하기 위하여 $\frac{r^2}{t}$의 값을 계산한다.

시간(day)		0.01	0.1	0.5	1	5	10
$\frac{r^2}{t}$	$r = 100$	10^6	10^5	2×10^4	10^4	2×10^3	10^3
	$r = 200$	4×10^6	4×10^5	8×10^4	4×10^4	8×10^3	4×10^3

$\frac{r^2}{t}$과 수위강하 s와의 관계를 그림 (1)에 도시하였다. 다음은 같은 종류의 전대수지상에 표 4.3의 $W(u)$와 u와의 관계를 그리면 그림 (2)와 같다. 그리고 두 그림을 평행이동하여 서로 일치하도록 한다(그림 (3)).

일치된 부분 중에서 그림 (3)과 같이 임의의 점을 찾아 각각 좌표값을 읽으면

$$s = 0.167 \text{ m}$$

$$\frac{r^2}{t} = 3\times10^6 \text{ m}^2/\text{day}$$

$$W(u) = 2.1$$

$$u = 8\times10^{-2}$$

이다. 이 값을 식 (4.44) 또는 식 (4.50)에 대입하면

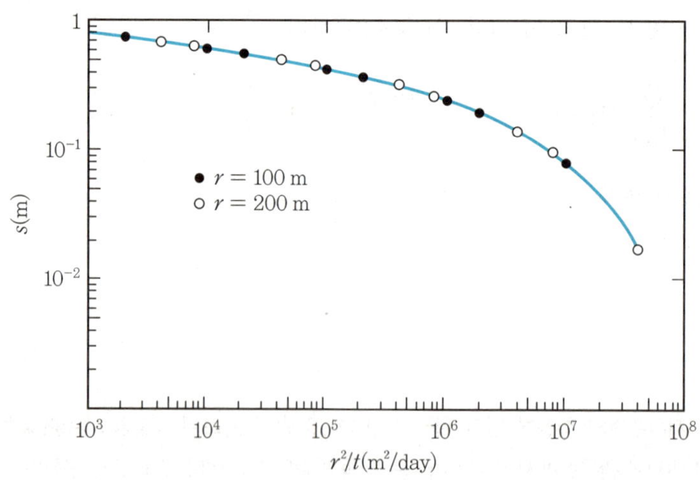

그림 (1) 수위 강하 s와 r^2/t와의 관계

$$T = \frac{Q}{4\pi s}[W(u)] = 1000 \text{ m}^3\text{/day/m}$$

$$S = 4T\left(\frac{t}{r^2}\right)u = 0.000107$$

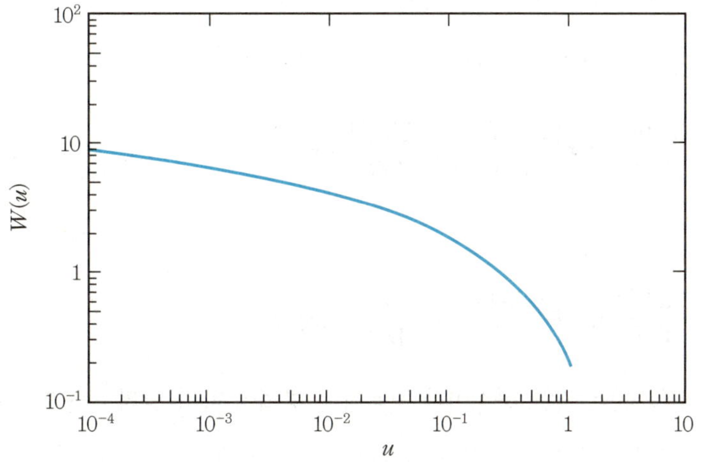

그림 (2) $W(u)$와 u와의 관계

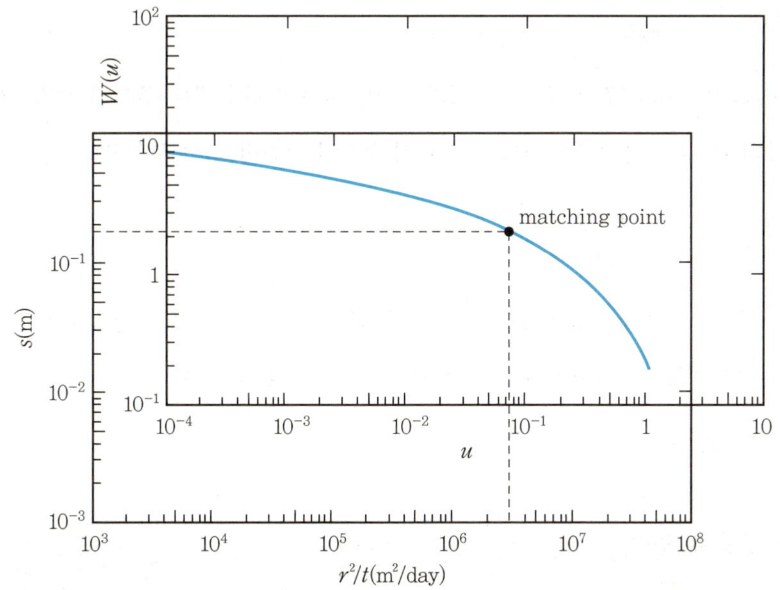

그림 (3) Theis 방법에 의한 도해법

(2) Jacob 방법

앞에서 설명한 식 (4.47)은 u가 작은 경우(관측정의 거리 r가 작거나 시간 t가 큰 경우)에 적용되는 식으로서 다음과 같이 나타낼 수도 있다.

$$s = \frac{Q}{4\pi T}\ln\left[\frac{2.25Tt}{r^2S}\right] = \frac{2.30Q}{4\pi T}\log\left[\frac{2.25Tt}{r^2S}\right] \tag{4.51}$$

그리고 이를 다시 정리하면 다음과 같이 표시할 수 있다.

$$s = \frac{2.30Q}{4\pi T}\log\left[\frac{2.25Tt}{r^2S}\right] + \frac{2.30Q}{4\pi T}\log[t] \tag{4.52}$$

또는

$$s = \frac{2.30Q}{4\pi T}\log\left[\frac{2.25Tt}{S}\right] - \frac{4.60Q}{4\pi T}\log[r] \tag{4.53}$$

식 (4.52)와 식 (4.53)은 같은 공식이나 적용하는 방법에 따라 달리 사용할 수 있다. 즉, 관측정을 1개만 설치하여 수위를 시간에 따라 측정하는 경우와 관측정을 여러 개 설치하고 주어진 시간에 각 관측정의 수위를 동시에 측정하는 경우이다. 전자의 경우에는 r은 고정된 상수로 볼 수 있으므로 수위강하 s와 시간 t를 반대수지에 그리면 기울기는

$$\text{기울기} = \frac{2.30Q}{4\pi T} \tag{4.54}$$

가 되므로 이를 이용하여 T를 구할 수 있다. 반면 후자의 경우에는 주어진 시간 t가 고정된 값이므로 수위강하 s와 관측정까지의 거리 r을 반대수지에 그리면 직선 부분의 기울기는

$$\text{기울기} = -\frac{4.60Q}{4\pi T} \tag{4.55}$$

이다. 따라서 두 경우 모두 기울기로부터 T를 구하고 식 (4.52)와 식 (4.53)을 이용하여 저류계수 S를 구할 수 있다. 또한 $s = 0$이 되는 t_0 값을 찾으면 식 (4.51)로부터

$$S = \frac{2.25T\,t_0}{r^2} \tag{4.56}$$

이므로 S를 구할 수 있다.

예제 4.8

예제 4.7의 r=200m에서의 수위강하 자료를 사용하고, Jacob 방법으로 T와 S의 값을 구하라.

| 풀이 |

식 (4.52)를 사용하기 위하여 수위강하 s와 t를 그림 (1)과 같이 작성하였다. 그림으로부터 $\Delta \log t=1$이 되는 구간에서 Δs를 구한 결과 기울기=0.18이었다. 식 (4.54)로부터

$$T = \frac{2.30Q}{4\pi\ \Delta s} = 1017\ \mathrm{m^3/day/m}$$

$s=0$이 되는 점에서의 t는 $t_o=1.6\times10^{-3}$ day이며 식 (4.56)으로부터

$$S = \frac{2.25Tt_o}{r^2} = 0.000092$$

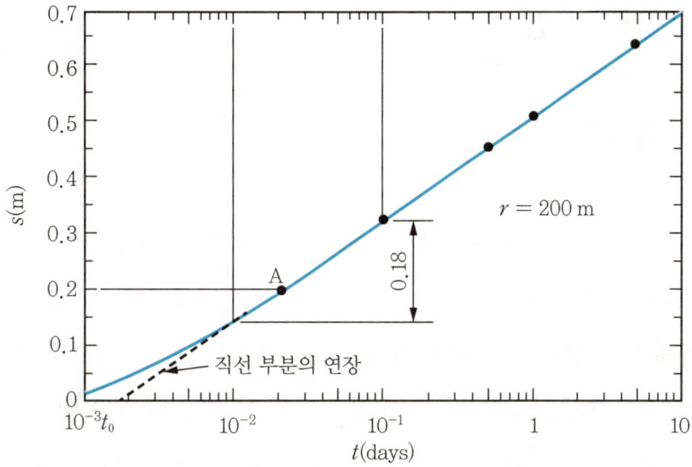

그림 (1) Jacob 방법에 의한 S와 T의 계산

4.4.4 자유수면을 가진 지하수층(비정상류)

Dupuit은 몇 가지 가정에 근거하여 자유수면을 가진 지하수층에서 비정상류 상태의 흐름공식을 아래와 같은 원주좌표로 유도하였다.

$$\frac{\partial}{\partial x}\left(h\frac{\partial h}{\partial x}\right)+\frac{\partial}{\partial y}\left(h\frac{\partial h}{\partial y}\right) = \frac{n}{K}\frac{\partial h}{\partial t} \tag{4.57}$$

여기서 n은 공극률이다.

이 식은 비선형이므로 이의 정확한 해석적 해를 구하기는 매우 어렵다. 그러나 식 (4.57)에서 $h\dfrac{\partial h}{\partial x}$ 및 $h\dfrac{\partial h}{\partial y}$의 비선형 부분인 h를 지하수층의 평균 깊이 $\bar{h}$로써 대체할 수 있다고 가정하면, 압력을 받는 대수층과 같이 일정 수위를 가진 흐름공식이 될 것이다. h를 $\bar{h}$로 대체하는 것은 비현실적 가정일 수 있으나 지하수층의 두께가 매우 큰 경우에는 허용될 수 있다. 식 (4.57)를 선형화시킨 후, 이를 원주좌표로 표시하면

$$\frac{1}{r}\frac{\partial h}{\partial r}+\frac{\partial^2 h}{\partial r^2}=\frac{n}{K\bar{h}}\frac{\partial h}{\partial t} \tag{4.58}$$

여기서 $\bar{h}$는 평균 지하수층의 두께 또는 $\bar{h}=\dfrac{1}{2}(h_1+h_2)$로 가정할 수 있다.

4.5 비포화 흐름의 특성

4.5.1 비포화대의 분류

토양 내 수분은 토양입자 내에 저류되기도 하며, 이송되기도 한다. 그림 4.8은 수문학적 순환에서 비포화대(unsaturated zone)의 역할에 대한 개념을 설명하고 있는데, 강우, 누수, 강이나 호수에서의 함양, 관개용수, 정화조 등 여러 가지 공급원에 의하여 지표면에서 토양으로 공급된 물이 지하수면까지 비포화 상태를 유지하며 이송되는 과정을 개념적으로 보여주고 있다. 이처럼 지표하에서 비포화 상태를 유지하며 지표의 물을 토양 내 저류하거나 지하수대로 이송시키는 영역을 비포화대(unsaturated zone, vadose zone)라 하며, 이때의 흐름을 비포화(非飽和) 흐름(unsaturated flow)이라고 한다.

비포화 흐름은 수문학적인 침투손실의 개념으로 이해되었으나 최근에는 지표의 오염원이 지하수대로 이송되어 지하수를 오염시키는 과정에 있어 비포화 흐름이 오염원을 이송시키는 과정임을 인식함에 따라 비포화 흐름의 중요성이 부각되었다.

물의 순환 과정에서의 비포화대는 지표의 물을 지표면 근처의 토양에 저류시켜 농업활동을 가능케 하거나, 포화영역까지 이동시키는 역할을 한다. 비포화대를 통과하는 과정에서 물은 자연토양 또는 모암 내 물질을 녹여내거나 지표면 근처 인간에 의해 생성된 화학 물질들을 이송시키기도 한다. 그림 4.8에서는 이러한 물의 순환 과정에서 비포화대의 역할을 설명하고 있다. 비포화

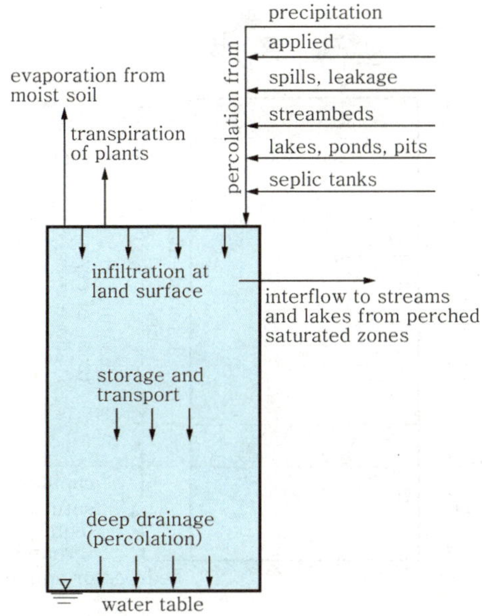

| 그림 4.8 | 물의 순환에서 비포화대의 역할

대에서 흐름을 주도하는 액상(liquid phase)인 물은 여러 물질을 녹이는 용매의 역할을 하는데, 농업활동에서 발생하는 염(salts)이나 자연 무기물질 등을 포함할 뿐 아니라, 인간에 의해 제조된 제초제, 살충제 등도 포함한다. 비포화대에서의 또 다른 액상은 비용존 액체이다. 이 액체는 물에 녹지 않는 산업 유기화합물을 의미하며, 나머지 상(phase)은 수분이나 휘발성 유기화합물 등을 포함하는 기체상(gaseous phase)이다.

비포화대는 그림 4.9와 같이 토양수분의 이동과정 특성상 크게 뿌리대(root zone), 전이대(intermediate zone), 모세관대(capillary zone) 등으로 나눌 수 있다. 포화대는 대기압의 영향을 받는 자유수면을 가지는 대수층을 일컫는데, 반면 비포화대는 토양 입자 내 수분이 가득하지 않은 통기대(aeration zone)를 형성하고 있다. 뿌리대는 일반적으로 지표면 아래 식물의 뿌리가 존재하는 지역을 말하는데, 식물이 자라는데 사용될 수 있는 토양수분(soil moisture) 또는 토양수(soil water)가 존재하는 지역이라는 의미로 토양수대(soil water belt)라고도 한다. 토양수대는 지표면으로부터 식물 뿌리가 닿는 심도에 이르며, 어떤 나무들은 수 m 이상의 곧은 뿌리를 가지고 있기도 하지만 농경지의 경우에는 토양수대가 지표 하부로 1~2m 정도의 범위에 해당된다. 모관수대(capillary fringe)란 지하수면 상부에 위치하고 있으며, 모세관 현상에 의하여 끌어올려진 수분에 의하여 마치 포화대처럼 보이지만 이 영역의 압력을 측정하면 부압이 관측된다. 모관수대의 크기는 공극의

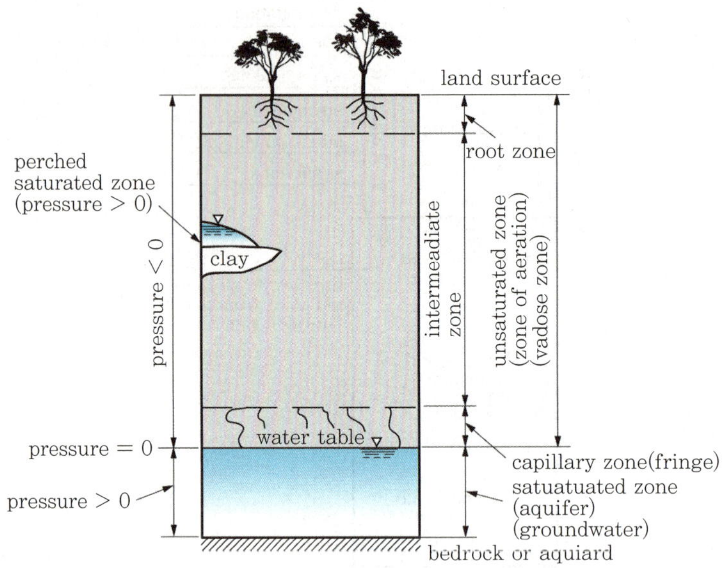

| 그림 4.9 | 비포화대의 분류

크기에 의하여 결정되어지는데, 점토와 같은 미세질 토양에서는 미터 단위, 모래와 같은 조립질 토양에서는 센티미터 단위의 모관수대가 형성된다. 뿌리대와 모관수대 사이를 중간대 또는 전이대라 하는데, 이 영역은 뿌리대와 모관수대의 변화에 따라 영향을 받는 구간이다.

4.5.2 비포화대의 수리학적 특성

(1) 함수량

비포화 흐름에서 사용하는 함수량의 정의는 식 (4.7)과 같이 토양의 전체 부피에 대한 공극 내 물의 부피비를 의미한다. 공극이 물로 가득찼을 경우 포화도 또는 포화함수량(saturated water content)이라 하며, 사질토의 경우는 0.3에서 0.4, 점토질의 경우는 0.5에서 0.65 정도의 범위를 보인다.

실험실에서 함수량은 일정 부피용기 내 들어있는 토양시료의 무게와 105℃ 오븐에서 건조한 후 무게 차이를 이용하여 구한다. 현장에서는 이와 같은 방법이 현실성이 없으므로 전기저항블락, 감마선, 중성자선 등을 이용하는 방법, 토양 내 임피던스와 유전율의 변화를 이용하는 TDR(Time Domain Reflectometry) 방법 등이 있다. 특히 최근에는 인공위성을 이용한 지표면의 함수량 측정 방법이 연구되어지고 있다.

(2) 모세관 압력

비포화 상태의 토양 내 유체압력을 측정하게 되면 장력이 발생하여 대기압에 대해 음의 값을 가지게 되는데, 이러한 현상을 토양 내 물분자들이 공기-물 경계의 표면장력(capillary)과 액체와 고체 사이의 분자인력으로 인한 모세관 현상(capillarity)이라 한다. 작은 지름의 튜브 내에서 자유수면은 최소 표면적 형태를 취하기 때문에, 액체에 대한 고체의 인력은 액체를 튜브 상부로 끌어올리며, 이 힘은 결국 물기둥의 중량과 같게 된다. 이때 물 자체는 인장 상태에 있으므로 압력은 대기압보다 작아진다. 그림 4.10은 모세관력에 의한 유리 모세관에서의 유체 상승을 보여주고 있다. 이때 유체는 유리 모세관 벽면과 접촉각 크기로 붙게 되는데, 모세관 내에서 유체의 상승은 다음 식으로 표현된다.

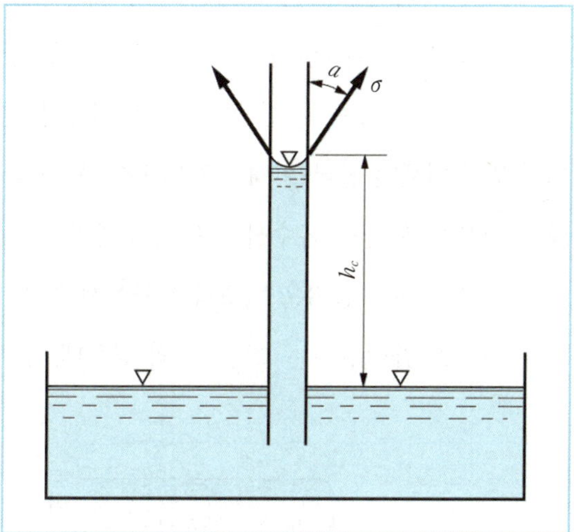

| 그림 4.10 | 모세관에서 물의 상승

$$h_c = \frac{2\sigma \cos \alpha}{\rho_w g r} \tag{4.59}$$

여기서 h_c는 모세관 상승 높이(cm 또는 m), σ는 유체의 표면장력(g/s^2 또는 kg/s^2), α는 모세관 내의 접촉각도(°), ρ_w는 유체밀도(g/cm^3 또는 kg/m^2), g는 중력가속도(cm/s^2 또는 m/s^2), r은 모세관의 반지름(cm 또는 m) 이다.

예제 4.9

반지름이 r인 유리 모세관 내의 물의 상승높이를 계산하시오.(단, 18℃의 물에서의 표면장력이 $73g/s^2$, 밀도가 $0.999g/cm^3$이고 접촉각을 0°로 놓는다)

| 풀이 |

$$h_c = \frac{2 \times 73\ g/s^2 \times \cos 0}{0.999\ g/cm^3 \times 980\ cm/s^2 \times r\ cm} = \frac{0.15}{r}\ cm$$

(3) 함수량과 모세관 압력수두

토양이 비포화 상태에 있을 경우 토양 내 물은 표면장력에 의해 토양입자들의 공간 사이에 머물러 있다. 만약 포화가 되지 않았을 경우 그 토양은 물을 흡수하려는 성향을 보이는데 이는 토양 구조에 의해 발생하는 모세관 현상 때문이다. 식 (4.59)와 같이 토양 내 모세관 상승 높이는 공극의 크기에 반비례함을 알 수 있으며, 또한 공극의 크기는 함수량에 영향을 받는다. 즉, 건조한 상태의 흙에서는 미세한 공극까지도 수분을 흡수할 수 있는 능력이 있으나 일단 수분이 흡수되면 먼저 미세한 공극을 채우고 비교적 큰 공극만 남게 된다. 그림 4.11에서 보는 바와 같이 함수량이 작을수록 물을 흡수하는 능력이 증가하고 함수량이 클수록 물을 흡수하는 능력이 감소하게 되므로 모세관 압력은 비포화 토양에서 물의 흐름에 있어 매우 중요한 역할을 한다. 함수량에 따른 모세관 압력수두는 그림 4.12와 같은데, 함수량이 적을수록 모세관에 의한 상승 높이는 커

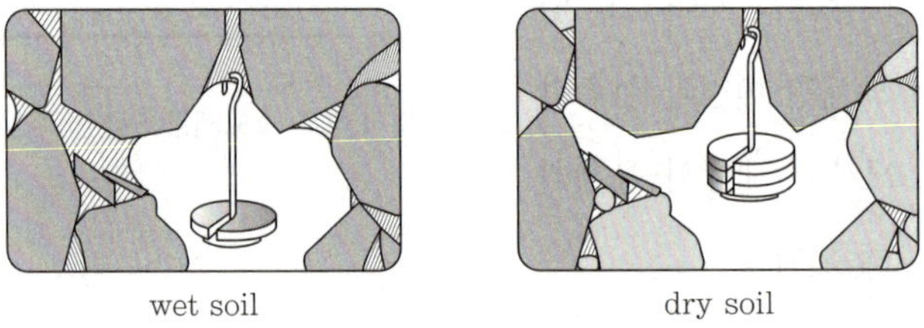

| 그림 4.11 | 함수량과 모세관 압력의 관계

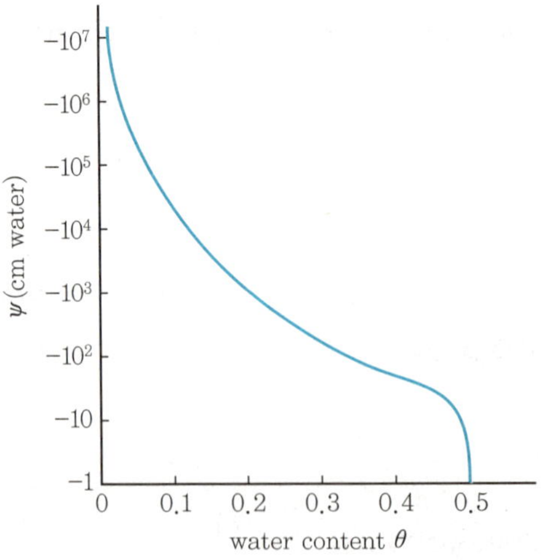

| 그림 4.12 | 함수량과 모세관 압력수두와의 관계 예시

지며, 함수량이 공극률에 가까울수록 상승 높이는 0에 가깝게 된다. 이러한 모세관 압력은 흡수력계(tentiometer)라는 장치로 측정한다.

모세관 압력수두는 토양의 흡수력을 나타내주는 것이므로 포화 흐름(saturated flow)에서의 압력수두와는 반대의 부호를 갖는다. 따라서 비포화 흐름에서의 수두는 식 (4.60)과 같이 표현된다.

$$H = \Psi + \varphi \tag{4.60}$$

여기서 H는 비포화 흐름에서의 수두, Ψ는 모세관 압력수두($\Psi < 0$), φ는 중력가속도에 의한 압력 또는 위치수두이다.

예제 4.10

비포화 흐름의 상태를 측정하기 위하여 다음 그림과 같이 흡수력계를 설치하였다. 흡수력계의 눈금이 그림과 같다면 물은 어느 방향으로 흐르겠는가?

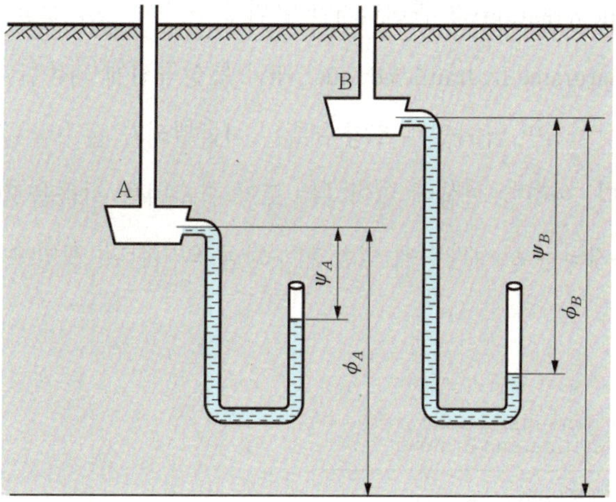

| 풀이 |

$$A : H_A = \Psi_A + \varphi_A, \quad B : H_B = \Psi_B + \varphi_B$$

그림으로부터 $H_A > H_B$임을 알 수 있으므로 물은 A에서 B로 흐르게 된다. 즉 $\Psi_A > \Psi_B$라 함은 A에서 함수량이 B보다 크다는 것이므로 비록 위치수두는 $\varphi_B > \varphi_A$이라 할지라도 총 수두 H는 $H_A > H_B$이므로 물은 수두가 높은 곳에서 낮은 곳으로 흐르게 된다.

(4) 토양수와 잔여함수량

식물이 자라는데 사용될 수 있는 비포화대 내의 물을 토양수분 또는 토양수라고 하는데 토양수는 국부적으로 강우량과 증발산량의 변화에 따라 변동된다. 그림 4.13은 토양 내의 수분 변화 특성을 보여주는데 토양 내 수분은 크게 중력에 의하여 배수 가능한 수분, 중력에 의하여 배수가 되지는 않으나 식물에 의하여 흡수 가능한 수분, 식물에 의해서도 흡수가 되지 않는 수분 등으로 나눌 수 있다.

물이 풍부한 기간 동안에는 침투 가능한 많은 양의 물이 생성되므로 토양수분이 높으며, 토양 하층은 포화되지 않았다 하더라도 토양 최상층이 완전히 포화될 경우도 있다. 토양수분함량이 매우 높은 이 기간 동안에 지하수함양(groundwater recharge)이 일어나며, 수분은 중력에 의해 하부로 이동하여 결국 지하수대를 함양시켜 지하수면을 상승시킨다. 또한 증발산에 의해 물이 토양으로부터 빠져니감에 따라 토양함수량(soil water content)이 줄어들게 된다. 토양함수량이 물에 작용하는 중력과 토양입자 내 표면장력이 같은 점에 도달하게 되면 더 이상 중력에 의한 배수가 일어나지 않는다. 이때 토양함수량을 토양의 토양보습능(field capacity)이라 한다. 토양의 토양보습능은 보유수율(specific retention)과 관련되지만 단위가 다르며, 보유수율, 증발깊이 그리고 토양의 비포화 투수계수(unsaturated hydraulic conductivity) 특성곡선에 의존한다.

토양수분이 아주 낮아지면 남아있는 토양수분은 식물뿌리가 흡수할 수 없을 만큼 토양 입자에 매우 강하게 흡착된다. 이러한 현상이 일어나는 토양 함수비를 시들음점(wilting point)이라 하며, 통상 15기압 하에 유지되는 모세관수에 의한 함수량을 의미한다. 토양수분이 이점에 이르게 되면

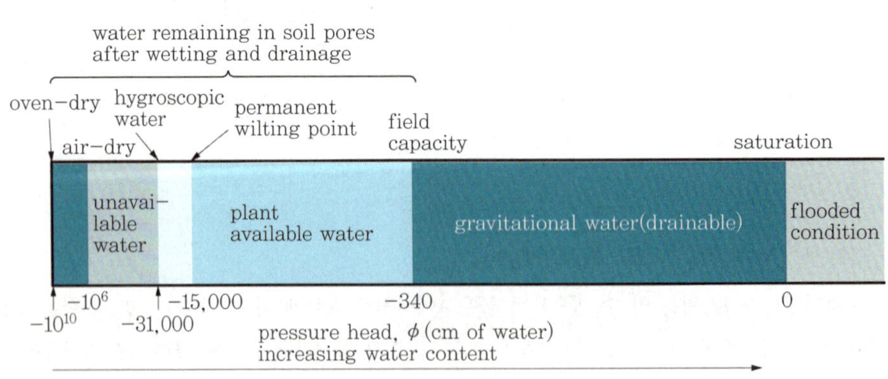

| 그림 4.13 | 토양수의 분류

수분부족으로 식물들은 말라죽게 된다. 세립의 토양인 경우 표면적이 크기 때문에 시들음점이 더 커지게 된다. 비포화 흐름에서는 건조토양의 물리적인 의미를 부여하는 함수량의 한계값이 있는데 이를 잔여함수량(residual water content)이라고 하며, 일반적으로 시들음점을 그 토양의 잔여함수량으로 간주한다. 그림 4.14는 다양한 토양에 대한 전형적인 시들음점과 토양보습능을 보여주고 있다. 토양이 보유할 수 있는 유용한 수분의 양은 토양보습능과 시들음점의 차이이며, 비포화 흐름에서 일반적으로 고려되는 함수량의 범위는 잔여함수량에서 포화함수량 사이 구간이 된다.

토양 내의 물이 토양보습능보다 많을 경우 토양의 투수성이 크면 아래로 빨리 배수되며, 세립질과 같이 투수성이 작으면 천천히 배수된다. 그림 4.14에 의하면 로움과 실트롬 같은 중간 크기의 입자구조를 가진 토양에서 유용한 수분의 양이 가장 큼을 알 수 있다.

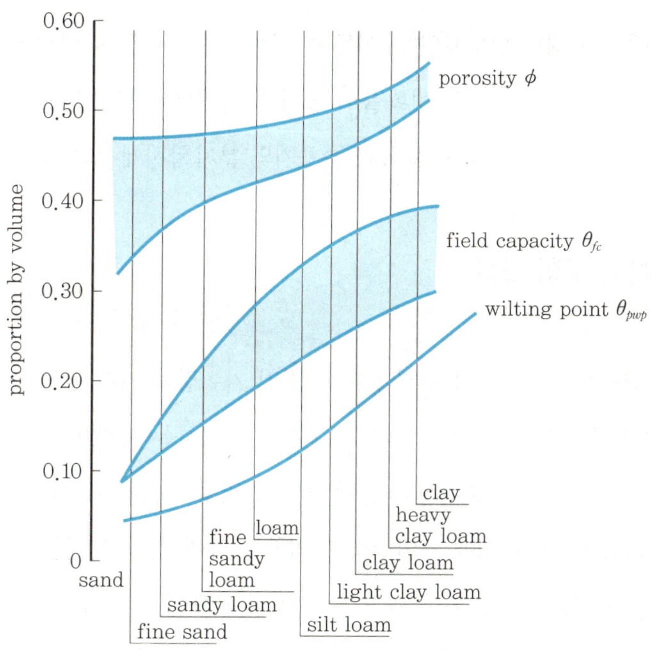

| 그림 4.14 | 토양종류별 물리특성

(5) 모관수대

비포화대에서 모세공극은 지하수면 아래의 포화대로부터 물을 끌어올리게 된다. 세립 토양일 경우 이러한 모관수대(capillary fringe)는 지하수면 위의 토양을 포화시키기도 하는데, 장력계를 이용하여 압력을 측정하면 음압(−)을 보여준다. 이는 모관수대가 비포화대의 한 부분임을 보여주는 것이다. 따라서 토양수가 장력 하에 있는 영역이라고 정의하는 것이 비포화대를 가장 잘 정의하는 것이라 할 수 있다.

공극의 크기가 불규칙하기 때문에, 모관수는 지하수면 위로 고르게 상승하는 것이 아니라 불규칙한 형태를 형성한다. 모관수대는 조립토양보다 세립토양에서 보다 높은데, 이는 공극의 크기가 더 작을수록 더 큰 장력이 생성되기 때문이다. 지하수면이 지표면에 아주 가까워서 모관수대가 지표면에 닿으면 모관수대는 지하수의 직접적인 증발수단이 되며, 토양 표면으로부터 물이 증발함에 따라 모세관 현상에 의해 포화대로부터 물이 계속 끌어 올려진다. 모관수대 상부에는 수분이 토양 표면이나 암석 입자들을 덮고 있는데, 만약 토양수가 너무 많아 표면장력으로 공극 내에 붙들려 있지 않으면 중력에 의해 아래로 배수된다. 토양수는 증발하여 수증기 형태로 공극 사이를 이동할 수도 있나.

대체로 비포화대에서 기체형태의 토양수 이동은 액체형태의 이동에 비해서 덜 중요하지만, 만약 토양의 함수비가 아주 작거나 온도 변화율이 크다면 이 역시 매우 중요하다. 비포화대를 통한 기체 이동은 토양 내의 온도 및 습도 변화율과 수증기의 분자확산계수의 함수이다.

4.5.3 비포화 흐름과 포화 흐름

비포화 흐름과 포화 흐름은 흐름의 과정에서 몇 가지 차이점을 가지고 있다. 토양 내 물의 흐름은 포텐셜(potential)의 차이가 있을 때 이루어지며 이때 발생하는 유량의 크기는 포텐셜의 기울기에 비례한다. 포화 흐름에 있어서 포텐셜은 중력 또는 압력수두(pressure head)이나 비포화 흐름에서는 압력수두(pressure head) 이외에 표면장력에 의한 모세관 압력 및 물과 흙의 입자간의 흡착력이 중요한 포텐셜으로 작용한다. 물이 흙의 작은 공극에 도달하게 되면 물과 흙의 분자 간에는 서로 당기는 힘이 작용하게 되어 흙의 입자는 물로써 싸이게 되며, 또한 표면장력에 의하여 적은 공극을 메우게 된다. 이 힘은 중력과 동일한 방향일 수도 있으나 경우에 따라서는 서로 반대 방향을 갖기도 하는데 식물이 지하수면으로부터 필요한 수분을 공급받을 수 있는 것도 이러한 이유에서이다. 또 하나의 큰 차이점은 투수계수이다. 포화 흐름인 경우에는 모든 공극은 물에 의하여 포화되어 있으므로 일부 제거할 수 없는 공기나 공극이 단절되어 있는 경우를 제외하면 모든 공극이 물의 이동에 기여하고 있으나, 비포화인 경우에는 물이 있는 공극만이 물의 이동에 기여를 하기 때문에 물이 전달되는 공극의 단면적은 함수량에 따라 달라지며 따라서 투수계수도 함수량에 따라 변하게 된다.

4.5.4 물보유함수

(1) 물보유함수

대수층과 같이 포화 상태의 토양에서는 지하수면을 기준으로 하여 지하수위에 비례하는 정압력이 발생하지만 비포화 상태의 토양에서는 토양 속의 공극에 의해 모세관 현상이 발생하기 때문에 토양 내 함수량에 따른 부(負)의 압력(negative pressure), 즉 모세관 압력수두가 발생한다. 함수량이 작을수록 모세관 압력의 절대값이 증가하며, 포화함수량에 이르면 모세관효과는 사라지게 된다. 이때 각 함수량에 따른 모세관 압력수두의 관계를 함수로 표시한 것을 물보유함수(water retention function)라고 하는데 물보유함수는 토양의 종류에 따라 다르게 나타나는 토양 고유의 물리적 특성이다. 다음 그림 4.15는 전형적인 물보유함수를 보여주고 있는데, 함수량이 감소할수록 물보유함수의 기울기가 급격히 증가하는 비선형적 특성을 보인다.

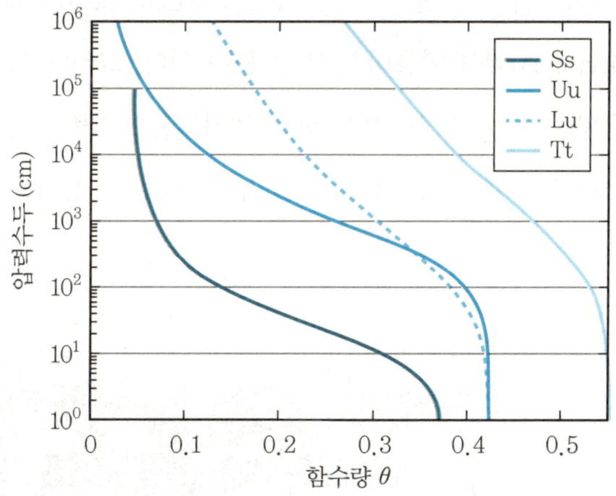

| 그림 4.15 | 토양별 물보유함수[*2](Ss=sand, Uu=silt or clay-loam, Lu=loam-silt or clay, Tt=clay or peat)

*2 https://en.wikipedia.org/wiki/Water_retention_curve

물보유함수는 함수량에 따른 모세관 압력수두를 표시한 함수이기 때문에 어떤 토양의 물보유함수를 알고 있을 경우 함수량만 알고 있어도 그 함수량에 대응하는 모세관 압력수두를 알 수 있고 역으로 모세관 압력수두를 알고 있으면 그 모세관 압력수두에 대응하는 함수량을 알 수 있다. 뿐만 아니라 물보유함수는 비포화 투수계수를 추정하는 기초 자료로 사용되기도 한다. 비포화 투수계수를 직접 측정하는 것은 시간과 비용이 많이 요구되고 측정 절차가 까다롭기 때문에 일반적으로 물보유함수와 포화 투수계수(saturated hydraulic conductivity)로 추정된 비포화 투수계수를 사용하고 있다. 이러한 이유로 물보유함수는 비포화 흐름에 있어 가장 기초가 되는 자료라 할 수 있으며 토양의 이러한 물리적 특성은 실험을 통하여 자료를 획득하는 것이 일반적이다.

(2) 물보유함수의 측정

물보유함수를 측정하기 위해서는 함수량과 함수량에 따른 모세관 압력수두를 동시에 측정하여야 한다. 토양시료의 모세관 압력수두를 측정하는 방법은 모세관 압력수두가 매우 큰 다공성암(porous ceramic)이 부착된 흡수력계(tensiometer)를 이용하는데 흡수력계는 모세관 압력수두만을 측정할 수 있기 때문에 모세관 압력수두를 측정한 지점의 함수량을 동시에 측정하기 위하여 함수량을 간접적으로 측정하는 장치를 또한 사용하여야 한다. 토양의 함수량을 간접적으로 측정하는 장치로는 감마선을 이용한 함수량 측정장치(gamma-ray attenuation apparatus)와 TDR(Time Domain Reflectometry)을 이용하는 방법 등이 있다. 그러나 이 장치들을 이용하는 방법은 함수량과 모세관 압력수두를 측정하여야 하는 번거로움이 있다. 실험실에서 이들 두 변수를 측정하는 장치로 압력추출장치(Pressure Extractor)가 있는데, 이 장치는 그림 4.16과 같다.

| 그림 4.16 | 압력추출장치(Pressure Extractor)

측정원리는 모세관 압력에 해당하는 양(+) 압력을 걸어주면 토양 내 물이 빠져나오게 되는데, 그 때의 함수량과 양 압력의 역에 해당하는 부압이 그 함수량에 해당하는 모세관 압력이 된다. 이 과정을 여러 차례 반복하여 함수량 변화에 따른 모세관 압력을 나타내는 물보유함수를 측정하는 장치이다. 공기 유입값(air entry value)이나 잔여함수량(residual water content) 근처에서 물보유함수의 비선형도가 매우 크기 때문에 함수량에 따른 모세관 압력을 정확히 실측하는 것이 필요하지만 실험을 통하여 측정하기가 매우 어려운 값들이다.

(3) 이력현상

모세관 압력수두와 함수량의 관계로 설명되는 물보유함수 곡선은 포화된 시료에서 시작하여 모세관 압력수두가 점차 증가함에 따른 함수량의 변화를 표시한 것인데, 이때 함수량과 모세관 압력수두의 관계에서 이력현상(hysteresis)이 발생한다.

이력현상이란 함수량이 감소하는 경우, 즉 건조 조건에서 물보유함수 곡선과 함수량이 증가하는 습윤조건에 따른 물보유함수 곡선이 다르게 나타나는 현상을 의미한다. 그림 4.17는 전형적인 사질토양의 이력현상을 보여주고 있는데, 위에 위치한 곡선은 건조과정에서 생성되는 물보유함수 곡선이며, 아래에 위치한 곡선은 습윤과정에서 생성되는 물보유함수 곡선이다. 따라서 물보유함수 곡선을 이용하여 측정된 모세관 압력수두에 따른 토양 내 함수량을 추정하기 위하여 시료의 과거 함수량 이력을 알고 있어야 한다.

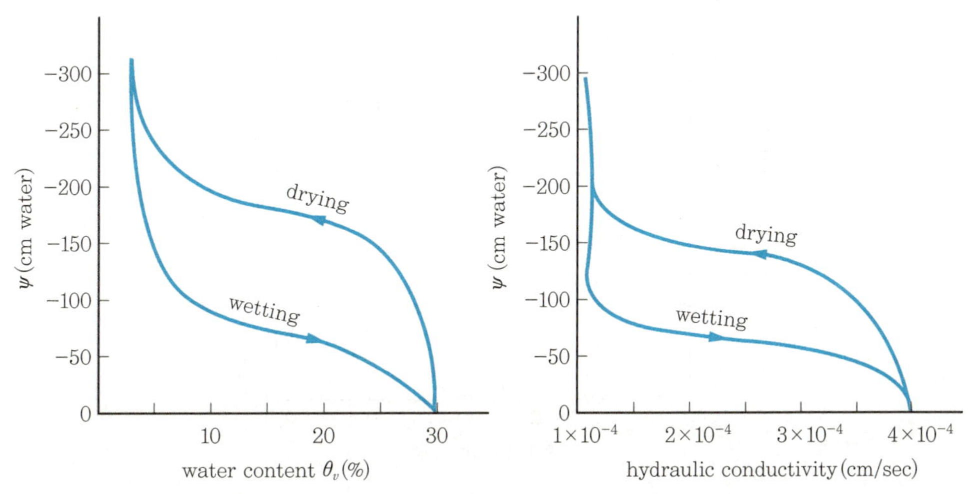

| 그림 4.17 | 이력현상에 따름 물보유함수와 비포화 투수계수

4.5.5 비포화 투수계수

(1) 함수량 변화에 따른 비포화 투수계수 특성

비포화 흐름은 포화 상태의 흐름과는 달리 함수량에 따라 투수계수가 비선형적으로 변하는 특성을 가지고 있다. 그림 4.18은 함수량에 따른 모세관 압력의 변화와 비포화 투수계수의 비선형성을 보여주고 있다. 비선형 계수를 포함하는 비포화 흐름의 거동이 수학적으로나 물리학적으로 훨씬 복잡하며 여기에 비포화 흐름이 존재하는 영역이 비균질한 토양이라면 비포화 흐름의 예측은 더욱 어려워진다.

비포화 투수계수는 비포화 흐름방정식을 해석하는데 있어 가장 기초가 되는 자료인데 비포화 투수계수를 직접 측정하는 것은 많은 시간과 비용이 요구될 뿐 아니라 측정 절차도 매우 까다롭다.

이러한 문제를 해결하기 위하여 상대적으로 쉽게 측정할 수 있는 물보유함수와 포화 투수계수를 이용하여 비포화 투수계수를 추정하는 모형들이 여러 연구자들에 의하여 제안되었다. 물보유함수를 추정하기 위하여 많이 사용되는 식은 표 4.4의 Brooks-Corey식(1964)과 van Genuchten식(1980)인데 이 두 식은 각기 장단점을 가지고 있다. 물리적인 관점에서 볼 때 포화함수량 상태에 있는 다공성 매질에서 물이 배수되려면 일정한 압력(ψ_{ae}) 이하로 떨어져야 하므로 Brooks-Corey

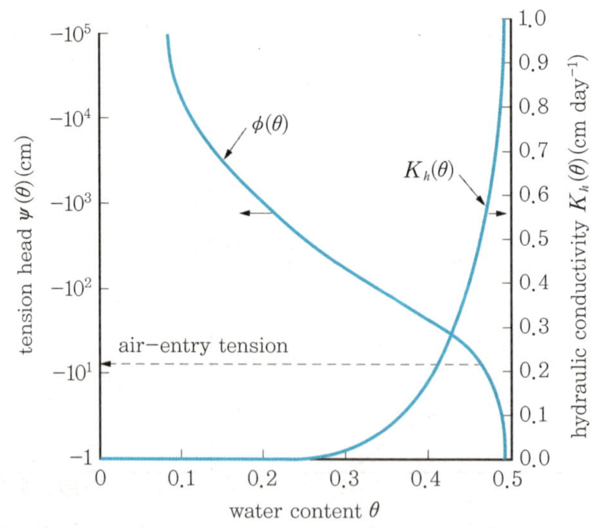

| 그림 4.18 | 함수량에 따른 비포화 투수계수

■ **표 4.4** 물보유함수와 비포화 투수계수 추정식*

Author(s)	Water Retention Function	Hydraulic Conductivity
Brooks & Corey(1964)	$S=\left(\frac{\psi}{\psi_{ae}}\right)^{-\lambda}$	$K_r=\left(\frac{\psi}{\psi_{ae}}\right)^{-n}, \psi \le \psi_{ae}$ $K_r=1, \psi \ge \psi_{ae}$
van Genuchten(1980)	$S=\frac{1}{(1+\lvert a\psi \rvert^{n})^{m}}$ $m=1-\frac{1}{n}$	$K_r=S^{\frac{1}{2}}\left(1-\left(1-S^{\frac{1}{m}}\right)^{m}\right)^{2}$

* w=모세관 압력수두(capillary pressure), ψ_{ac}=공기 유입값(air entry value), θ=함수량(water content), θ_s=포화함수량(saturated water content), $S=\frac{\theta-\theta_r}{\theta_s-\theta_r}$=유효포화도(effective degree of saturation), $K_r=\frac{K}{K_s}$=상대투수계수(relative hydraulic conductivity), K=투수계수(hydraulic conductivity), K_s=포화투수계수(saturated hydraulic conductivity), a, b, n, m=경험상수

식이 이러한 물리적 현상을 잘 설명해 주지만, 실험으로 ψ_{ae}를 측정하기가 상당히 어려우며 특히 ψ_{ae}에서 함수보유능력 $C(\psi)$의 불연속이 발생하므로 수치해석에 사용할 경우 ψ_{ae} 근처에서 적절한 가정을 도입하여야 한다. 반면 van Genuchten식은 모든 모세관 압력수두 구간에서 $C(\psi)$가 연속이므로 수치해석시 효율적이다. 이러한 이유로 van Genuchten식이 발표된 후 많은 연구자들이 이를 이용하여 비포화 흐름과 관련된 제반 문제들을 해석하고 있다.

표 4.5는 대표 토양의 포화 투수계수 및 van Genuchten식의 매개변수를 보여주고 있으며, 그림 4.19은 사질토와 모세관 압력에 대한 비포화 투수계수를 보여주고 있다.

■ **표 4.5** 대표적인 토양의 포화 투수계수 및 van Genuchten 모형의 매개변수(Carsel & Parrish, 1988)

토양의 종류	포화 투수계수 K_s(cm/day)	포화함수량 θ_s	α	n
Sand	712.80	0.43	0.145	2.68
Loamy Sand	350.08	0.41	0.124	2.28
Sandy Loam	106.08	0.41	0.075	1.89
Loam	24.96	0.43	0.036	1.56
Silt	6.00	0.46	0.016	1.37
Silt Loam	10.80	0.45	0.020	1.41
Sandy Clay Loam	31.44	0.39	0.059	1.48
Clay Loam	6.24	0.41	0.019	1.31

표 4.5 계속

토양의 종류	포화 투수계수 K_s(cm/day)	포화함수량 θ_s	α	n
Silty Clay Loam	1.68	0.43	0.010	1.23
Sandy Clay	2.88	0.38	0.027	1.23
Silty Clay	0.48	0.36	0.005	1.09
Clay	4.80	0.38	0.008	1.09

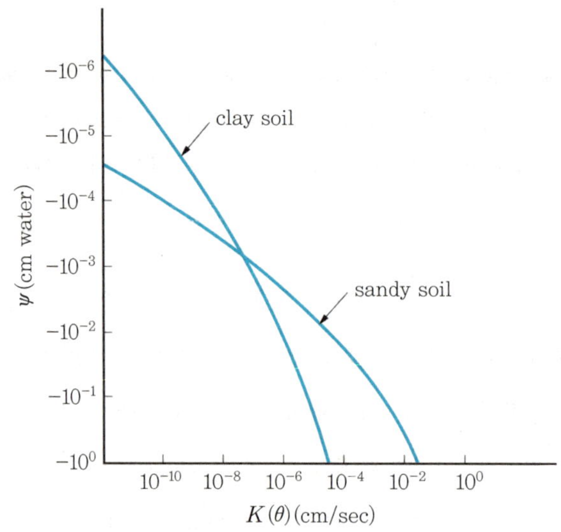

| 그림 4.19 | 사질토와 점토의 모세관 압력에 대한 비포화 투수계수 특성

4.6 비포화 흐름 기본방정식

4.6.1 Richards 방정식

포화 흐름의 기본방정식은 제4장에서 소개된 바와 같이 연속방정식과 Darcy의 법칙을 이용하여 설명할 수 있다. 비포화 흐름에서는 함수량에 따라 투수계수($K(\theta)$)와 흐름 potential($H=\psi+z$)이 변하므로 이를 고려하면 비포화 흐름에 대한 기본방정식을 식 (4.61)과 같이 정리할 수 있다.

$$\frac{\partial \theta}{\partial t} = \nabla[K \nabla H]$$

$$\frac{\partial \theta}{\partial t} = \nabla[K(\theta)\ \nabla(+z)] \tag{4.61}$$

수평 방향의 비포화 흐름방정식은 식 (4.62)와 같으며, 수직 방향의 방정식은 식 (4.63)과 같다.

$$\frac{\partial \theta}{\partial t} = \frac{\partial}{\partial x}\left(K(\theta)\ \frac{\partial \psi}{\partial x}\right) \tag{4.62}$$

$$\frac{\partial \theta}{\partial t} = \frac{\partial}{\partial z}\left(K(\theta)\ \frac{\partial \psi}{\partial z}\right)+\frac{\partial K(\theta)}{\partial z} \tag{4.63}$$

앞에서 설명한 바와 같이 모세관 압력수두는 함수량의 함수이므로 $\psi=\psi(\theta)$이며, 또한 이의 편미분도 함수량의 편미분으로 다음과 같이 표시할 수 있다.

$$\frac{\partial \psi}{\partial x} = \frac{\partial \psi}{\partial \theta} \cdot \frac{\partial \theta}{\partial x} \tag{4.64}$$

이 관계를 식 (4.62)와 식 (4.63)에 대입하면 다음과 같은 식을 얻는다.

$$\frac{\partial \theta}{\partial t} = \frac{\partial}{\partial x}\left(D(\theta)\ \frac{\partial \theta}{\partial x}\right) \tag{4.65}$$

$$\frac{\partial \theta}{\partial t} = \frac{\partial}{\partial z}\left(D(\theta)\ \frac{\partial \theta}{\partial x}\right)+\frac{\partial K(\theta)}{\partial z} \tag{4.66}$$

여기서 $D(\theta)=K(\theta)\ \frac{d\psi}{d\theta}$이며 확산계수(diffusivity)라고 칭한다. 식 (4.65)와 식 (4.66)을 종속변수가 함수량인 비포화 흐름 기본방정식 또는 Richards 방정식이라고 한다.

4.6.2 다른 형태의 방정식

Richards 방정식은 크게 종속변수가 모세관 압력수두(ψ－based form)인 방정식과 종속변수가 함수량(θ－based form)인 방정식 그리고 종속변수가 모세관 압력수두와 함수량인 혼합형(mixed form)으로 나눌 수 있다.

$$C(\psi)\frac{\partial \psi}{\partial t}-\frac{\partial}{\partial z}\left(K(\psi)\ \frac{\partial \psi}{\partial z}\right)-\frac{\partial K(\psi)}{\partial z} = 0 \tag{4.67}$$

$$\frac{\partial \theta}{\partial t}-\frac{\partial}{\partial z}\left(K(\psi)\ \frac{\partial \psi}{\partial z}\right)-\frac{\partial K(\psi)}{\partial z} = 0 \tag{4.68}$$

여기서 $C(\psi)\left(=\frac{d\theta}{d\psi}\right)$는 단위 모세관 압력수두 변화에 의한 함수량의 변화를 나타내는 함수보유능력(water capacity), $D(\theta)\left(=K(\theta)\frac{d\psi}{d\theta}\right)$는 일정한 함수량에서의 비포화 토양수 확산계수(unsaturated diffusivity), θ는 함수량(volumetric water content), ψ는 모세관 압력수두, $K(\psi)$, $K(\theta)$는 비포화 투수계수, t는 시간, z는 연직하 방향의 깊이를 의미한다. Hills *et al.*(1989), Celia *et al.*(1990) 등에 의하면 매우 건조한 흙에 대한 침투 문제에서 모세관 압력수두를 종속변수로 사용할 경우 초기함수량에 민감하여 수치해의 불안정을 가져올 뿐만 아니라 질량평형(mass balance)에 상대적으로 큰 오차를 발생시키는 단점이 있다고 하였다. 한편 포화함수량 가까이에서 함수보유능력(C)은 비포화 토양수 확산계수(D)에 비해 함수량에 대해 덜 민감하고, 물보유함수에서 공기유입값(ψ_{ae})이 잘 발달한 경우는 $\psi > \psi_{ae}$인 영역에서 함수량을 ψ와 관계없이 포화함수량으로 표현하고 있다. 따라서 식 (4.63)은 포화-비포화 흐름이 결합된 문제와 층형으로 이루어진 비포화 영역의 해석에는 안정적이라는 장점을 가진다. 식 (4.62)는 함수량을 종속변수로 사용하는 경우로, 함수량이 크면 흐름 해석시 수치해의 불안정이 발생하며 특히 여러 층으로 이루어진 매질에서 함수량의 불연속이 발생하는 단점이 있다. 이러한 장단점을 보완하기 위하여 Celia *et al.*(1990)은 식 (4.68)과 같은 혼합형(mixed) Richards 방정식을 제안하였다.

4.7 침투

4.7.1 자연토양에서 물의 상태

자연토양 내 물의 분포 상태를 설명하기 위하여 함수량과 모세관 압력의 분포를 깊이별로 표현하면 이해가 쉽다. 개략적인 깊이별 분포는 그림 4.20와 같다.

그림과 같이 식물의 뿌리 등이 있는 식생영역(root zone), 전이영역(intermediate zone), 모세관 압력에 의하여 포화대의 물이 상승해 있는 모관수대(capillary fringe), 그리고, 완전 포화력 상태로 존재하는 포화대(saturated zone)로 나눌 수 있다. 식생영역은 광합성 과정 중 식물의 뿌리가 수분을 흡수하는 영역으로 지표면과 맞닿아 있다. 일반적으로 함수량은 잔유함수량보다는 큰 값을 유지하고 있으며, 특히 습지 같은 곳이나 강우시 완전 포화 상태로 존재한다. 전이영역은 지표면의 수분이 침투된 후 포화대로 이송되는 과정에 놓인 영역으로 일반적으로 토양보습능보다는 큰 함수량을 가지고 있으며, 모세관 압력은 공기 유입값보다는 큰 값을 갖는다. 이 지역의 모세관 압

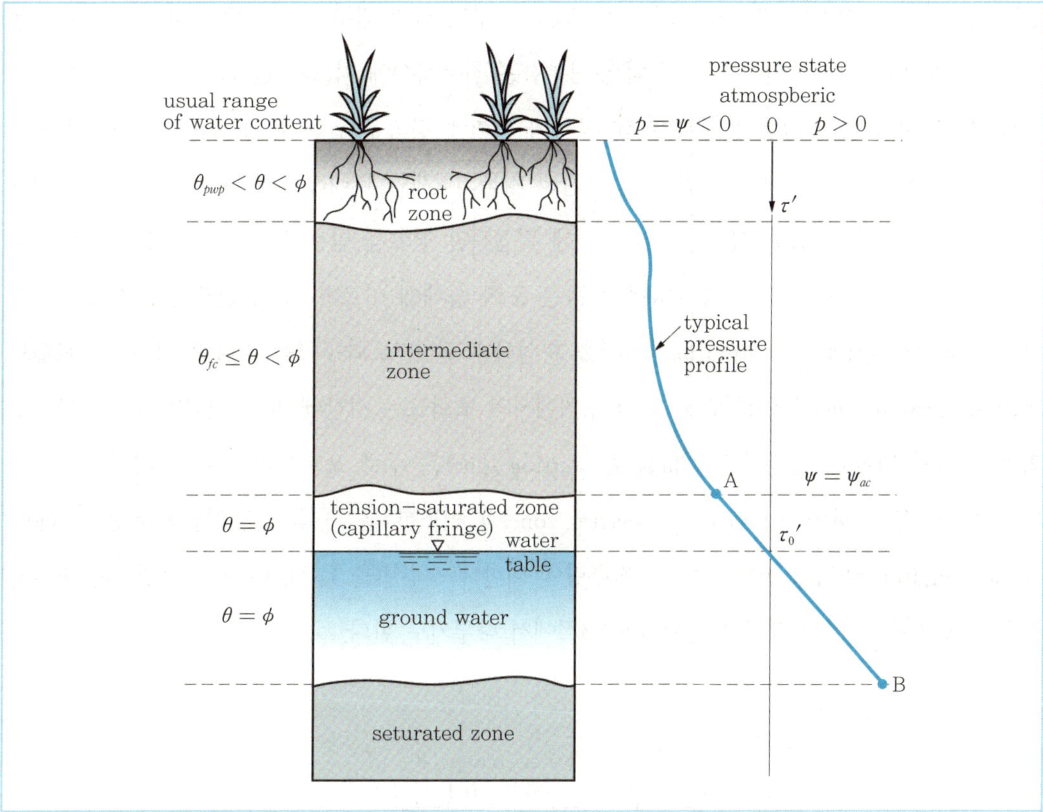

| 그림 4.20 | 토양깊이별 모세관 압력의 분포특성

력은 토양의 종류나 함수량에 의하여 영향을 받는다. 모관수대는 포화대 바로 위에 위치하며 물의 표면장력에 의해 부압을 가지지만 포화된 상대로 존재한다. 모관수대의 높이는 그 토양의 공기 유입량과 같은데, 점토의 경우 수 미터에 달하며 굵은 모래의 경우는 거의 무시할 만하다.

4.7.2 침투과정

물은 중력과 표면장력에 의한 모세관 현상으로 인하여 흙의 표면으로부터 침투하게 된다. 이 두 가지 힘은 물을 수직 및 수평 방향으로 움직이게 하는데 주요 역할을 담당하게 되며 주로 큰 공극에서의 물의 수직 움직임은 중력에 의하여 작은 공극에서의 물의 이동은 모세관 현상에 의하여 이루어진다. 물이 계속 수직 방향으로 이동함에 따라 흙은 포화 상태에 이르게 되며, 따라서 모세관 현상에 의한 물의 이동은 점차 약화되며 중력이 큰 역할을 하도록 된다. 중력에 의한 물의 이동은 점점 공극이 포화됨으로써 저항이 커지며, 또한 흙의 표면은 작은 입자에 의하여 표면의 공극을 매몰시키는 결과를 초래하여 표면으로부터 물의 침투량은 시간에 따라 감소하게 된다. 흙이 완전히 포화 상태에 이르게 되면 침투량은 침투계수에 이르게 된다.

흙 표면에서의 물의 침투는 공극률 및 공극의 크기에 영향을 받는다. Hagen Poiseuille에 의한 작은 관에서의 흐름 해석에 의하면 흐름은 관의 지름의 4제곱에 비례하므로 이와 유사한 흙 표면에서의 침투현상에서 침투량은 공극의 크기에 직접적인 영향을 받는다. 그림 4.21에서 보는 바와 같이 강우가 침투량을 초과하면 지표에서 흙은 포화 상태에 이르며, 포화 상태는 수직으로 이동하여 포화구역(飽和區域, saturation zone)을 형성하게 된다. 포화구역을 지나면 이동구역(移動區域, transmission zone)에 이르게 되며 이 구역에서의 포화도는 시간에 따라 변하며 점점 100% 포화에 가깝게 변한다. 습윤구역(濕潤區域, wetting zone)은 주로 포화도가 깊이에 따라 급격하게 변하는 구역을 말하며, 이 습윤구역(wetting zone)과 건조한 흙 사이의 경계를 습윤전선(濕潤前線, wetting front)이라고 한다. 이러한 침투량에 대한 측정방법을 3.3절에서 서술하였으며, 침투량 공식은 총 강수 중 손실량의 차원에서 5.2.3절에서 다루기로 한다.

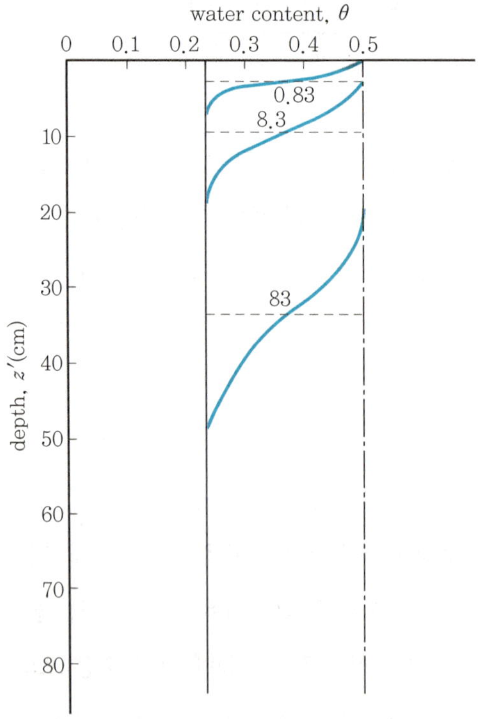

| 그림 4.21 | 시간에 따른 침투의 진행과정

참고문헌

Bresler E, Hanks RJ (1969) "Numerical method for estimating simultaneous flow of salt and water in unsaturated soil," *Soil Science Society of America Journal* 33, 832−840.

Bresler E (1973) "Simultaneous transport of solutes and water under transient unsaturated flow conditions," *Water Resources Research* 9, 975−986.

Brooks RH, Corey A (1964) "Hydraulic properties of porous media and their relation to drainage design," *Transactions of the American Society of Agricultural Engineers* 7, 26−28.

Driscoll FG (1986) *Groundwater and Wells: St*, Johnson Division.

Carsel RF, Parrish RS (1988) "Developing joint probability distributions of soil water retention characteristics," *Water Resources Research* 24, 755−769.

Celia MA, Binning P (1992) "A mass conservation numerical solution for two-phase flow in porous media with application to unsaturated flow," *Water Resources Research* 28, 2819−2828.

Celia MA, Bouloutas ET (1990) "A general mass conservative numerical solution for the unsaturated flow equation," *Water Resources Research* 26, 1483−1496.

Cooper H, Jacob CE (1946) "A generalized graphical method for evaluating formation constants and summarizing well field history," *American Geophysical Union Transactions* 27, 526−534.

Davis LA, Neuman SP (1983) *Documentation and User's Guide: UNSAT2-variably Saturated Flow Model*, U. S. Nuclear Regulatory Commission.

Hills RG, Porro I, Hudson DB, Wierenga JP (1989) "Modeling one dimensional infiltration into very dry soils: I. Model development and evaluation," *Water Resources Research* 25, 1259−1269.

Lappala EG, Healy RW, Weeks EP, (1987) *Documentation of Computer Program VS2D to Solve the Equations of Fluid Flow in Variably Saturated Porous Media*, United States Geological Survey.

Nielsen DR, Van Genuchten MT, Biggar JW (1986) "Water flow and solute transport processes in the unsaturated zone," *Water Resources Research* 22, 89~108.

Simunek J, Vogel T, Van Genuchten MT, (1992) *SWSM-2D Code for Simulating Water Flow and Solute Transport in Two Dimensional Variably Saturated: Version 1.1*, United States Department of Agriculture.

Theis C (1935) "The relation between lowering of piezometric surface and the rate and duration of discharge of a well using groundwater storage," *American Geophysical Union Transactions* 16,

519~524.

Toth JA (1962) "A theory of groundwater motion in small drainage basins in central Alberta, Canada," *Journal of Geophysical Research* 67, 4375−4387.

Van Genuchten MT (1980) "A closed form equation for predicting the hydraulic conductivity of unsaturated soils," *Soil Science Society of America Journal* 44, 892−898.

Voss CI (1984) *Saturated unsaturated transport (SUTRA)*, United States Geological Survey.

Wang HF, Anderson MP (1982) *Introduction to Groundwater Modelling*, WH Freeman and Company.

연습문제

(*는 필수 문제)

1 흙 1m^3에 대하여, 공극률이 0.4라고 가정한다면 이 흙 중의 고체의 부피는 얼마가 되는가? 또한 공극비는 얼마인가?

2 예제 4.1에서와 같은 흙에 대하여 포화도가 60%라고 한다면, 함수량은 얼마가 되겠는가?

3* Darcy는 본인의 실험에서 일정량의 물을 연속적으로 주입하면서 튜브의 출구에서도 동일한 양의 물이 나올 때까지 기다렸다. 그 이유는 무엇일까?

4* 대수층을 구성하는 모래입자의 중앙 입경이 $d_{50}=0.05\text{cm}$이다. 물의 밀도가 $p=1{,}000\text{kg/m}^3$이고, 점성계수가 $\mu=1.14\times10^{-2}\text{g/cm/sec}$일 때, Darcy 법칙이 적용될 수 있는 최대 유속을 구하여라 (Reynolds 수 $R<10$으로 가정).

5 $K=2.66\times10^{-11}\text{cm}^2$일 때, 투수계수를 구하여라. 단, 물의 밀도는 $\rho=1\text{g/cm}^3$이고, 점성계수는 $\mu=1.14\times10^{-2}\text{g/cm/s}$이다.

6* 그림과 같이 압력을 받는 지하수층에서 일정한 Q로 양수하여 h_2가 일정하게 유지되었다고 할 때, 단위 폭당 Q를 구하는 공식을 유도하여라.

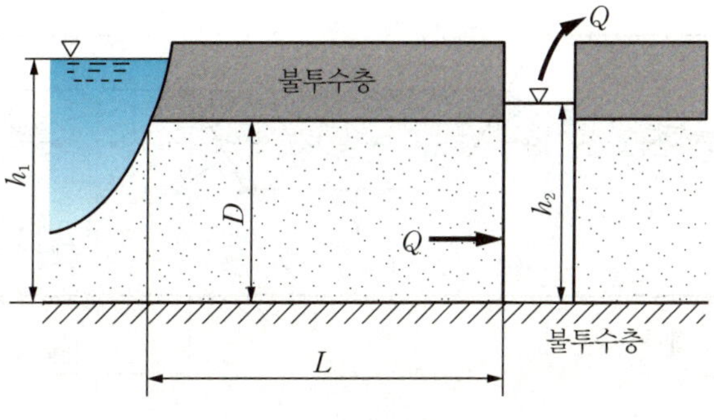

7 문제 6에서 만일 h_2가 지하수층의 두께 D보다 작다고 할 때(즉, 상부 불투수층 밑으로 내려갔을 때), Q를 구하는 공식을 유도하여라.

8 그림과 같은 지하수층에서 A와 B점 사이의 단위폭당 유량이 0.02m^3/hr/m라고 할 때, 투수계수 K와 전달계수 T를 구하여라.

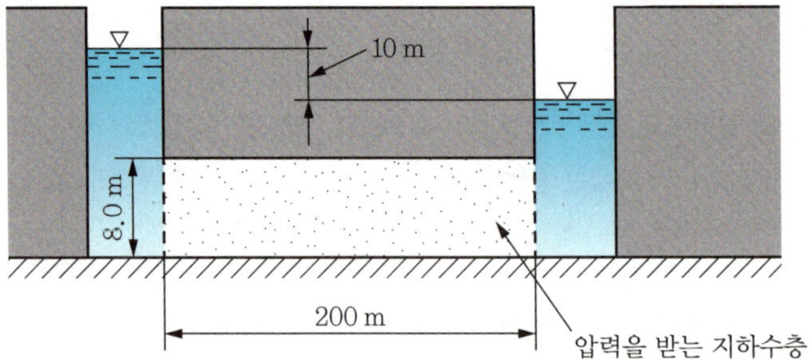

9 앞의 문제에서 지하수층의 공극률이 25%였다면, 지하수의 실제 유속은 얼마인가?

10 하천의 수위(水位)가 지하수의 수위보다 높은 경우, 하천의 물은 지하수층으로 유출된다. 그림과 같은 경우, 하천으로부터 지하수로 보충되는 수량은 얼마나 되겠는가? 하천의 단위 길이에 대한 유량을 구하여라. 지하수층의 투수계수 K=3.0m/day이다.

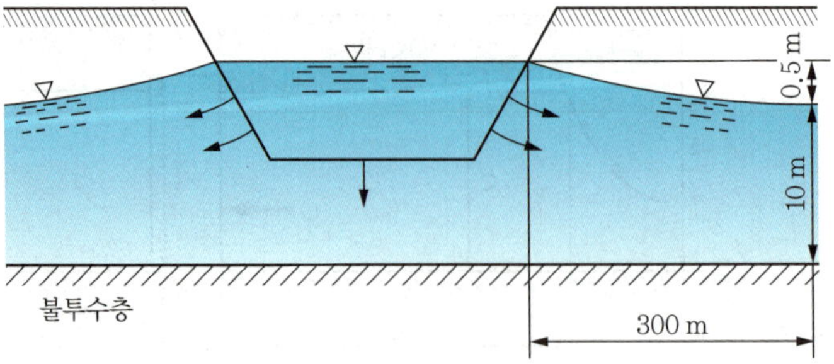

11 지하수층의 투수계수를 결정하기 위하여 tracer를 이용하여 두 관측정(觀測井) 사이의 도달 시간을 측정하였다. 두 관측정의 거리가 30m일 때 tracer의 도달 시간이 4시간이었으며 두 관측정의 수위(水位) 차이는 50cm였다. 지하수층의 공극률이 14%였다면 투수계수 K는 얼마인가?

12* 피압대수층의 투수계수를 측정하기 위하여, 시험정을 만들어 4l/s의 물을 계속적으로 양수하였더니 이 시험정에서 20m와 40m 떨어진 지점의 수위가 각각 8cm, 30cm로 하강하였다. 대수층의 두께가 10m라고 할 때, 투수계수를 구하여라.

13 피압대수층에 설치된 관정이 0.031m^3/s의 양수율로 양수된다. 관정수위가 85.5m로 일정하게 유지될 때, 10.4m 거리에 설치된 관측정의 수위는 86.5m였다. 전달계수를 구하여라.

14 지름이 30cm인 관정에서 0.20m^3/sec의 유량으로 양수한 결과 관정 중심으로부터 각각 20m 및 45m 떨어진 관측정의 수위가 3.5m 및 2.5m 강하한 후 일정하게 유지되었다고 한다. 자유수면을 가진 이 지하수층의 초기 수위가 30m라고 할 때, 지하수층의 투수계수 K와 관정에서의 수위 강하는 얼마인가?

15 자유수면을 가진 지하수층에 설치된 관정에서 양수할 경우 수면은 강하된다. 이 수면이 강하되는 범위를 영향권(cone of influence)이라 하며, 보통 지하수층의 영향권은 반지름 130m 정도라고 한다. 만일 관정의 반지름을 15cm에서 2배 및 3배로 크게 하였을 때, 양수량은 얼마나 커지겠는가? 관정에서의 수위는 일정하다고 한다.

16* 비피압대수층에서 불투수층이 지표 하 20m의 곳에 있고, 양수 전의 지하수위는 지표 하 4m의 곳에 있었다. 이 대수층에 지름 2.2m의 관정을 파고 $Q=0.025\text{m}^3/\text{sec}$의 물을 양수할 때 관정 수위는 지표로부터 어느 깊이가 되는지 계산하여라. 단, 투수계수는 $K=0.18\text{cm/sec}$, 영향권의 반지름은 $r=1{,}500\text{m}$로 한다.

17 자유수면을 가진 지하수층에 설치된 관정에서 $Q=5{,}027\text{m}^3/\text{day}$로 양수를 하였다고 한다. 지하수층의 전달계수 $T=2{,}000\text{m}^2/\text{day}$이고, 지하수 비생수량 $S=0.160$이라고 할 때 50m, 100m, 200m 떨어진 관측정에서의 수위강하를 시간 $t=0.025$, 0.1, 0.25, 1, 2.5, 10, 25, 100day에서 계산하여라. 만일, 정상 상태 방법에 의하여 T를 계산한다면 관측정의 거리는 어느 것이 최적인가를 검토하여라.

18* 관정으로부터 100m 떨어진 관측정의 수위를 측정한 결과, 다음과 같았다. Theis 방법에 의하여 T와 S를 구하여라. 관정의 양수량은 $Q=5027\text{m}^3/\text{day}$였다.

시간(day)	0.025	0.1	0.25	1	2.5	10	25	100
수위강하 S(m)	0	0.010	0.062	0.244	0.406	0.670	0.852	1.128

19 양수량 $Q=1{,}500\text{m}^3/\text{day}$인 관정으로부터 15m 떨어진 관측정의 수위 강하를 측정하였더니 다음과 같았다. Jacob방법을 사용하여 지하수층의 T와 S를 구하여라.

시간(min)	30	50	70	90	120	150	200	400	600	900
수위강하(m)	1.98	2.74	3.35	3.78	4.30	4.69	5.18	6.46	7.19	7.92

20 장마로 인하여 하천의 수위가 표고 19.5m까지 상승한 후, 한동안 이 수위를 유지하다가 장마가 끝남으로써 수위는 다시 표고 12.3m으로 감소하였다고 한다. 유역의 물 수지 계산을 하기 위하여 20일 동안 주변의 지하수층으로부터 하천으로 유입되는 지하수 양의 계산이 필요하다. 지하수층의 $T=1.0\text{m}^2/\text{min}$, 지하수 저류계수 $S=0.1$이라고 할 때, 하천 주변의 지하수층으로부터 유입되는 하천단위 길이당 지하수 유입량을 구하여라.

21 토양에 장력계(tensiometer) 2개를 설치하였다. 장력계 A의 위치가 지하 20cm, 장력계 B가 지하 60cm에 설치되어 있고, 장력계의 기록이 다음과 같을 때 각 위치의 총 수두를 계산하고 물이 흐르는 방향을 설명하여라.

날짜	3월 5일	3월 12일	3월 19일	3월 26일	4월 5일
장력계 A의 $\lvert\psi\rvert$	123	106	84	211	20
장력계 B의 $\lvert\psi\rvert$	45	51	65	180	6

22 표 4.5의 대표적인 토양의 포화 투수계수 및 van Genuchten 모형의 매개변수 자료를 이용하여 각 토양의 물보유함수와 비포화 투수계수를 그래프로 표시하여라.

23 공극률이 0.4인 사질토로 이루어진 나대지에 설치된 관측정을 통하여 지하수위를 측정한 결과 지표면으로부터 6m 지점에 지하수위가 존재하는 것을 확인하였다. 초기함수량이 0.21일 경우 50mm의 강우가 1시간 동안 내렸을 경우 시간대별 토양의 깊이 방향의 함수량의 변화를 그림으로 설명하여라.

수문학 인물사 4 Henry Darcy(1803~1858)

Henry Darcy는 1803년 6월 10일 프랑스의 Dijon에서 태어났다. 그의 아버지 Jacques Lazare Gaspard는 하급 공무원으로 세금을 걷는 수금원이었으나 Darcy가 14세인 1817년에 죽었다. 그의 어머니 Agathe Angelique Serdet Rose는 Darcy와 남동생의 교육을 위해 보험회사에서 일하여 아들들이 대학에 가는데 전력을 다하였으며 Henry Darcy의 동생 Hugues는 훗날 저명한 장관이 되었다.

1821년에 18살의 Darcy는 파리에 있는 L'Ecole Polytechnique에 입학하게 되었고 2년 후에는 파리의 L'Ecole des Ponts et Chaussee's(School of Bridges and Roads)로 진학하였다. 그는 졸업 후 Dijon에 있는 부대에 배정받았으며 1828년 Henriette Carey와 결혼하여 그가 죽을 때까지 함께 했으나 아이는 없었다.

1828년에 Darcy는 물을 찾아 깊은 관정을 파는 임무를 맡게 되었지만 도시에 충분한 물을 공급할 수는 없었다. 그러나 그는 깨끗하고 신뢰할만한 물을 찾기 위해 꾸준히 노력했고 그러한 노력 끝에 결국은 Porte Guillaume 주위에 위치한 5,700m^3 용량의 저수지와 Montmusard에 있는 저수지로 물을 운반하는 시스템을 만들어내게 되었다. 전체 28,000m의 압력이 일정하게 유지된 라인(pressurized distribution lines)이 지하에 묻히게 되었고 건물은 물론 100m 간격으로 도시 거리에 있는 142개의 소화전에 물이 공급되었다.

1848년까지 Darcy는 Côte-d'Or 부문의 대표 기술자였으나, 정치적 압력 때문에 Dijon를 떠나게 되었다. 그러나 그는 곧 파리에서 물과 포장도로를 위한 고위급 지도자로 임명되었다. 그는 pipe 안에서의 flow와 friction losses에 대해 연구하여 Darcy-Weisbach equation의 기본적인 틀을 마련하였다. 또한 Pitot tube의 디자인에 대해서 연구하였으며 처음으로 유체의 흐름에서 boundary layer의 존재를 제시하였다.

1855년에 건강이 나빠짐에 따라 그는 직장에서 사직하고 자신의 연구에 성과를 거두기 위해 Dijon로 돌아왔다. 1855년과 1856년에 그는 모래에서의 흐름에 대해 연구하여 Darcy's law를 발표하여 훗날 지하수 분야에서 가장 기초가 되는 이론을 제공한 학자로 이름을 남겼다.

Darcy는 1858년 1월 3일 파리여행 도중 예기치 않은 폐렴으로 숨지게 되었고 Dijon시에 아내와 어머니 옆에 묻혔다.

제5장 유출(Runoff)

5.1 유출 현상

5.2 초과우량

5.3 유출도

5.4 도달시간

미리 생각하기 5

'미리 생각하기' 질문은 이 책의 각 장을 읽기 전 배경 지식 없이 창의적으로 고민해 보자는 의도에서 기획되었습니다. 각 질문마다 최소 10분 이상 아무런 자료 없이 스스로 생각해 본 후, 인터넷 검색 등으로 관련 자료를 찾아 보완해 봅시다. 대부분 고정된 정답이 없으므로 완결성보다는 자기주도형 창의적 답변이 중요합니다.

5.1 유출 현상

동일한 형태의 강우가 도시와 농촌 지역에 각각 내렸다고 가정해봅시다. 이 강우로 인한 두 지역에서 물의 흐름(즉, 유출)은 근본적으로 어떻게 다를까요?

5.2 초과우량

마른 흙으로 채워진 매우 긴 화분에 물을 주다가 1분도 안되어 옆으로 눕혔다고 하자. 화분이 투명하다고 했을 때 젖은 면(wetting front)이 퍼져 움직이는 속도는 눕히기 전후에 어떻게 달라질까요? 근사적으로 속도의 추정이 가능한가요? 점토와 모래 중 어떤 흙에서 속도가 클까요? 속도를 결정하는 요인을 모두 생각해 봅시다.

5.3 유출도

상승과 하강 곡선이 3개 이상 포함된 시단위 유량곡선을 구해서 그려봅시다. 상승과 하강곡선의 모양은 어떻게 다른가요? 서로 다른 지역이나 계절의 유량곡선을 3개 구해서 차이가 있는지도 살펴봅시다.

제5장

유출

유출(流出, flow 또는 runoff)[*1]이란 지상으로 떨어진 강수의 일부분이 지표 또는 하천으로 흐르는 과정을 말한다. 유출은 물의 순환 과정 중에서 지표수(surface water)와 가장 밀접한 연관을 갖는데, 지표수는 인간이 가장 손쉽게 취득할 수 있는 수자원으로 인류 문명이 하천에서부터 시작된 것은 자연스러운 현상인 것이다. 유출의 결과인 하천의 유량은 물이 수자원으로 이용되는 가장 중요한 공급처이기도 하면서 또한 물의 과부족(過不足)에 따라 인간 생활에 가장 큰 피해를 주는 요소이기도 하다. 따라서 수문학 연구의 많은 부분은 유출에 따른 지표수의 양을 정확하게 예측할 수 있는 방법을 찾는 것과 관련되어 있으나 이는 여간 어려운 일이 아니다.

유출은 강우에 대한 유역의 반응이라고 할 수 있다. 강우가 유역에 발생하면 흙의 종류, 토지의 이용 상태, 흙의 피복(被覆) 상태, 흙의 함수(含水) 상태 등에 따라 지표면으로 흐르는 유출량이 결정되며, 이 유출량의 시간적 분포는 유역의 크기, 하천의 상태 등에 따라 결정된다. 따라서 유출은 강우에 대하여 유역의 모든 요소가 작용한 최종 결과라고 할 수 있겠다. 이러한 복잡한 반응의 결과를 해석하기 위하여 많은 수문학자들은 수학적, 통계적, 경험적 방법을 사용하고 있다.

본 장에서는 주로 유출 현상, 강우도(rainchart)와 유출도(hydrograph), 초과우량(excess rainfall) 산정법, 유수(流水)의 도달시간(time of concentration) 등을 개념적이고 물리적인 의미를 위주로 기술하기로 한다. 유출 계산을 위해서는 이러한 이론들이 총제적으로 입력될 수 있는 (강우유출) 모형이 필요한데, 이는 9.3절에서 다루기로 한다.

*1 그림 5.1에 있는 유출의 구성 중 지표수유출의 경우 surface flow와 surface runoff가 병행되어 사용되어 왔지만, 복류수유출, 지하수유출, 기저유출의 경우는 flow란 원어만 주로 사용되었기 때문에 여기서는 통일성을 기하기 위해 원어를 flow로 표기하였다.

5.1 유출 현상

5.1.1 유출 성분

유출이란 강우가 지상에 도달하여 지표 또는 지표하로 흐르는 현상을 말한다. 강우가 지상에 도달하기까지 낙하 도중의 증발, 식물 등에 의한 차단 등에 의하여 강우의 일부는 손실이 되며 나머지는 지상에 도달하게 된다. 지상에 도달한 강우는 다시 흙의 흡수 능력, 즉 침투능(浸透能, infiltration capacity)에 따라 지표수유출(地表水流出, overland flow 또는 surface flow)의 발생 여부가 결정된다. 흙의 침투 능력이 강우강도(rainfall intensity)보다 크게 되면 모든 강우는 침투되기 때문에 지표수유출은 발생하지 않지만, 강우강도가 흙의 침투 능력보다 크게 되면 침투량을 제외한 나머지 강우는 지표로 흐르게 되어 지표수유출이 발생한다. 지표에서의 흐름은 수심이 2~3cm의 얇은 층의 흐름이므로 보통 이를 면상(面狀)흐름(sheet flow)이라고 하며, 이 흐름은 층류(層流, laminar flow)의 특성을 갖는다. 지표의 흐름은 점차 하류로 흐르면서 수로를 형성하게 되고 수로(水路, channel)는 다시 모여 큰 수로를 형성하여 결국에는 하천을 통하여 바다로 흐르게 된다.

또한 지하로 침투된 물은 흙의 공극(空隙)을 채우고, 공극 내의 물은 수평 및 수직으로 움직이게 된다. 공극 내의 물의 수평 움직임은 수두경사(水頭傾斜, head slope)에 의하여 지표로 나와 지표수유출과 합하게 된다. 이와 같이 지하에서 물의 수평 움직임에 의해 지표수유출과 합류되는 유출을 복류수유출(伏流水流出, interflow) 또는 지표하유출(地表下流出, subsurface flow)[*2]이라고 한다.

흙은 모세관(毛細管) 현상과 흙과 물분자 간의 흡착력으로 인하여 물을 포유할 수 있는 능력이 있다. 침투된 물의 양이 이 포유 능력(包有能力)을 초과하면 초과된 물은 중력에 의하여 수직으로 움직여서 결국에는 지하수 수면에 도달하게 된다. 이와 같이 침투된 물이 지하수면에 도달하

*2 지표하유출은 복류수유출과 동일한 의미로 사용되며, 따라서 다음에 있는 신속복류수유출은 신속지표하유출과 동일한 의미를 갖는다. 지표수유출과 지표유출은 '수'의 포함여부와 관계없이 동일한 의미로 병용되어 사용되는데 반하여 지표하유출이나 중간유출은 지표하수유출이나 중간수유출이라는 용어로 사용되지는 않는다. 반대로 복류수유출이나 지하수유출에서는 이 용어가 사용되며, 복류유출이나 지하유출이라는 용어는 사용하지 않는다. 따라서 여기에서는 하천으로 유출되는 경로에 따라 지표수유출, 복류수유출, 지하수유출이라는 용어로 통일하여 사용하였다.

여 지하수 수위를 상승시키는 현상을 침루(浸漏, percolation)라고 하며, 대부분의 지하수 보충은 침루에 의하여 이루어진다. 지하수 수위가 하천 수위보다 높게 되면 지하수가 하천으로 유출되는데 이와 같은 유출을 지하수유출(地下水流出, groundwater flow)이라고 한다. 지하수 흐름의 속도는 하천의 유속보다 훨씬 느리기 때문에 지하수로부터 하천에 보충되는 유량은 비가 그친 후에도 계속된다.

이와 같이 물이 어디를 통해서 하천으로 유출되는가에 따라 지표수유출, 복류수유출, 지하수유출의 세 부분으로 구성되며 이를 합한 것이 총유출(總流出, total flow)이다.

실용적인 유출 해석을 하는 데는 총유출을 직접유출(直接流出, direct flow)과 기저유출(基底流出, base flow)로 구분한다. 직접유출은 강우 발생시 단기간 내에 하천으로 유입되는 유출로써 지표수유출과 복류수유출의 합으로 구성되며, 홍수기에 하천의 흐름을 나타낸다. 반면에 기저유출은 지하수유출로 구성되어 갈수기에 하천의 흐름을 나타낸다. 복류수유출은 지표수유출보다는 느리지만 지하수유출보다는 매우 신속하게 하천에 도달하는 신속복류수유출(prompt interflow)과 지하수유출과 마찬가지로 매우 느리게 하천에 도달하는 지연복류수유출(delayed interflow)로 나눌 수 있다. 따라서 엄밀하게 말하면 지표수유출과 신속복류수유출의 합이 직접유출이 되고 지하수유출과 지연복류수유출의 합이 기저유출이 된다. 그런데 토양조건에 대하여 다르기는 하지만 대부분의 경우 복류수유출은 대부분이 신속복류수유출로 나타나기 때문에 개략적으로 앞에서와 같이 지표수유출과 복류수유출의 합이 직접유출이 된다고 설명한 것이다. 그림 5.1은 유출의 구성을 간략하게 나타낸 것이다.

유출을 발생시키는 강우 중에서 흙의 침투 능력을 초과하는 부분을 초과강우(超過降雨, rainfall excess)라고 하는데 지표수유출에 해당하는 강우량이 초과강우이다. 또한 이와 혼동하기 쉬운 용어로써 유효강우(有效降雨, effective rainfall)가 있는데, 유효강우는 지표수유출과 복류수유출을 합한 직접유출에 해당하는 강우량을 나타낸다. 그러므로 복류수유출이 없을 경우에는 초과강우와 유효강우가 동일한 값을 가지지만, 복류수유출이 존재하는 일반적인 유출 상황에서는 유효강우가 초과강우보다 큰 값을 갖는데, 초과강우와 유효강우를 동일한 용어로 사용하는 경우도 종종 있다. 앞에서 설명한 바와 같이 실용적인 유출해석에서는 직접유출을 산정하는 것이 중요한 의미를 가지므로 유출해석에 있어서는 유효강우의 산정이 초과강우의 산정보다는 중요한 의미를 갖는다.

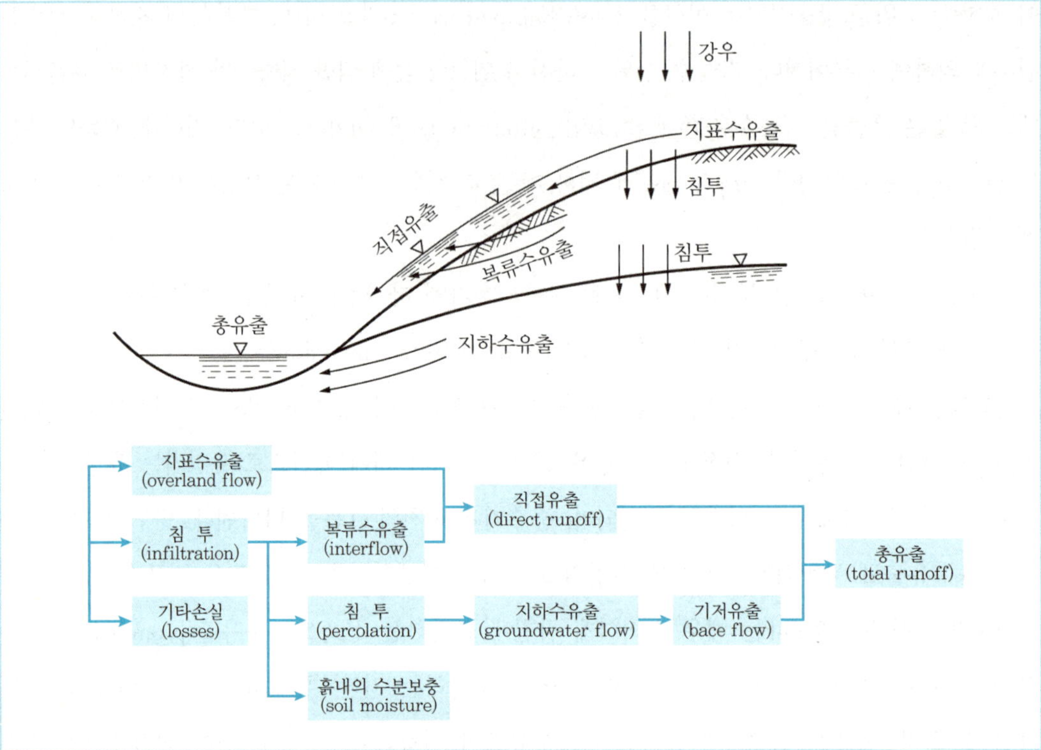

| 그림 5.1 | 유출의 구성

5.1.2 유출 과정

강우가 시작되기 이전에 하천의 유량은 지하수층으로부터 물을 공급받게 된다. 만일 하천의 수위가 지하수 수위보다 낮을 경우에는 하천은 지하수로부터 물을 공급받으나(지하수유출), 하천 수위가 지하수 수위보다 높을 경우에는 하천은 지하수의 공급원(지하수함양(涵養, groundwater recharge))이 된다(그림 5.2 참조).

강우가 시작되면 식물에 의한 차단(遮斷, interception), 증발, 흙표면(soil surface)의 굴곡으로 인한 저류, 침투 등에 의하여 손실(abstraction)이 이루어지고, 강우강도가 손실보다 큰 경우에는 지표수유출이 이루어진다. 강우가 계속되는 동안 흙의 표면은 포화 상태에 이르게 되며, 침투능은 흙이 완전히 포화되면서 투수계수에 접근하게 된다. 여기서 강우강도, 침투능, 투수계수는 단위 시간당의 길이로써 속도와 같은 동일한 차원을 갖는다. 흙이 완전히 포화되는 단계가 되면 증발 및 증산은 둔화되어 일정한 값을 갖게 되고, 또한 차단, 표면 굴곡에 의한 손실도 거의 일정한 값

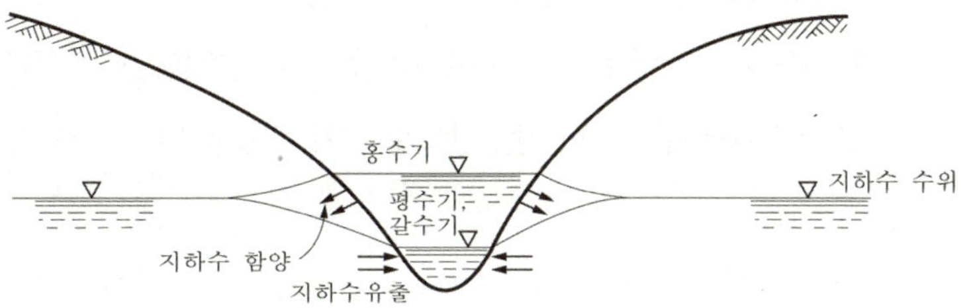

| 그림 5.2 | 하천 수위에 따른 지하수유출과 함양

에 이르게 된다. 침루에 의해 상승된 지하수 수위는 하천에 대한 유출량을 증가시키므로 하천 유량은 직접유출(=지표수유출+복류수유출)과 기저유출(=지하수유출)로 인하여 급격하게 증가하게 되는데, 하천 유량의 급격한 증가는 거의 대부분이 기저유출의 증가보다는 직접유출의 급격한 증가에 기인한다. 이러한 현상은 비가 그치기 이전까지 계속되며, 유역이 작은 경우에는 유출량은 거의 평형 상태에 이르게 되어 일정 기간 동안 동일한 첨두홍수량(peak flow)을 보이게 된다. 그러나 자연적인 유역에 있어서는 유역면적이 일정 규모 이상이고 또한 강우강도가 시간에 따라 변하기 때문에 자연 하천에서 유출량이 평형 상태에 이르는 경우는 거의 없다. 비가 그치면 우선 지표수유출은 중지되나 흙 내의 수분은 재분배 과정으로 인하여 비단 흙의 표면으로부터의 침투량은 없다 하여도 복류수유출 및 침루는 흙내의 함수량이 흙의 물포유능력(field capacity)으로 감소될 때까지 계속 진행된다. 이 과정이 진행되는 동안 하천은 지하수의 공급 및 수로에 저류(貯溜)된 저류수로 인하여 수위는 감소하나 감소율은 수위 상승시의 상승률보다는 작게 된다. 따라서 하천에서 수위는 급격하게 상승하여 완만하게 하강하는 형태를 취하게 된다.

5.2 초과우량

5.2.1 강우의 성분

강우의 초기 부분은 식물이나 건물 등과 같은 인공 구조물에 의해 차단되고 지표면에 도달한 강우 부분이 지표면을 통하여 흙 속으로 침투된다. 강우가 지속되어 흙이 포화되면 침투능을 초과하는 강우 부분은 지표면의 굴곡부에 저류되는 지면저류(地面貯溜) 상태에 있게 된다. 그 이후에도 강우가 계속되면 지표면은 수막으로 덮이면서 중력에 의하여 흐름이 형성되어 수로로 흘러

가게 된다. 침투와 지표수유출로 나타나지 않는 강우 부분을 통틀어서 말할 때 지면보류(地面保溜, surface retention)라고 하며, 여기에는 차단, 강우 중 증발, 지면저류 등이 포함된다. 다음에 있는 그림 5.3은 흙이 건조한 상태에서 일정한 강우강도로 비가 내렸을 때의 강우 성분이 시간이 경과함에 따라 어떻게 변화되는가를 나타낸 것이다.

그림 5.3에서 알 수 있듯이 강우의 초기 단계인 AA' 단면에서는 지면저류, 차단과 증발, 토양수분(soil moisture) 등이 큰 값을 나타내는 반면, 강우의 후반 단계인 BB' 단면에서는 복류수유출, 지표수유출, 수로 유출 등이 큰 값을 나타내며 지면저류, 차단과 증발, 토양수분, 지하수유출 등은 일정하게 작은 값을 나타낸다. 강우의 측면에서 살펴보면 수로 유출과 지표수유출에 해당하는 것이 초과강우량이 되며, 수로 유출, 지표수유출, 복류수유출에 해당하는 것이 유효강우량이 된다. 그림 5.3은 일정 강우강도로 비가 내렸을 때 시간이 경과됨에 따라강우 성분이 어떻게 변화되는 깃인가를 정량적인 개념이 아니고 개략적으로 나타낸 것이다. 따라서 강우 시점으로부터의 시간이 그림에 나타낸 것보다 더 지나가게 되면 상대적인 크기에서 대부분의 강우가 지표수유출과 수로 유출로서 나타나기 때문에 유효강우량과 초과강우량의 크기가 개략적으로 같다고 볼 수 있다.

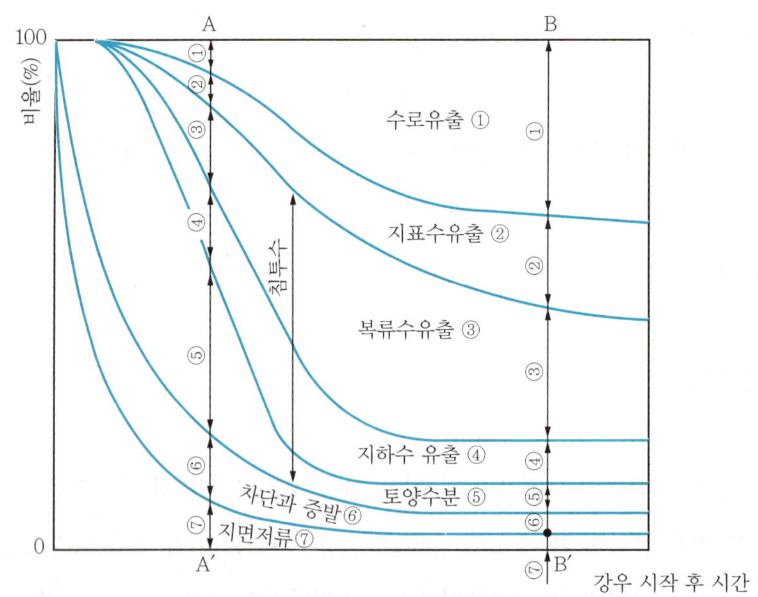

| 그림 5.3 | 일정 강우강도시 시간의 경과에 따른 강우 성분의 변화

5.2.2 우량주상도

우량주상도(雨量柱狀圖, hyetograph)는 다음에 있는 그림 5.4와 같이 가로축이 시간, 세로축이 평균 강우량에 대한 강우강도를 나타내는 막대그래프이다. 평균 강우량이라는 의미는 공간에 대한 평균값을 의미한다. 제2장에 설명되어 있는 바와 같이 한 지점에서 관측된 점강우량은 산술평균, 티센법, 등우선법 등에 의하여 면적강우량(areal precipitation)으로 전환되는데 이 값이 평균 강우량인 것이다. 시간에 따른 유출량을 나타내는 그래프인 유출도(流出圖, hydrograph)가 한 지점에 대한 값이라면 이에 대응하는 우량주상도는 유출도를 구하는 지점을 출구로 하는 유역면적에 대한 평균값이다.

여러 문헌상에 있는 우량주상도의 그림을 보면 세로축이 강우강도와 강우량으로 혼재되어 사용되고 있다. 그러므로 우량주상도를 볼 때는 용어와 더불어 단위를 어떻게 사용하였는지 유심히 살펴볼 필요가 있다. 우량주상도상에 강우량이라는 표시를 하면서 mm/hr 등과 같이 $[LT^{-1}]$ 차원을 사용하였을 경우는 정확하게 말하면 강우강도를 의미하는 것이다. 물리적인 관점에서 보면 강우강도를 사용하는 것이 더 바람직하다고 판단하여 여기서는 강우강도를 세로축으로 사용하였다. 가로축은 일정한 간격을 갖는 단위시간이 되는데, 통상적으로 가장 많이 사용되는 단위시간인 1hr을 사용하게 되면 시간(hr)으로 나타낸 강우강도와 강우량이 동일한 값을 갖게 되며, 단위

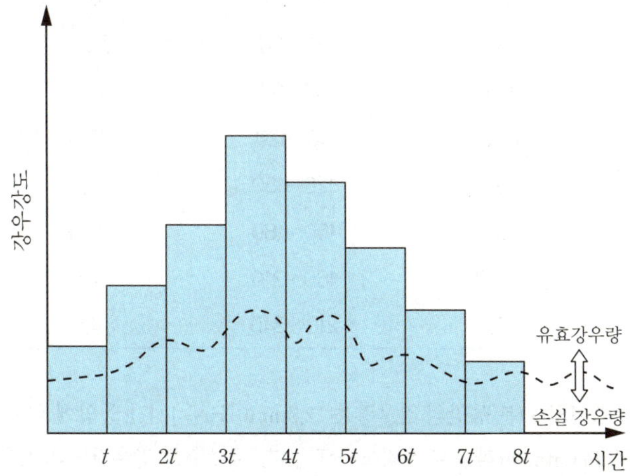

| 그림 5.4 | 우량주상도 예

시간이 다른 경우에는 어떻게 나타나는지는 예제에서 설명하기로 한다.

유출과 가장 밀접한 관계를 갖는 우량주상도는 유출도의 상단에 거꾸로 도시(圖示)되는 경우가 종종 있는데, 이때 사용되는 값은 주로 총 강우량에서 침투 등을 비롯한 손실 강우량을 제외한 유효강우량에 대한 강우강도이다. 그림 5.4는 다음에 설명할 φ 지수법등으로 계산한 손실 강우량과 이에 따른 유효강우량을 분리한 경우를 보여주고 있다.

예제 5.1

다음 표와 같은 누가강우량 자료를 이용하여 30분 단위의 우량주상도를 세로축을 강우강도와 강우량으로 각각 작성하시오.

시간(min)	10	20	30	40	50	60	70	80	90	100	110	120
누가강우량(mm)	1.4	6.7	12.3	19.6	23.6	28.3	37.6	44.3	49.6	56.3	62.1	67.6
시간(min)	130	140	150	160	170	180	190	200	210	220	230	240
누가강우량(mm)	75.8	81.2	85.4	91.5	95.7	98.3	100.8	103.7	105.8	107.9	109.2	110.3

| 풀이 |

누가강우량을 이용하여 구한 시간대별 강우량 및 강우강도는 다음 표와 같다.

시간(min)	누가강우량(mm)	시간대(min)	강우량(mm)	강우강도(mm/hr)
0	0.0			
30	12.3	0~30	12.3	24.6
60	28.3	30~60	16.0	32.0
90	49.6	60~90	21.3	42.6
120	67.6	90~120	18.0	36.0
150	85.4	120~150	17.8	35.6
180	98.3	150~180	12.9	25.8
210	105.8	180~210	7.5	15.0
240	110.3	210~240	4.5	9.0

예를 들어 0~30min 사이의 30분 동안의 강우량은 12.3mm이므로 1시간 동안에 내린 강우량으로 보면 12.3×2=24.6mm가 되므로 24.6mm/hr라는 강우강도를 갖는다. 세로축을 강우강도와 강우량으로 각각 표시한 우량주상도를 그리면 다음과 같다.

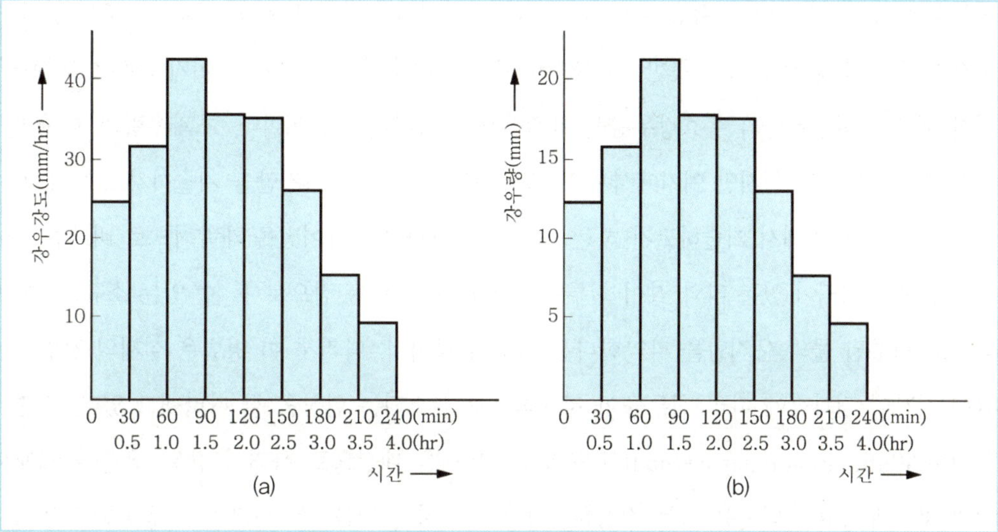

그림에서 알 수 있듯이 강우강도로 그린 우량주상도(a)와 강우량으로 그린 우량주상도(b)의 모양은 동일하다. 왜냐하면 강우강도로 그린 우량주상도는 세로축이 강우량으로 구한 우량주상도의 세로축보다 균일하게 2배의 값을 갖기 때문이다. 따라서 세로축의 값이 2배의 관계를 갖는 조건하에서 모양은 동일하게 되는 것이다.

5.2.3 초과우량 산정법

지상에 도달한 강우의 일부는 흙의 표면을 통하여 침투하고, 그 초과분은 흙의 표면으로 흘러 지표수유출을 형성하게 된다. 따라서 강우로부터 야기되는 지표수유출과 복류수유출은 침투량에 크게 영향을 받으며, 침투량의 계산은 강우-유출(rainfall-runoff)[*3] 관계를 파악하는데 필수적인 요소이다.

강우로부터의 유출은 흙의 건조 상태에 따라 크게 달라진다. 매우 건조한 상태에서의 흙은 무한에 가까운 침투율(단위시간당 침투량, $[LT^{-1}]$)을 갖고 있으나, 이미 발생한 강우의 영향으로 흙이 어느 정도 포화된 상태라고 하면 같은 크기의 강우강도라고 할지라도 건조 상태보다 많은 유출을 야기한다. 이와 같이 흙의 초기 함수 상태에 따라 침투량은 직접적으로 영향을 받으며,

*3 강우-유출 관계 또는 강우-유출 모형 등과 같이 강우-유출이라는 용어가 짝을 이룰 때의 유출에 대한 원어 표기는 flow라는 용어는 사용하지 않고 runoff를 사용한다.

침투량은 강우로 발생되는 유출의 양을 결정하는 핵심적인 인자가 된다. 강우량으로부터 침투, 지면저류, 차단과 증발 등을 비롯한 손실을 뺀 값을 초과우량이라고 한다. 여기에서 초과우량은 앞에서 배운 초과강우량과 유효강우량을 포괄적으로 나타내는 용어이다. 초과우량의 계산 방법은 여러 가지가 알려져 있지만 여기에서는 그 중에서도 중요한 몇 가지만을 기술하기로 한다. 다음에 있는 표 5.1은 여기에서 기술하고자 하는 초과우량 산정법의 차이점을 개략적으로 비교한 것이다.

표 5.1에 설명되어 있는 바와 같이 침투량 공식법은 점 또는 점으로 볼 수 있는 소규모 면적에서 흙으로 침투된 물의 움직임을 파악한다는 측면이 강하다. 따라서 이 방법은 실제의 자연 현상과 같이 시간이 경과함에 따라 침투율이 지수적으로 감소되는 현상을 잘 나타내고 있다. 반면에 침투지수법(infiltration index method)과 SCS법은 면적을 대상으로 하면서 강우-유출 관계에서 하천의 치수에 중요한 역할을 하는 직접유출량을 파악하는 것을 강조하고 있는 동일한 측면을 가지면서도, 침투지수법이 시간에 관계없이 침투율이 일정하다고 보는데 반하여 SCS법은 침투량 공식법과 같이 시간에 따라 침투율이 감소되는 것으로 보는 차별성을 가지고 있다. 그런데 실무에서 유출량을 파악하는 데에는 직접유출량의 산정이 중요하므로 침투지수법이나 SCS법이 주로 사

표 5.1 초과우량 산정법의 차이점 비교

방법	차이점
침투량 공식법	① 점 또는 점으로 볼 수 있는 매우 작은 면적을 대상으로 함 ② 흙내의 물의 이동을 파악하는 데 사용 ③ 이론식(침투량 공식)을 이용하여 계산함 ④ 엄밀한 의미에서 초과강우를 산정함 ⑤ 시간에 따라 침투율이 감소됨(실제적인 자연 현상에 부합됨)
침투지수법	① 면적을 대상으로 함 ② 강우시 하천 수위에 가장 큰 영향을 미치는 직접유출량을 계산하는데 사용 ③ 직접유출량을 역산하여 계산함(이론적인 공식의 사용이 없음) ④ 엄밀한 의미에서 유효강우를 산정함 ⑤ 시간에 관계없이 침투율이 일정함(실제적인 자연 현상에는 부합하지 않지만 계산의 편의를 위해 이렇게 가정함)
SCS법	① 면적을 대상으로 함 ② 강우시 하천 수위에 가장 큰 영향을 미치는 직접유출량을 계산하는데 사용 ③ 직접유출량을 역산하여 계산도 가능하고, 유역의 토양형과 피복 상태를 고려하여 계산도 가능함(침투지수법 보다는 이론적인 공식을 사용함) ④ 엄밀한 의미에서 유효강우를 산정함 ⑤ 시간에 따라 침투율이 감소됨(실제적인 자연 현상에 부합됨) ⑥ 유량자료가 없는 경우에도 적용이 가능함

용되고 있다.[*4]

(1) 침투량 공식법

침투량의 산정에 있어서는 많은 공식이 알려져 있으나, 여기에서는 대표적인 것만을 소개하기로 한다. 침투량이란 용어는 실제로 물이 흙의 표면을 통하여 침투한 양을 말하는 경우와 주어진 조건하에서 최대의 침투 가능량인 침투능(infiltration capacity)을 말하는 경우의 두 가지가 있으나 여기에서는 물의 공급이 무한하다고 가정하였을 때, 흙의 표면이 단위면적당 통과시킬 수 있는 물의 양을 침투량이라고 말한다. 따라서 침투량 공식법은 토양 특성에 영향을 받는 침투율을 경과시간의 함수로 나타낸 침투율 함수를 이용하여 침투량을 구하는 것이다. 그러므로 어느 시간까지의 침투량은 침투율 함수를 그 시간까지 적분하여 구하게 되는 것이다.

① Horton 공식

Horton은 1940년에 실험을 통하여 다음과 같은 침투율 공식을 제안하였다.

$$f = f_c + (f_0 - f_c)e^{-kt} \tag{5.1}$$

여기에서 f_c(최종 침투율), f_0(초기 침투율) 및 k(감쇠상수)는 흙의 종류에 따라 결정되는 상수로써 k는 $[T^{-1}]$의 차원을 가지므로 이에 따라 양변은 동일한 차원($[LT^{-1}]$)을 갖는다. 이 공식은 $t=0$일 때 $f=f_0$의 값을 가지며 $t=\infty$일 때는 $f=f_c$이다. 다음에 있는 그림 5.5는 침투율 함수와 그에 따른 누가침투량 함수를 나타낸 것이다.

그림 5.5에 있는 침투율 함수의 경사는 감쇠상수(減衰常數, decay constant)인 k에 의해 결정되는데, k 값이 커질수록 침투율 함수의 기울기는 더욱 크게 감소되는 형태를 취한다. f_c의 값은 보통 투수계수 K 값과 같은 값을 가지는 경우가 많으나 f_c, K와 k의 값은 실험에 의하여 결정해야 한다. 다음에 있는 표 5.2는 일반적으로 사용되고 있는 흙의 종류에 따른 최종 침투율(f_c)의 범위를 나타낸 것이다.

[*4] 침투는 지표하흐름의 시작이지만 본 장에서 다루는 이유는 직접유출 계산시 필요한 손실량 중 침투가 차지하는 비율이 일반적으로 크기 때문이다.

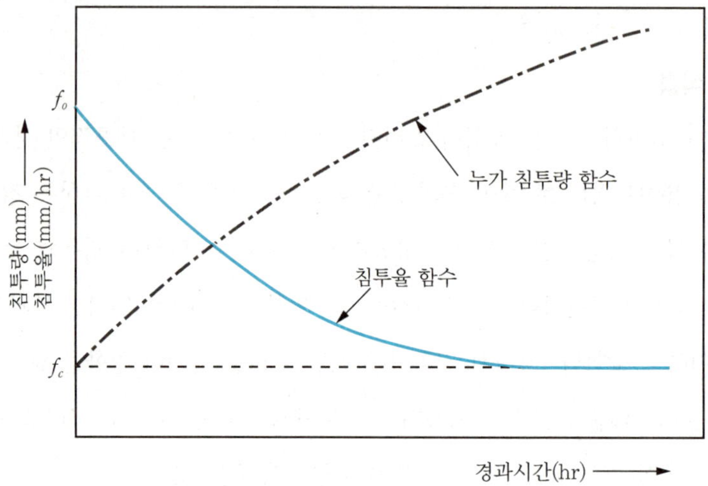

| 그림 5.5 | 침투율 함수 및 누가침투량 함수

■ **표 5.2** 흙의 종류에 따른 최종 침투율(f_c)의 범위

흙의 종류	최종 침투율(mm/hr)
모래(sand)	> 20
실트(silt, 모래보다 곱고 점토보다 거친 침적토)	10~20
롬(loam, 모래와 점토가 혼합된 흙)	5~10
점토(clay)	1~5

예제 5.2

6hr의 지속시간을 갖는 강우가 발생하였을 때 누가침투량이 40mm이다. 흙의 종류가 점토(clay)이고 감쇠상수 k=0.1일 때, Horton의 공식을 이용하여 초기 침투율(f_0)를 구하고 침투율 함수와 누가침투량 함수를 각각 구하여라.

| 풀이 |

(가) 흙의 종류가 Clay이므로 표 5.2에 의하여 f_c는 중간값인 3mm/hr로 택한다.

(나) 식 (5.1)을 적분하여 누가침투량 공식을 구하면 다음과 같다.

$$F = \int_0^t f dt = \int_0^t [f_c + (f_0 - f_c)e^{-kt}]dt = [f_c t - \frac{1}{k}(f_0 - f_c)e^{-kt}]_0^t$$

$$= f_c t - \frac{1}{k}(f_0 - f_c)e^{-kt} + \frac{1}{k}(f_0 - f_c) = f_c t + \frac{1}{k}(f_0 - f_c)(1 - e^{-kt})$$

누가침투량 공식에 주어진 조건을 대입하여 초기 침투율 f_0을 구하면 다음과 같다.

$$40 = 3\times6+\frac{1}{0.1}(f_0-3)(1-e^{-0.1\times6}) \qquad \therefore f_0 = 7.88\ \text{mm/hr}$$

(다) 침투율 함수와 누가침투량 함수로 각각 나타내면 다음과 같다.

$$f = f_c+(f_0-f_c)e^{-kt} = 3+(7.88-3)e^{-0.1t} = 3+4.88e^{-0.1t}\ (\text{mm/hr})$$

$$F = f_c t+\frac{1}{k}(f_0-f_c)(1-e^{-kt}) = 3t+\frac{1}{0.1}(7.88-3)\ (1-e^{-0.1t}) = 18+48.8(1-e^{-0.1t})\ (\text{mm})$$

② Green and Ampt 공식

1911년 두 학자 Green과 Ampt는 실험을 통하여 다음과 같은 침투율 공식을 제안하였다.

$$f = f_c+b/F \tag{5.2}$$

여기에서 f_c 및 b([L^2T^{-1}] 차원임)는 상수이며, F는 $\int_0^t f dt$를 의미하는 상수이다. 식 (5.2)에서는 시간의 함수로써 F의 값을 택하였으므로 $t=0$일 경우에 $F=0$이 된다. 따라서 $t=0$에서 f의 값은 무한대이며, $t \rightarrow \infty$일 경우 b/F는 0이 되어 f는 f_c에 접근하므로 f_c를 최종 침투율로 간주할 수 있다.

Green and Ampt 침투율 공식은 누가침투량 F가 주어진 경우, 시간에 따른 평균 침투율 f를 결정하기 위하여 사용되는데, f_c와 b는 실험 등을 통하여 미리 결정되는 상수이다. 예로서 스프링클러(sprinkler)로 관개를 할 경우, 식물에 필요한 총량은 F라고 할 수 있으며, 이를 충족하기 위한 평균 침투율은 f이므로 스프링클러에서의 공급율 f를 구할 수 있다.

예제 5.3

Green and Ampt 침투율 공식을 결정하기 위하여 실험한 결과, 누가침투량이 100mm일 경우 침투율은 20mm/hr였다고 한다. 또한 시간이 경과함에 따라 최종 침투율은 5mm/hr에 접근함을 관측하였을 때 침투율 공식을 결정하여라.

| 풀이 |

Green and Ampt 침투율 공식인 식 (5.2)에서 f_c=5mm/hr, F=100mm, f=20mm/hr를 대입하면 다음과 같다.

$$20 = 5+b/100 \qquad \therefore b = 1500(\text{mm}^2/\text{hr})$$

$$\therefore f = 5+1{,}500/F(\text{mm/hr})$$

③ Philip 공식

Philip(1954)은 지하에서 일어나는 비포화 흐름의 일반 방정식의 해로써 경과 시간에 따른 누가침투량 공식 $F(t)$를 다음과 같이 나타내었다.

$$F(t) = St^{1/2} + A_2 t + A_3 t^{3/2} + A_4 t^2 + \ldots\ldots + A_n t^{n/2} \tag{5.3}$$

경과 시간에 따른 누가침투량 공식 $F(t)$를 경과 시간인 t에 관하여 미분하면 침투율 공식 $f(t)$를 얻을 수 있는데 그 식은 다음과 같다.

$$f(t) = \frac{dF}{dt} = \frac{1}{2}St^{-1/2} + A_2 + \frac{3}{2}A_3 t^{1/2} + \ldots\ldots + \frac{n}{2}A_n t^{n/2-1} \tag{5.4}$$

그런데 식 (5.4)는 t가 무한히 커지면 $f(t)$도 무한히 커지는 모순이 있으므로 Philip은 식 (5.3)과 식 (5.4)를 다음과 같이 간단히 나타냈으며, 표시된 식 (5.5) 또는 식 (5.6)을 Philip 공식이라고 한다.

$$F(t) = St^{1/2} + At \tag{5.5}$$

$$f(t) = \frac{dF}{dt} = \frac{1}{2}St^{-1/2} + A \tag{5.6}$$

식 (5.5)와 식 (5.6)에서 S가 있는 항은 토양흡수효과(soil suction effect)로 인한 것이며, A가 있는 항은 중력효과(gravity effect)로 인한 것이다. Philip은 식 (5.6)에서 t가 어느 정도 큰 경우 첫 번째 항은 0이 되므로 $f(t)$는 최종 침투율인 f_c와 같아지고, 이 f_c도 결국 투수계수인 K와 같아지므로 $A=K$가 된다고 하였다. 또한 S는 흡습률(吸濕率, sorptivity)이라 하며 식 (5.5)에서 A는 투수계수와 같아서 작은 값을 가지므로 0으로 보아 S는 다음과 같이 표시되는데 차원은 $[LT^{-½}]$이 된다.

$$S = F/t^{1/2} \tag{5.7}$$

따라서 대부분의 경우는 식 (5.5)와 식 (5.6)에 있는 Philip 공식에서 A가 포함된 두 번째 항은 0으로 간주하고 문제를 해결하는 경우가 종종 있다.

앞에서 설명하고 있는 각종 침투량 공식에서는 여러 가지 계수들이 사용되는데, 이 계수들을 산정하는 데 필요한 침투량 또는 침투율의 측정은 침투계(infiltrometer)를 이용하여 측정한다.

예제 5.4

단면적이 40cm^{2}인 작은 원통형 튜브에 마른 흙을 가득 채운 후 수평으로 놓았다. 튜브의 한쪽 끝에 물을 계속 뿌려주었더니 15분 동안 100cm^{3}가 침투하는 것으로 측정되었다. 그 후 이 원통을 수직으로 놓았다면, 30분 동안 침투는 얼마나 있어났을지 계산하시오. 튜브의 양쪽 끝은 모두 열려 있으며, 투수계수는 0.5cm/hr로 가정한다.

| 풀이 |

튜브가 수평으로 놓여 있는 경우에는 중력 방향으로의 침투는 일어지 않으므로, 식 (5.5)의 두번째 항은 필요하지 않게 된다. 즉, $F(t)=St^{1/2}$이 되어

$$\begin{aligned} S &= F(t)/t^{1/2} \\ &= \frac{100}{40} \div 0.25^{1/2}\ [\mathrm{cm^3/cm^2 \cdot hr^{1/2}}] \\ &= 5\ \mathrm{cm/hr^{1/2}} \end{aligned}$$

이 값을 사용하여 수직으로 서 있을 경우 30분(즉 0.5시간) 동안의 침투량을 구하면,

$$\begin{aligned} F(t) &= St^{1/2}+Kt \\ &= 5(0.5)^{1/2}+0.5(0.5) \\ &= 3.54+0.25 \\ &= 3.79\ \mathrm{cm} \end{aligned}$$

첫번째 항(=3.54)가 두번째 항(=0.25)보다 14배 이상 큰 것으로 보아 침투에 있어 토양흡수효과가 중력효과보다 매우 큰 것을 알 수있다.

(2) 침투지수법

① ϕ 지수법(ϕ index method)

강우가 발생한 경우 침투율 곡선은 그림 5.6과 같이 시간에 따라 감소한다. 이 침투율 곡선을 정확하게 추정하는 것은 유역 내의 흙의 종류의 다양성, 강우의 지역적 불균형 등으로 인하여 매우 어려우며 면적 개념의 침투율 곡선을 산정하는 것은 더욱 더 어려움이 있다. 따라서 침투율이 시간에 따라 일정한 값을 갖는다는 가정 아래 총 강우량으로부터 직접유출량을 뺀 나머지가 총 침투량이라 보고 이를 총 시간으로 나누어 평균 침투율을 구한 것이 ϕ 지수이며(그림 5.6), 이를 식으로 나타내면 다음과 같다.

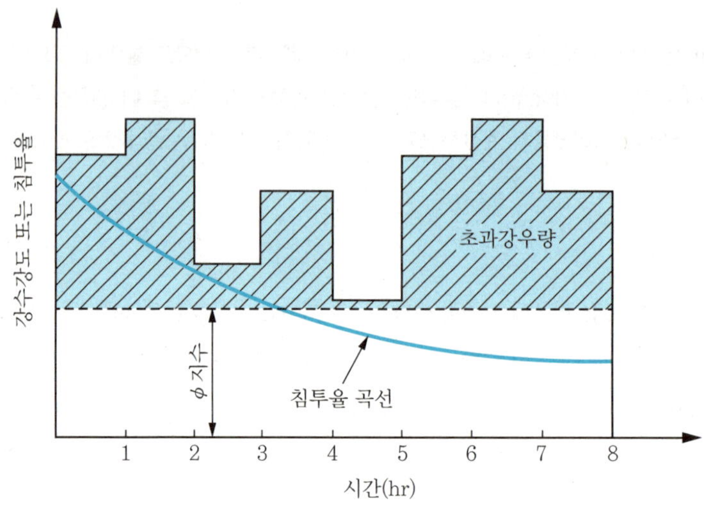

| 그림 5.6 | 강우강도, 침투율, ϕ 지수 비교

$$\phi = \frac{F}{t} = \frac{1}{t}\,(P-Q) \tag{5.8}$$

여기에서 F는 총 침투량으로 $(P-Q)$이고, P는 총 강우량, Q는 직접유출량(여기에서 빗금 친 직접유출량은 유량의 개념이 아니라 총 유출 체적을 유역면적으로 나눈 길이의 차원을 가짐), t는 총 시간이다. 그런데 여기에서 말하는 총 침투량은 실제적인 의미의 침투량에다 차단 또는 흙 표면의 굴곡으로 인한 저류량을 포함하는 총 손실량과 같은 의미를 갖는다. 그림 5.6과 같이 모든 시간에서의 강우강도가 ϕ 지수를 초과하면 식 (5.8)로 계산한 결과가 바로 ϕ 지수가 된다. 그렇지만 실제의 경우에는 일부 시간에서의 강우강도가 식 (5.8)로 계산한 ϕ 지수보다 작은 값을 갖게 되는 경우가 종종 발생한다. 이러한 경우에는 ϕ 지수보다 작은 강우강도는 그 값만이 침투된 것이므로 총 침투량에서 부족분이 발생한다. 따라서 ϕ 지수는 강우강도가 큰 시간대에서 부족분을 보충할 수 있도록 상향시켜 총 침투량과 일치되었을 때의 값으로 결정된다.

ϕ 지수법은 흙이 이미 발생된 강우로 인하여 많은 수분을 포함하고 있을 경우에는 비교적 정확한 방법이지만 침투율이 시간에 따라 크게 변하는 경우에는 오차가 커질 염려가 있다.

② W 지수법

W 지수법(W index method)은 ϕ 지수법을 개량한 방법으로써 강우로부터 차단 또는 흙표면의 굴곡으로 인한 저류량을 뺀 다음 ϕ 지수법과 동일한 방법으로 W 지수를 구하는 것을 말하는데,

이를 식으로 나타내면 다음과 같다.

$$W = \frac{F}{t} = \frac{1}{t}(P - Q - S) \tag{5.9}$$

여기에서 F는 순수한 의미의 총 침투량, P는 총 강우량, Q는 직접유출량, S는 차단 또는 흙의 굴곡으로 인한 저류량, t는 총 시간이다. 이미 많은 비가 내려 차단 및 저류량이 일정한 상태에 이르렀을 경우에는 W 지수는 ϕ 지수와 거의 같은 값을 나타낸다. 이러한 경우는 흙도 완전히 포화되어 침투율이 최종 침투율과 같게 되는데 이때의 W 지수를 별도로 W_{min} 지수라 하며 가능최대 홍수량을 계산하는데 필요한 초과강우량을 산정하는 데 사용된다.

일반적인 경우 W 지수는 ϕ 지수보다 항상 작은 값을 나타내는데, 실제로는 차단이나 흙표면의 굴곡에 의한 저류량을 추정하는데 어려움이 있으므로, 이 방법을 적용하는데는 사용자의 주관적인 판단이 많이 작용하게 된다. 흙표면의 굴곡에 의한 저류량은 표 5.3과 같다.

표 5.3 표면 굴곡으로 인한 저류 깊이(S)

흙표면 상태			저류 깊이(mm)	대표값(mm)
불투수	포장된 지역		1.3~4.0	2.5
	지붕	수평	2.5~8.0	2.5
		경사	1.3~2.5	1.3
투수	잔디		5.0~12.5	7.5
	수림		5.0~15.0	10.0

예제 5.5

다음과 같은 주거지역의 강우-유출 자료를 사용하여 Φ 지수 및 W 지수를 구하시오. 단, 지면보류는 10%이고 유역면적은 1.30km^{2}이라고 한다.

시간(hr)	0~1	1~2	2~3	3~4	4~5	5~6
강우강도(mm/hr)	26.7	32.5	20.3	19.1	17.8	15.2
직접유출량(m^3/sec)	0.0	1.0	2.0	1.5	1.0	0.5

| 풀이 |

(가) Φ 지수법

총직접유출량 = $(1.0+2.0+1.5+1.0+0.5)\text{m}^3/\text{sec} \times 3{,}600\text{sec} = 21{,}600\text{m}^3$

유역평균 유출깊이 = $21{,}600/(1.30\times10^6) = 1.66\times10^{-2}\text{m} = 16.6\text{mm}$

총 강우량 = $(26.7+32.5+20.3+19.1+17.8+15.2)\text{mm/hr}\times1\text{hr}=131.6\text{mm}$

$$\Phi \text{ 지수 가정 값} = \frac{1}{t}(P-Q) = (131.6-16.6)/6 = 19.2 \text{ mm/hr}$$

실제 강우강도가 4, 5, 6hr에서 Φ 지수 가정 값인 19.2mm/hr보다 작고, 3hr는 근접하므로 이 가정 값은 수정되어야 한다. 따라서 강우강도가 큰 1, 2hr에서 Φ 지수만큼 침투되고 나머지 3, 4, 5, 6hr에서는 발생한 강우강도가 모두 침투된다고 보고 총 침투량이 같다는 관계식을 세우면 다음과 같다.

$$(131.6-16.6) = 2\times\Phi+(20.3+19.1+17.8+15.2) \qquad \therefore \Phi = 21.3 \text{ mm/hr}$$

이 Φ 지수는 가정한 사항(강우강도가 큰 1, 2hr에서 Φ 지수만큼 침투되고 나머지 3, 4, 5, 6hr에서는 발생한 강우강도가 모두 침투됨)과 일치되므로 Φ 지수는 21.3mm/hr이다.

(나) W 지수법

지면보류는 총 강우량의 10%이므로 $S=131.6\times0.1=13.2\text{mm}$이다. 따라서 Φ 지수에서 하향된 값인 W 지수 사이의 값의 합이 13.2mm이면 되는데 W 지수를 구하는 관계식은 다음과 같다.

$$(21.3-W)+(21.3-W)+(20.3-W)+(19.1-W)+(17.8-W) = 13.2$$

$$\therefore W = 17.3 \text{ mm/hr}$$

여기에서 계산은 지면보류의 총량이 13.2mm가 되도록 하는 것인데 Φ 지수법에서 강우강도가 Φ 지수보다 큰 시간대에서는 Φ 지수에서 W 지수를 빼며 그보다 작은 시간대에서는 하향되는 W 지수에 의해 지면보류가 발생하는 시간에서는 해당 시간의 강우강도에다 W 지수를 빼야만 지면보류의 총량을 구할 수 있다.

다음에 있는 그림 (1)은 Φ 지수법과 W 지수법으로 구한 결과를 나타낸 것이다.

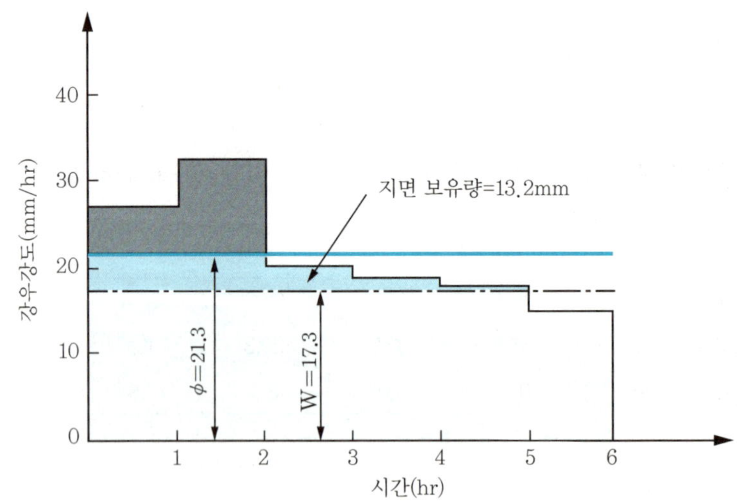

그림 (1) Φ 지수법과 W 지수법을 이용한 유효강우량의 산정

(3) SCS법

① 기본이론

미국 농무성의 토양보전국(Soil Conservation Service, SCS)은 유효강우량 또는 직접유출량을 구하는 방법으로써 다음과 같은 간단한 공식을 제시하였다.

$$\frac{F}{S} = \frac{Q}{P} \tag{5.10}$$

여기서 F는 시간 t에서 흙의 저류량(mm), S는 흙이 완전 포화되었을 경우의 저류량(mm), Q는 직접유출량(mm), P는 누가강우량(mm)인데 앞의 침투지수법에 있는 총 강우량과 같은 개념이다. 식 (5.10)은 어느 시간에서의 흙의 저류량과 완전 포화되었을 경우의 저류량 비율이 직접유출량과 누가강우량의 비율과 같다고 가정한 것이다. 즉, 직접유출량은 누가강우량에서 일정 비율로 발생되는데 그 비율이 바로 흙이 완전 포화되었을 경우의 저류량(S)에 대한 어느 시간에서의 저류량(F)으로 본 것이다. 그런데 이 비율은 시간에 따라 변하게 되므로 침투량의 관점에서 보면 시간에 따라 감소하는 형태로 비율이 변하게 된다. 따라서 앞의 표 5.1에 설명되어 있는 바와 같이 SCS법은 유효강우량을 산정하면서도 시간에 따라 침투량이 감소하는 특성을 갖는 것이다.

저류량 F는 앞의 ϕ 지수법에서와 동일하게 $P-Q$로 나타낼 수 있는데 $F=P-Q$라는 관계식을 식 (5.10)에 대입하여 Q에 대하여 정리하면 다음 식과 같다.

$$Q = \frac{P^2}{P+S} \tag{5.11}$$

식 (5.11)은 강우가 시작되면서부터 즉시 유출이 발생하는 경우이나 실제로는 강우 발생 초기에는 강우의 전부가 침투 등을 통해 손실되며 유출이 발생하는 것은 강우강도에 따라 다르나 얼마간의 시간이 경과된 후에 발생하는 것이 보통이다. 따라서 이 초기의 침투 등을 통한 손실을 고려한다면 식 (5.11)의 P 값에서 초기손실(initial abstraction, I_a)을 빼야 한다. SCS는 경험에 의하여 $I_a=0.2S$의 관계식을 제시하였으며, 따라서 식 (5.11)에 있는 P는 $(P-0.2S)$로 대치되어야 하는데 이를 정리하면 다음 식과 같다.

$$\begin{aligned} Q &= \frac{(P-0.2S)^2}{P+0.8S}, \quad && P \geq 0.2S \\ Q &= 0, && P < 0.2S \end{aligned} \tag{5.12}$$

SCS법에서는 유출이 발생하기 이전의 초기손실(I_a)은 흙의 최대 저류가능량(S)의 20%이며, 이 초기손실은 표면 굴곡에 의한 저류, 차단, 초기 침투 등을 포함하며 나머지 80%는 유출이 진행되면서 침투에 의해 발생하는 손실로 본 것이다. 따라서 S의 결정은 침투의 진행 상태에 따라 크게 다르며, 또한 침투는 흙의 종류, 지표의 상태 등에 따라 다르기 때문에 SCS는 이러한 흙의 종류, 지표 상태에 따라 S를 구하는 방법을 다음과 같이 제시하였다.

$$S = \frac{25,400}{\mathrm{CN}} - 254 \quad (\text{SI 단위, mm}) \tag{5.13}$$

$$S = \frac{1,000}{\mathrm{CN}} - 10 \quad (\text{English 단위, inch})$$

여기에서 CN은 Curve Number(곡선번호)로서 SCS에서 흙의 종류 및 지표 상태에 따라 정해지는 값이다.

따라서 유효강우량을 산정하는 SCS법은 SCS에서 제시한 세 가지 식을 기본으로 하고 있는데, 식 (5.10), $I_a=0.2S$, 식 (5.13)이 바로 그것이며 이렇게 산정된 유효강우량은 누가값으로 계산되기 때문에 해당 시간에 대한 값은 그 차이로 구해야 한다.

② CN값의 결정

SCS에서는 식 (5.12)와 식 (5.13)을 사용하여 직접유출 또는 유효강우량을 계산하는 데 있어서 고려해야 할 사항을 다음 세 가지로 구분하였다.

- 흙의 종류
- 토지의 사용 용도
- 흙의 선행함수조건(先行含水條件, Antecedent Moisture Condition(AMC))

따라서 위의 세 가지 요소는 식 (5.13)의 CN값에 의하여 직접유출량 계산에 반영되었으며, CN값도 이에 따라 구분되어야 한다. SCS에서는 흙의 종류를 유출을 발생시킬 수 있는 능력에 따라 A, B, C, D의 네 가지로 분류하였다. 표 5.4에서 보는 바와 같이 이 네 가지 흙의 분류는 흙의 종류와 투수저해토층에 따른 배수 등급을 판단한 것이다.

■ **표 5.4** 수문학적 토양군 분류 기준(한국수자원학회·한국하천협회, 2020)

흙의 특성	흙의 특성에 따른 점수**			
	4	3	2	1
흙의 종류	사질(사력질) – 자갈이 많은 사양질(역질)	사양질 – 미사사양질	식양질 – 자갈이 많은 사양질(식양질)	미사식양질 – 식질
배수 등급	매우 양호	약간 양호	약간 불량	불량
투수성(cm/hour)	매우 빠름, 빠름 (> 12.0)	약간 빠름 (12~6.0)	약간 느림 (6.0~0.5)	느림, 매우 느림 (< 0.5)
투수저해토층의유무 및 출현 깊이(cm)	존재하지 않음	100~50	50~25	25 이하
수문학적 토양군	A (> 13)	B (12~11)	C (10~8)	D (< 7)

** 토양특성별로 각 1~4점을 배점하고 총점이 13점 이상인 토양군을 A군, 12~11점을 B군, 10~8점은 C군, 그리고 7점 이하는 D군으로 분류

그러나 동일한 토양군이라 하더라도 토지 사용 용도에 따라 유출 발생능력이 다르게 된다. 표 5.5는 하천설계기준(한국수자원학회·한국하천협회, 2020)에서 제시하고 있는 토지 사용 용도에 따른 CN값인데, 선행함수조건이 보통(즉, AMC II 조건)인 경우의 값이다. 또한 도시 지역에 있어서는 비도시 지역과 유출 특성이 다소 다르기 때문에 표 5.6과 표 5.7과 같이 별도의 토지 사용 용도에 따라 CN값을 제시하고 있다.

■ **표 5.5** 우리나라 토지이용 분류기준에 따른 CN값: AMC II 조건(한국수자원학회·한국하천협회, 2020)

수치토지이용도		수치토지피복도		토 양 군				비고(NRCS 분류기준 등)
세분류	코드번호	중분류	코드번호	A	B	C	D	
경지정리답	1110	논	210	79	79	79	79	별도 기준(논) CN – I, CN – III → 70, 89
미경지정리답	1120			79	79	79	79	
보통, 특수작물	1210	밭	220	63	74	82	85	조밀 경작지, 등고선 경작, 불량
과수원기타	1220	과수원	240	70	79	84	88	이랑 경작지, 등고선 경작, 불량
자연초지	2110	자연초지	410	30	58	71	78	초지, 등고선경작, 양호
인공초지	2120	기타초지	430	49	69	79	84	자연목초지 또는 목장, 보통
침엽수림	2210	침엽수림	320	55	72	82	85	별도 기준(산림)
활엽수림	2220	활엽수림	310	55	72	82	85	
혼합수림	2230	혼효림	330	55	72	82	85	

표 5.5 계속

수치토지이용도		수치토지피복도		토 양 군				비고(NRCS 분류기준 등)
세분류	코드번호	중분류	코드번호	A	B	C	D	
골프장	2310	골프장	420	49	69	79	84	개활지, 보통
공원묘지	2320	기타초지	430	49	69	79	84	
유원지	2330	위락시설 지역	140	49	69	79	84	
암벽및석산	2340	기타나지	620	77	86	91	94	개발중인 지역
일반주택지	3110	주거지역	110	77	85	90	92	주거지구, 소구획 500m^2 이하
고층주택지	3120			77	85	90	92	
상업, 업무지	3130	상업지역	130	89	92	94	95	도시지역, 상업 및 사무실지역
나대지및인공녹지	3140	기타나지	620	77	86	91	94	개발중인 지역
도로	3210	교통지역	150	83	89	92	93	도로, 포장도로(도로용지 포함)
철로및주변지역	3220			83	89	92	93	
공항	3230			83	89	92	93	
항만	3240			83	89	92	93	
공업시설	3310	공업지역	120	81	88	91	93	도시지구, 공업지역
공업나지, 기타	3320	기타나지	620	77	86	91	94	개발중인 지역
발전시설	3410	공공시설 지역	160	61	75	83	87	주거지구, 소구획 500~1,000m^2
처리장	3420			61	75	83	87	
교육, 군사시설	3430			61	75	83	87	
공공용지	3440			61	75	83	87	
양어장, 양식장	3510			100	100	100	100	별도기준(수면)
채광지역	3520	채광지역	610	68	79	86	89	개활지, 불량
매립지	3530	공공시설 지역	160	61	75	83	87	주거지구, 소구획 500~1,000m^2
광천지	3540	채광지역	610	68	79	86	89	개활지, 불량
가축사육시설	3550	기타재배지	250	68	79	86	89	자연목초지 또는 목장, 불량
갯벌	4110	연안습지	520	100	100	100	100	별도기준(수면)
염전	4120			100	100	100	100	
하천	4210	내륙수	710	100	100	100	100	
호소	4310			100	100	100	100	
댐	4320	공공시설 지역	160	61	75	83	87	주거지구, 소구획 500~1,000m^2
백사장	4410	기타나지	620	77	86	91	94	개발중인 지역
–	–	하우스 재배지	230	76	85	89	91	도로, 포장, 개거

표 5.5 계속

수치토지이용도		수치토지피복도		토 양 군				비고(NRCS 분류기준 등)
세분류	코드번호	중분류	코드번호	A	B	C	D	
–	–	내륙습지	510	100	100	100	100	별도기준(수면)
–	–	해양수	720	100	100	100	100	

■ **표 5.6** 투수성 지역의 CN값(AMC-II 경우)

토지의 사용 용도	흙의 분류			
	A	B	C	D
•나지(Bare ground)	77	86	91	94
•공원 또는 줄경작지(Gardens or row crop)	72	81	88	91
•75% 이상의 투수면적을 갖는 좋은 잔디밭 (Good grass: cover on greater than 75% of the pervious area)	39	61	74	80
•50~75%의 투수면적을 갖는 양호한 잔디밭 (Fair grass: cover on 50~75% of the pervious area)	49	69	79	84
•50% 이하의 투수면적을 갖는 불량한 잔디밭 (Poor grass: cover on less than 50% of the pervious area)	68	79	86	89
•양호한 산림지역(Fair woods)	36	60	73	79

■ **표 5.7** 비투수성 지역(도시 지역)의 CN값(AMC-II 경우)

불투수 면적의 백분율(%)	CN값
100	98.0
90	97.5
80	97.0
70	96.5
60	96.0
55	95.0
50	94.0
45	93.0
40	92.5
35	91.5
< 30	91.0

강우가 시작되기 전의 흙의 함수 상태는 유출을 발생시키는 데 큰 영향을 주므로 같은 종류의 흙과 토지의 사용 용도라도 선행함수조건에 따라 유출은 다르게 된다. SCS에서는 선행함수조건을 건조(I), 보통(II), 포화(III)의 세 가지로 구분하였으며, 선행함수조건을 결정하는 인자로는 5일 동안의 선행강수량(先行降水量, antecedent precipitation)이 사용된다. 이 크기는 식물의 활동이 왕성한 성수기(盛水期, growing season)와 그렇지 못한 비성수기(非盛水期, dormant season)에

따라 다른데, 우리나라의 경우 이를 정리하면 표 5.8과 같다.

이렇게 선행함수조건이 결정되면 표 5.5~표 5.8 상에서 선행함수조건 Ⅱ로 구한 CN값을 선행함수조건 Ⅰ 또는 Ⅲ에 맞도록 다음에 있는 표 5.9를 이용하여 조정할 수 있다. 또한 아래 식 (5.14)를 이용하여 선행함수조건 Ⅱ로 구한 CN값을 선행함수조건 Ⅰ 또는 Ⅲ에 맞는 CN값으로 변환할 수도 있는데 식 (5.14)는 표 5.9의 값을 이용하여 회귀분석한 식이다.

$$CN(1) = \frac{4.2CN(\text{II})}{10-0.058CN(\text{II})} \tag{5.14}$$

$$CN(\text{III}) = \frac{23CN(\text{II})}{10+0.13CN(\text{II})}$$

■ **표 5.8** 선행토양함수조건의 분류(한국수자원학회·한국하천협회, 2020)

AMC	5일 선행강수량(mm)	
	비성수기	성수기
I	< 13	< 36
II	13−28	36−53
III	> 28	> 53

■ **표 5.9** 선행함수조건(AMC)따른 CN값의 조정(한국수자원학회·한국하천협회, 2020)

AMC II	AMC I	AMC III	AMC II	AMC I	AMC III
100	100	100	60	40	78
99	97	100	59	39	77
98	94	99	58	38	76
97	91	99	57	37	75
96	89	99	56	36	75
95	87	98	55	35	74
94	85	98	54	34	73
93	83	98	53	33	72
92	81	97	52	32	71
91	80	97	51	31	70
90	78	96	50	31	70
89	76	96	49	30	69
88	75	95	48	29	68
87	73	95	47	28	67
86	72	94	46	27	66
85	70	94	45	26	65

표 5.9 계속

AMC II	AMC I	AMC III	AMC II	AMC I	AMC III
84	68	93	44	25	64
83	67	93	43	25	63
82	66	92	42	24	62
81	64	92	41	23	61
80	63	91	40	22	60
79	62	91	39	21	59
78	60	90	38	21	58
77	59	89	37	20	57
76	58	89	36	19	56
75	57	88	35	18	55
74	55	88	34	18	54
73	54	87	33	17	53
72	53	86	32	16	52
71	52	86	31	16	51
70	51	85	30	15	50
69	50	84	:	:	:
68	48	84	25	12	43
67	47	83	20	9	37
66	46	82	15	6	30
65	45	82	10	4	22
64	44	81	5	2	13
63	43	80	0	0	0
62	42	79			
61	41	78			

③ 강우 손실량 계산법

강우로 인한 손실량을 계산하기 위해서는 표 5.5~표 5.9를 이용하여 해당 유역의 상태에 적합한 CN값을 결정해야 한다. 표에서 알 수 있듯이 모든 CN값은 ANC−Ⅱ에서 구한 것이다. CN값을 구하기 위해서는 우선 대상유역의 토양도(1/25,000 또는 1/50,000 축척)를 이용하여 표 5.5에 따른 4개 토양군별 분포도를 작성한다. 사용한 토양도와 똑같은 축척의 지형도를 이용하여 표 5.6~표 5.8의 토지 사용 용도에 따른 분포도를 작성한다. 작성된 두 가지의 분포도를 중첩시켜 유역의 토양군-토지 사용 용도별 분포 면적을 도면상에서 구적기로 구한 후 면적을 가중 인자로 하여 대상유역의 AMC−Ⅱ의 CN값을 표 5.6~표 5.8을 이용하여 구한다. 마지막으로 표 5.9 또는 식 (5.14)를 이용하여 결정된 AMC−Ⅱ의 CN값에 대응하는 AMC−Ⅰ 또는 AMC−Ⅲ의 CN값을 각각 구한다. 이와 같이 CN값이 결정되면 식 (5.13)과 식 (5.12)를 순차적으로 이용하여 흙의 최대 저류가능량 S와 직접유출량 Q를 구할 수 있다. 이 값들은 앞에서 설명한 바와 같이 누가값으로 계산되기 때문에 해당 단위시간 동안의 값은 누가값의 차이로 구해야 한다. 또한 주의할 점은 한 강우 사상에서 누가강우량은 지속적으로 증가하기 때문에 5일 동안의 선행강우량이 없다 해도 CN값은 AMC−I에서 AMC−II, 그리고 AMC−III의 값으로 변한다는 점이다. 다음에 있는 그림 5.7은 CN값과 강우량으로부터 직접유출량을 구하는 그림인데 개략적인 경우에 사용할 수 있다.

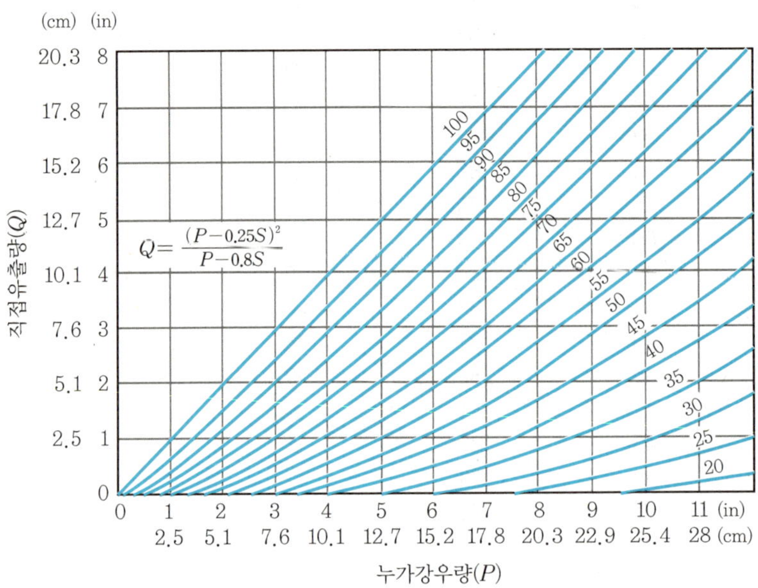

| 그림 5.7 | SCS법에 의한 유효강우량 계산도

SCS법에 의한 유효강우량의 산정은 주로 농촌 지역을 대상으로 개발된 방법으로써 실무에서 가장 많이 사용하고 있는 방법 중의 하나인데, 산악 지역 등에서의 적용에는 주의가 필요하다.

예제 5.6

어느 농촌 유역의 토지 사용 상태는 다음과 같다.

밭(row crop)	58%
산림(fair woods)	25%
나지(bare ground)	15%
포장도로(paved road)	2%

이 유역은 유출 발생 가능성이 다소 낮은(흙의 분류 B) 흙으로 구성되어 있으며, 2000년 8월 4일의 시간별 강수량이 다음과 같을 때 유효강우량을 구하여라. 단 5일 선행강수량은 0이다.

시간(hr)	0~1	1~2	2~3	3~4	4~5	5~6	6~7	7~8
강우량(mm)	5.3	12.4	21.5	16.7	14.2	9.8	6.6	3.1

| 풀이 |

흙의 선행함수조건(AMC) Ⅱ에서의 CN값을 표 5.5과 표 5.6을 이용하여 구하면 다음과 같다.

사용용도	CN값(흙의 분류 B)	가중치	가중평균 CN값
밭(row crop)	74	0.58	43.0
산림(fair woods)	72	0.25	18.0
나지(bare ground)	86	0.15	12.9
포장도로(paved road)	89	0.02	1.8
	계		75.7

식 (5.14)를 이용하여 AMC－Ⅰ과 AMC－Ⅲ에 해당하는 CN값을 구한 후 정리하면 다음과 같다.

CN값(AMC－Ⅰ) = 56.7, CN값(AMC－Ⅱ) = 75.7, CN값(AMC－Ⅲ) = 87.8

표 5.9을 이용하여 보간법으로 AMC－Ⅰ과 AMC－Ⅲ에 해당하는 CN값을 구한 후 정리하면 다음과 같다.

CN값(AMC－Ⅰ) = 57.7, CN값(AMC－Ⅱ) = 75.7, CN값(AMC－Ⅲ) = 88.7

유효강우량은 다음과 같은 표의 순서로 계산된다.

ⓐ 시간 (hr)	ⓑ 강우량 (mm)	ⓒ 누가 강우량 P(mm)	ⓓ 적용 CN값	ⓔ 초기 손실 Ia(mm)	ⓕ 직접 유출량 Q(mm)	ⓖ 유효 강우량 (mm)	ⓗ 손실량 f(mm)	ⓘ 조정 손실량 f'(mm)	ⓙ 조정유효 강우량 (mm)
1	5.3	5.3	57.7	5.3	0.0	0.0	5.3	5.3	0.0
2	12.4	17.7	57.7	17.7	0.0	0.0	12.4	10.5	1.9
3	21.5	39.2	75.7	37.2	5.0	5.0	16.5	6.8	14.7
4	16.7	55.9	88.7	37.2	29.9	24.9	−8.2	3.4	13.3
5	14.2	70.1	88.7	37.2	42.2	12.3	1.9	1.9	12.3
6	9.8	79.9	88.7	37.2	51.0	8.8	1.0	1.0	8.8
7	6.6	86.5	88.7	37.2	57.0	6.0	0.6	0.6	6.0
8	3.1	89.6	88.7	37.2	59.8	2.8	0.3	0.3	2.8
계						59.8	29.8	29.8	59.8

(가) ⓐ열에서 1hr의 강우는 0~1hr 사이에 내린 강우량이며, 이하 동일하다.

(나) ⓒ열은 ⓑ열의 누가값이다.

(다) ⓓ열의 CN값은 8월 4일은 성수기에 해당하고 표 5.8에서 알 수 있듯이 강우가 발생함에 따라 AMC－Ⅰ(2hr까지)에서 AMC－Ⅱ(3hr) 그리고 AMC－Ⅲ(4hr 이후)로 변하기 때문에 그에 해당하는 값을 갖는다.

(라) ⓔ열과 ⓕ열의 I_a와 Q는 AMC에 따라 세 가지로 계산되는데 다음과 같다.

AMC－Ⅰ의 CN값 사용시:

$$S = \frac{25,400}{CN} - 254 = \frac{25,400}{57.7} - 254 = 186.2 \text{ mm}$$

$$I_a = 0.2S = 0.2 \times 186.2 = 37.2 \text{ mm}$$

AMC－Ⅱ의 CN값 사용시:

$$S = \frac{25,400}{CN} - 254 = \frac{25,400}{75.7} - 254 = 81.5 \text{ mm}$$

$$I_a = 0.2S = 0.2 \times 81.5 = 16.3 \text{ mm}$$

3hr의 Q는 다음과 같이 계산된다(AMC－Ⅱ임).

$$Q = \frac{(P - 0.2S)^2}{P + 0.8S} = \frac{(39.2 - 0.2 \times 81.5)^2}{39.2 + 0.8 \times 81.5} = 5.0 \text{ mm}$$

AMC－Ⅲ의 CN값 사용시:

$$S = \frac{25,400}{CN} - 254 = \frac{25,400}{88.7} - 254 = 32.4 \text{ mm}$$

$$I_a = 0.2S = 0.2 \times 32.4 = 6.5 \text{ mm}$$

4hr의 Q는 다음과 같이 계산된다(AMC－Ⅱ이며 이후 시간도 같은 방법으로 계산함).

$$Q = \frac{(P - 0.2S)^2}{P + 0.8S} = \frac{(55.9 - 0.2 \times 32.4)^2}{55.9 + 0.8 \times 32.4} = 29.9 \text{ mm}$$

(마) 2hr까지는 AMC－Ⅰ이고 3hr에서 AMC－Ⅱ가 되므로 초기손실(I_a)은 37.2mm로 보고 그 이상의 누가강우량이 발생하였을 때인 3hr 이후부터 직접유출량이 발생하는 것으로 본다.

(바) ⓖ열은 ⓕ열의 직접유출량이 누가값이므로 이 값의 차이로부터 구한다.

(사) ⓗ열은 'ⓑ열~ⓖ열'로 구한다.

(마) 손실인 ⓗ열의 4hr 때를 보면 음의 값을 갖고, ⓔ열의 초기손실과 ⓕ열의 직접유출량의 합은 ⓒ열의 누가강우량보다는 커서는 안 되는데 그렇지 않은 결과를 보이고 있다. 이는 AMC가 불연속적으로 변하기 때문에 나타난 현상으로 이를 해결하기 위해서는 인위적인 손실 조정이 필요하며, 손실 조정은 합리적인 수준에서 초기 단계의 손실이 많이 발생하도록 조정하되 전체의 손실량이 일정하도록 한다. 이와 같은 방법에 의하여 조정된 손실량이 ⓘ열이며 이 값을 이용하여 구한 유효강우량이 ⓙ열이다. 실제적으로 시간 강우량을 SCS법에 적용시킬 때에는 이와 같은 조정을 거친 ⓙ열을 유효강우량으로 사용하는데, 우기 동안이나 또는 강우량이 큰 경우에는 이와 같은 조정을 하지 않고 기계적으로 구한 값을 사용하여도 그로 인한 유출량의 차이는 크게 나타나지 않게 된다.

5.3 유출도

5.3.1 유출도의 구성

유출도(流出圖, hydrograph)는 어떤 지점에서의 유량, 수위 등을 시간에 따라 나타낸 그림을 말한다. 유출도는 일반적으로 수문곡선(水文曲線, hydrograph)이란 용어로 자주 사용되는데, 유량을 시간에 따라 나타낸 곡선을 유량수문곡선(discharge hydrograph), 수위를 시간에 따라 나타낸 곡선을 수위수문곡선(stage hydrograph)이라고 하며, 일반적으로 수문곡선이라고 하는 것은 유량수문곡선을 말하는 경우가 많다. 그런데 이 장에서는 강우로 인해 발생하는 유출에 대하여 다루기 때문에 유출도란 용어가 보다 더 적합하다고 판단되어 이 용어를 사용하기로 한다.

유출도는 강우에 대한 유역의 반응을 종합적으로 나타내주는 곡선이다. 즉, 강우의 형태, 진행방향 등 기후 특성과 유역의 경사, 흙의 피복 상태, 지질 상황 등 유역의 지형학적 특성을 전부 포함한 결과를 대표하는 곡선이다.

그림 5.8은 임의의 우량주상도에 대한 유출도를 개략적으로 나타낸 그림이다. A~B는 유출도의 접근 부분, B~D는 상승곡선(上昇曲線, rising limb), D~G는 하강곡선(下降曲線, falling limb)이라 하며, 2개의 변곡점(變曲點, inflection point) C와 E 사이의 부분을 첨두부분(尖頭부분, crest

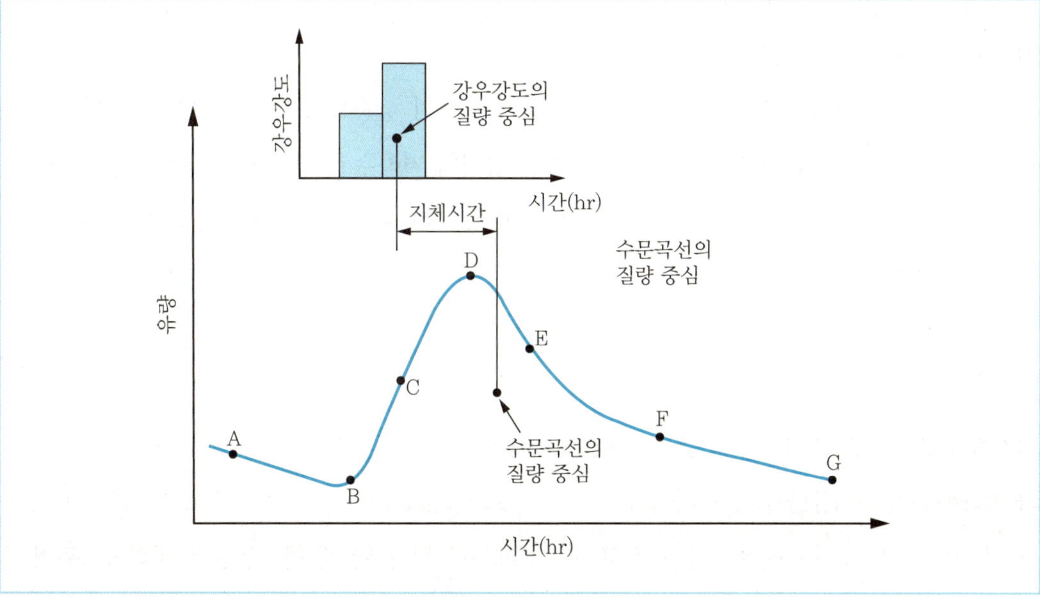

| 그림 5.8 | 유출도

segment)이라고 한다. 점 B는 유출도의 시작점, D는 첨두유량(peak flow) 또는 첨두점(peak point)이라고 하며, B점의 시간을 상승시간, D점을 첨두시간(time of peak time)이라고 한다. F~G 부분은 지하수에 의하여 보충되는 유량을 나타내는 부분으로서 이를 지하수감수곡선(地下水減水曲線, groundwater recession curve)이라고 한다. 또한 우량주상도의 질량 중심으로부터 유출도의 질량 중심까지의 시간을 지체시간(遲滯時間, lag time)이라고 하는데 일반적으로 유출도의 질량 중심까지의 시간 대신에 첨두유량의 발생시간을 사용하기도 한다.

상승곡선 부분의 C점과 하강곡선 부분의 E점은 변곡점으로써 B~C 부분은 유역의 저류 증가(수로의 저류, 지표면 저류 등)로 인한 유량의 증가를 나타내주는 부분이며, 이 곡선은 유역의 지형학적 인자(유역의 경사, 지표면의 상태, 유역의 형태 등) 및 기상학적 인자(강우강도, 시간적 분포, 공간적 분포 등)에 의하여 영향을 받는다. 첨두점 D는 유량이 가장 크게 나타나는 점으로써 유역면적 중에서 유출에 기여하는 면적이 가장 클 때에 발생한다. 유역이 비교적 작은 경우에는 출구에서부터 가장 먼 지점에서의 유량이 가장 가까운 지점의 유량과 동시에 나타날 때 발생한다.

하강곡선 중의 변곡점 E점은 직접유출이 중지된 시간을 나타내 준다. 즉, 강우가 끝나면 하천은 지표면 저류량으로부터 공급을 받아 직접유출이 계속되나, 강우로부터의 공급이 없으므로 직접유출량은 시간에 따라 감소한다. 따라서 E점에 이르러서는 직접유출에 의한 공급은 중단되고, E점 이후부터는 하도수위 저하로 인한 저류량의 방류라고 할 수 있겠다. F점에 이르러서는 수로의 저류량으로부터의 방류량도 중지되고, 이 점 이후부터 F~G 구간에서는 순수한 지하수 공급에 의하여 유출은 유지된다.

지하수감수곡선인 F~G 구간은 침루 또는 수로의 수위 상승으로 인하여 지하수층에 저류된 물의 양이 하도로 다시 유입되는 것으로서, 이는 유역의 지하수층 상태에 따라 영향을 받으면서 지수함수적으로 감소하는 특징을 가지고 있다. 따라서 지하수감수곡선은 다음과 같은 관계식을 갖는다고 생각할 수 있다.

$$Q_t = Q_0 C^t \tag{5.15}$$

여기에서 Q_0는 시간 t_0에서의 유량이며, Q_t는 시간 t에서의 유량, C는 상수이다. 따라서 직접유출과 지하수유출(기저유출)을 분리하기 위해서는 유출도를 $\log Q$와 t의 그림으로 표시하면 식 (5.15)에 의하여 지하수감수곡선은 직선으로 표시되기 때문에 직선부분과 곡선부분을 분리함으로써 이루어질 수 있다. 이에 관한 자세한 내용은 5.3.3에서 다루기로 한다.

유출도에서 상승부분이 시작하는 점에서부터 직접유출(지표수유출+복류수유출)이 끝나는 지점까지의 시간을 유출도의 기저시간(基底時間, base time)이라 한다. 기저시간은 유역의 형태, 강우의 지속기간 등에 영향을 받으며 유출도로부터의 기저시간 판단은 직접유출과 지하수유출의 정확한 분리가 필요하기 때문에 어려운 경우가 많다. 따라서 개략적으로 기저시간을 구하는 경우에는 도달시간(到達時間, time of concentration)과 강우의 지속시간의 합으로 사용하는 경우가 있다.

도달시간이라 함은 유역의 가장 먼 지점으로부터 출구 또는 유출도가 관측된 지점까지 물의 유하시간(流下時間, travel time)을 말한다. 그림 5.8에서 도달시간은 강우가 끝난 시간으로부터 E점까지의 시간으로 정의할 수 있다. 앞에서 기술한 바와 같이 E점은 지표수유출이 끝나는 점으로써, 지표수유출이 끝난다는 말은 제일 먼 곳으로부터의 유량이 마지막으로 도달한다는 말과 같이 해석할 수 있다. 따라서 유출도를 이용하여 도달시간을 구할 경우는 강우가 끝난 시간부터 E점까지의 시간을 도달시간으로 할 수 있다. 도달시간에 대한 상세한 기술은 5.4절에서 하기로한다.

5.3.2 유출도의 영향 인자

유출도에 영향을 주는 요소로서는 크게 지형 인자(地形因子)와 기상 인자(氣象因子)로 나눌 수 있다. 지형 인자로는 ① 유역의 면적과 형상, ② 수로의 분포, ③ 수로 및 지표면의 경사, ④ 지표의 상태(습지, 호수의 크기 및 토지의 이용 상태 등)이며, 기상 인자로는 ① 강우의 강도와 지속시간, ② 강우의 시간적, 공간적 분포, ③ 강우의 진행 방향 등이다.

(1) 지형 인자

유역의 지형 인자가 유출도의 형태에 영향을 줄 것은 자명한 일이며, 지형 인자 중에 가장 큰 영향을 주는 인자는 유역의 크기와 형상이다. 유역의 면적이 커짐에 따라 유역의 도달시간은 길어지게 되며 직접유출의 기저시간도 커지게 된다. 그러나 단위면적당 첨두유량은 유역면적이 커짐에 따라 작아지게 된다.

유역의 형상이 유출도에 주는 영향은 그림 5.9에서 볼 수 있다. 유역의 형상이 그림 5.9의 (a)와 같은 경우에는 유출도의 상승부분은 급격한 경사를 가지나 그림 5.9의 (b)와 같은 경우에는 비교적 완만한 상승곡선에 하강곡선은 상승곡선에 비하여 급한 경사를 갖는 것이 보통이다.

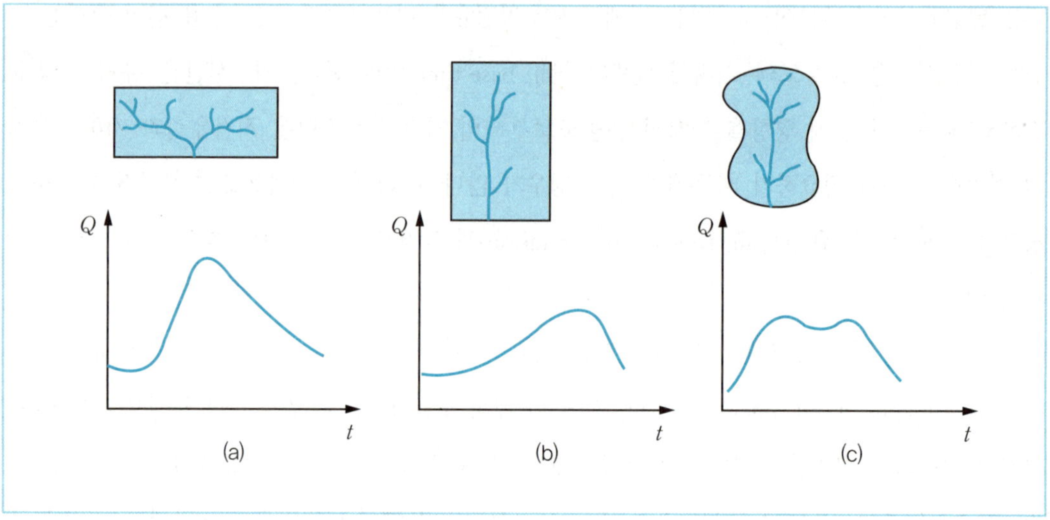

| 그림 5.9 | 유역의 형상에 따른 유출도의 변화

또한 그림 5.9의 (a)는 도달시간이 (b)에 비하여 짧으므로 같은 지속기간을 갖는 경우에 대하여 첨두유량이 일어나는 시간은 짧고 첨두유량이 커지는 반면에 그림 5.9의 (b)는 이와 반대의 현상이 일어난다. 그림 5.9의 (c)의 경우에는 첨두유량이 두 번에 걸쳐 일어나는 유출도를 갖는다.

수로 및 지표의 경사, 조도(粗度), 수로의 단면 등이 유출도에 영향을 줄 것이라는 것은 쉽게 알 수 있다. 유량은 유속과 단면적의 곱으로 표시되기 때문에 단면의 크기, 형상, 수로 및 지표의 경사, 조도 등은 직접적으로 유량에 영향을 준다. 일반적으로 개수로에서 유속은 다음과 같이 표시될 수 있다.

$$V = CR^m S^n \tag{5.15}$$

여기에서 V는 유속, C는 흐름 계수, R은 수리반지름(hydraulic radius), S는 수로의 경사, m과 n은 상수이다. 수로 및 지표면의 경사가 크게 되면 유하시간은 짧게 되며, 따라서 첨두발생시간도 짧게 된다. 이러한 결과는 유출도의 상승부분을 급하게 만들면서 큰 첨두유량을 발생시키는데, 이른바 산악 지역의 유출도가 급격한 상승부분을 갖는 것도 이러한 이유에서이다.

이러한 지형학적 요소가 유출도에 미치는 영향을 대표할 수 있도록 고안된 것이 유하시간-유역면적의 관계이다. 유하시간이라 함은 유역 내의 두 점 사이에 물이 흐르는데 필요한 시간을 말한다. 따라서 같은 유하시간을 갖는 점들을 연결하면 등유하시간선(等流下時間線, isochrone)을 구성할 수 있다. 그림 5.10의 (a)는 유하시간이 t_1, t_2, ⋯, t_7인 등유하시간선들을 나타내었다. 즉, 어

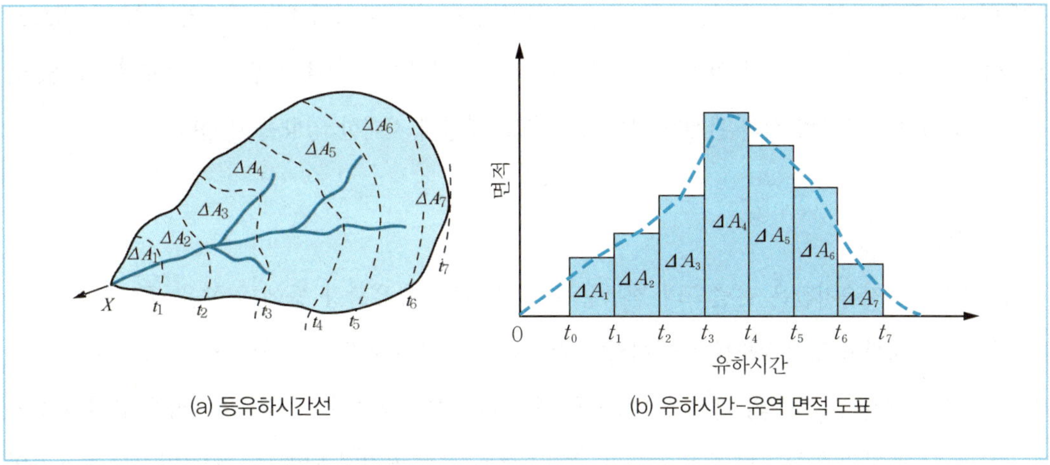

| 그림 5.10 | 유하시간-유역면적의 관계 예

느 등유하시간선상의 어느 점에서든지 출구 X에 도달하는 시간은 같음을 나타내 준다. 이 등유하시간선 사이의 유역면적을 ΔA_1, ΔA_2, …, ΔA_7이라고 할 때(전체 유역면적 $A=\sum_{i=1}^{7}\Delta A_i$) 유하시간 t_i와 구간면적 ΔA_i의 관계를 그림 5.10의 (b)와 같이 도표로 표시한 것을 유하시간-유역면적도(time-area diagram)라고 한다.

만일 지속기간 t_R이 $\Delta t(=t_i-t_{i-1})$와 같은 유효강우 r이 유역 내에 균등하게 내렸다고 하면, 유출이 유역의 저류현상에 영향을 받지 않는다고 가정하였을 때 강우로 인하여 출구 X에서 흐르는 유량 Q는

$$t=t_1\text{에서 } Q_1=r\Delta A_1$$

$$t=t_2\text{에서 } Q_2=r\Delta A_2$$

$$\cdots \qquad \cdots$$

$$t=t_7\text{에서 } Q_7=r\Delta A_7$$

이라고 할 수 있으며, 일반적으로

$$Q_i=r\Delta A_i \tag{5.16}$$

로 표시할 수 있다. 식 (5.16)을 이용할 때 강우의 지속기간 t_R이 Δt보다 큰 경우의 Q_i는 Δt 시간으로 나누어 생각하여 계산되는데, 이 방법은 5.4 도달시간에 수록되어 있는 예제 5.9에 잘 설명되어 있다.

유하시간은 유역의 경사, 형태, 지표의 상황 등을 종합적으로 나타내는 변수라고 할 수 있으므로 유하시간-유역면적도는 유역의 지형 요소를 모두 고려하여 나타내어 주는 것으로 볼 수 있고, 따라서 유하시간-유역면적의 관계가 유역의 유출도 형성에 지대한 영향을 미친다.

(2) 기후인자

강우강도 및 지속기간은 유출도의 첨두유량, 기저시간, 총유출량 등에 영향을 준다. 지속기간이 같도록 유지하고 강우강도를 증가시키면 첨두유량과 총유출량은 증가할 것은 자명한 일이다. 강우의 지속기간은 유출도의 기저시간에 영향을 준다. 만일 강우의 강도가 일정하게 유지되고 지속기간을 크게 하면 첨두유량에 기여하는 유역면적은 점점 커지게 되며, 따라서 기저시간도 자연히 증가하게 된다.

강우가 유출도에 미치는 영향은 강도의 크기 및 지속기간 뿐만이 아니라 강우의 시간적 분포, 강우의 진행 방향도 유출도의 형태에 많은 영향을 준다. 강우는 그 종류에 따라 강우가 시작되면서 전반 부분에 높은 강도를 갖는 advance type(주로 소나기 등의 대류형 강우)이 있으며, 강우의 후반 부분에 높은 강도를 갖는 delay type(주로 장마 등의 전선형 강우)이 있다. advance type의 경우는 유출도의 상승곡선이 급한 경사를 갖고 하강곡선은 완만하며, 반면에 delay type의 경우는 완만한 상승곡선과 급한 하강곡선을 보여준다. 강우의 진행 방향은 유역 상류에서 하류로 이동하는 경우(그림 5.11(a))와 유역의 하류에서 유역의 상류로 이동하는 경우(그림 5.11(b))가 있다. 그림 5.11(a) 경우는 전유역이 첨두유량에 기여할 가능성이 있어 그림 5.11(b) 경우보다 첨두유량이 크

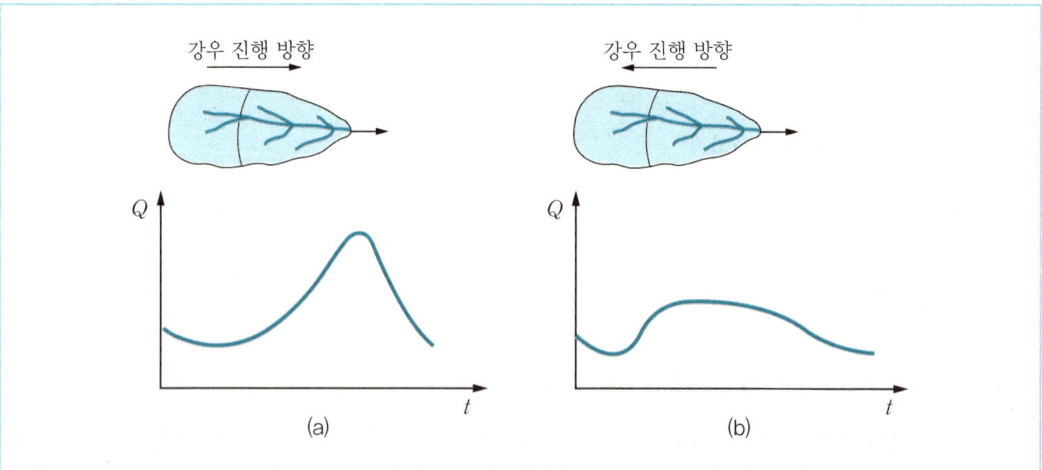

| 그림 5.11 | 강우 진행 방향의 영향

게 되며, 그림 5.11(b) 경우는 강우 진행 방향이 하천의 흐름과는 반대방향이므로 첨두유량은 그림 5.11(a) 경우보다 적게 되나 첨두부분이 그림 5.11(a) 경우보다는 훨씬 길어진다.

5.3.3 유출도의 분리

(1) 지표수유출, 복류수유출 및 기저유출의 분리

앞서 언급한 바와 같이 강우에 의한 유출은 크게 직접유출과 기저유출로 나눌 수 있다. 직접유출은 지표수유출과 복류수유출로 다시 분리되고, 기저유출은 주로 지하수에 의한 유출을 의미한다. 경우에 따라 유출도로부터 이들 각 요소로 분리하는 것이 필요할 때가 있다.

그림 5.8에서 설명한 바와 같이 상승곡선의 형태는 주로 강우의 특성에 따라 많은 영향을 받으나 하강곡선은 강우와는 관계없이 유역의 특성에 따라 변화를 한다. 하강곡선 부분에서 변곡점(그림 5.8의 E점)부터의 유출도는 순수한 유역의 저류량으로부터 방류되는 유출을 말한다. 즉, 이 지점부터는 지표수유출은 없으며 수로의 저류량, 복류수유출, 지하수 저류량으로부터 하천에 유입되는 유량을 나타내주는 것이다. 시간이 경과함에 따라 수로 저류량에 의한 유출 및 복류수유출의 기여가 거의 없어지게 되면 하천의 유량은 거의 지하수에 의하여 보충되며(그림 5.8의 F~G 구간), 이는 식 (5.15)에 나타낸 바와 같이 지수함수적으로 감소하게 된다. 식 (5.15)의 양변에 대수(對數, log)를 취하면 다음과 같다.

$$\log Q_t = \log Q_0 + t \cdot \log C \tag{5.17}$$

따라서 $\log Q_t$의 값과 t를 나타내면 이는 기울기가 $\log C$인 직선이 된다. 따라서 하강곡선의 변곡점 이하의 부분을 반대수지(半對數紙, semi-log paper), 즉 유량 Q를 대수 좌표로 하고 시간 t를 정규 좌표에 도시하여 직선이 되는 부분을 구하면 이 값이 지하수유출이다. 또한 이 직선이 되는 부분을 연장하여 유출도와의 차이를 구하면 이 값은 직접유출(지표수유출+복류수유출)을 나타내 준다. 직접유출로부터 지표수유출과 복류수유출을 분리하기 위해서는 다시 위에서 구한 직접유출량을 반대수지상에 도시하고 하강곡선의 끝에서부터 역으로 직선 구간을 구하면 이 값이 복류수유출이며, 또한 이를 연장하여 직접유출로부터 차이를 구하면 이 값이 지표수유출이 된다. 이와 같은 설명을 나타낸 그림 5.12를 보면 하강곡선의 끝에서부터 역으로 직선을 찾아내어 그 직선을 첨두유량 발생 시간까지 연장한 후 상승곡선의 처음 시점으로는 C값과 관계없이 직선

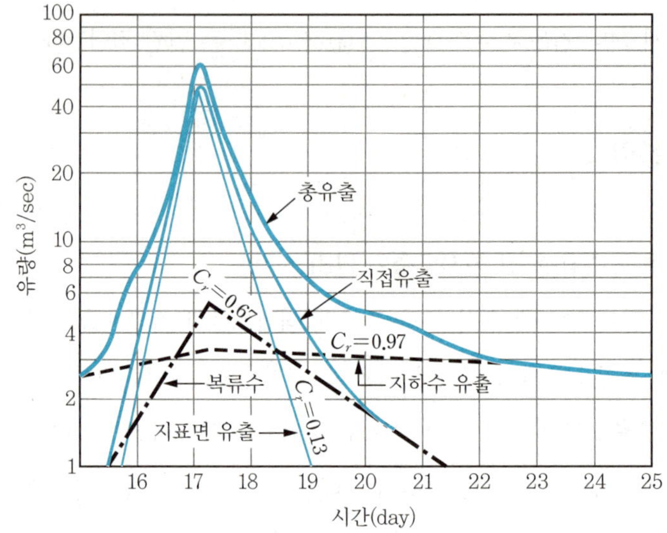

| 그림 5.12 | 유출도의 3개 요소(지표수유출, 복류수유출, 지하수유출) 분리 예

으로 연결함을 알 수 있다.

식 (5.17)에서의 C값은 유량 Q와 시간 t 사이의 그림에서 시간의 단위에 따라 다른 값을 가지나 유역의 큰 경우에는 보통 1일(day)을 시간의 단위로 하며, 유역이 작은 경우에는 보통 1시간(hr)을 시간의 단위로 한다.

(2) 직접유출과 기저유출의 분리

유역의 각종 수문 현상을 해석하는데는 앞에서 기술한 유출도의 3개 요소 분리보다는 직접유출과 기저유출(지하수유출)만의 2개 요소로 분리해야 할 필요가 더 자주 있다. 이 분리 방법에는 이론적인 근거보다는 경험에 의한 임의적 방법이 많이 사용되고 있다.

기저유량을 제외한 유출도는 직접유출만을 나타내므로, 이 직접유출의 시작점부터 끝나는 점까지의 시간이 유출도의 기저시간이 된다. 유출량을 산정하는데 있어서 유역면적이 일정하면 호우의 크기와 관계없이 기저시간은 일정하다는 가정을 자주 사용하는데, 이와 같은 가정에 근거하여 첨두유량이 발생한 시간부터 직접유출이 끝나는 시간 N을 유역면적 크기만의 함수로 나타낸 다음과 같은 경험식을 많이 사용하는데, 이 방법을 N-day법이라고 한다(그림 5.13 참조).

$$N = bA^{0.2} \tag{5.18}$$

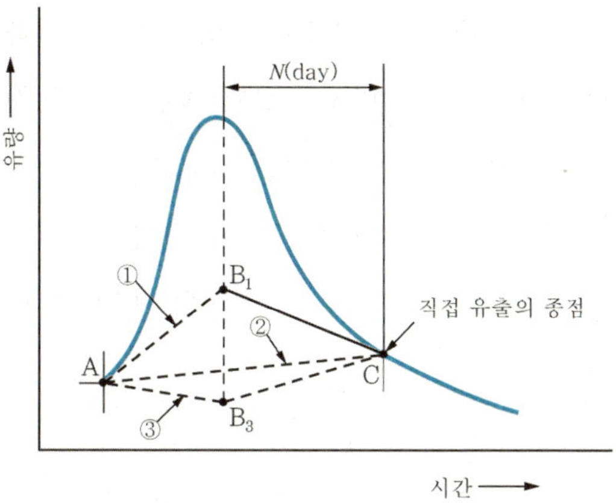

| 그림 5.13 | 유출도의 2개 요소(직접유출, 기저유출) 분리 예

여기서 N은 day의 단위를 가지며, 유역면적 A가 km^2인 경우에는 $b=0.8247$이고 A가 mi^2인 경우에는 $b=1$이다. 경험식을 이용할 경우에는 앞에서도 설명한 바와 같이 우변에 사용되는 변수의 단위와 그 결과로서 나오는 좌변 값의 단위를 주의하여 이용하여야 한다. 따라서 식 (5.18)에 있는 b 값은 영국식 단위계와 미터 단위계를 사용하는데 따른 환산계수의 역할을 한다.

첨두유량의 발생시간부터 직접유출의 끝시간인 N(day의 단위를 가짐)의 값이 구해지면 직접유출과 기저유출을 분리하여야 한다. 이 분리 방법에서는 앞의 절에서 설명한 이론적인 방법이 있지만 적용의 간편성을 고려하여 그림 5.13에 표시한 바와 같이 세 가지 방법으로 A와 C를 연결할 수 있다. ①의 방법은 유출도를 반대수지상에 도시하고 B 이하의 직선 부분을 연장하여 첨두유량 발생시간과 만나는 점인 B_1을 구하여 A, B_1, C를 연결하는 방법으로 앞의 절에서 설명한 것과 유사한 방법이며, ②의 방법은 A와 B를 직접 연결하는 가장 간단한 방법이며, ③의 방법은 A점 이전의 유출도를 반대수지상에서 직선으로 연장하여 첨두유량 발생시간과 만나는 점인 B_3를 찾아 A, B_3, C를 연결한다. 방법에 따른 직접유출량의 크기는 그림 5.13에서 알 수 있듯이 ③ 방법이 가장 크게 나타나고, 그 다음은 ② 방법, 그리고 ① 방법이 가장 작게 나타난다. ① 방법은 이번에 발생한 유출도의 감수곡선(recession curve)을 중요시한 개념이며, ③ 방법은 직전에 발생한 유출도의 감수곡선을 중요시한 것을 의미한다. 그림 5.13에 표시되어 있는 차이는 그 방법론을 뚜렷하게 그림 상에서 보여주기 위하여 과장되게 나타나 있는 것이며, 실제적으로는 첨두유량 부분이 매우 크기 때문에 방법에 따른 직접유출량의 차이는 작게 나타난다.

이 세 가지 방법이 모두 임의의 방법이므로 사용자에 따라 편리한 방법을 선택할 수 있다. ③의 방법은 하천의 수위가 높아지면 상대적으로 지하수위가 낮아지는 결과가 되므로 지하수의 하천 유입이 적어질 수밖에 없다는 이론적인 설명과 부합되는데, 한 방법을 계속 사용한다면 앞에서 설명한 바와 같이 방법의 차이로 인한 결과의 오차는 매우 작은 것으로 알려져 있다.

유출도 분리 방법의 타당성을 검증하기 위해서는 유효강우량과 직접유출량을 비교하든지 또는 하천에 들어오는 지하수층으로부터의 유입량(Q_g)이 지하수 저수량의 변화와 같아야 함을 증명하면 되는데 그 관계식은 다음과 같다.

$$Q_g\,dt = -dS_g \tag{5.19}$$

여기에서 dS는 지하수 저류량의 변화인데, 식 (5.19)를 적분하면 다음과 같다.

$$S_g = -\int_t^{\infty} Q_g\,dt \tag{5.20}$$

식 (5.20)에서 C는 1보다 작은 양수 값을 갖기 때문에 C^{∞}는 0이 되며, 이 들 관계식을 이용하여 유출도 분리 방법의 타당성을 검증할 수도 있으며, 거꾸로 t 시간에서의 지하수 저류량을 추정할 수도 있다.

예제 5.7

다음 자료는 어느 하천의 유출도 값들이다. 이 자료를 이용하여, (가) N-day법을 이용하여 직접유출과 기저유출을 분리하고, (나) 반대수지상에 도시하여 지표수유출, 복류수유출 및 지하수유출을 구하여라. 유역면적은 75,000km²라고 한다.

시간 (day)	1	2	3	4	5	6	7	8	9	10	11	12	13	14
유량 Q (m³/sec)	2,340	34,300	25,000	14,000	8,960	5,740	4,300	3,230	2,760	2,390	2,060	1,770	1,520	1,320

| 풀이 |

(가) $N = 0.8247A^{0.2} = 0.8247\times(75{,}000)^{0.2} = 7.8 \fallingdotseq 8$ day

표 (1)의 값은 앞에서 설명한 N-day법에서 방법 ②를 이용하여 직접유출을 계산한 것이 ⓓ열이고, 방법 ③을 이용하여 계산한 것이 ⓕ열이다. 이들의 오차는 0.6%에 불과하므로 방법의 차이로 인한 오차는 허용오차 이내라고 판단할 수 있다.

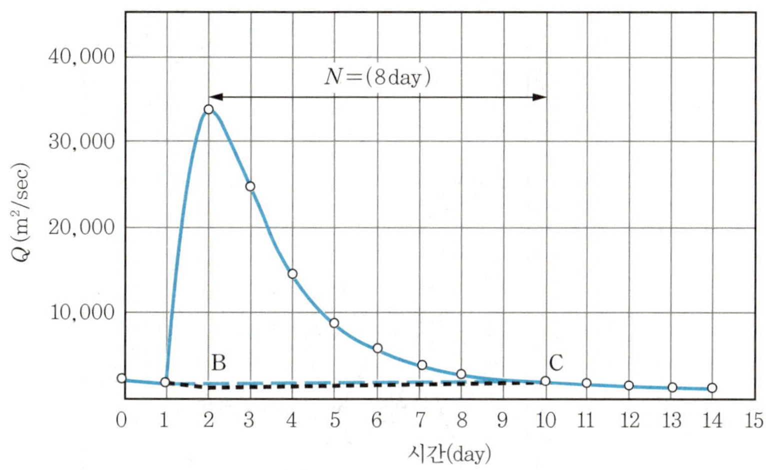

그림 (1) N-day법에 의한 기저유출의 분리

표 (1)

ⓐ 시간 (day)	ⓑ 유량 Q (m^3/sec)	ⓒ Line AC (ⓑ 방법임)	ⓓ 직접유출 (ⓑ−ⓒ)	ⓔ Line ABC (ⓒ 방법임)	ⓕ 직접유출 (ⓑ−ⓔ)
0	2,450	−	−	−	−
1	2,340	2,340	0	2,340	0
2	34,300	2,340	31,960	2,230	32,070
3	25,000	2,350	22,650	2,250	22,750
4	14,000	2,350	11,650	2,270	11,730
5	8,960	2,360	6,600	2,290	6,670
6	5,740	2,360	3,380	2,310	3,430
7	4,300	2,370	1,930	2,330	1,970
8	3,230	2,370	860	2,350	880
9	2,760	2,380	380	2,370	390
10	2,390	2,390	0	2,390	0
11	2,060				
12	1,770				
13	1,520				
14	1,320				
		$\Sigma q=79{,}410\text{m}^3/\text{sec/day}$		$\Sigma q=79{,}890\text{m}^3/\text{sec/day}$	

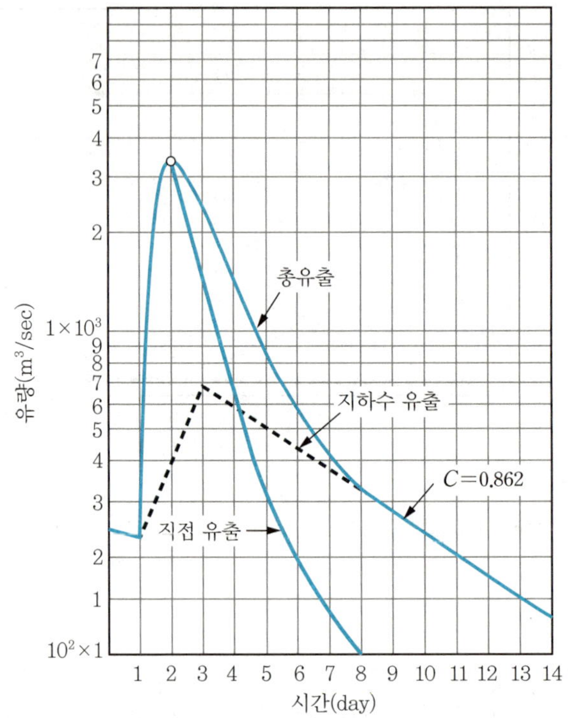

그림 (2) 총유출로부터 직접유출과 기저유출의 분리

표 (2)

시간(day)	Q(m³/sec)	Q_g(m³/sec)	$Q-Q_g$(m³/sec)
0	2,450	–	–
1	2,340	2,340	0
2	34,300	4,000	30,300
3	25,000	6,754	18,246
4	14,000	5,823	8,177
5	8,960	5,020	3,940
6	5,740	4,327	1,413
7	4,300	3,730	570
8	3,230	3,230	0
9	2,760	2,760	0
10	2,390	2,390	0
11	2,060	2,060	0
12	1,770	1,770	0
13	1,520	1,520	0
14	1,320	1,320	0

(나) Q와 t를 반대수지상에 표시하고 기울기 C를 구하면 $C=0.862$이므로 지하수 유출량의 대수값 $\log Q_g=\log(10,520)+t\cdot\log(0.862)$의 관계를 갖는다. Q_g의 값을 변곡점이라고 생각되는 곳까지 연장하고, $Q-Q_g$의 값을 구하면 $(Q-Q_g)$의 값은 직접유출이므로, 이를 다시 반대수지상에 도시하여 기울기를 구하면 $C=0.420$이다. 이로부터 다시 지표수유출과 복류수유출을 분리할 수 있으나, 본 예제에서는 직접유출 자체가 직선을 나타내므로 더 이상 분리할 수가 없으며, 이러한 결과가 갖는 물리적 의미는 이 유역에서의 복류수유출은 매우 작아서 직접유출의 대부분이 지표수유출로 발생된다는 것이다.

5.4 도달시간

5.4.1 도달시간의 정의

도달시간(到達時間, time of concentration)이라고 하는 것은 하천 본류를 따라 유역의 가장 먼 곳에서부터 유역출구까지 물이 유하하는데 소요되는 시간을 말한다. 도달시간은 크게 지표면흐름에서의 소요시간과 하도에서의 소요시간으로 나눌 수 있다. 강우가 지상에 도달하면 손실을 제외한 유효강우는 지표로 흐르게 된다. 지표면흐름이 계속되면서 자연히 수로가 형성되므로 이러한 현상에 따라 도달시간은 지표면흐름에서의 소요시간과 하도 흐름에서의 소요시간을 합한 것으로 정의할 수 있다.

도달시간은 홍수량에 크게 영향을 준다. 유역의 형태가 홍수량 크기에 영향을 주는 중요한 요소라고 하면, 유역의 형태를 대표하는 인자는 도달시간이라고 할 수 있다. 도달시간은 강우 자료와 유량 자료가 있는 경우에는 유출도와 우량주상도로부터 구할 수 있다. 유출도의 하강곡선 부분의 변곡점은 모든 지표수유출이 끝나고, 이 점 이후부터는 유역 내에 저류되었던 물로 인한 유출이 발생되므로 결과적으로 이 점이 유역의 제일 먼 지점에서부터 흐른 물이 마지막으로 출구에 도착한 시간을 나타내 준다. 따라서 그림 5.14에서 보는 바와 같이 우량주상도의 질량 중심에서부터 유출도의 변곡점까지의 시간을 도달시간이라고 할 수 있다.

앞에서와 같은 강우 및 유량 자료가 없는 경우의 도달시간은 이어지는 절들에서 설명하는 바와 같이 하도에서의 유하시간과 지표면에서의 유하시간을 구분하여 구한 다음, 이를 합함으로써 유역의 도달시간을 결정할 수 있다.

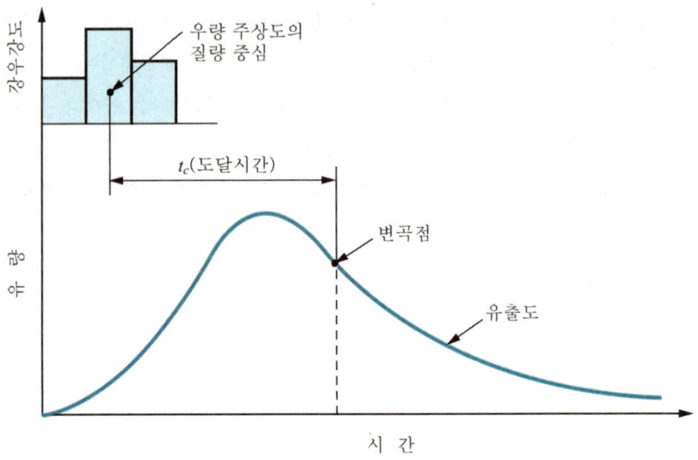

| 그림 5.14 | 우량주상도 및 유출도로부터 도달시간 결정

5.4.2 하도에서의 유하시간

하도 또는 도시유역에서 우수거(雨水渠, storm sewer)의 유하시간 계산 방법으로 가장 많이 쓰이는 공식은 Manning 공식이다.

$$V = \frac{1}{n} R^{2/3} S^{1/2} \tag{5.21}$$

여기에서 V는 유속(m/sec), n은 Manning의 조도계수(roughness coefficient), R은 수리반지름(m)으로 $R = A/P$, A는 흐름 단면적(m^2), P는 윤변(m), S는 에너지 경사(등류에서는 하상의 경사로 무차원 값)이다. 식 (5.21)도 실험을 통하여 구한 경험식이기 때문에 좌변과 우변에 사용되는 단위를 정확히 적용시켜 값을 구해야 한다.

하도에서의 유속을 알면 하도의 길이(L)를 유속으로 나눔으로써 하도의 유하시간(t_V)을 구할 수 있으며, 그 식은 다음과 같은데 여기에서도 L은 m, V는 m/sec의 단위를 사용했음을 알 수 있다.

$$t_V = \frac{L}{V} \tag{5.22}$$

5.4.3 지표면에서의 유하시간

지표면에서의 유하시간은 유역의 크기에 따라 도달시간에 기여하는 바가 다르다. 미국의 토양보전국(US SCS)에 의하면 유역면적이 10km² 보다 큰 경우에는 지표면에서의 유하시간은 전체 도달시간에서 차지하는 비율이 매우 적으므로 식 (5.22)에서 구한 유하시간을 도달시간으로 사용하여도 무방하다고 보고 있다.

지표면에서 유하시간을 결정하는 방법으로서는 이론식, 경험식 및 도해법으로 구분할 수 있다. Izzard와 Overton 등은 sheet flow, kinematic wave 이론 등을 사용하여 이론적으로 지표면에서의 유하시간을 다음과 같이 제시하였다.

(1) Izzard 공식 ($L<150$m)

$$t_s = \frac{526.422KL^{1/3}}{i^{2/3}} \tag{5.23}$$

여기에서 t_s는 지표면에서의 유하시간(min), L은 지표면의 길이(m), i는 강우강도(mm/hr)

$$K = \frac{0.2756\times10^{-4}i+C_r}{S^{1/3}}$$

S는 지표면 경사(무차원 값), C_r은 지체계수(미끈한 아스팔트=0.007, 모래 포장=0.0075, 콘크리트=0.012, 자갈 포장=0.017, 잔디=0.046, 밀집된 잡초=0.060)

(2) Kinematic Wave(Overton) 공식

$$t_s = \frac{6.9883}{i^{0.4}}\left[\frac{nL}{\sqrt{S}}\right]^{0.6} \tag{5.24}$$

여기서 t_s는 지표면에서의 유하시간(min), L은 지표면의 길이(m), i는 강우강도(mm/hr), n는 Manning의 조도계수(포장지역=0.02, 나지(裸地)=0.30, 초지(草地)=0.40, 숲=0.80), S는 지표면 경사(무차원 값)이다.

한편 경험 공식으로써는 Kirpich가 농경지의 소유역을 상대로 하여 측정을 한 공식이 있으며, Kerby도 이와 비슷한 공식을 제시하고 있다.

(3) Kirpich 공식

$$t_s = \frac{0.01947L^{0.77}}{S^{0.385}} \tag{5.25}$$

여기에서 t_s는 지표면에서의 유하시간(min), L은 지표면의 길이(m), S는 지표면 경사(무차원 값)이다.

(4) Kervy 공식

$$t_s = 1.44\left[\frac{nL}{\sqrt{S}}\right]^{0.467} \tag{5.26}$$

여기에서 t_s는 지표면에서의 유하시간(min), L은 지표면의 길이(m), S는 지표면 경사(무차원 값), n은 조도계수(포장지역=0.02, 나지(裸地)=0.30, 초지(草地)=0.40, 숲=0.80)이다.

(5) SCS 방법

미국의 SCS에서는 실험유역을 대상으로 실제 지표면에서의 유하속도를 측정하여 이를 지표면의 상태, 지표면의 경사에 따라 도표로 작성하였다. 그림 5.15은 이를 미터 단위로 환산한 도표로

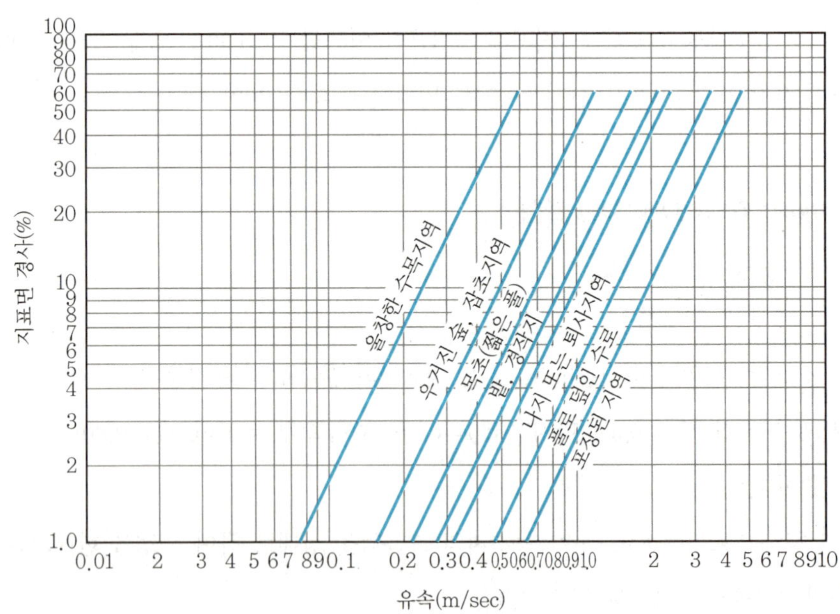

| 그림 5.15 | SCS에 의한 지표면 유속

서 지표면의 길이를 그림 5.15에서 구한 지표면 유속으로 나눔으로써 지표면에서의 유하시간을 구할 수 있다.

(6) FAA 공식

또한 미국항공청(US Federal Aviation Agency)은 공항 설계를 위하여 다음과 같은 유하시간 계산 공식을 제시하고 있다.

$$t_s = \frac{3.26(1.1 - C)\sqrt{L}}{S^{1/3}} \tag{5.27}$$

여기서 t_s는 지표면에서의 유하시간(min), C는 합리식의 유출계수 C, L은 지표면의 길이(m), S는 지표면 경사(%)이다.

식 (5.27)을 이용하는 데 주의할 점은 앞에 있는 식 (5.23)~식 (5.26)에서의 경사가 무차원 값으로 입력되는 데 반하여, 식 (5.27)의 경사는 % 값으로 입력되기 때문에 식 (5.23)~식 (5.26)의 경사보다 100배 큰 값으로 입력된다는 것이다. 홍수량의 결정을 위하여 합리식(9장 참조)을 사용하는 경우에는 식 (5.27)의 일관성이 있어 편리한 반면, 이는 원래 비행장 설계를 위한 식이므로 농촌 지역 또는 산림지역에서의 사용은 세심한 주의가 필요하다.

도달시간(t_c)의 결정은 위에서 설명한 바와 같이 하도에서의 유하시간(t_V)과 지표면에서의 유하시간(t_s)를 합하여야 한다. 하도를 동질성 있는 여러 구간으로 나누어 식 (5.21)과 식 (5.22)에 의하여 유하시간을 구하며, 또 지표면에서의 유하시간은 식 (5.23)~식 (5.27)에 의하여 직접 유하시간을 구하든지 또는 그림 5.15를 이용하여 유하 속도를 구한 후 지표면 길이를 유하 속도로 나누어 지표면에서의 유하시간을 구한다. 그러므로 전 구간의 도달시간을 최종적으로 아래와 같이 하도의 유하시간과 지표면의 유하시간을 합하여 구할 수 있다.

$$t_c = \sum t_V + t_s \tag{5.28}$$

표 5.10과 표 5.11은 최근 개정된 "하천설계기준해설"(한국수자원학회·한국하천협회, 2020)에서 정리하고 있는 도달시간 공식이며, 표 밑 각주에는 국내 적용 시 유의사항이 요약되어 있다.

■ **표 5.10 자연하천 유역에 대한 도달시간 공식(한국수자원학회·한국하천협회, 2020)****

공식명(연도)	공식(T_c, min)	제한조건
서경대 공식 (환경부, 2019)	$T_c = 0.214\,L\,H^{-0.144}$ T_c = 도달시간(hr) K = 유로연장(km) H = 고도차(m, 유역 최원점 표고와 홍수량 산정지점 표고의 고도차)	단위도 적용범위를 고려하여 250km^2 이하 국내 자연하천 유역의 수문관측자료를 분석 대유역 및 도시하천, 소규모 단위유역 등 공식의 범위를 넘어가는 유역은 지양
Kirpich 공식 (1940)	$T_c = 3.976\,L^{0.77}\,S^{-0.385}$ 여기서, L = 유역의 최장하천길이(km), S = 유역의 평균경사(H/L, m/m), H = 유역출구점과 본류 최원점까지의 표고차(m)	지표면 흐름이 지배적인 농경지 소유역, 하도경사 3~5%, 유역면적 0.453km^2 이하
Kerby 공식 (1959)	$T_c = 36.264(LN)^{0.467}\,S^{-0.2335}$ 여기서, L = 유로의 최원점부터 하천유입부분까지의 직선거리(km), S = 유로의 평균경사(m/m), N = 유역의 조도를 나타내는 상수	불투수성 완만한 표면 $N = 0.02$ 나지의 비포장표면 $N = 0.10$ 초지가 없는 나지의 거친표면 $N = 0.20$ 초지로 구성된 표면 $N = 0.40$ 낙엽으로 덮힌 수목지역 $N = 0.60$ 초지와 산림이 우거진 표면 $N = 0.80$
Johnstone and Cross 공식 (1949)	$T_c = 282\,r^{-2}\,L^{0.5}\,S^{-0.5}$ 여기서, L = 본류 유로길이(mi), S = 본류 유로평균경사(H/L, ft/mi), r = 하천형태에 따른 지류인자	25~1,624m^{2}의 유역면적
Kraven (I)공식	$T_c = 0.444\,L\,S^{-0.515}$ 여기서, L = 유로길이(km), S = 유로경사(H/L, m/m)	지표면 흐름이 지배적인 중하류, 하도경사가 1/200 이하인 유역
Kraven (II) 공식	$T_c = 16.667 + \dfrac{L}{V}$ 여기서, L = 유로길이(km), V = 유속(m/s)	자연하천경사별 유속을 적용하는 공식 ·$S < 1/200$: $V = 2.1\text{m/s}$ ·$1/200 \le S \le 1/100$: $V = 3.0\text{m/s}$ ·$S > 1/100$: $V = 3.5\text{m/s}$
연속형 Kraven 공식	$T_c = 16.667 + \dfrac{L}{V}$ 여기서, L = 유로길이(km), V = 유속(m/s).	자연하천경사별 유속을 적용하는 공식 ·급경사 $S > 3/400$: $V = 4.592 - \dfrac{0.01194}{S}$, $V_{\max} = 4.5\text{m/s}$ ·완경사 $S \le 3/400$: $V = 35{,}151.215\,S^2 - 79.393939\,S + 1.6181818$, $V_{\min} = 1.6\text{m/s}$

표 5.10 계속

공식명(연도)	공식(T_c, min)	제한조건
Rziha 공식	$T_c = 0.833\,L\,S^{-0.6}$ 여기서, L = 유로길이(km), S = 유역의 평균경사(H/L, m/m)	지표면 흐름이 지배적인 상류, 하도경사 1/200 이상인 유역
California Culvert Practice 공식 (1942)	$T_c = 60\left(11.9\dfrac{L^3}{h}\right)^{0.385}$ 여기서, L = 최장 유로길이(km), S = 상류 분할점과 출구의 표고차(ft)	산지 소유역
SCS Lag 공식 (1975)	$T_c = \dfrac{1}{19}L^{0.8}S^{-0.5}\left(\dfrac{1000}{CN}-9\right)^{0.7}$ 여기서, L = 최장 흐름경로(ft), CN = SCS 유출곡선지수, S = 유역평균경사(%)	주로 농경지 유역에 적용, 0.8km^2 이하의 도시유역도 적용 가능, 도시 불투수지역에서는 $T_c = 1.67\times$유역지체시간
Kerby 공식 (1949)	$T_c = 36.264\left(\dfrac{rL^{1.5}}{H^{0.5}}\right)^{0.467}$ 여기서 L = 흐름 경로 길이(km), H = 표고차(m), r = 0.02 포장지역, 0.10 거칠은 裸垈地, 0.30 거칠고 풀이 없는 지역, 0.40 잔디, 0.80 나무나 풀이 빽빽한 지역	L이 0.4km 이하인 도시유역 유역면적, 0.04km^2 이하, 하도경사는 1% 이하인 유역
Izzard 공식 (1945)	$T_c = 41.025(0.00071+c)\dfrac{L^{1/3}}{S^{1/3}I^{2/3}}$ 여기서, I = 강우강도(in/hr), c = 지체상수, L = 흐름경로길이(ft), S = 흐름경로경사(ft/ft), r = 하천형태에 따른 지류인자	지체상수 c = 0.007 평평한 포장지역, 0.012 콘크리트 포장지역, 0.017 자갈포장지역, 0.046 잘려진 잔디밭, 0.060 조밀한 잔디밭
Kinematic Wave 공식 (1965, 1973)	$T_c = 0.94\dfrac{L^{0.6}n^{0.6}}{I^{0.4}S^{0.3}}$ 여기서, L = 지표면 흐름길이(ft), n = Manning의 조도계수, I = 강우강도(in/hr), S = 지표면 흐름경사(ft/ft)	개별지역의 지표면 유출해석에 이용

표 5.10 계속

공식명(연도)	공식(T_c, min)	제한조건
FAA (Federal Aviation Agency) 공식 (1970)	$T_c = 1.8(1.1 - C)\dfrac{L^{0.5}}{S^{0.333}}$ 여기서, L = 지표면 흐름길이(ft), C = 합리식의 유출계수, S = 지표면 흐름경사(%).	주로 공항지역에 이용할 수 있도록 미공병단에서개발, 도시지역에서도 이용, 지표면 흐름 영역에 적용
SCS평균유속 공식 (1975)	$T_c = \dfrac{1}{60}\Sigma\dfrac{L}{V}$ 여기서, L = 지표면 흐름길이(ft), V = 표면상태에 따른 평균유속(ft/s).	지표면 상태에 따라 평균유속을 산정하여 도달시간을 계산

** 도달시간 또는 집중시간 결정 공식을 국내에 적용한 결과는 아래와 같으므로 공식 선정 시 이를 참고한다.

- Kerby 공식과 Kinematic wave 공식은 대상유역에서 과다한 값을 나타내는 경향을 보이고 있고, Kraven 공식, Rziha 공식, Kirpich 공식은 대상유역에서 과소한 값을 나타내는 경향을 보이고 있는 반면 나머지 4개 공식(SCS Lag 공식, SCS 평균유속공식, Izzard 공식, FAA 공식)은 대상유역에 따라 과다 혹은 과소한 경향을 보이고 있다.
- Kerby 공식은 유로연장이 약 360m인 지표면유출을 대상으로 개발된 공식이기 때문에 전 유역에 걸쳐 홍수도달시간 변화율이 매우 큰 값을 나타내고 있으며, kinematic wave 공식은 소규모 도시유역의 지표면 유출을 위하여 개발된 공식으로 변화율이 비교적 큰 값을 나타내고 있다.
- Kraven 공식(I)과 Rziha 공식은 하도경사가 각각 1/200 이하 및 이상인 자연하천 유역, 그리고 Kipich 공식은 유역면적이 1.25~112.0 에이커인 자연하천 소유역을 대상으로 개발된 공식이기 때문에 전 유역에서 홍수도달시간 변화율이 과소한 값을 보이고 있으며, 개발정도에 따른 도달시간의 변화를 나타낼 수 없는 문제점을 갖고 있다. Kraven(II) 공식은 경사구간별 유속을 제시하고 있으나 유속의 불연속이 발생하게 되며, 경사가 매우 완만한 구간 및 경사가 매우 급한 구간에는 적용하기 곤란한 문제점 등을 가지고 있다. 이를 보완하기 위하여 급경사부와 완경사부 유속을 보완한 연속형 Kraven 공식을 사용하고 있다.
- 우리나라의 유역특성을 대표하는 도달시간 산정을 위해 국내 65개 자연하천의 다양한 유역면적 60~1,000km^2 자료와 단위도 적용범위를 고려하여 250km^2 이하 자연하천유역의 수문관측자료를 분석하여 서경대 공식(환경부, 2019)을 제안하였다. 단, 대유역 및 도시하천, 소규모 단위유역 등 공식의 적용 범위를 넘어가는 유역은 적용을 지양하여야 한다.
- 도시하천 유역을 위하여 개발된 Izzard 공식과 공항지역에 적용할 수 있도록 개발된 미국연방항공청(FAA) 공식, 그리고 SCS의 평균유속 공식은 유역에 따라 홍수도달시간의 변화율이 변하고 있다.
- 유역면적이 2,000 에이커 이하인 자연하천유역과 도시유역을 대상으로 개발된 공식인 SCS공식의 지체시간 산정식은 유역에 따라 홍수도달시간의 변화율이 변하고 있으나 타 공식에 비하여 홍수도달시간의 변화율이 작은 값을 보이고 있다.

표 5.11 자연 및 도시하천 유역에 대한 지체시간 공식

공식명(연도)	공식(T_L, T_P, hr)	제한조건
Snyder 공식 (1938)	$T_P = C_t(L_{ca}L)^{0.3}$	$C_t = 1.8 \sim 2.2$, 유역면적 10~1,000mi²에 적용 (미국 Appalachian 유역)
Linsley 공식 (1945)	$T_L = KL\left(\frac{A}{S_c}\right)^{1/2}$ $T_P = C_t(L_{ca}L)^{0.3}$	$C_t = 0.3 \sim 1.2$, 유역면적 250~1,700mi²에서 적용
Clark 공식 (1945)	$T_L = KL\,S_c^{-1/2}$	$K = 0.8 \sim 2.2$
Eagleson 공식 (1962)	$T_P = 0.667\,L_{ca}\,nR_h^{-2/3}\,S_a^{-1/2}$	Snyder 공식을 하천특성에 맞게 수정
SCS 공식 (1975)	$T_P = \frac{L_w^{0.8}\,S_0^{-1/2}}{1900}\left(\frac{1000}{CN} - 9\right)^{0.7}$	농경지 유역과 2,000 acres 이하의 도시유역에 적용가능
Rao-Delleur 공식 (1974)	$T_L = 0.78\,A^{0.496}\,L^{0.073}\,S^{-0.075}(1+I_A)^{-1.289}$ $T_L = 0.78\,A^{0.542}\,S^{-0.081}(1+I_A)^{-1.21}$ $T_L = 0.803\,A^{0.512}(1+I_A)^{-1.433}$	도시유역 대상

여기서, A=유역면적(mi), CN=SCS 유출곡선지수, I_A=해당유역에서의 불투수면적비, K=상수, L=본류의 하도길이(mi), L_{ca}=하류관측점에서 본류를 따라 유역중심에 가장 가까운 본류상의 점까지 측정한 거리(mi), L_w=유역의 수리학적 길이(ft), n=Manning 조도계수, R_h=주 우수관의 가동 동수반경(ft), S=유역 출구점과 최원점의 표고차를 하도길이로 나눈 유역평균경사(H/L, ft/mi), S_a=주 우수관의 가중 경사(ft/ft), S_c=유역 출구점과 최원점의 표고차를 본류길이로 나눈 본류평균경사(H/L, ft/mi), S_0=유역평균경사(%).

예제 5.8

그림과 같은 유역에서 A부터 D까지의 도달시간을 구하여라.

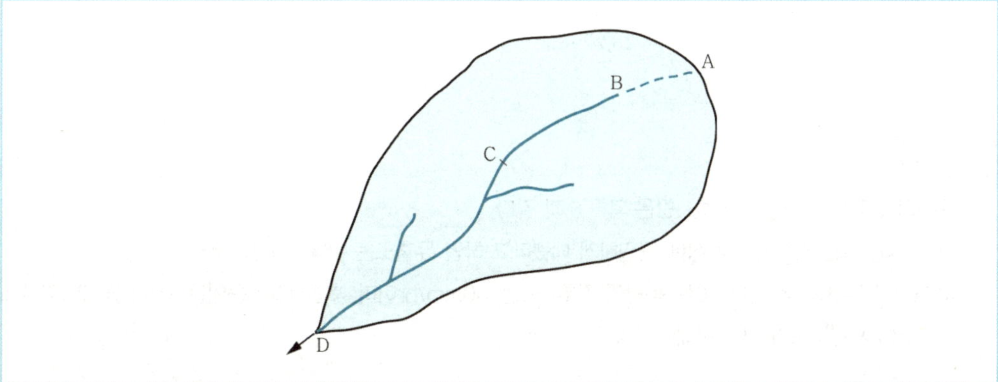

구간	수로 상태	길이(m)	경사(%)
A~B	나지	300	5.0
B~C	관수로(n=0.015, d=1m)	600	1.5
C~D	개수로(폭 1.5m, 깊이 1m, n=0.018, z=1:1)	1,800	1.0

| 풀이 |

(가) 구간 A~B

㉮ 그림 5.15에서 V=0.68m/sec

$$t_s = \frac{L}{V} = \frac{300}{0.68} = 441.2\text{ sec} = 7.35\text{ min}$$

㉯ Kirpich 공식[식 (5.25)]

$$t_s = \frac{0.01947L^{0.77}}{S^{0.385}} = \frac{0.01947(300)^{0.77}}{(0.05)^{0.385}} = 4.98\text{ min}$$

㉰ Kervy 공식[식 (5.26)]

$$t_s = 1.44\left(\frac{Ln}{\sqrt{S}}\right)^{0.467} = 1.44\left(\frac{300\times0.3}{\sqrt{0.05}}\right)^{0.467} = 23.70\text{ min}$$

(나) 구간 B~C

$$V = \frac{1}{n}R^{2/3}S^{1/2} = \frac{1}{0.015}\left(\frac{1}{4}\right)^{2/3}(0.015)^{1/2} = 3.24\text{ m/sec}$$

$$t_s = \frac{L}{V} = \frac{600}{3.24} = 185.18\text{ sec} = 3.09\text{ min}$$

(다) 구간 C~D

$$V = \frac{1}{n}R^{2/3}S^{1/2} = \frac{1}{0.018}(0.5775)^{2/3}(0.01)^{1/2} = 3.85\text{ m/sec}$$

$$t_s = \frac{L}{V} = \frac{1,800}{3.85} = 467.20\text{ sec} = 7.78\text{ min}$$

(다) 구간 A~D

구간 A~B의 유하시간은 방법에 따라 차이를 나타내 주고 있으나, 그림 5.15의 방법을 택하면 t_s= 7.35min이다. 따라서 구간 A~D의 도달시간은 다음과 같다.

$$t_s = 7.35+3.09+7.78 = 18.22\text{ min}$$

예제 5.9

완전히 포장된 주차장의 유하시간은 그림 (1)과 같다.

그림 (2)와 같은 강우가 주차장에 균일하게 내렸다고 하면 유출도는 어떻게 되겠는가?

(가) (a) 강우 시작 후 전반 10분 동안의 강우강도는 50mm/hr이며, 후반 10분 동안은 25mm/hr인 경우, (b) 강우의 시간분포가 이와 반대인 경우

(나) (c) 25mm/hr의 강우가 10분 동안 계속되었을 경우, (d) 20분 동안 계속되었을 경우

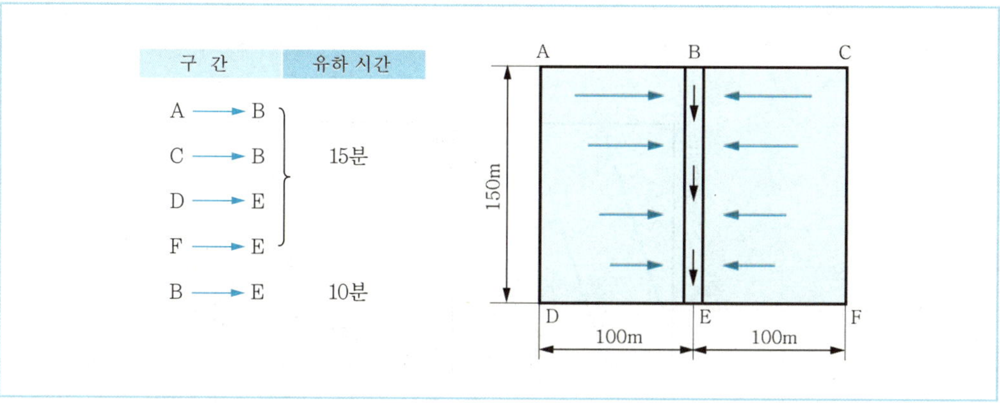

그림 (1)

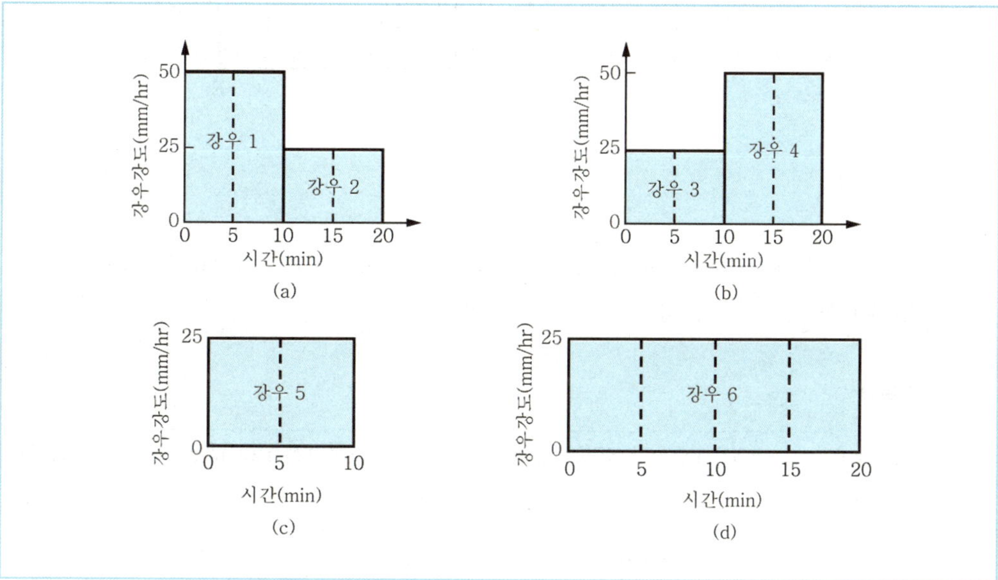

그림 (2)

| 풀이 |

(가) 강우강도의 시간분포에 따른 유출도의 변화

주차장은 완전히 포장되어 있으므로 손실은 없으며 저류로 인한 수문곡선의 변화는 없다고 가정한다. 그림 (3)과 같이 유하시간이 같은 선을 그리고 면적을 ΔA_1, ΔA_2, …, ΔA_5로 하면 식 (5.16)부터 5분, 10분, …의 유량을 구할 수 있다.

$\Delta A_1 = (100/3) \times 75/2 = 1{,}250\text{m}^2$, $\Delta A_2 = (2 \times 100/3) \times 150/2 - \Delta A_1 = 3{,}750\text{m}^2$, $\Delta A_3 = (100/3) \times 150 =$

5,000m², $\Delta A_4 = \Delta A_2 = 3{,}750\text{m}^2$, $\Delta A_5 = \Delta A_1 = 1{,}250\text{m}^2$(사각형 BCFE만을 계산한 것이므로 실제 면적은 두 배임)

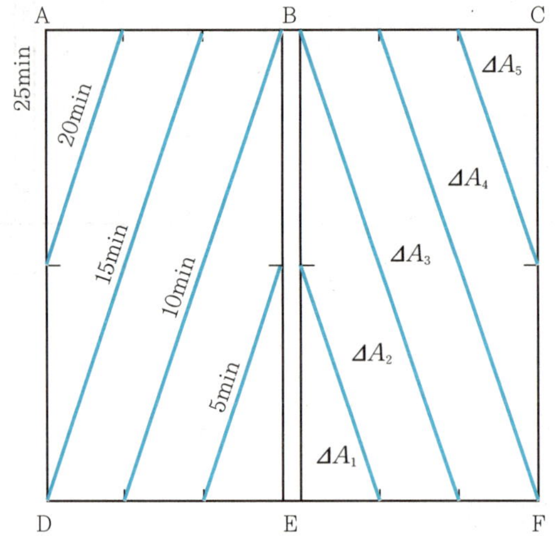

그림 (3)

유량의 계산 예((a) 경우의 5min): $(\Delta A_1)r_1 \times 2 = 1{,}250\text{m}^3 \times 50\text{mm/hr} \times 2 = 1{,}250\text{m}^3 \times 0.05\text{m}/3{,}600\text{sec} \times 2 = 0.034\text{m}^3/\text{sec}$

(a)의 경우

시간(min)	강우 1에 의한 유량(m^3/sec)	강우 2에 의한 유량(m^3/sec)	계(m^3/sec)
0	0.000	0.000	0.000
5	$(\Delta A_1)r_1 \times 2 = 0.034$	0.000	0.034
10	$(\Delta A_1+\Delta A_2)r_1 \times 2 = 0.139$	0.000	0.139
15	$(\Delta A_2+\Delta A_3)r_1 \times 2 = 0.243$	$(\Delta A_1)r_2 \times 2 = 0.017$	0.260
20	$(\Delta A_3+\Delta A_4)r_1 \times 2 = 0.243$	$(\Delta A_1+\Delta A_2)r_2 \times 2 = 0.069$	0.312
25	$(\Delta A_4+\Delta A_5)r_1 \times 2 = 0.139$	$(\Delta A_2+\Delta A_3)r_2 \times 2 = 0.122$	0.261
30	$(\Delta A_5)r_1 \times 2 = 0.034$	$(\Delta A_3+\Delta A_4)r_2 \times 2 = 0.122$	0.157
35	0.000	$(\Delta A_4+\Delta A_5)r_2 \times 2 = 0.069$	0.069
40	0.000	$(\Delta A_5)r_2 \times 2 = 0.017$	0.017
45	0.000	0.000	0.000

(b)의 경우

시간(min)	강우 3에 의한 유량(m^3/sec)	강우 4에 의한 유량(m^3/sec)	계(m^3/sec)
0	0.000	0.000	0.000
5	$(\Delta A_1)r_3\times2=0.017$	0.000	0.017
10	$(\Delta A_1+\Delta A_2)r_3\times2=0.069$	0.000	0.069
15	$(\Delta A_2+\Delta A_3)r_3\times2=0.122$	$(\Delta A_1)r_4\times2=0.034$	0.157
20	$(\Delta A_3+\Delta A_4)r_3\times2=0.122$	$(\Delta A_1+\Delta A_2)r_4\times2=0.139$	0.261
25	$(\Delta A_4+\Delta A_5)r_3\times2=0.069$	$(\Delta A_2+\Delta A_3)r_4\times2=0.243$	0.312
30	$(\Delta A_5)r_3\times2=0.017$	$(\Delta A_3+\Delta A_4)r_4\times2=0.243$	0.260
35	0.000	$(\Delta A_4+\Delta A_5)r_4\times2=0.139$	0.139
40	0.000	$(\Delta A_5)r_4\times2=0.034$	0.034
45	0.000	0.000	0.000

(나) 강우의 지속시간이 유출도에 미치는 영향

시간(min)	강우 5에 의한 유량(m3/sec)(c)	강우 6에 의한 유량(m3/sec)(d)
0	0.000	0.000
5	$(\Delta A_1)r_5\times2=0.017$	$(\Delta A_1)r_6\times2=0.017$
10	$(\Delta A_1+\Delta A_2)r_5\times2=0.069$	$(\Delta A_1+\Delta A_2)r_6\times2=0.069$
15	$(\Delta A_2+\Delta A_3)r_5\times2=0.122$	$(\Delta A_1+\Delta A_2+\Delta A_3)r_6\times2=0.139$
20	$(\Delta A_3+\Delta A_4)r_5\times2=0.122$	$(\Delta A_1+\Delta A_2+\Delta A_3+\Delta A_4)r_6\times2=0.190$
25	$(\Delta A_4+\Delta A_5)r_5\times2=0.069$	$(\Delta A_2+\Delta A_3+\Delta A_4+\Delta A_5)r_6\times2=0.190$
30	$(\Delta A_5)r_5\times2=0.017$	$(\Delta A_3+\Delta A_4+\Delta A_5)r_6\times2=0.139$
35	0.000	$(\Delta A_4+\Delta A_5)r_6\times2=0.069$
40	0.000	$(\Delta A_5)r_6\times2=0.017$
45	0.000	0.000

(다) 참고설명

그림 (4)의 경우와 같이 강우의 시간적 분포가 advance type(ⓐ)과 delay type(ⓑ)의 경우, advance type은 delay type에 비하여 첨두유량이 먼저 발생함을 알 수 있다. 지속기간이 유출도에 미치는 영향은 그림 (5)에서 볼 수 있다. 그림 (5)는 강우의 지속기간이 10분인 경우(ⓒ)와 20분인 경우(ⓓ)의 유출도를 비교한 것으로, 첨두유량 발생시간과 그 크기가 현저하게 다름을 알 수 있다.

그림 (5)에서 ⓔ는 동일한 강우강도를 가지면서 강우의 지속기간이 25분 이상인 경우의 유출도를 나타내는데, 이 유출도는 25분에서 최대값인 0.208m^3/sec(Ar=200m×150m×25mm/hr=30,000m^2×

$0.025m/3,600sec=0.208m^3/sec$)를 나타내면서 이후 같은 값을 유지하다가 유출도의 하강부분은 (d)의 경우와 동일한 형태를 취하게 된다.

유하시간-유역면적으로부터 유량의 계산은 강우의 지속시간 t_R이 그림 5.10에서 $t_R=t_i-t_i-1=\Delta t$와 같은 경우에 식 (5.16)을 사용할 수 있으나, 일반적으로 다음 공식을 사용하면 편리하다. 즉,

$$Q_i = r_1A_i+r_2A_i-1+r_3A_{i-2}+\cdots+r_iA_1$$

여기에서 r_i는 지속시간 t_R이 $t_R=t_i-t_i-1=\Delta t$가 되는 강우강도이다. 즉,

$$i = 1,\ Q_1 = r_1A_1$$

$$i = 2,\ Q_2 = r_1A_2+r_2A_1$$

$i = 3,\ Q_3 = r_1A_3+r_2A_2+r_3A_1$ 등으로 계산된다.

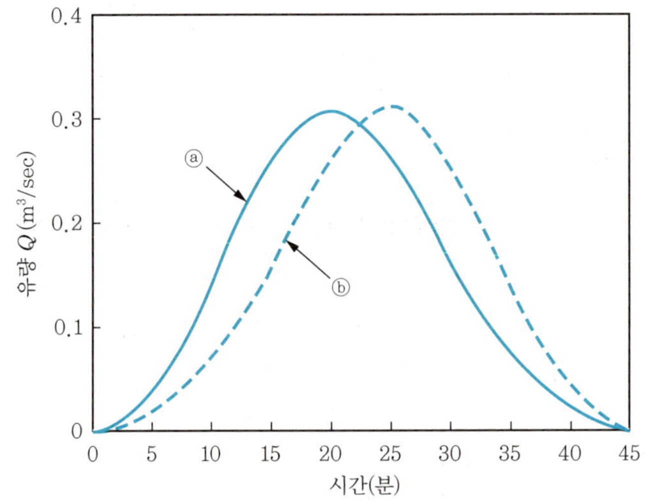

그림 (4) 강우강도의 시간분포에 따른 유출도의 변화

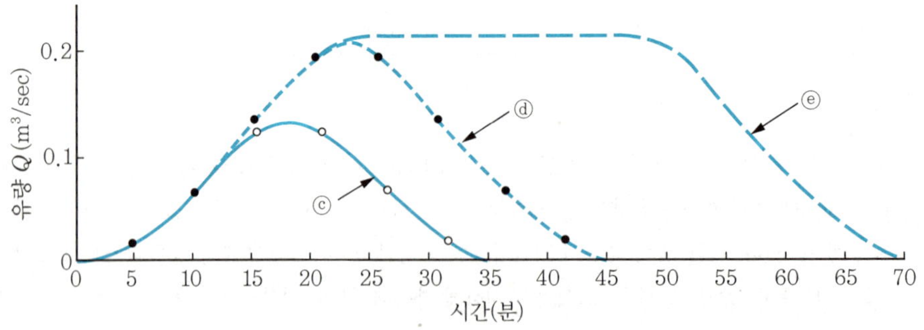

그림 (5) 강우의 지속시간이 유출도에 미치는 영향

참고문헌

환경부(2019) 「하천설계기준해설」.

한국수자원학회·한국하천협회 (2020 예정) 「하천 설계기준 해설」.

Denver Regional Council of Government (1969) *Urban Storm Drainage Criteria Manual, Vol. 1, 2,* Urban Drainage and Flood Control District.

Eagleson P (1970) *Dynamic Hydrology*, McGraw-Hill.

Gray DM (1970) *Handbook on the Principles of Hydrology*, Water Information Center Publication.

Horton RE (1940) "An approach forward physical interpretation of infiltration capacity," *Soil Science Society of America* 5.

Philip JR (1957) "The theory of Infiltration: 1. The infiltration equation and its solution," *Soil Science* 83(5), 345-358.

Philip JR (1957) "The theory of Infiltration: 2. The profile of infinity," *Soil Science* 84(3), 257-264.

Philip JR (1957) "The theory of Infiltration: 3. Moisture profiles and relation to experiment," *Soil Science* 84(2), 163-178.

Philip JR (1957) "The theory of Infiltration: 4. Sorptivity and algebraic infiltration equations," *Soil Science* 84(3), 257-264.

SCS (1972) *SCS National Engineering Handbook*, Soil Conservation Service, United States Department of Agriculture.

Chow VT (1964) *Handbook of Applied Hydrology*, McGraw-Hill.

Gray DM (1973) *Principles of Hydrology*, Water Information Center.

US FAA (1966) *Airport Drainage Design* Federal Aviation Agency, Advisory Circular, AC NO-AC 150/5320-5A.

Izzard CF (1944) "The surface profile of overland flow," *Transactions of the American Geophysical Union* 25(6), 959-968.

Kerby WS (1959) "Time of concentration for overland flow," *Civil Engineering* 29(3), 60.

Overton DE and Meadows ME (1976) *Stormwater Modelling*, Academic Press.

Linseley Jr RK, Kohler MA and Paulhus JL (1975) *Hydrology for Engineers*, McGraw-Hill.

Viessman Jr W and Lewis GL (1996) *Introduction to Hydrology*, HarperCollins College Publishers.

McCuen RH (1998) *Hydrologic Analysis and Design*, Prentice Hall.

Singh VJ (1989) *Hydrologic Systems (Vol II): Watershed Modeling*, Prentice Hall.

연습문제

(*는 필수 문제)

1* 4hr의 지속시간을 갖는 강우가 발생하였을 때, 누가침투량이 60mm이다. 흙의 종류가 실트(silt)이고 감쇠상수 $k=0.2$일 때, Horton의 공식을 이용하여 초기 침투율(f_0)를 구하고 침투율 함수와 누가침투량 함수를 각각 구한 후, 1, 2, 3 및 4hr에서의 침투율과 누가침투량을 각각 구하시오.

2 지하수를 보충하기 위하여 인위적으로 저수지를 만들고 저수지의 바닥을 투수성이 큰 물질을 사용한다. 초기 및 최종 침투율이 각각 45.0mm/hr, 10.0mm/hr라 하고 Horton 공식의 k 값이 5hr^{-1}이라고 하면 45분(min) 후의 총 누가침투량은 얼마인가?

3* 침투율 및 누가침투량을 측정한 결과 누가침투량이 100mm인 경우 침투율은 20mm/hr였고, 시간이 경과됨에 따라 침투율은 5mm/hr에 접근함을 알았다.

(1) 식물의 성장에 필요한 물의 양 250mm를 스프링클러(sprinkler)로써 공급하고자 하면 스프링클러에 의한 공급율을 얼마로 하여야 하겠는가?

(2) 또한 스프링클러의 공급율을 15mm/hr로 한다면 식물 성장에 필요한 물은 얼마가 공급되겠는가?

4* Philip 공식(식 (5.5), 식 (5.6))에서의 흡습률(sorptivity) S는 $0.1\text{cm/sec}^{\frac{1}{2}}$이고 투수계수는 2×10^{-4}cm/sec라고 할 때, 1, 4 및 16hr의 수직 방향 침투율을 구하여라. 이 결과를 예제 5.4와 비교하여라.

5 수평으로 놓인 흙의 관(면적 150cm^2)으로 움직이는 물의 양을 측정한 결과 45분 동안 1.2ℓ이었다고 한다. Philip 공식을 적용하여 1, 2, 4 및 8hr에서의 침투율을 구하여라.

6 침투율 공식을 유도하기 위하여 실험을 실시한 결과 다음과 같은 자료를 얻었다. 물은 침투한 물의 양만큼 공급하였으며 흙의 단면적은 962cm^{2}이다. 최종 침투율(f_c)이 7.5mm/hr라고 할 때, Horton 공식의 계수를 구하여라.

시간(min)	0	2	5	10	20	30	60	90	150
공급된 물의 누가량(cm^3)	0	278	658	1,173	1,924	2,500	3,345	3,875	4,595

7 다음 표와 같이 강우량이 발생하였다. 직접유출고가 38.4mm라고 할 때 ϕ 지수를 구하시오.

시간(hr)	0~1	1~2	2~3	3~4	4~5	5~6
강우량(mm)	2.8	18.6	31.3	6.8	3.2	0.4

8* 면적이 2,851km^{2}인 유역에 강우와 유출 자료가 다음과 같다. ϕ 지수법에 의하여 유효강우량을 구하여라.

일(day)	4일	5일	6일	7일	8일	9일	10일
직접유출량(m^3/sec)	0	49	212	175	207	213	0

일(day)	5일					6일					7일				
시간(hr)	9	10	11	12	13	14	4	5	6	7	8	17	18	19	20
강우강도(mm/hr)	14.3	8.0	7.2	3.8	2.0	1.3	1.0	0.0	0.8	0.0	13.9	17.2	2.0	0.9	1.5

9* 어느 농촌 유역의 토지 사용 상태는 다음과 같다.

밭(row crop)	36%
산림(fair woods)	48%
나지(bare ground)	13%
포장도로(paved road)	3%

이 유역은 유출 발생 가능성이 다소 높은(흙의 분류 C) 흙으로 구성되어 있으며, 2002년 7월 26일의 시간별 강수량이 다음과 같을 때 유효강우량을 구하여라. 단 5일 선행강수량은 10.0mm이다.

시간(hr)	0~1	1~2	2~3	3~4	4~5	5~6	6~7	7~8
강우량(mm)	9.4	23.1	35.6	26.4	17.1	11.6	8.1	4.6

10 다음과 같은 시간 강우 자료를 사용하여, SCS 방법에 의한 직접유출량을 구하여라. 단, CN값은 80이고 강우 시작 단계에서의 선행함수조건은 II에 해당하며 식물의 생장상태는 비성수기로 한다.

시간(hr)	1	2	3	4	5	6	7	8	9	10	11	12
강우량(mm)	0.0	3.8	3.8	8.1	10.0	6.6	2.2	0.0	0.5	0.0	4.4	8.1

11 다음 자료는 5일 동안의 일평균유량이다. 전체 기간 동안의 평균유량(m^3/sec/day)은 얼마인가? 만약 유역면적이 3,756km^2라면 이 기간 동안의 총유출량을 얼마인지 mm단위로 표시하시오.

일(day)	1	2	3	4	5
유량(m^3/sec)	700	4,800	3,100	2,020	1,310

12 유역면적이 2,047km^{2}인 유역에서 다음 자료를 이용하여 직접유출량(m^3)을 구하고, 이를 유역의 직접 유출 깊이(mm)로 표시하여라.

시간(day)	1	2	3	4	5	6	7	8	9	10	11	12	13	14
유량(m^3/sec)	122	1,137	950	627	531	429	347	285	223	185	161	149	140	132

13 경사가 5.0%인 울창한 수목 지역의 지표면 길이가 150m인 유역의 도달시간은 얼마인가? 그림 5.15에 의한 SCS 방법과 식 (5.27)에 의하여 구한 값을 비교하시오.

14 다음과 같은 유역(γ=100m, θ=60°)의 A점을 통하여 물이 흐른다. 물의 유하시간은 거리에 비례한다고 하며 강우의 지속기간과 도달시간은 같다고 할 때 A점을 통하여 흐르는 유량의 유출도를 첨두유량의 비로 나타내어라(힌트: 예제 6.10의 유하시간-유역면적의 개념을 고려할 것). 그리고 강우의 지속기간을 5min, 강우강도를 10mm/hr라 할 때 A점에서의 유량을 min 간격으로 구하시오.

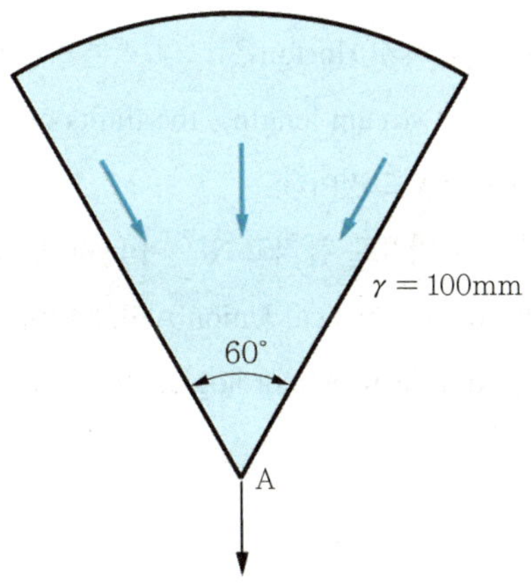

15* 예제 5.9에서 주차장의 ABED 부분에는 50mm/hr의 강우강도가, BCFE 부분에는 25mm/hr의 강우강도가 있었을 때 유출도를 구하시오. 단, 강우의 지속기간은 15분이다.

수문학 인물사 5 Robert E. Horton(1875~1945)

Robert Elmer Horton은 1875년 5월 18일 미국의 미시간 주 Parma에서 태어났으며, 1897년에 Albion College에서 학사학위를 취득하였다. 그는 일생을 여러 정부기관에서 수리학자로, 자문역으로도 일하면서 보낸 실용적인 사람이었다. Horton은 자신의 경험을 바탕으로 끊임없이 수문 순환체계에 대한 일반적인 법칙들을 추출해 내었다. 또한 그는 수문 순환체계에 대한 정량적이고 수학적인 접근법에 대한 연구와 더불어 관측 자료의 신중한 사용을 강조함으로써 분석적 수문학의 표본을 정립하였다. Horton은 사후인 1949년에도 학술지 논문이 발간될 정도로 저술에 노력한 학자였다. 그는 대단한 통찰력과 독창성을 가진 최초의 수문학자인 동시에 수리학, 기상학, 토양학, 지형학 등 다양한 분야에 걸쳐 호기심을 가진 과학자였다.

Horton은 지표면 유출에 의한 홍수 발생과 토양의 침투능과의 관계에 대한 이론으로 가장 잘 알려져 있다. 그는 유출 과정에서 토양과 식생의 영향을 강조하였고, 토양 침식(soil erosion)의 메커니즘을 분석하였으며, 토양 보존을 위한 합리적인 방법을 발명하는데 기초를 제공하였다. 일생을 통하여 Horton은 홍수 발생, 강우의 물리적·시간적인 변동성, 증산과 같은 차단과 선행 토양수분을 제어하는 식생의 역할, 하도의 역할을 분석하였다.

1945년에 발표한 landmark paper에서 Horton은 그의 결론을 4가지 법칙으로 요약하였는데, the law of stream numbers, the law of stream lengths, the limits of infiltration capacity, 그리고 the runoff-detention-storage relation이 그것이다.

미국에서 Horton은 수문학의 아버지로 불리고 있으며 hydrological geophysics 분야에서 그의 업적을 기념하기 위해 American Geophysical Union(AGU)에서는 1976년부터 Robert E. Horton Medal을 수여하고 있다. 또한 American Meteorological Society에서도 Horton Lectureship을 통해 그를 기리고 있다.

제6장 단위유량도(Unit Hydrograph)

미리 생각하기 6

'미리 생각하기' 질문은 이 책의 각 장을 읽기 전 배경 지식 없이 창의적으로 고민해 보자는 의도에서 기획되었습니다. 각 질문마다 최소 10분 이상 아무런 자료 없이 스스로 생각해 본 후, 인터넷 검색 등으로 관련 자료를 찾아 보완해 봅시다. 대부분 고정된 정답이 없으므로 완결성보다는 자기주도형 창의적 답변이 중요합니다.

6.1~6.3 단위유량도

다음의 용어가 무엇을 뜻하는지 각자 생각해 보고 수업시간에 임해주기 바랍니다.
인터넷을 적극 활용하기 바랍니다.

- system input and output
- response function
- pulse response function
- Impulse Response Function
- Basic Properties of Linear System

유역에 비가 내려 유출이 발생하였을 때 이 현상을 위의 시스템 용어들에 연결시켜 설명해 봅시다.
유역, 강우, 유출은 각각 어디에 해당되며, response function은 어떤 형태를 그릴까요?

제6장

단위유량도

일반적으로 유역의 총유출(總流出)은 기저유출(基底流出)과 직접유출(直接流出, direct runoff)의 성분으로 구성되어 있음을 제5장에서 기술한 바 있다. 이러한 유출 성분을 공학적으로 재현하는 것은 수공 구조물의 설계홍수량(設計洪水量)을 결정하는데 있어 중요한 과정 가운데 하나이며 이들에 관한 자세하고 특징적인 사항은 제9장에서 계속 언급될 예정이다. 본 장에서는 이러한 공학적 재현(再現) 과정의 가장 기초 이론인 단위유량도(單位流量圖)에 대하여 설명한다. 단위유량도는 단위 깊이의 유효강우(有效降雨)에 대한 직접유출의 시간적 변화를 나타낸 곡선이며, 복잡한 유출현상을 간단한 단위유량도의 증폭과 지체 그리고 중첩만으로 표현해보고자 하는 동기에서 고안되었다. 단위유량도의 정확도와 적용성은 주어진 자료의 종류와 질, 대상 유역의 환경 그리고 분석자의 주관적 판단에 크게 좌우되기 때문에 수공 구조물 설계를 위한 단위유량도의 산정은 신중을 기해 이루어져야 한다.

6.1 단위유량도 이론

6.1.1 단위유량도 정의

수문곡선(水文曲線)에 영향을 주는 요소가 지형 인자(地形因子)와 기상 인자(氣象因子)임은 이미 제5장에 기술한 바 있다. 만일 지형 인자(유역의 크기, 경사, 피복상태, 하천의 길이, 경사 등)가 같은 경우, 유사한 형태의 강우가 발생하였다면 이 강우들에 의한 수문곡선들은 서로 비슷할 것이다. 이것이 Sherman에 의하여 제안된 단위유량도(unit hydrograph)의 기본 개념이다.

단위유량도라 함은 어느 유역에 지속기간 t_R를 가진 유효강우가 1cm 또는 1inch(즉, 강우강도는

$1/t_R$)가 내렸을 때, 이로 인한 유역의 반응인 직접유출의 수문곡선을 말하며, 보통 이를 t_R시간-단위유량도라고 한다. 단위유량도의 단위라는 용어는 처음 Sherman이 제안할 때에는 유효강우의 지속기간 t_R에 대한 것으로 사용하였으나, 후에는 유효강우량 1cm 또는 1inch에 대한 것으로 정립되어졌다. 따라서 단위유량도 곡선의 면적을 유역평균 유출깊이로 환산하면 이는 1cm 또는 1inch가 되어야 한다. 단위유량도의 이론은 다음과 같은 가정에 근거를 두고 있다.

① 유역특성의 시간적 불변성(time invariance of watershed characteristics)

② 강우의 시간적, 공간적 균일성(uniform distribution over time and space)

③ 유역의 선형성(線形性, linearity of watershed response)

우선, 유역특성은 시간적으로 변하지 않는다는 가정이다. 유역특성은 계절, 인위적인 변화 등으로 인하여 시간에 따라 변할 수 있으나, 가정①에 의하면 유역특성은 시간에 따라 일정하므로 같은 조건의 강우에 대하여는 시간에 관계없이 그 반응이 일정하다는 의미이다. 또한 가정①은 강우의 지속기간이 일정한 경우 단위유량도의 기저시간도 강우강도에 관계없이 일정하다는 의미도 포함하고 있다. 실제로는 강우 발생 이전의 유역상태에 따라 기저시간은 달라질 수 있으며, 특히 선행된 강우에 따른 흙의 함수량(含水量)에 의하여 지속기간이 같은 강우의 경우에도 기저시간은 다르게 될 수 있다.

다음으로 가정②에서 강우의 시간적, 공간적 분포는 균일하다고 하였다. 즉 지속기간 t_R 동안에서의 강우강도는 일정하여야 하며 또한 공간적으로도 강우가 균일하게 분포되어야 한다. 실제로 자연 강우는 시간적 또는 공간적으로 다양하게 변화하고 있기 때문에 이 가정은 실제와는 일반적으로 부합되지 않으나, 강우강도의 시간적 변화가 유량에 대하여 크게 영향을 주지 않는다면 강우강도는 일정하다고 가정할 수 있다. Sherman은 이러한 지속기간 동안 강우강도의 시간적 변화를 고려하기 위하여 표 6.1에 나타낸 바와 같이 유역의 크기에 따라 기본 지속기간을 정하고 단위유량도의 유도를 이 기본 지속기간에 대하여 유도하기를 권장하였다.

가정③에서 유역은 선형(線型, linear system)임을 가정하였으므로 단위유량도는 선형의 가장 기본이 되는 두 가지 특징, 즉 비례성(proportionality)과 중첩성(superposition)을 갖는다. 만일 유역의 입력으로 강우 r_0이 주어지고 이에 따른 유역의 반응으로 유량 q_0가 출력된다면 강우가 $2r_0$, $3r_0$, … 등이 되었을 경우 출력은 정확히 $2q_0$, $3q_0$, … 등이 된다는 특성이 비례성이다(그림 6.1(a)). 그러나 그림 6.1(a)에서 주목할 점은 수문곡선의 종거(즉, 유량)는 변화했지만 기저시간은 동일하다는 것이다. 즉, 가정①이 유효하다는 점이다. 또한 그림 6.1(b)와 같이 강우가 중첩될 경우 최종

■ **표 6.1** 유역크기에 따른 강우 기본 지속기간(Sherman)

유역의 크기	강우 기본 지속시간
$> 2500\text{km}^2$	12시간~24시간
250km^2~2500km^2	6시간~12시간
50km^2	2시간
$< 50\text{km}^2$	도달시간의 1/3

수문곡선은 각 단위유량도를 합친 것과 같다는 것이 중첩성의 가정이며 이 경우는 기저시간은 중첩된 강우 지속시간에 따라 변하게 된다. Linsley는 유역이 5000km^2 이상 되는 경우에는 단위유량도를 적용하지 않도록 제시하고 있다. 그러므로, 큰 유역의 경우 위의 가정①, ③이 유효하도록 유역크기를 나누어 해석하는 것이 바람직하다.

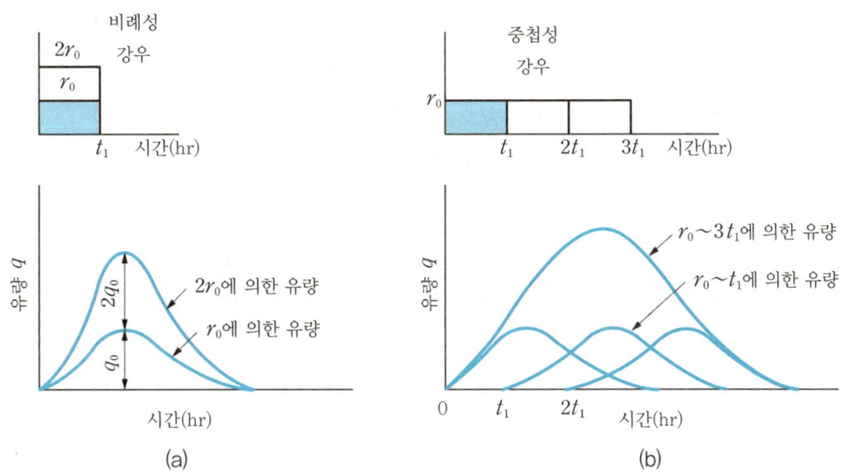

| 그림 6.1 | 수문곡선의 선형성

6.1.2 행렬 연산을 이용한 단위유량도 계산법

강우 및 유출 자료가 주어진 경우 단위유량도는 측정된 유출 수문곡선으로부터 다음 과정과 같이 구할 수 있다. 그림 6.2(a)에서 단위유량도의 세로좌표를 u_1, u_2, …… u_j라고 하면, 같은 지속기간을 가진 강우 R_1, R_2, …… R_i에 의한 유량은 가정②에 의하여 다음과 같다(그림 6.2).

$$\left.\begin{array}{l} Q_1 = u_1R_1 \\ Q_2 = u_2R_1+u_1R_2 \\ Q_3 = u_3R_1+u_2R_2+u_1R_3 \\ \ \vdots \qquad \vdots \qquad\quad \vdots \qquad\quad \vdots \\ Q_k = u_kR_1+\cdots\cdots+u_2R_{k-1}+u_1R_k \quad k>i\text{의 경우 } R_k=0 \end{array}\right\} \tag{6.1}$$

식 (6.1)을 행렬식으로 바꾸면

$$[R]\,[u] = [Q] \tag{6.2}$$

으로 나타낼 수 있으며, 여기서

$$[R] = \overbrace{\left\{\begin{array}{cccccccccc} R_1 & 0 & \cdots\cdots & 0 & 0 & 0 & \cdots\cdots & 0 & 0 \\ R_2 & R_1 & \cdots\cdots & 0 & 0 & 0 & \cdots\cdots & 0 & 0 \\ \vdots & \vdots & & \vdots & \vdots & \vdots & & 0 & 0 \\ R_i & R_{i-1} & \cdots\cdots & R_2 & R_1 & 0 & \cdots\cdots & 0 & 0 \\ 0 & R_i & \cdots\cdots & & R_2 & R_1 & \cdots\cdots & 0 & 0 \\ \vdots & \vdots & & \vdots & \vdots & \vdots & & \vdots & \vdots \\ 0 & 0 & \cdots\cdots & 0 & 0 & 0 & \cdots\cdots & R_i & R_{i-1} \\ 0 & 0 & \cdots\cdots & 0 & 0 & 0 & \cdots\cdots & 0 & R_i \end{array}\right\}}^{n} \Bigg\} j$$

$$[u] = \left\{\begin{array}{c} u_1 \\ u_2 \\ u_j \end{array}\right\}^{-1} \qquad [Q] = \left\{\begin{array}{c} Q_1 \\ Q_2 \\ Q_n \end{array}\right\}$$

유효강우 행렬인 $[R]$의 크기는 $(n\times j)$, 단위유량도 벡터인 $[u]$는 $(j\times 1)$ 그리고 $[Q]$는 $(n\times 1)$의 직접유량 벡터이다. 여기서 행렬식의 크기, 즉 차원의 관계식은 $n=i+j-1$이어야 하며, 여기서 n은 유량벡터 $[Q]$의 성분의 개수, i는 유효강우주상도(有效降雨柱狀圖)의 강우 성분의 수, j는 단위유량도를 구성하는 세로좌표(종거)의 수이다. 만일 식 (6.2)에서 $[R]$이 정방행렬(square matrix)이고 그리고 행렬식(determinant)이 0이 아니라면 식 (6.2)는 간단히 $[R]$의 역행렬을 식 (6.2)의 양변에 곱함으로써 단위유량도 행렬을 구할 수 있다. 즉, 식 (6.2)로부터 단위유량도는

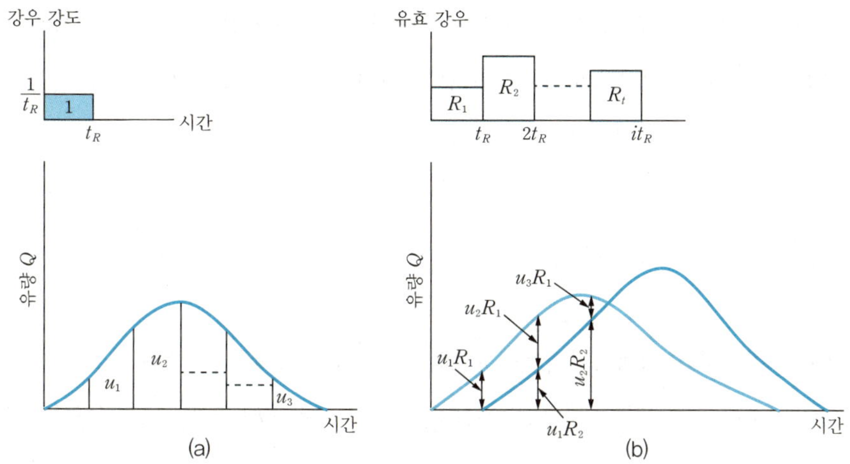

| 그림 6.2 | 단위유량도의 이론

$$[u] = [R]^{-1}\,[Q] \tag{6.3}$$

이다. 따라서 $[R]$이 정방행렬이 아닌 경우 행렬의 전치행렬(transpose matrix)인 $[R]^T$를 식 (6.2)의 양변에 곱함으로써 행렬을 정방화시키고 $[R]^T[R]$의 역행렬을 구하여 이를 양변에 곱함으로써 단위유량도를 구할 수가 있다. 즉, 식 (6.3)의 일반식은 식 (6.4)가 된다.

$$[u] = ([R]^T[R])^{-1}\,[R]^T[Q] \tag{6.4}$$

일단 식 (6.4)를 통하여 단위유량도 벡터인 $[u]$를 얻게 되면 임의의 유효강우 행렬 $[R]$을 적용하여 유출수문곡선을 계산할 수 있는데 이를 식 (6.1)을 통하여 나타내면

$$Q_i = \sum_{k=1}^{i} u\{i-(k-1)\}R_k \tag{6.5}$$

의 형태로 표시할 수 있다. 식 (6.5)는 이른바 선형시스템 이론에서 빈번히 사용되는 이산형 회선적분(離散形回旋積分, discrete convolution integral)이다. 이 식을 연속형으로 표시할 경우 식 (6.6)처럼 나타낼 수 있다.

$$Q(t) = \int u\ (t-\tau)R(\tau)\,d\tau \tag{6.6}$$

위에서 설명한 단위유량도의 기본 이론을 다시 정리하면, 단위유량도는 주어진 지속기간을

가진 1cm(또는 1inch)의 유효강우로부터 발생되는 직접유출의 수문곡선을 말한다. 단위유량도에 사용되는 지속기간은 유효강우의 지속기간을 말하며, 이 지속기간이 같은 경우에는 단위유량도의 기저시간(基底時間)은 일정하다. 또한 이 강우로 인한 수문곡선(水文曲線)은 같은 지속기간을 가진 단위유량도의 세로좌표를 강우량의 크기에 비례하여 곱하면 얻을 수 있다.

6.1.3 실 자료를 이용한 단위유량도 계산

단위유량도를 유도하기 위해서는 유량 자료와 이 유량을 발생시킨 강우 자료가 동시에 필요하다. 가정②에 기술한 바와 같이 강우는 공간적, 시간적으로 균등하게 분포되어야 하고, 강우는 단순하며 독립적으로 발생된 것을 택하는 것이 좋다.

자료가 풍부한 경우에는 가급적 여러 개의 단위유량도를 유도하여 이를 평균하여야 한다. 가정③에서 기술한 바와 같이 단위유량도는 유역의 반응을 선형으로 가정하여 유도한 것이나 실제로 유역의 반응은 대부분 비선형이므로 여러 자료들로부터 구한 단위유량도들은 비록 지속기간이 같다고 하더라도 서로 다를 수 있다. 따라서 3개 이상의 단위유량도를 구하여 이를 평균하는 것이 보통이나 평균 단위유량도는 산술평균(arithmetic mean)에 의하는 것보다는 그림 6.3에서 보는 바와 같이 그림 상에서 면적이 1인 미끈한 곡선으로 조정하여야 한다.

(1) 단순호우로부터의 단위유량도 유도

단순호우(單純豪雨, single storm)라고 하는 것은 강우가 발생하기 이전과 이후에 비교적 장기간 동안 유출을 발생시킬 만한 호우가 없어 강우와 유출 관계를 비교적 명확하게 알 수 있는 호우를 말한다. 이러한 호우 자료가 있는 경우에는 다음 절차에 의하여 단위유량도를 구할 수 있다.

① 가능하면 강우의 지속기간이 수문곡선의 첨두 발생시간의 10~30%이며 유효강우량(또는 직접유출량)이 1cm와 같거나 큰 강우 및 유량 자료를 택한다.

② 관측된 수문곡선으로부터 기저유량과 직접유출을 분리한다.

③ 강우주상도로부터 손실을 제거한 유효강우량은 절차 ②에서 구한 직접유출량과 같도록 아래의 식 (6.7)으로 구한다.

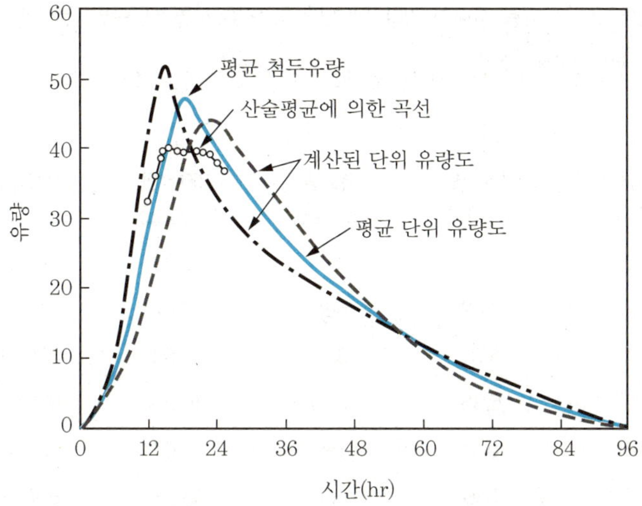

| 그림 6.3 | 단위유량도의 평균

$$R_e = (R-f) = (\sum Q_i) \times 3600 \times \Delta t / (A \times 10^4) \quad (6.7)$$

여기서 R_e = 유효강우량

Q_i = 시간 간격 Δt(hr) 동안의 직접유출량(m^3/sec)

A = 유역면적(km^2)

R = 총 강우량(cm)

f = 손실(cm)

④ 절차 ②에서 구한 직접유출 수문곡선의 세로좌표를 절차 ③에서 구한 유효강우량(cm)으로 나누면 단위유량도를 구할 수가 있다.

⑤ 절차 ③에서 구한 유효강우의 지속기간이 절차 ④에서 구한 단위유량도의 지속기간이다.

예제 6.1

다음 표와 같이 강우강도 및 유량 자료가 있다. 유역면적이 150km^{2}일 때, 단위유량도를 구하여라(단, 첨두유량에서 기저유량은 40m^3/sec로 한다).

	ⓐ 시작시간 (hr)	ⓑ 강우강도 (cm/hr)	ⓒ 총유량 (m^3/sec)	ⓓ 기저유량 (m^3/sec)	ⓔ 직접유출 (m^3/sec)	ⓕ 단위유량도 (m^3/sec)
제1일	0	0.25	50	50.00	0.00	0.00
	2	4.82	560	46.67	513.33	18.84
	4	5.70	920	43.33	876.67	32.18
	6	5.36	1010	40.00	970.00	35.61
	8	0.51	780	46.67	733.33	26.92
	10	0.16	660	53.33	606.67	22.27
	12		555	60.00	495.00	18.17
	14		470	66.67	403.33	14.81
	16		400	73.33	326.67	11.99
제1일	18		330	80.00	250.00	9.18
	20		270	86.67	183.33	6.73
	22		230	93.33	136.67	5.02
	24		195	100.00	95.00	3.49
제2일	2		165	106.67	58.33	2.14
	4		140	113.33	26.67	0.98
	6		120	120.00	0.00	0.00
	8		100			
	10		80			
					$\Sigma Q_d = 5675$	

| 풀이 |

기저유량을 제거하기 위하여 N-day법을 사용하면

$$N = 0.8247A^{0.2} = 0.8247 \times 150^{0.2} = 2.25 \text{ day}$$

따라서 기저유량과 직접유출의 분리점은 제2일 6시간이 된다.

$R_e = (R - f) = \Sigma Q_d \times 3600 \times \Delta t/(A \times 10^4)$ 식을 사용하여 직접유출을 유역 단위면적당 깊이로 환산하면,

유효깊이$=5675 \times 3600 \times 2/(150 \times 10^4) = 27.24$cm

유효지속기간을 구하기 위해 ϕ 지수법을 이용하면 다음과 같다

$$P = (0.25+4.82+5.70+5.36+0.51+0.16)\times(2\text{hr}) = 33.6\ \text{cm}$$

$$Q = 5675\times3600\times2/(150\times10^4) = 27.24\ \text{cm}$$

$$\phi\ \text{지수가정값} = \frac{1}{10\text{hr}}\times(33.6-27.24) = 0.636\ \text{cm/hr}$$

따라서 직접유출에 기여한 강우는 제1일 2~8시간 사이의 강우라고 할 수 있으며, 그 이외의 강우는 손실로 본다면 강우의 유효지속기간은 6시간이라고 할 수 있다.

직접유출 수문곡선의 세로좌표를 유효깊이 27.24cm로 나누면 ⓕ열의 단위유량도를 구할 수가 있으며 이 결과는 그림 (1)과 같다.

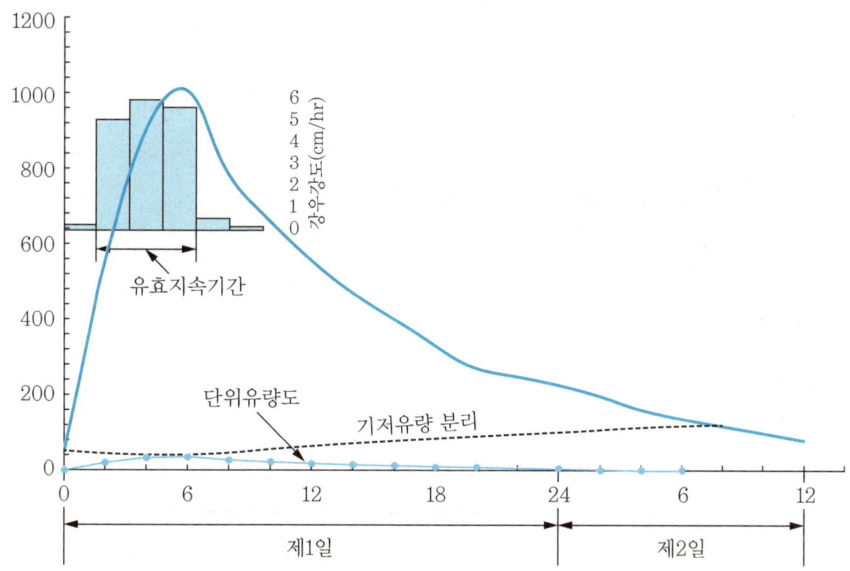

그림 (1) 유도된 단위유량도

(2) 복합강우로부터의 단위유량도 유도

단순호우로부터의 단위유량도 유도는 간단하지만, 이러한 자료를 얻기는 매우 어렵다. 대부분의 유량 자료는 복합강우(複合降雨, composite storm)에 의한 유량이므로, 이들로부터 단위유량도를 얻기란 간단하지가 않다.

그러나 단위유량도의 기본 이론에서 가정한 바와 같이 유역의 반응이 선형이라면 중첩 또는 비례의 법칙을 적용할 수 있다. 복합강우에 의한 수문곡선은 개별 강우에 의한 수문곡선들의 합으로 나타나므로, 이를 명확하게 분리할 수 있다면 이 분리된 수문곡선을 단순강우(單純降雨)에 의한 수문곡선으로 취급하여 단위유량도를 구한 다음 평균 단위유량도를 구하면 된다. 그러나 복합강우(復合降雨)에 의한 수문곡선은 분리하기 힘든 경우가 대부분이지만 이러한 경우에도 중첩 또는 비례 법칙을 사용하여 단위유량도를 구할 수가 있다. 그림 6.4는 3개의 다른 강도(强度)를 갖는 강우에 의하여 발생된 수문곡선이다. 복합강우(複合降雨)에 의한 수문곡선 ABDF를 3개의 수문곡선 ABC, BDE, DF로 분리하였다고 가정하면, 수문곡선 ABC는 첫번째 유효강우 R_1에 의한 수문곡선이며, BDE는 R_2에 의한, DF는 R_3에 의한 수문곡선으로 가정할 수 있다. 중첩의 원리를 적용하면 식 (6.8)과 같이 표시할 수 있다. 즉, u_1, u_2, ⋯ u_n을 단위유량도의 세로좌표라 하면, 수문곡선의 세로좌표 Q_n은

$$\left.\begin{aligned} Q_1 &= u_1R_1 \\ Q_2 &= u_1R_2+u_2R_1 \\ &\vdots \\ Q_n &= u_1R_n+u_2R_{n-1}+\cdots\cdots+u_nR_1 \end{aligned}\right\} \tag{6.8}$$

이다. 따라서 Q는 이미 아는 값이므로

$$\begin{aligned} u_1 &= Q_1/R_1 \\ u_2 &= (Q_2-u_1R_2)/R_1 \\ &\vdots \end{aligned} \tag{6.9}$$

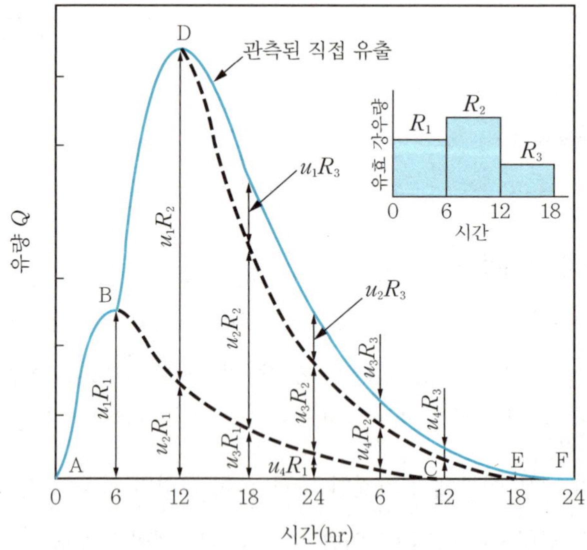

| 그림 6.4 | 복합강우로부터 단위도의 유도

등의 순서로 단위유량도의 세로좌표를 구할 수가 있다.

이 방법은 간단하여 많이 사용되고 있으나 계산이 계속됨에 따라 오차가 누적될 우려가 있다. 복합강우에 의한 수문곡선으로부터 단위유량도의 유도는 Collins에 의하여 제안된 시산법(試算法)에 의해서도 구할 수가 있다. 이 방법은 단위유량도의 세로좌표를 우선 가정하고, 식 (6.8)과 같이 유량을 계산한 후 관측된 유량과 비교하는 방법으로 계산된 유량과 관측된 유량의 오차를 허용범위 이내가 되도록 반복한다.

예제 6.2

면적이 8.5km^{2}의 유역으로부터 다음과 같이 유효강우량과 유량 자료를 얻었다. 기저유량이 0.2m^3/sec라고 할 때, 이 복합강우로 인한 수문곡선으로부터 단위유량도를 구하여라.

시간(hr)	0	1	2	3	4	5	6	7	8	9	10	11
유효강우량(cm)	0	1.5	2.0	0	3.0	0	0					
유량(m^3/sec)	0.2	12.5	30.9	24.6	34.5	33.1	12.8	5.0	1.9	0.8	0.2	0.2
기저유량(m^3/sec)	0.2	0.2	0.2	0.2	0.2	0.2	0.2	0.2	0.2	0.2	0.2	0.2
직접유출(m^3/sec)	0	12.3	30.7	24.4	34.3	32.9	12.6	4.8	1.7	0.6	0	0

| 풀이 |

지속시간이 1시간인 단위유량도의 세로좌표를 u_1, u_2, ……라고 하여 식 (6.8)을 적용하면

$$1.5\,u_1 = 12.3 \qquad \text{식 (1)}$$

$$2.0\,u_1 + 1.5\,u_2 = 30.7 \qquad \text{식 (2)}$$

$$0 \times u_1 + 2.0\,u_2 + 1.5\,u_3 = 24.4 \qquad \text{식 (3)}$$

$$3.0\,u_1 + 0 \times u_2 + 2.0\,u_3 + 1.5\,u_4 = 34.3 \qquad \text{식 (4)}$$

$$3.0\,u_2 + 0 \times u_3 + 2.0\,u_4 + 1.5\,u_5 = 32.9 \qquad \text{식 (5)}$$

$$3.0\,u_3 + 0 \times u_4 + 2.0\,u_5 + 1.5\,u_6 = 12.6 \qquad \text{식 (6)}$$

$$3.0\,u_4 + 0 \times u_5 + 2.0\,u_6 = 4.8 \qquad \text{식 (7)}$$

$$3.0 \times u_5 + 0 \times u_6 = 1.7 \qquad \text{식 (8)}$$

$$3.0\,u_6 = 0.6 \qquad \text{식 (9)}$$

$$u_7 = 0 \qquad \text{식 (10)}$$

식 (1)~식 (6)으로부터 연립방정식을 사용하여 u_1, u_2, …… u_6를 구할 수도 있으며 식 (2)~식 (7), 식 (3)~식

(8), 식 (4)~식 (9)를 사용하여 구할 수도 있다. 이렇게 구한 단위유량도는 다음 표에 나타난 결과와 같다.

	ⓐ 식 (1)~식 (6)	ⓑ 식 (2)~식 (7)	ⓒ 식 (3)~식 (8)	ⓓ 식 (4)~식 (9)	$\left(=\frac{ⓐ+ⓑ+ⓓ}{3}\right)$
u_1	8.2	8.23	5.37	8.22	8.2
u_2	9.53	9.49	7.80	9.70	9.53
u_3	3.56	3.62	5.86	3.72	3.6
u_4	1.73	1.58	4.32	1.47	1.6
u_5	0.57	0.85	0.57	0.57	0.65
u_6	0.53	0.03	−4.08	0.2	0.25
계	24.12	23.80	19.84	23.87	23.83

따라서 단위유량도의 세로좌표는 네 가지 서로 다른 결과를 보여주고 있기 때문에 평균값을 구하는 것이 합리적이라 할 수 있다. 위의 표를 살펴볼 때 식 (3)~식 (8)을 사용하여 구한 값은 다른 공식을 사용한 것과 많은 차이를 보이고 있으므로 이를 제외하는 것이 바람직하다. 따라서 나머지 3종류의 단위유량도 세로좌표 값을 산술평균함으로써 평균 단위유량도를 얻을 수 있는데 그 결과를 그림 (1)에 나타내었다.

마지막으로 단위유량도의 기본 가정에 따라 평균 단위유량도의 면적이 1cm가 되는가를 검산하면

$$\frac{23.83\times3600\times100}{8.50\times10^6}=1.009\text{ cm}$$

가 됨으로써 유도된 단위유량도는 기본 가정을 근사적으로 충족함을 확인할 수 있다.

이 예제에서 이용한 선형 연립방정식 연산을 보다 신속하고 정확하게 수행하기 위해서는 컴퓨터를 이용하여 계산하는 것이 필요하고 이 경우 가장 효율적인 방법은 7.1.2에 소개한 행렬 연산법이다. 이에 따라 다음과 같은 계산을 수행할 수 있다. 위의 식 (1)~식 (9)을 식 (6.2)의 행렬식으로 표시하면 각각의 성분은 다음과 같이 나타낼 수 있다.

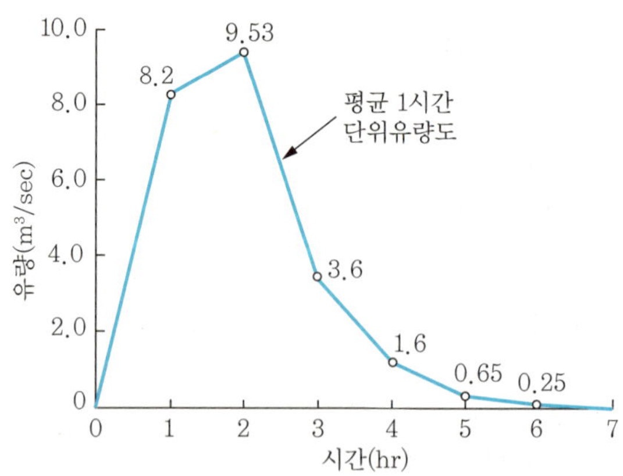

그림 (1) 평균 단위유량도의 계산

$$[R] = \begin{bmatrix} 1.5 & 0 & 0 & 0 & 0 & 0 \\ 2.0 & 1.5 & 0 & 0 & 0 & 0 \\ 0 & 2.0 & 1.5 & 0 & 0 & 0 \\ 3.0 & 0 & 2.0 & 1.5 & 0 & 0 \\ 0 & 3.0 & 0 & 2.0 & 1.5 & 0 \\ 0 & 0 & 3.0 & 0 & 2.0 & 1.5 \\ 0 & 0 & 3.0 & 0 & 2.0 & 1.5 \\ 0 & 0 & 3.0 & 0 & 2.0 & 1.5 \\ 0 & 0 & 0 & 3.0 & 0 & 2.0 \\ 0 & 0 & 0 & 0 & 3.0 & 0 \\ 0 & 0 & 0 & 0 & 3.0 & 0 \\ 0 & 0 & 0 & 0 & 0 & 3.0 \end{bmatrix}, \quad [u] = \begin{bmatrix} u_1 \\ u_2 \\ u_3 \\ u_4 \\ u_5 \\ u_6 \end{bmatrix}, \quad [q] = \begin{bmatrix} 12.3 \\ 30.7 \\ 24.4 \\ 34.3 \\ 32.9 \\ 12.6 \\ 4.8 \\ 1.7 \\ 0.6 \end{bmatrix}$$

그런데 $[R]$는 정방행렬이 아니므로 식 (6.4)를 통해 단위유량도가 계산되어야 한다. 따라서 양변에 전치행렬 $[R]^T$를 곱하여 주고 이 행렬에 대한의 역행렬을 구한다.

$$[R]^T[R][u] = [R]^T[Q] \qquad \text{식 (11)}$$

이 연산에 있어서 각 연산 단계의 결과 값은 다음과 같다.

$$[R]^T[R] = \begin{bmatrix} 15.25 & 3.0 & 6.0 & 4.5 & 0 & 0 \\ 3.0 & 15.25 & 3.0 & 6.0 & 4.5 & 0 \\ 6.0 & 3.0 & 15.25 & 3.0 & 6.0 & 4.5 \\ 4.5 & 6.0 & 3.0 & 15.25 & 3.0 & 6.0 \\ 0 & 4.5 & 6.0 & 3.0 & 15.25 & 3.0 \\ 0 & 0 & 4.5 & 6.0 & 3.0 & 15.25 \end{bmatrix}$$

$$[R]^T[Q] = \begin{bmatrix} 182.75 \\ 193.55 \\ 143.0 \\ 131.62 \\ 79.65 \\ 30.3 \end{bmatrix}$$

$$([R]^T[R])^{-1} = \begin{bmatrix} 0.09 & -0.004 & -0.044 & -0.029 & 0.02 & 0.020 \\ -0.004 & 0.09 & -0.006 & -0.036 & -0.02 & 0.020 \\ -0.044 & -0.006 & 0.104 & 0.013 & -0.04 & -0.029 \\ -0.029 & -0.036 & 0.013 & 1.104 & -0.006 & -0.044 \\ 0.02 & -0.020 & -0.036 & -0.006 & 0.09 & -0.004 \\ 0.02 & 0.020 & -0.029 & -0.044 & -0.004 & 0.092 \end{bmatrix}$$

식 (11)에서 연립방정식을 직접 풀거나 또는 양변에 $([R]^T[R])^{-1}$을 곱하여 u_1, …, u_6의 값을 구할 수 있다. 이와 같이 행렬 연산에 의하여 구한 값은 다음과 같다.

u_1	u_2	u_3	u_4	u_5	u_6	계
8.20	9.57	3.67	1.53	0.62	0.18	23.77

그리고 단위유량도의 면적이 1cm가 되는가를 확인하기 위하여 단위유량도 세로좌표의 합을 유역면적으로 나누면

$$\frac{23.77\times3600\times100}{8.5\times10^6} = 1.0067 \approx 1.0$$

으로서 허용한계 내에 있다고 볼 수 있다.

이론적으로 위에서 구한 모든 단위유량도의 값은 같은 값을 보여주어야 하나 자료의 오차 또는 단위유량도 선형성 등의 기본 가정을 위배하여 발생한 오차로 인하여 완전히 일치하지 않는 것이 일반적 경향이다.

6.2 단위유량도 지속시간의 변경

6.2.1 S-곡선

단위유량도의 지속시간은 유효강우량의 지속시간을 의미하며, 지속시간이 명시되지 않은 단위유량도는 무의미하다. 어느 유역의 단위유량도 지속시간이 1시간인 경우에, 이로부터 2시간 단위유량도를 얻고자 할 때는 중첩의 원리에 의하여 1시간 단위유량도를 1시간 지체시킨 후, 이 두 단위유량도의 세로좌표를 합하고 이의 면적을 1로 하기 위하여 세로좌표를 1/2로 곱하면 1시간 단위유량도로부터 2시간 단위유량도를 구할 수 있다(그림 6.5). 같은 원리를 적용하여, 만일 t_R 지속

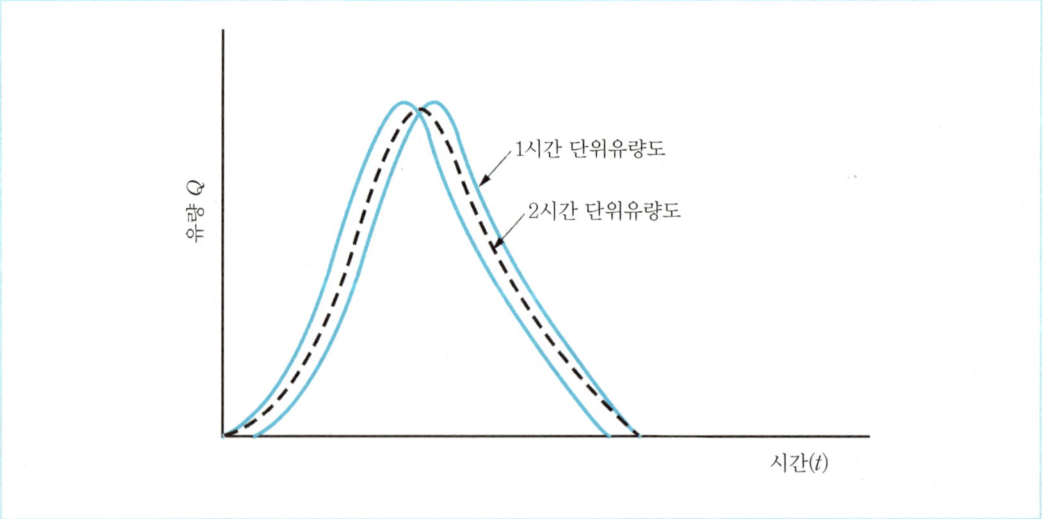

| 그림 6.5 | 단위유량도의 지속시간 변경

시간을 가진 단위유량도를 t_R 시간만큼 계속 지체시킨 후 이를 합하면 그림 6.6(a)와 같이 S-곡선을 얻을 수 있으며, 이 S-곡선의 세로좌표는

$$\left.\begin{aligned} S_1 &= u_1 \\ S_2 &= u_1+u_2 \\ S_3 &= u_1+u_2+u_3 \\ S_n &= u_1+u_2+u_3+\cdots\cdots+u_n \\ S_{n+1} &= S_n \end{aligned}\right\} \tag{6.10}$$

이다. 한편, 이 S-곡선을 원하는 지속시간이 t_N인 단위유량도를 t_N시간 만큼 계속 지체시킨 합이라고 볼 수도 있다. 그러므로 이 S-곡선을 거꾸로 t_N만큼 한번 지체시킨 후 그림 6.6(b)와 같이 두 S-곡선 A와 B의 차이를 구하고 여기에 단위유량도 면적을 1로 만들기 위해 비율 t_R/t_N을 곱하여 주면 t_N 지속시간을 가진 단위유량도 하나를 거꾸로 구할 수 있다.

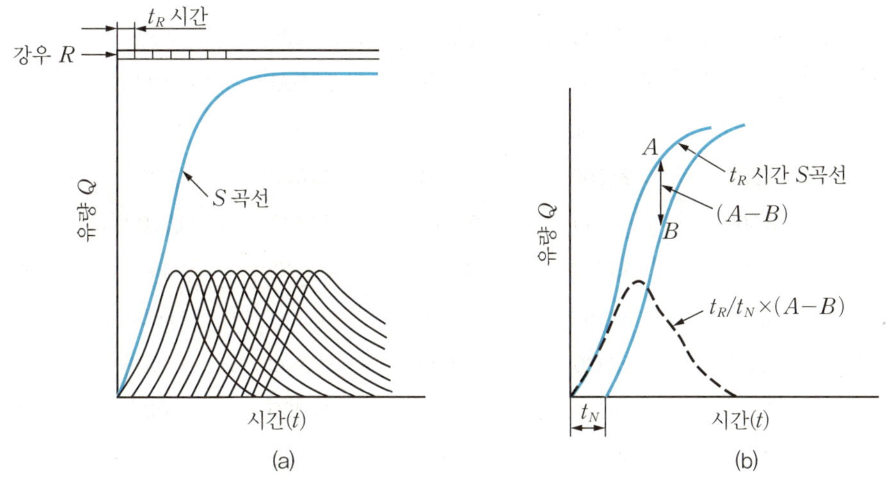

| 그림 6.6 | S-곡선의 작성 및 지속시간 변경

표 6.2는 S-곡선을 적용하여 6시간 단위유량도로부터 2시간 단위유량도를 구하는 예를 나타내고 있다. 여기서 ⓒ열 '중간 S-곡선'의 4~6칸은 ⓑ열의 1~3칸이 그대로 지체되어 복사되었으나 ⓒ열 7칸부터는 이보다 6시간 앞선 ⓑ열과 ⓒ열의 두 값이 더해지는 방법으로 구성되었다. 예를 들어 ⓒ열 10칸(18시간)의 값 15,700은 이보다 3칸(6시간) 앞선 ⓑ열 7칸의 12,600과 ⓒ열 7칸의

3,100의 합을 의미한다. 이 '중간 S-곡선'열은 다시 원자료 ⓑ열과 합쳐져 ⓓ열에 나타난 최종 S-곡선을 효율적으로 계산하기 위해 필요한 중간 과정이다.

■ **표 6.2** S-곡선에 의한 지속시간 변경

(단위: m^3/sec)

ⓐ 시간(hr)	ⓑ 6시간 단위유량도	ⓒ 중간 S-곡선	ⓓ S-곡선 (ⓑ+ⓒ)	ⓔ S-곡선지체	ⓕ (ⓓ−ⓔ)	ⓖ 2시간 단위유량도
0	0	⋯	0	⋯	0	0
2	400	⋯	400	0	400	1,200
4	1,400	⋯	1,400	400	1,000	3,000
6	3,100	0	3,100	1,400	1,700	5,100
8	5,400	400	5,800	3,100	2,700	8,100
10	8,600	1,400	10,000	5,800	4,200	12,600
12	12,600	3,100	15,700	10,000	5,700	17,100
14	15,400	5,800	21,200	15,700	5,500	16,500
16	14,600	10,000	24,600	21,200	3,400	10,200
18	11,800	15,700	27,500	24,600	2,900	8,700
20	9,900	21,200	31,100	27,500	2,400+	7,200
22	8,400	24,600	33,000	31,100	2,000+	6,000
24	7,200	27,500	34,700	33,000	1,800+	5,400
26	6,000	31,100	37,100	34,700	1,600+	4,800
28	5,100	33,000	38,100	37,100	1,400+	4,200
30	4,200	34,700	38,900	38,100	1,200+	3,600
32	3,400	37,100	40,500	38,900	1,000+	3,000
34	2,700	38,100	40,800	40,500	800+	2,400
36	2,100	38,900	41,000	40,800	600+	1,800
38	1,600	40,500	41,500+	41,000	400+	1,200
40	1,100	40,800	41,900	41,500	200	600
42	700	41,000	42,000+	41,900	100	300
44	400	41,500+	42,000+	42,000	0	0
46	200	41,900	42,100	42,000	0+	
48	0	42,000	42,100+	42,100	0	

+ 조정된 값

6.2.2 순간단위유량도

순간단위유량도(instantaneous unit hydrograph)는 지속기간이 0이고 크기가 1cm인 가상적인 유효강우에 대한 단위유량도를 의미한다. 단위유량도의 변수인 지속기간을 0으로 하면 단위유량도의 기저시간은 단순히 도달시간이 되므로 단위유량도에서 지속기간에 의한 영향을 제거하기 위해 고안된 것이 순간단위유량도이다.

그림 6.7에서 1시간 단위유량도로부터 구한 S-곡선을 dt만큼 지체시켰다고 하면 dt의 지속기간을 가진 단위유량도의 세로좌표는 $(S_2-S_1)/dt$로 나타낼 수 있다. 만일 dt를 0에 접근시키면 S_2-S_1도 0에 접근함으로 $(S_2-S_1)/dt$은 ds/dt에 접근한다. 또한 dt를 0에 접근시키면 단위유량도의 세로좌표는 하나만 존재하게 되므로 세로좌표로 u_I은

$$u_I(t) = \frac{dS}{dt} \tag{6.11}$$

이 된다. 식 (6.11)을 t에 대하여 적분하면

$$S_2-S_1 = \int_{t_1}^{t_2} u_1(t)dt \approx \frac{1}{2}\,[u_1(t_2)+u_1(t_1)](t_2-t_1)$$

또는

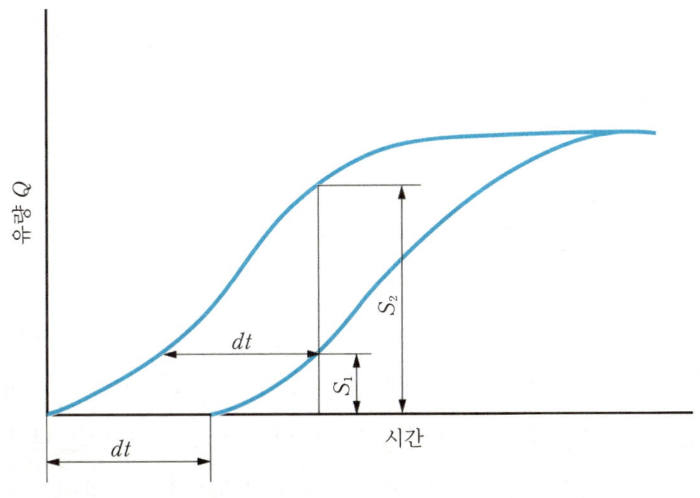

| 그림 6.7 | 지속시간 변경 및 순간단위유량도

$$\frac{S_2-S_1}{t_2-t_1}=\frac{1}{2}\left[u_I(t_2)+u_I(t_1)\right] \tag{6.12}$$

이다. 즉, 식 (6.12)의 등호 왼편의 항은 어느 시간 t의 단위유량도의 세로좌표이므로 식 (6.12)를 사용하여 순간단위유량도의 세로좌표 $u_I(t)$로부터 단위유량도의 세로좌표를 구할 수 있다. 여기서 다시 식 (6.12)의 S-곡선은 지속시간이 1시간인 단위유량도로부터의 곡선이다. 따라서 만일 지속시간이 t_R인 단위유량도로부터 구한 S-곡선이라면 식 (6.12)은 다음과 같이 수정되어야 한다.

$$(S_2-S_1)[u_R/(t_2-t_1)=\frac{1}{2}\left[u_1(t_2)+u_1(t_1)\right] \tag{6.13}$$

이는 t_R 지속시간을 가진 S-곡선으로부터 (t_2-t_1) 지속시간을 가진 단위유량도로 변화하는 과정과 같으므로 (t_2-t_1) 간격을 갖는 순간단위유량도의 세로좌표를 평균하면 된다.

순간단위유량도는 회선적분의 핵함수(核函數, kernel function)로 표시할 수 있다. 선형계에서 단위입력(unit impulse)에 대한 반응함수(反應函數, 여기서 순간단위유량도인 핵함수)를 회선적분하면 출력(output)을 얻을 수 있다는 선형이론에 따라 순간단위유량도를 회선적분에 응용하면

$$Q(t)=\int_0^{t\leq t_R} u_1(t-\tau)I(\tau)d\tau \tag{6.14}$$

이다. 여기서 $u_1(t-\tau)$는 순간단위유량도의 함수이며, $I(\tau)$는 지속시간이 t_R인 유효강우량을 나타내는 함수이다. 이러한 회선적분의 해를 구하는 방법은 Laplace 변환, 조화분석, 선형 저수지 이론 등이 있어 많은 학자에 의하여 연구되고 있으나, 여기서는 생략하기로 한다.

6.3 단위유량도의 합성

6.3.1 단위유량도 합성의 기본 개념

단위유량도는 비록 적용에는 제한이 있으나 설계홍수량의 계산에는 간편성과 정확성으로 인하여 많이 사용되고 있다. 설계홍수량의 결정은 경우에 따라 계측이 되어 있는 유역보다는 미계측지역(未計測地域)에 대하여 필요한 때가 많으므로 이러한 유역에 대하여는 단위유량도를 직접 구할 수 없다. 일반 수문곡선은 지형 인자와 기상 인자의 영향을 받으나 단위유량도의 기후 인자는 매우 단순하게 처리하였으므로 단위유량도는 지형 인자만의 함수라 하여도 과언이 아니다. 따라

서 일반 지도로부터 쉽게 구할 수 있는 지형 인자(유역의 형태, 크기, 경사, 하천의 길이 및 경사 등)와 단위유량도의 각 요소(첨두유량, 첨두시간, 기저시간 등) 간의 관계식을 얻는다면 미계측지역의 경우라도 단위유량도를 생성할 수 있을 것이다. 이러한 방법에 의하여 구한 단위유량도를 합성단위유량도(synthetic unit hydrograph)이라고 한다.

단위유량도의 합성을 위해서는 시간의 변화에 따른 유량의 세로좌표를 구할 수가 있으면 좋으나, 실제로는 그림 6.8에서와 같이 기저시간 T와 첨두유량 q_p의 크기와 발생시간(t_p 또는 t_l)의 3개 관계식만으로도 근사적으로 가능하다. 여기서 t_l은 지체시간(lag time)으로 유효강우량의 질량 중심에서부터 첨두유량의 발생시간까지의 시간이다.

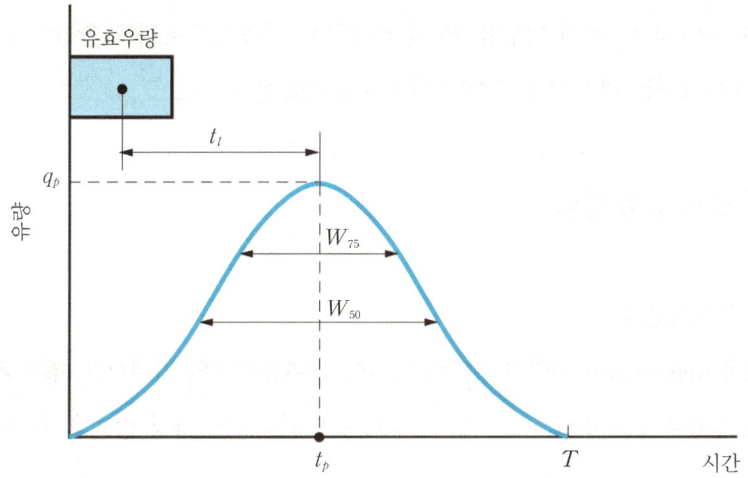

| 그림 6.8 | 단위유량도의 합성에 필요한 요소

지체시간 t_l 또는 첨두유량 발생시간 t_p는 유역 형태의 영향을 받는다. 즉, 첨두유량의 발생시간은 유역이 환상형(環狀形, fan type) 또는 장방형(長方形, rectangle)인가에 따라 다를 것은 당연한 생각이다. 이러한 유역 형태를 대표할 수 있는 인자로 유역출구에서 유역의 무게 중심까지의 거리(L_c)를 고려할 수 있다(그림 6.9). 즉, 같은 크기의 유역이라도 첨두시간은 L_c가 작은 경우에 빠를 것은 직감적으로 알 수 있다. 또한 첨두유량 q_p는 유역의 크기와 형태에 영향을 받을 것으로 생각할 수 있다. 즉 유역이 크면 당연히 q_p도 커질 것이며, 또한 유역의 형태에 따라서도 영향을 받는다는 것은 쉽게 생각할 수 있다. 이러한 수문곡선의 각 요소와 지형 인자 간의 상호관계를 고려

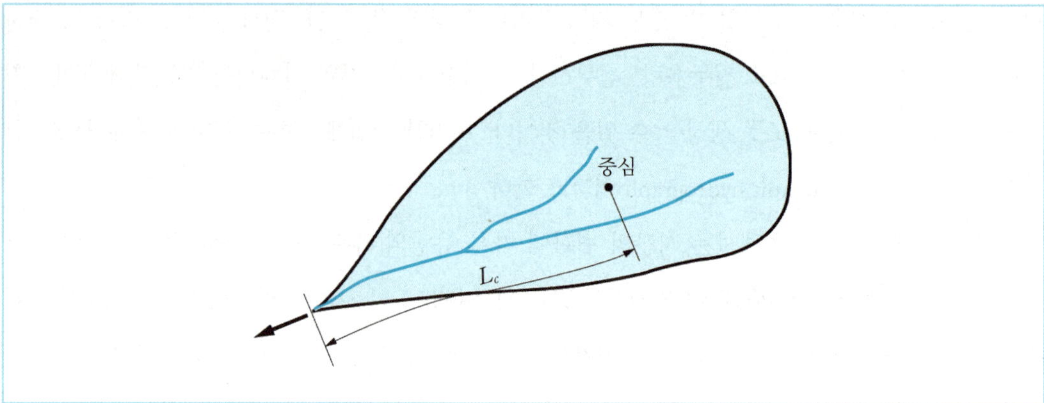

| 그림 6.9 | 유역 중심까지의 거리(L_c)

한다면 쉽게 이들 간의 관계를 수립할 수 있다. 즉, 지형 인자와 단위유량도의 요소들 간에 관계식을 만들고 이 관계식으로부터 단위유량도를 작성하는 것을 단위유량도 합성이라고 한다. 본 절에서는 몇 개의 대표되는 합성 방법에 대하여 기술하기로 한다.

6.3.2 단위유량도 합성 방법

(1) Snyder 단위유량도

Snyder는 미국 Appalachian 지역의 유역에 대하여 단위유량도의 지체시간, 첨두유량 등에 대해 지형 인자와의 상관관계를 수립하고 이를 바탕으로 단위유량도 합성 방법을 제안하였는데 이를 Snyder 단위유량도라 한다. Snyder 정규단위유량도(standard unit hydrograph)는 지체시간 t_l과 강우 지속시간 t_r의 관계가 $t_l=5.5\,t_r$이라고 설정한 후, 구하고자 하는 단위유량도를 다음의 절차로 계산하도록 제안하였다.

① 유역의 지체시간(lag time) t_l(hr)을 구한다. 여기서 유역의 지체시간이란 강우주상도의 무게 중심과 유출 첨두유량의 시간적 차이를 말하며 Snyder는 이 지체시간에 대한 지형 인자의 관계를 다음 식을 통하여 제시하였다.

$$t_l = 0.75C_t(LL_c)^{0.3} \tag{6.15}$$

여기서 L은 하천의 길이(km), L_c는 유역 출구로부터 유역의 중심과 가장 가까운 하천 지점까지의 길이(km)이다. 또한 모형계수 C_t는 인근 계측유역에서 추정한 값으로 대신한다.

② 만일 $t_l/5.5$의 값이 구하고자 하는 단위유량도의 지속시간(t_R)과 일치하면 ③으로 간다. 그렇지 않은 경우 지체시간을 다음의 식으로 조정하여 새로운 지체시간 t_{pl}을 구한 후 ③으로 간다.

$$t_{pl} = t_l - \frac{t_r - t_R}{4} \tag{6.16}$$

여기서 $t_r = \dfrac{t_l}{5.5}$(hr)이다.

③ 다음 식에 따라 합성단위유량도의 첨두유량 q_p(m^3/sec)를 구한다.

$$q_p = \frac{2.75C_p}{t_l}, \quad \text{if } t_l = 5.5t_r$$

$$q_p = \frac{2.75C_p}{t_{pl}}, \quad \text{otherwise} \tag{6.17}$$

여기서 A는 유역면적(km^2)이며, $t_l = 5.5tr$ C_p 역시 인근 계측유역에서 추정한 값을 대신하다.

④ 합성단위유량도의 기저시간 t_b(day)를 다음과 같이 계산한다.

$$t_b = \frac{5.56}{q_p} \tag{6.18}$$

⑤ 단위유량도를 매끄럽게 완성하기 위하여 첨두유량 q_p의 50% 및 75%에 해당하는 합성단위유량도의 폭을 다음 식을 통하여 결정한다.

$$W_{50} = 2.14\left(\frac{q_p}{A}\right)^{-1.08} \tag{6.19}$$

$$W_{75} = 1.22\left(\frac{q_p}{A}\right)^{-1.08} \tag{6.20}$$

여기서 W_{50}, W_{75}은 시간(hr) 차원을 갖으며 각각 첨두시간을 중심으로 1/3 부분이 앞으로, 2/3 부분이 뒤로 위치하도록 한다. 국내 연구결과에 의하면 식 (6.13)~식 (6.18)은 한국 하천의 경우 표 6.3과 같이 변형될 수 있는데, 여기서 t_p는 첨두시간(hr), L, L_c는 km, q_p는 m^3/sec, A는 km^2, T는 일(day), W_{25}, W_{50}, W_{75}는 시간(hr)의 단위를 갖는다.

■ 표 6.3 한국 주요 하천의 단위유량도 합성식(한국수문학회, 1986)

관계식 / 유역명	$t_p = f_n(L \cdot L_c)$	$q_p = f_n(A,\ t_p)$	$T = f_n(t_p)$	$W = f_n(A,\ q_p)$
한강	$t_l = 1.489(LL_c)^{0.274}$ $t_R = 2\text{hr}$	(남한강)* $q_p = \dfrac{1.013}{t_p^{\ 0.708}} \cdot A$ (북한강)* $q_p = \dfrac{0.523}{t_p^{\ 0.643}} \cdot A$	$t_b = 3.15+3.98\left(\dfrac{t_p}{24}\right)$	$W_{25} = \dfrac{3.487}{(q_p/A)^{1.024}}$ $W_{50} = \dfrac{1.995}{(q_p/A)^{1.040}}$ $W_{75} = \dfrac{0.834}{(q_p/A)^{1.149}}$
금강	$t_l = 0.1141(LL_c)^{0.5135}$ $t_R = 2\text{hr}$	$q_p = \dfrac{1.0715}{t_p^{\ 0.83}} \cdot A$	$t_b = 0.483+5.101\left(\dfrac{t_p}{24}\right)$	$W_{50} = \dfrac{2.245}{(q_p/A)}$ $W_{75} = \dfrac{1.409}{(q_p/A)^{0.96}}$
낙동강	$t_l = 0.253(LL_c)^{0.417}$ $t_R = \dfrac{t_p}{3}$	$q_p = (10^{-0.52-0.0184t_p}) \times A$	$t_b = 0.730+2.073\left(\dfrac{t_p}{24}\right)$	$W_{50} = \dfrac{2.500}{(q_p/A)^{1.05}}$ $W_{75} = \dfrac{1.610}{(q_p/A)^{1.05}}$

⑥ 마지막으로 이렇게 구한 합성단위유량도 곡선 아래 면적이 1cm가 되는지 검증이 필요하며 그렇지 않은 경우 기저시간 t_b를 조정한다.

예제 6.3

충북 옥천군 심천면의 단위유량도를 합성하기 위하여 50,000분의 1 지도로부터 유역면적이 696.8km^2, 하천 연장 68km의 자료를 얻었다. 이로부터 표 6.3에 의하여 2시간 단위유량도를 합성하여라.

| 풀이 |

표 7.4의 금강구역의 식들을 활용하여 다음과 같이 구한다.

(가) L_c를 구하는 방법: 50,000분의 1 지도로부터 해당 구역을 오려낸 다음 이 유역도를 날카로운 pin으로 받쳐 든다. 유역도가 평형이 될 때까지 pin의 위치를 옮기면서 유역의 무게 중심을 찾을 수 있다. 유역의 출구로부터 하천을 따라 무게 중심과 가장 가까운 하천 거리를 측정한 거리가 L_c이다. 이 방법에 의해 L_c를 구한 결과 L_c=30.5 km이다.

(나) $t_p = 0.1141(LL_c)^{0.5155} = 0.1141(68 \times 30.5)^{0.5155} = 5.85\ \text{hr}$

(다) $q_p = A \cdot 1.0715/(t_p^{0.83}) = 696.8 \times 1.0715/5.85^{0.83} = 172.35\ \text{m}^3/\text{sec}$

(라) $T = 0.483+5.101(t_p/24) = 0.483+5.101(5.85/24) = 1.726 \text{ day} = 41.43 \text{ hr}$

(마) $W_{50} = 2.245/(q_p/A) = 9.08 \text{ hr}$

$W_{70} = 1.409/(q_p/A)^{0.96} = 5.38 \text{ hr}$

위의 절차 (나)~(마)의 결과로부터 단위유량도의 면적이 1cm가 되도록 작성하면 다음 그림과 같다.

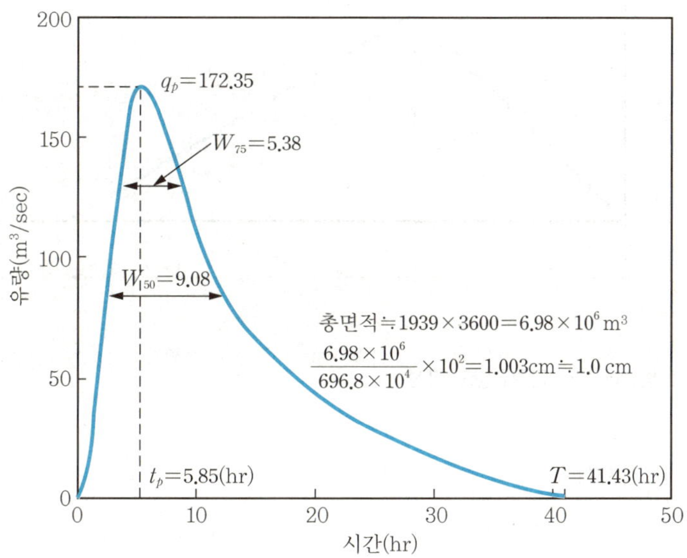

(2) SCS 무차원 단위유량도

미국농무성의 SCS는 수문곡선이 그림 6.10과 같이 삼각형의 형태를 가진다는 가정 하에 단위유량도 합성 방법을 다음과 같이 간단하게 전개하였다.

그림 6.10에서 수문곡선 하의 총유량의 체적(Vol)은

$$Vol = \frac{\{q_p \cdot t_p + q_p(t_b - t_p)\}}{2}$$

이며, 이 식으로부터 q_p는

$$q_p = \frac{2 \cdot Vol}{t_p + (t_b - t_p)} \tag{6.21}$$

이다. SCS의 경험에 의하면

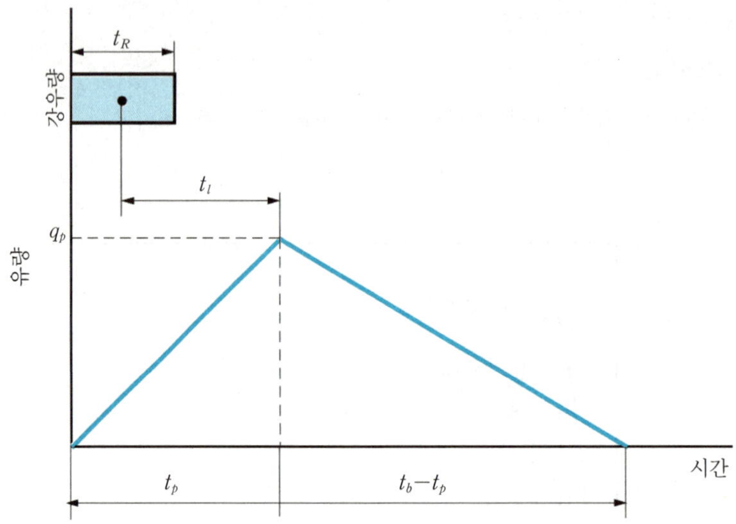

| 그림 6.10 | SCS 방법에 의한 단위유량도 합성

$$t_b - t_p = 1.67 t_p \tag{6.22}$$

의 관계가 있다. Vol은 단위 유효강우에 의한 총체적이므로(Vol = 유효강우량×유역면적) 유효강우량을 1이라고 하면 Vol은 유역면적과 같아야 한다. 이를 식 (6.21) 대입하면

$$Q_p = \frac{2.08A}{t_p} \tag{6.23}$$

또한 그림 6.10의 정의에 의하여 첨두시간 t_p는

$$t_p = \frac{t_R}{2} + t_l \tag{6.24}$$

이므로 지속시간 t_R의 단위유량도를 얻을 수가 있다. 여기서 q_p는 첨두유량(m^3/sec), A는 유역면적(km^2), t_p는 첨두시간(hr), t_R는 유효강우의 지속시간(hr), t_l은 지체시간(hr)이다. 식 (6.24)의 지체시간은 Snyder 방법에 의한 식 (6.15)를 이용할 수 있으며, 특히 유역면적이 작은 경우(10.0km^2 또는 2000acre) 이하에는 지표상태에 따른 지체현상이 큰 영향을 주므로, 다음 공식을 제시하고 있다.

$$t_l = \frac{l_{0.8}(S+1)^{1.67}}{9000\,Y^{0.5}} \tag{6.25}$$

여기서, t_l = 지체시간(hr)

l = 하천의 총 길이(ft)

Y = 유역의 평균경사

$S = \frac{1000}{CN} - 10$

CN = 토지사용에 따른 curve number(SCS)

또한 SCS는 t_l에 가장 큰 영향을 미치는 인자는 유역면적이며, 다음과 같은 회귀식을 통해 t_l을 결정할 수 있도록 제안하였다.

$$t_l = 1.44A^{0.6} \text{ (미국 Texas주)}$$

$$t_l = 0.54A^{0.6} \text{ (미국 Ohio주)} \tag{6.26}$$

국내에서도 건설부(1992)는 국내 총 22개 지점의 대표단위도와 유역 특성 인자를 이용하여 회귀분석 후 유역의 지체시간 산정식을 제시한 바 있다. 이때 대상지점의 유역면적은 1.46~519.69km^{2}로서 대부분의 유역이 500km^2 이하의 면적을 갖는 소유역으로 선정되었으나, IHP(International Hydrology Program) 대표유역을 제외한 나머지 지점들은 과거 1970년대 후반에서 1980년대 초반에 관측된 적은 수의 강우-유출 자료를 이용할 수 밖에 없는 한계를 포함하고 있다. 이러한 자료들로부터 유도된 지체시간 산정식은 다음 식 (6.27)과 같다.

$$t_l = 1.777\left(\frac{A \cdot L}{S}\right)^{0.132} \tag{6.27}$$

여기서, L은 유로연장(km)이며, S는 유로경사(%)이다.

식 (6.23)과 식 (6.24)로부터 단위유량도 작성을 보조하기 위하여 SCS는 미국의 여러 지방의 단위유량도를 분석하여 무차원 단위유량도를 작성하였다(그림 6.11). SCS의 무차원 단위유량도는 세로좌표 q/q_p, 가로좌표 t/t_p로 하였으므로 q_p와 t_p가 위의 식으로부터 구해지면 단위유량도를 합성할 수 있다.

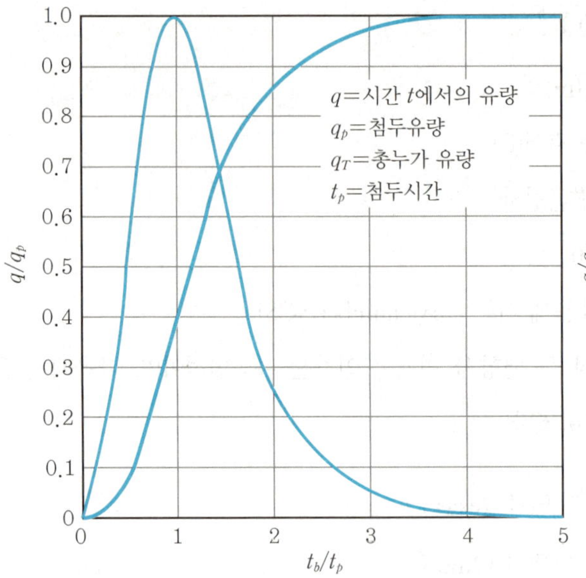

| 그림 6.11 | SCS의 무차원 단위유량도

(3) 한국건설기술연구원(2000)의 합성단위도법

한국건설기술연구원(2000)은 총 70개 지점의 국내 단위도 연구성과들을 종합하여 새로운 합성단위도법을 제시하였다. 대상지점에 대한 유역 특성 인자와 단위도 특성치(첨두유량, 첨두시간) 간의 다중회귀분석 결과, 다음 식 (6.28), (6.29)와 같은 회귀식을 제안하였으며 제안된 식을 이용하여 단위유량도의 첨두유량과 첨두시간을 산정할 수 있도록 하였다. 이때 제시된 회귀식은 유역면적의 경우 5.08~4,516.90km^{2}이며, 유로연장의 경우 3.10~219.53km, 유로경사는 0.000757~0.040570의 범위를 갖는다.

$$t_p = 0.967\, A^{0.255}\, L^{-0.040}\, S^{-0.137} \tag{6.28}$$

$$Q_p = 0.241\, t_p^{-0.638} \tag{6.29}$$

여기서, A는 유역면적(km^2), L은 유로연장(km), S는 유로경사이며, 식 (6.28)을 통해 계산되는 첨두시간 t_p의 단위는 시간(hr)이다. 그리고 식 (6.29)를 통해 산정되는 첨두유량 Q_p의 단위는 mm/hr이며, 유량 단위로 환산하기 위해서는 적용 대상유역의 유역면적을 곱한 후 단위 환산하여야 한다.

또한 합성단위도의 종거를 계산하기 위해서 Nash 모형이 이용되었다. Nash 모형에 의하면 유역은 n개의 선형저수지의 조합으로 표현되며, 첫번째 저수지에 대한 단위입력에 의해 생기는 n번째 저수지의 출력은 다음 식 (6.30)과 같이 나타낼 수 있다.

$$h_n(t) = \frac{1}{k}\left(\frac{t}{k}\right)^{n-1}\frac{e^{-t/k}}{\Gamma(n)} \tag{6.30}$$

여기서, $h_n(t)$는 t시간에서의 유출량(mm/hr), n은 저수지의 개수, k는 저류상수(hr)이며, $\Gamma(\cdot)$는 Gamma 함수이다. 이 식을 미분하여 정리하면 다음과 같이 나타낼 수 있다.

$$\frac{n-1}{\Gamma(n)}(n-1)^{n-1}e^{-(n-1)} = Q_P \cdot t_P \tag{6.31}$$

여기서, 첨두유량(Q_P)과 첨두시간(t_P)이 주어지면 식 (6.31)을 이용하여 저수지의 수 n을 결정할 수 있고, n이 결정되면 다음 관계를 이용하여 저류상수 k를 결정할 수 있다.

$$k = \frac{T_P}{n-1} \tag{6.32}$$

따라서, 식 (6.28), (6.29)를 이용하여 먼저 단위유량도의 첨두유량과 첨두시간을 결정하면 식 (6.31) 및 (6.32)를 통해 Nash 모형의 매개변수 n, k를 결정할 수 있고, 이를 식 (6.30)에 대입하면 시간에 따른 유출량의 변화, 즉 단위도의 종거를 계산할 수 있다.

참고문헌

한국건설기술연구원 (1989) 「설계홍수량 산정을 위한 단위유량도 합성방법 연구」.

한국건설기술연구원 (2000) 「시험유역의 운영 및 수문특성 조사, 연구-합성단위도 개발을 중심으로」.

한국수문학회 (1986) 「한국수문학회지」.

Hickok RB, Keppel RV and Rafferty BR (1959) "Hydrograph synthesis for small watershed for small arid-land watershed," *Agricultural Engineering* 40(10) 608–611.

Soil Conservation Service (SCS) (1972) *Hydrology, Section 4, National Engineering Handbook*, United States Department of Agriculture.

연습문제

(*는 필수 문제)

1* 다음 수문곡선은 균등하게 3시간 동안 내린 강우로 인한 유량을 나타내었다. 유역면적이 300km^{2}이고 기저유량이 17m^3/sec라고 할 때, 단위유량도를 구하여라.

시간	제1일	제2일	제3일	시간	제1일	제2일	제3일
3:00 AM	17.0	130.3	48.0	3:00 PM	226.5	76.0	25.5
6:00 AM	15.6	113.2	42.5	6:00 PM	198.2	68.0	22.6
9:00 AM	170.0	99.1	36.8	9:00 PM	172.7	59.5	19.8
12:00 AM	269.0	87.8	31.1	12:00 PM	150.0	53.8	17.0

2 각각의 지속시간이 6시간의 강우가 1.5cm, 3.0cm, 2.5cm의 크기로 연속하여 내렸다고 한다. 이 복합 강우로 인한 직접유출의 수문곡선이 다음 표와 같다고 할 때, 6시간의 단위유량도를 구하여라. 유역의 면적은 131km^{2}라고 한다.

시간	0	3	6	9	12	15	18	21	24	27	30	33	36
유량 (m^3/sec)	0	21	79	80	187	122	182	89	55	26	9	3	0

3* 다음 4시간 단위유량도로부터 S-곡선법에 의하여 2시간 및 6시간의 단위유량도를 작성하여라. 유역 면적은 24.6km^{2}이다.

시간(hr)	0	1	2	3	4	5	6	7	8	9	10	11	12	13	14	15
단위도 (m^3/sec)	0	0.70	3.5	10.1	13.2	11.5	8.6	6.2	4.8	3.7	2.5	1.7	1.0	0.6	0.2	0

4 위의 문제 3에서 구한 S-곡선으로부터 순간단위유량도를 구하여라. 이 순간단위유량도를 사용하여 2시간 단위유량도를 구하고, 문제 3에서 구한 2시간 단위유량도와 비교하여라.

5 Snyder의 방법을 사용하여 다음 경우에 단위유량도를 합성하여라. C_t=2.0, C_p=0.62, 유역면적 139mi^2, 하천 길이 16mi, 유역 중심까지의 하천 길이 6mi, 유효강우량의 지속시간 3시간이다.

6 한강, 낙동강, 금강 유역 내에서 면적 및 유역 상황(경사, 토지 사용상태 등)이 비슷한 유역을 선정하여 표 7.4를 사용하여 각 유역별 단위유량도를 작성하고, 이들을 비교하여라. 유역에 따라 단위유량도의 차이점을 수문학적으로 고찰하여라.

7* 다음은 순간단위유량도(IUH)의 종거 좌표이다. 이로부터 2시간 단위도를 유도하여라.

시간 (hr)	0	2	4	6	8	10	12	14
IUH (cms/cm)	0	60	90	130	190	150	70	0

8* 어떤 도시유역의 면적이 3mi^{2}이고 유역의 지체시간 t_l은 1.5hr로 추정되었다. SCS방법을 이용하여 2시간 단위유량도의 첨두시간과 첨두유량을 계산하여라(결과는 SI 단위계로 전환하여라).

9* 다음과 같은 유역의 조건이 주어졌다. Snyder 단위유량도 합성 방법을 이용하여 2시간 단위유량도를 작성하여라.

유역면적 $A = 696.8 \text{ km}^2$
주하천유로연장 $L = 68 \text{ km}$
유역중심거리 $L_c = 30.5 \text{ km}$
$C_t = 1.3$
$C_p = 0.6$

수문학 인물사 6 Franklin F. Snyder(1910~2008)

미국 Ohio 북서쪽에 위치한 Hogate에서 태어난 Snyder는 유년시절에는 매우 평범하게 보냈다. 고등학교를 졸업한 Snyder는 경제적인 어려움으로 인하여 학비가 저렴한 University of Toledo에서 pre-engineering 과정을 마쳤으며, 다시 Ohio State University에 입학하여 비로소 civil engineering에 대한 공부를 시작하였다. 특히 수리학에 관심이 많았는데 이때 Snyder의 수리학 담당교수는 Ralph Powell이었다.

하지만 불행하게도 1930년에 Snyder는 복막염이 매우 악화되어 죽을 고비를 넘겼으며, 오랜 병원생활로 인하여 집안 생활은 물론 학교생활까지도 힘들어졌다. 이때, Ohio State University의 Wyatt교수가 교수직을 사직하고 측량회사로 자리를 옮기면서 Snyder의 사정을 알고 그를 회사에 고용하였으며, Snyder는 1년 동안 이 회사의 수리 관련 부서에서 근무하면서 경제적인 어려움을 해결하였고 학교 또한 무사히 졸업할 수 있었다. 이 당시 회사에서 수리학 분야에 상당한 두각을 나타낸 Snyder는 그 후 Geological Survey의 junior engineer로 제안을 받게 되었으며, 새로운 직장에서 근무하게 된다. 이렇게 하여 인연을 맺은 사람이 Horner, 단위유량도의 창시자인 Sherman 등이다.

Snyder는 Geological Survey에서 근무하면서 수문학 분야에 관심을 가지게 되었으나 Geological Survey에서의 계약이 끝난 후, Water and Power Company에 취업을 하여 수리학 기술자로서 일하게 되면서 몇 가지 홍수추적 과정을 개발하고 ASCE(American Society of Civil Engineering)에 논문도 발표하게 된다. 이후 능력을 인정받은 Snyder는 Pennsylvania Weather Bureau의 연구직으로 근무할 것을 제안 받고 직장을 옮기게 된다. 여기서 Snyder는 주요 유역에 대한 flood procedure에 대한 연구를 하였으며 특히 홍수예측에 관심을 가지고 몇 년 동안 연구하면서 연구대상 지역에 대한 강우와 유출에 대한 관계를 집중적으로 파고들었다.

1932년 Geological Survey Study에서 consultant로 근무하던 Sherman의 unit graph 이론을 접하고 바로 유출과 홍수예측에 이용하는 연구를 진행하였다. 유역에 내린 강우에 의해 발생한 기저유량 등을 강우-유출에 대한 지표로 만드는 연구를 진행하였으며, 단위유량도를 이용하여 강우를 유출로 변환하는 연구에 매진하였다. 특히, 미계측유역에 단위유량도를 합성시키는 연구를 수행하였는데 이 이론적인 연구는 Corps of Engineers와 함께 발전시켜 synthetic unit graph로 명명하여 논문을 발표하였으며, 학계에 매우 큰 반향을 불러일으켰다. 당시 Weather Bureau에서 Highland 지역의 Potomac 강에 대한 유량예측을 담당하고 있던 Snyder는 Ohio State University의 Powell 교수의 제안으로 synthetic unit hydrograph에 대한 자신의 이론을 Potomac 강에 실제로 적용시켜 이론이 성립함을 증명하였다.

제7장 흐름추적(Flow Routing)

미리 생각하기 7

'미리 생각하기' 질문은 이 책의 각 장을 읽기 전 배경 지식 없이 창의적으로 고민해 보자는 의도에서 기획되었습니다. 각 질문마다 최소 10분 이상 아무런 자료 없이 스스로 생각해 본 후, 인터넷 검색 등으로 관련 자료를 찾아 보완해 봅시다. 대부분 고정된 정답이 없으므로 완결성보다는 자기주도형 창의적 답변이 중요합니다.

5장과 6장에서 배운 수문곡선을 다시 상기해 봅시다. 어떤 하천의 상류 A지점에서 수문곡선을 그려보고 몇 km 떨어진 하류 B지점에서 또 한번 수문곡선을 그려보았더니 모양이 많이 달라져 있었습니다. 상류와 하류의 수문곡선은 왜 달라지는지 그 이유를 생각해 봅시다. 여러 가지 이유가 있을 수 있으니 모두 적어 본 후 이들을 크게 2~3개 그룹으로 나누어 볼 수도 있을 것입니다. 이 하천의 A~B 구간에는 측면으로 들어오는 유입량이 없다고 가정합니다.

제7장

흐름추적

하도 또는 저수지에 물이 유입되면 유출이 발생하며 유입량의 일부는 수위 상승에 기여하게 된다. 또한 유입량(inflow)이 유출량(outflow)보다 적을 경우에는 유출량의 일부는 저류된 부분으로부터 방류되며, 하도 또는 저수지의 수위는 내려가게 된다. 하도 구간 또는 저수지에서 유입되는 유량의 수문곡선은 저류 효과로 인하여 첨두유량은 낮아지며, 기저 시간도 변화된다. 또한 저류 효과가 없는 하도의 경우, 하도 구간 하류점에서 유출되는 수문곡선은 하도 구간 상류점에 유입되는 수문곡선을 시간적으로 평행이동(translation)한 것과 같다. 즉, 수문곡선은 하도와 저수지를 통과하면서 그 형태 등이 많이 변화되며, 이러한 하도 또는 저수지에서 유입수문곡선(inflow hydrograph)에 대한 유출수문곡선(outflow hydrograph)을 계산하는 것을 추적(追跡, routing)이라고 한다. 보통 홍수추적(flood routing)이라는 용어가 많이 쓰이나(예를 들어 Feuton 2019), 이는 유입수문곡선이 홍수파(flood wave)인 경우에 대하여 추적을 실시하는 것을 의미하며, 근래에는 홍수추적 이외에도 유역의 설계수문곡선 또는 단위유량도를 구하기 위해서도 추적의 개념을 많이 사용하므로, 여기서는 흐름추적(flow routing)이라는 용어를 사용하기로 한다.

추적은 적용 방법에 따라 수리학적 추적(hydraulic routing)과 수문학적 추적(hydrologic routing)으로 크게 분류할 수 있다. 수리학적 추적은 수리학에서 취급하는 비정상류 흐름(unsteady flow) 공식의 해를 구하는 것을 말한다. 홍수파의 경우 하천 흐름은 비정상류이므로 운동량 공식과 연속방정의 해를 구함으로써 시간과 공간에 대한 유량, 유속, 수위 등의 변화를 구할 수 있다. 수리학적 추적은 편미분방정식을 다루어야 하며, 수치해석법에 의한 수치모형(numerical model)이 크게 발전하여 실제로 많이 응용되고 있다. 수리학적 추적 방법에 대해서는 7.2절에서 자세히 기술하기로 하며, 7.1절에서는 수문학적 추적 방법에 대하여 먼저 설명하기로 한다.

수문학적 추적은 수리학적 추적과는 달리 저수지 또는 하도 구간에 대한 질량보존법칙(mass

conservation law)을 사용하므로 수리학적 추적을 미시적 추적이라 한다면, 수문학적 추적은 거시적 추적이라고 할 수 있다. 수문학적 추적에서는 연속방정식(continuity equation)의 적용 구간이 하도 구간, 저수지 또는 유역인가에 따라 하도추적(channel routing), 저수지추적(reservoir routing), 유역추적으로 구분한다. 즉, 저수지의 경우에는 저수지에서의 유입수문곡선에 대한 유출수문곡선의 변화를 연속방정식과 저류량-유출량과의 관계로부터 구한다. 이와 비슷하게 하도 또는 유역에 대해서도 유입수문곡선에 대한 유출수문곡선의 변화를 계산할 수 있다. 유역추적의 경우에는 실제 저수지가 있는 것이 아니라 유역 전체가 유입량(예를 들면 유효강우)에 대하여 저류 효과를 갖고 있기 때문에 유역을 하나의 가상적인 저수지로 보고 추적을 실시함으로써 유역의 유출수문곡선을 구할 수 있다.

추적의 결과는 실제 수문설계에서 많이 사용되고 있다. 저수지 및 댐의 여수로 크기, 하천 제방의 높이, 홍수 예경보, 저수지 수문 조절 등은 유입수문곡선에 대하여 추적을 실시하고 유출량을 예측함으로써 결정할 수 있다.

7.1 수문학적 추적

7.1.1 추적이론의 기본 개념

(1) 상하류 수문곡선의 변화

하천 구간의 하류로 유출되는 수문곡선은 구간에 유입되는 수문곡선이 구간을 통과할 때 하도의 저수지 역할과 수문곡선의 평행이동 효과에 의하여 영향을 받는다. 수문곡선의 평행이동(translation)이라고 하는 것은 수문곡선이 하도 구간을 통하는 동안 수문곡선의 형태는 변하지 않고 단순히 시간적으로 이동하는 것을 말한다. 이는 수로의 형태 및 경사가 일정한 경우(prismatic channel), 즉 하도가 저수 능력이 없을 때에 일어나며 일반 하천의 경우에는 하도의 저류역할과 평행이동의 복합 결과에 의하여 수문곡선의 형태가 결정된다.

저류로 인한 수문곡선의 변화는 그림 7.1(a)에서 보는 바와 같이 단순 저수지(수문이 없는 저수지)의 경우에 쉽게 알 수 있다. 단순 저수지의 경우, 평상시 유출량은 여수로를 통하여 흐르나 유입량이 커짐에 따라 유입량의 일부는 저류되어 저수지의 수위는 상승하고, 이때부터 여수로의 유출량은 저수지 수위에 따라 변하게 된다. 저수지 수위는 유출량과 유입량이 같을 때까지(즉, 유

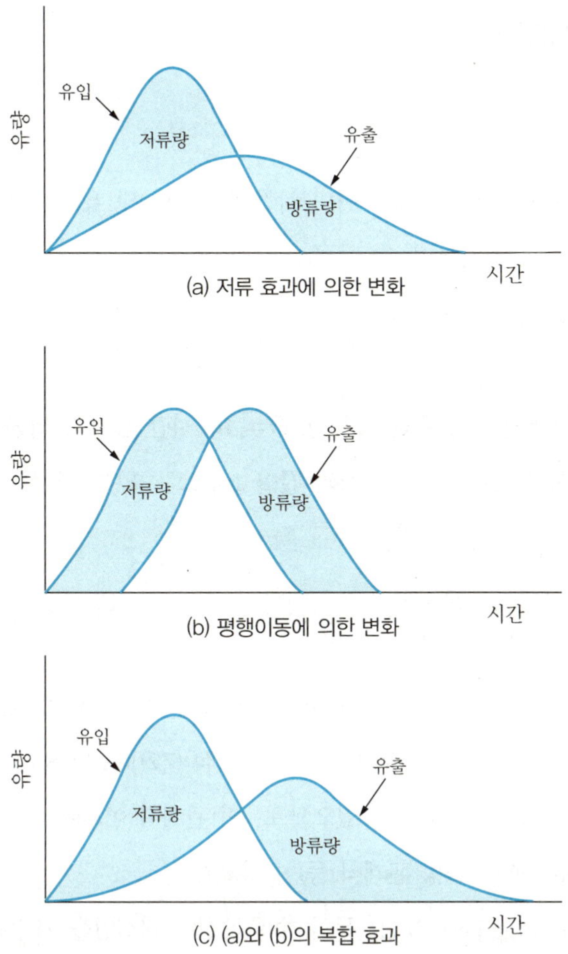

| 그림 7.1 | 상하류 수문곡선의 변화

량이 유출수문곡선의 첨두유량과 같을 때까지) 계속 상승하며, 그 이후부터는 저류된 부분으로부터 방류되어 수문곡선은 하강하게 된다. 따라서 저수지의 저류 효과로 인하여 유출수문곡선의 첨두유량은 유입수문곡선의 첨두유량보다 크게 감소되며, 또한 유출수문곡선의 첨두유량은 유입수문곡선의 하강 부분과 만나게 된다.

평행이동에 의한 수문곡선의 변화는 저류 효과에 의한 변화와는 아주 다르다. 그림 7.1(b)에서 보는 바와 같이 유입수문곡선이 하도 구간의 출구에 도달하기 전까지는 유출수문곡선이 시작되지 않으며, 유출수문곡선은 하도 구간의 유하시간(流下時間, travel time)만큼 평행이동한 것과 같다. 따라서 유입 및 유출수문곡선의 모양과 첨두유량의 크기는 같다.

일반 하천은 단면과 경사가 일정하지 않으므로 위의 두 효과가 복합적으로 작용하여 그림 7.1(c)와 같은 수문곡선이 형성된다.

(2) 연속방정식

하천 구간(river reach) 또는 저수지에서 어느 시간에 유입량 및 유출량의 차이는 저류량의 변화율과 같다. 즉, 이를 식으로 표시하면

$$\bar{I}-\bar{O}=\frac{\Delta S}{\Delta t} \tag{7.1}$$

이다. 여기서 $\bar{I}=\Delta t$ 시간 동안의 평균 유입량, $\bar{O}=\Delta t$ 시간 동안의 평균유출량, $\Delta S=\Delta t$ 시간 동안의 저류량의 변화이다. Δt 시간의 시작과 끝을 1과 2로 표시하면 식 (7.1)은 다음과 같이 나타낼 수 있다.

$$\frac{I_2+I_1}{2}-\frac{O_2+O_1}{2}=\frac{S_2-S_1}{\Delta t} \tag{7.2}$$

식 (7.1) 또는 식 (7.2)를 연속방정식(continuity equation) 또는 저류방정식(貯留方程式, storage equation)이라 하며, I_1, I_2, O_1, S_1은 기지의 변수이므로 식 (7.2)로부터 S_2와 O_2를 결정하여야 한다. 식 (7.2)는 2개의 미지수 O_2 및 S_2를 갖고 있으므로, 이 관계식 이외에 저류량과 유출량의 관계를 나타내는 또 다른 식(저류량-유출량 관계식 등)이 필요하다.

식 (7.2)는 추적기간(routing period) Δt 동안 수문곡선이 직선임을 가정하였기 때문에 식 (7.2)의 사용에 있어서는 Δt의 선정이 중요하다. Δt는 하천 구간의 유하시간(流下時間)보다 커서는 안 되며, 보통 유하시간의 1/3~1/2로 택한다.

(3) 저류량과 유출량의 관계

앞서 언급한 바와 같이 식 (7.2)의 해를 위한 제2의 관계식으로서 저류량과 유출량의 관계를 구하지 않으면 안 된다. 저류량과 유출량과의 관계는 저수지의 경우와 자연 하도의 경우로 나눌 수 있다.

저수지에서의 저류량과 유출량과의 관계는 저수용량에 따른 저수지 수위를 구하고, 저수지 수위와 여수로를 통한 유출량의 관계를 구함으로써 수립할 수 있다. 저수지 수위에 따른 저수용량은 저수지의 지형도로부터 등고선 내의 면적을 구하고 이를 등고선의 평균높이로 곱하여 부피를

구한 다음, 이를 연속적으로 시행함으로써 저수지 수위와 저수용량의 관계를 구할 수 있다. 저수지 수위와 유출량과의 관계는 저수지의 여수로(餘水路, spillway)의 형태에 따라 다르게 되나, 보통 위어의 경우에는 다음 식을 사용할 수 있다.

$$Q = CLH^{x} \tag{7.3}$$

여기서, Q는 유출량, C는 위어계수, L은 위어의 길이, H는 수두, x는 계수이며 보통 3/2이다.

자연 하도에서의 저류량과 유출량과의 관계는 지형도를 사용하여 저수지에서와 같은 방법을 사용하여 구할 수 있으며, 만일 추적 구간의 유입 지점과 유출 지점에서의 유입수문곡선과 유출수문곡선의 자료가 있는 경우에는 유입량과 유출량의 차이가 저류량이므로 이를 누가해서 구할 수 있다.

예제 7.1

다음과 같은 유입 및 유출수문곡선으로부터 자연 하도의 저류량을 구하여라. $\overline{I}$ 및 $\overline{O}$는 t 시간까지의 평균 유입 및 유출량이다.

t(hr)	0	6	12	18	24	30	36	42	48	54	60	66	72
$\overline{I}$ (m³/sec)	560	660	2,500	5,500	5,950	4,200	2,950	2,100	1,470	1,000	740	600	530
$\overline{O}$ (m³/sec)	700	660	1,020	1,850	2,650	3,350	3,700	3,680	3,100	2,450	2,000	1,650	1,300

| 풀이 |

그림 (1)에서 보는 바와 같이 유입량이 유출량보다 큰 경우에는 저류량이 증가하여 하도의 수위는 상승하게 된다. 또한 반대로 유입량이 유출량보다 적은 경우에는 유출의 일부는 하도의 저류량으로부터 공급된다. 따라서 $\overline{I}-\overline{O}$의 값이 저류량의 변화율($\Delta S/t$)이므로 이 값에 6×3600을 곱하여 시간에 따라 누가함으로써 저류량과 유출량과의 관계를 얻을 수 있다.

t(hr)	0	6	12	18	24	30	36	42	48	54	60	66	72
$\Delta S/t=\overline{I}-\overline{O}$	−140	0	1,480	3,650	3,300	850	−750	−1,580	−1,630	−1,450	−1,260	−1,050	−770
$\Sigma(\Delta S/t)$	−	0	1,480	5,130	8,430	9,280	8,530	6,950	5,320	3,870	2,610	1,560	790
$S(10^6 m^3)$	−	0	31.9	110.8	182.0	200.4	184.2	150.1	114.9	83.6	56.4	33.7	17.1

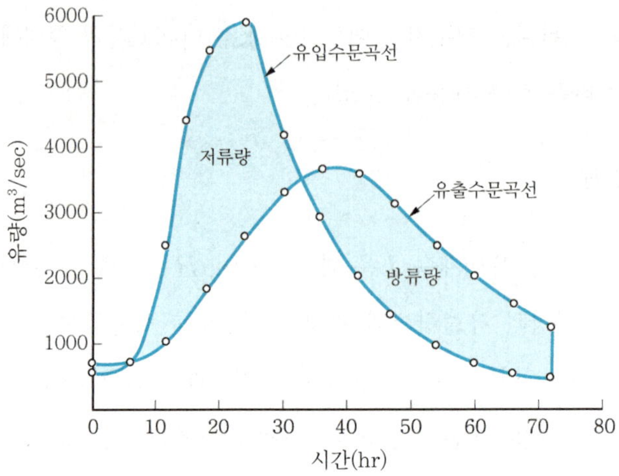

그림 (1) 하도의 저류량 계산을 위한 유입·유출수문곡선

그림 (2)의 저류량과 유출량과의 관계는 하나의 선으로 나타나는 것이 아니라 loop을 형성함을 보여주고 있다. 그러나 보통 저류량과 유출량과의 관계는 단일함수(1價函數, single valued function)로 하나의 저류량에 대하여 하나의 유출량을 가져야 하므로 상승곡선과 하강곡선의 평균값으로부터 저류량-유출량의 관계를 구한다. 따라서 평균값은 다음과 같다.

유출량(Q, m^3/sec)	1,000	1,500	2,000	2,500	3,000
저류량(S, 10^6m^3)	10	45	90	127	169

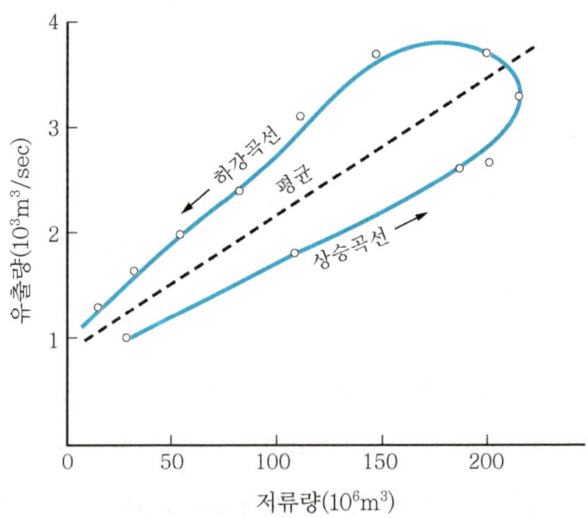

그림 (2) 저류량-유출량 곡선

7.1.2 저수지 추적

(1) **저류지시법(貯流指示法, storage-indication method)**

단순 저수지(여수로에 수문이 없는 저수지)에서의 추적은 저수지 수위와 저류량 또는 저류량과 유출량의 관계가 알려져 있을 때 식 (7.2)를 다음과 같이 표시할 수 있다.

$$I_1+I_2+\left(\frac{2S_1}{\Delta t}-O_1\right)=\left(\frac{2S_2}{\Delta t}+O_2\right) \tag{7.4}$$

식 (7.4)의 왼쪽 항들은 이미 알고 있는 값들로 구성되어 있으며, 오른쪽 항은 미지의 값들이므로 $\frac{2S_2}{\Delta t}+O_2$의 값으로부터 유출량 O_2를 계산하여야 한다. 이는 저류량-유출량의 관계로부터 $\frac{2S}{\Delta t}+O$의 값과 유출량 (O)을 그림에 표시하고 식 (7.4)의 왼쪽 항으로부터 구한 값 (즉, $\frac{2S_2}{\Delta t}+O_2$)을 그림에서 찾아 유출량($O_2$)을 구하면 된다. 여기서 구한 O_2와 S_2는 그 다음 추적 기간에서는 O_1과 S_1이 되므로, 이를 사용하여 식 (7.4)의 왼쪽 항을 계산하고 이로부터 새로운 O_2와 S_2를 구할 수 있다. 이 절차에 의한 계산을 반복하면 유출수문곡선을 구할 수 있다.

식 (7.4)를 사용하여 유입수문곡선으로부터 유출수문곡선을 구하는 방법을 저류지시법(storage indication method)이라고 하며, 이 방법의 적용 절차는 다음과 같다.

① 여수로와 저수지의 지형도로부터 여수로를 통한 유출량과 저수지 수위 관계를 구하고 또한 저수지의 지형도로부터 저수지 수위와 저류량의 관계를 구한다.

② ①에서 구한 자료로부터 저류량-유출량의 관계를 구하고 그림을 그린다.

③ ②에서 구한 자료로부터 $\frac{2S}{\Delta t}-O$, $\frac{2S}{\Delta t}$, $\frac{2S}{\Delta t}+O$의 값을 구하고 이를 유출량 O(세로축)에 대하여 그림을 그린다.

④ I_1+I_2와 $\frac{2S_1}{\Delta t}-O_1$을 합한 값이 $\frac{2S_2}{\Delta t}+O_2$의 값이므로 그림으로부터 O_1에 해당하는 $\frac{2S}{\Delta t}-O$의 값을 찾고, 이 값에 I_1+I_2를 합한 값에 대하여 $\frac{2S}{\Delta t}+O$의 그림으로부터 O의 값을 찾는다. 이 값이 O_2의 값이다.

⑤ ④에서 구한 O_2의 값은 다음 시간 구간에서 O_1의 값으로 취하고 ④의 절차를 반복한다.

저수지 여수로에 수문이 있는 경우는 단순 전수지의 경우와 유사하게 추적을 실시할 수 있다. 즉, 수문이 있는 경우의 식 (7.4)는 다음과 같이 표시할 수 있다.

$$I_1+I_2-2\bar{O}_R+\left(\frac{2S_1}{\Delta t}-O_1\right)=\left(\frac{2S_2}{\Delta t}+O_2\right) \tag{7.5}$$

여기서 $\bar{O}_R$는 Δt 시간 동안 수문(水門)을 통하여 흐른 유량이며, 식 (7.3)과 유사한 오리피스공식을 사용하여 구할 수 있다.

추적기간 Δt는 유하시간 보다 짧게 하는 것이 보통이므로 저수지 추적의 경우에는 상류 하천의 유입수문곡선의 유하시간을 계산하면 된다.

$$t_T=\frac{1}{3600}\frac{L}{V}=\frac{1}{3600}\frac{1}{Q/A} \tag{7.6}$$

여기서 t_T는 유하시간(hr), L은 하천 구간의 길이(m), Q는 하천 단면적 $A(\mathrm{m}^2)$를 통하여 흐르는 유량(m^3/sec)이다.

예제 7.2

댐의 보호를 위하여 여수로를 설치하는 바 여수로 마루(crest)의 높이는 설계홍수량이 저수지를 통과할 때, 계획 수위를 초과하지 않도록 결정되어야 한다. 다음 자료를 사용하여 70m의 Ogee형 여수로의 마루 높이는 설계 수위보다 몇 미터 낮게 설치하여야 하는가? 여수로의 위어계수는 1.988이다.

저수지 수위*(m)	0	0.6	1.2	1.8	2.4	3.0
저수 용량($\mathrm{m}^3\times10^6$)	1.72	3.46	6.95	10.45	13.98	17.55

* 저수지 수위는 여수로 마루부터의 수치임.

1000년 빈도의 설계 유입수문곡선

시간(hr)	0	2	4	6	8	10	12	14	16	18	20	22
유입량(m^3/s)	0	47.8	134.2	249.7	358.2	393.6	373.8	297.3	204.4	130.8	96.0	79.8

| 풀이 |

설계 유입수문곡선으로부터 저수지 추적에 의하여 유출수문곡선을 구하고, 유출수문곡선의 최대 홍수량이 여수로를 통과할 때, 수위가 계획 수위와 같게 하면 된다. 따라서 저류지시법에 의하여 설계 유입수문곡선에 대한 저수지추적을 실시한다.

(가) 식 (7.4)의 적용을 위해서는 저류량-유출량의 관계가 필요하므로 식 (7.3)을 사용하여 저수위에 따른 유량을 계산한다.

$$Q=1.988\times(70)\times H^{3/2}$$

(나) 식 (7.4)의 오른쪽 항을 계산하기 위하여 절차 (가)의 결과로부터 $\frac{2S}{\Delta t}+O$ 및 $\frac{2S}{\Delta t}-O$의 값을 계산하면, 다음 표와 같다. $\Delta t=2$ 시간으로 한다.

표 (1) 저수지추적을 위한 기본 자료 계산

저수지 수위(m)	0	0.6	1.2	1.8	2.4	3.0
유출량(m^3/sec)	0	64.7	182.9	336.1	517.4	723.1
저류량(S) ($m^3 \times 10^6$)	0	3.46	6.95	10.45	13.98	17.55
$\frac{2S}{\Delta t}$ (m^3/sec)	0	961	1,931	2,902	3,883	4,875
$\frac{2S}{\Delta t}+O$(m^3/sec)	0	1,026	2,114	3,238	4,401	5,598
$\frac{2S}{\Delta t}-O$ (m^3/sec)	0	896	1,748	2,567	3,366	4,152

표 (2) 저류지시법에 의한 저수지추적

ⓐ 시간(hr)	ⓑ 유입량 I_1	ⓒ I_2	ⓓ I_1+I_2	ⓔ O_1	ⓕ $\frac{2S_1}{\Delta t}-O_1$	ⓖ(=ⓓ+ⓕ) $\frac{2S_2}{\Delta t}+O_2$	ⓗ O_2
0	0			0	0	–	0
2	47.8		47.8	0	0	47.8	1.5
4	134.2	47.8	182.0	1.5	3.0	185	10
6	249.7	134.2	383.9	10	170	553.9	30
8	358.2	249.7	607.9	30	430	1,037.9	57
10	393.6	358.2	751.8	57	850	1,601.8	100
12	373.8	393.6	767.4	100	1,250	2,017.4	150
14	297.3	373.8	671.1	150	1,600	2,271.1	190
16	204.4	297.3	501.7	190	1,900	2,401.7	198
18	130.8	204.4	335.2	198	1,925	2,260.2	186
20	96.0	130.8	226.8	186	1,840	2,066.8	158
22	79.8	96.0	175.8	158	1,700	1,875.8	127

(다) 절차 (가)에서 구한 $\frac{2S}{\Delta t}$, $\frac{2S}{\Delta t}+O$, $\frac{2S}{\Delta t}-O$를 유출량 O에 대하여 그림을 작성하면 그림 (1)과 같다.

(라) 절차 (다)에서 작성한 그림 (1)과 식 (7.4)에 의하여 표 (2)와 같이 저수지 추적을 실시할 수 있다.

(마) 표 (2)의 ⓔ열은 ⓗ열을 Δt만큼 지체시킨 값이다. 즉 시간6에서 O_1값은 시간4에서 O_2값과 같다. ⓕ열은 그림 (1)에서 O_1에 해당하는 $\frac{2S}{\Delta t}-O$의 값이며, 이 값과 I_1+I_2를 합한 값이 식 (7.4) 좌측 항이므

로 ⓖ열의 값이 $\frac{2S_2}{\Delta t}+O_2$와 같다. 따라서 그림 (1)로부터 $\frac{2S_2}{\Delta t}+O_2$와 O와의 관계에서 주어진 $\frac{2S_2}{\Delta t}+O_2$ 값에 대한 O_2의 값을 구할 수 있으며, 이 값이 ⓗ열의 O_2값이다.

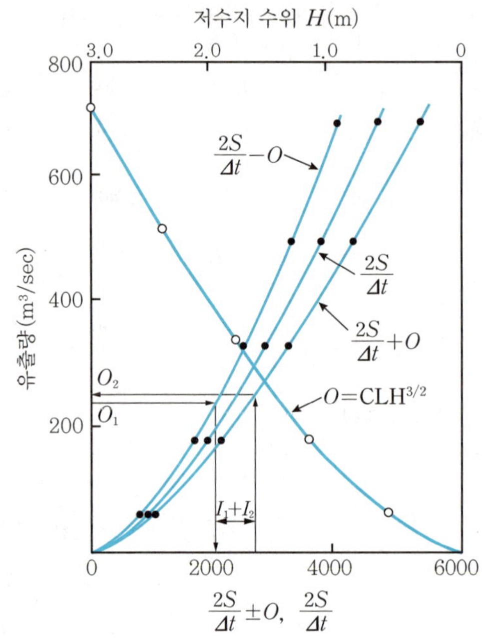

그림 (1) 저류지시법에 의한 저수지 추적

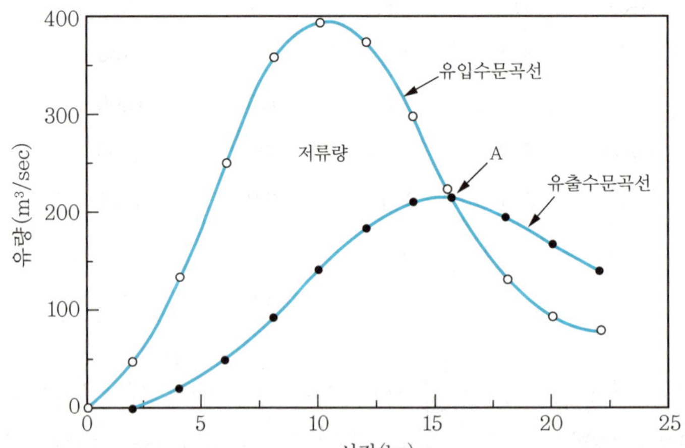

그림 (2) 저수지 추적에 의한 유출수문곡선

(바) 따라서 유입수문곡선과 유출수문곡선을 표시하면 그림 (2)와 같다. 저수지 추적에 있어서 유출수문곡선의 첨두점(그림 (2) A점)은 반드시 유입수문곡선의 하강곡선과 교차하여야 하며, 이때 저수지의 저류량은 최대가 된다. 그림 (2)의 A점 이후부터는 저수지의 저류량의 일부가 유출되기 시작하며 따라서 저수지 수위는 하강함과 동시에 유출수문곡선은 하강곡선을 이루게 된다. 유출수문곡선의 첨두유량 $Q_{max}=198m^3/sec$를 수위로 환산하면 $H=1.27m$이므로 여수로 마루의 높이는 저수지의 설계 최대 수위보다 1.27m 낮은 곳에 설치하면 된다. 여유고(free board)를 고려할 경우 1.27m 값에 여유고의 값을 더하면 된다.

(2) 누가곡선법

누가곡선법(mass curve method)은 시산법(trial error method)으로서 추적기간 Δt를 임의로 변경시킬 수가 있어 유량 변화가 큰 부분에서는 Δt를 작게 하고 유량 변화가 크지 않은 부분에서는 Δt를 크게 할 수 있는 장점을 지니고 있다. 이 방법은 유출수문곡선을 가정한 후 시산법에 따라 가정된 유출수문곡선과 계산 결과에 의한 수문곡선이 허용오차 범위 내에 이를 때까지 반복 계산하므로 계산량이 많은 단점이 있으나 간단한 경우에는 오히려 2~3회의 계산으로 허용오차의 범위 내로 접근시킬 수 있다. 이 방법에 사용되는 공식은 식 (7.1)을 누가 형태로 변화시킨 식이다. 즉,

$$MI_2-(MO_1+\overline{O}\,\Delta t)=S_2 \tag{7.7}$$

여기서, MI_2는 시간2까지의 누가유입량, MO_1는 시간1까지의 누가유출량, $\overline{O}$는 추적기간 Δt 동안 평균유출량, S_2는 시간2에서의 저류량이다.

이 공식의 적용절차는 다음과 같다.

① 여수로의 유출량과 저수지 저류량과의 관계식을 구한다.

② 유입수문곡선으로부터 누가유입량을 부피로 구한다.

③ 유출수문곡선을 가정하여 누가유출량을 부피로 구한다.

④ 식 (8.7)의 $(MO_1+\overline{O}\,\Delta t)$는 Δt 후의 누가유출량이므로 식 (7.7)의 왼쪽 항은 단순히 누가유입량으로부터 누가유출량을 뺀 값이다.

⑤ ④에서 구한 값이 저류량이므로 ①의 관계로부터 유출량을 구하고, 이 값이 ③에서 가정한 유출량과 같은가 비교한다.

⑥ 만일 가정된 유출량과 계산된 값의 차이가 허용오차를 초과하는 경우, ③의 절차에서 가정

된 값을 수정한다. 보통 ⑤에서 구한 값을 ③의 가정 값으로 사용하면 수렴이 빠르다.

예제 7.3

예제 7.2에서 사용한 자료를 이용하여 누가곡선법에 의한 유출수문곡선을 작성하여라.

| 풀이 |

(가) 저수지 수위, 여수로 유량공식, 저류량의 관계로부터 저류량-유출량의 관계를 구한다.

저수지 수위(m)	0	0.6	1.25	1.8	2.4	3.0
유출량(m^3/sec)	0	64.7	182.9	336.1	517.4	723.1
저류량(10^6m^3)	0	3.46	6.95	10.45	13.98	17.55

(나) 유입수문곡선의 누가유량을 구하고 유출수문곡선을 가정하여 누가값을 구한다.

ⓐ 시간 (hr)	ⓑ Δt (hr)	ⓒ 유입량 (m^3/sec)	ⓓ ⓒ×Δt (10^6m^3)	ⓔ 누가 유입량 (10^6m^3)	ⓕ 유출량 가정값 (m^3/sec)	ⓖ 누가 유출량 (10^6m^3)	ⓗ(=ⓔ-ⓖ) 저류량 (10^6m^3)	ⓘ 유출량 (m^3/sec)	ⓙ 최종 유출량 (m^3/sec)
0	0	0.0	0.000	0.000	0	0.000	0.000	0.0	0.0
1	1	21.0	0.075	0.075	5	0.018	0.057	0.143	0.2
2	1	47.8	0.172	0.247	10	0.054	0.211	1.00	1.2
4	2	134.2	0.966	1.213	20	0.198	1.015	10.43	12.1
6	2	249.7	1.798	3.012	30	0.414	2.598	42.23	42.6
7	1	311.0	1.120	4.131	40	0.558	3.573	67.8	65.7
8	1	358.2	1.290	5.421	50	0.738	4.683	101.5	94.0
9	1	387.0	1.393	6.814	70	0.990	5.824	140.4	125.1
10	1	393.6	1.417	8.231	90	1.314	6.917	181.3	155.8
11	1	386.0	1.390	9.621	110	1.710	7.911	221.4	183.5
12	1	373.8	1.346	10.966	160	2.286	8.680	254.1	207.4
14	2	297.3	2.141	13.107	180	3.582	9.525	291.8	228.1
16	2	204.4	1.472	14.579	210	5.094	9.485	289.9	222.7
18	2	130.8	0.942	15.520	180	6.390	9.130	273.9	201.7
20	2	96.0	0.691	16.212	150	7.470	8.742	256.8	178.2
22	2	79.8	0.574	16.786	120	8.334	8.452	244.2	156.9

ⓗ열의 저류량으로부터의 관계에 의하여 유출수문곡선(ⓘ열)을 구한 다음, 이 값과 가정값을 비교한다. 본 계산에서는 계산값과 가정값이 많은 오차를 보여주고 있기 때문에 ⓘ열의 계산값을 사용하여 ⓕ, ⓖ, ⓗ, ⓘ열의 절차를 반복함으로써 최종 유출수문곡선(ⓙ열)을 구하였다.

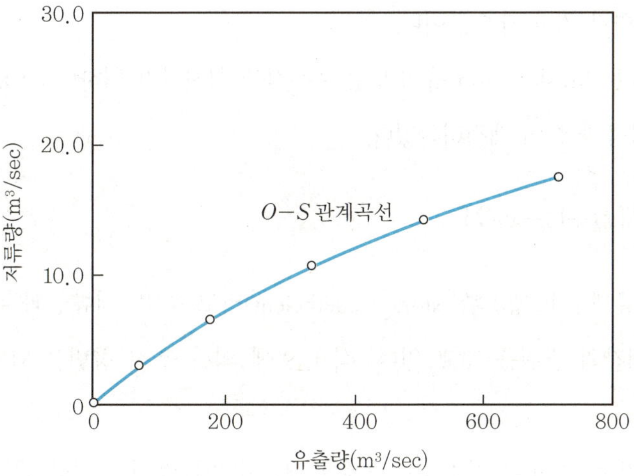

그림 (1) 저류량-유출량 곡선

7.1.3 하도추적

(1) Muskingum 방법

저수지에서의 저류량과 유출량과의 관계는 저수지 수면이 수평으로 되기 때문에 저류량은 유출량에 의하여 결정될 수 있으나 자연 하도의 경우에는 저수지의 경우와 같이 간단히 정의될 수 없다. 예제 7.1의 그림 (2)에서 볼 수 있는 바와 같이 자연 하도에서의 저류량은 수문곡선의 상승 부분 또는 하강 부분에 따라 loop를 형성한다. 이는 자연 하도의 저류가 하상과 평행으로 되는 프리즘저류(prism storage)와 수면의 상승 하강으로 인한 쐐기저류(wedge storage)로 구성되기 때문인데 쐐기저류는 그림 7.2에서 보는 바와 같이 여러 가지 형태로 나타날 수 있어서 간단히 정의할 수는 없다.

일반적으로 저류량과 유량 사이의 관계는 다음과 같은 식으로 표시될 수 있다.

$$S = \frac{b}{a}\,[xI^{m/n} + (1-x)O^{m/n}] \tag{7.8}$$

여기서, S는 저류량, a와 n은 수위-유량 관계($Q=ah^n$ 여기서 h는 수위에서의 계수, b와 m은 수위-저류량의 관계($S=bh^m$)에서의 계수이며, x는 유입량과 유출량이 상대적으로 저류량에 미치는 영향을 고려하기 위한 가중값이다.

McCarthy(1938)는 Muskungum 유역의 홍수추적을 실시하기 위하여 $m/n=1$, $b/a=K$로 가정하여 식 (7.8)를 다음과 같이 재정리하였다.

$$S = K[xI + (1-x)O] \tag{7.9}$$

여기서 K를 저류계수(貯留係數, storage coefficient)라고 하며, 저류량과 유량과의 비를 나타내 주는 상수로서 시간의 단위를 깆고 있다. 식 (7.9)에 의한 추직 방법을 Muskingum 방법이라고 한다.

x의 값은 수위가 상승 또는 하강하는가에 관계없이 저류량이 일정하도록 선택되어야 한다. 저수지의 경우에 저류량이 단순히 유출량에만 의존하기 때문에 $x=0$이 되나 하도에서 홍수파가 평행이동하는 경우에는 $x=0.5$의 값을 갖는다. 따라서 x는 $0<x<0.5$의 값을 가지며, 보통 0.25에 접근할 때가 많다. 그러나 x의 값을 수리학적으로 결정할 수 있는 방법은 없기 때문에 추적 구간에서의 유입수문곡선과 유출수문곡선의 자료로부터 구할 수 밖에 없다.

K는 시간의 차원을 가지며 저류량과 유량과의 그림에서 직선의 경사에 해당한다. 즉, 식 (7.9)

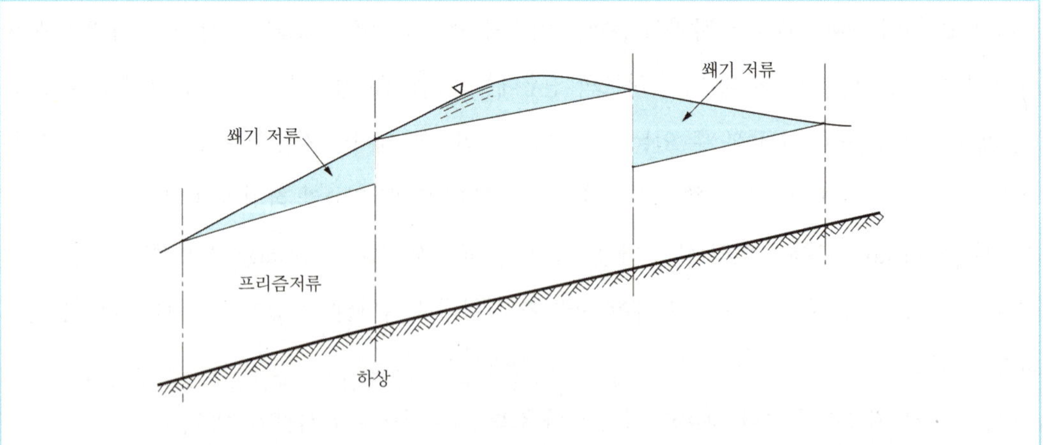

| 그림 7.2 | 자연 하도에서의 저류 형태

에서 유량은 $[xI+(1-x)O]$의 값이므로 K는 식 (7.9)의 경사이다. 일반적으로 홍수파의 분석에 의하면 K는 홍수의 유하시간과 같다고 한다. 즉, 홍수의 유하시간은 홍수파의 질량중심이 추적 구간 상류 지점을 통과하여 하류 지점까지 도달하는 데 소요된 시간을 말한다. 보통 홍수의 유하시간의 근사 값으로서 첨두유량이 추적 구간 상하류를 통과할 때의 시간을 사용하기도 한다.

식 (7.9)을 식 (7.2)에 대입하여 정리하면

$$
\begin{aligned}
O_2 &= C_o I_2 + C_1 I_1 + C_2 O_1 \\
C_o &= -\frac{Kx-0.5\,\Delta t}{K-Kx+0.5\,\Delta t} \\
C_1 &= \frac{Kx+0.5\,\Delta t}{K-Kx+0.5\,\Delta t} \\
C_2 &= \frac{K-Kx-0.5\,\Delta t}{K-Kx+0.5\,\Delta t}
\end{aligned}
\tag{7.10}
$$

이며, $C_o+C_1+C_2=1$이다.

식 (7.10)에서 사용되는 Δt는 추적기간이며, $\Delta t \leq 2Kx$인 경우에는 $C_o \leq 0$이 되므로 $\Delta t > 2Kx$로 선정되어야 한다. 만일 선정된 Δt 값이 너무 크다고 판단되는 경우에는 구간을 n개로 구분한 다음 $\Delta t = K/n$으로 선택하여도 된다.

식 (7.10)을 적용하기 위해서는 x 값과 K 값을 결정하여야 한다. x 값과 K 값은 기존의 유입수문곡선과 유출수문곡선의 자료로부터 시산법에 의하여 결정할 수 있다. 즉, x의 값을 0~0.5 사이로 변화시키면서 $xI+(1-x)O$의 값과 저류량 S의 그림이 가장 직선에 가까울 때 x의 값을 택하고, 이때 직선의 기울기가 K 값이 된다. Muskingum 방법에 의한 추적은 x의 값에 대하여 크게 영향을 받지 않으므로 정확한 x를 구하려고 필요 이상으로 노력하지 않아도 된다.

만일 추적 하천 구간에 지류가 있는 경우에는 본류와 지류의 추적을 별개로 실시하여 이를 합하면 된다. 이때의 각 지류에서 사용하는 K_b의 값은 하천 구간의 길이와 각 지류의 유량에 의한 가중값을 사용하여 구할 수 있다.

$$
K_b = L\left(\frac{\Sigma Q}{\Sigma(QL)}\right)K \tag{7.11}
$$

여기서, K_b = 지류의 K 값, L = 유입 지점부터 유출 지점까지의 하천 거리. Q_b = 지류의 총홍수체적 총량, K = 총유량(지류+본류) 자료로부터 구한 K 값이다.

예제 7.4

본 예제는 미국지질조사소(USGS)가 Alabama 주의 하천에 대하여 Muskingum 방법으로 하도추적을 실시한 것이다. 단위는 ft^3/sec을 사용하였으나 m^3/sec로 간주하여도 무방하다.

| 풀이 |

하천은 그림 (1)에 보인 바와 같이 Brooklyn 지점 상류에는 큰 지류가 유입되고 있으므로, 본류와 지류의 추적을 별개로 실시하여 이를 합하여야 한다.

(가) 표 (1)에 각 지류의 유입량을 표시하였으며, ⓔ열의 Local은 미계측지역으로부터 유입량을 추정한 값이다. 누가유입량과 누가유출량으로부터 저류량을 구하였다.

(나) 식 (7.9)의 x 값을 구하기 위하여 표 (1)의 ⓖ, ⓘ, ⓙ열의 값을 사용하여 $x=0$, $x=0.1$, $x=0.2$, $x=0.3$으로 변화시키면서 $xI+(1-x)O$의 값과 저류량(ⓙ열)의 값을 도시한 결과 그림 (2)를 구하였다. 그림 (2)로부터 $x=0.2$인 경우가 가장 직선에 가까우므로 $x=0.2$, $K=2.0$day를 택하였다. 각 지류 및 본류에 대한 K_b 값을 구하기 위하여 식 (7.11)를 사용하였으며, 그 결과는 표 (2)와 같다.

(다) 추적기간 Δt는 $2Kx(=2\times2.0\times0.2=0.8)$보다 큰 값이 되어야 하므로 1일을 택하였으며, 이 값을 사용하여 식 (7.10)으로부터 추적을 실시하였다. 식 (7.10)의 좌측 항은 기지(旣知)의 값들이며, 이로부터 O_2 값을 구할 수 있다. 첫 번째 계산에서는 유입량(I_1)과 유출량(O_1)은 같다고 가정하였으며, 추적 결과는 표 (3)에 표시하였다.

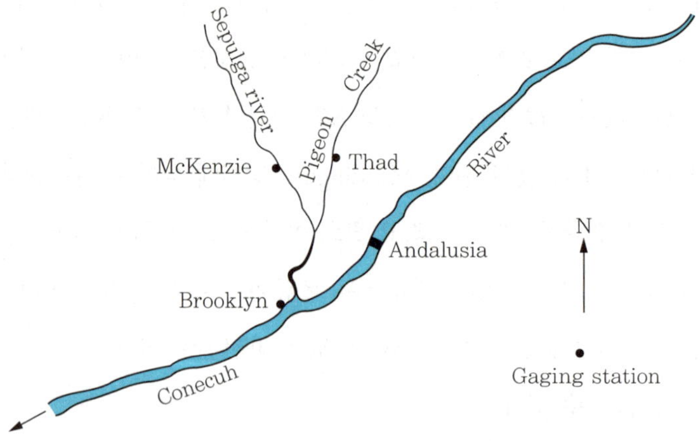

그림 (1) 하천 개황도

표 (1) 각 하천의 유입-유출량 및 저류량

Date		Partial inflows(cfs)				Total inflow (cfs)	Cumulative inflow (cfs-days)	Outflow Brooklyn (cfs)	Cumulative outflow (cfs-days)	Storage (1,000 cfs-days)
		Andalusia	Thad	McKenzie	Local					
ⓐ		ⓑ	ⓒ	ⓓ	ⓔ	ⓕ	ⓖ	ⓗ	ⓘ	ⓙ
2014										
	16	2,510	552	698	500	4,260	4,260	4,180	4,180	0.1
	17	3,140	766	1,030	2,710	7,650	11,910	5,600	9,780	2.1
	18	4,170	947	1,480	4,570	11,100	23,010	7,270	17,050	6.0
	19	7,000	1,630	2,210	5,890	16,700	39,710	9,620	26,670	13.0
	20	9,600	2,520	3,400	6,070	21,600	61,310	17,000	43,670	17.6
	21	10,100	2,280	4,550	4,020	21,000	82,310	18,300	61,970	20.3
March	22	12,300	2,560	5,080	6,630	26,600	108,910	19,400	81,370	27.5
	23	21,000	7,250	8,420	9,330	46,000	154,910	25,400	106,770	48.1
	24	29,800	8,390	16,400	5,370	60,000	214,910	34,100	140,870	74.0
	25	29,800	8,390	16,900	2,650	57,700	272,610	44,600	185,470	87.1
	26	29,500	5,440	10,300	2,650	47,900	320,510	51,200	236,670	83.8
	27	24,000	3,190	5,680	1,590	34,500	355,010	51,900	288,570	66.4
	28	14,600	2,440	4,120	500	21,700	376,710	41,700	330,270	46.4
	29	18,400	3,790	6,630	5,860	34,700	411,410	35,800	366,070	45.3
	30	19,300	5,860	15,500	4,520	45,200	456,610	36,100	402,170	54.4
	31	18,500	10,000	18,800	1,840	49,100	505,710	35,100	437,270	68.4
	1	22,000	5,950	11,500	1,840	41,300	547,010	38,500	475,770	71.2
	2	22,000	3,300	6,210	2,320	33,800	580,810	44,600	520,370	60.4
April	3	14,200	2,120	2,690	1,500	20,500	601,310	40,100	560,470	40.8
	4	10,100	1,570	1,930	1,120	14,700	616,010	30,000	590,470	25.5
	5	7,950	1,220	1,480	786	11,400	627,410	20,600	611,070	16.3
	6	6,340	998	1,170	786	9,290	636,700	13,700	624,770	11.9
	7	5,410	830	925	666	7,830	644,530	10,300	635,070	9.5
	8	4,210	718	800	500	6,230	650,760	8,530	643,600	7.2
	9	4,170	671	742	500	6,080	656,840	7,710	651,310	5.5

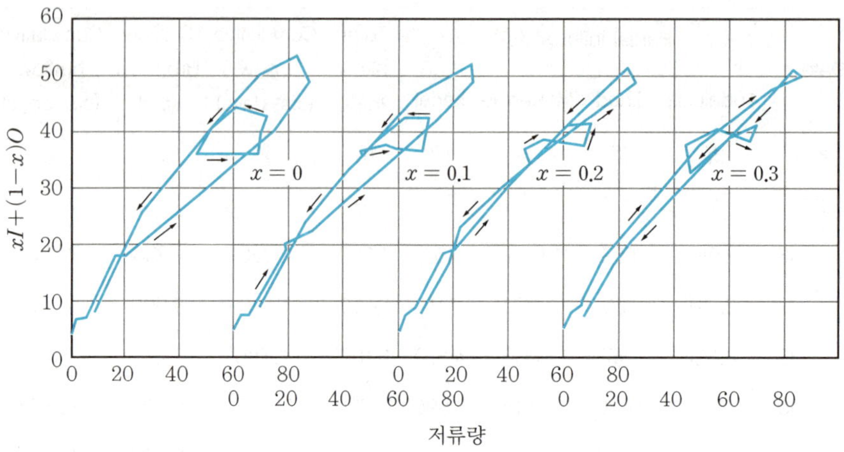

그림 (2) x값의 결정 방법

표 (2) 지류가 있는 경우의 K_b의 값

지점	하천 길이(ⓐ)	총 유출체적(ⓑ)	$Q \times L$(ⓐ×ⓑ)	K_b	x
Andalusia	20	350,000	7,000,000	1.9	0.2
Thad	25	83,380	2,084,500	2.4	0.2
McKenzie	25	148,640	3,716,000	2.4	0.2
Local	12	74,720	896,640	1.1	0.2
합계	–	656,740	13,697,140	–	–

$$K_T = L \times \frac{656{,}740}{13{,}697{,}140} \times 2.0$$

표 (3) Muskingum 방법에 의한 하도추적

Date		Local inflow to Brooklyn		Thad to Brooklyn		McKenzie to Brooklyn		Andalusia to Brooklyn		Total routed outflow	Mea-sured outflow
		$x=0.2, K=1.1$ $C_0=0.20$ $C_1=0.52$ $C_2=0.28$		$x=0.2, K=2.4$ $C_0=0.01$ $C_1=0.58$ $C_2=0.41$		$x=0.2, K=2.4$ $C_0=0.01$ $C_1=0.52$ $C_2=0.28$		$x=0.2, K=1.9$ $C_0=0.06$ $C_1=0.50$ $C_2=0.44$			
		Inflow	Outflow	Inflow	Outflow	Inflow	Outflow	Inflow	Outflow		
2014											
March	16	500	500	552	552	698	698	2,510	2,510	4,260	4,180
	17	2,710	942	766	554	1,030	702	3,410	2,610	4,810	5,600

표 (3) 계속

Date		Local inflow to Brooklyn		Thad to Brooklyn		McKenzie to Brooklyn		Andalusia to Brooklyn		Total routed outflow	Mea-sured outflow
		$x=0.2, K=1.1$ $C_0=0.20$ $C_1=0.52$ $C_2=0.28$		$x=0.2, K=2.4$ $C_0=0.01$ $C_1=0.58$ $C_2=0.41$		$x=0.2, K=2.4$ $C_0=0.01$ $C_1=0.52$ $C_2=0.28$		$x=0.2, K=1.9$ $C_0=0.06$ $C_1=0.50$ $C_2=0.44$			
		Inflow	Outflow	Inflow	Outflow	Inflow	Outflow	Inflow	Outflow		
	18	4,570	2,590	947	645	1,480	844	4,170	2,940	7,020	7,270
March	19	5,890	4,280	1,630	778	2,210	5,520	7,000	3,720	14,300	9,620
	20	6,070	5,480	2,520	1,150	3,400	4,140	9,600	5,040	15,800	17,000
	21	4,020	5,490	2,280	1,720	4,550	3,840	10,100	6,840	17,900	18,300
	22	6,630	4,950	2,560	1,960	5,080	4,140	12,300	8,600	19,600	19,400
	23	9,330	6,700	7,250	2,260	8,420	4,570	21,000	11,000	24,500	25,400
April	24	5,370	7,800	8,390	4,370	16,400	6,270	29,800	16,500	34,900	34,100
	25	2,650	5,510	8,390	6,060	16,900	10,500	29,800	23,200	45,300	44,600
	26	2,650	3,450	5,440	7,010	10,300	13,100	29,500	26,500	50,100	51,200
	27	1,590	2,660	3,190	6,330	5,680	11,900	24,000	27,700	48,600	51,900
	28	500	1,670	2,440	5,000	4,120	9,270	14,600	25,300	41,200	41,700
	29	5,860	1,900	3,790	3,940	6,630	7,130	18,400	20,200	33,200	35,800
	30	4,520	4,480	5,860	3,900	15,500	7,010	19,300	19,400	34,800	36,100
	31	1,840	3,970	10,000	4,760	18,800	10,600	18,500	19,300	38,600	35,100
	1	1,840	2,440	5,950	6,920	11,500	14,000	22,000	19,100	42,500	38,500
	2	2,320	2,100	3,300	6,490	6,210	12,900	22,000	20,600	42,100	44,600
April	3	1,500	2,100	2,120	5,140	2,690	10,100	14,200	20,800	38,100	40,100
	4	1,120	1,590	1,570	3,870	1,930	6,980	10,100	17,300	29,700	30,000
	5	786	1,180	1,220	2,900	1,480	4,850	7,950	13,600	22,500	20,600
	6	786	896	998	2,190	1,170	3,430	6,340	10,700	17,200	13,700
	7	666	793	830	1,690	925	2,480	5,410	8,460	13,400	10,300
	8	500	668	718	1,330	800	1,830	4,210	7,190	11,000	8,530
	9	500	547	671	1,070	742	1,400	4,170	5,700	8,700	7,710

(2) Convex 방법

자연 하도의 추적 방법으로서 convex 방법은 단순히 유입수문곡선과 유출수문곡선만을 사용하기 때문에 연속방정식에 근거를 둔 다른 방법과는 다르다고 하겠다. Convex라는 말은 선형계획

(linear programming)에서 많이 사용되는 용어로서 즉, 두 점 A, B가 어느 집합(set)에 속하여 있을 때 A, B를 연결하는 직선상의 모든 점이 이 집합에 속하면 A와 B는 convex set라고 한다. 이 convex set와 유사한 개념을 유입수문곡선과 유출수문곡선의 어느 점에 대하여 사용할 수 있다.

어느 하도추적 구간 L에서 유출량 O_2가 다음의 관계를 갖는다고 하면, 즉

$$I_1 \geq O_1 \text{인 경우} \quad I_1 \geq O_2 \geq O_1 \tag{7.12}$$

$$I_1 \leq O_1 \text{인 경우} \quad I_1 \leq O_2 \leq O_1 \tag{7.13}$$

이라면 O_1, O_2, I_1은 convex set라고 할 수 있다. 식 (7.12)은 수문곡선의 상승 부분에 속하며, 식 (7.13)는 하강 부분인 경우이다. 그림 7.3에서 보는 바와 같이 Δt의 선정에 따라 O_2는 항상 I_1과 O_1 사이에 있게 할 수 있다. 즉, convex set라고 하면 O_2는 그 크기가 I_1과 O_1 사이에 있다는 말이며, O_1과 I_1을 연결하는 직선상에 있어야 한다는 말은 아니다. 따라서 적절한 하도추적 구간 L과 추적기간 Δt에 따라서 O_1, O_2, I_1은 convex set를 형성할 수 있다. 만일 O_1, O_2, I_1이 convex set라면 O_2는 다음과 같이 표시될 수 있다. 즉

$$O_2 = (1-C)O_1 + CI_1 \tag{7.14}$$

여기서 C는 변수로서 $0 \leq C \leq 1$의 값을 갖는다. 식 (7.14)는 단순히 O_2가 I_1과 O_1 사이의 값이라면 이는 I_1과 O_1의 가중평균으로 표시할 수 있다는 것을 보여주고 있다. 또한 이 방법은 다른 추적 방법과는 달리 연속방정식에 근거를 두지 않고 있으며, I_2가 식에 표시되지 않는 특징이 있다. 식 (7.14)를 사용하여 시행하는 추적을 convex 방법이라고 한다. 이 방법을 사용하여 추적을 실시하는 데는 Δt와 C의 선정이 매우 중요하게 된다.

식 (7.14)를 C로 표시하면

$$C = \frac{O_2 - O_1}{I_1 - O_1} \tag{7.15}$$

이며, 그림 7.3의 삼각형으로부터

$$\frac{O_2 - O_1}{\Delta t} = \frac{I_1 - O_1}{K} \tag{7.16}$$

의 관계를 얻을 수 있다. K는 하도 구간에서 정상류(steady flow)인 경우 유하시간으로 정의할 수 있다. 식 (7.15)과 식 (7.16)으로부터

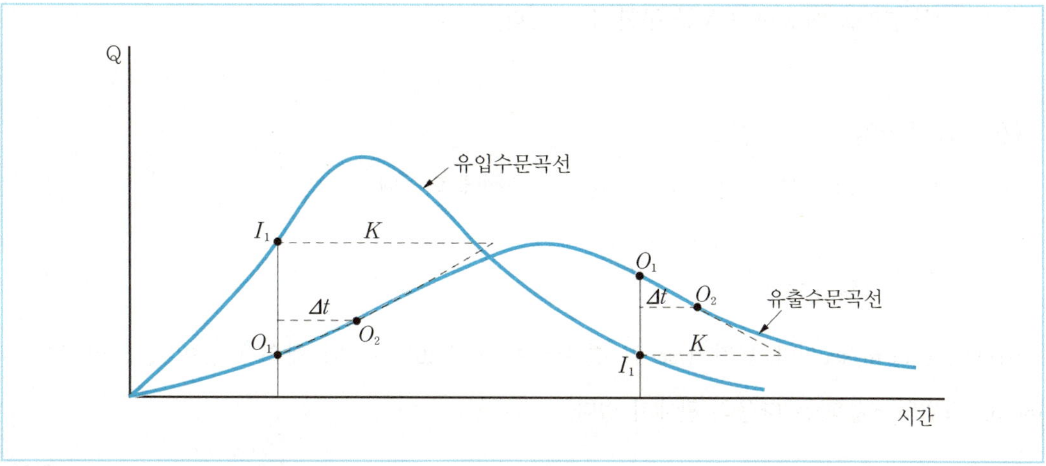

| 그림 7.3 | Convex 방법의 도해

$$C = \frac{\Delta t}{K} \text{ 또는 } \Delta t = CK \tag{7.17}$$

이므로 식 (7.17)로부터 2개의 변수를 알면 나머지 변수를 구할 수 있으므로 K, C 또는 Δt를 구하는 방법을 설명하기로 한다.

① K 값의 결정

K는 하도추적 구간에서 흐름 상태가 정상일 때의 유하시간을 말한다. 이는 간단하게 추적 구간(L)을 유하속도(V)로 나눔으로써 구할 수 있다. 즉

$$K = \frac{L \times 1000}{3600 \times V} \tag{7.18}$$

여기서, K는 hr, L은 km, V는 m/sec의 단위를 갖는다. 유하속도는 유량의 크기, 수위 등에 따라 다르게 되나, 경험에 의하면 유입수문곡선의 첨두유량의 3/4을 흐름 면적(A)으로 나눈 값을 사용하여도 무방하다. 즉,

$$V = \frac{3}{4}\frac{Q_p}{A} \tag{7.19}$$

여기서, V는 m/sec, Q_p는 m^3/sec, A는 m^{2}의 단위를 갖는다. 즉, 유입수문곡선으로부터 첨두유량 Q_p의 3/4 되는 유량을 구하고 수위-유량곡선으로부터 $3Q_p/4$에 해당하는 흐름 단면적(A)를 구하면 식 (7.19)로부터 유하속도(V)를 구할 수 있다. 또한, K는 Muskungum 방법에서의 K값과

같으므로 식 (7.9)을 사용하여 K를 구할 수도 있다.

② C 값의 결정

식 (7.17)과 식 (7.18)로부터 C를 구할 수 있으나, 경험에 의하면

$$C = \frac{V}{V+0.5182} \tag{7.20}$$

여기서, V는 m/sec이며, V가 ft/sec인 경우에는 식 (7.20) 분모의 계수가 1.7이다. 또한, Muskingum 방법의 x 값과는 다음의 관계가 있다.

$$C \approx 2x \tag{7.21}$$

③ Δt 값의 결정

만일 식 (7.18)와 식 (7.20)로부터 K와 C 값을 구하였다고 하면 식 (7.17)로부터 Δt의 값을 구할 수 있다. 그러나 식 (7.17)에 의한 Δt 값은 실제로 사용하기가 불편한 값(예로 소숫점 등)이 되는 경우가 많으므로 이를 조정할 필요가 있다. 보다 편리한 Δt 값을 택하는 방법으로서는 첨두발생시간(t_p)의 1/5보다 작은 값 중에서 편리한 Δt 값을 사용한다.

$$\Delta t^* \leq \frac{t_p}{5} \tag{7.22}$$

여기서, Δt^*는 임의로 선택한 Δt 값이다. 식 (7.22)을 사용하여 식 (7.17)에 의한 Δt 이외의 Δt^*를 추적기간으로 선택하는 경우에는 식 (7.17)을 만족시키지 않으므로 C의 값은 다음과 같이 조정되어야 한다.

$$C^* = 1-(1-C)^{\left(\frac{\Delta t^* + 0.5\,\Delta t}{1.5\,\Delta t}\right)} \tag{7.23}$$

여기서, C^*는 Δt^* 사용으로 인한 C 값의 조정값이며 C와 Δt는 식 (7.17)과 식 (7.20)에 의한 값들이다.

위에서와 같이 K, C 및 Δt의 값이 정해지면 식 (7.14)를 사용하여 하도추적을 실시할 수 있다. 보통 계산의 처음 단계에서 I_1과 O_1은 0이므로 O_2는 0이 된다. 이는 유입량이 추적 구간 L을 통과하는 시간이 Δt 만큼 소요됨을 나타내 준다.

예제 7.5

길이가 5.0km인 하도추적 구간에 그림 (1)과 같은 수문곡선이 유입되고 있다. 첨두유량의 3/4 되는 유량에서의 흐름 단면적이 250m²라고 할 때, convex 방법에 의하여 하도추적을 실시하여라.

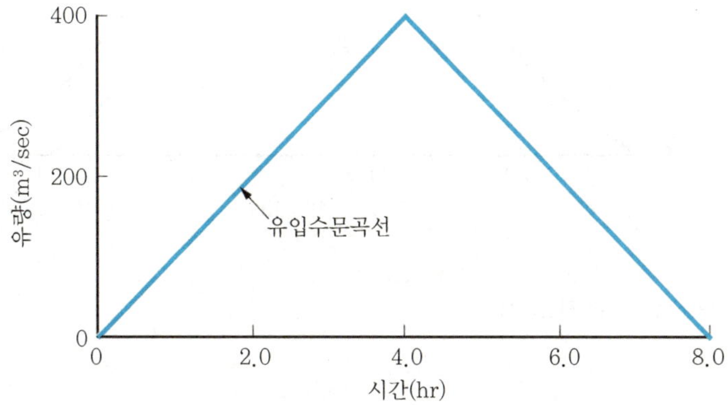

그림 (1) Convex 방법을 위한 유입수문곡선

| 풀이 |

(가) K 값의 결정: 첨두유량 400m³/sec의 3/4되는 수위에서의 단면적이 250m²이므로 식 (7.19)로부터 유하속도 V는

$$V = \frac{3}{4} \times \frac{400}{250} = 1.2 \text{ m/sec}$$

식 (7.18)에 의하여 K는

$$K = \frac{5.0 \times 1000}{3600 \times 1.2} = 1.157 \text{ hrs}$$

(나) C 값의 결정: 식 (7.20)에 의하여

$$C = \frac{1.2}{1.2 + 0.5182} = 0.698$$

(다) Δt의 결정

$$\Delta t = C \times K = 0.698 \times 1.157 = 0.807 \text{ hrs}$$

$t_p = 4.0$ 시간으로 $t_p/5 = 0.8$ 시간이다. $\Delta t = 0.807\ t_p/5$이므로 보다 편리한 시간을 택하기 위하여 $\Delta t^* = 0.5$hr로 하면 조정된 C^* 값은 식 (7.23)에 의하여

$$C^* = 1-(1-C)^{\left(\frac{\Delta t^* + 0.5\,\Delta t}{1.5\,\Delta t}\right)} = 1-(1-0.698)^{\left(\frac{0.5+0.5\times0.807}{1.5\times0.807}\right)} = 0.591$$

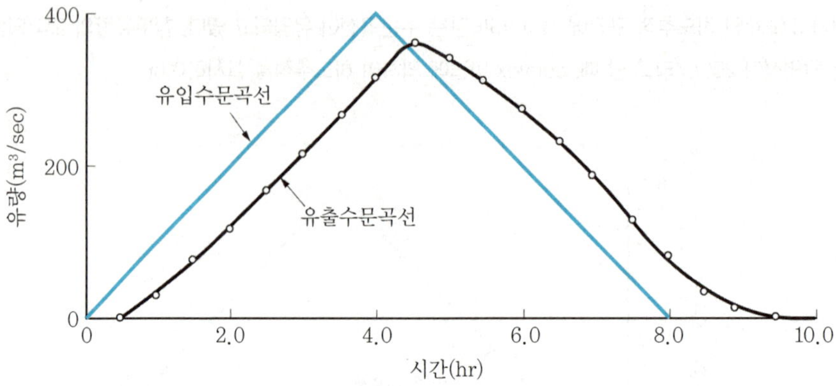

그림 (2) Convex 법에 의한 하도추적

(라) 식 (7.14)는

$$O_2 = 0.409\,O_1 + 0.591\,I_1$$

으로 표시되며, 이 식에 의하여 하도추적을 한 결과는 표 (1)과 같다.

표 (1) Convex법에 의한 하도추적 $O_2=(1-C)O_1+CI_1$

시간(hr)	유입량(m³/sec)	유출량(m³/sec)	비고
0.0	0	0.0	
0.5	50	0.0	
1.0	100	29.6	0.409×(0)+0.591×50
1.5	150	71.2	0.409×(29.6)+0.591×100
2.0	200	117.8	0.409×(71.2)+0.591×150
2.5	250	166.4	
3.0	300	215.8	
3.5	350	265.8	
4.0	400	315.5	
4.5	350	365.4	
5.0	300	356.3	
5.5	250	323.0	
6.0	200	279.9	

표 (1) 계속

시간(hr)	유입량(m^3/sec)	유출량(m^3/sec)	비고
6.5	150	232.7	
7.0	100	183.8	
7.5	50	134.3	
8.0	0	84.5	
8.5	0	34.5	
9.0	0	14.1	
9.5	0	5.8	
10.0	0	2.4	
10.5	0	1.0	
11.0	0	0.4	

7.1.4 유역 추적

자연 하도에서의 수문곡선은 그림 7.1에서 설명한 바와 같이 하도의 저류 효과와 평행이동 효과의 복합현상이라고 할 수 있다. 따라서 자연 하도에서의 유출수문곡선은 추적 구간에 유입되는 유입수문곡선을 저류량-유출량의 관계를 이용하여 추적을 실시함으로써 얻을 수가 있다. 이러한 기본 개념은 유역의 수문곡선을 구하는 데에도 사용할 수 있다.

유역은 가상적인 저수지와 자연 하도로 구성되어 있다고 생각할 수 있다. 유효강우로부터 발생된 지표면유출은 물이 흐르기 위하여 적정한 수심이 필요하며, 이 수심으로 인한 물의 양은 유역 저수지 역할로 볼 수 있다. 하도의 저류량, 복류수 등도 지표면유출에서와 같이 유효강우를 일시 저류한다고 생각할 수 있으므로, 이러한 저류 효과에 의하여 유역은 가상적인 저수지라고 가정할 수 있다.

또한, 유역은 하도와 같이 수문곡선의 평행이동 역할을 한다고 가정할 수 있다. 유역 내에 존재하는 하도 또는 지표면유출에서의 흐름 상태는 수문곡선을 유하시간만큼 평행이동시키는 역할을 하는 것으로 볼 수 있으므로 유역의 입력(즉, 유효강우량)에 대한 반응은 하도에서의 추적과 같은 상사성을 내포하고 있다. 이와 같이 저수지와 자연 하도에 대한 유역의 상사성을 이용하여 유효강우량을 입력으로 하여 추적을 실시해서 유역의 유출수문곡선을 얻는 것을 유역추적(流域追跡,

watershed routing)이라고 한다.

만일 그림 7.4의 유역에 1cm 깊이의 물이 균일하게 덮여 있다고 가정하자. 유역 내의 모든 물은 정지되어 있으며, 어느 순간 t_o를 기준으로 하여 흐르기 시작한다고 가정하였을 때, 출구 X에서의 수문곡선을 생각하여 보자. 이와 같은 단순한 강우로부터 발생되는 수문곡선은 그림 7.4에서와 같이 유하시간-유역면적 도표로부터 설명할 수 있다. 그림 7.4(a)에서와 같이 유역을 같은 유하시간을 가진 등유하시간(等流下時間, isochrone)으로 구분하여 유하시간과 면적의 그림을 그리면 지속시간이 0인 1cm 깊이의 순간 유효강우로부터 발생되는 X점에서의 유량은

$$
\begin{array}{ll}
t = t_1\text{에서} & Q_1 = A_1 \\
t = t_2\text{에서} & Q_2 = A_2 \\
\vdots & \vdots \\
t = t_8\text{에서} & Q_8 = A_8
\end{array}
$$

이라고 할 수 있다. 즉, 시간 $0 \sim t_1$에서는 면적 A_1의 물이 전부 X를 통하여 흐르며, 시간 $t_1 \sim t_2$에서는 면적 A_2의 물이 전부 X를 통하여 흐르게 된다. 따라서 유하시간-유역면적 도표(그림 7.4(b))가 수문곡선이라고 할 수 있다. 이는 다시 말해서 $Q_i = A_i$를 크기와 지속시간의 변화가 없이 t_i 만큼 평행이동시킨 것과 같으므로 그림 7.4(b) 자체가 하도의 평행이동 효과인 것이다. 이러한 수문곡선의 평행이동 이론은 $Q = \alpha A$(α는 계수, A는 흐름 단면적)의 관계를 가진 선형하도(linear

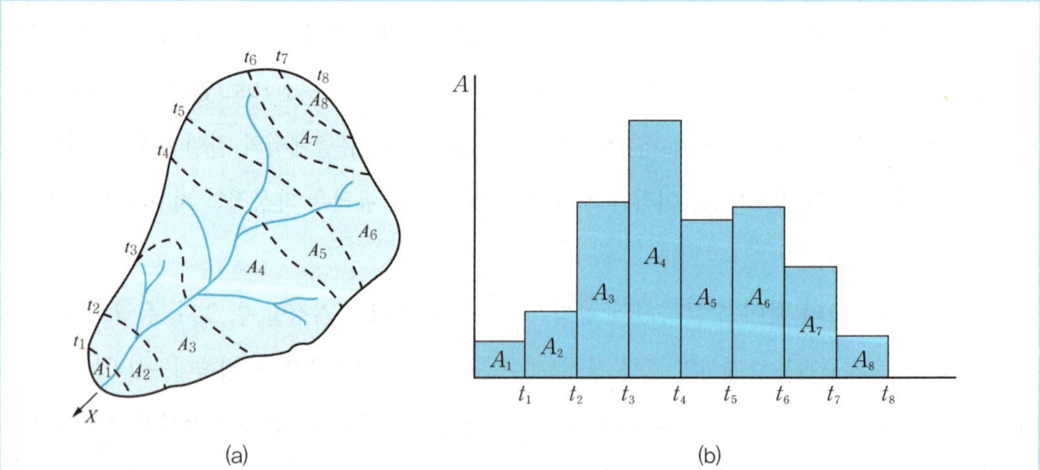

| 그림 7.4 | 유하시간-유역면적 분포

channel)에 적용할 수 있다.

그러나 Q_i는 하류로 흐르면서 유역의 저수지 역할에 의하여 변화하게 된다. 유역의 저수지 역할을 고려하기 위하여 Clark는 간단하게 유역출구(그림 7.4(a)의 X)에 1개의 가상적인 저수지가 있다고 생각하고 유하시간-유역면적으로 구한 수문곡선(그림 7.4(b))을 유입수문곡선으로 하여 저수지추적을 실시하여 유역의 수문곡선을 얻었다. 또한, Nash, Dooge 등은 Q_i가 하류로 흐르면서 여러 개의 저수지를 통과하는 모형을 개발하였으며, 이들 방법에 대한 이론을 다음에 설명하기로 한다.

(1) Clark 방법에 의한 유역추적

유역에 1cm의 순간 유효강우로부터 발생되는 수문곡선은 그림 7.4(b)의 유하시간-유역면적과 같으며, 이미 설명한 바와 같이 이는 하도의 평행이동 효과를 나타내주는 것이라고 할 수 있다. 따라서 유역의 저류 효과를 포함시키기 위해서는 유하시간-유역면적 도표로부터 구한 수문곡선을 유입수문곡선으로 가정하여 유역출구에 있는 가상의 저수지를 통하여 저수지추적을 실시하면 되는데, 이로부터 얻은 유출수문곡선은 1cm 깊이의 순간 유효강우로부터 발생된 수문곡선이므로 이 유역의 순간단위유량도라고 할 수 있다.

Clark는 이 가상의 저수지는 유역출구에 1개만 존재한다고 가정하였으며, 이 저수지는 저류량과 유출량이 선형관계를 갖는 선형저수지(linear reservoir)라고 가정하였다. 즉

$$S = KO \tag{7.24}$$

여기서, S는 저류량, O는 유출량, K는 저류상수(storage constant 또는 attenuation constant)이다.

식 (7.24)를 연속방정식인 식 (7.2)에 대입하면

$$\frac{I_2+I_1}{2}-\frac{O_2+O_1}{2}=\frac{K(O_2-O_1)}{\Delta t} \tag{7.25}$$

로 표시되며, 이를 다시 식 (7.25)를 정리하면 Muskingum 방법의 공식과 유사한 식을 얻을 수가 있다. 즉,

$$O_2 = C_o\,I_2+C_1\,I_1+C_2\,O_1$$

$$C_0 = \frac{0.5\ \Delta t}{K+0.5\ \Delta t}$$

$$C_1 = \frac{0.5\ \Delta t}{K+0.5\ \Delta t}$$

$$C_2 = \frac{K-0.5\ \Delta t}{K+0.5\ \Delta t}$$

$$C_o+C_1+C_2 = 1 \tag{7.26}$$

식 (7.26)를 사용하여 유입수문곡선으로부터 유출수문곡선을 구할 수 있다. 이 식을 더욱 간편하게 하기 위하여 $I_1=I_2$로 가정하여 사용할 수 있으며, 이 경우에 식 (7.26)은

$$O_2 = C_3\, I+C_2\, O_1$$

$$C_3 = \frac{\Delta t}{K+0.5\ \Delta t}$$

$$C_2 = \frac{K-0.5\ \Delta t}{K+0.5\ \Delta t} \tag{7.27}$$

로 표시된다.

식 (7.26) 또는 식 (7.27)의 저류상수 K는 유역의 저류량으로부터 방출되는 비율을 나타내주는 상수로서 다음과 같이 구할 수 있다. 연속방정식인 식 (7.1)을 미분으로 표시하면

$$I-O = \frac{dS}{dt} \tag{7.28}$$

이므로, 여기에 식 (7.24)을 대입하면

$$I-O = K\frac{dO}{dt} \tag{7.29}$$

이다. 만일 $I=0$이라면 식 (7.29)는

$$K = -\frac{O}{\dfrac{dO}{dt}} \tag{7.30}$$

이 되며, 식 (7.30)는 수문곡선으로부터 쉽게 구할 수 있다.

수문곡선에서 유입량이 0인 경우를 나타내주는 점이 수문곡선 하강 부분에서의 변곡점이다. 이 변곡점 이후부터 수문곡선은 유역의 저류량으로부터 방류되는 유량을 나타내므로 지표면으로부터의 유입량($I=0$)이 없다고 생각할 수 있다. 따라서 식 (7.30)은 그림 7.5와 같이 수문곡선 하강 부분의 변곡점에서 기울기를 구한 다음 이 점의 유량을 기울기로 나누어주면 된다.

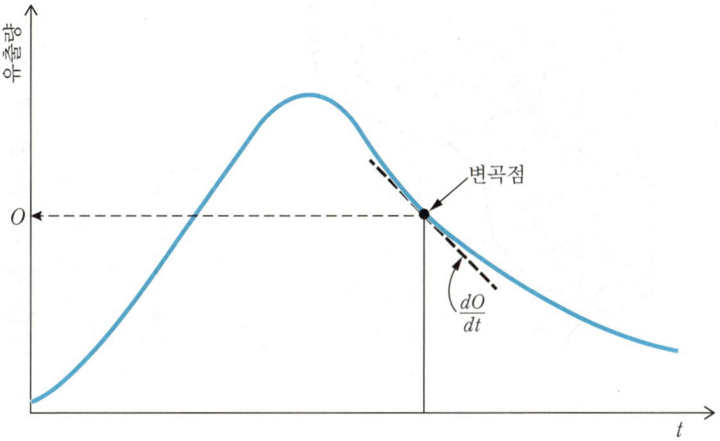

| 그림 7.5 | Clark 방법의 저류상수 K의 결정

식 (7.26) 또는 식 (7.27)로 구한 유량도는 앞에서 기술한 바와 같이 순간단위유량도이며 이 순간단위유량도로부터 지속기간 Δt는 식 (7.26) 또는 식 (7.27)의 Δt가 되는데, 이는 유하시간-유역면적 도표에서의 시간 구간 $\Delta t=t_i-t_{i-1}$과 같다. 이때 단위유량도를 구하기 위해서는 다음 식을 사용해야 한다.

$$U_i = \frac{1}{2}(O_i+O_{i-1}) \tag{7.31}$$

또는 지속기간이 $n\Delta t$인 단위유량도의 세로 좌표는

$$U_i = \frac{1}{n}[0.5\,O_{i-n}+O_{i-n+1}+\cdots\cdots+O_{i-1}+0.5\,O_i] \tag{7.32}$$

로 표시할 수 있으므로, 이 식을 사용하여 순간단위유량도로부터 단위유량도를 구할 수 있다.

예제 7.6

다음 그림과 같은 유역의 유하시간 1시간 간격의 면적은 다음과 같다.

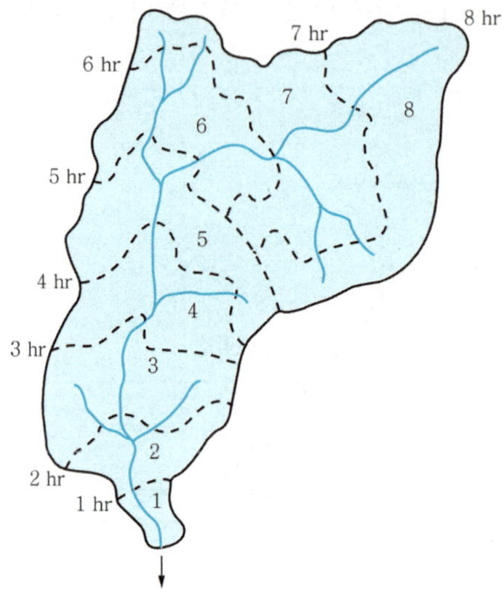

유하시간 (hr)	유역면적 (km^2)
1	12
2	23
3	61
4	55
5	69
6	68
7	101
8	104

수문곡선을 분석한 결과 변곡점에서의 유량은 467m^3/sec이고 기울기는 −80m^3/sec/hr였다. 이 수문곡선의 기저유량이 25m^3/sec라고 할 때, Clark 방법에 의하여 2hr, 4hr 단위유량도를 구하여라.

| 풀이 |

(가) $K = -\frac{O}{\frac{dO}{dt}} = \frac{(467-25)\ \mathrm{m^3/sec}}{80\ \mathrm{m^3/sec/hr}} = 5.5\ \mathrm{hr}$

(나) 유하시간-유역면적의 자료로부터 1cm 유효강우량에 대한 유입수문곡선을 구하는 공식은

$$I_i = \frac{A_i \times 10^6 \times 10^{-2}}{3600 \times \Delta t} = \frac{2.78 A_i}{\Delta t}$$

(다) $\Delta t = 1\mathrm{hr}$로 한다.

(라) 식 (7.27)을 사용하기 위하여 C_2와 C_3을 구하면

$$C_2 = \frac{K - 0.5\ \Delta t}{K + 0.5\ \Delta t} = 0.833$$

$$C_3 = \frac{\Delta t}{K + 0.5\ \Delta t} = 0.167$$

(마) $O_2 = 0.167\ I + 0.833\ O_1$에 의하여 순간단위유량도의 세로 좌표를 구한다. 또한, 2시간, 4시간 단위유량도의 식은 식 (7.32)으로부터 2시간 단위유량도의 경우, $n=2$를 사용하면

$$U_i = \frac{1}{2}\left[0.5\,O_{i-2} + O_{i-1} + 0.5\,O_1\right]$$

4시간 단위유량도의 경우 $n=4$를 사용하면

$$U_i = \frac{1}{4}[0.5O_{i-4}+O_{i-3}+O_{i-2}+O_{i-1}+0.5O_1]$$

(바) 절차 (마)의 식을 이용하여 순간단위유량도 및 단위유량도를 계산하면 다음 표와 같다.

시간(hr)	면적(km²)	유입수문곡선 (m³/sec)	순간단위유량도 (m³/sec)	단위유량도	
				2hr	4hr
0	0	0	0.00	0.00	0.00
1	12	33.4	5.58	1.40	0.70
2	23	63.9	15.32	6.62	3.31
3	61	169.6	41.08	19.33	10.35
4	55	152.9	59.76	39.31	22.97
5	69	191.8	81.80	60.60	39.96
6	68	189.0	99.70	80.77	60.04
7	101	280.1	129.83	102.76	81.68
8	104	289.1	156.43	128.95	104.86
9	0	0.0	130.31	143.25	123.00
10	0	0.0	108.55	131.40	130.17
11			90.42	109.46	126.35
12			75.32	91.18	111.29
14			52.26	63.27	77.22
16			36.26	43.90	53.58
18			25.16	30.46	37.18
20			17.46	21.14	25.80
22			12.12	14.67	17.90
24			8.41	10.18	12.42

(2) Nash 및 Dooge 모형

앞 절에서 기술한 Clark 방법은 유하시간-유역면적 도표로부터 구한 유입수문곡선을 유역출구에 있다고 가정하는 하나의 선형저수지를 통하여 저수지 추적을 실시함으로써 순간단위유량도를 구하였다. 그러나 유역이 하나의 저수지로 대표되기에는 유역의 구조가 너무 복잡하므로 Nash와 Dooge는 유역을 n개의 선형저수지로 구분하였으며, 또한 선형하도와 선형저수지의 조합도 자유롭게 할 수 있도록 하였다.

선형저수지에서의 연속방정식은 Clark의 이론과 같다. 즉 식 (7.29)를 미분연산자로 표시하면

$$(1+KD)O = I \tag{7.33}$$

이며, 여기서 $D=\frac{d}{dt}$이다. 식 (7.33)의 해는 단위 유효강우의 경우

$$O = \frac{1}{K}e^{-1/K},\ t>0 \tag{7.34}$$

이다. 식 (7.33)와 식 (7.34)은 1개의 저수지인 경우이며, 만일 그림 7.6과 같이 n개의 각기 다른 저수지가 서로 계속 연결되어 있다면 식 (7.33)와 식 (7.34)은 다음과 같이 변형될 수 있다.

$$(1+K_1D)(1+K_2D)\cdots\cdots(1+K_nD)O_n = I \tag{7.35}$$

$$O_n = C_1e^{-t/K_1}+C_2e^{-t/K_2}+\cdots\cdots+C_ne^{-t/K_n} \tag{7.36}$$

여기서, O_n은 n개의 저수지를 통과한 후의 유출량이며, C_1, C_2, …… C_n은 상수이다. 식 (7.36)의 C_i를 구하기 위해서는 n개의 경계조건(boundary condition)이 필요하며, 이 경계조건은 각 유역에 단위 유효우량인 경우이므로

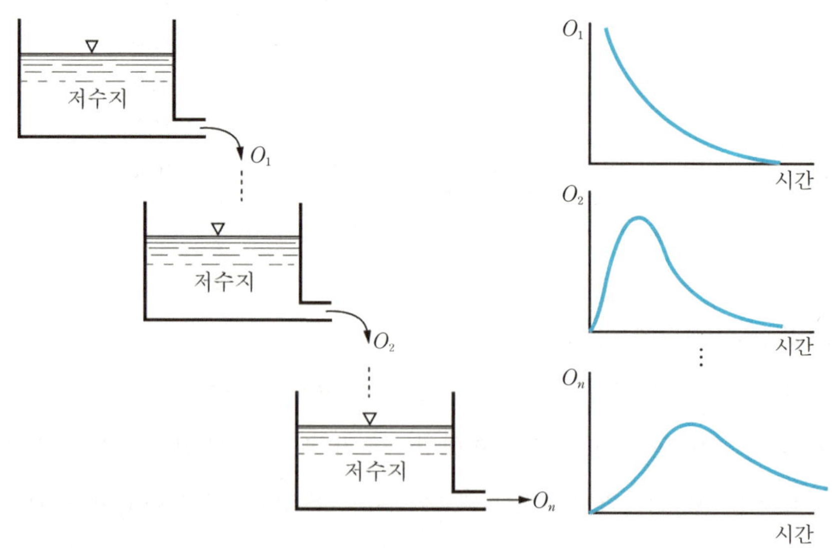

| 그림 7.6 | Nash 및 Dooge의 유역모형

$$\int_0^\infty O_n\,dt = 1$$

$$\int_0^\infty O_{n-1}\,dt = 1$$

$$\vdots$$

$$\int_0^\infty O_1\,dt = 1 \tag{7.37}$$

이다. 이들 경계조건을 식 (7.36)에 대입하면 C_i를 구할 수 있다. 만일 저수지가 전부 동일하다고 하면 식 (7.36)는 다음과 같이 표시될 수 있다.

$$O_n = \frac{1}{K}\frac{(t/K)^{n-1}\,e^{-t/k}}{(n-1)!} \tag{7.38}$$

식 (7.38)는 상당히 복잡하게 표시되어 있으나, 사실은 $\frac{t}{K}$와 $(n-1)$을 매개변수로 가지는 Poisson 분포함수로써 $P\left(\frac{t}{K}, n-1\right)$인 경우와 마찬가지이다. 즉, n개의 선형저수지를 통하여 흐르는 유량의 수문곡선은 Poisson 분포의 함수와 같은 형태를 갖는다.

Dooge는 식 (7.38)로부터 n개의 선형저수지가 모두 같은 성질을 가지고 있는 경우에 순간단위 유량도를 구하는 공식을 제시하였다.

$$U = \frac{1}{t_c}\int_0^{t/K} P(m,\ n-1)w(\tau')dm \tag{7.39}$$

여기서, t_c는 도달시간, $P(m,\ n-1)$는 m과 $(n-1)$을 매개변수 갖는 Poisson 분포함수, $w(\tau')$=유하시간 τ'에서의 유하시간-유역면적도표의 세로 좌표, $m = \frac{t-\tau}{K}$이다.

식 (7.39)를 실제 적용하기 위해서는 많은 수학적 해석이 필요하나 여기서는 생략하기로 한다. Nash와 Dooge의 방법은 유역의 단위유량도를 가상모형(conceptual model)을 생각하여 수학적으로 이를 유도하였다는 데 큰 의의를 갖고 있다.

7.2 수리학적 추적

유출현상은 앞에서 기술한 바와 같이 지표면유출과 하도유출로 크게 나눌 수 있다. 이러한 유출의 현상은 수리학에서 비정상흐름(unsteady flow)으로 분류되고, 이를 지배하는 편미분방정식의 해를 구함으로써 유출을 수리학적 측면에서 다룰 수 있다.

수리학적 추적 방법을 사용하여 결정론적 유출모형(deterministic runoff model)의 범주에 속하는 수학적 모형이 많이 개발되었으며, 실제 많은 수문 설계에 사용되고 있다. 수리학적 접근 방법은 개수로 흐름에서의 운동량 공식과 연속방정식에 기본을 두고 있으며, 이들 공식을 지표 상태, 유역의 형상 등에 맞게 단순화함으로써 필요한 수문곡선을 구하고 있으므로, 이들 공식의 유도, 단순화 과정, 적용 방법 등에 대하여 기술하기로 한다.

7.2.1 기본식의 유도

하천에서의 흐름은 3차원이나 많은 실용적인 문제에서 흐름을 가로지르는 방향과 깊이방향의 속도 변화는 무시할 수 있다. 이러한 경우 수로를 따른 흐름 방향인 1차원 흐름으로 근사적으로 취급할 수 있다. 1871년 Barre de Saint-Venant에 의해 처음으로 유도된 Saint-Venant 공식은 개수로에서의 1차원 비정상흐름(unsteady flow)을 기술하며 다음과 같은 가정 하에서 유도된다.

- 흐름은 1차원이며 수심과 유속은 흐름 방향으로만 변한다. 이는 흐름 방향에 연직인 단면에서 유속은 불변이고 수위는 일정함을 의미한다.
- 흐름은 하도를 따라 점진적으로 변한다. 즉, 정수압(hydrostatic pressure)이 유지되며, 수직 방향의 가속도는 무시할 수 있을 정도임을 의미한다.
- 흐름 방향의 축은 직선으로 근사화 할 수 있다.
- 하상의 경사는 작고 바닥은 고정되어 있다. 즉, 세굴과 퇴적 효과는 무시할 수 있을 정도이다.
- 정상 등류 난류흐름(steady uniform turbulent flow)의 저항계수가 적용되어 Manning 공식과 같은 관계식이 저항효과를 기술하는데 사용될 수 있다.
- 유체는 비압축성이고 어디에서나 같은 밀도를 가진다.

(1) 연속방정식

개수로의 비정상흐름을 지배하는 공식은 연속방정식과 운동량 공식이라 할 수 있다. 연속방정식은 그림 7.7에서 보는 바와 같이 Δx 구간의 유입량과 유출량의 차이는 저류량의 변화와 같은 질량보존의 법칙을 사용하여 구할 수 있다.

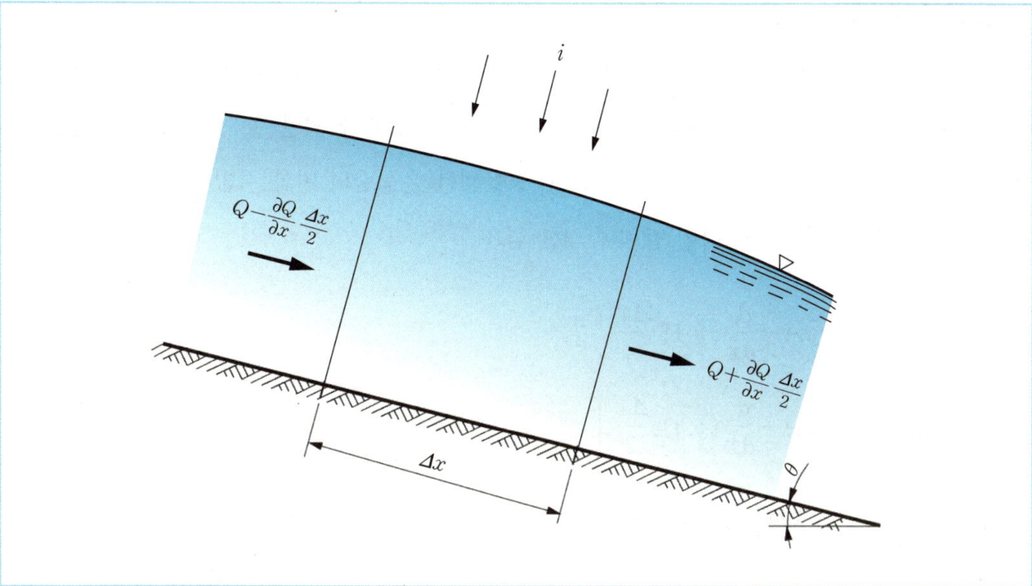

| 그림 7.7 | 연속방정식의 유도

$$\text{유입량} = Q-\frac{\partial Q}{\partial x}\frac{\Delta x}{2}+i\,\Delta x$$

$$\text{유출량} = Q+\frac{\partial Q}{\partial x}\frac{\Delta x}{2}$$

$$\text{저류량 변화} = \frac{\partial A}{\partial t}\cdot \Delta x$$

이들의 관계를 합하면

$$\frac{\partial O}{\partial x}+\frac{\partial A}{\partial t}=i \tag{7.40}$$

이며, 이 식은 연속방정식(continuity equation)이다. $Q=AV$의 관계를 식 (7.40)에 대입하면

$$A\frac{\partial V}{\partial x}+V\frac{\partial A}{\partial x}+\frac{\partial A}{\partial t}=i \tag{7.41}$$

이며, 또한 하천의 단위폭당의 유량을 고려한다면 $A=y$이므로 식 (7.41)은 다시

$$y\frac{\partial V}{\partial x}+V\frac{\partial y}{\partial x}+\frac{\partial y}{\partial t}=i \tag{7.42}$$

로 표시할 수 있다. 식 (7.42)에서 V, y는 미지수이므로 식 (7.42)는 2개의 미지수를 가지고 있다.

(2) 운동량방정식

그림 7.8의 Δx 구간에서 Newton의 제2법칙인 Δx 구간에 작용하는 힘의 합은 운동량의 변화율과 같다는 법칙을 적용하면 Δx 구간에 작용하는 힘은 압력에 의한 힘, 중력에 의한 힘, 저항에 의한 힘으로 구분할 수 있다. 여기서 유입량 i에 의한 운동량의 변화는 없다고 가정한다. 압력은 정수압이 유지된다고 가정하면 압력에 의한 힘은

$$F_1 = \gamma \left[\bar{y}A - \frac{\partial}{\partial x}(\bar{y}A)\frac{\Delta x}{2} \right]$$

$$F_2 = \gamma \left[\bar{y}A + \frac{\partial}{\partial x}(\bar{y}A)\frac{\Delta x}{2} \right]$$

이다. γ는 물의 단위중량(specific weight), $\bar{y}$는 면적의 무게 중심까지의 거리이다. 정수압의 차 $(F_1 - F_2)$는

$$F_1 - F_2 = -\gamma \frac{\partial(\bar{y}A)}{\partial x}\Delta x \tag{7.43}$$

하상의 경사가 적다고 가정하면 $\sin\theta \approx \tan\theta = S_0$(하상경사)로 할 수 있으며, 중력에 의한 x방향의 힘은

$$F_g = (\gamma A \cdot \sin\theta)\Delta x \approx (\partial A S_0)\Delta x \tag{7.44}$$

이다. 또한 마찰에 의한 힘 F_f는 마찰 경사를 S_f로 할 때 Δx 구간의 물의 무게를 곱한 것과 같으므로 F_f는

$$F_f = \gamma \cdot A \cdot S_f \cdot \Delta x \tag{7.45}$$

이다. 즉 외부의 힘을 전부 합하면

$$\sum F = F_1 - F_2 + F_g - F_f = -\gamma \frac{\partial(\bar{y}A)}{\partial x}\Delta x + \gamma A S_0 \Delta x - \gamma A S_f \Delta x \tag{7.46}$$

Δx 구간의 운동량의 변화율은

$$\frac{d}{dt}(mV) = m\frac{dV}{dt} + V\frac{dm}{dt} \tag{7.47}$$

이며, 여기서 m은 질량이다. Δx 구간에 유입하는 i는 x방향으로 속도의 변화를 초래하지 않는다

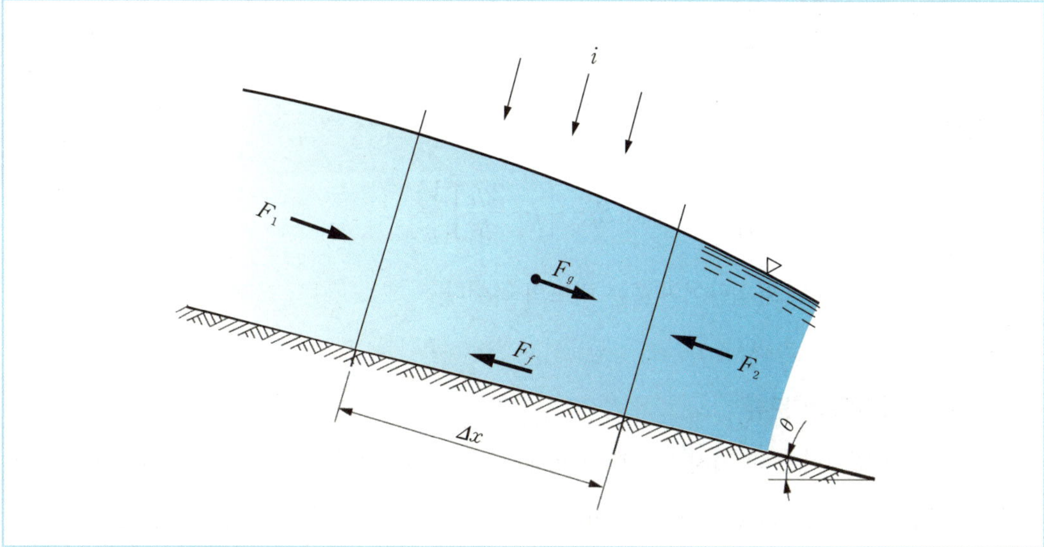

| 그림 7.8 | 운동량 공식의 유도

고 가정하면 식 (7.47)의 $\frac{dm}{dt}$항은 다음과 같이 표시될 수 있다.

$$\frac{dm}{dt} = \rho i \, \Delta x \tag{7.48}$$

따라서 식 (7.47)은

$$\frac{d}{dt}(mV) = \rho A \, \Delta x \frac{dV}{dt} + \rho \, iV \Delta x = \rho A \, \Delta x \left(\frac{\partial V}{\partial t} + V \frac{\partial V}{\partial x} \right) + \rho i V \Delta x \tag{7.49}$$

식 (7.49)와 식 (7.46)이 같다고 하면

$$\frac{\partial V}{\partial t} + V \frac{\partial V}{\partial x} + \frac{g}{A} \frac{\partial(\bar{y}A)}{\partial x} = g(S_0 - S_f) - \frac{Vi}{A} \tag{7.50}$$

이며, 단위폭에 대한 공식은 $\bar{y}A = \frac{1}{2}y^2$이므로,

$$\frac{\partial V}{\partial t} + V \frac{\partial V}{\partial x} + g \frac{\partial y}{\partial x} = g(S_0 - S_f) - \frac{Vi}{y} \tag{7.51}$$

식 (7.50) 또는 식 (7.51)을 비정상류의 운동량 공식(momentum equation)이라고 한다.

만일 하천의 양안으로부터 운동량의 변화를 줄 만한 유입량(예로 지하수 유입 또는 지표면흐름)이 있다면 연속방정식인 식 (7.42)와 운동량 공식인 식 (7.51)은 다음과 같이 수정할 수 있다.

식 (7.42)는

$$y\frac{\partial V}{\partial x}+V\frac{\partial y}{\partial x}+\frac{\partial y}{\partial t}=i+\frac{2q_L}{b} \tag{7.52}$$

식 (7.51)은

$$\frac{\partial V}{\partial t}+V\frac{\partial V}{\partial x}+g\frac{\partial y}{\partial x}=g(S_0-S_f)-\left[i+\frac{2q_L}{b}\right]\frac{V}{y} \tag{7.53}$$

여기서 q_L은 단위길이 당 유입량이며, b는 하도의 폭이다.

(3) 홍수추적 모델의 분류

Saint-Venant 방정식은 몇 가지 단순화된 형태가 사용되며 이에 따라 홍수추적 모델이 분류될 수 있다. 운동량방정식(momentum equation) 식 (7.51)은 흐름의 운동량을 지배하는 몇 가지 물리적 과정의 항으로 이루어져 있다. 이를 정리하면 다음과 같다.

$$\frac{\partial V}{\partial t} + V\frac{\partial V}{\partial x} + g\frac{\partial y}{\partial x} = g(S_0-S_f) - \frac{Vi}{y} \tag{7.54}$$

$\frac{\partial V}{\partial t}$	$V\frac{\partial V}{\partial x}$	$g\frac{\partial y}{\partial x}$	$g(S_0-S_f)$	$\frac{Vi}{y}$
↓	↓	↓	↓	↓
local 가속도	convective 가속도	수면 변화에 의한 압력	중력과 마찰항	유입량에 의한 운동량 변화

운동량방정식에서 유입량을 무시하고 다음과 같이 재배열한 후, 각항의 상대적인 중요도에 따라 하나 또는 그 이상의 항을 무시함으로써 다음과 같이 모델을 분류한다.

$$\frac{\partial V}{\partial t} + V\frac{\partial V}{\partial x} + g\frac{\partial y}{\partial x} - g(S_0 - S_f) = 0$$

- kinematic wave: $g(S_0 - S_f)$
- diffusion wave: $g\frac{\partial y}{\partial x} - g(S_0 - S_f)$
- dynamic wave: $V\frac{\partial V}{\partial x} + g\frac{\partial y}{\partial x} - g(S_0 - S_f)$

이들 각 모형의 구체적인 기술은 다음 절에서 다루기로 한다.

7.2.2 홍수파의 전파

파동 형태 중 가장 간단한 것 중 하나가 그림 7.9에 보인 바와 같은 단일경사 홍수파(monocli-

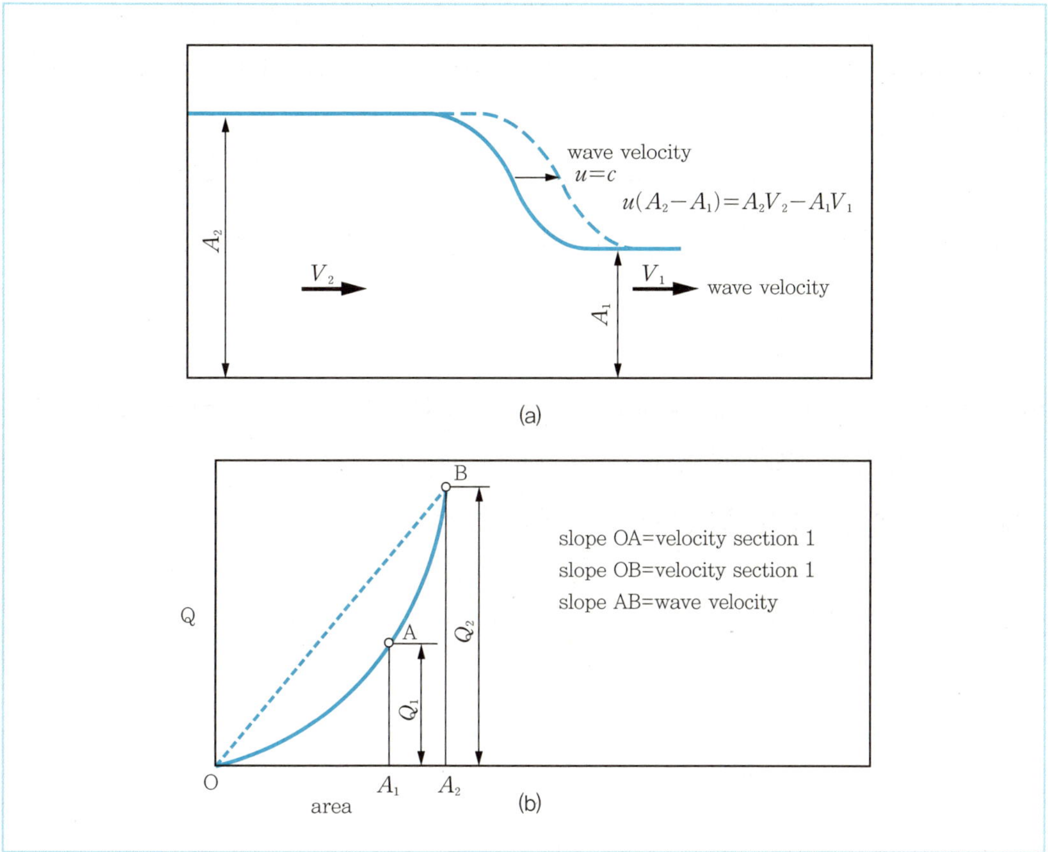

| 그림 7.9 | 단일경사(Monoclinal) 홍수파와 하천의 면적-유량 관계

nal flood wave)이다. 이것은 간단히 말하면 형태의 변화없이 파속 c로 하류로 움직이는 유량의 급격한 변화이다. 파형의 변화를 무시하고 구간에서 연속방정식을 적용하면

$$c(A_2-A_1) = A_2 V_2-A_1 V_1 \tag{7.55}$$

이 된다. 여기서 u는 파의 속도 v는 유체의 속도 즉 유속이며 A는 단면적이다. 그러므로

$$u = \frac{A_1 V_1-A_2 V_2}{A_1-A_2} = \frac{Q_1-Q_2}{A_1-A_2}$$

이며, 여기서 Q는 유량이다. 넓은 직사각형 수로에서 파고가 크지 않을 때 파동의 속도를 파속(celerity)이라 부르며 다음과 같이 나타낼 수 있다.

$$c = \frac{dQ}{dA} = \frac{1}{B}\frac{dQ}{dy} \tag{7.56}$$

여기서 $B=\dfrac{dA}{dy}$로서 수면너비(top width)라 불린다. 위 식은 단면의 형태에 관계없이 성립하나 Seddon(1900)이 처음으로 단면을 매우 넓은 직사각형으로 가정하여 미시시피강에 대하여 개발하였다.

식 (7.55)의 유도에는 파의 형태가 변함이 없고 유량 Q는 깊이 또는 단면적에 대하여 단일 값을 갖는 함수라는 가정이 내포되어 있다. 개수로에서 속도를 구할 수 있는 Manning 공식(SI unit)은

$$V=\frac{1}{n}R^{2/3}S^{1/2} \tag{7.57}$$

이며, 여기서 R은 A/P 동수반지름(hydraulic radius), P는 윤변(wetted perimeter), A는 단면적, S는 에너지 경사, n은 조도계수이다.

넓은 직사각형 단면에서는 $R \approx y$이므로 위 식을 이용하여

$$Q=\frac{1}{n}By^{5/3}S^{1/2} \tag{7.58}$$

이 되며, 이를 미분하면

$$\frac{dQ}{dy}=\frac{5}{3}\frac{1}{n}By^{2/3}S^{1/2}=\frac{5}{3}BV \tag{7.59}$$

이고 식 (7.56)에 대입하면,

$$c=1.667v \tag{7.60}$$

이다. 즉 단일 경사 홍수파에서는 홍수파의 전파속도는 평균유속보다 항상 큼을 알 수 있으며 항상 하류로만 전파한다.

식 (7.56)은 균일단면수로(prismatic channel)에 대한 연속방정식으로부터 유도될 수 있다.

$$\frac{\partial Q}{\partial x}+B\frac{\partial y}{\partial t}=0 \tag{7.61}$$

또는

$$\frac{1}{B}\frac{dQ}{dy}\frac{\partial y}{\partial x}+\frac{\partial y}{\partial t}=0 \tag{7.62}$$

여기에서 파의 전파속도로 이동할 때 y의 변화가 없으므로

$$\frac{dy}{dt} = \frac{dx}{dt}\frac{\partial y}{\partial x} + \frac{\partial y}{\partial t} = 0 \tag{7.63}$$

이 되며, 이 식을 식 (7.62)와 비교하면

$$\frac{dx}{dt} = c = \frac{1}{B}\frac{dQ}{dy} \tag{7.64}$$

으로 식 (7.56)과 같다. 이 식과 연속방정식을 결합하면 다음과 같은 식이 얻어지며, 이는 곧 kinematic wave의 연속방정식이다.

$$\frac{\partial Q}{\partial t} + c\frac{\partial Q}{\partial x} = 0 \tag{7.65}$$

7.2.3 Kinematic wave 모델

만일 유출현상 중에서 수면 변화로 인한 힘, 관성력, 유입량에 의한 운동량의 변화 등을 무시할 수 있는 경우가 생긴다면 식 (7.51)은 간단히 정리될 수 있다. 이러한 현상은 점변류(gradually varied flow)의 특수한 경우나 또는 지표면흐름(overland flow)에서 일어날 수 있다. 이러한 경우에 식 (7.51)을 검토하여 보면 local 가속도와 convective 가속도를 합한 항은 dv/dt로 표시할 수 있으며, 이는 관성력에 의한 항이라고 할 수 있다. 따라서 $g(S_0 - S_f)$를 제외한 나머지 항들이 $g(S_0 - S_f)$의 항에 비하여 무시할 수 있도록 적은 항들이라면 식 (7.51)은

$$S_0 = S_f \tag{7.66}$$

로 나타낼 수 있다. S_0는 하상의 경사로서 $S_0 = \tan\theta \approx \sin\theta$이며, S_f는 마찰에 의한 마찰 경사로서

$$S_f = \tau/(\gamma \cdot R)$$

이다. τ는 마찰의 의한 힘, R은 수리 반지름으로서 폭이 넓은 개수로의 경우 $R = y$로 나타낼 수 있다. 따라서

$$\tau = \gamma \cdot y \cdot \sin\theta \tag{7.67}$$

이다. 만일 τ를

$$\tau = C_f \frac{\rho V^2}{2}$$

으로 표시한다면 식 (7.67)으로부터 유속 V는

$$V = C(y \cdot \sin\theta)^{1/2}$$

$$C = \left(\frac{2g}{C_f}\right)^{1/2} \tag{7.68}$$

여기서 C는 Chezy의 C와 같으며, 만일 C값이 일정하다면, 식 (7.68)로부터 단위폭당의 유량 q는

$$q = Vy = \alpha y^{3/2}$$

$$\alpha = C \cdot (\sin\theta)^{1/2} = \left(\frac{2g}{C_f}\sin\theta\right)^{1/2} \tag{7.69}$$

일반적으로 식 (7.69)는

$$q = \alpha y^m \tag{7.70}$$

으로 표시한다.

층류의 경우에는 $C_f = 4/R_e$이므로 식 (7.70)은

$$\alpha = \frac{g\sin\theta}{2\nu}, \quad m = 3 \tag{7.71}$$

이며, 난류의 경우에 Manning 공식을 적용하면

$$\alpha = \frac{1}{n}(\sin\theta)^{1/2}, \ m = \frac{5}{3} \tag{7.72}$$

이다. 여기서 Reynolds수 $R_e = \frac{V-y}{\nu}$이며, ν는 동점성계수(kinematic viscosity)이다.

이러한 지표면의 흐름에서와 같이 중력 및 마찰항에 비하여 다른 항들의 영향이 적은 경우 이를 kinematic wave라 하며, 식 (7.70)과 같은 근사해를 kinematic wave approximation이라고 한다. 따라서 kinematic wave의 경우에 지배공식(governing equation)은

$$\frac{\partial y}{\partial t} + \frac{\partial q}{\partial x} = i \tag{7.73}$$

$$q = \alpha y^m \tag{7.74}$$

이다. 여기서 q는 단위폭당의 유량($q=V\cdot y$)이다.

7.2.4 Diffusion wave 모델

이 모델은 비관성력 모델(noninertial model)이라고도 불리며, 식 (7.51)에서 첫 두 항의 관성력이 압력, 마찰력, 중력에 비해 무시할 수 있을 정도라고 가정한다. 운동량방정식은

$$\frac{\partial y}{\partial x} = S_o - S_f \tag{7.75}$$

이 되며, 연속방정식인 식 (7.42)와 결합하면 확산방정식(diffusion equation)의 형태를 닮게 된다.

$$\frac{\partial Q}{\partial t} + c\frac{\partial Q}{\partial x} = D_1\frac{\partial^2 Q}{\partial x^2} \tag{7.76}$$

여기서, c는 파의 전파속도이고, D_1은 확산계수(diffusion coefficient)이다.

Kinematic wave와 비교할 때 확산항의 영향은 c로 움직이는 관찰자의 관점에서 수위 y를 감소하게 한다. 그러므로 Kinematic wave와 달리 홍수파의 감쇄가 diffusion wave 모델에는 포함된다는 것이다. 이 홍수파의 감쇄는 긴 강이나 큰 홍수터(flood plain)를 가진 강에서는 중요할 수도 있다.

Kinematic wave 모델은 급경사의 얕은 흐름이나 긴 지속시간의 홍수파에 적용되는 반면 Diffusion wave 모델은 좀 더 광범위한 조건에서 적용된다.

7.2.5 Dynamic wave 모델

Kinematic wave의 경우와는 달리 관성력(inertia force)과 자유수면(free surface) 변화에 의한 압력항이 중요한 역할을 하며 유입량에 의한 항은 무시될 수 있을 경우에 이를 dynamic wave라고 한다. 연속방정식인 식 (7.72)와 운동량 공식인 식 (7.51)은 dynamic wave의 경우, 다음과 같이 표시될 수 있다.

$$g\frac{\partial V}{\partial x} + V\frac{\partial y}{\partial x} + \frac{\partial V}{\partial t} = 0 \tag{7.77}$$

$$\frac{\partial V}{\partial t} + V\frac{\partial V}{\partial x} + g\frac{\partial y}{\partial x} = g(S_0 - S_f) \tag{7.78}$$

Dynamic wave는 관성력이 중요한 역할을 하는 폭이 넓은 하천에서의 홍수파, 발전 또는 댐의 파괴로 인한 수위 변동 등으로 대표될 수 있으며, 이러한 경우의 해석은 식 (7.77) 및 식 (7.78)를 사용하여 실시할 수 있다.

Dynamic wave 모델의 경우 여러 방법을 이용한 수치해석에 의한 해를 구하는 것이 일반적이다. 이러한 수치 모형은 여러 가지가 상용화되어 있는데 이 중 기초적인 방법을 7.2.6절에서 소개하기로 한다.

7.2.6 Muskingum-Cunge 방법

몇몇 Kinematic wave 모델의 변형이 꾸준히 시도되어 왔고 그 중 하나가 Muskingum-Cunge 방법이다. Cunge(1969)는 7.1절에서 기술된 바와 같이 운동량방정식과 저류-유출관계에 기초를 둔 Muskingum 방법을 다음과 같이 확장하였다.

$$K\frac{d}{dt}\left[xQ_j+(1-x)\,Q_{j+1}\right]=Q_j-Q_{j+1} \tag{7.79}$$

여기서, Q_j=구간으로의유입량, Q_{j+1}=구간으로부터의유출량, K=travel time parameter, x=weighting factor($0\le x\le 0.5$)이다.

유한차분식으로는

$$\frac{K}{\Delta t}\left[xQ_j^{n+1}+(1-x)Q_{j+1}^{n+1}-xQ_j^n-(1-x)Q_{j+1}^n\right]=\frac{1}{2}\left(Q_j^{n+1}-Q_{j+1}^{n+1}+Q_j^n-Q_{j+1}^n\right) \tag{7.80}$$

여기서, Cunge는 $K=\Delta x/c$라면 식 (7.79)는 Kinematic wave의 식 (7.80)의 유한차분식이라는 것을 보였다.

$$\frac{\partial Q}{\partial t}+c\frac{\partial Q}{\partial x}=0 \tag{7.81}$$

그리고 $D_1=(1/2-x)c\Delta x$라면 다음과 같은 diffusion equation이 된다.

$$\frac{\partial Q}{\partial t}+c\frac{\partial Q}{\partial x}=D_1\frac{\partial^2 Q}{\partial x^2} \tag{7.82}$$

확산계수가 $D_1=\frac{Q_p}{2BS_o}$로 정의된다면,

$$x = \frac{1}{2} - \frac{D_1}{c\Delta x} \tag{7.83}$$

로 된다. 여기서, B는 수면너비(top width)이고, Q_p는 첨두유량이다.

Cunge의 방법에 따르면 하류단에서의 유출수문곡선은 식 (7.10)과 유사하게 다음 식을 사용하여 계산한다.

$$Q_{j+1}^{n+1} = C_1 Q_j^n + C_2 Q_j^{n+1} + C_3 Q_{j+1}^n + C_4 \tag{7.84}$$

여기서,

$$C_1 = \frac{Kx + \Delta t/2}{D}$$

$$C_2 = \frac{\Delta t/2 - Kx}{D}$$

$$C_3 = \frac{K(1-x) - \Delta t/2}{D}$$

$$C_4 = \frac{q\Delta t\, \Delta x}{D}$$

$$D = K(1-x) + \frac{\Delta t}{2} \tag{7.85}$$

정해진 Δt에 대하여 Δx는 $\Delta x/c\Delta t$가 그림 7.10에서 곡선의 아래에 오도록 정하면 된다. Muskingum–Cunge 방법의 완전한 예제는 Raudkivi(1979)를 참조하기 바란다.

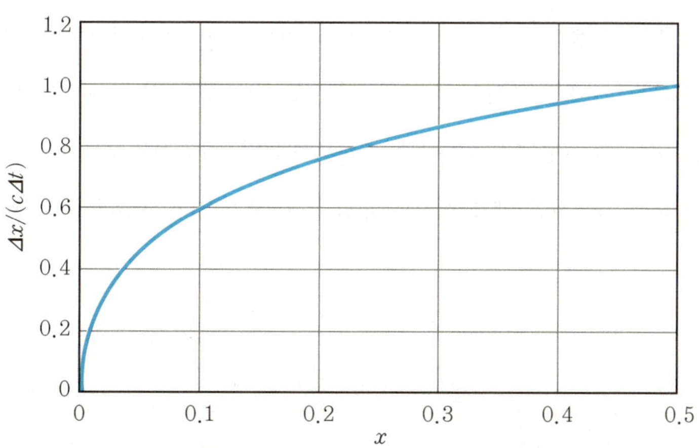

| 그림 7.10 | $\Delta x/(c\Delta t)$ 곡선(Cunge, 1969)

7.2.7 수치모형

홍수추적(dynamic wave) 모형은 수치해석을 이용해 Saint-Venant 식의 해를 구하는데, 다양한 모형들이 공개되어 있다. 그러므로 수치해석 대상구간의 규모와 요구되는 정밀도 등 수치해석의 목적에 따라 최적의 모형을 선택할 필요가 있다. 본 장에서는 널리 사용되고 신뢰성을 인정받는 모델 중 HEC-RAS와 TELEMAC-MASCARET 모형을 소개한다.

(1) HEC-RAS 모형

HEC-RAS 모형은 미국공병단(US Army Corps of Engineers)의 수문공학센터(Hydrologic Engineering Center, HEC)에서 개발한 하천해석 시스템(River Analysis System, RAS)으로서 1차원 정상류 하천흐름해석, 1차원 및 2차원 비정상류 하천흐름헤석, 유사이동 및 하상변동 해석, 수온 및 일반수질해석 등을 수행할 수 있고, 전후처리기능도 포함하고 있다. 1995년 처음 출시되었고, 2015년에 출시된 버전 5.0에서부터 2차원 해석기능이 추가되어 2차원 Saint-Venant 식을 유한체적음해법(implicit finite volume method)으로 계산한다. HEC-RAS는 국내외에서 매우 널리 사용되는 모형으로서 사용자간의 교류가 활발하고 미공병단이 지속적으로 유지관리한다는 장점이 있다.

(2) TELEMAC-MASCARET 모형

TELEMAC-MASCARET 모형은 프랑스의 국립수리학연구소(Laboratoire National d'Hydraulique)에서 개발한 유한요소법 기반의 자유수면흐름해석 모형으로, 현재 Open Telemac-Mascaret Consortium에서 개발 및 유지관리를 맡고 있다. 수리동역학, 유사이동, 지하수거동 등을 모의할 수 있고, 전후처리시스템도 포함되어 있다. 수리동역학 모형 중 MASCARET 모듈은 1차원 Saint-Venant 식을 다루고, TELEMAC-2D 모듈은 2차원 Saint-Venant 식을 푼다. 각각의 모듈에 대한 자세한 내용과 대표적인 예제들은 Goutal 등 (2012) 및 Galland 등 (1991)에서 찾아볼 수 있다.

참고문헌

Abbot M (1966) *An Introduction to the Method of Characteristics*, American Elsevier.

Bedient PB and Huber WC (1992) *Hydrology and Floodplain Analysis Second Edition*, Addison-Wesley Publishing Company.

Chow VT, Maidment DR and Mays LW (1988) *Applied Hydrology*, McGraw-Hill Book Company.

Clark CO (1945) "Storage and unit hydrograph," *Proceedings of American Society of Civil Engineers* 69(9), 1333-1360.

Cunge JA (1996) "On the subject of a flood propagation method (Muskingum Method)," *Journal of Hydraulic Research* 7(2), 205-230.

Cunge JA, Holly F and Verwey A (1980) *Practical Aspects of Computational River Hydraulics*, Pitman Advanced Publishing Program.

De Wiest R (1965) *Geohydrology*, John Wiley.

Dooge J (1959) "A general theory of unit hydrograph," *Journal of Geophysical Research* 64(2), 241-256.

Eagelson P (1966) *Dynamic Hydrology*, McGraw-Hill.

Fread DL (1993) "Flow routing," *Handbook of Hydrology* McGraw-Hill Book Inc.

Galland, J.C., Goutal, N., Hervouet, J.M. (1991). TELEMAC: A new numerical model for solving shallow water equations, *Advances in Water Resources*, 14 (3), pp. 138-148

Goutal, N., Lacombe, J.-M., Zaoui, F. and El-Kadi-Abderrezzak, K. (2012). MASCARET: a 1-D open-source software for flow hydrodynamic and water quality in open channel networks, *River Flow 2012-Murillo* (Ed.), pp. 1169-1174.

HEC (1973) *Hydrograph Analysis, Vol 4, Hydrologic Engineering Method*, Hydrologic Engineering Center, Corps of Engineers.

Henderson P (1966) *Open Channel Flow*, MacMillan Publishing Company.

Kibler DF and Woolhiser DA (1970) "Kinematic cascade as a hydrologic model," *Hydrology Papers* 39.

Linsley R, Kohler M and Paulhus J (1982) *Hydrology for Engineers 3rd Edition*, McGraw-Hill.

McCarthy GT (1938) "The unit hydrograph and flood routing," *Proceedings of Conference North Atlantic Division*, 608-609.

McCuen RH (1998) *Hydrologic Analysis and Design*, 2nd Edition Prentice Hall.

Muller W and Yevjevich V (1975) *Unsteady Flow in Open Channels*, Water Resources Publication.

Nash JE (1957) "The form of the instantaneous hydrograph," *International Association Hydrology* 3, 114–121.

Overton DE (1966) "Muskinghum flood routing of upland stream flow," *Journal of Hydrology* 4, 185–200.

Overton DE and Brakensiek D (1970) "A kinematic model of surface runoff response," *Proceedings of Symposium Results of Research on Representative and Experimental Basins*.

Overton D and Meadows M (1976) *Stormwater Modeling*, Academic Press.

Ponce VM, Indlekofer H, and Simons DB (1978) "Convergence of four-point implicit water wave models," *Journal of the Hydraulic Division* 104(HY7), 947–958.

Raudkivi, AJ, (1979) *Hydrology*, Pergamon Press.

Soil Conservation Service (SCS) (1972a) *National Engineering Handbook*. *Section 4*, United States Department of Agriculture.

Soil Conservation Service (SCS) (1972b) *National Engineering Handbook*, *Section 5*, United States Department of Agriculture.

Seddon J (1900) "River hydraulics," *Proceedings of the American Society of Civil Engineers* 25(8), 217–229.

Randkivi AJ (1979) *Hydrology*, Pergamon Press.

USGS (1960) "Storage and flood routing," *Water Supply Paper* 1543–B.

Viessman Jr W, Knapp JW, Lewis GL and Harbaugh TE (1972) *Introduction to Hydrology*, Intext Educational Publisher.

Wanielista M (1978) *Stormwater Management*, Ann Arbor Science Publishers Inc.

연습문제

(*는 필수 문제)

1 어느 저수지의 유출량, 표고 및 저수지 면적 자료는 다음과 같다.

저수면 표고(m)	18.3	17.7	17.1
저수 면적(km^2)	2.10	1.82	1.62
유출량(m^3/sec)	4.42	4.33	4.25

만일 이 저수지에 2.83m^3/sec의 유량이 일정하게 유입된다고 하면 저수지 수면을 18.3m에서 17.1m까지 강하시키는 데 소요되는 시간을 구하여라.

2* 다음 자료는 어느 하천 구간의 유입, 유출량이다. 이 자료를 사용하여 하천 구간의 저수량-유출량 관계 도표를 작성하여라.

시간(hr)	0	12	24	36	48	60	72	84	96
유입량(m^3/sec)	40	35	37	125	340	575	722	740	673
유출량(m^3/sec)	40	39	37	52	130	287	472	624	676

시간(hr)	108	120	132	144	156	168	180	192	204	216
유입량(m^3/sec)	456	320	245	192	144	118	95	80	67	56
유출량(m^3/sec)	638	574	394	307	235	180	142	114	93	77

3* 수직 벽으로 된 제방으로 둘러싸인 저수지의 수면 면적이 50km^2이며 Ogee형 여수로의 길이는 20.0m(여수로 위어계수는 1.98)이다. 문제 2의 유입수문곡선이 이 저수지에 유입될 때, 저류지시법(storage-indication)에 의하여 저수지의 최고 수위 및 여수로의 최대 유량을 계산하여라. 초기 저수지의 수위는 여수로 마루 높이와 같다고 한다.

4 문제 3을 누가곡선법(mass curve method)에 의하여 홍수추적을 실시하여라.

5 하천 구간에 유입되는 유입수문곡선은 다음과 같다.

시간(hr)	0	6	12	18	24	30	36	42	48	54
유량(m^3/sec)	1,000	2,000	7,500	10,000	7,800	6,000	4,700	3,600	2,700	2,000

이 하천 구간 하류에서 시간 0에서 유출량이 1000m^3/sec라고 할 때, Muskingum 방법에 의하여 추적을 실시하여라. Muskingum 계수는 다음과 같다.

a) $K = 6$(hr), $x = 0.3$
b) $K = 18$(hr), $x = 0.1$
c) $K = 9$(hr), $x = 0.3$
d) $K = 9$(hr), $x = 0.1$
추적기간 $\Delta t = 6$(hr)

6* 문제 2의 자료를 이용하여 Muskingum 추적 방법의 K와 x를 구하여라.

7 구간 길이가 1.5km되는 하천에 유입, 유출되는 유량을 동시에 측정하였더니 각각 0.15m^3/sec 및 0.1m^3/sec였다고 한다. 하천 단면은 폭이 2.5m인 구형단면(矩形斷面)이며 하천경사 및 Manning n은 각각 0.001 및 0.029라고 할 때, convex 방법을 사용하여 유량 O_2를 구하여라.

8 한강, 낙동강, 금강 유역 중에 저수지가 없는 소유역을 택하여 50,000분의 1 지도로부터 유하시간-유역단면적도를 작성하여라.

9 어느 유역의 저류상수(storage constant)는 K=7.7hr이고 유하시간-유역면적의 관계가 다음과 같을 때, Clark 방법에 의한 순간 단위유량도와 지속기간 1시간 단위유량도를 구하여라.

유하시간(hr)	0	1	2	3	4	5	6	7	8
유역면적(km^2)	0	3.3	9.3	19.4	14.3	9.4	10.8	10.0	1.5

10 길이가 18km인 하천의 상류에서 유입수문곡선은 다음과 같다. Δx=6km로 하고 Muskingum-Cunge 방법을 사용하여 이 하천의 유출수문곡선을 결정하여라. C=2m/s, B=25.3m, S_0=0.01이며, 측방유입은 없다고 가정한다.

시간(hr)	0	1	2	3	4	5	6	7	8	9	
유량(m^3/s)	10	12	18	28.5	50	78	107	134.5	147	150	
시간(hr)	10	11	12	13	14	15	16	17	18	19	20
유량(m^3/s)	146	129	105	78	59	45	33	24	17	12	10

11 Chezy C가 상수이고 광폭하천($R=y$)이며, $S_f=S_0$이라 가정하고 식 (7.64)에서 $c=\frac{3}{2}v$를 유도하여라.

12 Kinematic wave 모델 식 (7.77)과 식 (7.78)를 Muskingum-Cunge 방법과 같이 차분화하여라.

13 위의 차분화를 이용하여 문제 10의 수문곡선을 가지고 유출수문곡선을 결정하여라. Manning의 n=0.03으로 가정한다.

수문학 인물사 7 Ven Te Chow(1889~1981)

교육자이자 수문학자, 그리고 수자원 기술자로서 Ven Te Chow의 업적은 전 세계적으로 수자원의 중요성에 대한 인식을 넓히는데 큰 영향을 주었다.

그는 1914년 8월 14일 중국 Checkiang의 Hangchow에서 태어났다. 그는 1940년 중국의 National Chiao Tung University에서 우수한 성적으로 토목공학 학사를 취득하였고 1948년 Pennsylvania State University에서 구조공학을 전공으로 석사학위를 취득하였다. 박사학위는 1950년 수리학 전공으로 The University of Illinois at Urbana-Champaign(UIUC)에서 취득하여 1951년에는 UIUC의 토목공학 교수진에 포함이 되었으며 1958년 수리학(Hydraulic Engineering) 교수로 발탁이 되었다.

Ven Te Chow는 International Water Resources Association을 설립하고 최초의 회장직을 역임하였고 American Geophysical Union의 수문학 분야에서도 회장직을 지냈으며 American Academy of Mechanics의 설립 멤버이자 특별회원이었다.

그는 한국, 인도, 프랑스, 그리고 캐나다에서 명예박사학위를 받았다. 1976년 프랑스의 Strasbourg에 위치한 Louis Pasteur University에서는 명예박사학위뿐만 아니라 Louis Pasteur Medal을 수여하였다. 그는 1973년 National Academy of Engineering의 회원으로 발탁되었고, American Academy of Arts and Sciences의 특별회원, 그리고 China Academy와 Academia Sinica의 학술원이었다. 그의 수많은 수상업적 중 가장 주목할 사항은 International Commission on Irrigation and Drainage의 Silver Jubilee Commemorative Medal의 수상이다. 이런 다양한 수상은 UIUC, American Society of Civil Engineering, Western Electric Fund, Fulbright-Hays, 그리고 National Science Foundation 등과 같은 단체에서 활발히 활동하였음을 말해준다. 심지어 텍사스 주에서는 그를 명예시민으로 지정하였다.

그는 널리 알려진 두 책, Open-Channel Hydraulics(1959)와 Handbook of Applied Hydrology(1965)의 저자이었으며 사후 1988년에 발간된 Applied Hydrology의 공동저자이기도 하였다. 그는 27세의 나이에 처음으로 Theory and Structures를 저술하였고 수문학과 수자원에 관한 다양한 주제를 다루는 218개 논문의 저자 및 공동저자였다. 더욱이, Water Resources Research, Journal of Hydrology, Advances in Hydroscience, Developments in Water Science, Water Resources and Environmental Engineering, Water International 등 다양한 저널의 편집위원장이었다.

그는 그의 아내 Lora와 자식 Margot와 Maran를 뒤로한 채 1981년 7월 30일에 Champaign에서 타계하였다.

제8장 수문통계(Statistical Hydrology)

8.1 수문통계의 기본 개념

8.2 확률분포함수

8.3 빈도분석

8.4 수문시계열의 분석

미리 생각하기 8

'미리 생각하기' 질문은 이 책의 각 장을 읽기 전 배경 지식 없이 창의적으로 고민해 보자는 의도에서 기획되었습니다. 각 질문마다 최소 10분 이상 아무런 자료 없이 스스로 생각해 본 후, 인터넷 검색 등으로 관련 자료를 찾아 보완해 봅시다. 대부분 고정된 정답이 없으므로 완결성보다는 자기주도형 창의적 답변이 중요합니다.

수문통계학을 배우기에 앞서 필요한 사전 지식에 관한 질문입니다. 통계학 교과서나 인터넷을 통해 조사해 보고, 이를 바탕으로 각자의 생각을 정리해 봅시다.

(1) 통계학은 무엇입니까? 본인이 생각하기에 가장 쉽게 3줄 이내로 서술해 봅시다.

(2) 수문학은 통계 기법을 가장 많이 사용하는 학문 중 하나입니다. 수문학에서 통계학은 왜 중요할까요?

(3) 통계학에서 표본 자료는 매우 중요합니다. 예를 들어, 앞으로 5만년 후에는 지금보다 5만개의 연 강수량 자료가 더 존재할 것입니다. 지금의 한반도 연 강수량 자료와 서기 52020년에 보유한 연 강수량 자료는 그 특성에 있어 어떻게 다를까요? 아래 각 명제에 대해 참 또는 거짓 중 어느 쪽 가능성이 높을지 답해보면서 차이점을 생각해 봅시다.

① 서기 52020년에는 지금보다 훨씬 큰(또는 작은) 최대값(또는 최소값)이 기록되어 있을 것이다.

② 평균값±표준편차 내에 들어가는 자료의 비율은 거의 동일할 것이다.

③ 한반도에 연 평균 1500mm 이상의 비가 올 확률에 많은 차이가 있을 것이다.

제8장

수문통계

수문학은 자연 현상을 다루는 학문이며, 자연은 언제나 불확실하다. 동서고금을 막론하고 물을 다스리고 이용하기 어려운 원초적인 이유는 비가 언제 어디에 얼마나 올 지를 예측할 수 없기 때문이라고 해도 과언이 아니다. 확률론과 통계학은 이러한 불확실성을 다루는 학문이다. 그러므로 오랜 과거로부터 수문학은 확률론과 통계학의 이론을 가장 많이 사용해온 학문 중 하나였다. 앞서의 장에서는 물의 순환 과정을 물리적 현상에 근거한 확정론적 해석 방법으로 분석한 반면, 본 장에서는 불확실성을 기본 전제로 한 확률론적 해석 방법을 다룰 예정이다.

수문 현상에서 불확실성은 매우 다양한 형태로 존재한다. 예를 들면, 강우는 시간적, 공간적 분포가 다르고, 또 유출 현상에 있어서도 지표의 상태, 토양의 분포, 하천의 단면, 조도, 경사 등이 모두 공간적으로 때로는 시간적으로 변하고 있기 때문에 이들을 정확히 추정한다는 것은 실질적으로 불가능하다. 이러한 수문과정이 불확실성에 의하여 영향을 받는 경우에는 수문 과정의 물리적 현상을 고려하기보다, 결과로서 나타난 관측자료를 분석하여 정보를 추출할 수 있다. 수문통계는 이러한 관측자료로부터 최대의 정보를 얻고, 이들을 기초로 하여 수문 현상에 대한 특성을 규명하고자 하는 이론이다.

본 장에서는 통계학과 확률론 중 수문학에서 자주 사용되는 기본 이론과 분포 이론을 8.1절과 8.2절에서 우선 살펴보았으며, 홍수량의 빈도를 결정하는 이론을 8.3절에서, 마지막으로 8.4절에서는 미래를 예측하는 기법 중 하나인 시계열 이론을 서술하였다. 통계의 일반적인 사항들은 일반통계학(1996)을 참조하고 수문학 분야에서 자주 다루는 통계적인 지식들은 Kottegoda(1997), Haan(1994), Hirsch *et al.*(1993), Stedinger *et al.*(1993), Teegavarapu *et al.*(2019) 등을 참조하도록 한다. 수문통계는 이론의 학습도 중요하지만 실제 자료를 다루는 과정도 매우 중요하므로 예제에 포함된 자료를 spread sheet 등을 이용하여 직접 분석해 보길 당부한다. 또한 수문통계 자료는 통계학에서 널리 사용되고 있는 상용 소프트웨어인 SAS, SPSS, STATGRAPHICS 등을 사용하여 분석할 수 있으며, 최근에는 R이나 Python과 같은 프로그래밍 언어가 널리 사용되고 있다.

8.1 수문통계의 기본 개념

8.1.1 수문 순환과 불확실성

(1) 불확실성

수문 순환 과정을 물리적 이론만으로 완전하게 해석하여 오차 없이 예측하기란 불가능하다. 수문 현상에 다양하게 존재하는 불확실성은

- 자연의 무작위성(inherent randomness)
- 표본오차(sampling error)
- 모형오차(modeling error)

등에 의해 발생하며, 불확실성이 존재하는 변수를 확률변수(random variable)[*1]라고 부른다. 불확실성의 주요 원인 중 자연의 무작위성은 강우와 유출 등 자연 그 자체가 지니고 있는 설명할 수 없는 불확실의 속성을 의미한다. 다음으로 표본오차(sampling error)란 지구의 역사와 함께 시작한 수문 현상을 한정된 기간에 관측된 수문 자료를 사용하여 해석할 때 발생하는 불확실성을 의미한다. 즉, 강우는 지구의 생성과 함께 시작되었으나 관측자료가 존재하는 기간은 길어야 불과 수백 년 정도이므로, 이를 이용하여 강우의 특성을 정확히 추정하기란 불가능하다. 한 가지 주의할 사항은 표본오차는 관측을 잘못하여 생기는 인위적인 관측 오차(measurement error)와는 다르다는 점이다. 마지막으로 모형오차(modeling error)는 수문 순환 과정을 모형으로 표현할 경우 인간의 이해부족이나 수학적 표현 방법의 미흡함으로 발생하는 불확실성을 의미하며 여기에는 모형에 포함된 매개변수(parameter)를 추정하는 과정에서 발생하는 오차도 포함된다.

*1 본 책에서 확률변수는 영문 알파벳 대문자(X, Y, Z 등)로 표시하며, 확률변수 X의 (표본 또는 관측)값은 소문자 x_1, x_2, x_3 ⋯ 등으로 표시하기로 한다.

(2) 수문 자료의 특성

통계자료는 일반적으로 실험 또는 관측에 의해 얻는다. 예를 들어 동전의 앞면이 나오는 확률은 동전을 던지는 실험을 여러 번 반복함으로써 구할 수 있으나, 강우 현상은 실험이 불가능하므로 우량계로 관측하여 자료를 수집하는 방법 밖에 없다. 대부분의 수문 자료의 수집은 이렇게 관측에 의존할 수밖에 없으므로 시간적, 공간적으로 자료의 양이 부족하여 앞서 설명한 표본오차가 크게 발생하기 쉽다.

수문 자료의 또 하나의 특성은 주로 시간과 관계된 자료가 대부분이어서 자료의 순서가 중요하다는 점이다. 즉, 수문학에서는 8.4절에서 설명할 시계열(time series) 자료를 자주 다루며, 이들 시계열의 시간별 특성이 매우 중요하다. 또한 과거와 미래 수문 자료와의 상관관계, 즉 8.4절에서 설명할 시계열의 자기상관관계(autocorrelation)가 중요한 지표로 종종 사용된다.

수문 자료 중 가장 많이 사용되는 자료는 단연 강우량과 유출량 자료이며, 이 중 수문학의 주요 관심은 홍수나 가뭄과 관련된 연최대 또는 최소 강우량이나 유출량이다. 매시간 또는 매일 관측한 강우 또는 유량 자료 중 매년 1개의 자료만을 택하는 경우 이를 연시계열(annual series)이라고 한다. 예를 들어 연최대홍수량(annual maximum flood)은 매년 유출량이 최대인 자료를 선택하여 만든 (시계열)자료이다. 이 방법의 단점은 어느 해에 큰 홍수가 여러 번 발생하였다면, 이 해에 두 번째, 세 번째로 큰 홍수량은 다른 해의 최대홍수량보다 클 수 있지만 연시계열에는 포함되지 않아, 설계홍수량 등을 과소 평가할 수 있다는 점이다. 이러한 단점을 보완하기 위해서 일정 유량 이상의 자료를 모두 택하나 전체 자료 수는 기록연수를 넘지 못하도록 만든 부분시계열(partial duration series)을 사용하기도 한다. 연시계열은 일반적으로 독립성을 유지하나, 부분시계열의 경우에는 같은 호우 사상으로 야기된 홍수량 자료가 둘 이상 포함될 수 있으므로 독립성이 결여되어 상대적으로 통계분석이 어렵다는 단점을 가지고 있으므로, 여기서는 연시계열만을 다루도록 한다.

8.1.2 확률론의 기초

(1) 확률의 공리

확률이란 어떤 사건이 일어날 가능성을 의미한다. 확률의 고전적 정의는 “n개의 실현 결과로 구성된 표본공간(sample space)에서, 각각의 발생 가능성이 같은 경우 n_a의 실현 결과로 구성된 사건 A의 확률은 $Pr(A)=n_a/n$"이며, 확률의 공리는 다음과 같다(일반통계학, 1996).

- 표본공간 S에서의 임의의 사상 A에 대하여 $0 \le Pr(A) \le 1$
- $Pr(S)=1$
- 서로 배반인 사상 A_1, A_2, …에 대하여

$$Pr(A_1 \cup A_2 \cup \cdots) = Pr(A_1)+Pr(A_2)+\cdots \tag{8.1}$$

사건 A와 B가 서로 배반(mutually exclusive)일 경우 두 사건은 동시에 발생할 수 없으므로 확률 $P(A \cap B)=0$이다. 흔히 가능성(likelihood)과 확률을 혼용하여 사용하나 확률이라 함은 반드시 위의 공리를 따라야 한다.

(2) 조건부확률

한 사건 A가 일어났다는 조건 하에 다른 사건 B가 일어날 확률을 조건부확률(conditional probability) $Pr(A|B)$로 나타내며 다음과 같이 정의한다.

$$Pr(A|B) = \frac{Pr(A \cap B)}{Pr(A)} \quad \text{단, } Pr(A) > 0 \tag{8.2}$$

두 사건 A와 B가 독립일 경우 $Pr(A \cap B)=Pr(A)Pr(B)$이고 $Pr(A|B)=Pr(A)$이며, 이는 사건 A가 일어났다고 하더라도 사건 B가 일어날 확률에 아무런 영향을 미치지 않음을 의미한다.

예제 8.1

표 (1)은 충주시의 월 강우량 자료이다.

(가) 어떤 해의 연평균 강우량이 100mm를 초과하지 않을 확률은 얼마인가?

(나) 충주시의 연평균 강우량은 서로 독립이라고 가정하였을 경우, 2년 연속하여 연평균 강우량이 100mm를 초과하지 않을 확률을 구하여라

(다) 2년 연속하여 연평균 강우량이 100mm를 초과하지 않을 확률을 표 (1)의 자료로부터 직접 구하고, 이를 (나)에서 구한 확률 값과 비교하여라. (나)에서 설정한 연평균 강우량이 독립이라는 가정은 유효한가?

| 풀이 |

(가) 자료의 개수는 30개이고 연평균 강우량(R)이 100mm 이하일 경우를 사건 A라고 가정한다. 표 (1)에서 A

가 일어난 경우를 세어보면 13번이다. 따라서 연평균 강우량이 100mm를 초과하지 않을 확률은 다음과 같이 계산된다.

$$Pr(A) = Pr(R \leq 100) = \frac{13}{30} = 0.433$$

표 (1) 충주시의 월평균 강우량(mm)

연도	1월	2월	3월	4월	5월	6월	7월	8월	9월	10월	11월	12월	연평균
1990	46.8	82.6	70.4	88.5	75	356.2	329	228.6	533.4	4.6	53.2	18.5	157.2
1991	14.7	41.3	50.6	93.3	124.8	81.1	612.6	91.8	235.3	9.5	18.4	46.5	118.3
1992	15.8	10.7	20.1	91.6	118.5	21	123.7	201	157.5	72	28.5	58.8	76.6
1993	7	62.8	26.7	49.5	94	132.5	300.5	273	99	46	59	14.4	97
1994	8.6	6.3	51.7	15.2	90	291.5	108.2	294.7	79.5	144.5	15.5	12.7	93.2
1995	11.9	6.8	29.3	46.2	45.5	19	290.8	802	16	23	23.9	4.2	109.9
1996	27.8	1.6	101.7	36.5	29.1	203.5	207	126	26.5	83	74.1	22.2	78.3
1997	5	44.3	23.2	60	193.5	147.8	308	179.9	52.5	35.6	128.5	41.4	101.6
1998	22.5	26.4	33.8	145.3	90	217.7	286.6	541.7	183	64.5	38.5	2.5	137.7
1999	3.1	1.9	54.2	96	103.2	168.5	112.7	299.6	239.6	195.1	34.5	7	109.6
2000	47.5	3.3	14.5	42.5	54	248.5	259.5	260.5	260.8	25.5	35.5	17.5	105.8
2001	47	52.2	8.3	12	4.6	238.9	241.6	82.6	13.8	82.1	4.4	10.6	66.5
2002	49.6	4.2	28.5	151.2	105	74.7	190.2	653	92.6	52.2	9.8	58.6	122.5
2003	17.2	59.2	58.2	170.8	117.8	152.1	382.8	314.7	268.1	27.5	55	17.8	136.8
2004	16.6	32	29.4	81	124.9	335	410.7	192.2	144.1	1.4	32.5	25.4	118.8
2005	2.8	20.8	43.1	63.1	53.9	178.7	381.6	226.1	320	63.4	15.7	11.7	115.1
2006	27.1	34.9	5.9	91.8	95.1	128.5	666.9	71.5	21.7	23.1	53.1	14.3	102.8
2007	5.5	38.5	112.7	18.3	116.5	90.1	282.7	366	332.7	32.8	22	21.4	119.9
2008	29.3	8.2	43.1	31.5	70.9	78.1	319.8	192.5	71.1	16	10.3	11.7	73.5
2009	16.7	15.8	52	30.7	97.1	89.5	316.2	142.5	70.6	45	31.2	29.5	78.1
2010	44.3	70.8	85.3	69.5	97	50.6	112.2	345.1	287.8	21	14.3	14.4	101
2011	2.7	45.9	30.6	157.8	187.7	452.6	603.9	289.4	158.6	61.5	67	15.6	172.8
2012	9.6	1.7	66.4	84.5	61	58.8	265.7	403.3	177.2	62	48	52.1	107.5
2013	40.5	36.9	48	84.7	92.5	126.6	240.7	222.2	122.2	12.1	44	32.2	91.9
2014	14	18.9	37.7	39.6	26.3	63.3	92.6	284.3	122.7	153.8	23.5	22.9	75

표 (1) 계속

연도	1월	2월	3월	4월	5월	6월	7월	8월	9월	10월	11월	12월	연평균
2015	15.6	22.8	31.7	88.9	23	75	181.6	71.8	33.8	60.2	89.9	37.5	61
2016	1.8	50.1	11.9	97.3	70	38.9	374.4	44	60.8	102.6	22.9	42.4	76.4
2017	18	36.2	22.5	71.4	32.2	43.7	464.3	257.9	62.4	21.2	17.6	25.5	89.4
2018	14.3	35.8	75.1	107.9	180	63.7	149.1	353.3	184.9	96	50	39	112.4
2019	4.1	29	27.9	58.5	15.4	59.6	161.4	102.6	165.9	59	84.6	10.8	64.9

(나) 사건 B를 연평균 강우량이 2년 연속하여 100mm 이하일 사건이라고 한다면, 연평균 강우량이 독립이라는 가정을 하였으므로 (가)에서 구한 확률의 제곱이 된다.

$$Pr(B) = [Pr(R \leq 100)]^2 = 0.433^2 = 0.188$$

(다) 표 (1)의 자료로부터 연평균 강우량이 2년 연속 100mm 이하인 경우(사건 C)를 직접 구하면 가능한 29개의 쌍에서 7쌍이 2년 연속 100mm 이하이다. 따라서 확률은 다음과 같다.

$$Pr(C) = \frac{7}{29} = 0.241$$

$Pr(B)$와 $Pr(C)$는 비슷한 결과를 보이지 않으므로 (나)에서 설정한 연평균 강우량이 독립이라는 가정은 유효하다고 할 수 없다.

사건 A_1, ⋯, A_n이 표본공간 S의 분할이고 $Pr(A_i)>0$이면, 임의의 사건 B에 대하여 $Pr(B)=Pr(A_1)Pr(B|A_1)+\cdots+Pr(A_n)Pr(B|A_n)$이며, 이를 전확률공식(totalprobability theorem)이라 부른다. 또한 $Pr(A_i)>0$, $Pr(B)>0$이면, 다음의 베이즈정리(Bayes theorem)가 성립한다.

$$Pr(A_k|B) = \frac{Pr(A_k)Pr(B|A_k)}{\sum_{i=1}^{n} Pr(A_i)Pr(B|A_i)} \tag{8.3}$$

여기서 사건 A_1, ⋯, A_n를 n개의 원인이라고 한다면, $Pr(A_k)$는 원인의 가능성으로서 사전확률(prior probability)인 반면, $Pr(A_k|B)$는 사건 B가 관측된 후에 원인 A_k의 가능성으로서 사후확률(posterior probability)이다. 또한 $Pr(B|A_k)$는 원인 A_k의 결과로서 사건 B가 관측될 확률을 나타낸다(일반통계학, 1996).

예제 8.2

어떤 댐의 붕괴 가능성을 원인별로 분석해 본 결과 홍수, 지진, 침투(seepage)가 주요 원인이었으며, 이들이 발생하였을 경우 댐이 붕괴할 확률은 각각 10%, 8%, 5%로 추정되었다. 또한 댐 운영의 전체 기간 중 홍수, 지진, 침투가 발생할 확률은 3%, 2%, 1%였다. 만일 댐이 붕괴되었을 경우 붕괴 원인이 홍수 때문일 확률은 얼마인가?

| 풀이 |

댐이 붕괴되었을 경우 그 원인이 홍수일 경우의 확률을 구하기 위하여 Bayes theorem을 생각하자. 식 (8.3)을 이용할 경우 A_1, A_2, A_3은 각각 홍수, 지진, 침투가 발생하는 사건이고, B는 댐이 붕괴하는 사건이다. 따라서 계산과정은 다음과 같다.

$$Pr(A_1|B) = \frac{Pr(A_1)Pr(B|A_1)}{\sum_{i=1}^{3} Pr(A_i)Pr(B|A_i)} = \frac{0.03\times0.10}{0.03\times0.10+0.02\times0.08+0.01\times0.05} = 0.588$$

8.1.3 통계학의 기초

(1) 모집단과 표본집단

통계학이란 모집단(population)으로부터 추출된 표본집단(sample)의 특성을 분석하여 모집단의 특성을 추론하는 학문이다. 반면, 앞서 정의한 확률론은 특성이 알려져 있는 모집단으로부터 어떤 사건의 발생 가능성을 산정하는 방법을 다룬다. 여기서 모집단이란 관심의 대상이 되는 객체의 전체 집합이며 유한 또는 무한할 수 있다. 한국의 하천 중 유역면적이 500km^2 이상인 하천에 대하여 연구를 한다면 이 경우 모집단은 유한하다. 반면, 한강인도교의 미래 수위에 대하여 예측한다면 이 경우 모집단은 무한할 것이다.

모집단으로부터 표본집단을 추출하는 과정은 매우 세심한 주의를 필요로 한다. 표본집단은 모집단의 특성을 충분히 반영할 수 있도록 선택되어져야 표본오차로 인한 불확실성을 최소화할 수 있다. 예를 들면, 어떤 유역의 평균 증발량을 계산하고자 할 경우 그 유역 중 도시 지역에서 수집한 증발량 자료의 특성은 비도시 지역의 자료와 상당히 다를 수 있을 것이다.

(2) 자료의 도시

모집단의 특성을 살펴보기 위한 가장 간단한 방법으로 수집된 표본자료를 도시함으로서 모집단의 개형을 파악할 수 있다. 자료의 도시방법 중 대표적인 것으로는 히스토그램(histogram)과

box plot이 있으며, 시계열인 경우는 시계열도(time series plot)을 그려본다. 그림 8.1은 히스토그램, box plot, 시계열도의 사례를 보여주고 있다.

히스토그램은 수평축 위에 전체 표본자료의 범위를 몇 개의 계급구간(class interval)으로 나누고 각 계급의 도수 또는 상대도수에 비례하는 넓이의 직사각형을 그려 표본자료의 분포를 나타내는 그래프이다. 히스토그램으로 표현하는 표본자료의 분포는 계급구간의 개수에 민감하므로 이의 선정에 유의하여야 한다. 히스토그램의 계급구간을 결정하는 공식은 몇 가지가 있으나 일반적으로 5개 이상 25개 이하로 하며, 가장 간단한 방법으로는 계급구간을 $\sqrt{n}$에 가까운 정수로 결정하는 방법이 있다.

Box plot은 사분위수(quantile) 중 1분위수, 2분위수, 3분위수의 총 3개의 분위수를 수직 또는 수평으로 배열된 상자(box)로 표현한다. 상자에서 뻗어나간 선은 whisker라고 불리며, 이 때문에 box and whisker plot이라고도 불린다. 이 선을 그리는 방법에는 여러 가지가 있으나, 최대값과 최소값까지 이 선을 연결하는 방법이 일반적이다. Box plot은 여러 가지 세트의 표본자료를 비교하는 데 유용하며, 특히 그림 8.1(b)와 같이 월별 특성을 한눈에 알아보기 편리하다는 장점이 있다.

(3) 표본통계량

모집단의 특성을 나타내기 위한 통계량을 모수(parameter)라고 부르며 일반적으로 표본자료로부터 계산된 표본통계량(sample statistics)으로 추정한다. 표본통계량은 사용하는 표본이 달라지면 함께 변하므로 어떤 확률변수의 표본통계량도 역시 확률변수이다. 즉, 모수의 참값은 일반적으로 알려져 있지 않고 이를 추정하기 위한 표본통계량에는 항상 불확실성이 존재한다. 그러므로 모집단으로부터 표본을 어떻게 선정하느냐에 따라 표본통계량이 크게 달라질 수 있으므로 표본은 모집단의 특성을 충분히 반영할 수 있도록 추출되어야 한다.

① 중심위치를 나타내는 기본통계량

통계량 중 가장 중요한 지표는 모집단이 무엇을 중심으로 분포하고 있는가를 나타내는 지표라 할 수 있으며, 이를 위해 (산술)평균(arithmetic mean), 중앙값(median), 최빈값(mode) 등이 널리 사용되고 있다.

확률변수 X의 모평균은

$$\mu_X = E(X) \tag{8.4}$$

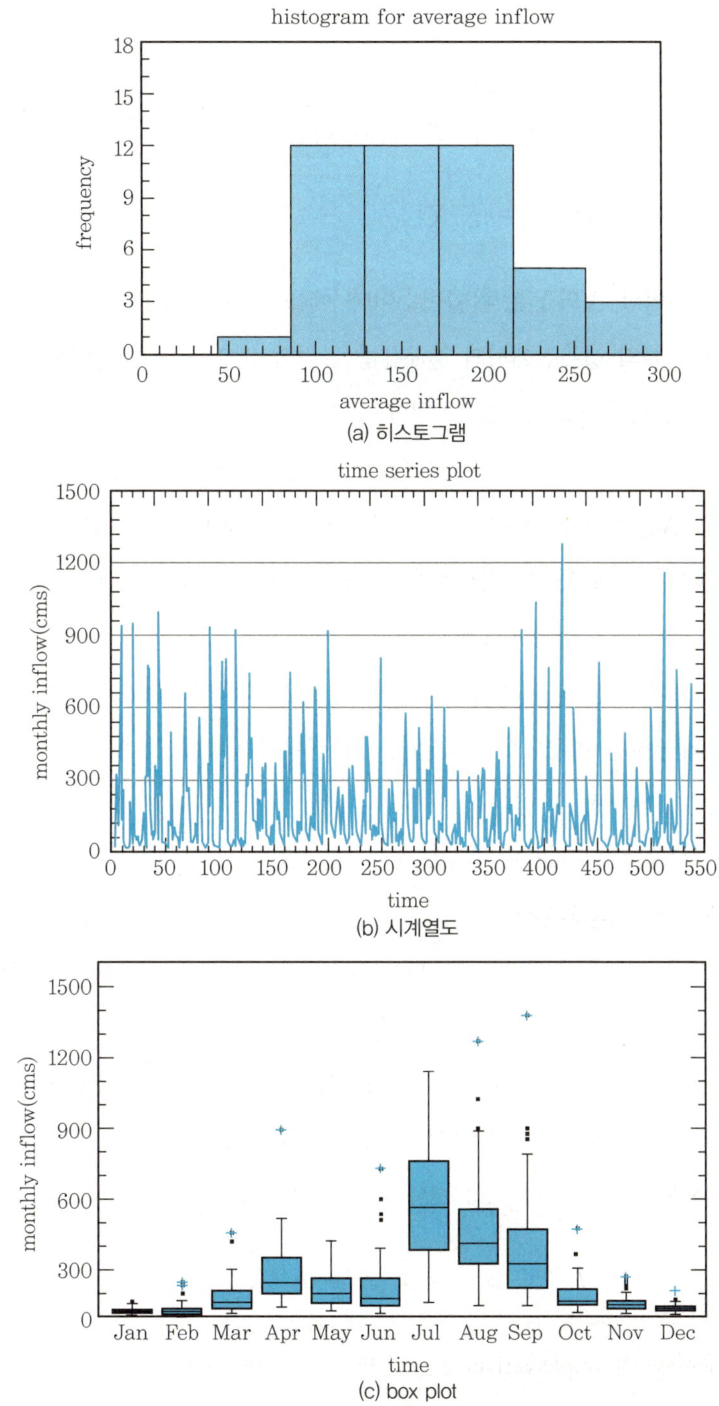

(a) 히스토그램

(b) 시계열도

(c) box plot

| 그림 8.1 | 자료의 도시

로 정의되며, 표본평균(sample mean)은 다음과 같이 계산된다.

$$\overline{X} = \sum_{i=1}^{n} \frac{x_i}{n} \tag{8.5}$$

평균에서 사용된 기대값 연산자의 중요한 성질은 다음과 같다.

$$E[aX+bY] = aE[X]+bE[X] \tag{8.6}$$

여기서 a와 b는 상수이며, X와 Y는 확률변수이다. 예를 들어, X와 Y를 서로 다른 두 지류의 유량이라고 하면 두 지류의 합류점에서의 평균유량은 직접 관측을 하지 않아도 두 지류의 평균유량의 합, 즉 $E[X]+E[Y]$으로 계산할 수 있다.

중앙값은 전체 표본 중 가장 중앙에 위치한 표본을 의미한다. 즉, 표본 개수가 n인 확률변수 X의 중앙값 X_{md}는 n이 홀수인 경우 $X_{md}=x_{(n+1)/2}$이며, 짝수인 경우 중앙값은 $X_{md}=(x_{n/2}+x_{(n+1)/2})/2$이다. 모집단의 중앙값은 μ_{md}로 표현할 수 있으며, μ_{md}까지의 누가확률(cumulative probability)이 0.5인 변량으로 정의된다.

최빈값은 발생빈도가 가장 높은 변량을 의미하며, 모집단의 최빈값 μ_{md}는 확률질량(또는 밀도) 함수의 최대값에 해당하는 변량으로 정의된다. 표본집단의 경우도 상대 도수가 최대인 표본이 최빈값이며, 이는 둘 이상이 될 수 있다.

(4) 퍼짐을 나타내는 기본통계량

중심위치 다음으로 중요한 통계량은 모집단이 퍼져 있는 정도를 나타내는 지표이며 이를 위해 범위(range)와 분산(variance)이 널리 사용되고 있다.

범위는 표본집단의 경우 단순히 최대값과 최소값의 차를 의미하며, 모집단의 경우는 음과 양으로 모두 무한대로 열려 있는 구간, 또는 양의 방향으로 무한대인 구간이 대부분이다.

평균과 함께 기본통계량(key statistics)으로 널리 사용되고 있는 모분산은

$$Var(X) = \sigma^2 = E[(X-\mu)^2] = E(X^2)-E^2(X) \tag{8.7}$$

으로 정의되며, 표본분산(sample variance)은 다음과 같이 계산된다.

$$s^2 = \sum_{i=1}^{n} \frac{(x_i-\overline{x})^2}{n-1} \tag{8.8}$$

분산에 사용된 연산자의 성질을 더 살펴보면 다음과 같다.

$$Var[aX+bY] = a^2 Var[X]+b^2 Var[Y]\pm 2Cov[X,Y] \tag{8.9}$$

여기서 $Cov[X, Y]$는 확률변수 X와 Y의 상관관계를 나타내는 공분산으로 이는 다음 절에서 설명하도록 한다.

흔히 분산보다는 표준편차(standard derivation)를 많이 사용하는데 그 이유는 표준편차의 단위가 원자료 단위와 같기 때문이다.

수문 자료는 흔히 평균이 커지면 표준편차도 증가하는데 이러한 효과를 배제하기 위해 다음과 같이 변동계수(coefficient of variation)라는 무차원 지표를 널리 사용하고 있다.

$$CV = \frac{s}{\overline{X}} \tag{8.10}$$

연 평균유량의 경우 CV는 통상 1 이하의 값을 갖는다. 하지만 사막 지역이나 갈수기의 경우는 CV가 1을 초과하는 경우도 종종 있다.

(5) 그 외 기본통계량

다음으로 살펴볼 자료의 특성으로는 분포의 대칭성이 있으며, 이는 왜도계수(skewness coefficient)로 나타낸다. 모집단과 표본집단의 왜도계수는 다음과 같다.

$$\gamma = \frac{E[(x-\mu)^3]}{E[(x-\mu)^2]^{3/2}} \tag{8.11}$$

$$g = \frac{N\sum_{t=1}^{N}(y_t-\overline{y})^3}{(N-1)(N-2)s^3} \tag{8.12}$$

그림 8.2는 대칭인 분포, 양으로 치우친 분포, 음으로 치우친 분포를 보여주고 있으며, 각 경우에 있어 평균, 중앙값, 최빈값의 상대적 위치를 나타내고 있다. 강우량이나 유량 등 대부분의 수문 자료는 양의 왜도계수를 가지며, 연 유량의 왜도계수 평균값은 0.4 근처인 것으로 보고되고 있다. 왜도계수가 0인 경우, 즉 좌우 대칭의 분포를 갖는 대표적인 변수에는 온도가 있다.

이 외에 종종 사용되는 지표로는 분포의 첨두(peakness) 정도를 나타내는 첨도(kurtosis) 등이 있다.

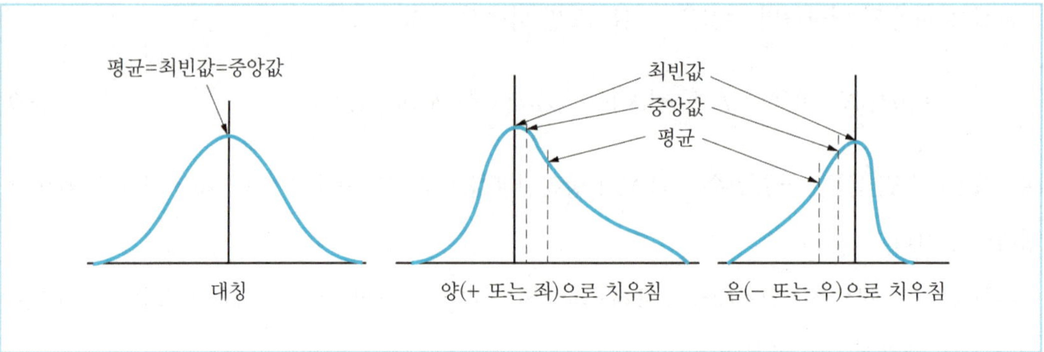

| 그림 8.2 | 대칭인 분포와 양, 음으로 치우친 분포에서의 평균, 중앙값, 최빈값의 위치

예제 8.3

표 (1)에 나타난 충주댐의 월 유입량 자료의 통계 특성을 살펴보기 위해 자료를 도시하고 기본통계량을 계산하여라.

표 (1) 충주댐의 월 유입량(cms)

연도	1월	2월	3월	4월	5월	6월	7월	8월	9월	10월	11월	12월	연평균
1990	29.3	156.5	173.2	196.1	154.8	631.6	544.7	190.5	1284.1	50.9	44.7	35.1	291
1991	20.8	22.9	77.8	194.7	122.6	71	601.4	260.1	208.5	68.2	25.7	28.6	141.9
1992	26	20.6	94.6	120.2	146.5	35.5	124.9	309.5	258.7	83	43.8	47.6	109.2
1993	33.4	63.7	73.4	111.5	230.1	151.7	546.5	790	122.5	37.6	41.7	31.1	186.1
1994	18.7	13.8	22.8	54.5	69.4	66.1	406.6	169.8	76	173	55.3	30.1	96.3
1995	16.9	11.5	45.8	83.7	53.9	32.9	396.9	1214.7	190.7	34.1	24.5	14	176.6
1996	13.3	11.2	67.1	104	61.1	163.6	351.2	116.5	51.5	29.3	40.5	26.2	86.3
1997	19.2	19	70.9	94.7	288	166.8	603.2	267.2	68.5	24.5	67.6	117.9	150.6
1998	28.8	42	71.1	238.2	97.9	120.1	547.8	1169.1	81.6	192.7	41.8	29.4	221.7
1999	14.4	10.4	36.9	215	77.5	103.6	126.1	630.1	756.3	187.5	91	31.9	190.1
2000	32.6	12.5	17.2	47.7	50.8	73.7	213.9	457.7	695.1	51.3	24.9	14.4	141
2001	12.9	19.7	100.7	54.8	16.8	94.2	271.1	118.3	40.1	65.9	26.5	16	69.8
2002	25.3	19.6	32.9	90.8	246.6	43	237.2	1116.9	503.2	78.6	25.3	27.1	203.9
2003	15.4	27.4	101.8	310.4	289.9	151.2	645.1	479.9	955.9	61.5	56.6	43.4	261.5
2004	20.4	26.6	50.3	62.8	128.3	575.6	943.6	408.7	239.4	51.3	29.1	22	213.2
2005	11.1	12	45.8	135.7	53.2	101	625.4	378.3	445	226.8	39.6	15.9	174.2

표 (1) 계속

연도	1월	2월	3월	4월	5월	6월	7월	8월	9월	10월	11월	12월	연평균
2006	16.8	22.8	28	141.9	125.8	81.3	2150.8	168.9	52.1	46.4	32.4	26.8	241.2
2007	13.9	21.4	108.6	126.9	100.8	61.4	441	715.4	827.5	66.3	30.8	21	211.3
2008	17.5	9.3	54.2	75.4	33.3	40	458.9	325.1	80.5	24.8	13.7	11.8	95.4
2009	6.6	18.7	33.7	55.6	80.6	60.1	896.8	234.8	39.4	22.6	40.1	26.9	126.3
2010	25.5	69.5	160	136.4	168.7	57.8	78.3	289.2	940.6	67.1	25.8	14.7	169.5
2011	5.6	11.3	35.4	103.4	405.4	582.9	1370.1	609.5	192.1	45.2	36.5	42.7	286.7
2012	18.3	10.5	44.5	240.1	53.5	26.8	524.2	395	438	54.6	60.2	49.3	159.6
2013	28	79.5	130.7	102.9	89.8	114	769.9	167.1	105.1	75	28.8	32.8	143.6
2014	15.3	28.3	57.8	55.3	39.7	26.6	29.9	300.2	124.2	113.1	68.7	21	73.3
2015	15.5	22.8	48	106.4	34.8	25.7	113.7	102.2	38.5	20.5	81.9	60.6	55.9
2016	20.4	28	60.4	107.1	64.2	22.1	528.9	53.9	77.3	52.8	31.2	44.4	90.9
2017	31.6	22.7	23.7	89.3	25.2	15.6	559.5	398.1	68.8	29.1	19.3	11.1	107.8
2018	8.1	7.6	80.3	180	249.7	44.8	353.7	279.5	395.8	157.3	101.3	59.5	159.8
2019	20.6	19.5	35.4	55.7	33.1	35	113.6	166.7	166.7	157.3	56.5	31	74.3

| 풀이 |

자료의 특성을 알기 위해 그림으로 표시하는 방법은 다양하다. 우선 충주댐의 월평균 유입량의 시계열도를 그려보면 그림 (1)과 같다. 그림 (1)에서 가로축은 시간을 나타내고, 세로축은 유입량의 크기(cms)를 나타낸다. 또한, 충주댐 월 유입량의 월별 특성을 알아보기 위하여 box plot을 그려보면 그림 (2)와 같다. Box plot에서 월별 직사각형의 아랫변과 윗변은 1사분위수(Q_1)와 3사분위수(Q_3)의 범위를 나타내며, whisker는 1사분위수 아래쪽과 3사분위수 위쪽으로 IQR(Inter Quartile Range$=Q_3-Q_1$)의 1.5배까지 연장시켜 그렸다. Whisker 바깥의 점은 이상치(outlier)를 나타낸다. 전체 월 자료의 기본 통계량은 아래와 같다.

자료 개수(count) = 360

평균(mean) = 159.96 cms

분산(variance) = 60882.81 cms^2

표준편차(standard deviation) = 246.74 cms

최소값(minimum) = 5.60 cms

최대값(maximum) = 2150.80 cms

범위(range) = 2145.20 cms

왜도계수(skewness) = 3.47

첨도(kurtosis) = 16.60

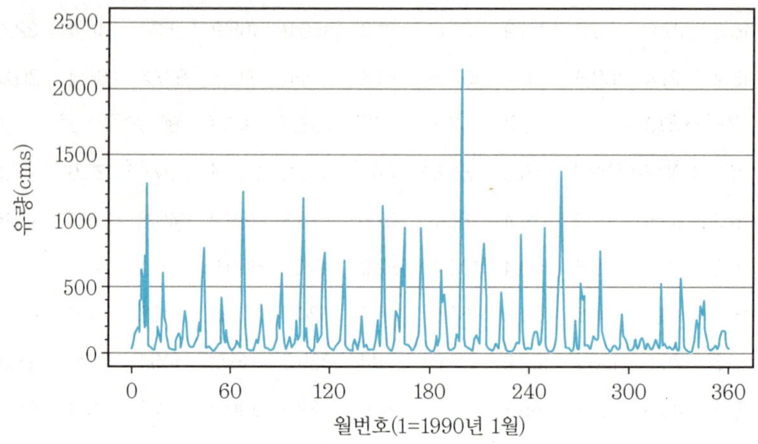

그림 (1) 충주댐 월 유입량의 시계열도

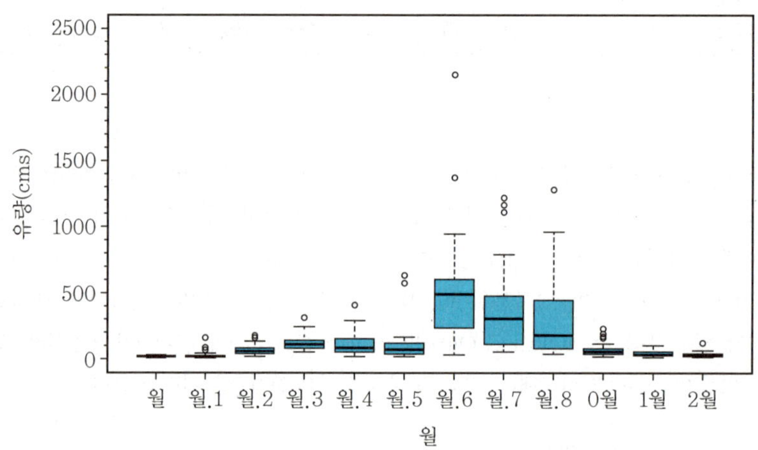

그림 (2) 충주댐 월 유입량의 월별 box plot

(6) 상관관계와 회귀분석

지금까지 살펴본 단일 변수의 기본통계량과 더불어, 다변수인 경우 변수들 간의 상관관계가 중요하며, 이는 아래에 설명되는 공분산(covariance)과 상관계수(coefficient of correlation)로 대표할 수 있다.

두 확률변수 X와 Y의 공분산은

$$Cov(X, Y) = \sigma_{XY} = E[X-\mu_x)(Y-\mu_y)] = E(XY)-E(X)E(Y) \tag{8.13}$$

으로 정의되며, 표본공분산(sample covariance)은 다음과 같이 계산된다.

$$s_{XY} = \sum_{i=1}^{n} \frac{(x_i-\overline{x})\ (x_y-\overline{y})}{n-1} \tag{8.14}$$

확률변수 X의 공분산 $Cov(X,\ X)$는 분산 $Var(X)$를 의미하며, 선형변환(linear transformation)된 두 확률변수 $aX+b$와 $cY+d$의 공분산은 $Cov(aX+b,\ cY+d)=acCov(XY)$이다. 즉, 양쪽 변수를 일정한 양으로 증가시키더라도 공분산에는 영향이 없다.

공분산의 단위는 두 변수 X와 Y 각각의 단위의 곱으로 표현되므로, 단위의 영향을 제거하기 위해 흔히 다음과 같은 상관계수를 사용한다.

$$\rho_{XY} = \frac{\sigma_{XY}}{\sigma_X\ \sigma_Y} \tag{8.15}$$

상관계수는 -1 이상, 1 이하의 값을 가지며, 모상관계수 ρ_{XY}의 표본 추정값인 r_{XY}는 다음과 같이 계산한다.

$$r_{XY} = \frac{s_{XY}}{s_X\ s_Y} \tag{8.16}$$

수문학에서 상관관계는 매우 중요한 특성이다. 온도-증발, 강우-유출과 같이 두 변수 X와 Y 사이의 상관관계는 물론 두 공간 X_1과 X_2의 상관관계도 매우 중요하다. 예를 들어, 계측 유역 X_1의 정보를 미계측 유역 X_2로 전이할 수 있기 때문이다. 또한 단일 변수에서 시간 차에 따른 두 변수 X_t와 X_{t-l}의 상관관계도 중요한데, 이 특성을 활용한 모형이 8.4절의 시계열 모형인 것이다. l=1 year인 경우 X_t와 X_{t-l}의 상관계수를 연 자기상관계수라 하며 X가 유량일 경우 이 값을 0.2~0.3 근처의 양을 갖지만 사막지역의 경우 0.5 보다 큰 값을 보이기도 한다.

두 확률변수가 독립인 경우 상관계수는 물론 0이다. 그러나 그 역은 성립하지 않는데, 즉 상관계수가 0이라고 하여 서로 독립을 의미하지는 않는다. 왜냐하면 상관계수는 두 확률변수의 선형관계만을 나타내는 지표이므로 두 확률변수가 비선형의 상관관계를 가지는 경우 서로 독립은 아니나 상관계수는 0일 수 있다. 예를 들어 확률변수 X와 Y의 표본을 이차원 그래프에 도시한 결과 두 표본이 $X^2+Y^2=d^2$이라는 원으로 완벽하게 표현되었다고 하자. 이 경우 X의 값이 주어지면 Y는

$Y=\pm\sqrt{d^2-X^2}$으로 완벽히 계산될 수 있으나 상관계수는 0이다.

표본상관계수의 제곱인 r^2_{XY}는 회귀분석(regression analysis)의 결정계수(determination coefficient) R^2으로 사용되는데, 이는 독립변수(independent variable) X와 종속변수(dependent variable) Y를 선형회귀(linear regression)분석하는 경우 회귀식

$$\hat{Y} = a+bX \tag{8.17}$$

가 표본자료를 얼마만큼 잘 대표하는가를 나타내는 지표이다. 즉, $r_{XY}=0.9$인 경우 $R^2=0.81$이며 이는 Y의 변화 중 81%는 설명변수 X로 설명될 수 있으나, 나머지 19%는 이 정보로 설명될 수 없다는 것을 의미한다. 위 회귀식에서 상수 a와 b는 표본자료로부터 다음과 같이 추정된다.

$$b = \frac{\sum x_i y_i - \frac{1}{n}\sum x_i \sum y_i}{\sum x_i^2 - \frac{1}{n}(\sum x_i)^2}$$

$$a = \frac{\sum y_i - b\sum x_i}{n} \tag{8.18}$$

예제 8.4

예제 8.1 표 (1)과 예제 8.3 표 (1)에 나타난 강우량과 유입량 자료 중 1990년 이후의 7월에 대하여 회귀분석을 실시하여라. 만일 충주시의 7월 강우량 자료를 알 수 있다면 이 회귀식을 이용하여 같은 달 충주댐의 유입량을 평균적으로 몇 % 예측할 수 있다고 보는가?

| 풀이 |

식 (8.18)로부터 선형회귀식의 상수 a와 b의 값을 구하면 다음과 같다.

$$b = \frac{\sum x_i y_i - \frac{1}{n}\sum x_i \sum y_i}{\sum x_i^2 - \frac{1}{n}(\sum x_i)^2} = 2.3058$$

$$a = \frac{\sum y_i - b\sum x_i}{n} = -155.44$$

그러므로 회귀식은 $Y=-155.44+2.3058X$이며 선형회귀의 결과를 도시하면 그림 (1)과 같다. 회귀분석의 결정계수 R^2 값을 구하면 0.6636이다. 이는 충주댐의 월 유입량 자료의 변화 중 66.36%는 위의 회귀식으로 설명될 수 있으나, 나머지 33.64%는 설명될 수 없다는 것을 의미한다.

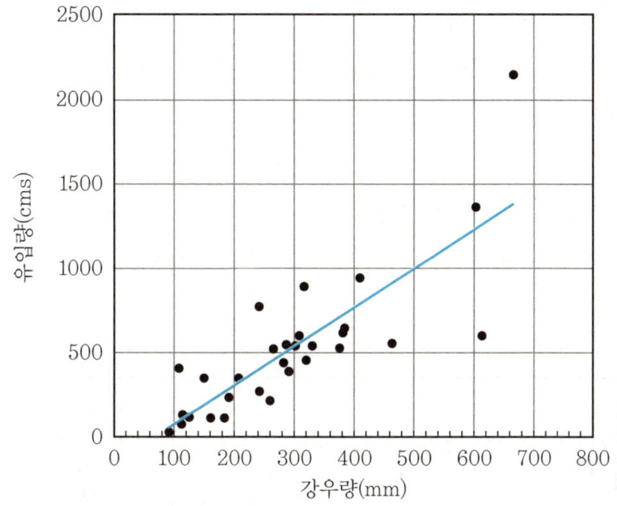

그림 (1) 선형회귀 결과

예제 8.5

예제 8.1 표 (1)의 충주댐 연평균 강우량의 시계열도를 그려보자

(가) 눈으로 보았을 때 전체 기간에 걸쳐 상승 또는 하강하는 경향성이 나타나는가?

(나) 충주댐 연평균 강우량을 Y, 연도를 t라고 정의하였을 경우 이를 $Y=a+bt$의 직선으로 회귀분석 하여라. 이 회귀식을 이용하여 (가)에서 추론한 경향성을 검증하여라.

| 풀이 |

(가) 충주댐 연평균 강우량의 시계열도를 그림 (1)과 같이 그려보자. 충주댐 연평균 강우량은 시간에 따른 경

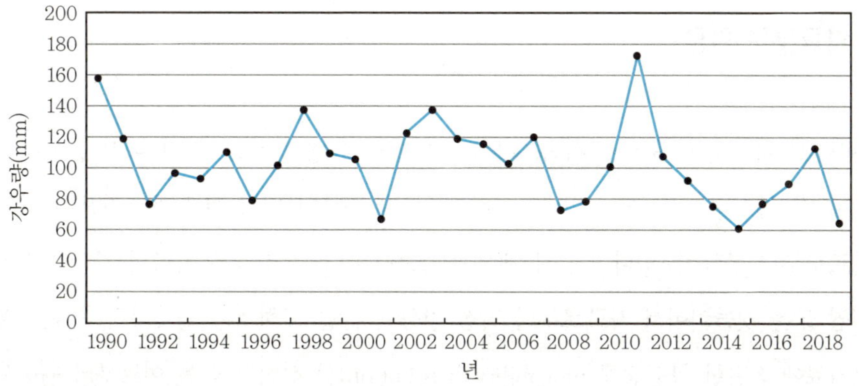

그림 (1) 충주댐 연평균 강우량의 시계열도

향성이 없는 것처럼 보인다.

(나) 선형회귀 결과는 그림 (2)와 같다.

예제 8.4와 마찬가지로 식 (8.18)을 이용하여 선형회귀식을 구하면 다음과 같다.

$$Y = 1871.3 - 0.8825t$$

선형회귀식의 기울기는 −0.8825로 약간 하락하는 경향성이 있으나 R^2를 구하면 0.0836으로 매우 낮다. 따라서 기울기가 0이 아니라는 사실로부터 경향성이 있다고 말하는 것은 무리가 있을 수 있으며, 이 문제의 적절한 판단을 위해서는 8.3.3절에서 설명할 통계적 가설검정(hypothesis test)이 반드시 필요하다.

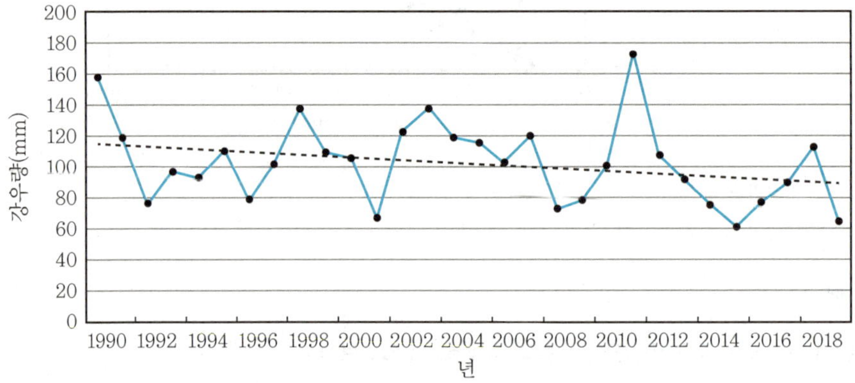

그림 (2) 선형회귀 결과

8.2 확률분포함수

8.2.1 확률분포 이론

수문학에서 다루는 중요한 문제 중 하나는 하천의 유량기록으로부터 어떻게 설계홍수량 또는 설계갈수량을 계산하느냐 하는 것이다. 만일 충분한 자료가 있어 설계 재현기간에 해당하는 값을 직접 자료로부터 구할 수 있다면 큰 문제는 없겠으나 대부분의 경우 자료의 기간은 설계 재현기간보다 훨씬 짧은 것들이어서 자료로부터 직접 원하는 값을 구하기는 불가능하다. 따라서 일반적으로 표본자료에 적합한 확률분포(probability distribution)를 선택한 다음 이로부터 원하는 재현기간에 해당하는 값을 계산한다.

그러므로, 수문 자료에 적합한 확률분포를 선택하는 과정은 매우 중요하다. 수집된 수문 자료는 대부분 낮은 재현기간에 해당하는 것이 보통이며, 대부분의 분포는 낮은 재현기간에서는 대개 유사한 모양을 갖고 있기 때문에 이러한 자료로부터 전구간에 걸쳐 정확한 분포를 찾아내기는 매우 어려운 일이다. 그러나 분포를 잘못 선택하게 되면 주요 관심사인 재현기간이 큰 꼬리 부분에서는 그 오차가 매우 커지기 때문에 분포의 선정에는 세심한 주의가 필요하다. 본 절에서는 확률분포의 기초 이론부터 시작하고자 한다.

확률분포는 이를 구성하고 있는 확률변수가 이산(discrete)이냐 연속(continuous)이냐에 따라 이산확률분포(discrete probability distribution)와 연속확률분포(continuous probability distribution)로 분류할 수 있다. 연속확률분포는 유연한(smooth) 곡선으로 표현할 수 있으나 이산확률분포는 통상 spike 형태로 구성된다.

이산확률변수 X의 표본 x_1, x_2, $\cdots$, x_n가 발생확률(occurrence probability) $f_X(x_1)$, $f_X(x_2)$, $\cdots$, $f_X(x_n)$을 가지며 그 확률의 합이 1이라고 하면, f_X는 이산확률변수 X의 확률질량함수(probability mass function, PMF)라 할 수 있다. 이 경우 누가확률함수(cumulative distribution function, CDF) $F_X(x)$는 다음과 같이 정의할 수 있다.

$$F_X(a) = \sum_{x_i \leqq a} f_X(x_i) \tag{8.19}$$

연속확률변수 X에 대하여 확률밀도함수(probability density function, PDF)와 누가확률분포함수(cumulative distribution function, CDF)를 각각 $f_X(x)$와 F_X라고 하자. 그러면 CDF는 확률변수 X가 a보다 같거나 작을 확률을 나타낸다. 즉,

$$F_X(a) = Pr(X \leq a) \tag{8.20}$$

또한 PDF와 CDF 사이에는 다음과 같은 관계가 성립한다.

$$F_X(x) = f_X(x)dX \tag{8.21}$$

연속확률분포에서 주의할 사항은 PDF $f_X(a)$는 $X=a$가 발생할 확률을 나타내지는 않는다는 점이다. 즉, 연속확률분포에서는 확률변수의 특정값에 대한 확률은 0이며, 단지 다음과 같은 확률변수의 구간에 대한 확률만이 의미가 있다.

$$\begin{aligned} Pr(b \le X \le a) &= Pr(b \le X < a) = Pr(b < X \le a) \\ &= Pr(b < X < a) = F_X(a) - F_X(b) \end{aligned} \tag{8.22}$$

확률분포의 선택과 더불어 중요한 과정은 확률분포 모수(parameter)의 정확한 추정이라 할 수 있다. 모수의 추정 또한 수집된 표본자료를 근거로 이루어지는데, 추정 기법에는 모멘트법(moment method), 최우도법, L-모멘트법 등이 포함된다. 그러나 앞으로 설명하는 확률분포에서는 가장 간단한 방법인 모멘트법에 의한 추정만을 제시하고자 한다. 모멘트법이란 m개의 모수를 추정하기 위해 m번째 모멘트까지 포함한 m개의 연립방정식을 구성한 후, 해당하는 확률분포의 이론적인 모멘트를 표본 모멘트로 치환하여 연립방정식을 푸는 기법이다. 즉, 정규분포와 같이 2개의 모수를 필요로 하는 2변수 확률분포의 경우, 1차 모멘트인 모평균과 2차 모멘트인 분산을 각각 표본평균과 표분분산으로 추정한 후 해당되는 연립방정식에 대입하면 원하는 2개의 모수를 구할 수 있다.

8.2.2 이산확률분포

(1) 이항분포

어떤 사건이 일어나거나 일어나지 않는(또는 성공 또는 실패의) 두 가지 경우만을 가진다면 이를 베르누이시행(Bernoulli process)이라고 한다. 예를 들어 어떤 구조물의 설계홍수량(design flood)이 100cms일 경우 임의의 시간에 발생하는 홍수량이 이를 초과하느냐 또는 초과하지 않느냐는 베르누이시행이라 할 수 있다. 이러한 베르누이시행으로 정의된 사건을 일정한 기간 동안 반복시행할 경우 성공 횟수 X의 분포를 이항분포(binomial distribution)라 한다. 이항분포를 설명하기 위해 앞서의 베르누이시행의 예를 다시 살펴보자. 매년 독립적으로 발생하는 연최대홍수량이 설계홍수량 100cms를 초과할 확률을 p, 초과하지 않을 확률을 q라고 하자. 3년 동안 이 설계홍수량을 첫 해와 둘째 해에는 초과하지 않았으나 셋째 해에 초과할 확률은 $qqp=q^2p$이고, 3년 동안 어느 해가 되었든 설계홍수량을 한 번 초과할 확률은 $qqp+qpq+pqq=3q^2p$이다. 또한 5년 동안 어느 해가 되었든 설계홍수량을 2번 초과할 경우 수는 5개 중 2개를 뽑는 조합이므로 $\binom{5}{2}=10$개이며, 확률은 $10q^3p^2$이 된다. 이러한 예를 일반화하여 n년 동안 연최대홍수량 X가 설계홍수량을 x번 초과할 확률을

$$f_X(n;x,p) = \binom{n}{x} p^x (1-p)^{n-x} \tag{8.23}$$

로 나타내며, 이를 이항분포의 확률함수라 한다. 이항분포의 누가확률분포함수는

$$F_X(x) = \sum_{i=0}^{x} \binom{n}{i} p^i (1-p)^{n-i} \tag{8.24}$$

이며, 평균과 분산은 각각 $E(X)=np$, $Var(X)=npq$이다.

예제 8.6

(가) 재현기간이 5년인 홍수는 20년 동안 평균적으로 몇 번 발생하는가?

(나) 재현기간이 5년인 홍수가 20년 동안 정확히 (가)에서 구한 숫자만큼 일어날 확률은 얼마인가?

| 풀이 |

(가) 홍수의 재현기간이 5년이므로, 홍수발생확률은 $p=1/5=0.2$이다. $n=20$이므로, 20년 동안 홍수의 평균적인 발생 회수는 다음과 같다.

$$E(X) = np = 20 \times 0.2 = 4$$

(나) 이항분포를 생각하자. 식 (9.23)으로부터

$$f_X(4;20, 0.2) = \binom{20}{4} 0.2^4\, 0.8^{16} = 0.218$$

따라서, 20년 동안 재현기간(return period) 5년인 홍수가 4회 일어날 확률은 0.218이다.

(2) 기하분포와 음이항분포

앞서 베르누이시행으로 정의된 연최대홍수량이 X번째 해에서야 처음으로 설계홍수량을 초과한 경우를 생각해 보자. 즉, $(X-1)$년 동안은 한 번도 설계홍수량을 초과하지 않았으나 X번째 해에 초과가 발생한 경우 이 확률은

$$f_X(x;p) = p(1-p)^{x-1} \tag{8.25}$$

이며, 이를 기하분포(geometric distribution)라고 한다. 기하분포의 평균과 분산은 각각 $E(X)=1/p$이며 이는 앞서 설명한 재현기간을 의미한다.

기하분포의 개념은 다음과 같이 확장될 수 있다. X번째의 베르누이시행에 k번째의 성공 (또는

초과)이 발생한 경우, 즉 연최대홍수량이 $(X-1)$번째 해까지는 순서에 상관없이 $(k-1)$번 설계 홍수량을 초과하였고, X번째 해에 k번째 초과가 일어난 경우, 확률은 다음과 같다.

$$f_X(x;k,p) = \binom{x-1}{k-1} p^x (1-p)^{x-k} \tag{8.26}$$

이를 음이항분포(negative binomial distribution)라고 하며, 평균과 분산은 각각 $E(X)=k/p$, $Var(X)=kq/p^2$이다.

예제 8.7

(가) 5년 빈도의 홍수가 한번 발생한 후 같은 재현기간을 가진 홍수가 다시 한번 발생하기 정확히 4년이 걸릴 확률을 구하여라.

(나) 재현기간이 5년인 홍수가 20년 만에 4번째 발생하였다면 이 확률은 얼마인가?

| 풀이 |

(가) 이 경우는 5년째에 홍수가 처음 발생한 확률을 구하는 것과 같다. 즉, 기하분포를 이용하면 아래와 같이 계산할 수 있다.

$$f_X(5;0.2) = (0.2)(0.8)^4 = 0.0819$$

(나) 재현기간이 5년인 홍수가 20년 만에 4번째 발생하였으므로 19년 동안 3회가 순서에 상관없이 발생하고 20번째에 홍수가 발생할 경우를 생각하면 음이항분포를 생각할 수 있다. 따라서 계산은 다음과 같다.

$$f_X(20;4, 0.2) = \binom{19}{3} (0.2)^4 (0.8)^{16} = 0.0436$$

(3) 포아송분포

정해진 시간간격(time interval) 동안 일어날 확률이 p인 베르누이시행을 생각해 보자. 만일 시간간격 동안 평균 발생횟수(number of occurrences), $\lambda(=np)$를 일정하게 유지한 채 시간간격을 점점 줄여나간다면, 발생확률 p는 점점 작아지는 반면 시행횟수(number of trials)는 점점 커져야 할 것이다. 이와 같이 p가 매우 작고 n이 매우 큰 시행의 경우, 이항분포는 다음과 같은 확률함수를 갖는 포아송분포(Poisson distribution)에 접근하게 된다.

$$f_X(x;\lambda) = \lambda^x e^{-\lambda}/x! \qquad x = 0, 1, 2, \cdots ; \lambda>0$$

포아송분포의 모평균과 분산은 모두 λ인 특성을 가지고 있으며, 왜도는 $\lambda^{-1/2}$로 λ가 커짐에 따라 0에 접근하여 대칭에 가까워진다.

포아송분포는 가뭄이나 홍수와 같이 자연 재해의 확률분포를 표현하는데 종종 사용된다. 이는 재해란 발생할 확률이 포아송분포의 정의처럼 매우 작기때문이다. 이산분포에서의 포아송분포는 연속분포인 지수(exponential)분포 및 감마(gamma)분포로 확장되어 재해가 발생할 기간을 표현할 수 있는데 p.453~p.454에서 설명하기로 한다.

예제 8.8

아래 두 경우를 이항분포와 포아송분포로 각각 구하고 비교하여라.

(가) 20년 빈도의 홍수가 10년에 한번 일어날 확률

(나) 2년 빈도의 홍수가 10년에 5번 일어날 확률

| 풀이 |

(가) 이항분포를 사용하면

$$f_X(1;10,\ .05) = \binom{10}{1}(\ .05)(\ .95)^9 = 0.315$$

포아송분포로 근사값을 구해보면

$$\lambda = np = 10 \times 0.05 = 0.5$$

$$f_X(1;0.5) = 0.5\, e^{-0.5}/1 = 0.303$$

두 결과를 비교해 보면 약간의 차이는 있으나 발생확률이 5% 밖에 되지 않아 포아송분포로 근사적으로 계산할 수 있음을 보여주고 있다.

(나) 이항분포를 사용하면

$$f_X(5;10,\ .05) = \binom{10}{5}(\ .5)^5(\ .5)^5 = 0.246$$

포아송분포로 근사값을 구해보면

$$\lambda = np = 10 \times 0.5 = 5$$

$$f_X(5;5) = 5^5 e^{-5}/5! = 0.176$$

이 경우는 포아송분포로 근사하기에는 초과확률이 충분히 작다고 할 수 없다.

예제 8.9

다음은 어떤 지역에 5월 중 비가 내린 날의 총 수를 101년 동안 관찰하여 정리한 것이다. 즉, 아래의 표의 1~2열을 보면 5월 중 비가 한 번도 내리지 않은 해가 3번이나 되었음을 의미한다. 비가 내린 날의 확률을 이항분포와 포아송분포로 각각 구하여 비교하여라.

ⓐ 비 내린 날 수	ⓑ 관찰된 년 수	ⓒ (=ⓐ×ⓑ)	ⓓ 이항분포 확률	ⓔ 포아송분포 확률	ⓕ 관측 확률
0	3	0	0.003	0.005	0.030
1	5	5	0.020	0.027	0.050
2	8	16	0.060	0.072	0.079
3	9	27	0.120	0.126	0.089
4	13	52	0.172	0.165	0.129
5	21	105	0.190	0.174	0.208
6	14	84	0.169	0.153	0.139
7	10	70	0.123	0.115	0.099
8	6	48	0.076	0.076	0.059
9	4	36	0.040	0.044	0.040
10	3	30	0.018	0.023	0.030
11	2	22	0.007	0.011	0.020
12	2	24	0.002	0.005	0.020
13	1	13	0.001	0.002	0.010
14	0	0	0.0003	0.0008	0.000
합계	101	532			

| 풀이 |

표에서 ⓐ열은 5월 중 비가 온 날 수, ⓑ열은 101년 중 ⓐ열이 관찰된 년 수를 의미한다. ⓒ열은 ⓐ열과 ⓑ열을 곱한 값이다. 따라서 101년 동안 5월에 강우가 발생한 날 수는 총 532일이다. 이항분포에 의해 비가 내린 날의 확률을 구하기 위해서는 식 (8.23)에서 제시한 $f_X(x;\ m, p)=\binom{n}{x}p^x(1-p)^{n-x}$를 이용하여 구할 수 있으며, 결과는 ⓓ열에 정리하였다. 여기서 x는 비가 내린 날 수를, n은 5월의 총 날 수인 31을, p는 5월에 비가 내릴 확률로서 $p=\frac{532}{101\times31}=0.17$이 된다. 포아송분포에 의한 비가 내린 날의 확률은 위에서 제시한 식 $f_X(x;\ \lambda)=\lambda^x e^{-\lambda}/x!$를 이용하여 계산할 수 있으며 결과는 ⓔ열에 정리하였다. 여기서 $\lambda=np=0.17\times31=5.32$가 된다. ⓕ열은 관측확률로서 ⓑ열을 총 관측년도인 101로 나누어 계산한 값이다.

8.2.3 연속확률분포함수: 정규분포 계열

(1) 정규분포

통계학에서 가장 중요한 동시에 가장 널리 사용되고 있는 분포는 단연 정규분포(normal distribution) 또는 가우시안(Gaussian)분포라 할 수 있다. 또한 많은 통계적 분석기법들이 기본 전제로 자료가 정규분포를 따라야 함을 가정으로 요구하고 있다.

정규분포의 PDF는 다음과 같으며, 그림 8.3은 평균과 분산의 변화에 따른 정규분포의 형태를 나타내고 있다.

$$f_X(x) = \frac{1}{\sqrt{2\pi\sigma_X^2}} \exp\left[-\frac{1}{2}\left(\frac{x-\mu_X}{\sigma_X}\right)^2\right] \tag{8.27}$$

이와 같이 정규분포는 μ_X와 분산 σ^2_X를 매개변수로 가지는 2변수 분포이며, 연속확률변수 X가 정규분포를 따르는 경우 통상 $X \sim N(\mu_X, \sigma^2_X)$으로 표시한다. 또한 정규분포는 왜도계수가 0인 대칭분포이며, 변수 X의 음과 양의 방향으로 무한하다.

정규분포는 매개변수인 평균과 분산에 따라 무한히 많은 형태의 분포를 가질 수 있으므로, 흔히 평균과 분산의 영향을 배제한 표준정규분포(standard normal distribution)를 기본 형태로 사용한다. 표준정규분포는 확률변수 X를 다음의 식을 이용하여 표준화(standardization)한 후 유도된다.

$$Z = \frac{X-\mu_x}{\sigma_x} \tag{8.28}$$

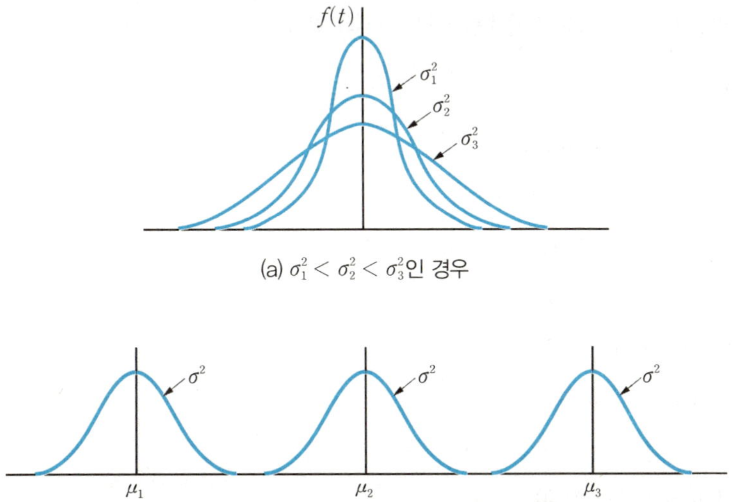

(a) $\sigma_1^2 < \sigma_2^2 < \sigma_3^2$인 경우

(b) $\mu_1 < \mu_2 < \mu_3$인 경우

| 그림 8.3 | 평균과 분산의 변화에 따른 정규분포의 형태

확률변수 Z는 평균이 0이고 분산이 1이므로, $Z \sim N(0, 1)$으로 표시할 수 있다. 표준정규분포의 PDF는 다음과 같다.

$$f_X(x) = \frac{1}{\sqrt{2\pi}} \exp\left[-\frac{1}{2}x^2\right] \tag{8.29}$$

표준정규분포로부터 확률변수 Z가 특정 구간 $[z_1, z_2]$에서 발생할 확률을 구하기 위해서는 위의 식 (8.29)를 다음과 같이 적분하여야 하며, [부록 Ⅲ] '표준정규분포표'는 누가확률을 근사적으로 계산한 결과를 보여주고 있다.

$$Pr(z_1 \le Z \le z_2) = \int_{z_1}^{z_2} \frac{1}{\sqrt{2\pi}} \exp\left(-\frac{z^2}{2}\right) dz \tag{8.30}$$

예제 8.10

예제 8.3 표 (1)의 충주댐 월 유입량 자료를 사용하여 연평균 유입량을 계산한 후 기본통계량을 구하고 히스토그램을 그리자.

(가) 충주댐 연평균 유입량이 정규분포를 그린다고 가정하고 이를 히스토그램과 비교하여라. 눈으로 보았을 때 정규분포(normal distribution) 가정은 타당하다고 보는가?

(나) 정규분포를 가정하였을 때 재현기간이 10년, 25년, 100년, 250년인 연평균 유입량을 구하여라.

| 풀이 |

(가) 충주댐 연평균 유입량 자료의 기본통계량은 아래와 같다.

자료 개수(count) = 30

평균(mean) = 159.97 cms

분산(variance) = 4239.42 cms^2

표준편차(standard deviation) = 65.11 cms

최소값(minimum) = 55.90 cms

최대값(maximum) = 291 cms

범위(range) = 235.10 cms

왜도계수(skewness) = 0.39

첨도(kurtosis) = −0.60

히스토그램의 계급구간은 $\sqrt{30}=5.5$이므로 5개로 나눈다. 정규분포의 경우 평균과 분산 2개의 모수가 필요하다. 정규분포의 PDF는 식 (8.27)로부터 구할 수 있다. 히스토그램과 정규분포 PDF를 그리면 그림 (1)과 같다.

눈으로 살펴보면 히스토그램과 PDF는 좌측 꼬리에서 차이가 있는 것을 확인할 수 있으므로 정규분포를 따른다고 가정할 수 없다.

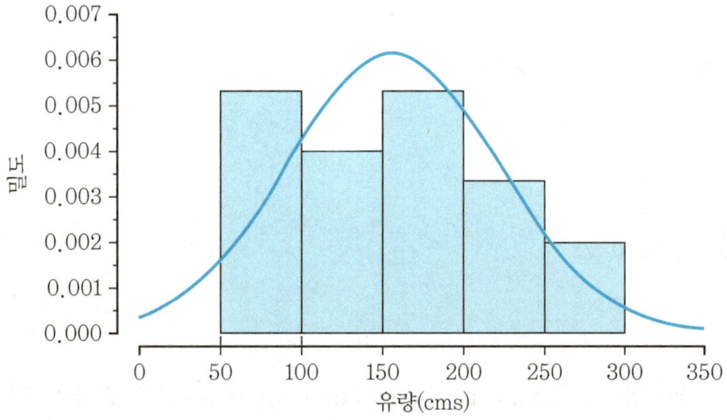

그림 (1) **충주댐 연평균 유입량의 히스토그램과 정규분포의 PDF**

(나) 정규분포의 CDF와 재현기간 T 사이에 다음과 같은 관계가 있다.

$$F_X(x) = 1-\frac{1}{T}$$

㉮ $T=10$인 경우

$$F_X(x) = 1-\frac{1}{T} = 1-\frac{1}{10} = 0.9$$

정규분포를 이용하여 z를 찾는다.

$$F_Z(z) = 0.9\text{일 경우 } z = 1.28$$

$$\therefore x = \mu_X+\sigma_X z = 240.41$$

이와 같은 방법으로 각 재현기간에 대해서 동일하게 진행한다.

㉯ $T=25$인 경우

$$\therefore x = \mu_X+\sigma_X z = 270.96$$

㉰ $T=100$인 경우

$$\therefore x = \mu_X+\sigma_X z = 308.44$$

㉱ $T=250$인 경우

$$\therefore x = \mu_X+\sigma_X z = 329.65$$

엄밀히 말하자면, 대다수의 수문 자료는 이론적으로 정규분포를 따를 수 없다. 왜냐하면 강우나 유량 등의 수문 자료는 모두 0보다 같거나 크기 때문에 음의 방향으로도 무한대의 범위를 갖는 정규분포로는 표현할 수 없기 때문이다. 그러나 어떤 확률변수의 평균이 표준편차에 비하여 3배 이상 큰 경우 그 확률변수가 0보다 작을 확률은 거의 0에 가깝게 되므로 이러한 이론상의 제약성은 실제 적용에서는 완화될 수 있다.

(2) 대수정규분포

수문 자료는 일반적으로 양의 방향으로 왜곡되어 있으므로, 양의 확률변수 X를 대수변환하였을 경우 정규분포를 따르는 경우가 흔히 있다. 즉,

$$Y = \ln(X) \sim N(\mu_Y,\ \sigma^2_Y) \tag{8.31}$$

또는

$$X \sim LN(\mu_X,\ \sigma^2_X) \tag{8.32}$$

으로 나타낸다.

확률변수 X가 대수정규분포(lognormal distribution)를 따를 경우, PDF는 다음과 같다.

$$f_X(x) = \frac{1}{x\sqrt{2\pi\sigma^2_Y}} \exp\left[-\frac{1}{2}\left(\frac{\ln(x)-\mu_Y}{\sigma_Y}\right)^2\right] \tag{8.33}$$

대수정규분포를 따르는 변수 X와 정규분포를 따르는 변수 Y의 평균과 분산 사이의 관계는 다음과 같으며

$$\sigma_Y = \left[\ln\left(1+\frac{\sigma^2_X}{\mu^2_X}\right)\right]^{1/2} \tag{8.34a}$$

$$\mu_Y = \ln(\mu_X) - \frac{1}{2}\sigma^2_Y \tag{8.34b}$$

대수정규분포를 따르는 변수 X의 왜도를 변동계수 CV_X로 표현하면

$$\gamma_X = 3CV_X + CV^3_X \tag{8.35}$$

그림 8.4는 변동계수(또는 왜도계수)에 따른 대수정규분포의 형태를 보여주고 있는데, 왜도계수 또는 변동계수가 0에 접근할수록 대수정규분포는 정규분포에 접근함을 알 수 있다.

일반적으로 대수정규분포는 평균과 분산을 모수로 가지는 2변수이나 3변수 대수정규분포도 수문 자료에 유용하게 적용되고 있다. 3변수 대수정규분포란 확률변수 X에서 하한값 ξ를 뺀 후 대수변환을 하면 정규분포를 따르는 경우를 지칭하는 분포이다. 즉,

$$Y = \ln(X-\xi) \sim N(\mu_Y,\ \sigma^2_Y) \tag{8.36}$$

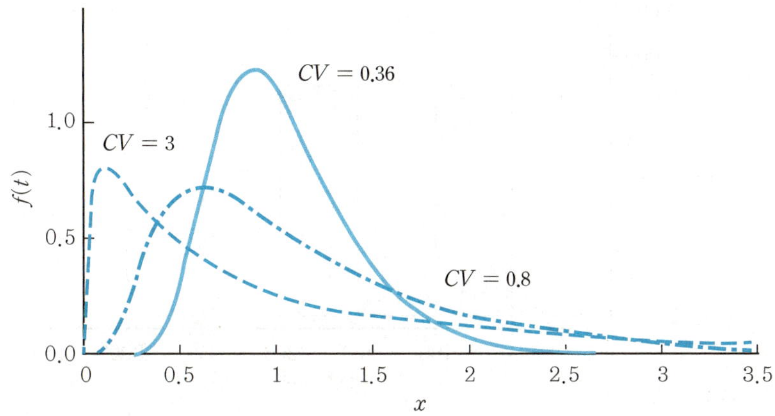

| 그림 8.4 | 변동계수에 따른 대수정규분포의 형태

이 경우 하한값 ξ는 모멘트법으로 추정하기보다는 quantile-lower-bound 추정값이 보다 효율적인 것으로 알려져 있으므로 이를 제시한다.

$$\hat{\xi} = \frac{x_{(1)}x_{(n)} - x_{md}^2}{x_{(1)} + x_{(n)} - 2x_{md}} \tag{8.37}$$

여기서 $x_{(1)}$, $x_{(2)}$, x_{md}는 각각 자료 중 최대값, 최소값, 중앙값을 각각 나타낸다. 만일 $x_{(1)} + x_{(n)} - x_{md} < 0$이라면 ξ는 상한값을 나타내며, 이 경우 $\ln(\xi - X)$가 정규분포를 따르게 된다.

예제 8.11

예제 8.10의 충주댐 연평균 유입량이 2변수 대수정규분포를 따른다고 가정하자.

(가) 기본통계량과 히스토그램으로부터 대수정규분포 가정이 타당한지 검토하여라.

(나) 대수정규분포를 가정하였을 때 재현기간이 10년, 25년, 100년, 250년인 연평균 유입량을 구하고 이를 예제 8.10 (나)의 결과와 비교하여라.

| 풀이 |

(가) 기본통계량 및 히스토그램은 예제 8.10과 같다.

식 (8.33)으로부터 2변수 대수정규분포의 PDF를 구하고 도시하면 그림 (1)과 같다. 대수정규분포와 히스토그램이 유사한 것으로 보아 자료가 대수정규분포를 따른다고 가정할 수 있다.

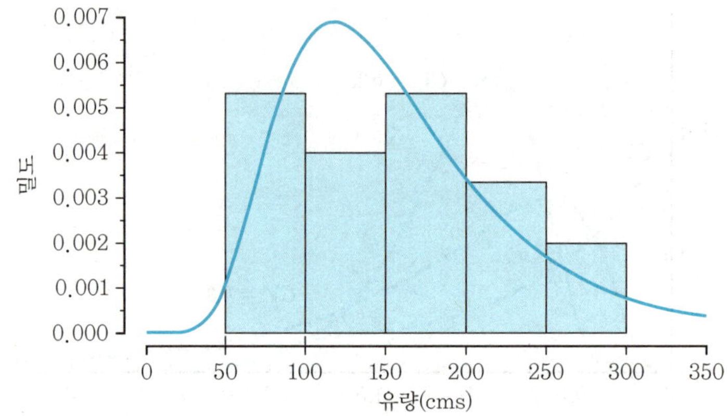

그림 (1) 대수정규분포의 PDF

(나) 연평균 유입량 지료 (X)에 대수를 취하고(Y) 표본평균$(\overline{Y})$와 분산(s_Y^2)을 구한다.

$$Y = \ln X$$

$$\overline{Y} = 4.97$$

$$s_Y^2 = 0.1989$$

표준정규분포표(부록 Ⅲ)을 이용하여 재현기간별 비초과확률에 해당하는 z를 찾고 $Y = \overline{Y} + s_Y^2$을 구한 후 $x = e^y$로 변환한다.

㉮ T=10인 경우

$$F_Y(y) = 1 - \frac{1}{T} = 1 - \frac{1}{10} = 0.9$$

$F_Z(z) = 0.9$일 경우 $z = 1.28$

$$\therefore x = \mu_X + \sigma_X z = 240.41$$

$$y = \mu_y + s_Y z = 5.22$$

$$x = e^{5.22} = 185.02$$

이와 같은 방법으로 각 재현기간에 대해서 동일하게 진행한다.

㉯ T=25인 경우

$$x = e^{5.31} = 203.11$$

㉰ T=100인 경우

$$x = e^{5.43} = 227.74$$

㉱ T=250인 경우

$$x = e^{5.49} = 242.98$$

본 예제와 예제 8.10과의 값을 비교하면 표 (1)과 같다. 표를 보면 꼬리부분으로 갈수록 차이가 커짐을 알 수 있는데 이로써 홍수나 가뭄 등 극치값의 추정이 분포의 선정에 매우 중요함을 알 수 있다.

표 (1) 재현기간에 따른 충주댐 연평균 유입량(cms) 비교

분포 \ 재현기간(yr)	10	25	100	250
정규분포	240.41	270.96	308.44	329.65
대수정규분포	185.02	203.11	227.74	242.98

8.2.4 연속확률분포함수: 극치분포 계열

수문 자료 중 관심의 대상은 연최대홍수량이나 연최대강우량 등의 최대값과 갈수량 등의 최소값 등으로 이루어진 극치자료(extreme value data)이다. 이러한 극치자료를 표현하기 위한 분포가 극치분포(extreme value distribution)이며, 이를 이용하여 홍수나 갈수 등 극치에 대한 빈도분석이 가능하다.

CDF가 F_X인 n개의 확률변수 X가 서로 독립인 경우 X의 최대값(또는 최소값)으로 새롭게 구성된 확률변수의 CDF는 $F_X{}^n$이므로, 이는 원자료의 개수 n과 원자료의 분포(parent distribution) F_X의 함수이다. 일반적으로 연최대홍수량의 경우 자료들은 서로 독립이므로, n이 무한히 큰 경우, 표 8.1에 나타난 바와 같이 다양한 F_X에 대하여 $F_X{}^n$은 제1형, 제2형, 제3형 극치분포 등 세 가지 형태의 분포 중 하나에 수렴하는 것으로 알려져 있다.

본 장에서는 수문 자료에 많이 적용되고 있는 제1형과 제3형 극치분포에 대하여 서술한다.

■ **표 8.1 극치분포의 세 가지 형태**

극치분포의 형태	극치의 종류	원자료의 분포	기타 명칭
제1형 극치분포 (type I extreme distribution)	최대값	정규분포, 대수정규분포, 지수분포, gamma분포	검블분포, Fisher type I, 2중지수분포 (double exponential)
	최소값	정규분포	
제2형 극치분포 (type II extreme distribution)	최대값 또는 최소값	cauchy분포	
제3형 극치분포 (type III extreme distribution)	최대값	beta분포	와이블(Weibull)분포
	최소값	beta분포, 대수정규분포, gamma분포, 지수분포	

(1) 제1형 극치분포

제1형 극치분포 또는 검블분포(Gumble distribution)는 극치의 상한과 하한의 값이 없는 경우이므로 수문 자료의 경우는 주로 최대값의 분석에 많이 이용된다. 즉, 검블분포는 연최대홍수량 또는 연최대강우량 등의 빈도분석에 사용되며, 특히 극치가 소속되어 있는 원자료의 분포가 정규분포, 대수정규분포, 감마분포(gamma distribution), 지수분포(exponential distribution) 등일 때, 이들에 소속되어 있는 최대값의 해석에 많이 사용된다.

최대값에 대한 검블분포의 PDF와 CDF를 $-\infty < x < \infty$의 범위에서 살펴보면 다음과 같다.

$$f_X(x) = \frac{1}{\alpha}\exp\left[-\frac{x-\xi}{\alpha} - \exp\left(-\frac{x-\xi}{\alpha}\right)\right] \tag{8.38}$$

$$F_X(x) = \exp\left[-\exp\left(-\frac{x-\xi}{\alpha}\right)\right] \tag{8.39}$$

여기서 α, ξ는 각각 scale parameter, location parameter라고 부르며, 이 분포의 모평균과 모분산은 다음과 같다.

$$\begin{aligned} \mu_X &= \xi + 0.5772\,\alpha \\ \sigma_X^2 &= \frac{\pi}{6}\alpha^2 \approx 1.645\,\alpha^2 \end{aligned} \tag{8.40}$$

그러므로 식 (8.40)에서 모평균과 모분산을 표본평균과 표본분산으로 치환한 후, 모수 α와 ξ를 구하는 모멘트법을 사용하면, 다음과 같다.

$$\begin{aligned} \hat{\alpha} &= \frac{\sqrt{6}}{\pi}s_X \approx \frac{s_X}{1.283} \\ \hat{\xi} &= \mu - 0.45\,s_X \end{aligned} \tag{8.41}$$

또한 검블분포를 따르는 확률변수의 왜도계수는 최대값인 경우 1.1396, 최소값인 경우 -1.1396으로 일정한 특징이 있다.

표준정규분포와 비슷한 방법으로, 검블분포도 확률변수 X를 $Y=(X-\xi)/\alpha$로 치환한다면 식 (8.39)는 다음과 같이 간단히 표시될 수 있다.

$$F_Y(y) = e^{-e^{-y}} \tag{8.42}$$

그림 8.5는 몇 가지 검블분포를 보여주고 있다.

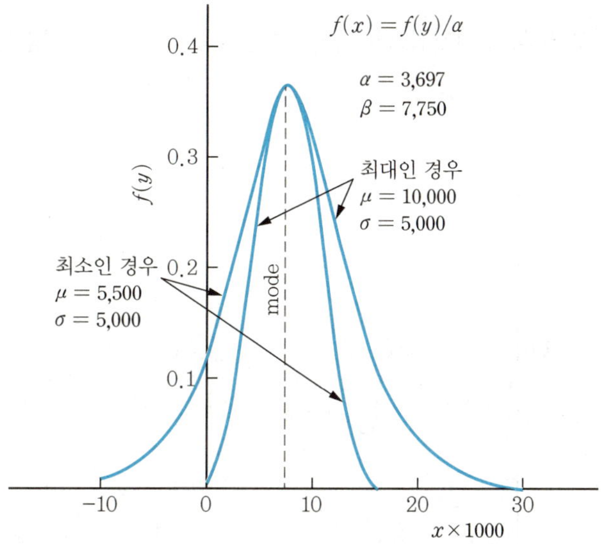

| 그림 8.5 | 검블분포(제1형 극치분포)

(2) 제3형 극치분포

제3형 극치분포 또는 와이블분포(Weibull distribution)는 제1형과 달리 상한 또는 하한값(bounded value)을 가지는 자료에 적용되며 주로 0을 하한값으로 갖는 연최대갈수량 등의 최소값 분석에 많이 사용된다.

$x > 0$인 범위에서 $\alpha > 0$, $k > 0$인 와이블분포의 PDF와 CDF는

$$f_X(x) = \left(\frac{k}{\alpha}\right)\left(\frac{x}{\alpha}\right)^{k-1} \exp\left[-\left(\frac{x}{\alpha}\right)^k\right] \tag{8.43}$$

$$F_X(x) = 1-\exp[-(x/\alpha)^k] \tag{8.44}$$

이며, 이들의 모평균과 모분산은

$$\mu_X = \alpha\Gamma\left(1+\frac{1}{k}\right)$$

$$\sigma_X^2 = \alpha\left\{\Gamma\left(1+\frac{2}{k}\right)-\left[\Gamma\left(1+\frac{1}{k}\right)\right]^2\right\} \tag{8.45}$$

여기서 $\Gamma(\cdot)$는 감마함수(gamma function)를 나타낸다. 와이블분포에서는 모수 α와 k의 추정식을

단일식으로 표현할 수는 없으나, 식 (8.45)에서 모평균과 모분산을 표본평균과 표본분산으로 치환한 후, α와 k를 시행착오 등의 수치기법으로 구할 수는 있다. 그림 8.6은 몇 가지 와이블분포를 보여주고 있다.

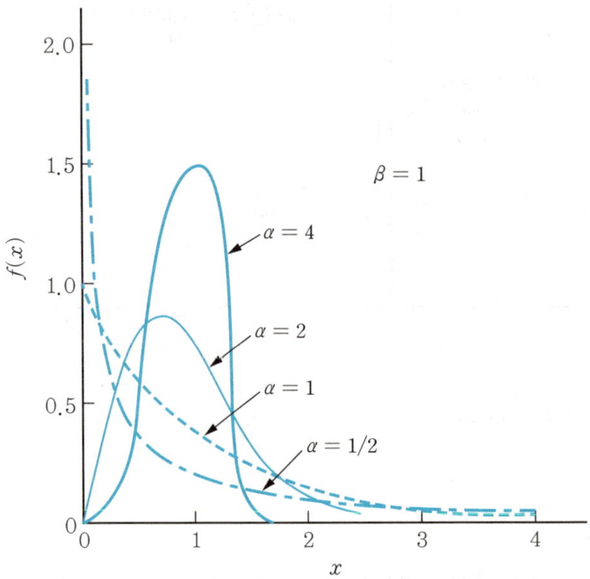

| 그림 8.6 | 와이블분포(제3형 극치분포)

8.2.5 연속확률분포함수: 피어슨분포 계열

(1) 피어슨분포

수문학에서 널리 사용되고 있는 분포 중 통계학자 피어슨이 제안한 피어슨분포 계열이 있다. 피어슨분포의 PDF는 $\alpha > 0$에 대하여

$$f_X(x) = |\beta|\{\beta(x-\xi)\}^{\alpha-1}\frac{\exp[-\beta(x-\xi)]}{\Gamma(\alpha)} \tag{8.46}$$

이나 CDF를 위한 단일식은 존재하지 않는다. 식 (9.46)에서 알 수 있듯이 피어슨분포는 3변수 분포이며, 이 분포의 모멘트는 다음과 같이 유도할 수 있다.

$$\mu_X = \xi + \frac{\alpha}{\beta}$$

$$\sigma_X^2 = \frac{\alpha}{\beta^2}$$

$$\gamma_X = \begin{cases} \dfrac{2}{\sqrt{\alpha}} & \text{for } \beta > 0,\ x > \xi \\ \dfrac{-2}{\sqrt{\alpha}} & \text{for } \beta < 0,\ x < \xi \end{cases} \tag{8.47}$$

$\beta > 0$이고 $x > \xi$인 경우 모멘트법으로 식 (8.47)에서 모수를 추정하면 다음과 같다.

$$\alpha = \frac{4}{\gamma^2}$$

$$\beta = \frac{2}{\sigma\gamma}$$

$$\xi = \mu - \frac{\alpha}{\beta} = \mu - 2\frac{\sigma}{\gamma} \tag{8.48}$$

그림 8.7은 왜도계수에 따른 다양한 형태의 피어슨분포를 보여주고 있다. 피어슨분포의 특징은 정규분포는 물론 감마분포와 지수분포 등 여러 가지 분포가 피어슨분포에 포함되는 유연성이 있다는 점이다. 예를 들어, 일정한 평균과 분산에 대하여 shape parameter인 α가 무한대로 증가함에 따라 왜도계수는 0에 접근하며, 피어슨분포는 정규분포에 접근한다.

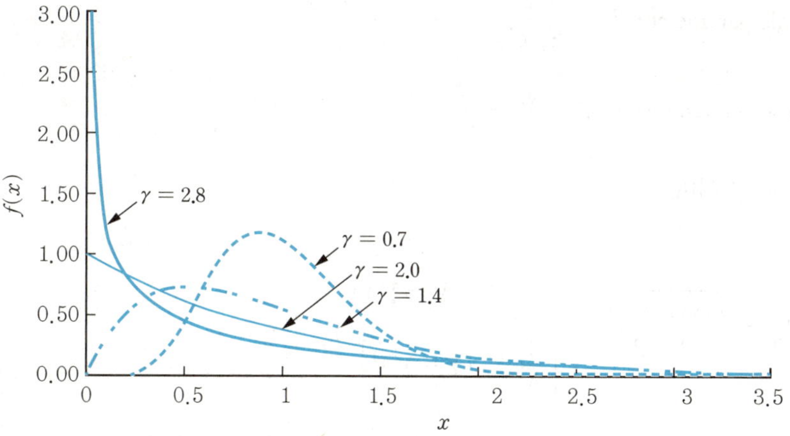

| 그림 8.7 | 왜도계수(γ)에 따른 다양한 형태의 피어슨분포

(2) 대수피어슨분포

확률변수 X의 대수가 피어슨분포를 따를 경우 X는 대수피어슨분포를 따른다고 한다. 대수피

어슨분포의 PDF는

$$f_X(x) = |\beta|\{\beta\,[\log_{10}(x)-\xi]\}^{\alpha-1}\frac{\exp\{-\beta\,[\log_{10}(x)-\xi)]\}}{x\Gamma(\alpha)} \tag{8.49}$$

이나 CDF를 위한 단일식은 역시 존재하지 않는다. 식 (8.49)에서 $\beta<0$이면 확률변수 X는 $0<x<\exp(x)$의 범위에서 정의되며 $\beta>0$이면 확률변수 X는 $\exp(x)<x<\infty$의 범위에서 정의된다. 대수피어슨분포는 미국 US Water Resources Council Bulletin 17과 호주의 Institute of Engineers에서 홍수량에 적합한 분포로 추천되어 널리 사용되고 있다. 이 분포의 모멘트는 다음과 같이 유도할 수 있다.

$$\mu_x = e^{\xi}\left(\frac{\beta}{\beta-1}\right)^{\alpha} \tag{8.50}$$

$$\sigma_x^2 = e^{2\xi}\left[\left(\frac{\beta}{\beta-2}\right)^{\alpha}-\left(\frac{\beta}{\beta-1}\right)^{2\alpha}\right] \tag{8.51}$$

미국 WRC(Water Resource Council)에서 제안한 Indirect method of moment법으로 모수를 추정하면 다음과 같다(Bobee & Ashkar, 1991).

$$\begin{aligned}&\text{shape parameter : } \alpha = \frac{4}{C_{S_Y}^2}\\ &\text{scale parameter : } \beta = \frac{2}{S_Y\,C_{S_Y}}\\ &\text{location parameter : } \xi = \overline{Y} - \frac{2S_Y}{C_{S_Y}}\end{aligned} \tag{8.52}$$

여기서 $Y=\log_{10}X$이며,

$$C_{S_Y} = \frac{\sqrt{N(N-1)}}{N-2}\times\frac{\frac{1}{N}\sum_{i=1}^{N}(Y_y-\overline{Y})^3}{\left[\frac{1}{N}\sum_{i=1}^{N}(Y_i-\overline{Y})^2\right]^{3/2}} \text{ 이다.} \tag{8.53}$$

예제 8.12

충주댐 연평균 유입량이 대수피어슨분포를 따른다고 가정하고 예제 8.10의 내용대로 다시 풀이하시오.

| 풀이 |

식 (8.52)로부터 대수피어슨(Pearson Type Ⅲ)분포의 모수를 추정하면 아래와 같다.

$$\alpha = \frac{4}{C_{S_Y}^2} = 32.48$$

$$\beta = \frac{2}{S_Y\, C_{S_Y}} = -29.43$$

$$\xi = \overline{Y} - \frac{2S_Y}{C_{S_Y}} = 3.26$$

식 (8.49)으로부터 대수피어슨분포의 PDF는 다음과 같다.

$$f_X(x) = |\beta|\{\beta\,[\log_{10}(x)-\xi]\}^{\alpha-1}\frac{\exp\{-\beta\,[\log_{10}(x)-\xi]\}}{x\Gamma(\alpha)}$$

여기서

$$\Gamma(\alpha) = \Gamma(32.48) = 4.339\times10^{34}$$

이다. 위의 식에 앞에서 구한 모수를 대입하고 도시하면 그림 (1)과 같다.

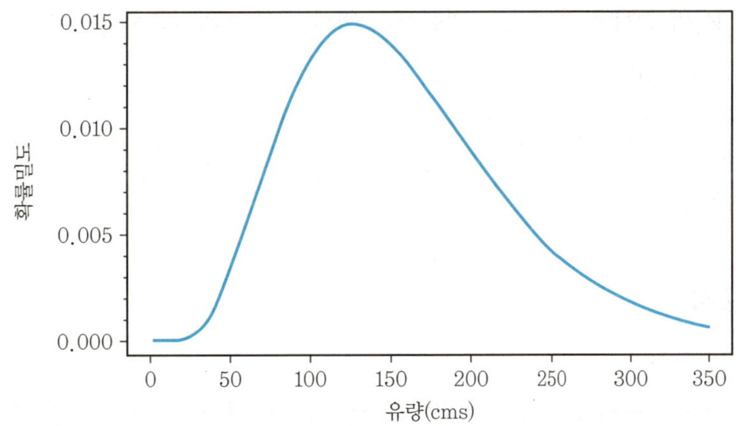

그림 (1) 피어슨분포의 PDF

앞의 예제 8.10에서 구한 정규분포와 대수정규분포의 PDF는 월평균 유량이 150cms 부근에서 peak를 보이는 등 비슷한 경향을 나타내고 있으며, 본 예제에서 대수피어슨분포의 PDF도 마찬가지임을 확인할 수 있다. 그러므로 자료가 대수피어슨분포를 따른다는 가정은 타당하다. 물론 이에 대한 정확한 통계적 가설검정은 이후 8.3.3절에서 다룰 예정이다.

(3) 지수분포(exponential distribution)와 감마분포(gamma distribution)

피어슨분포의 특수한 경우로 모수 $\alpha=1$이고 왜도계수 $\gamma=2$인 경우 이를 (2변수)지수함수라 하며, $\beta>0$이고 $x>\xi$의 범위에서 다음과 같은 PDF와 CDF를 가진다.

$$f_X(x) = \beta \exp[-\beta(x-\xi)] \tag{8.54}$$

$$F_X(x) = 1-\exp[-\beta(x-\xi)] \tag{8.55}$$

지수함수를 따르는 확률변수 X의 모평균과 모분산은 다음과 같이 간단하게 표현되며, 이를 이용하면 모멘트법으로 모수를 추정할 수 있다.

$$\mu_X = \xi+\frac{1}{\beta}$$

$$\sigma_X^2 = \frac{1}{\beta^2} \tag{8.56}$$

지수함수는 앞서 설명한 포아송 과정으로 발생하는 두 사건의 발생 시간을 나타내는 분포이다. 피어슨분포의 모수 $\beta>0$이고 하한값 $\xi=0$인 경우 이를 감마분포라 부르며, 이 경우 왜도계수는 언제나 $\gamma=2CV_X$의 관계를 갖는다. 감마분포도 역시 포아송 과정으로 발생하는 n번째 사건의 발생시간에 관한 분포이다.

8.3 빈도분석

8.3.1 확률도시

빈도분석(frequency analysis)이란 주어진 자료에 적절한 확률분포를 선택한 후, 이 분포로부터 어떤 재현기간에 해당하는 수문량을 찾거나 또는 거꾸로 어떤 수문량에 해당하는 초과확률을 구하는 과정이다. 앞 절에서 기술한 모든 확률분포는 결국 수문 자료의 빈도분석에 적용하기 위해서 배웠다고 해도 과언이 아니다. 빈도분석의 과정은 수집된 표본자료에 초과확률을 부과하고, 이를 근거로 이론적인 확률분포를 선택하며, 선택한 분포를 통계적으로 검정하는 세 단계를 거친다. 빈도분석 기법의 개발은 설계홍수량을 결정하기 위한 필요성에서 시작되었으나, 근래에는 모든 수문 자료에 적용되고 있다.

수집된 표본자료가 하나의 모집단으로부터 얻어진 것이라면 각각의 자료는 모집단의 분포에 따른 확률을 가질 수 있다. 일반적으로 수집된 표본자료의 모집단 분포는 알 수 없기 때문에 각각의 자료에 어떻게 확률을 부여하는가 하는 문제에 부딪치게 된다. 이와 같이 수집된 자료에 확률을 부여하는 것을 도시위치(plotting position)를 결정한다고 하며, 이러한 과정을 확률도시(probability plot)라고 한다. 도시위치란 용어는 주어진 표본자료를 확률지에 표시하기 위한 위치를 말하는 것으로 표본자료의 모집단 분포를 찾기 위해 확률지를 사용하면서 시작된 용어이다.

도시위치에 의한 확률은 자료를 가장 큰 것부터 크기 순으로 나열하였을 경우 각 자료의 초과확률 $P[X \geq x]$을 나타내 주며 0.0~1.0 사이의 값을 갖고 있다. 모집단의 경우에는 0 또는 1의 확률을 가질 수 있는 자료가 있을 수 있으나, 모집단이 알려지지 않은 표본자료에는 이러한 확률을 피해야 한다. 왜냐하면, 표본자료의 최대값(또는 최소값)에 1(또는 0)이라는 확률을 부여한다는 의미는 이보다 큰(또는 작은) 사건은 절대로 발생하지 않는다고 단언하는 것이기 때문이다. 따라서 도시위치를 결정하는 방법은 확률이 0 또는 1이 되어서는 안 된다. 또한 도시위치를 결정하기 위하여 사용된 자료는 서로 독립적이어야 하며 모집단을 대표할 수 있을 만큼 충분한 수가 되어야 한다. 도시위치를 결정하는 방법에 따라 각 자료에 부여되는 확률이 다르게 될 위험이 있으므로 Gumbel은 다음과 같은 기준을 제시하였다.

① 도시위치는 모든 자료가 도시될 수 있도록 결정되어야 한다.

② 도시위치는 $(i-1)/n$과 i/n 사이의 빈도를 가져야 한다. 여기서 i는 자료를 큰 것부터 정리하였을 경우 i번째로 큰 순위이다.

③ 자료 중 최대값과 같거나 큰 값의 재현기간은 자료의 수 n에 접근하여야 한다.

④ $(i-1)$과 i번째 자료의 도시위치의 차이는 n만의 함수이어야 한다. 즉 자료는 빈도에 있어서 같은 간격을 가져야 한다(equally spaced on frequency scale).

⑤ 도시위치를 나타내는 공식은 간단하여야 하며 의미를 가져야 한다.

도시위치를 나타내는 공식 중 가장 간단한 식은 California공식으로 불리는 i/n일 것이다. 그러나 이는 앞서 언급한 바와 같이 최소값에는 0을 최대값에는 1의 확률을 부여하므로 바람직하다고 할 수 없다. 또한 이 공식은 Gumbel이 제시한 위의 기준 ②에도 위배된다. 간단하면서도 오래 전에부터 사용된 또 다른 공식으로 Hazen공식, 즉 $(i-0.5)/n$이 있으나, 이는 $i=1$일 경우, 재현기간

$T=2n$이 되므로 Gumbel의 기준 ③에 위배된다. 이런 이유로 도시위치 공식에 관한 연구는 오랜 기간 진행되어 표 8.2에 정리된 바와 같이 여러 가지가 개발되어 저마다 장단점을 지니고 있으나, 그 차이점은 다음의 일반식에서 a값을 어떻게 결정하는가에서 출발한다.

표 8.2의 모든 공식은 분포의 중앙에서는 비슷한 값들을 나타내고 있으나 값이 크거나 적은 부분, 즉 분포의 꼬리부분에서는 일반적으로 예민한 반응을 보인다. 따라서 도시위치를 이용하여 극치값을 추정하는 경우에는 세심한 주의가 필요하다.

■ **표 8.2** 여러 가지 도시위치 공식

공식명	공식	a	비고
California	i/n	–	일반적인 방법
Weibull	$i/(n+1)$	0.00	모든 분포에 대한 불편(unbiased) 초과확률
Gringorten	$(i-0.44)/(n+0.12)$	0.44	Gumbel 분포
Hazen	$(i-0.5)/n$	0.50	전통적인 방법
Blom	$(i-0.375)/(n+0.25)$	0.375	불편 normal 분포
Median	$(i-0.3175)/(n+0.365)$	0.3175	모든 분포에 대한 중간값 초과확률
APL	$(i-0.35)/n$	~0.35	확률가중모멘트와 함께 사용
Cunnane	$(i-0.40)/(n+0.2)$	0.40	대략적인 불편 분위수(quantile)

예제 8.13

예제 8.10의 충주댐 연평균 유입량을 빈도분석하기 위하여 도시위치를 구하고 이를 대수정규 확률지에 도시하여라.

| 풀이 |

다음과 같은 순서에 의한다.

(가) 자료 중 제일 큰 값부터 순위를 정한다. 즉 최대값 $m=1$이다. 자료 중 같은 값이 있는 경우에는 동일한 순위를 주는 법, 각각 다른 순위를 부여하는 법 등 도시위치를 결정하는 데 여러 방법이 있다.

(나) 표 8.2의 Weibull 도시위치 공식에 의하여 표 (1)과 같이 도시위치를 구한다.

표 (1) 예제 8.10의 자료

순위	자료값	도시위치	순위	자료값	도시위치
1	291	3.23	16	150.6	51.61
2	286.7	6.45	17	143.6	54.84

표 (1) 계속

순위	자료값	도시위치	순위	자료값	도시위치
3	261.5	9.68	18	141.9	58.06
4	241.2	12.90	19	141	61.29
5	221.7	16.13	20	126.3	64.52
6	213.2	19.35	21	109.2	67.74
7	211.3	22.58	22	107.8	70.97
8	203.9	25.81	23	96.3	74.19
9	190.1	29.03	24	95.4	77.42
10	186.1	32.26	25	90.9	80.65
11	176.6	35.48	26	86.3	83.87
12	174.2	38.71	27	74.3	87.10
13	169.5	41.94	28	73.3	90.32
14	159.8	45.16	29	69.8	93.55
15	159.6	48.39	30	55.9	96.77

(다) 적절한 확률지를 선택한다. 여기서는 대수정규확률지를 사용하였다.

(라) 확률지에 도시위치에 의거하여 자료를 도시한다.

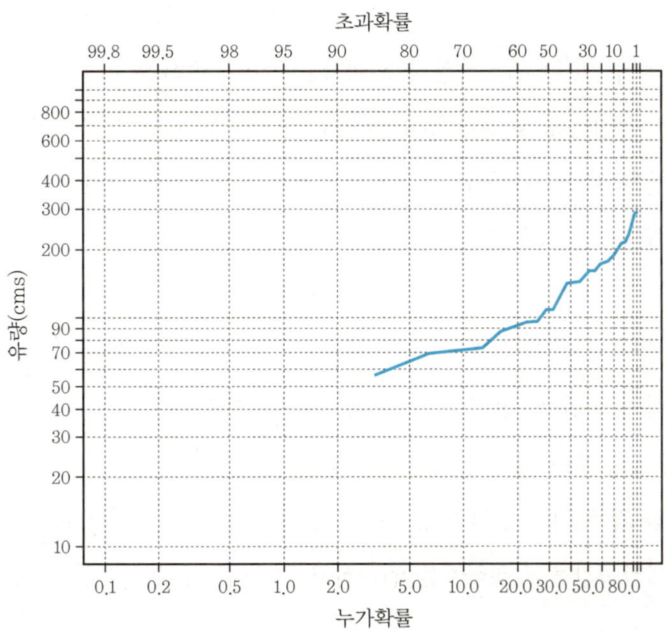

그림 (1) 대수정규확률지에 도시

8.3.2 분포의 검정

확률도시 과정을 통하여 확률지에 도시한 표본자료가 눈으로 보았을 때 전체적으로 직선의 모양을 따른다 하더라도 이를 선택하기 위해서는 통계이론에 근거한 검정과정을 거쳐야 한다. 이는 통계적 가설검정(hypothesis testing)의 일부로 "주어진 표본자료가 어떤 확률분포를 따른다"라는 가설을 세우고 이를 유의수준 α%에 대하여 채택하는가 아니면 기각하는가를 결정하는 과정이다. 여기서 유의수준이란 간단히 설명하자면 검정 결과의 오류가 발생할 확률을 의미한다. 적합분포의 검정방법(goodness-fit-test)에는 여러 가지가 있으나, 대표적인 방법으로 다음의 두 가지를 소개한다.

(1) Chi-square(χ^2) 방법

이 방법은 가장 흔하게 쓰이는 방법의 하나로써 표본자료가 이론적인 분포곡선(distribution curve)과 잘 일치하는가를 검증하는 방법이다. 즉

$$\chi_c^2 = \sum_{i=1}^{K} (O_i - E_i)^2 / E_i \tag{8.57}$$

여기서 K는 자료를 계급구간으로 정리하였을 때 계급구간(class interval)의 수이며, O_i는 i 구간에 속하는 자료의 수, E_i는 검정하는 분포에서 i 구간에 속하는 이론적인 기댓값이다. χ_c^2은 자유도 $K-p-1$을 가진 Chi-square 분포를 하고 있으므로 χ_c^2과 이론적인 χ^2의 값과 비교한다. 이론적인 χ^2의 값은 '부록 Ⅳ(i) χ^2 검정통계량'에서 유의수준과 자유도에 따라 찾을 수 있다. 여기서 p는 검정하는 분포의 모수의 개수이다. 만일 $\chi_c^2 > \chi_{1-\alpha, K-p-1}^2$일 경우, 분포의 가정은 기각된다.

Chi-square 방법은 구간을 어떻게 설정하는가에 따라 검정 결과가 예민하게 반응할 수 있으므로 이에 주의하여야 한다. 만일 각 구간에 속하는 확률변수 X의 범위가 일정하도록 등급구간으로 나누었을 경우에는 처음과 마지막의 몇 구간에서 O_i가 매우 작을 수 있다. 이를 피하기 위해 $O_i < 3 \sim 5$인 경우 인접 구간과 합치는 방법이 있으나, 일반적으로 각 구간에 속하는 확률이 일정하도록 계급구간을 설정하기를 권고하고 있으며, 자세한 계산과정은 다음의 예제를 참조하기 바란다.

(2) PPCC 검정

PPCC 검정은 Filliben에 의해 개발된 방법으로 비교적 간단하나 매우 강력한 검정방법이며, 자료의 수가 많은 경우 유용하다고 알려져 있다. 이 검정방법은 순위대로 정리된 관측 자료값 x_i들과 이에 대한 도시위치 q_i에 의해 결정된 적합 분포의 분위수(Fitted Quantile) w_i값 사이의 상관계수 r을 사용한다. 즉, r값이 1에 가까울수록 관측값의 분포가 가정된 분포형에서 왔을 가능성이 높음을 의미한다. $\overline{x}$가 관측값들의 평균이고, $\overline{w}$가 적합 분위수 들의 평균이라고 하면, r은 다음의 식으로 표현된다.

$$r = \frac{\sum_{i=1}^{n}(x_i - \overline{x})(w_i - \overline{w})}{\left\{\sum_{i=1}^{n}(x_i - \overline{x})^2 \sum_{i=1}^{n}(x_i - \overline{w})^2\right\}^{1/2}} \tag{8.58}$$

여기서, $w_i = G^{-1}(1-q_i)$으로 $G(x)$는 x의 누적 분포함수이다.

위의 식에서 계산된 r값을 분포형별로 제공되는 PPCC 검정통계량(부록 Ⅳ(iii))을 이용하여 자료수와 유의수준에 따라 비교하면 관측값이 가정된 분포형에서 추출되었다는 가설의 검정이 가능하다.

예제 8.14

예제 8.11에서 가정한 충주댐 연평균 유입량의 2변수 대수정규분포의 적합도를 유의수준 10%의 (가) Chi-square방법, (나) PPCC 방법을 통하여 검정하여라.

| 풀이 |

(가) Chi-square 방법

이론적인 빈도가 일정하게 되도록 등급 구간을 정하는 방법을 사용하여 Chi-square 검정을 시행하면 표 (1)과 같다. 자유도는 $\nu = K - p - 1$의 관계로부터 $p=2$(두개의 모수 μ와 σ^2), $K=5$, 따라서 $\nu=2$이다. χ^2 검정통계량 표(부록 Ⅳ(i))로부터 $\chi^2_{0.90,2}=4.61$이기에 $\chi^2_C=4.33<\chi^2_{0.90,2}$이므로 유의수준 10%에서 가설을 기각할 수 없다. 즉, 충주댐의 연평균 유입량은 대수정규분포에 일치한다고 할 수 있다.

표 (1) 예제 8.14 Chi-square 계산 자료

등급 번호	하한	상한	관측빈도 (O_i)	기대빈도 (E_i)	$\frac{(O_i-E_i)^2}{E_i}$
1	$-\infty$	97.508	8	6	0.667
2	97.508	126.176	2	6	2.667

표 (1) 계속

등급 번호	하한	상한	관측빈도 (O_i)	기대빈도 (E_i)	$\frac{(O_i-E_i)^2}{E_i}$
3	126.176	157.021	5	6	0.167
4	157.021	200.59	7	6	0.167
5	200.592	∞	8	6	0.667
		합계	Σ=30	Σ=30	Σ=4.333

(나) PPCC 방법

자료를 다수화한 뒤 r값을 구해보면 0.986이고 정규분포에 대한 PPCC 검정값(부록 Ⅳ(iii))에서 $n=30$일 때 유의수준 10%에서의 검정통계량인 0.949보다 크므로 귀무가설을 기각할 수 없다. 즉, 충주댐 연평균 유입량은 대수정규분포를 따른다고 할 수 있다.

8.3.3 빈도계수

주어진 표본자료에 적합한 확률분포가 결정되면 이를 이용하여 어떤 재현기간(또는 초과확률)에 해당하는 수문량을 계산할 수 있다. 그러나 이 과정은 누가확률함수의 역함수를 찾아야 하는 어려움을 안고 있다. 즉, 재현기간이 T, 또는 초과확률이 $1/T$인 수문량 x_T를 계산하기 위해서는 $x_T=F_X^{-1}(1-1/T)$라는 CDF F_X의 역함수 F_X^{-1}가 필요하나 이를 구하기란 쉽지 않다. 대안으로, 수치적인 방법을 통해 x_T를 찾을 수 있으나 이 또한 상당한 노력이 필요할 수 있다.

또 다른 대안으로 빈도계수의 개념을 도입하여 수문량을 계산할 수 있다. 이는 모든 수문량은 다음과 같이 평균 μ_X와 평균으로부터의 편차 Δx_T의 합으로 표시할 수 있으며, 편차는 표준편차 σ_X에 비례한다고 가정하는 방법이다.

$$x_T = \mu_X+\Delta x_T = \mu_X+K_T\,\sigma_X \tag{8.59}$$

여기서 K_T를 재현기간 T의 빈도계수라고 하며 각 분포에 따라 독특한 추정값을 갖는다.

식 (9.64)에서 모평균과 모분산을 표본평균과 표본분산으로 대치하고 각 분포에 해당하는 재현기간 T의 빈도계수를 사용하면 재현기간 T를 가지는 수문량을 계산할 수 있다.

각 분포에 따른 빈도계수를 계산하는 공식 중 대표적인 것을 소개하면 다음과 같다.

$$\text{정규분포 : } K_T = \frac{x_T - \mu}{\sigma} \tag{8.60}$$

대수정규분포 :

$$K_T = \left(\exp\left[\{\ln(1+CV^2)\}^{1/2} \cdot z - \frac{1}{2}\{\ln(1+CV^2)\}\right] - 1\right)/CV \tag{8.61}$$

$$\text{검블분포 : } K_T = -\frac{\sqrt{6}}{\pi}\left\{0.5772 + \ln\left[\ln\left(\frac{T}{T-1}\right)\right]\right\} \tag{8.62}$$

$$\text{피어슨분포 : } K_T = z + (z^2-1)k + \frac{1}{3}(z^3-6z)k^2 - (z^2-1)k^3 + zk^4 + \frac{1}{3}k^5 \tag{8.63}$$

여기서 $k=\gamma/6$, γ=왜도, z=표준정규 변량(표 8.3)이다.

대수정규분포의 경우에는 원자료 X를 대수변환($Y=\ln X$) 한 후 식 (8.60)에 평균 μ_Y과 표준편차 σ_Y를 대입하여 빈도계수를 구하여야 한다. 그러나 식 (8.61)을 사용하면 대수변환을 하지 않고도 원자료 X의 변동계수 CV를 이용하여 원자료의 빈도계수를 직접 구할 수 있다. 또한 피어슨분포의 빈도계수 식 (8.63)를 표로 나타내면 부록 Ⅴ(ii)과 같으며, 대수피어슨분포의 경우에는 원자료를 대수변환하여 식 (8.63)나 부록 Ⅴ(ii)를 적용하여 빈도계수를 구한다.

예제 8.15

평균 홍수량(mean annual flood)을 추정하기 위하여 재현기간 2.33년에 해당하는 값을 택하는 것이 보통이다. 그 이유는 무엇인가?

| 풀이 |

평균 홍수량이란 $X_T=\mu_X+K_T\sigma_X$에서 재현기간 2.33년에 해당하는 X_T가 μ_X란 의미이고, 최대값의 분포는 검블분포를 사용하므로 검블분포의 K_T값이 0일 때의 재현기간을 구해 보면 다음과 같다.

$$K_T = -\frac{\sqrt{6}}{\pi}\left\{0.5772 + \ln\left[\ln\left(\frac{T}{T-1}\right)\right]\right\} = 0$$

$$\therefore T = 2.3276 \approx 2.33 \text{ yr}$$

예제 8.16

충주댐의 연최대 일유량은 표 (1)과 같다.

(가) 연최대 일유량이 대수정규분포를 따른다고 가정한 후 빈도계수를 이용하여 재현기간이 2년, 10년, 25년, 100년, 250년에 해당하는 일유량을 구하여라.

(나) 이 자료가 대수피어슨분포를 따른다고 가정한 후 앞의 과정을 반복하고 두 결과를 비교하여라.

표 (1) 충주댐 연최대 일유량(cms) 자료(1990~2019)

연도	연최대일유량	연도	연최대일유량
1990	13142.1	2005	3084.2
1991	2427	2006	15126.4
1992	1692	2007	2735.2
1993	4250	2008	6662.3
1994	4003.4	2009	5012.7
1995	8776.2	2010	4586.1
1996	1496.3	2011	5059.9
1997	3428.5	2012	3373.7
1998	5897.2	2013	4380.1
1999	8156.7	2014	989.1
2000	4154.6	2015	700.4
2001	1586.5	2016	3663.7
2002	12599.5	2017	2467.1
2003	5575.2	2018	3715.8
2004	7808.1	2019	1032.8

| 풀이 |

(가) 대수정규분포를 가정한 경우

표 (1)에서 주어진 연최대 일유량(X)이 대수정규분포를 한다고 할 때, 대수로 변환시키지 않은 X로 K_T를 표시한다면 식 (8.61)의 K_T는

$$K_T = \left(\exp\left[\{\ln(1+CV^2)\}^{1/2}\cdot z - \frac{1}{2}\{\ln(1+CV^2)\}\right] - 1\right)/CV$$

$\bar{x}=5034.24$, $s_x=3623.69$, $CV=\frac{s_x}{\bar{x}}=0.674$이므로, 문제에서 주어진 재현기간별로 K_T를 구하고 $X_T=\mu_X+K_T\sigma_X$에서 모평균과 모분산을 표본평균과 표본분산으로 대치하면 재현기간 X_T를 구할 수 있으며, 표로 나타내면 표 (2)와 같다.

표 (2) 대수정규분포로 가정한 재현기간별 연최대 일유량

T(yr)	K_T	X_T(cms)
2	−0.265	3,960
10	0.085	5,228
25	0.240	5,788
100	0.452	6,557
250	0.584	7,037

(나) 대수피어슨분포를 가정한 경우

피어슨분포의 K_T를 구하는 공식은 다음과 같다.

$$K_T = z+(z^2-1)k+\frac{1}{3}(z^3-6z)k^2-(z^2-1)k^3+zk^4+\frac{1}{3}k^5$$

원자료(X)를 대수변환$(Y=\ln X)$하고 변환한 자료의 평균과 표준편차를 구하면

$$\bar{y} = 3.580$$

$$s_y = 0.331$$

따라서 $CV=\dfrac{s_Y}{\bar{y}}=0.0923$

$$\gamma = \frac{N\sum_{t=1}^{N}(y_t-\bar{y})^3}{(N-1)(N-2)s_Y^3} = -0.309$$

$$k = \frac{\gamma}{6} = -0.0516$$

주어진 재현기간별로 K_T를 구하고 이에 따른 Y_T값을 구한뒤 Y_T값을 역대수 변환$(X_T=10^{Y_T})$을 하면 재현기간별 X_T를 구할 수 있으며, 표로 나타내면 다음과 같다.

표 (3) 대수피어슨분포로 가정한 재현기간별 연최대 일유량

T(yr)	K_T	X_T(cms)
2	0.051	3,954
10	1.244	9,798
25	1.640	13,248
100	2.098	18,778
250	2.344	22,644

8.3.4 0의 처리

수문 자료 중 강우 자료 등은 대부분 0을 포함하고 있으며, 이 경우 대수변환 등을 할 수 없기 때문에 특별한 처리가 필요하다. 가장 간단한 해결방안으로는 전체 자료나 0의 값을 가진 자료에만 적은 숫자를 더하여 0을 제거하는 방법 등이 있다. 그러나 이러한 방법은 원 자료의 값을 변화시켜 평균 등의 통계 특성을 변화시킨다는 단점이 있다. 조금 더 합리적인 방법으로 전확률공식을 이용한 방법이 있으며 이는 다음과 같다.

$$P(X \geq x) = P(X \geq x | X=0)\ P(X=0) + P(X \geq x | X \neq 0)\ P(X \neq 0) \tag{8.64}$$

여기서 모든 자료는 0과 같거나 크므로 $P(X \geq x | X=0)=0$이다. 그러므로 위의 관계식은

$$P(X \geq x) = P(X \geq x | X \neq 0)\ P(X \neq 0) \tag{8.65}$$

이 된다. 식 (9.70)에서 $P(X \neq 0)$의 값은 0이 아닌 자료의 수를 전체 자료의 수로 나눈 값이며, $P(X \geq x | X \neq 0)$의 값은 0을 제외한 자료만으로서 확률을 계산하면 된다.

예제 8.17

어느 하천에 2015년의 갈수량 자료가 있다고 한다. 이 중 30개 자료는 전부 0(零)이라고 하며 0이 아닌 75개 자료의 평균은 100m^3/sec, 표준편차는 30m^3/sec라고 할 때 (가) 125m^3/sec보다 초과하는 확률, (나) 재현기간 25년의 홍수량을 구하여라. 이 자료는 대수정규분포를 하고 있다고 한다.

| 풀이 |

(가) 125m^3/s보다 초과하는 확률 $Pr[X>125]$는 식 (8.65)를 사용하여

$$Pr[X>125] = Pr[X>125 \mid X \neq 0]\ Pr[X \neq 0] \qquad \text{식 (1)}$$

로 정의할 수 있다. 식 (1)의 $X \neq 0$인 확률은

$$Pr[X \neq 0] = 65/(65+20) = 0.733 \qquad \text{식 (2)}$$

이며 구성된 자료를 대수변환($Y=\ln X$)하면 식 (8.34)에 따라

$$\overline{Y} = \frac{1}{2}\ln[\overline{X}^2/(CV^2+1)] = \frac{1}{2}\ln\,[100^2/(0.3^2+1)]=4.562$$

$$S_y^2 = \ln(CV^2+1) = 0.086$$

이 통계량으로 125m^3/s를 표준화한 후 표준정규분포표(부록 Ⅲ)에 대입하면 $Pr[X \leqq 125 \mid X \neq 0] = 0.82$를 얻을 수 있다. 따라서

$$Pr[X > 125 \mid X \neq 0] = 1 - Pr[X \leqq 125 \mid X \neq 0] = 1 - 0.82 = 0.18 \qquad \text{식 (3)}$$

이다. 식 (2)와 식 (3)의 값을 식 (1)에 대입하면

$$Pr[X > 125] = 0.18 \times 0.733 = 0.132$$

이므로, 125m^3/s보다 초과할 확률은 0.132이 된다.

(나) $Pr[X \geq x] = Pr[X \geq x \mid X \neq 0]\, Pr[X \neq 0] = \frac{1}{25}$

$$Pr[X \geq x \mid X \neq 0] = \frac{1}{25} \frac{1}{Pr[X \neq 0]} = \frac{1}{25} \times \frac{1}{0.722} = 0.0554$$

$$Pr[X < x \mid X \neq 0] = 1 - Pr[X \geq x \mid X \neq 0] = 1 - 0.545 = 0.9446$$

대수변환 값은 정규분포를 따르므로, 특정 재현기간의 값은 $Y_T = \overline{Y} + K_y S_y$를 통해 구할 수 있다. 표준정규분포표(부록 Ⅲ)를 이용해 확률 94.5%에 해당하는 z score 구하면 1.60이므로 $K_y = 1.60$이 된다.

$$Y_T = 4.562 + 1.60 \times (0.086)^{1/2} = 5.032$$

$$\therefore X_T = \exp[Y_T] = 153.2$$

8.4 수문시계열의 분석

8.4.1 수문시계열의 정상성

시계열(time series)이란 어떤 변수 X의 표본 X_1, X_2, ..., X_t가 시간에 따라 잇달아 발생하는 경우의 수열을 의미하며, X가 수문 현상을 구성하는 변수(즉, 강우와 유출 등)인 경우 이를 수문시계열(hydrologic time series)이라 한다. 수문시계열은 일반적으로 시간에 대하여 연속적으로 전개되는 시계열이지만 실제 우리에게 주어지는 시계열은 X_1, X_2, … 등의 관측값으로 구성된 이산시계열이다. 변수 X가 확률변수인 경우 이의 시계열을 추계(stochastic)시계열이라 하고 대부분의 수문시계열이 이에 해당된다. 수문시계열은 대부분 시, 일, 주, 월, 계절, 년 등의 시간 단위에서 정의된다.

수문시계열이 다른 시계열과 다른 특성은 '8.1.1(2) 수문 자료의 특성'에서 언급한 바와 같이 자기

상관성(autocorrelation)이라는 특성이며 대다수의 수문시계열 모형은 이 특성을 이용한다. 수문시계열 모형이란 이러한 수문시계열의 특성을 표현하기 위한 도구이며, 이를 이용하면 미래에 발생할 시계열의 예측이 가능하고, 또한 원하는 개수만큼의 시계열을 재생할 수 있다. 본 절에서는 수문시계열의 기초 이론을 서술하고자하며, 시계열 분석에 대한 보다 자세한 사항은 Box *et al.*(1994), Salas *et al.*(1980), Salas *et al.*(1993)을 참조하도록 한다.

(1) 정상성과 비정상성

어떤 수문시계열의 통계 특성(즉, 평균, 분산, 왜도 등)이 시간에 따라 변화하지 않는다면 이를 정상(stationary) 시계열이라고 부르며, 반면 변화한다면 비정상 시계열이라 부른다. 그러나 모든 통계 특성에 대하여 정상이기는 불가능하며, 일반적으로 평균과 (공)분산에 대하여 정상성(stationarity)을 유지하면 이를 정상 시계열로 간주한다.

비정상 시계열은 대부분 추세(trend), 이동(shift), 순환(cyclicity)으로 구성된다. 추세란 지구온난화(global warming)로 지구의 평균 지표온도(surface temperature)가 꾸준히 증가하는 현상과 같이 어떤 시계열의 통계 특성이 지속적으로 변화하는 현상을 말한다. 추세에는 선형추세(linear trend)가 대부분이나, 비선형추세(nonlinear trend)도 발생할 수 있다. 이동이란 댐의 건설로 건설 전후의 댐 하류 유량이 급격히 변하는 경우와 같이 시계열의 통계 특성이 급격히 변화는 현상을 의미한다. 순환 또는 주기(periodicity)란 시계열의 통계특성이 주기적으로 반복되는 현상으로 수문시계열에 가장 일반적으로 나타나는 특성이며 단기 순환과 장기 순환으로 나눌 수 있다. 계절의 반복으로 월평균 지표온도는 매년 비슷한 값을 유지하는데, 이러한 일년 이내의 순환을 단기 순환이라 한다. 또한 순환에는 엘리뇨와 같이 3~7년을 주기로 발생하는 현상이 있는데, 이러한 연 단위 이상의 순환을 장기 순환이라 한다.

(2) 비정상성의 제거

아래에 설명될 수문시계열 모형은 일반적으로 정상 시계열을 다루기 때문에 시계열의 비정상성은 사전에 제거하여야 한다. 평균에 존재하는 추세와 이동의 제거는 수문시계열 y_t와 추세 $\overline{Y}_t$에 대하여 식 $y_t - \overline{Y}_t$로 제거할 수 있다. 또한 분산(s_t^2)에 존재하는 추세와 이동은 식 $(y_t - \overline{Y}_t)/s_t$으로 제거할 수 있다. 여기서 평균 $\overline{Y}_t$와 분산 s_t^2는 시간의 함수이므로 시계열 y_t가 비정상임에 주목하여야 한다.

평균과 분산에 존재하는 주기성 중 시간단위가 연 이하인 경우 다음의 정규화 과정으로 제거될 수 있다.

$$z_{v,\tau} = \frac{y_{v,\tau} - \overline{Y}_\tau}{S_\tau} \tag{8.66}$$

여기서 τ는 계절을 나타낸다. 식 (8.66)은 계절이 월 단위인 경우 원자료에서 월평균을 뺀 후 월 표준편차로 나누는 과정을 나타내는데 이렇게 전환된 $z_{v,\tau}$는 전체 월에 대하여 평균 0와 분산 1을 가진다. 이 방법의 대안으로 주기성을 제거하지 않고 그대로 다루되 주기성을 고려할 수 있는 모형을 적용하는 방법이 있으나, 이 방법은 여기서는 다루지 않기로 한다.

8.4.2 수문시계열 모형

(1) ARMA 모형

1960년대 말 Box와 Jenkins는 일반적인 시계열을 다루기 위한 ARMA(AutoRegressive Moving Average) 모형을 개발하였으며, 이를 위한 모형화 과정을 체계적으로 정리하였다. ARMA(p, q) 모형의 일반식은 다음과 같다.

$$z_t = \sum_{j=1}^{p} \phi_j z_{t-j} + \varepsilon_t - \sum_{j=1}^{q} \varepsilon_{t-j} \tag{8.67}$$

여기서 $z_t \sim N(0,\ 1)$이며, $\varepsilon_t \sim N(0,\ \sigma_\varepsilon)$이다. 그러므로 z_t는 식 (8.66)을 통하여 정규화 과정을 거친 시계열을 나타내며, 잔차 ε_t는 서로 독립인 백색잡음(white noise)를 나타낸다.

가장 간단한 모형인 AR(1)은

$$z_t = \phi_1 z_{t-1} + \varepsilon_t \tag{8.68}$$

으로 나타낼 수 있다. AR(1)과 함께 수문학에 자주 사용되는 모형으로는 ARMA(1, 1)이 있으며 이는 다음 식과 같다.

$$z_t = \phi_1 z_{t-1} + \varepsilon_t - \theta_1 \varepsilon_{t-1} \tag{8.69}$$

Box와 Jenkins가 수립한 ARMA 모형화 과정은 ① 사전 자료분석(preliminary data analysis), ② 모형의 설정(identification), ③ 매개변수의 추정(parameter estimation), 그리고 ④ 적합성 검정

(diagnostic check) 등의 네 단계를 거친다. 사전 자료분석은 표본자료를 도시해 보고 표본통계량 등을 계산하여 자료의 개략적인 특성을 얻고, 만일 비정상성이 발견되면 이를 처리하는 과정이다. 모형의 설정은 ARMA(p, q) 모형의 p와 q의 값을 결정하는 과정이며, 이를 위해 표본시계열의 correlogram을 ARMA(p, q)의 이론적인 correlogram과 비교함으로써 결정한다. correlogram이란 자기상관계수(autocorrelation coefficient)를 지체시간에 따라 그린 그래프로 그림 8.8은 AR(1)과 ARMA(1, 1)의 이론적인 correlogram을 보여주고 있다.

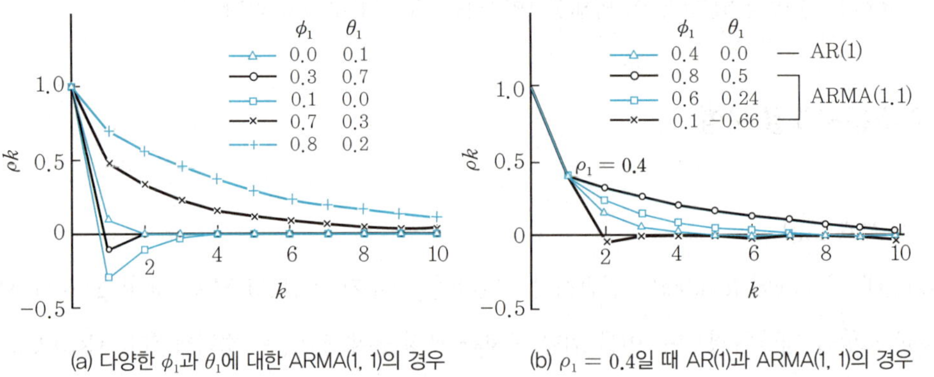

| 그림 8.8 | ARMA(1, 1)과 AR(1)모형 correlogram의 이론적 양상

다음으로 매개변수의 추정은 ARMA모형의 매개변수들을 추정하는 과정이며, 모멘트법, 최우도법, 최소자승법 등이 사용되나 자세한 기술은 생략하고 AR(1)과 ARMA(1, 1) 모형들의 매개변수를 표 8.3에 소개한다.

■ **표 8.3** AR(1)와 ARMA(1, 1)의 매개변수

모형	매개변수
AR(1)	$\sigma^2 = \dfrac{\sigma_\varepsilon^2}{1-\phi_1^2}$, $\rho_k = \phi_1\rho_{k-1} = \phi_1^k$
ARMA(1, 1)	$\sigma^2 = \dfrac{1-2\phi_1\theta_1+\theta_1^2}{1-\phi_1^2}\sigma_\varepsilon^2$ $\rho_1 = \dfrac{(1-\phi_1\theta_1)(\phi_1-\theta_1)}{1-2\phi_1\theta_1+\theta_1^2}$ $\rho_k = \phi_1\rho_{k-1} = \rho_1\phi_1^{k-1} \quad k > 1$

마지막으로 적합성 검정은 잔차 ε_t가 정규분포를 따르며 동시에 시간에 대하여 서로 독립이라는 잔차의 백색잡음 가정을 점검하는 단계이다. 잔차가 정규분포를 따르는가는 앞서 소개한 분포의 적합성 검정인 Chi-square 또는 PPCC test를 사용하면 된다. 또한 잔차의 독립성 여부는 잔차의 correlogram을 그려보아 다음의 범위 내를 있는가를 검토한다.

$$|\gamma| \leq 2/\sqrt{n} \tag{8.70}$$

적합성 검정에서는 절차와 독립변수(z_{t-j})가 서로 독립인지는 물론 선정한 p와 q의 값이 적절한지도 점검하는데 여기서는 생략한다.

예제 8.18

예제 8.3 표 (1)의 충주댐 월 유입량 자료를 이용하여 시계열분석을 실시하자.

(가) 이 자료를 대수변환한 후 각 달의 표본평균과 분산을 이용하여 정규화하여라. 변환된 자료의 correlogram을 도시하고 AR(1) 또는 ARMA(1, 1)의 이론적 양상과 비교하여라.

(나) 변환된 자료를 AR(1)과 ARMA(1, 1)으로 모형화하기 위하여 각 모형의 매개변수를 1990년 1월부터 2019년 12월까지의 자료를 사용하여 추정하여라.

(다) 추정된 변수를 이용하여 1990년 1월부터 2019년 12월까지의 잔차를 계산하고, 이들이 서로 독립이고 정규분포를 따르는지 검정하여라.

| 풀이 |

(가) 변환된 자료의 correlogram을 그려보면 그림 (1)과 같다. 이의 변화 양상은 그림 8.8에서 보여주는 AR(1)

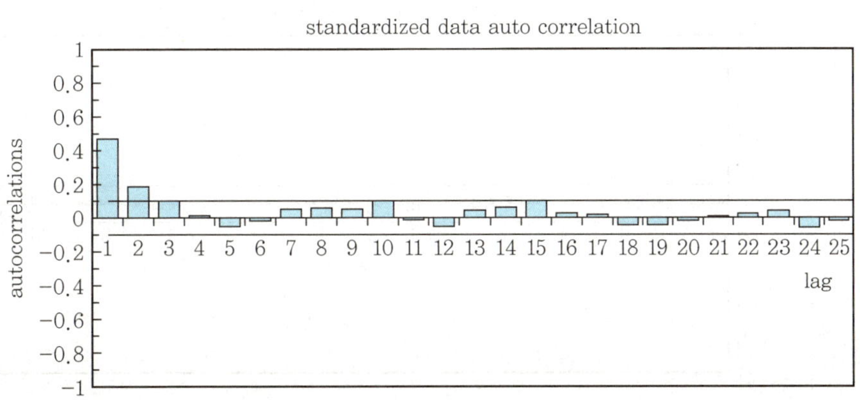

그림 (1) 변환된 자료의 ACF

및 ARMA(1, 1)모형에서의 correlogram의 이론적 양상과 같이 지수적으로 감소 또는 지수적으로 감소하는 파동곡선을 그리고 있음을 알 수 있다.

(나) ㉮ AR(1) 모형

AR(1) 모형이므로 표 8.3에서 AR계수 ϕ_1을 구하기 위해 $k=1$을 대입하면

$$\rho_1 = \phi_1 \rho_0$$

$$\rho_0 = 1$$

$$\rho_1 = 0.467$$

$$\therefore \phi_1 = \frac{\rho_1}{\rho_0} = 0.467$$

$$\therefore z_t = 0.467 z_{t-1} + \varepsilon_t$$

㉯ ARMA(1, 1) 모형

표 8.3에서 ϕ_1과 θ_1을 구하면

$$\therefore \phi_1 = 0.468,\ \theta_1 = 0.001$$

$$\therefore z_t = 0.468 z_{t-1} + \varepsilon_t - 0.001 \varepsilon_{t-1}$$

(다) ㉮ AR(1) 모형

AR(1) 모형의 잔차의 ACF는 그림 (2)와 같으며, 표시된 선이 $2/\sqrt{n}$을 나타내는 것이다. 모든 lag에서의 autocorrelation 값들이 선과 근사한 값이거나 안쪽에 있으므로 잔차는 서로 독립이다. 잔차의 정규성 여부를 검증하기 위해 표 (1)에 나타난 것과 같이 Chi-square test를 사용하면 자유도 $\nu=7$에서 $\chi^2_c=14.06<\chi^2_{0.90,8}$이므로 유의수준 10%에서 잔차는 정규분포를 따른다고 할 수 있다.

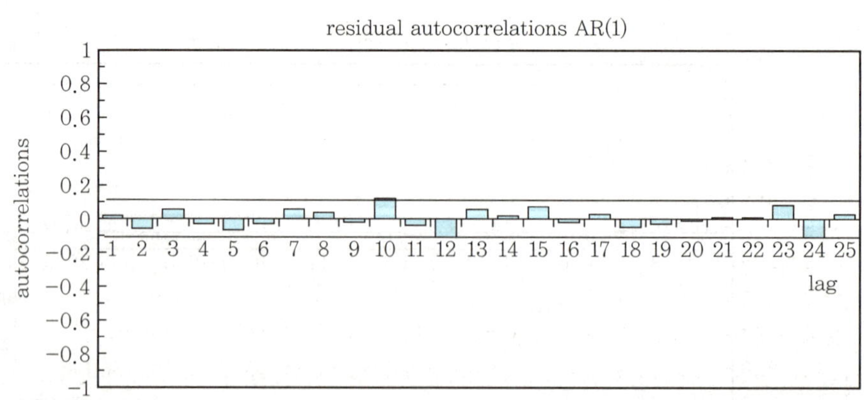

그림 (2) AR(1) 모형의 잔차의 ACF

표 (1) AR(1) 모형의 잔차의 Chi-square test

등급 번호	하한	상한	관측빈도 (O_i)	기대빈도 (E_i)	$\frac{(O_i-E_i)^2}{E_i}$
1	$-\infty$	−1.12	29	36	1.36
2	−1.12	−0.73	53	36	8.03
3	−0.73	−0.46	40	36	0.44
4	−0.46	−0.22	32	36	0.44
5	−0.22	0.00	29	36	1.36
6	0.00	0.22	40	36	0.44
7	0.22	0.46	31	36	0.69
8	0.46	0.73	30	36	1.00
9	0.73	1.12	39	36	0.25
10	1.12	∞	37	36	0.03

㉯ ARMA(1, 1) 모형

ARMA(1, 1) 모형의 잔차의 ACF는 그림 (3)과 같으며, 표시된 선이 $2/\sqrt{n}$을 나타내는 것이다. 모든 lag에서의 autocorrelation 값들이 선과 근사한 값이거나 안쪽에 있으므로 잔차는 서로 독립이다. 잔차의 정규성 여부를 검증하기 위해 표 (2)에 나타난 것과 같이 Chi-square test를 사용하면 자유도 $\nu=7$에서 $\chi_c^2=13.94<\chi_{0.90,8}^2$이므로 유의수준 10%에서 잔차는 정규분포를 따른다고 할 수 있다.

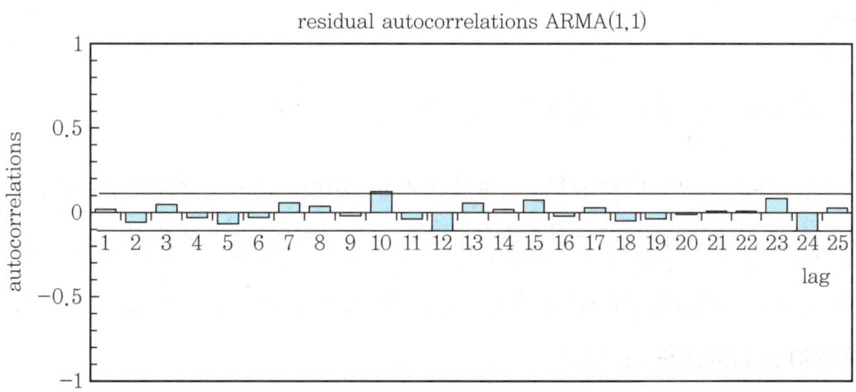

그림 (3) ARMA(1, 1) 모형의 잔차의 ACF

표 (2) ARMA(1, 1) 모형의 잔차의 Chi-square test

등급 번호	하한	상한	관측빈도	기대빈도	$\frac{(\text{관측빈도}-\text{기대빈도})^2}{\text{기대빈도}}$
1	$-\infty$	−1.12	29	36	1.36
2	−1.12	−0.73	53	36	8.03
3	−0.73	−0.46	40	36	0.44
4	−0.46	−0.22	32	36	0.44
5	−0.22	0.00	29	36	1.36
6	0.00	0.22	40	36	0.44
7	0.22	0.46	31	36	0.69
8	0.46	0.73	30	36	1.00
9	0.73	1.12	39	36	0.25
10	1.12	∞	37	36	0.03

8.4.3 수문시계열 모형의 적용

(1) 수문학적 예측

시계열 모형의 첫번째 목적은 이 모형을 이용하여 미래 수문 현상을 예측하는데에 있다. 현재 시점을 t라고 설정하고 ARMA(p, q) 모형을 이용하여 $t+L$ 시점의 확률변수 z_{t+L}을 예측하면 다음과 같다.

$$E[z_{t+L}] = z_t(L) = \sum_{j=1}^{p} \phi_j \, [z_{t+L-j}]+[\varepsilon_{t+L}]- \sum_{j=1}^{q}[\varepsilon_{t+L-j}] \tag{8.71}$$

여기서 $[\cdot]$은 t시점으로부터 추정하는 기대값인데, $[\cdot]$ 안의 시점이 t시점과 같거나 t시점보다 과거인 경우에는 해당하는 변량의 실측값을 의미하지만, $[\cdot]$ 안의 시점이 t시점보다 미래인 경우에는 해당하는 변량의 예측값을 의미한다. 또한 $E[z_{t+L}]=z_t(L)$을 L − step ahead 예측이라고 부르며 L을 리드타임(Lead time)이라고 한다.

예를 들어 ARMA(1, 1) 모형으로 1 − step ahead 예측을 실시할 경우 이는

$$E[z_{t+1}] = z_t(1) = \phi_1 \, [z_t]+[\varepsilon_{t+1}]-\theta_1[\varepsilon_t] \tag{8.72}$$

이며, 여기서 $[\varepsilon_{t+1}]$는 미래의 시점이므로 $[\varepsilon_{t+1}]=0$이나 $[z_t]$와 $[\varepsilon_t]$는 t시점에서 그 값이 존재한다. 그러므로 식 (8.72)를 정리하면 다음과 같다.

$$E[z_{t+1}] = z_t(1) = \phi_1 z_t - \theta_1 \varepsilon_t \tag{8.73}$$

식 (8.73)을 예를 들어 설명하자면, 이번 달의 실측 유량인 z_t와 ARMA모형의 잔차 ε_t를 이용하여 다음달의 유량 z_{t+1}을 예측할 수 있음을 의미한다.

같은 방법으로 ARMA(1, 1) 모형의 2-step ahead 예측을 써보면

$$E[z_{t+2}] = z_t(2) = \phi_1 [z_{t+1}] + [\varepsilon_{t+2}] - \theta_1[\varepsilon_{t+1}] = \phi_1 z_t(1) \tag{8.74}$$

이 되며, 이는 두 달 앞을 내다보기 위해서는 한 달 앞의 예측만이 필요함을 나타내고 있다. 결국 $L \geq 2$인 ARMA(1, 1) 모형의 L-step ahead 예측은 다음과 같다.

$$E[z_{t+L}] = z_t(L) = \phi_1 z_t(L-1) = \phi_1^{k-1} z_t(1) \tag{8.75}$$

여기서 ϕ_1는 1보다 작으므로 리드타임이 길어질수록 예측값은 z_t의 평균인 0에 접근하여 예측의 정확도는 낮아짐을 알 수 있다.

예측의 정확도는 일정기간 동안 예측을 실시하고 이를 실측값과 비교한 후 계산된 오차로 평가한다. 예측의 정확도를 평가하는 오차의 지표에는 가장 널리 사용되는 것으로 bias, variability, MSE(Mean Square Error) 등이 있다. bias는 오차의 산술평균이고, variability는 오차의 분산이며, MSE는 오차제곱의 평균으로 $\text{MSE}=\text{bias}^2+\text{variability}$이다. 예측에 bias가 있다 함은 예측이 참값에 비하여 한 쪽으로 치우치는 경향이 있음을 의미하며 이는 영점조준이 잘못된 경우를 의미하는 계통오차(systematic error)를 나타낸다. 반면 variability는 예측오차가 그 평균을 중심으로 주위에 얼마나 퍼져 있는가를 정량화한 지표이며 이는 무작위오차(random error)의 지표이다. 아무리 bias가 크다 하더라도 반복적으로 비슷한 예측을 실시한다면 variability는 작을 것이다. 예측이 정확하다함은 일반적으로 이 두 가지 오차가 모두 작은 경우를 의미하며, 이는 MSE가 0에 가까운 예측을 의미한다.

(2) Thomas-Fiering 계절모형

Box와 Jenkins와는 별도로 수문학 분야에서도 1960년대에서부터 수문시계열을 분석하고 모형

화하기 위한 연구가 시작되어 1970년대와 1980년대에 걸쳐 많은 연구가 진행되었다. 여기서는 이 중 대표적인 것으로 미국 하버드대학의 Thomas와 Fiering이 개발한 Thomas-Fiering 계절모형 식 (8.76)을 살펴보고자 한다.

$$x_t = \overline{x_t} + r_{t-1}\frac{s_t}{s_{t-1}}(x_{t-1} - \overline{x_{t-1}}) + z_{t-1}\, s_t\sqrt{1-r_{t-1}^2} \tag{8.76}$$

여기서 $\overline{x_t}$와 s_t는 각각 x_t의 표본평균과 표본 표준편차이며, r_{t-1}는 계절 t와 $t-1$ 사이의 표본 자기상관계수, 그리고 $z_t \sim N(0,\ 1)$이다. 이 모형은 lag-1 자기상관계수만을 이용한다는 점에서 앞서의 AR(1) 모형과 유사하나 계절성을 미리 제거하지 않고 계절에 따라 변하는 매개변수를 사용하였다는 점에서 AR(1)과 다르다. 즉, AR(1)에서는 미리 계절성을 제거하였으므로 매 계절마다 동일한 매개변수 ϕ_1을 사용하였으나, 여기서는 $r_{t-1}\frac{s_t}{s_{t-1}}$이라는 항을 이용하여 계절성을 모형에서 직접 반영하였다.

예제 8.19

(가) 예제 8.18에서 추정된 AR(1)과 ARMA(1, 1) 모형의 매개변수를 이용하여 1987년 1월부터 1989년 12월 까지의 충주댐 월 유입량을 예측하여라. 예측은 매달 초에 관측값을 모른다고 가정한 후 실시하며 리드타임은 1개월로 설정한다. 이를 예제 8.3 표 (1)의 실제 유량과 비교하고 예측의 정확도를 bias, variability, 그리고 MSE로 표현하여라.

(나) 위 (가)의 절차를 Thomas-Fiering 모형을 이용하여 반복하여라. Thomas-Fiering 모형은 예제 8.3 표 (1)에 나타난 원자료에 직접 적용한다.

| 풀이 |

(가) ㉮ AR(1) 모형

매개변수 $\phi_1 = 0.467$인 AR(1) 모형의 예측값을 표시하면 표 (1)과 같다.

표 (1) AR(1) 예측값

(단위: cms)

	1987	1988	1989
1월	3.3	3.6	3.0
2월	1.5	8.6	9.0
3월	4.1	5.9	13.9
4월	5.8	8.6	8.0
5월	29.6	32.5	18.6
6월	47.4	172.4	36.7

표 (1) 계속

	1987	1988	1989
7월	461.9	377.3	438.1
8월	272.0	204.7	64.1
9월	180.5	272.3	194.0
10월	12.3	11.7	23.7
11월	4.6	3.8	5.0
12월	5.7	6.3	9.6

AR(1)의 예측 정확도 지표는 표 (2)와 같다.

표 (2) AR(1) 예측 정확도 지표

bias	variability	MSE
149.3cms	17309.9cms^2	39591.6cms^2

AR(1)의 예측값과 관측 유량값의 그래프는 그림 (1)과 같다.

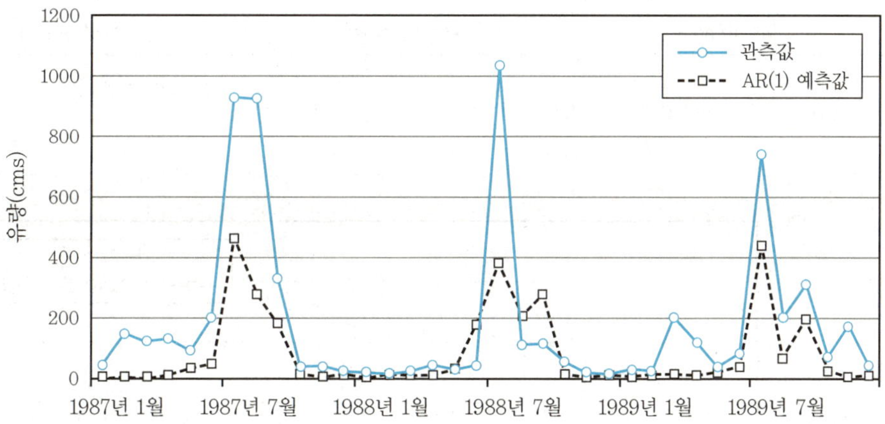

그림 (1) AR(1) 예측값과 관측값의 비교

㉯ ARMA(1, 1) 모형

매개변수 $\phi_1=0.468$, $\theta_1=0.001$인 ARMA(1, 1) 모형의 예측값을 표시하면 표 (3)과 같다.

표 (3) ARMA(1, 1) 예측값

(단위: cms)

	1987	1988	1989
1월	3.3	3.6	3.0
2월	1.6	8.6	9.0

표 (3) 계속

	1987	1988	1989
3월	4.2	5.9	13.9
4월	5.8	8.6	8.0
5월	29.5	32.5	18.6
6월	47.3	172.4	36.7
7월	461.7	377.1	438.0
8월	271.9	204.7	64.1
9월	180.4	272.3	194.0
10월	12.4	11.7	23.7
11월	4.6	3.8	5.0
12월	5.7	6.3	9.6

ARMA(1, 1)의 예측 정확도 지표는 표 (4)와 같다.

표 (4) ARMA(1, 1) 예측 정확도 지표

bias	variability	MSE
149.4cms	17298.2cms^2	39611.9cms^2

ARMA(1, 1)의 예측값과 관측 유량값의 그래프는 그림 (2)과 같다.

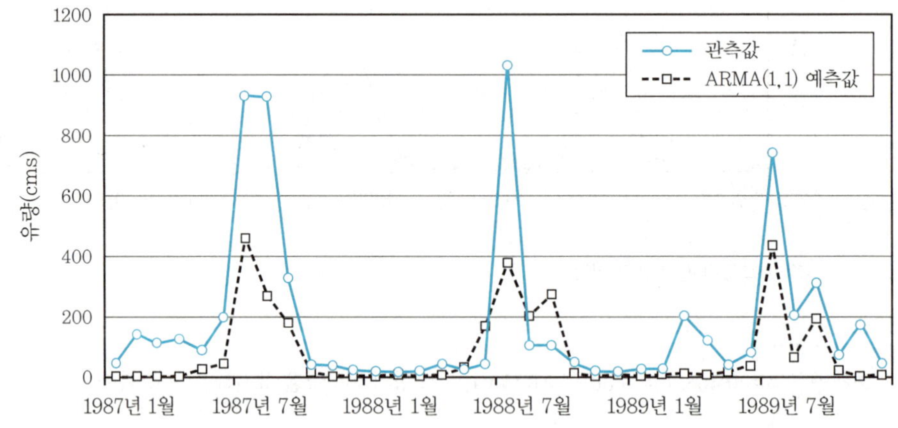

그림 (2) ARMA(1, 1) 예측값과 관측값의 비교

㉮와 ㉯의 결과를 비교해 보면, 계통오차인 bias는 AR(1)이 우수하지만 무작위오차인 variability는 ARMA(1, 1)이 우수한 것으로 나타난다. 하지만 큰 차이는 없는 것으로 나타났다.

(나) Thomas-Fiering 모형

8.4.2 (2)에 서술되어 있는 Thomas-Fiering 모형을 구축한 후 예측값을 표 (5)에 표시하였으며, Thomas-Fiering 모형의 예측 정확도 지표를 표 (6)에 나타내었다.

Thomas-Fiering의 예측값과 1987년 1월부터 1989년 12월까지의 관측 유량값을 그래프로 나타내면 그림 (3)과 같다.

표 (5) Thomas-Fiering 예측값

(단위: cms)

	1987	1988	1989
1월	3.6	3.5	2.8
2월	1.8	8.3	8.3
3월	3.9	6.1	13.2
4월	5.8	8.9	7.7
5월	30.3	33.5	18.2
6월	47.7	166.8	34.7
7월	468.4	366.7	434.5
8월	234.0	183.5	46.7
9월	156.3	245.6	158.0
10월	12.2	11.3	23.6
11월	4.7	3.8	4.8
12월	5.4	5.3	8.0

표 (6) Thomas-Fiering 예측 정확도 지표

bias	variability	MSE
159.5cms	16109.7cms^2	41556.2cms^2

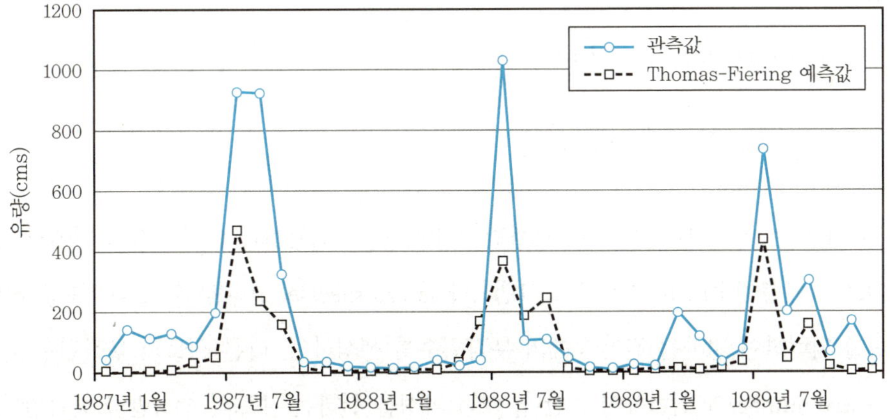

그림 (3) Thomas-Fiering 예측값과 관측값의 비교

앞선 (가)에서의 결과와 비교해보면, 본 자료의 경우 Thomas-Fiering 모형은 bias는 큰 편이나 variability는 낮은 편임을 알 수 있다. 계통오차와 무작위오차를 모두 고려한 MSE로 평가할 경우 AR(1), ARMA(1, 1), Thomas-Fiering 모형 순으로 정확한 것을 알 수 있다.

(3) 수문시계열의 모의

시계열 모형을 사용하는 두 번째 목적은 수문시계열의 모의(simulation)이며, 이는 주로 Monte Carlo 모의에 사용되나, 기존 자료의 연장이나 결측자료의 보완도 포함된다. 수문시계열의 모의란 주어진 자료와 주요한 통계 특성이 동일한 ℓ 기간의 수문시계열을 n세트만큼 생성하는 과정이다. ARMA(p, q) 모형으로 수문시계열 z_t를 생성하기 위해서는 우선 평균이 0이고 분산이 σ_ε인 정규분포로부터 ε_t를 하나 선택하여야 한다. 다음으로 주어진 매개변수 $\{\phi_1, \phi_2, \cdots, \phi_j\}$와 $\{\theta_1, \theta_2, \cdots, \theta_j\}$에 대하여, 전 단계에서 동일한 방법으로 계산한 $\{z_{t-1}, z_{t-2}, \ldots, z_{t-j}\}$와 전 단계에서 선택한 잔차 $\{\varepsilon_{t-1}, \varepsilon_{t-2}, \ldots, \varepsilon_{t-j}\}$를 이용하여 z_t를 계산한다. 이러한 과정은 초기 조건인 $z_0=0$에서 시작하여 반복적으로 시행되는데 초기 조건을 0으로 가정한 영향을 배제하기 위하여 처음에 생성된 일정 개수의 자료는 일반적으로 버린다. 수문시계열 모의과정을 통하여 생성된 수문시계열은 이론적으로 원자료의 평균, 분산, 그리고 자기상관계수와 동일한 통계량을 가져야 한다.

$z_t \sim N(0, \sigma_\varepsilon)$인 확률변수를 생성하기 위해서는 우선 $N(0, 1)$을 따르는 확률변수를 생성하고 이를 식 (8.66)을 이용하여 역변환하면 된다. $N(0, 1)$을 따르는 확률변수를 생성하는 방법은 여러 가지가 있으나 그중 다음과 같은 식을 사용하는 방법이 있다.

$$\begin{aligned} v_1 &= \cos(2\pi u_1)\sqrt{-2\ln u_2} \\ v_2 &= \sin(2\pi u_1)\sqrt{-2\ln u_2} \end{aligned} \tag{8.77}$$

여기서 v_1과 v_2는 $N(0, 1)$을 따르는 확률변수이며, u_1과 u_2는 0과 1 사이의 범위에서 uniform분포를 따르는 확률변수로 다양한 프로그램이나 spread sheet로 생성할 수 있다. 통상 하나의 seed number를 입력하여 원하는 길이 ℓ개의 무작위수를 생성하며, 다른 세트의 무작위수를 생성하려면 다른 seed number를 입력하여야 한다. 이런 과정을 원하는 세트의 수 n만큼 반복한다.

예제 8.20

예제 8.3의 표 (1)의 충주댐 월 유입량이 대수정규분포를 따른다고 가정하자.

(가) 1990년 1월부터 2019년 12월까지의 표본평균과 분산을 이용하여 동일한 길이의 자료를 100세트 생성하여라. 생성을 위한 모형은 예제 8.19의 AR(1) 모형을 사용한다.

(나) 각 세트로부터 기본통계량의 평균을 구하여 이를 원 자료의 통계 특성과 비교하여라.

(다) 각 세트의 연평균 유입량 자료를 빈도분석한 후 재현기간이 100년에 해당하는 연평균 유입량을 구하여라.

| 풀이 |

(가) 1990년 1월부터 2019년 12월까지 총 360개의 충주댐 월 유입량을 생성하기 위해서는 먼저 예제 8.19에 제시한 AR(1) 모형에서의 오차항 ε_t를 정규분포로부터 생성해야 한다. 따라서 길이가 360인 100개의 오차항 자료 세트(ε_1, ε_2, $\cdots$, ε_{100})를 무작위추출방법으로 생성한다. 이때 AR(1) 모형의 오차항은 평균이 0이고 분산이 σ_ε^2인 정규분포를 따르게되며, $\sigma_\varepsilon^2=\sigma_z^2(1-\phi_1^2)$를 이용하여 계산한다. 여기서 $\sigma_z^2=1$이고 $\phi_1=0.467$이므로 $\sigma_\varepsilon^2=0.884$가 된다. 표 (1)은 길이가 360인 100개의 오차항에 대한 무작위 추출 결과를 실험을 통해 예로 제시한 것으로, 실험자마다 동일한 결과를 얻을 수는 없으나 문제의 이해를 돕기 위해 제시하였다.

표 (1) 오차 ε_t의 생성

	1세트	2세트	3세트	4세트	5세트	6세트	⋯	100세트
1	0.247	−0.652	−0.105	0.394	1.224	1.394	⋯	−1.184
2	−0.959	0.405	0.353	0.616	0.533	0.137	⋯	−1.451
3	1.558	−0.237	−0.122	0.269	0.031	0.723	⋯	−0.333
4	−1.453	0.398	−0.146	0.870	−0.010	−0.592	⋯	−0.574
5	−0.625	−0.878	1.374	1.095	−0.104	−0.389	⋯	−0.265
6	1.057	−0.453	−0.115	0.152	0.747	0.260	⋯	0.109
⋮	⋮	⋮	⋮	⋮	⋮	⋮	⋮	⋮
360	0.069	0.147	−0.848	−0.450	−0.001	0.057	⋯	0.851

다음 단계로는 생성된 오차항을 충주댐 월 유입량에 대한 AR(1) 모형의 공식인 $z_t=0.467z_{t-1}+\varepsilon_t$에 대입하여 같은 수의 z_t를 계산하게 된다. 이때 z_0은 0으로 지정하였다. 위에서 제시한 오차항들을 이용하여 z_t를 계산한 결과는 표 (2)와 같다.

표 (2) 정규화된 z_t의 생성

	1세트	2세트	3세트	4세트	5세트	6세트	⋯	100세트
1	0.247	−0.652	−0.105	0.394	1.224	1.394	⋯	−1.184
2	−0.843	0.100	0.304	0.800	1.105	0.788	⋯	−2.004

표 (2) 계속

	1세트	2세트	3세트	4세트	5세트	6세트	…	100세트
3	1.164	−0.190	0.019	0.643	0.548	1.091	…	−1.269
4	−0.910	0.309	−0.137	1.170	0.246	−0.082	…	−1.167
5	−1.049	−0.734	1.311	1.641	0.011	−0.428	…	−0.810
6	0.567	−0.796	0.497	0.919	0.752	0.060	…	−0.269
⋮	⋮	⋮	⋮	⋮	⋮	⋮	⋮	⋮
360	0.204	0.784	−0.945	−0.314	−0.303	0.496	…	0.848

계산된 z_t는 평균이 0이고 분산이 1인 표준정규분포를 따르므로, 예제 8.18의 (가)에서의 충주댐 월 유입량을 정규화하기 위해 실시한 대수변환과 정규화의 역변환을 수행하게 된다. 따라서 위의 표에서 제시한 z_t에 각 월의 표준편차를 곱하고 표본평균을 더하여 정규화의 역변환을 한 후 그 값을 exponential 지수로 사용해 충주댐 월 유입량으로 환산한다. 표 (3)은 역변환 과정을 거쳐 얻은 충주댐의 월 유입량 생성결과를 나타낸 것이다.

표 (3) 충주댐 월 유입량의 생성

	1세트	2세트	3세트	4세트	5세트	6세트	…	100세트
1	19.89	13.31	16.99	21.24	30.78	33.20	…	10.49
2	12.02	23.08	26.57	37.45	46.24	37.14	…	5.39
3	110.44	50.48	56.99	81.71	77.35	105.91	…	27.05
4	68.11	126.82	101.03	196.64	122.76	103.86	…	59.75
5	38.19	49.22	254.12	331.33	89.49	62.93	…	46.29
6	129.05	35.53	120.77	179.99	153.70	79.87	…	58.48
⋮	⋮	⋮	⋮	⋮	⋮	⋮	⋮	⋮
360	30.30	60.16	41.15	50.75	49.75	86.22	…	45.32

(나) 생성된 100개의 충주댐 월 유입량 세트에 대한 기본통계량을 조사하여 정리하면 표 (4)와 같다. 예제 8.3에서 제시한 원자료의 기본통계량과 비교해 볼 때, 생성된 충주댐 월 유입량의 기본통계량이 원자료의 기본통계량과 큰 차이를 보이지는 않았다. 각 세트에서 구한 기본통계량의 평균값과 원자료의 기본통계들을 비교한 결과, 평균유량의 평균값은 149.53cms으로 원자료의 평균 160.48cms 와는 약 11cms 정도의 차이가 있었고 분산의 평균은 577795cms^{2}으로 원자료의 분산 94938cms^2 보다 작았다. 왜도와 첨도의 평균값도 원자료의 것들보다 작은 값을 나타내었다.

표 (4) 모의 자료의 통계 특성

	1세트	2세트	3세트	4세트	5세트	···	100세트	세트 평균	관측 통계량
평균(cms)	153.67	173.50	184.77	168.42	141.16	···	175.67	149.53	160.48
분산(cms^2)	69773.38	111934.61	114657.34	120318.00	54294.91	···	104267.27	67421.99	94937.84
표준편차(cms)	264.15	334.57	338.61	346.87	233.01	···	322.90	259.66	297.95
최소값(cms)	4.85	6.58	4.68	4.33	2.75	···	7.49	4.38	4.97
최대값(cms)	2223.61	3641.00	2709.59	3866.94	2358.00	···	3122.14	2350.21	3087.43
범위(cms)	2218.76	3634.43	2704.91	3862.61	2355.25	···	3114.65	2345.82	3082.46
왜도계수	4.53	5.49	4.12	5.93	4.67	···	4.59	4.31	5.28
첨도	26.11	41.12	20.73	47.00	31.15	···	28.53	23.82	42.50

이 실험에서는 100개의 세트에 대해 각각 재현기간 100년에 해당하는 유량을 추정하여 평균과 분산을 구한 결과 평균($\overline{Q_{100}}$, 즉 표 (5) 마지막 행 Q_{100}의 평균)은 379.64cms로 예제 8.10의 원자료로부터 추정된 100년 빈도 값인 308.44cms 보다 큰 값을 나타내었다.

100개의 충주댐 월 유입량 세트마다 30년간의 연평균 유입량을 구하고 이 연평균 유입량을 정규분포가 따른다고 가정한 후 재현기간 100년에 해당하는 연평균 유입량을 구하면 표 (5)의 마지막 줄(Q_{100})과 같다.

표 (5) 생성된 유입량의 연 평균 및 100년 빈도 연평균 유입량(Q_{100})

	1세트	2세트	3세트	4세트	5세트	6세트	···	100세트
1	93.41	173.30	81.63	190.63	155.06	95.47	···	66.33
2	211.61	95.59	191.17	425.83	124.68	149.62	···	180.94
3	91.42	211.50	176.37	150.27	246.07	59.38	···	159.44
4	91.50	68.15	281.98	133.76	122.95	61.79	···	42.58
5	99.07	100.32	188.12	216.97	77.10	80.47	···	167.52
6	192.89	122.52	120.83	171.38	90.32	79.22	···	233.19
⋮	⋮	⋮	⋮	⋮	⋮	⋮	⋮	⋮
45	102.32	111.82	100.33	139.23	104.60	151.53	···	116.90
Q_{100}	327.71	408.18	436.39	423.43	297.11	441.67	···	322.73

참고문헌

김우철, 김재주, 박병욱, 방성현, 송문섭 (1996) 「개정판 일반통계학」, 영지문화사.

한국수자원공사 (2001) 「수자원분석시스템 구축기법에 관한 연구 보고서」.

Box GEP, Jenkins GM, Reinsel GC (1994) *Time Series Analysis: Forecasting and Control*, Prentice Hall.

Hann CT (1994) *Statistical Methods in Hydrology*, Iowa State University Press.

Hirsch RM, Helsel DR, Cohn TA, Gilroy EJ (1993) "Chapter 17, Statistical analysis of hydrologic data," *Handbook of Hydrology*, McGraw-Hill.

Kottegoda NT, Rosso R, (1997) *Statistics, Probability, and Reliability for Civil and Environmental engineers*, McGraw-Hill.

Manugistics Inc. (2000) *STATGRAPHICS Plus 5*, Manugistics.

Salas JD, Delleur JW, Yevjevich V, Lane WL (1980) *Applied Modeling of Hydrologic Time Series*, Water Resources Publications.

Salas JD (1993) "Chapter 19, Analysis and modeling of hydrologic time series," *Handbook of Hydrology*, McGraw-Hill.

SAS Inc. (1998) *SAS User's Guide: Statistics, 3th edition*, SAS Institute.

SPSS Inc. (1993) *SPSS Base System Syntax Reference Guide, Release 6.0*, SPSS.

Stedinger JR, Vogel RM, Foufoula-Georgiou E (1993) "Chapter 18, Frequency analysis of extreme events," *Handbook of Hydrology*, McGraw-Hill.

Teegavarapu RS, Salas. JD, Stedinger JR (2019) *Statisticel Analusis of Hydrologic Variables: Methods and Application*, American Society of Civil Engineers.

연습문제

(*는 필수 문제)

1* 50년의 재현기간보다 더 심한 한발이 100년 이내에 최소 한 번 발생한 확률은 얼마인가?

2* 어느 유역의 연최고 홍수량의 평균이 1200(m^3/sec)이고 분산이 62,500이라고 할 때, 홍수량 2000m^3/sec와 같거나 초과할 확률 또는 재현기간은 얼마인가? Gumbel 분포를 사용하여라.

3 어느 관측소의 수위기록 중 연최고 수위는 다음과 같다. 이 중 17m와 같거나 큰 수위는 평균 몇 년에 한 번 올 수 있는가?

연도	수위	연도	수위
1968	17	1973	
1969	21	1974	
1970	12	1975	
1971	10	1976	
1972	19		

4* 다음의 자료로부터 재현기간 10년 및 100년에 해당하는 홍수량을 Gumbel분포와 대수 제3형 피어슨 분포로부터 구하여라.

연도(Year)	달(Month)	유량(m^3/sec)	순위(m)	도시위치
1961	6	39,500	45	1.24
1962	5	61,900	19	2.95
1963	5	76,600	5	11.20
1964	5	42,200	42	1.33
1965	5	28,200	55	1.02
1966	6	56,000	25	2.24
1967	6	70,500	10	5.60
1968	5	52,800	28	2.00

표 계속

연도(Year)	달(Month)	유량(m^3/sec)	순위(m)	도시위치
1969	5	52,000	31	1.81
1970	5	43,600	41	1.37
1971	5	69,700	12	4.67
1972	6	62,400	18	3.11
1973	5	49,600	32	1.75
1974	5	58,900	22	2.55
1975	5	59,800	20	2.80
1976	4	35,900	50	1.12
1977	6	68,600	13	4.31
1978	5	72,100	7	8.00
1979	5	52,700	29	1.93
1980	4	31,000	53	1.06
1981	5	40,800	43	1.30
1982	5	72,100	8	7.00
1983	6	81,400	3	18.67
1984	4	45,900	37	1.51
1985	5	44,000	40	1.40
1986	5	63,200	16	3.50
1987	5	34,300	51	1.10
1988	4	63,400	15	3.73
1989	5	46,000	36	1.56
1990	5	37,100	47	1.19
1991	5	28,900	54	1.04
1992	5	37,100	48	1.17
1993	5	52,200	30	1.87
1994	5	34,200	52	1.08
1995	5	44,400	38	1.47
1996	5	36,600	49	1.14
1997	5	69,900	11	5.09
1998	5	99,000	2	28.00

표 계속

연도(Year)	달(Month)	유량(m^3/sec)	순위(m)	도시위치
1999	5	76,200	6	9.33
2000	6	62,600	17	3.29
2001	5	44,200	39	1.44
2002	4	49,200	34	1.65
2003	6	53,100	27	2.07
2004	5	58,800	23	2.43
2005	6	64,100	14	4.00
2006	5	77,800	4	14.00
2007	5	71,200	9	6.22
2008	5	59,600	21	2.67
2009	6	55,100	26	2.15
2010	5	49,600	33	1.70
2011	5	58,600	24	2.33
2012	4	39,700	44	1.27
2013	5	38,200	46	1.22
2014	6	103,000	1	56.00
2015	5	47,900	35	1.60

Σ	3,023,400
Mean	54,971
σ_q	16,483
$\log q$	4.7212
$\sigma_{\log q}$	0.1296
γ_1	0.0434

5* 문제 4의 자료를 10년 단위로 구분한 다음(즉, 1961, 1971, 1981, 1991, 2001) 각 10년 단위의 자료를 제1형 극치분포지에 도시하고 이로부터 50년 빈도의 유량을 구하여라. 이 값과 전자료(1961~2015)를 이용한 50년 빈도의 유량과 비교하여라.

6 재현기간 20년의 홍수와 같거나 큰 홍수가 앞으로 3년 이내에 올 확률은 얼마인가?

7* 10년의 재현기간을 가진 홍수와 같거나 큰 홍수가 앞으로 10년 이내에 오지 않을 확률은 얼마인가?

8 5년의 재현기간을 가진 홍수보다 같거나 큰 홍수가 앞으로 3년 이내에 최소 한 번 이상 올 확률은 얼마인가?

9 어느 하천에 대하여 제1형 극치분포를 사용하여 홍수량에 대한 빈도분석을 한 결과, 다음과 같은 결과를 얻었다고 한다.

재현기간	홍수량(m^3/sec)
2년	30,000
40년	70,000

(1) 200년 빈도를 가진 홍수량은 얼마인가?

(2) 홍수량이 50,000m^3/sec보다 같거나, 큰 홍수가 앞으로 25년 이내에 일어나지 않을 확률은 얼마인가?

(3) 이 하천에 댐을 건설한다고 가정하였을 때, 하류의 홍수피해는 저수지가 만수위이고, 홍수가 60,000m^3/sec와 같거나 클 때만 일어난다고 한다. 만일 저수지가 만수위가 될 확률은 0.20(즉 연중 20%만이 만수위가 됨)이라고 할 때, 하류에 홍수피해가 일어날 확률은 얼마인가? 만수위와 홍수는 서로 독립된 사상이라고 한다.

(4) 댐을 건설하는 도중에 diversion tunnel을 건설하여야 한다. 댐의 건설기간을 2년으로 하였을 때, diversion tunnel의 입구(입구의 최고점)보다 수위가 상승하는 확률을 20%로 가정하였을 경우에 diversion tunnel의 실제 유량을 구하여라.

10 어느 하천의 100년 재현기간을 가진 홍수량이 4,000m^3/sec이고, 10년의 경우는 2,700m^3/sec라고 한다. 홍수량이 제1형 극치분포를 한다고 가정하였을 때, 다음을 구하여라.

(1) 다음 해에 홍수량이 3,500m^3/sec이거나 큰 홍수가 일어날 확률은 얼마인가?

(2) 재현기간 20년의 홍수량은 얼마인가?

(3) 앞으로 8년 이내에 재현기간 100년의 홍수가 일어날 확률은 얼마인가?

(4) 평균값과 표준편차는 얼마인가?

수문학 인물사 8 Harold Edwin Hurst(1880~1978)

사람들 사이에서 Nile강이 세계의 거대한 강 중 하나로 인식되는 것처럼, Hurst는 사람들 사이에서 종종 'Abu Nil' 또는 '나일강의 아버지'로 인식된다. 그것은 그가 평생에 걸쳐 나일강을 연구하며 보냈기 때문이다. 한마디로 그의 삶은 흡사 나일강과 같았다. 그의 어린시절은 너무 초라했지만 성장하며 점차 훌륭한 업적들을 이룩하게 되었다. 또한 그의 위대한 업적은 일순간에 얻어진 것이 아니라 나일강처럼 오랜 세월을 인내하며 얻어낸 업적이었다.

Hurst는 잉글랜드의 Leicesor 지방에서 태어났다. 어린시절 그는 학교에서 주로 화학을 공부했으며 건축자인 아버지로부터는 목수 일을 배우게 되었고, 15살에 학교를 그만두고 Leicesor 지방의 초등학교 교생으로 일을 하면서 야간학교를 다녀 자신의 학업을 계속해서 이어갔다.

Hurst는 대학 교육을 받지 못했지만 20살에 Oxford 대학에 가기 위한 장학금을 획득하게 되었고, 얼마 지나지 않아 곧바로 정식 허가를 얻어 물리학을 전공으로 공부할 수 있게 되었다. 하지만 그가 공부할 수 있는 여건이 너무 열악하여 학업을 이어가기가 쉽지 않았다. 그러나 그의 교수 중 한 분이 재능을 높이 평가해 그를 도와주게 되었고, Hurst는 그 뜻에 보답이라도 하듯이 수석으로 졸업하게 되었으며 또한 대학 강사로 3년 동안 초빙 받았다.

1906년 Hurst는 간단한 연구 과제를 수행하기 위해 잉글랜드를 떠나 이집트로 갔다. 하지만 그곳의 나일강을 본 Hurst는 그 후 그것에 매료되어 무려 62년 동안 나일강을 연구하며 보내게 되었다.

그는 계속되는 가뭄을 겪고 있는 이집트를 위해 관개 저장소 건설 계획이 반드시 필요한 중대 사안이라고 굳게 확신하고, 그 후 Aswan에 큰 댐과 저수지 설계의 필요성을 처음으로 주장한 사람 중의 한명이 되었다.

전문가들 사이에서는 Hurst라는 이름은 곧바로 통계적 방법의 하나로 연관되어 진다. 이것은 그가 지구물리학을 근거로 오랫동안 경험적으로 발견해 낸 통계적 방법이 자신의 이름을 딴 Hurst Phenomenon이기 때문이다. 이 방법은 컴퓨터의 도움이 없이는 도저히 감당해 낼 수 없을 만큼의 방대하고 많은 시간을 요구하는 작업이었는데, Hurst는 시간에 쫓기지 않고 오랜 시간동안 부단히 인내하며 풍부한 자료를 획득하고 연구하였다.

하지만 그가 발견한 이 위대한 방법은 처음에 많은 반박을 받게 되었는데, 그것은 객관적으로 평가받을 수 있는 방법이 아니었기 때문이다. 그러나 그가 71세, 75세 두 차례에 걸쳐 이것과 관계된 논문을 발표함으로써 그가 발견해 낸 이 방법의 중요성을 확고하게 입증하게 되었다. 통계적 그리고 수학적인 관점을 통해 바라보는 것을 즐거워했던 그의 이 일은 어떠한 고급 교육기관과도 동떨어져 이룩해낸 업적으로 후세에 상당히 고무적으로 평가받고 있다.

제9장 수문설계(Hydrologic Design)

9.1 설계빈도와 위험도 분석

9.2 설계강우량

9.3 설계홍수량

9.4 우수관거 설계

미리 생각하기 9

'미리 생각하기' 질문은 이 책의 각 장을 읽기 전 배경 지식 없이 창의적으로 고민해 보자는 의도에서 기획되었습니다. 각 질문마다 최소 10분 이상 아무런 자료 없이 스스로 생각해 본 후, 인터넷 검색 등으로 관련 자료를 찾아 보완해 봅시다. 대부분 고정된 정답이 없으므로 완결성보다는 자기주도형 창의적 답변이 중요합니다.

본 책을 시작하면서 가장 먼저 제시한 〈미리 생각하기 0〉을 다시 찾아봅시다. 수문학 이론들을 배우면서 여러분의 최초 생각은 어떻게 개선되었는지요? 각 팀(또는 개인)별로 당시 제시한 풀이 하나 하나가 이 책에서 배운 수문학 이론을 활용하면 어떻게 체계화 될 수 있었는지 적어봅시다. 역시 2주 후 15분 발표를 준비해 주기 바랍니다. 지금까지 배운 수문학 이론을 많이 포함할수록 좋은 평가를 받습니다.

제9장

수문설계

수문설계(hydrologic design)는 수공 구조물(hydraulic structure)을 설계하는 과정 중 수문 사상(hydrologic event)이 구조물에 미치는 영향을 평가하고 구조물이 적절히 기능을 수행할 수 있도록 구조물을 지배하는 주요 변수들의 기준값을 결정하는 과정이다. 수공 구조물의 설계는 앞에서 기술한 수문학의 모든 지식을 총동원하지 않으면 안 될 뿐 아니라, 수리학, 구조공학, 지반공학 등의 공학 분야는 물론 경제적, 환경적, 사회적, 제도적, 미적 요인 등을 모두 고려하여야 한다. 본 장에서는 수문설계를 위한 여러 가지 공식과 방법을 제시하고 있으나, 어느 특정 이론 또는 방법에 우열이 있는 것이 아니라, 설계 대상에 따라 그 사용 방법, 공식 등이 다르다는 점에 유의하여야 한다.

수자원 계획과 관리의 목적은 치수(water control)와 이수(water use)에 있으며 이에 따라 수리구조물의 설계도 구분할 수 있다. 치수는 배수(drainage), 홍수저감(flood mitigation), 오염저감(pollutant abatement), 유사조절(sediment control), 염수조절(salinity control) 등의 목적을 포함하나, 여기서는 이 중 수문설계의 주요 관심사인 설계홍수량의 결정에 대하여 주로 언급하고자 한다. 홍수저감을 위한 수리구조물은 크게 유수지(detention basin), 홍수조절용 저수지 등 유량조절(flow regulation) 구조물과 우수관거(storm sewer), 배수로(drainage channel), 홍수제방(flood levee) 등의 통수능(conveyance) 구조물로 나눌 수 있다. 유량조절 구조물은 첨두유량을 조절하여 하류의 홍수위를 저하시키는 목적을 가지고 있는 반면, 통수능 구조물은 유량을 하류의 안전한 지점까지 원활하게 이동시키는 목적을 가지고 있다.

한편 이수는 생활용수, 공업용수, 농업용수, 하천유지용수, 발전, 주운, 레크리에이션 등의 목적을 포함하며 다목적댐, 상수도시스템, 운하 등이 이러한 이수 목적의 구조물에 해당된다. 치수와 이수 목적 모두에 있어 수문설계의 주요 관심사는 구조물이 그 역할을 충실히 수행할 수 있도록 설계유량을 결정하는 과정이라 할 수 있다. 그러나 두 목적의 다른 점을 언급하자면 치수 목적의 수문설계는 짧은 시간의 첨두유량을 고려하여야 하는 반면, 이수 목적의 수문설계는 전 기간에 걸친 수문곡선이 필요하다는 점이다.

수문설계의 일반적인 절차는 구조물의 종류 및 유역의 사회경제적 여건에 따라 설계빈도를 결정하여 특정 재현기간을 갖는 설계강우량 또는 설계홍수량을 결정하고 이를 기준으로 구조물의 제원을 결정하는데, 본 장도 이 순서에 따라 내용을 전개하고자 한다.

9.1 설계빈도와 위험도 분석

9.1.1 자연적 불확실성과 설계빈도의 결정

일반적으로 수공 구조물의 설계에는 수문학적 불확실성은 물론 수리학, 구조공학, 경제학적 불확실성이 모두 존재하나, 여기서는 수문학적 불확실성에 국한하여 이를 고려한 설계기법을 서술하고자 한다. 앞서 제8장에서 언급한 바와 같이 수문학적 불확실성은 자연의 무작위성 때문에 발생하는 불확실성(이하 자연적 불확실성)과 모형 및 매개변수(parameter)의 불완전성 때문에 발생하는 불확실성(이하 모형의 불확실성)으로 대부분 구성되며, 수문설계에서 이들 요소를 모두 고려해야 함은 자명한 사실이다. 수문학적 불확실성이란 인간이 조절할 수 있는 범위 밖의 수문학적 사건에 의한 자연적 불확실성을 의미한다. 수공 구조물을 설계함에 있어 설계빈도(design frequency) 또는 재현기간(return period)의 결정은 강우 또는 유출에 존재하는 자연적 불확실성의 적정 범위를 결정하는 과정이라 할 수 있다. 한편 모형의 불확실성에 대해서도 미리 언급하자면, 이는 다음 절에서 서술하는 불확실성의 일차분석으로 정량화 할 수 있다.

설계빈도를 선정함에 있어 가장 중요한 요소는 비용과 안전성이며, 설계자는 이 두 가지 요소의 균형을 최대한 도모하는 방향으로 설계를 하여야 한다. 일반적으로 비용이 증가하면 안전성도 증가하므로 설계자는 요구하는 안정성을 유지하는 범위 내에서 최소의 비용으로 설계함이 원칙이다. 구조물의 안전성은 위험도(risk) 또는 신뢰도(reliability, 즉 1−risk)로 정량화할 수 있으며, 위험도 R을 수식으로 표현하면 다음과 같다.

$$R = \Pr[C < L] \tag{9.1}$$

여기서 Pr[·]는 제8장에서와 마찬가지로 확률(probability) 연산자이다. 또한 L은 부하(load) 또는 수요(demand)를 의미하며 외부에서 구조물에 주어지는 홍수량 또는 구조물에서 공급해야 할 용수수요량 등이 이에 포함된다. 또한 C는 용량(capacity) 또는 저항(resistance)을 의미하는데, 주어진 부하량이나 수요량을 견딜 수 있는 구조물의 능력을 나타낸다. 그러므로 위험도란 외부에서 주어지는 부하량이 구조물의 용량을 초과하여 구조물이 그 기능을 적절히 수행하지 못할 확률을 의미하며, 그 반대 개념인 신뢰도는 $(1-R)$이 된다.

수문학적 불확실성 중 자연의 무작위성만을 고려할 경우, 홍수저감을 위한 구조물의 위험도가 결정되면 다음의 식으로부터 재현기간을 계산할 수 있다.

$$R = 1-(1-\Pr[X \geq x_T]^n = 1-\left(1-\frac{1}{T}\right)^n \tag{9.2}$$

여기서 n은 구조물의 기대수명(expected life) 또는 내구연한(耐久年限)이며 T는 재현기간을 의미한다. 식 (9.2)는 n년 동안 x_T보다 큰 홍수가 적어도 한번 발생할 확률을 의미한다. 그러므로 위험도가 정해지면 식 (9.2)로부터 재현기간을 계산할 수 있고 적절한 홍수량 분포로부터 설계홍수량을 구할 수 있다.

예제 9.1

내구연한이 25년인 수공 구조물의 설계에서 설계빈도를 100년으로 택하였다.

(가) 내구연한 동안에 이 구조물이 파괴될 확률을 구하여라.

(나) 이 구조물이 내구연한 동안에 파괴되지 않을 확률이 90%로 되고자 하면 설계빈도를 몇 년으로 하여야 하는가?

| 풀이 |

(가) 식 (9.2)에 의하여

$$R = 1-\left(1-\frac{1}{T}\right)^n = 1-\left(1-\frac{1}{100}\right)^{25} = 0.222$$

내구연한 동안 100년 빈도의 홍수보다 큰 홍수가 올 확률이 0.222이다.

(나) 내구연한 동안 파괴되지 않을 확률이 90%라면 위험도는 $1-0.9=0.1$이다. 식 (9.1)을 T로 정리하면

$$T = \frac{2}{1-(1-R)^{\frac{1}{n}}} = \frac{1}{(1-0.1)^{\frac{1}{25}}} = 237.78 \approx 238(\text{년})$$

즉, 위험도를 0.222에서 0.10으로 감소시키면 설계빈도는 100년에서 238년으로 증가되어야 한다.

하천설계기준·해설(국토교통부, 2019)에서는 수공 구조물의 종류와 구조물이 영향을 미치는 지역의 사회경제적 중요도를 고려하여 표 9.1과 같이 대략의 설계빈도를 재현기간으로 제시하고 있다.

여기서 가능최대홍수량(probable maximum flood)과 표준설계홍수량(standard project flood)이란 각각 가능최대강우량(probable maximum precipitation)과 표준설계강우량(standard project storm)을 강우유출 모형에 입력하여 얻은 홍수량이다. 표준설계강우량이란 대상 유역에 내릴 것으로 예상되는 적절히 큰(PMP의 40~60% 정도) 강우량을 의미한다.

■ **표 9.1** 주요 수공 구조물의 설계빈도

구조물 종류	설계빈도(년)
배수시설	2~50
배수로	20 이상
방수로	20 이상
배수제	20 이상
배수문	20 이상
배수펌프	20 이상
유수지 및 저류지	20 이상
하천제방	
농경지 하천	50~200
도시 하천	50~200
홍수방어(조절)용	
저수지	50~SPF(표준설계홍수량)
여수로	PMF(최대가능홍수량)
제 방	10~SPF(표준설계홍수량)

수문설계의 또 다른 주요 요소인 비용을 고려하여 설계빈도를 결정하려면 그림 9.1과 같은 초과확률(또는 재현기간)별 예상피해액(expected damage)에 대한 조사가 필요하다. 일반적으로 재현기간이 커지면 구조물의 건설 비용도 증가하지만 예상피해액은 감소하므로, 각 재현기간별 구조물의 건설 비용과 피해액의 합을 연간비용(annual cost)으로 환산하여 총 연간 예상비용이 최소가 되는 재현기간을 그림 9.2와 같이 선택하면 된다. 자세한 계산 요령은 예제 9.2를 참조한다.

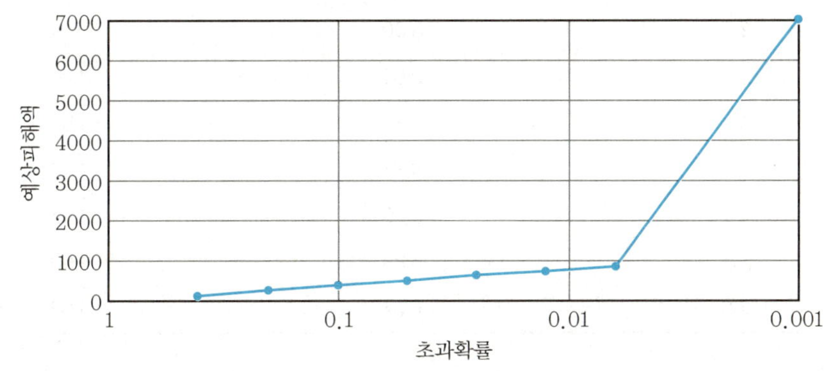

| 그림 9.1 | 초과확률에 따른 예상피해액

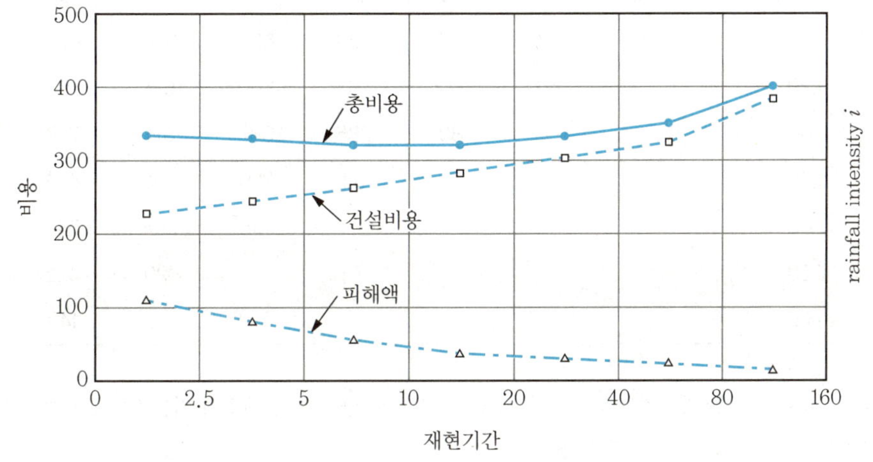

| 그림 9.2 | 재현기간별 총비용

예제 9.2

내구연한이 40년인 고속도로의 배수구를 설계하고자 한다. 위험도를 고려하여 설계빈도를 결정하여라.

| 풀이 |

(가) 유역의 수문 자료로부터 빈도에 따른 홍수량을 구하고, 이 홍수량에 대한 배수구의 지름을 구한다.

재현기간(연)	유량(m^3/sec)	배수구 지름(m)
2.5	3.00	1.15
5	3.62	1.20
10	4.22	1.30
20	4.75	1.40
40	5.30	1.45
80	5.83	1.50
160	6.37	1.62

(나) 각 배수구 크기에 대하여 설계홍수량이 초과할 때의 총 피해액을 구한다. 이 피해액은 개인의 재산 피해, 고속도로의 피해, 고속도로 사용자들의 시간 손해 등 직·간접 피해가 모두 포함된다.

재현기간(연) / 지름(m)	피해액(만원)							
	2.5	5	10	20	40	80	160	1,000
1.15	50	206	352	484	600	698	850	7,000
1.20		66	222	368	500	616	794	6,920
1.30			80	236	382	514	728	6,410
1.40				94	250	396	644	6,410
1.45					108	264	542	6,000
1.50						120	422	5,430
1.65							140	4,250

(다) 절차 (나)에서 구한 재현기간별 피해액을 연 피해액으로 환산한다. 예로서 지름 1.15m의 배수구 경우, 연 피해액은 다음과 같이 계산할 수 있다.

(단위: 만원)

ⓐ 재현기간 (연)	ⓑ 초과확률	ⓒ 총 피해액 (만원)	ⓓ 평균확률	ⓔ 피해액 증가 (만원)	ⓕ 연 피해액 증가	ⓖ 연평균 피해액 (만원)
2.5	0.40	50	0.30	156	46.8	0
5	0.20	206	0.15	146	21.9	46.8
10	0.10	352	0.075	132	9.9	68.7
20	0.05	484	0.0375	116	4.3	78.6
40	0.25	600	0.0188	98	1.84	82.9
80	0.0125	698	0.0094	152	1.42	84.7

표 계속

ⓐ 재현기간 (연)	ⓑ 초과확률	ⓒ 총 피해액 (만원)	ⓓ 평균확률	ⓔ 피해액 증가 (만원)	ⓕ 연 피해액 증가	ⓖ 연평균 피해액 (만원)
160	0.00625	850	0.0036	6,150	22.3	86.2
1,000	0.001	7,000	0.0005	0	0	108.5
∞	0	7,000				108.5

위 표의 ⓐ, ⓑ, ⓒ열은 절차 (가), (나)로부터 야기한 것이다. ⓓ열은 ⓑ열의 확률의 평균값이며, ⓔ열에는 ⓒ열의 증가액(209−50=156)을 표시하였다. ⓕ열은 연평균 피해액(expected annual damage)을 구하기 위하여 ⓓ열과 ⓔ열을 곱하였으며, ⓖ열은 ⓕ열의 누가값이다.

(라) 앞에서 계산한 바와 같이 모든 배수구 지름에 대하여 같은 분석을 실시하여 연평균 피해액을 구한다. 연평균 피해액을 연평균 건설비 및 운영비에 합하고, 이 값이 최소가 되는 배수구 지름을 택하고, 이에 따른 재현기간을 선정한다.

배수구 지름(m)	연 건설비(만원)	연 운영비(만원)	연 피해액(만원)	총 비용(만원)
1.15	204	20	108.5	332.5
1.20	225	18	85.1	328.1
1.30	246	16	55.4	317.4
1.40	268	14	38.9	320.9
1.45	291	12	29.3	332.3
1.50	316	10	23.2	349.2
1.65	372	10	16.2	398.2

(마) 총 비용은 배수구 지름이 1.30m일 때 317.4만원으로 최소이므로 설계빈도는 10년을 택한다.

9.1.2 모형의 불확실성과 불확실성의 일차분석

(1) 모형의 불확실성

수문설계 절차 중 중요한 부분은 부하량(L)을 계산하고 이를 감당할 구조물의 용량(C)을 결정하는 과정이다(Chow *et al.*, 1988). 부하량과 용량은 일반적으로 매개변수를 가진 모형이나 공식을 통해 계산하는데, 모형이나 공식은 자연 현상을 완벽하게 표현할 수 없고, 이에 포함된 매개변수도 사용되는 자료에 따라 다르게 추정될 수 있으므로 이러한 불확실성을 수문설계에서도 고려

하여야 한다. 예를 들어 하도를 설계함에 있어 부하량인 홍수량은 뒤에 언급할 합리식

$$Q = CIA$$

으로 계산할 수 있으며, 하도의 용량은 SI 단위인 경우 Manning 공식

$$Q = \frac{1}{n} S_f^{1/2} AR^{2/3}$$

으로 계산할 수 있다. 그러나 이러한 식 자체가 간편식일 뿐 아니라 합리식의 계수 C나 Manning 조도계수 n 등을 정확히 추정하기란 거의 불가능하여 이렇게 계산된 Q는 결과적으로 불확실성을 가지게 된다.

(2) 불확실성의 일차분석

불확실성의 일차분석(first order analysis of uncertainty)은 종속변수의 불확실성을 몇 가지 독립변수의 통계 특성으로 표현하는 기법이며, 수문설계에서도 위에 언급한 모형의 불확실성을 정량화하기 위해 이 기법을 사용할 수 있다. 즉, 위의 Manning 공식을 구성하는 n, S_f, A, R 등의 독립변수 X를 정확히 추정하지 못하여 종속변수 Y에 불확실성이 생기는 경우로 이는 자연적 불확실성과는 무관하다. 독립변수 X와 종속변수 Y 사이에 함수

$$Y = f(X) \tag{9.3}$$

가 존재한다고 하자. 함수 $f(x)$를 x의 공칭값(nominal value) $\bar{x}$에 대한 Taylor series로 전개하면

$$Y = f(\bar{x}) + \frac{df}{dx}(X-\bar{x}) + \frac{1}{2!}\frac{d^2f}{dx^2}(X-\bar{x})^2 + \cdots \tag{9.4}$$

이며, 2차항 이상을 무시한 후 x와 y의 오차로 표시하면 다음과 같다.

$$Y-\bar{y} = \frac{df}{dx}(X-\bar{x}) \tag{9.5}$$

여기서, $\bar{y}=f(\bar{x})$이다.

이는 관측오차나 추정오차 등으로 참값 x를 $\bar{x}$로 그르게 추정한 경우 독립변수의 오차가 종속변수에 미치는 영향을 나타낸 식이며, 여기서 함수 f는 완벽하게 구성되어 모형오차는 없고 오직 X만이 불확실하다고 가정하였다. Y의 오차 $(Y-\bar{y})$의 분산을 구하면

$$s_Y^2 = E\left\{\left[\frac{df}{dx}(X-\bar{x})\right]^2\right\} \tag{9.6}$$

$$= \left(\frac{df}{dx}\right)^2 s_X^2 \tag{9.7}$$

이며, s_Y를 Y의 표준오차(standard error)라고 부른다.

만일 하나 이상의 독립변수 X_1, X_2, ⋯, X_n이 서로 독립일 경우 식 (9.6)은 다음과 같이 확장될 수 있다.

$$s_Y^2 = \left(\frac{\delta f}{\delta X_1}\right)^2 s_{x_1}^2 + \left(\frac{\delta f}{\delta X_2}\right)^2 s_{x_2}^2 + \cdots + \left(\frac{\delta f}{\delta X_n}\right)^2 s_{X_n}^2 \tag{9.8}$$

예제 9.3

1%의 기울기를 가지는 10m 너비의 직사각형 수로를 만들기 위해 설계유량과 조도계수를 추정한 결과 각각 100cms와 0.035이었다. 만약 유량과 조도계수 추정치가 각각 30%와 15%의 변동계수(coefficient of variation)를 가진다면, 흐름의 깊이 Y를 추정할 경우 표준오차는 얼마인가?

| 풀이 |

직사각형 수로의 폭 B=10m, A=10y, R=10y/(10+2y)를 Manning 공식에 대입하면 다음과 같이 Y만의 식이 된다.

$$Q = \frac{1.49}{n} S_f^{1/2} AR^{2/3}$$

$$100 = \frac{1.49}{0.035}(0.01)^{1/2}(10y)\left(\frac{10y}{10+2y}\right)^{2/3}$$

이것을 Newton 반복법 등 간단한 수치해석 기법으로 풀면

$$Y = 1.899 \text{ m}$$

만약 수심 y의 변화가 유량 Q의 변화만의 함수라면 식 (9.7)로부터

$$s_Y^2 = \left(\frac{dy}{dQ}\right)^2 s_Q^2 \tag*{식 (1)}$$

여기서 dY/dQ는 Q의 변화에 따른 y의 변화 비율로 다음과 같이 전개된다.

$$\frac{dY}{dQ} = \frac{1.49}{n} S_f^{1/2} AR^{2/3} = \frac{1.49}{n} S_f^{1/2}\left(\frac{2AR^{-1/3}}{3}\frac{dR}{dy} + R^{2/3}\frac{dA}{dy}\right)$$

$$= \frac{1.49}{n} S_f^{1/2} AR^{2/3}\left(\frac{2}{3R}\frac{dR}{dy} + \frac{1}{A}\frac{dA}{dy}\right) = Q\left(\frac{2}{3R}\frac{dR}{dy} + \frac{1}{A}\frac{dA}{dy}\right) \tag*{식 (2)}$$

이를 식 (1)에 대입하면

$$s_Y^2 = \frac{s_Q^2}{Q^2\left(\frac{2}{3R}\frac{dR}{dy}+\frac{1}{A}\frac{dA}{dy}\right)^2} \quad \text{식 (3)}$$

식 (3)을 변동계수 $CV_Q=s_Q/Q$를 이용하여 표현하면

$$s_Y^2 = \frac{CV_Q^2}{\left(\frac{2}{3R}\frac{dR}{dy}+\frac{1}{A}\frac{dA}{dy}\right)^2} \quad \text{식 (4)}$$

만약 Manning 공식에서 n과 S_f의 불확실성까지 고려하면 식 (3)은 아래와 같이 확장될 수 있다.

$$s_Y^2 = \frac{CV_Q^2+CV_n^2+(1/4)CV_{S_f}^2}{\left(\frac{2}{3R}\frac{dR}{dy}+\frac{1}{A}\frac{dA}{dy}\right)^2} \quad \text{식 (5)}$$

식 (5)의 분모는 직사각형 수로의 경우 $A=10y$, $R=10y/(10+2y)$이므로,

$$\left(\frac{2}{3R}\frac{dR}{dy}+\frac{1}{A}\frac{dA}{dy}\right) = \frac{5B+6y}{3y(B+2y)} = \frac{5\times10+6\times1.899}{3\times1.899(10+2\times1.899)} = 0.781$$

본 문제에서 $CV_Q=0.30$, $CV_n=0.15$, $CV_{sf}=0$이므로 최종적으로 수심의 분산은 다음과 같이 계산된다.

$$s_Y^2 = \frac{CV_Q^2+CV_n^2+(1/4)CV_{S_f}^2}{\left(\frac{2}{3R}\frac{dR}{dy}+\frac{1}{A}\frac{dA}{dy}\right)^2} = \frac{(0.30)^2+(0.15)^2}{(0.781)^2} = 0.184$$

(3) 안전계수(safety margin)와 안전율

수문설계에서는 자연적 불확실성 이외의 모든 불확실성은 안전계수(safety margin, 이하 SM) 또는 안전율(safety factor)의 개념을 도입하여 고려하고 있다. 안전계수 SM은 $SM=C-L$로 정의되며, 위험도 R은

$$R = \Pr[C-L<0] = \Pr[SM<0] \quad (9.9)$$

이 된다. 여기서 C와 L이 서로 독립이라면 SM의 평균과 분산은 다음과 같이 표현할 수 있다.

$$\mu_{SM} = \mu_C - \mu_L$$
$$\sigma_{SM}^2 = \sigma_C^2 + \sigma_L^2 \quad (9.10)$$

만일 안전계수가 정규분포를 따른다고 가정하면 위험도는 표준정규누가분포함수 F_Z를 사용하

여 다음과 같이 계산할 수 있다.

$$R = \Pr\left(\frac{SM-\mu_{SM}}{\sigma_{SM}} < \frac{-\mu_{SM}}{\sigma_{SM}}\right) = \Pr\left(z < -\frac{\mu_{SM}}{\sigma_{SM}}\right) = F_Z\left(-\frac{\mu_{SM}}{\sigma_{SM}}\right) \tag{9.11}$$

예제 9.4

어떤 도시의 미래 물 수요가 3으로 추정되고 있으며, 이를 공급하기 위해 용량 5의 상수도시스템을 건설하려고 한다. 이러한 물 수요와 공급의 추정값이 각각 1과 0.75의 표준편차를 가진다면 상수도시스템의 위험도는 얼마인가? 여기서 안전율은 정규분포를 따른다고 가정한다.

| 풀이 |

식 (9.10)으로부터, $\mu_{SM}=\mu_C-\mu_L=5-3=2$이고 $\sigma_{SM}=(\sigma_C^2+\sigma_L^2)^{1/2}=(1^2+0.75^2)^{1/2}=1.250$이므로 식 (9.11)에 의해

$$R = F_Z\left(-\frac{\sigma_{SM}}{\sigma_{SM}}\right) = F_Z\left(-\frac{2}{1.250}\right) = F_Z(-1.60) = 0.055$$

9.2 설계강우량

9.2.1 설계강우의 지속기간

설계빈도가 결정되면 이에 해당하는 설계강우량을 추정하여야 하며, 이는 설계홍수량을 계산하기 위한 입력 자료를 구하는 중요한 절차이다. 설계강우의 결정은 일반적으로 제2장에서 기술한 강우강도-빈도-지속기간 곡선으로부터 강우강도 또는 강우깊이를 구하는 과정이다. 그러므로 강우강도-빈도-지속기간 곡선을 이용하기 위해서는 앞서 결정된 설계빈도와 더불어 설계강우의 지속기간을 우선 결정하여야 한다.

설계강우의 지속기간은 대상 유역 크기, 강우 지속기간 특성, 홍수유출 형태, 그리고 계획 대상 시설의 종류 등을 명확히 고려하여 결정하는 것이 원칙이다. 특히 설계하고자 하는 수공 구조물의 주된 기능이 홍수조절용인지 아니면 유량 저류용인지에 따라 구분하여 지속기간을 책정할 필요가 있다.

홍수조절용 구조물인 경우 설계강우의 지속기간은 일반적으로 홍수의 도달시간(time of concentration)으로 선정한다. 도달시간이란 하천 본류를 따라 유역의 가장 먼 곳에서부터 유역의 출구까지 물이 유하(流下)하는데 소요되는 시간으로 정의되며, 이를 계산하기 위한 다양한 공식은 9.3절에서 소개하기로 한다. 이렇게 도달시간을 설계강우의 지속기간으로 사용하는 이유는 강우의 지속기간이 도달시간일 때 전 유역이 유출에 기여하게 되어 유량이 최대가 되기 때문이며, 홍수조절용 구조물의 설계는 최대 유량에 근거하여 이루어진다.

한편 유량 저류용 구조물의 설계에서는 최대 유출량보다는 최대 저류량이 중요하므로, 최대저류량이 발생하는 시간을 설계강우의 지속기간으로 선정하며 이를 위해 과거에 유역에서 관측한 주요 강우사상의 지속기간을 분석하여야 한다.

9.2.2 설계강우의 시간분포

강우강도-빈도-지속기간 곡선으로 구한 설계강우는 지속기간 동안에 발생할 강우의 총량을 의미하므로 설계강우의 지속기간 동안 시간에 따른 강우의 패턴을 결정하여 강우주상도를 만들어야 한다. 설계강우의 시간 분포를 결정하는 방법으로는 여러 가지가 있으나 여기서는 대표적인 방법으로 삼각 강우주상도 방법과 강우강도-빈도-지속기간 곡선을 이용하는 방법에 대해서만 기술하고자 한다. 미국 NRCS(Natural Resources and Soil Conservation Service)에서는 4가지 형태의 무차원 24시간 강우주상도를 작성하여(SCS, 1986), 미국의 각 주에 가장 적절한 설계 강우주상도의 형태를 지도로 제시하고 있다.

(1) 삼각 강우주상도 방법

삼각 강우주상도 방법은 그 명칭에서 의미하는 바와 같이 강우주상도를 삼각형으로 가정하는 방법이다. 즉, 설계강우의 강도 I와 지속기간 t_R이 주어진 경우 그림 9.3과 같은 강우주상도를 가정한 후 삼각형의 높이에 해당하는 최대강우강도 $I_{\max}$와 이의 발생시간 t_P를 결정한다. 여기서 $I_{\max}$는 삼각형의 면적 A_I가 $ht_R/2$임을 이용하면

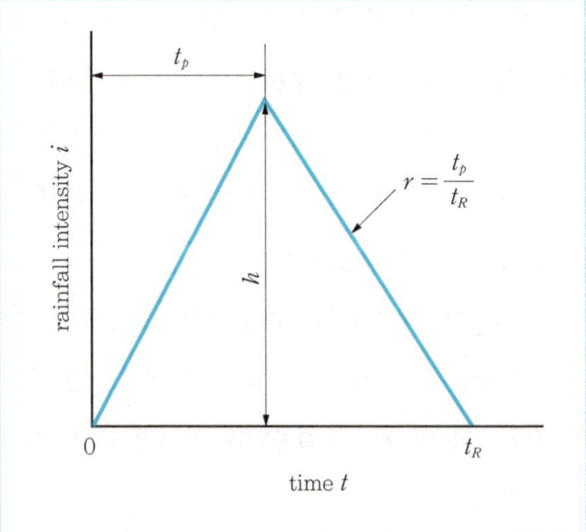

| 그림 9.3 | 삼각 강우주상도

$$I_{\max} = \frac{2A_I}{t_R} \tag{9.12}$$

로 쉽게 계산할 수 있다. 또한 첨두우량 발생시간 t_P는 대상 유역에 발생한 다양한 지속기간을 가진 과거 강우사상에 대하여 지속기간에 대한 비 $r = t_P/t_R$를 계산하고, 계산된 r값에 대하여 지속기간을 고려한 가중평균으로 결정한다. Yen and Chow(1989), El-Jabi and Sarraf(1991) 등의 연구에 의하면 r는 일반적으로 0.32에서 0.51 사이의 값을 가진다고 알려져 있다.

(2) 강우강도-빈도-지속기간 곡선을 이용하는 방법

이 방법은 alternating block method이라 부르며, 강우강도-빈도-지속기간 곡선으로부터 설계강우의 시간 분포를 생성하는 방법이다. 만일 서울 지방에서 재현기간이 50년이고 지속기간이 2시간인 설계강우의 강우주상도를 20분 간격으로 작성하고자 한다면, 우선 그림 9.4와 같은 서울지방의 강우강도-빈도-지속기간 곡선으로부터 재현기간 50년과 지속기간 2시간에 해당하는 강우강도를 지속기간별(즉 표 9.2에서는 20분 간격)로 찾는다. 다음으로 표 9.2에서와 같이 단위시간별 강우증가량을 계산하면 그림 9.5(a)와 같다. 첨두우량은 일반적으로 강우 지속기간의 중간에 발생하므로, 20분 간격의 강우증가량 중 최대값을 지속기간의 중심에 위치시키고 2순위와 3순위 최대

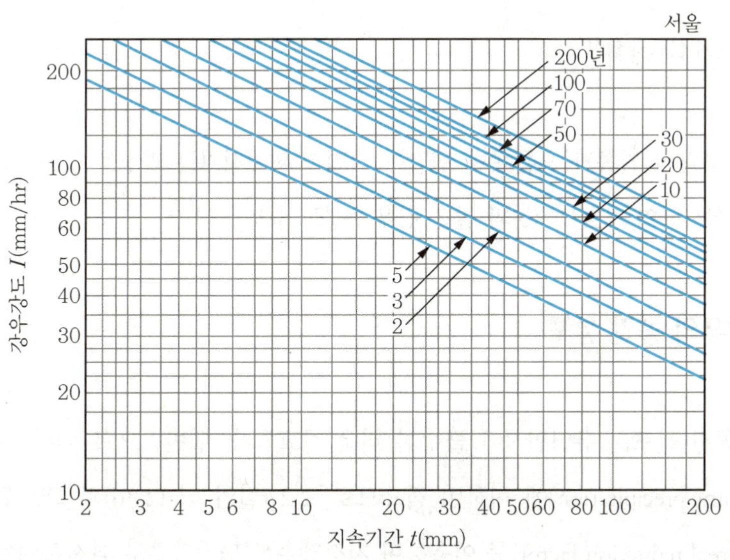

| 그림 9.4 | 서울 지방의 강우강도-지속기간-빈도곡선

■ 표 9.2 우량주상도의 계산

지속기간 (min)	강우강도 (mm/hr)	강우량 (mm)	강우 증가량 (mm)
20	130	43	43
40	105	70	27
60	90	90	20
80	80	106.7	16.7
100	72	120.0	13.3
120	65	130	7.0

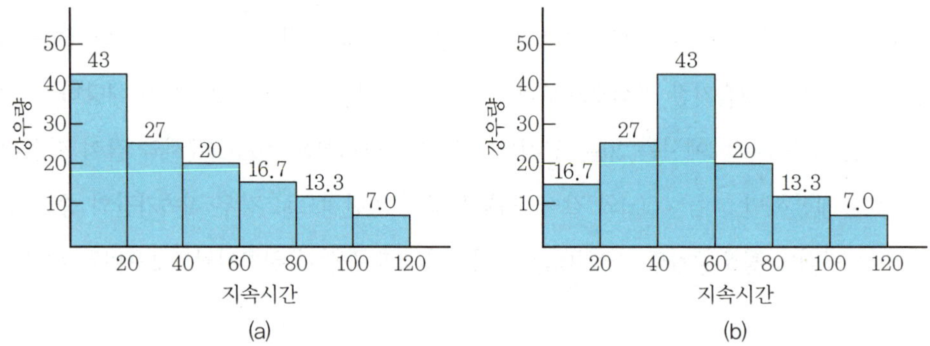

| 그림 9.5 | 우량주상도의 합성

값을 각각 첨두우량의 왼쪽과 오른쪽에 번갈아 가면서 위치시키는 과정을 모든 시간 간격에 대하여 반복적으로 실시하여 그림 9.5(b)와 같은 강우주상도를 만든다.

9.2.3 설계강우의 공간 분포

설계강우의 공간 분포는 유역면적이 클수록 더욱 중요하다. 일반적으로 어떤 유역의 면적강우는 지점강우(point precipitation)에 비하여 작으므로, 2.2.4절의 식 (2.36)과 그림 2.9에서 소개한 면적감소계수(areal reduction factor)를 이용하여 지점강우를 면적강우로 환산하여야 한다.

9.3 설계홍수량

설계홍수량이란 홍수 특성, 홍수빈도, 홍수피해 가능성 및 사회 경제적 요인을 함께 고려한 후 최종적으로 어떤 수공 구조물의 설계기준(design standard)으로 채택하는 첨두유량이나 첨두수위(peck stage)에 의한 홍수량 또는 설계강우량에 따른 유량수문곡선을 말한다. 설계홍수량을 산정하는 방법에는 합리식 등 첨두홍수량 산정식을 이용하는 방법, 단위유량도로 수문곡선을 합성하는 방법, 수위-유량 관계 곡선식으로 첨두수위를 홍수량으로 변환하는 방법, 그리고 강우유출 모형을 이용하여 설계강우량으로부터 설계홍수량을 구하는 방법 등이 있다. 수위-유량 관계 곡선식에 의한 방법은 제3장 수문관측을 참고할 수 있으므로, 본 절에서는 첨두유량의 계산 방법과 강우유출 모형에 대하여 살펴보고자 한다.

9.3.1 합리식

수공 구조물은 최대 부하량을 방어하도록 설계하여야 하므로 설계유량은 통상 첨두유량을 의미하는 경우가 대부분이다. 첨두유량의 계산 방법에는 몇 가지가 있으나 본 절에서는 가장 보편적으로 사용되고 있는 방법으로 합리식(rational formular)을 설명하고자 한다.

합리식이란 그림 9.6과 같이 수문곡선을 이등변삼각형으로 가정하고 이 수문곡선의 첨두유량을 계산하는 방법이다. 그림 9.6(a)는 강우의 지속시간(t_R)이 유역의 도달시간(t_C)과 같은 경우에 유역면적(A)에 내린 유효강우량의 체적이 출구를 통한 유량의 체적과 같아야 한다는 것을 보여주고 있다. 즉,

$$I \cdot t_R \cdot C \cdot A = t_C \cdot Q_P \tag{9.13}$$

여기서 C는 총 강우량(總降雨量)에 대한 유효강우(有效降雨)의 비를 나타내주는 상수이며, I는 강우강도를 말한다. t_R=t_C이므로 식 (9.13)은

$$Q_P = CIA \tag{9.14}$$

로 나타낼 수 있다. 지속시간(t_R)이 도달시간(t_C)보다 큰 경우에 수문곡선은 그림 9.6(b)와 같으며, 이 경우에도 유역에 내린 유효우량의 총 체적은 수문곡선 내의 면적과 같아야 한다. 따라서

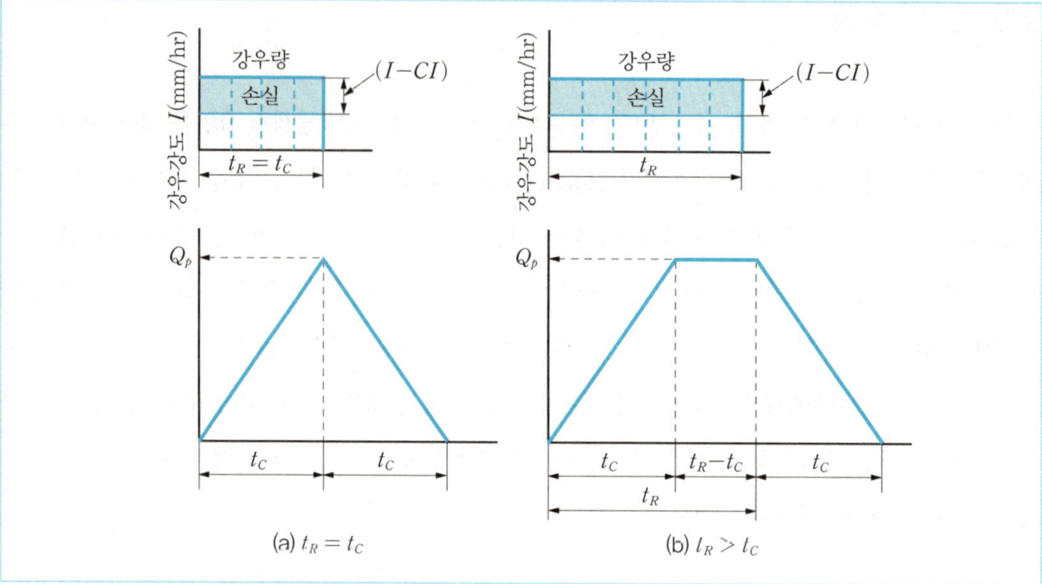

| 그림 9.6 | 합리식의 수문곡선 형태

$$C \cdot I \cdot t_R \cdot A = t_R \cdot Q_P \tag{9.15}$$

이므로, 이 식으로부터 식 (9.14)와 같은

$$Q_P = CIA$$

를 구할 수 있으며 식 (9.14)를 합리식이라고 한다. 식 (9.5)에서 $Q(\text{m}^3/\text{sec})$, $I(\text{mm/hr})$, $A(\text{km}^2)$의 단위로 사용하기 위해서는 식 (9.14)에 단위환산계수 0.2778을 곱하여야 한다.

$$Q_P = 0.2778\,CIA \tag{9.16}$$

식 (9.14) 또는 식 (9.16)의 C는 유출계수(runoff coefficient)로서 앞에서 기술한 바와 같이 총우량에 대한 유효우량의 비를 나타내주는 상수로서 토지의 이용 상태에 따라 0.0~1.0까지 변하며 이 값은 1보다 클 수는 없다. 하천설계기준 해설(한국수자원학회·한국하천협회, 2020)에 의하면 C값은 토지 이용 상태에 따라 표 9.3과 표 9.4와 같이 정하고 있다.

유출계수 C값의 결정에는 세심한 주의를 요한다. 보통 유역은 표 9.3에서와 같은 단일 토지 이용 상태로 구성되어 있는 것이 아니라, 여러 형태의 지표면을 갖고 있기 때문에 이러한 경우에는 표 9.5와 같이 면적의 비로 평균 C값을 계산하여야 한다.

또한 C값은 강우의 크기에 따라 변한다. 강우강도가 큰 경우에는 강우가 적은 경우보다 유출이 크다는 것은 일반적으로 알려진 사실이다. Denver Regional Council은 재현기간에 따라 C값을 표 9.6과 같이 조정계수를 곱하여 수정할 것을 제시하고 있으나 조정된 C값은 1보다 커서는 안 된다.

유출계수 C는 손실을 고려한 계수이므로 강우량을 ϕ-지표법, SCS법 등에 의하여 유효강우량으로 환산할 필요가 없다. 따라서 식 (9.16)의 강우강도 I는 지속시간이 도달시간이며 설계빈도에 해당하는 값을 사용하면 된다. I의 지속시간을 도달시간으로 사용하는 이유는 그림 9.7에서 알 수 있는 바와 같이 지속시간이 도달시간일 때 전 유역이 유량에 기여를 하므로, 이때 유량이 최대가 되기 때문이다. 도달시간은 제5.4절에서와 같이 지표면에서의 유하시간과 하도 또는 수로에서의 유하시간을 합하여 구할 수 있다.

합리식은 그림 9.6에서 보는 바와 같이 삼각형의 수문곡선을 가정하고 있다. 그러나 일반적으로 하강곡선은 상승곡선보다 완만하게 감수하므로 실제로의 첨두유량은 합리식의 첨두유량보다 적게 된다. 따라서 합리식인 식 (9.16)에 의하여 계산된 첨두유량은 다소 실제보다 크게 나타난다. 이러한 삼각형 수문곡선은 적은 유역에서는 가능하므로 합리식의 적용은 유역면적이 1.0km^2 이내이며 비교적 단순한 유역을 권장하고 있다.

표 9.3 토지이용도에 따른 합리식의 유출계수 범위*, **, *(Ponce, 1989)**

토지이용		기본유출계수(C)
상업 지역	도심 지역	0.70~0.95
	근린 지역	0.50~0.70
주거 지역	단독주택**	0.30~0.50
	독립주택단지	0.40~0.60
	연립주택단지	0.60~0.75
	교외지역	0.25~0.40
	아파트	0.50~0.70
산업 지역	산재지역	0.50~0.80
	밀집지역	0.60~0.90
공원, 묘역		0.10~0.25
운동장		0.20~0.35
철로		0.20~0.40
미개발지역		0.10~0.30

토지이용				기본유출계수(C)
차도 및 보도				0.75~0.85
지붕				0.75~0.95
잔디	사질토	평탄지		0.05~0.10
		평균		0.10~0.15
		경사지		0.15~0.20
	중토	평탄지		0.13~0.17
		평균		0.18~0.22
		경사지		0.25~0.35
농경지	나지	평탄한 곳		0.30~0.60
		거친 곳		0.20~0.50
	경작지	사질토	작물 있음	0.30~0.60
			작물 없음	0.20~0.50
		점토	작물 있음	0.20~0.40
			작물 없음	0.10~0.25

표 9.3 계속

토지이용		기본유출계수(C)	토지이용			기본유출계수(C)
도로	아스팔트	0.70~0.95			관개 중인 답	0.70~0.80
	콘크리트	0.80~0.95		초지	사질토	0.15~0.45
	벽돌	0.70~0.85			점토	0.05~0.25
			산지***		급경사 산지	0.40~0.80
					완경사 산지	0.30~0.70

* 유출계수는 재현기간 5~10년에 적용되므로 재현기간이 이보다 길 경우에는 Ponce(1989, Engineering Hydrology) 등의 보정그래프를 활용토록 한다.

** 단독주택인 경우 미국의 주거사항과 한국의 주거사항이 같지 않으므로 유출계수 추정시 주의를 요한다.

*** 산지의 경우 유출계수 추정시 현장 조건을 감안한 판단이 필요하며, 유역면적이 작은 지역에서는 비교적 큰 유출계수를 사용하고 유역면적이 큰 지역에서는 비교적 적은 유출계수를 사용하여 홍수량이 과소 또는 과대 추정되지 않도록 유의한다.

표 9.4 합리식 유출계수의 지형과 지질에 따른 보정(Stephenson, 1981)

지표 상황	보정치: 가감량
나지 초지 경작지 삼림	경사 $<$ 5%: $-$0.05 경사 $>$ 10%: +0.05 재현기간 $<$ 20yr: $-$0.05 재현기간 $>$ 50yr: +0.05 연평균 강수량 $<$ 600mm: $-$0.03 연평균 강수량 $>$ 900mm: +0.03

표 9.5 평균 C값의 계산 예

면적(km²) A	토지 이용 상태	C	$C \cdot A$
0.014	콘크리트 포장	0.90	0.0126
0.144	교외 주택 지역	0.35	0.0504
0.050	아파아트 지역	0.60	0.0300

$$\text{평균 } C = \frac{\Sigma CA}{\Sigma A} = \frac{0.093}{0.208} = 0.447$$

표 9.6 재현기간에 따른 C값의 조정

재현기간(년)	조정계수
2~10	1.0
25	1.1
50	1.2
100	1.25

예제 9.5

그림과 같이 서울 지방에 주차장의 배수구를 설계하고자 한다. 배수구의 단면을 1.5m×1m로 가정하였을 때, 이 단면의 타당성을 검토하여라.

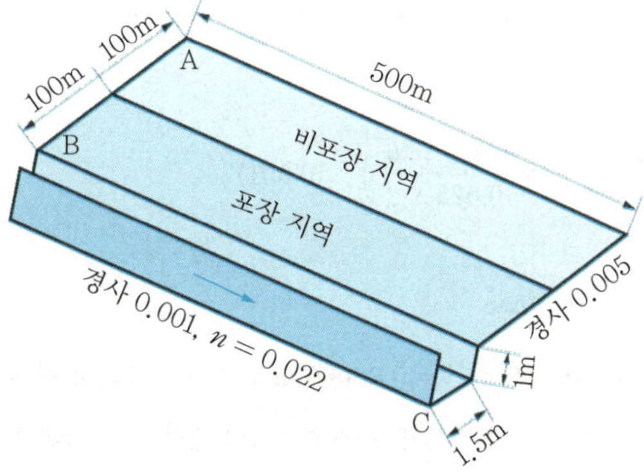

| 풀이 |

(가) 설계빈도는 20년으로 한다.

(나) 강우의 지속기간을 결정하기 위하여 도달시간을 계산한다. 도달시간을 비포장 지역, 포장 지역, 배수구에서의 유하시간을 구하여 이를 합한다.

비포장 지역에서의 유하시간(Kerby 공식)

$$t_R = 1.44\times\left(\frac{100\times 0.3}{\sqrt{0.005}}\right)^{0.467} = 24.3 \text{ min}$$

포장 지역에서의 유하시간(Kerby 공식)

$$t_R = 1.44\times\left(\frac{100\times 0.02}{\sqrt{0.005}}\right)^{0.467} = 6.86 \text{ min}$$

배수구에서의 유하시간

$$V = \frac{1}{n}R^{2/3}S^{1/2}\frac{1}{0.022}\left(\frac{1.5\times 1}{3.5}\right)^{2/3}(0.001)^{1/2} = 0.817 \text{ m/sec}$$

$$t_v = \left(\frac{500}{0.817\times 60}\right) = 10.20 \text{ min}$$

도달시간 t_C=24.3+6.86+10.20=41.36≒40min

(다) 강우강도-지속기간-빈도 그림으로부터 강우강도를 찾는다. 이 주차장이 서울 지역이므로 그림 9.4으로부터 재현기간 20년의 지속기간 40분의 강우강도는 92mm/hr이다.

(라) 합리식을 사용하기 우하여 C 값의 평균값을 구하면

$$\overline{C} = (0.20+0.85)/2 = 0.525$$

재현기간에 따라 표 9.6에 의하여 $\overline{C}$를 조정하면

$$\overline{C} = 0.525\times1.1 = 0.5775$$

(마) 첨두유량 Q_p는 합리식에 의거

$$Q_p = 0.2778\times0.5775\times92.0\left(\frac{500\times200}{10^6}\right) = 1.48\ \text{m}^3/\text{sec}$$

(바) 배수구의 용량을 검토하기 위하여 최적 수리 단면을 가정하면 폭(B), 수심(h)에서 최적 단면은 $B=2h$, $R=\dfrac{h}{2}$이다. 따라서

$$V = \frac{1}{n}(R)^{2/3}(S)^{1/2} = \frac{1}{0.022}\left(\frac{h}{2}\right)^{2/3}(0.001)^{1/2}$$

$$A = 2h\cdot h$$

$$Q = V\cdot A = 1.48\ \text{m}^3/\text{sec}$$

위의 3개식으로부터 $h=0.927$(m), $V=0.86086$(m/sec)이다. 따라서 단면은 0.927m×1.854m이다.

(사) 단면 B와 h가 처음 가정한 것과 다르게 됨에 따라 (바)에서 구한 단면을 가지고 절차 (나)를 다시 계산하여야 한다. 즉, 배수구에서 유하시간 t_v는

$$t_v = 500/(0.86086\times60) = 9.68\ \text{min}$$

따라서 $t_c=t_v+t_c=9.68+24.3+6.86=40.084\approx40\text{min}$

여기서 강우량의 계산은 t_c와 같은 지속기간을 가진 것으로서 그림 9.3으로부터 얻을 수 있다. $B=1.854$(m), $h=0.927$(m)가 최적 수리 단면이다.

예제 9.6

그림과 같이 서울 지방의 놀이터와 주차장의 배수구를 중앙에 설치하고자 한다. 배수구를 1.0m×2.0m 폭의 구형 단면으로 가정하였을 때, 이 단면의 타당성을 검토하여라.

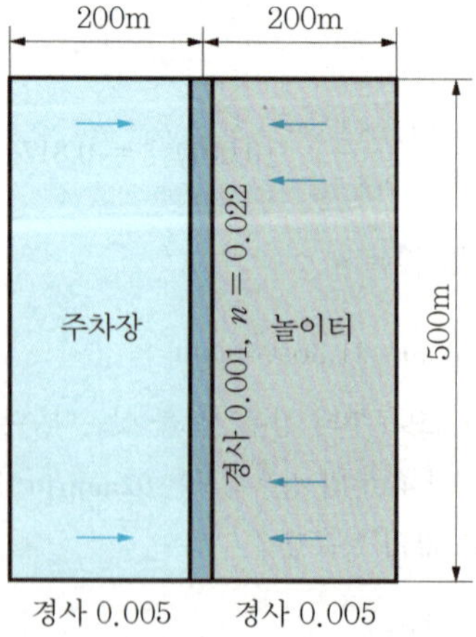

| 풀이 |

(가) 도달시간

$$\text{놀이터 } t_s = 1.44\times\left(\frac{200\times0.4}{\sqrt{0.005}}\right)^{0.467} = 38.41\text{ min}$$

$$\text{주차장 } t_s = 1.44\times\left(\frac{200\times0.2}{\sqrt{0.005}}\right)^{0.467} = 27.79\text{ min}$$

$$\text{배수구 } t_V = \left(\frac{500}{V}\right) = 500\,/\left\{\frac{1}{0.022}\times\left(\frac{2}{4}\right)^{2/3}\times\sqrt{0.001}\right\} = 9.2\text{ min}$$

그러므로 총 도달시간은 다음과 같다.

놀이터 $38.41+9.2 = 47.6 ≒ 50(\text{min})$

주차장 $9.4+9.2 = 18.6 ≒ 20(\text{min})$

(나) 설계빈도 20년의 지속시간 50분의 강우강도는 83mm/hr이며, 20분의 경우에는 112mm/hr이다.

(다) 합리식의 C값(재현기간에 따른 조정값 1.1)

주차장 $C = 0.85\times1.1 = 0.935$

놀이터 $C = 0.25\times1.1 = 0.275$

(라) 첨두유량의 계산

첨두유량은 강우강도가 83mm/hr인 경우와 112mm/hr인 두 경우에 대하여 계산을 실시하여야 한다.

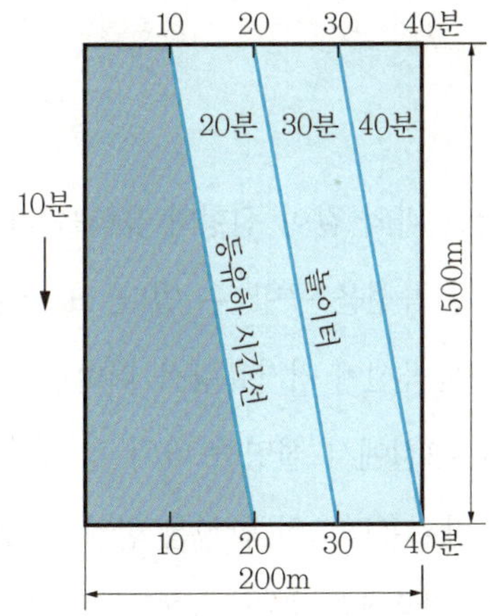

㉮ 강우강도가 83mm/hr인 경우

이 경우에 지속기간이 50분이므로 주차장에서는 도달시간 20분 이후에는 평형 상태에 도달한다고 생각할 수 있으므로, 전 유역의 첨두유량은 놀이터의 첨두유량과 주차장의 첨두유량의 합으로 생각할 수 있다.

$$Q_p = 0.2778(0.935\times83+0.275\times83)\times(200\times500\times10^{-6}) = 2.79\text{ m}^3/\text{sec}$$

㈏ 강우강도가 112mm/hr인 경우

이 경우에는 지속시간은 20분이므로 주차장에서는 최대 유량을 발생시키나 놀이터에서는 일부분만이 유출에 기여를 하므로 놀이터의 유량은 유하시간을 고려하여 생각할 수 있다. 놀이터의 등유하시간선을 그림과 같이 작성한다. 즉 배수구의 유하시간을 10분, 놀이터의 유하시간을 40분(총 50분)이라 하면 10분 간격으로 등유하시간선을 그리면 그림과 같다. 따라서 지속시간 20분일 경우, 유출에 기여하는 면적은

$$A = \left(\frac{100+20}{2}\right)\times 500 = 37{,}500\ \text{m}^2$$

또한 전체 유역에 대한 유출 기여 면적의 비율은

$$\frac{37{,}500}{200\times 500} = 0.375$$

그러므로,

$$Q_p = 0.2778\times 0.935\times 112\times 200\times 500\times 10^{-6} + 0.2778\times 0.275112$$
$$\times(0.375\times 200\times 500\times 10^{-6}) = 3.23\ \text{m}^3/\text{sec}$$

(마) 즉, 지속시간이 20분인 경우가 50분인 경우보다 첨두유량이 크므로, 본 설계에서 전체 유역의 설계 유량은 $3.23\text{m}^3/\text{sec}$로 택한다.

(바) 따라서 단면을 1.35m×2.5m(폭)로 하는 경우 단면의 총 수 능력은 $Q=3.28\text{m}^3/\text{sec}$이 되므로, 이 단면으로서 $Q=3.23\text{m}^3/\text{sec}$를 통과시킬 수 있다.

9.3.2 단위유량도의 이용

단위유량도는 제6장에서 설명한 바와 같이 선형의 유역을 가정하고 있으므로 유효강우량을 직접 단위유량도에 곱함으로써 수문곡선을 구할 수 있다. 또한 유역의 지하수로 인한 기저유량이 중요한 경우에는 위에서 구한 수문곡선에 기저유량을 더하면 된다.

단위유량도가 없는 경우는 제6.3절에서 설명한 바와 같이 지형도로부터 단위유량도를 합성할 수 있다. Snyder 방법을 사용한 단위유량도의 합성은 한강, 금강, 낙동강의 경우 표 6.3를 사용할 수 있으며, SCS방법을 사용하는 경우에는 그림 6.10에 의한 무차원 단위유량도에 의하여 수문곡선을 구할 수 있다. 또는 제8장의 유역추적에서 설명한 바와 같이 유역의 유하시간-유역면적 관계를 사용하여 Clark 방법으로 순간단위유량도(instantaneous unit hydrograph)를 구하고, 이로부터 단위유량도를 구하는 방법을 사용할 수도 있다. 이러한 단위유량도의 유도에는 방법마다 장단점이 있으므로 자료의 가용성, 방법의 간편성을 고려하여 목적에 맞는 방법을 택하면 된다.

단위유량도는 기본 이론으로 유역의 선형성과 유효강우의 균일한 분포를 가정하고 있기 때문에 단위유량도로부터 수문곡선을 구하는 것은 제한된 범위 내에서만 가능하다. 즉, 첫째로 단위유량도의 적용은 단위유량도를 유도할 때 사용된 강우 조건과 비슷한 강우에 대하여 적용하여야 한다. 강우는 유역 내에 균등하게 분포되어 있어야 하므로 단위유량도의 적용은 유역면적의 크기에 따라 적용 여부가 결정될 수 있다. 뚜렷한 유역면적의 크기를 결정하기는 어려우나 대개 유역면적이 5000km^2 이내인 경우에 단위유량도를 적용할 수 있다. 유역이 5000km^2보다 클 경우에, 또는 이보다 적더라도 유역의 특성이 현저히 다를 경우에는 유역을 구분하여 각각의 유역에 대한 단위유량도를 구하고, 이 단위유량도를 유입곡선으로 하는 홍수추적을 실시함으로써 수문곡선을 얻을 수 있다. 둘째로 유역의 특성은 시간에 따라 변하지 않아야 한다. 하도에 제방의 건설, 저수지의 설치 등은 강우 유출 관계를 변화시키므로, 이러한 경우에 단위유량도의 적용에는 세심한 주의가 필요하다. 셋째로 유역 내의 많은 저수지 또는 홍수범람(flood inundation) 지역이 있는 경우에는 유역의 저류 효과로 인하여 유역선형성의 기본 가정을 위반하게 되므로 이러한 유역에서 단위유량도의 적용은 부정확한 결과를 초래한다.

단위유량도로부터 설계 수문곡선을 얻기 위한 절차는 다음과 같다.

① 수공 구조물 크기 및 종류에 따라 강우의 지속기간 및 설계빈도를 결정한다.

② ①에 의하여 강우량이 결정되면 9.2절의 방법에 의하여 강우주상도를 작성한다. 이때의 시간 간격은 단위유량도의 지속시간과 같게 한다.

③ ②에 의한 강우주상도로부터 손실량을 제거하여(즉, ϕ-지표, SCS방법 등 적용하여) 유효강우량의 주상도를 작성한다.

④ 단위유량도의 세로좌표를 ③에서 구한 유효강우량으로 곱하고, 이 절차를 유효강우주상도가 끝날 때까지 실시한다.

⑤ 지하수로부터 보충되는 기저유량이 중요한 경우, ④에서 구한 값에 기저유량을 합하여 설계 수문곡선을 구한다.

예제 9.7

예제 6.3에서 구한 충북 옥천군의 2시간 단위유량도를 사용하여, 이 유역의 50년 빈도의 6시간 지속기간을 가진 강우량이 120mm일 경우에 수문곡선을 구하여라.

	누가강우량(mm)	순강우량 증가(mm)
2시간	0.28×120=33.6	33.6
4시간	0.86×120=103.2	69.6
6시간	1.0×120=120.0	16.8

| 풀이 |

(가) 그림 9.3을 사용하여 2, 4, 6시간의 강우주상도를 작성한다.

(나) SCS방법에 의하여 유효강우량을 구한다. 식 (5.12)와 식 (5.13)에 의하여

$$Q = \frac{(P-0.2S)^2}{P+0.8S}$$

$$S = \frac{25{,}400}{CN} - 254$$

유역을 검토한 결과 흙은 SCS의 분류 중에 C 그룹에 속하며(표 5.6) 농경지 60%, 산악 지역이 40%로 구성되어 있어 $CN = 78 \times 0.6 + 70 \times 0.4 = 74.7 \fallingdotseq 75$로 추정할 수 있다. 따라서 식 (5.13)에 의하여

$$S = \frac{25{,}400}{75} - 254 = 84.67$$

2시간의 경우, 유효강우량 R_e는

$$R_e = \frac{(33.6-0.2\times 84.67)^2}{33.6+0.8} 84.67 = 2.74 \text{ mm}$$

4시간의 경우

$$R_e = \frac{(103.2-0.2\times 84.67)^2}{103.2+0.8} \times 84.67 = 43.53 \text{ mm}$$

6시간의 경우

$$R_e = \frac{(1200.2\times 84.67)^2}{120+0.8\times 8} 4.67 = 56.58 \text{ mm}$$

따라서 유효강우량의 주상도는

시간	2시간	4시간	6시간
유효강우량	2.74mm	43.53−2.74=40.79mm	56.58−43.53=13.05mm

(다) 단위유량도의 세로좌표와 유효강우량을 곱하여 유량을 구한다.

(단위: m^3/sec)

ⓐ 시간	ⓑ 단위도의 세로좌표	ⓒ (=ⓑ×0.274)	ⓓ (=ⓑ×4.079)	ⓔ (=ⓑ×1.305)	ⓕ (=ⓒ+ⓓ+ⓔ)
0	0	0	0	0	0
2	60	16.44	0	0	16.44

표 계속

ⓐ 시간	ⓑ 단위도의 세로좌표	ⓒ (=ⓑ×0.274)	ⓓ (=ⓑ×4.079)	ⓔ (=ⓑ×1.305)	ⓕ (=ⓒ+ⓓ+ⓔ)
4	450	41.10	244.74	0	285.84
6	170	46.58	611.85	78.30	736.73
8	145	39.73	693.43	195.75	928.91
10	110	30.14	591.46	221.85	843.45
12	82	22.47	448.69	189.23	660.39
14	67	18.36	334.48	143.55	496.39
16	56	15.34	273.29	107.1	395.64
18	49	13.43	228.42	87.44	329.29
20	42	11.51	199.87	73.08	284.46
22	35	9.59	171.32	63.95	244.86
24	30	8.22	142.77	54.81	205.0
26	25	6.85	122.37	45.68	174.90
28	21	5.75	101.98	39.15	146.88
30	16	4.38	85.66	32.63	122.67
32	13	3.56	53.03	27.41	84.00

(라) 기저유량이 없는 것으로 간주하면 최대유량은 928.91m^3/sec이다.

9.3.3 강우유출 모형의 이용

강우유출(rainfall-runoff) 모형이란 강수가 하천 유량으로 변환되는 수문 순환 과정을 모의하기 위한 모형으로서 유역은 모형화의 대상이 되는 시스템이고 강수량은 입력 자료이며 시스템의 출력으로서 유출량이 계산된다. 따라서 강우유출 모형을 이용한 설계홍수량의 추정은 설계 강우 주상도를 강우유출 모형에 입력하여 발생되는 유출수문곡선을 추정함을 의미한다.

강우유출 모형의 일반적인 기능은 수문예보(hydrologic forecasting), 수문모의(hydrological simulation), 수문 현상의 이해로 구분할 수 있다. 수문예보란 실시간으로 수문 현상의 미래 상태를 예측하는 것이다. 수문예보는 강우유출 모형에 발생 가능한 미래의 강우를 입력하여 예측 유출량을 생성하는 것으로, 단지 수문학적 배경만으로 가능하지 않으며, 원격측정, 통신, 측정망 설계, 자료 처리 등 다른 공학적인 기반을 필요로 한다. 수문모의는 대상 유역에 가상의 강우 시나리오가

입력되었을 때 이에 대한 유역의 반응으로 유출량이 변화되어지는 양상을 모의하는 것을 의미한다. 강우유출 모형으로부터 모의된 유출량은 댐이나 여수로, 홍수 방어 구조물, 우수지, 암거, 교량 등의 제원을 결정하는 등 여러 가지 물관리 목적으로 사용된다. 강우유출 모형을 구축하여 강수에 의해 발생하는 유출량을 예측하고 모의하는 과정을 통해 강수가 유출량으로 변화되는 수문 현상을 보다 쉽게 이해할 수 있는데, 이러한 수문학적 이해는 다시 강우유출 모형을 더욱 발전시키는 원동력이 되기도 한다.

(1) 강우유출 모형의 분류

강우유출 모형을 분류하는 가장 일반적인 방법은 수문학적 과정의 묘사(hydrological process description)에 의해 분류하는 것으로서 크게 확정론적 모형, 추계학적 모형, 추계학적-확징론적 결합모형으로 분류할 수 있다. 확정론적 모형은다시경험적모형(empiricalmodel),집중형개념적모형(lumped conceptual model), 분포형 물리적 모형(distributed physical model)으로 나눌 수 있다. 그림 9.7은 수문학적 과정 묘사에 의한 강우유출 모형의 분류를 그림으로 나타낸 것이다.

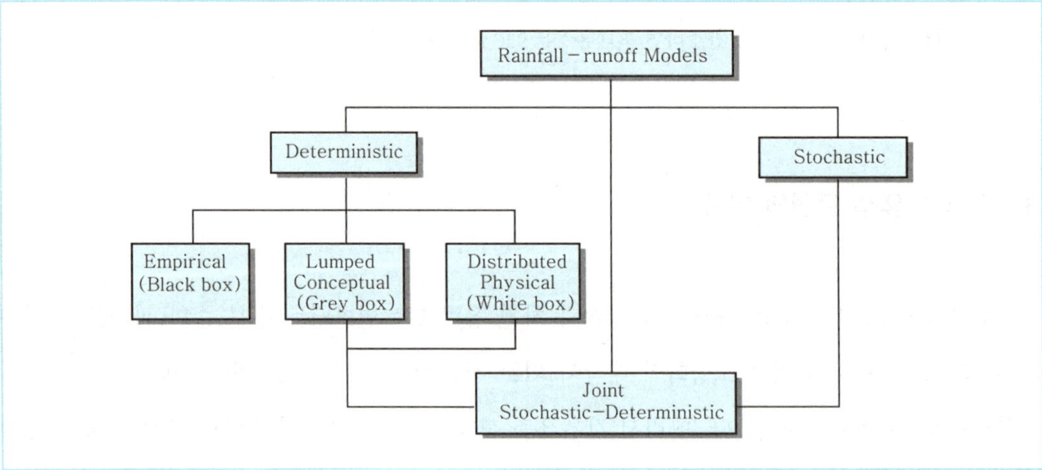

| 그림 9.7 | 수문학적 과정 묘사에 의한 강우유출 모형의 분류

① 확정론적 모형(deterministic model)

확정론적 모형은 동일한 조건에서는 모형에 적용되는 입력 값들이 같은 경우에 항상 같은 출력 값을 생성하는 모형을 의미하며, 경험적 모형, 집중형 개념적모형 그리고 분포형 물리적 모형으로 구분할 수 있다. 경험적 모형은 black box 모형이라고도 말하며 수문 순환 과정을 모의하는데 있어서 물리적인 과정들(physical processes)을 정확하게 고려하지 않고, 입력(강우 등)과 출력(유출) 자료들의 통계적인 관계(statistical relations)를 고려한 전이함수(transform function)를 통해서 입력값에 대한 출력값을 생성하는 모형을 말한다. 집중형 개념적 모형은 grey box 모형이라고도 말하며 수문 순환 과정을 모의하는데 있어서 지배방정식을 간단하고 근사적으로 개념화하여 사용하는 모형을 말한다. 모형의 매개변수들은 일반적으로 공간적인 변화를 무시하고 전체 유역이나 소유역 단위로 구분한 대표값을 사용한다. 따라서 적용된 대표 매개변수들은 관측자료 등을 통해서 보정(calibration)과정을 거쳐 결정된다. 분포형 물리적 모형은 white box 모형이라고도 말하여 수문 순환 과정을 모의하는데 있어서 물 수지와 열수지의 흐름들을 수학적인 방정식들을 기본으로 하여 표현한다. 집중형 개념모형과 달리 모든 변수들과 유역 내 매개변수들의 공간적인 변동들(spatial variations)을 고려하여 격자(mesh)나 지형적인 요소(topographic element)에 반영할 수도 있다. 이러한 격자 모형은 다른 모형보다 수문학적 현상을 상세하고 더 정확하게 묘사한다고 할 수 있지만 입력 강우나 유역특성 변수에 대한 자료가 미흡하면 집중형 개념모형보다 더 나은 결과를 얻기가 힘든 경우도 있다.

② 추계학적 모형(stochastic model)

추계학적 모형은 확정론적 모형과 반대되는 모형으로서 적어도 하나 이상의 무작위 특성을 가진 구성요소를 가지고 있다. 따라서 동일한 입력 자료를 모형에 적용하여도 똑같은 출력 자료를 얻을 수는 없다. 전통적인 추계학적 모형으로는 제9장에서 소개한 시계열 모형을 들 수 있으며, 앞서 언급한 black box 모형의 한 종류라 할 수 있다.

③ 추계학적-확정론적 결합 모형(stochastic-deterministic joint model)

추계학적-확정론적 결합 모형은 추계학적 구조(stochastic frame)에 의해서 매개변수들의 공간적인 변동성을 표현하며, 집중형 개념적 타입이나 분포형 물리적 타입 등의 확정론적 구조(deterministic core)에 의해서 수문학적 과정들을 표현하는 모형을 말한다. 발생 가능한 여러 개의 기상 시나리오들을 확정론적 강우유출 모형에 입력하여 같은 수의 유량 시나리오들을 앙상블로 생성하는 방법도 이 범주에 속한다 할 수 있다.

이 밖에도 대상 유역의 특성에 따라 전원유출(rural runoff) 모형과 도시유출 모형으로 나눌 수 있는데, 도시유출 모형의 특징으로는 도시유역의 하수관거 모의가 가능하다는 점을 꼽을 수 있다. 강우사상의 영향에 따라서는 이전 강우의 영향을 받지 않는 사상모형(event model)과 이전 강우의 영향을 고려하여 모의하는 연속모형(continuous model)으로 구분할 수 있다. 단일한 강우사상을 모의하는 것이 주요 목적인 사상모형은 설계홍수량의 추정에 주로 사용되는 모형이다. 사상모형은 토양에 대한 침투 능력이나 그 외의 수문학적 차단 능력이 건조 기간동안 달라지는 현상을 모의하지 못하는 반면 연속모형은 장기간에 걸친 호우와 건조 기간에 대한 유출을 모의할 수 있다는 장점이 있다. 강우유출 모형은 모형을 적용하는 유역의 공간적 크기와 적용 시간 간격의 길이로 구별할 수 있는데, 유역의 공간적 크기에 따라 유역면적이 100km^2 이내인 경우에는 소유역 모형, 100~1,000km^{2}에서는 중유역 모형, 1,000km^2 이상에서는 대유역 모형으로 구분할 수 있고, 시간 간격에 따라 시간 모형, 일 모형, 월 모형, 년 모형으로 구분할 수 있다. 표 9.7은 강우유출 모형의 분류 중에서 사상모형, 연속모형, 도시유출 모형의 속하는 대표적 모형들을 정리한 것이다.

표 9.7 각 분류별 강우유출 모형

(a) **사상모형(event model)**

개발년도	모형이름	
1961	SFM	Storage Function Method
1972	HYMO	Hydrologic Model Computer Language
1972	USGS	USGS Rainfall Runoff Model
1973	HEC-1	HEC-1 Flood Hydrograph Package

(b) **연속모형(continuous model)**

개발년도	모형이름	
1958	SSARR	Streamflow Synthesis and Reservoir Regulation
1966	SWM-IV	Stanford Watershed Moel-IV
1967	HSP	Hydrocomp Simulation Program (SWM version)
1969	OPSET	Self-Optimizing Hydrologic Simulation Model
1970	TWM	Texas Watershed Model (SWM version)
1972	NWSRFS	National Weather Service River Forecast System
1972	OSUSWM	Ohio State University version of SWM-IV
1972	DISPRIN	Water Resources Board Dee Research Model
1972	UBCWM	University of British Columbia Watershed and Flow Model

표 9.7(b) 계속

개발년도	모형이름	
1973	SACRAMENTO	National Weather Service Sacramento Model
1974	USDAHL-74	U.S. Dept. of Agriculture Hydrograph Lab. Watershed Model
1975	IMH2-SVP	Institute of Meteorology and Hydrology of Romania Model
1980	HSPF	Hydrological Simulation Program-Fortran
1993	SWAT	Soil and Water Assessment Tool

(c) **도시유출 모형(urban runoff model)**

개발년도	모형이름	
1962	RRL	Road Research Laboratory Model
1967	HSP	Hydrocomp Simulation Program
1970	MITCAT	MIT Catchment Model
1971	SWMM	Storm Water Management Model
1972	UCURM	University of Cincinnati Urban Runoff Model
1974	ILLUDAS	Illinois Urban Drainage Area Simulator
1974	STORM	Storage, Treatment, Overflow, Runoff Model

(2) 사상모형

① HEC-HMS

미국 공병단(US Corp of Engineers)에서는 기존의 설계홍수량 추정을 위해 사용되던 대표적인 사상모형인 HEC-1모형이 가지고 있던 유역 유출 및 수문학적 홍수추적 기능에 새로운 기능을 추가하여 개선한 HEC-HMS(Hydrologic Engineering Center's Hydrologic Modeling System)을 개발하였으며, HEC-1에서는 불가능했던 분포형 모의와 연속모의 기능을 추가하였다.

HEC-HMS는 그림 9.8과 같은 구조에 의해 유출을 모의하며 모의 대상이 되는 유역은 그림 9.8과 같은 수문요소(hydrologic elements)들에 의해 표현되는데, 여기서 수문요소란 소유역(subbasin), 하도 구간(reach), 저수지(reservoir), 합류점(junction), 분류점(diversion), 수원점(source), 함몰점(sink) 등 7가지를 의미한다. 개념적으로 소유역은 유역출구(outlet)에서 유출수문곡선(discharge hydrograph)을 갖는 요소이며 하도 구간은 어떤 하도 구간 상류단의 주어진 유입수문곡선으로부터 하류단의 유출수문곡선을 도출하는 요소이다. 저수지는 기지의 유입수문곡선을 저수

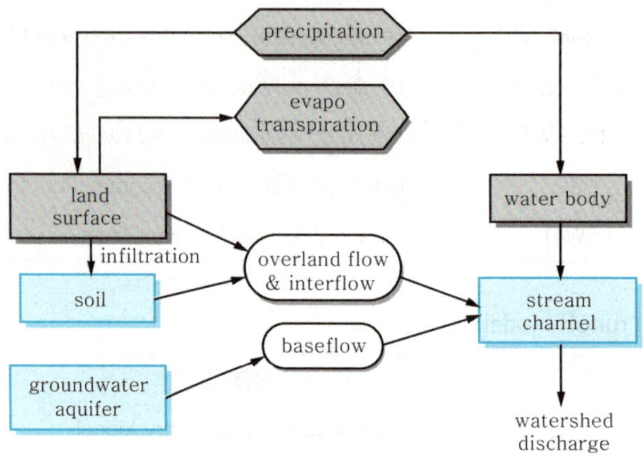

| 그림 9.8 | HEC-HMS 모형의 구조(USACE, 2000)

지로의 유입수문곡선으로 적용한다는 점에서 하도 구간과 유사하고 유출수문곡선을 도출한다. 합류점은 둘 이상의 유입수문곡선이 합쳐져서 하나의 유출수문곡선을 도출하는 지점이다. 분류점은 유입량의 일부가 분류되는 지점으로 사용자가 유출량과 분류량의 관계를 설정할 수 있다. 수원점은 유역 내로 외부의 유출수문곡선이 유입되는 지점으로 관측 수문곡선이나 사전 모의를 통하여 생성된 유출수문곡선이 외부에서 모의 대상 유역으로 유입되는 현상을 표현하는데 사용된다. 함몰점은 유입은 있으나 유출이 없는 지점이다. 따라서 HEC-HMS에서 유역은 수문요소들을 적절히 배치함으로써 유출량 분석이 가능하며 계산은 사용자가 지정한 시간 간격으로 수행된다.

HEC-HMS는 유효강우, 직접유출량, 기저유출량, 하도추적 등 유출 과정의 각 성분을 모의하는 기능을 가지고 있으며, 표 9.8은 4가지 유출 성분별 선택 가능한 모의방법의 목록들을 정리한 것이다. 여기서 유효강우란 총 강우량에서 지하침투, 식생에 의한 차단 및 증발산, 지표저류 등의 강우 손실을 차감함으로서 계산된다. 초과강우를 직접유출로 변환하는 방법은 Snyder의 단위유량도법을 포함한 6가지 방법을 선택하여 사용할 수 있으며, 기저유출량과 하도추적 방법도 표 9.8에 정리한 방법 중에서 선택하여 사용할 수 있다. 보다 자세한 내용은 USACE(2000)을 참조하기 바란다.

■ 표 9.8 HEC-HMS에서의 유출 성분별 선택 가능한 계산 방법

유출 성분	모의 방법
유효강우	Initial and constant-rate
	SCS curve number (CN)
	Gridded SCS CN
	Green and Ampt
유효강우	Deficit and constant rate
	Soil moisture accounting (SMA)
	Gridded SMA
직접유출량	User-specified unit hydrograph (UH)
	Clark's UH
	Snyder's UH
	SCS UH
	ModClark
	Kinematic wave
기저유출량	Constant monthly
	Exponential recession
	Linear reservoir
하도추적	Kinematic wave
	Lag
	Modified Puls
	Muskingum
	Muskingum-Cunge standard section
	Muskingum-Cunge 8-point section

② SWMM

SWMM(Storm Water Management Model) 모형은 대표적 도시유출 모형으로서 1971년 미국 EPA(Environmental Protection Agency)의 지원 아래 Metcalf & Eddy사가 Florida 대학 및 Walnut Creek California와의 공동 연구로 도시유역 하수시스템 내의 유량과 수질을 모의할 수 있도록 개발하였다(Huber and Dickinson, 1988). SWMM 모형은 도시유역에서 강수 및 증발량에 의한 지표유출 및 지하수유출, 수질모의(water quality simulation), 배수관망 내의 유출량 추적, 저류량 산정, 오염물질(pollutant)의 처리와 비용 계산 등을 모의할 수 있는 종합적인 모형이다.

호우에 의한 유출량과 수질을 모의하기 위해 SWMM모형은 강우주상도, 기상학적 입력 자료,

소유역이나 하수 관로와 같은 시스템의 특성을 입력 자료로 사용하며, 단일 또는 연속강우 모두 모의가 가능하다. 유출량은 강우와 융설로 발생하고 지표유출은 비선형 저수지방정식을 사용하며, 침투량 산정에는 Horton 또는 Green-Ampt식을 사용한다. 저류 추적 방법은 수표면이 평행하다고 가정한 수정 Pulse방법을 사용한다.

SWMM모형은 EXECUTIVE, RUNOFF, TRANSPORT, EXTRAN, STORAGE/TREATMENT 블록(block)의 5개의 실행블록과 RAIN, TEMPERATURE, COMBINE, GRAPH, STATISTICS 블록 등 5개의 보조블록으로 구성되어 있다. 5개의 실행블록 중에서 EXECUTIVE 블록은 다른 블록들을 조절하며, 블록 간 자료를 전송하는 역할을 수행한다. RUNOFF 블록은 SWMM 모형 내에서 초기 연산이 수행되는 부분으로 강우사상에 대해 유역에서의 유출 현상과 수면 변화를 모의하여 SWMM 모형 내 다른 부 블록들의 기초 자료로 사용되는 수문곡선과 오염도 곡선을 제공한다. TRANSPORT 블록은 RUNOFF 블록에서 연산된 결과를 기본 자료로 사용하여 강우 및 건기시 하수시스템 내에서 유량과 오염물질을 추적하고, 하수시스템으로의 침투를 계산한다. EXTRAN 블록은 배수관망 시스템 내에서 유량과 수심을 계산하기 위해 개수로와 관수로 등에서 dynamic 방정식에 의하여 흐름을 추적하는 역할을 수행한다. 마지막으로 STORAGE/TREATMENT 블록은 유량과 수질에 대한 조절, 처리장치의 영향을 평가하며, 각 단계에서의 비용 연산이 가능하다. 그림 9.9은 SWMM의 구성을 그림으로 나타낸 것이다.

5개의 실행블록 중 수문곡선과 오염도 곡선의 추정에 관여하는 RUNOFF 블록은 35개의 부 프로그램으로 이루어져 있으며 기본적인 구성은 그림 9.10과 같다. RHYDRO는 강우, 유출 특성, 배수관망 자료 등의 입력 자료 처리, QHYDRO는 수질 자료를 처리, HYDRO는 주 연산블

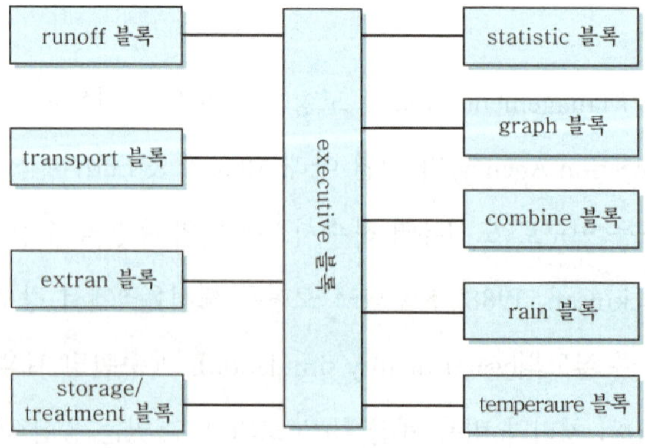

| 그림 9.9 | SWMM모형의 구성(Huber and Dickinson, 1988)

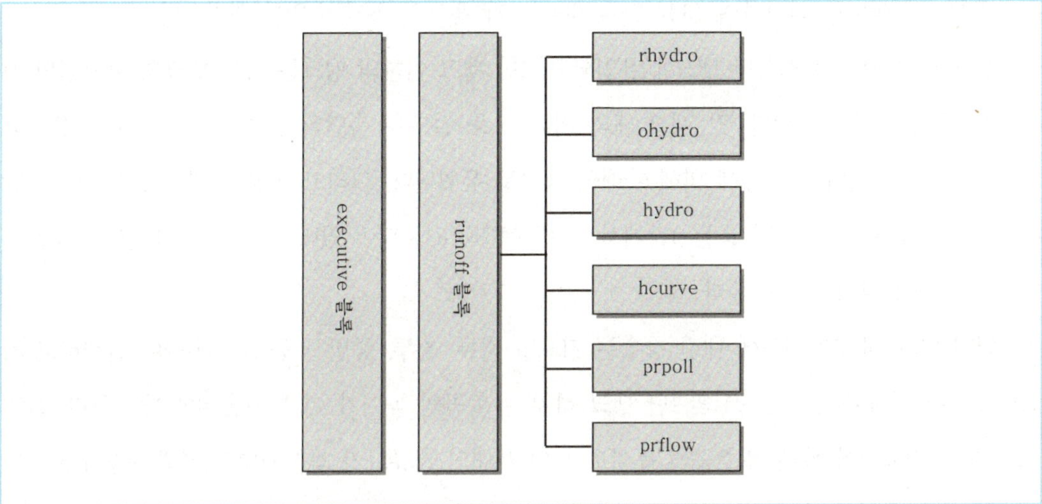

| 그림 9.10 | RUNOFF 블록의 구성(Huber and Dickinson, 1988)

록으로 각 배수구간 유출량과 오염물질을 계산, HCURVE는 수문곡선과 오염도 곡선을 출력, PRPOLL은 수질 자료의 출력, 그리고 PRFLOW는 유출량 자료를 출력하는 역할을 수행한다. 보다 세부적인 내용은 Huber and Dickinson(1988)를 참조하기 바란다.

(3) 연속모형

① TANK 모형

TANK 모형은 집중형 개념적 모형이며, 연속모형으로서 일본의 Sugawara가 1961년 처음 개발한 모형으로서 주로 일본과 동남아 각국에서 널리 이용되고 있는데, 지하수층 구조를 모형화한 것과 같이 연직 방향으로 연속된 일련의 탱크로 유역 모형이 구성된다. 국내에서 TANK 모형이 적용된 사례를 어렵지 않게 찾아볼 수 있는데, 특히 미래 수자원 계획과 관리의 지침을 마련하기 위한 '수자원장기종합계획'이라는 국가 계획을 위해 사용된 바 있는 국내의 대표적인 강우유출 모형이라 할 수 있다.

TANK 모형은 유역을 오리피스형의 유출공을 가진 몇 개의 저류형의 탱크를 조합하여 강우를 유량으로 변환하는 유출 계산법으로 보통 3~4개의 탱크로 구성되며, 그림 9.11은 3개의 탱크를 가진 TANK 모형의 구조와 매개변수를 그림으로 나타낸 것이다. 그림에서 A_{11}, A_{12}, A_2, A_3는 각 탱크에서의 유출공의 지름, B_1, B_2는 침투공의 지름을 의미한다. H_{11}, H_{12}, H_2는 탱크 바닥에서 유출공까지의 높이를 의미하며, SH_1, SH_2, SH_3는 각 탱크의 초기 수위를 의미한다.

지상에 내린 강우는 최상단 탱크에 유입되고, 2단 탱크 이하의 탱크는 상부 탱크의 바닥면의 침투공을 통해 물이 유입된다. 각 탱크 내의 저류수 중 일부는 측면의 유출공에서 외부로 유출되고, 일부는 바닥면의 유출공에 의해 아래의 탱크로 유입된다. 그리고 최상단 탱크에서 물이 증발하고, 만일 물이 없다면 2단 또는 3단에서 물이 증발하도록 되어 있다. 따라서 주요 입력변수로는 일 강우량과 증발량이 사용된다.

유역에 비가 내리면 지표에 내린 강우는 지표면 저류, 침투, 증발산 등 초기손실이 발생하고 지표면유출이 시작되며, 그림 9.11의 1단 탱크 하부 유출공의 높이가 이 초기손실에 대응한다. 그리고 강우가 계속되어 하부 유출공의 높이보다 탱크 내의 저류고가 높아지면 지표면유출이 시작되고 강우가 지속됨에 따라 저류고가 상부유출공의 높이보다 높아지면 지표면유출은 점점 더 증가하게 된다. 다시 말하면 1단 탱크로부터의 유출은 직접유출에 해당한다고 볼 수 있다.

지표면에서 내린 강우 중의 일부는 지표면을 통해 지중으로 침투한다. 이 현상을 TANK 모형에서는 1단 탱크의 바닥면에 붙어 있는 침투공 유출로 나타낸다. 지표면에서 침투한 강우가 지표하 불투수층에 도달하거나 지하수면에 도달하기 전에 다시 지표면으로 유출되는데 이와 같은 유출을 지표하 또는 중간유출이라 하며 2단 탱크 측면의 상부 유출공을 통한 유출로 계산된다. 침투

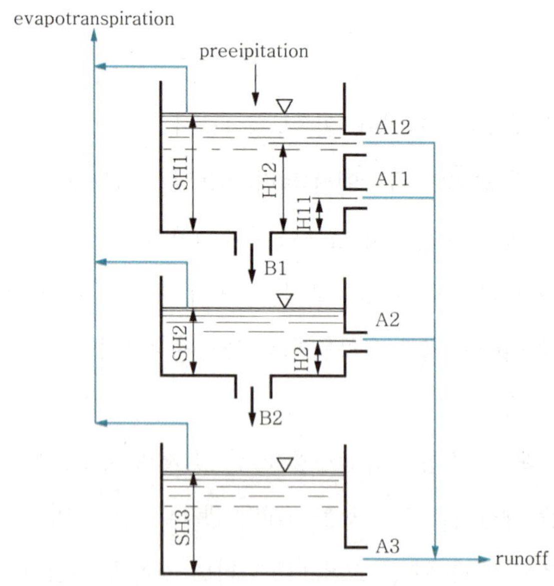

| 그림 9.11 | TANK 모형의 구조

한 강우는 다시 깊이 침투해 지하수로 함양되며 지하수유출로서 갈수시에 완만하게 하천으로 유출된다. 이것은 3단 탱크의 측면 유출공으로부터 유출로 산정되는 총 하천유출량 중 지하수유출 성분이다. 이러한 과정을 통하여 유역의 하천유출량은 각단 탱크에서의 유출량의 합으로 계산된다. 각 탱크에서의 유출량 산정식은 '수문자료빈도분석 및 일유출 모의시스템 구축용역(한국수자원공사, 2001)' 보고서를 참조하기 바란다.

② SSARR 모형

SSARR(Streamflow Synthesis and Reservoir Regulation) 모형은 집중형 개념적 모형이며, 연속유출 모형으로서 미국 공병단에서 1956년 처음 개발되어 꾸준한 보정을 거듭하고 있으며, 모형으로서 저수지 조작, 대유역의 실시간 일유출 예보 등의 목적으로 널리 사용되고 있다. 유역추적 모형과 하도추적 모형, 저수지 조작모형으로 구성된 SSARR모형은 미국의 Columbia 강과 베트남의 Mekong 강 등과 같은 대하천에 성공적으로 적용된 바 있으며, 강우 뿐 아니라 강설에 따른 유출도 가능한 모형이다. 최근 국내에서도 한국수자원공사를 중심으로 한강, 낙동강, 금강, 섬진강 유역 등 4대강 유역에 구축되어 사용 중이다. SSARR모형은 유출량을 계산하기 위해 내부적으로 총 24개의 매개변수가 사용되는 크고 복잡한 모형으로, 유역의 적합한 매개변수를 결정하기 위해서는 시행착오법뿐만 아니라 유전자 알고리즘과 같은 최신 기법도 사용되고 있다. 시간 간격은 6분에서 24시간까지 중에서 사용자가 임의로 선택할 수 있으며, 수문 현상을 간단한 수식으로 표현한 후 그 해를 구하는 집중형 개념적 모형으로서 유출량 계산을 위해 SMI(Soil Moisture Index), ETI(Evapo-Transpiration Index), BII(Baseflow Infiltration Index) 등과 같은 지표를 사용한다.

그림 9.12에 표현된 SSARR 모형의 유출량 계산 과정을 간단히 설명하면, 먼저 한 개의 유역을 고도별로 1~20개의 띠로 분할하여, 유역 내에 위치한 측후소에서 얻어진 강수 자료와 기온 자료로부터 각 띠별 강수량과 기온을 산정한다. 차단에 의한 손실을 제외한 띠별 강수량에 대하여 강우와 강설로 구분하여 강설 시에는 기온에 따라 해빙된 수분 총량을 유역별로 합산한다. 이 수분량은 SMI에 의해 직접유출과 기저유출로 구분된다. 직접유출은 다시 S-SS(Surface-SubSurface)에 따라 지표수유출과 복류수유출로, 기저유출은 LZ(Lower Zone)에 의해 지하수유출과 회귀 지하수유출로 나뉘게 된 후, 4가지의 각 유출량은 각각 하천수로를 통해 추적된 후 유역의 출구지점에서 합성됨으로써 총 유출량이 계산된다.

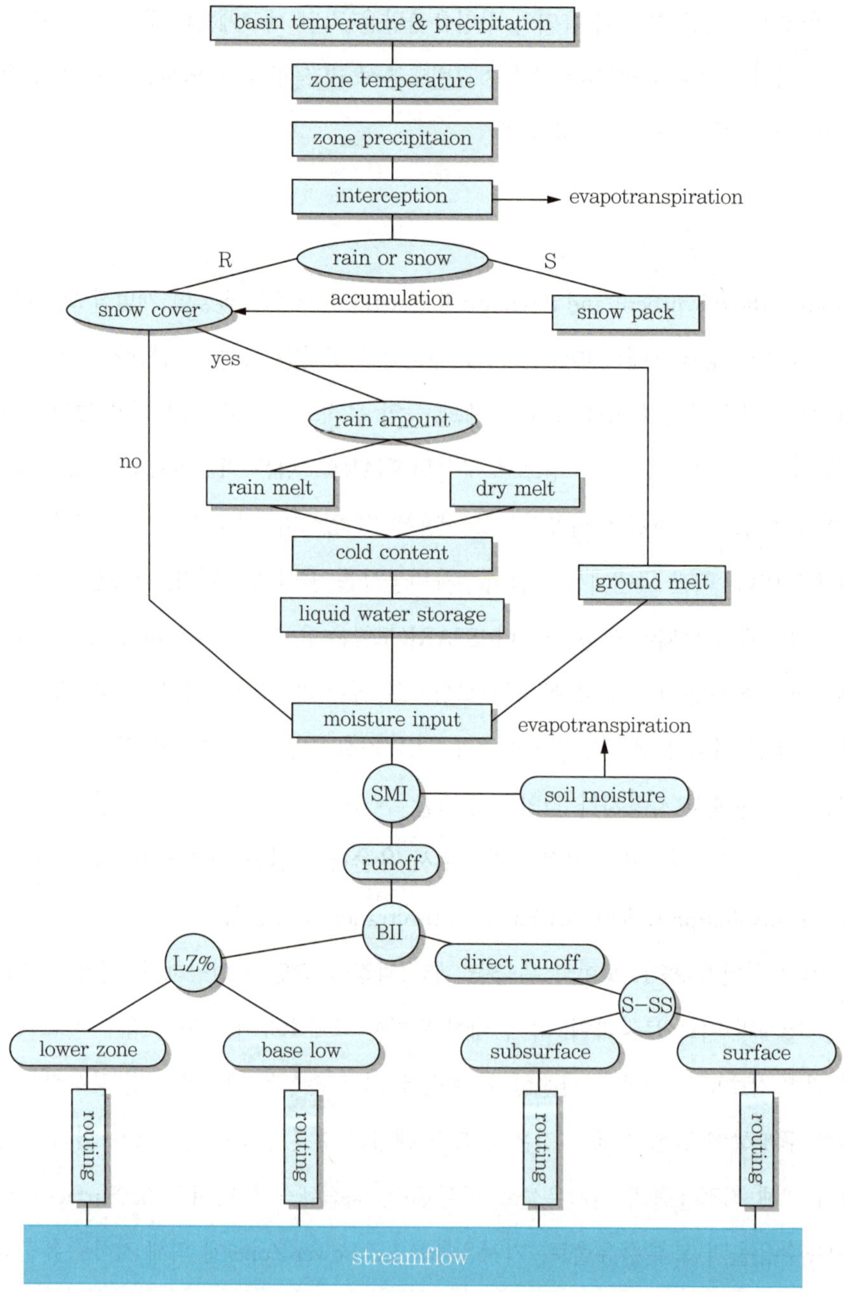

| 그림 9.12 | SSARR 모형의 구조(USACE, 1987)

9.4 우수관거 설계

9.4.1 우수관거 시스템

도시수문학(urban hydrology)이란 도시에서의 수문 현상을 연구하는 학문 분야이며, 우리나라를 포함하여 세계적으로 도시화가 급속도로 진행되어 유출 패턴에 많은 변화를 가져오고 있으므로 앞으로 많은 연구가 필요한 분야이다. 즉, 도시화(urbanization)가 진행됨에 따라 포장도로, 주차장, 지붕 등의 불투수지역이 늘어나고 이에 따라 지표면 유출량과 유출 속도가 증가하고 있어 도시 홍수의 위험이 점점 커지고 있다. 도시화 전후의 유출계수 C의 변화율을 조사한 최근의 연구 결과를 살펴보면 미국 콜로라도주의 덴버시에서는 유출계수 C가 50% 이상 증가한 사례가 있으며 특히 2년 빈도와 같이 빈번히 발생하는 홍수에서 그 증가율이 뚜렷하다고 알려져 있다(Urbonas and Roesner, 1993). 이런 의미에서 본 절에서는 도시 수문설계 사례로 도시 배수시스템의 일부인 우수관거의 설계에 대하여 설명하고자 한다. 도시의 배수시스템 중 우수관거는 우수를 집수하여 강, 호수, 바다 등으로 운반하는 역할을 담당하는 관망(pipe network)을 의미한다. 우수관거는 도시유출로 야기되는 수량은 물론 수질까지 조절하여 적절한 시간에 배수할 수 있어야 한다.

9.4.2 설계 개요

우수관거의 설계는 관망의 구성, 관거의 지름과 경사, 그리고 관거의 지하 매설위치 등을 결정하는 과정이다. 우수관거를 설계하기에 필요한 일반적인 정보를 열거해 보면, 설계 대상 지역의

- 배수설계기준
- 지형도
- 기존 배수시설의 제원
- 강우강도-지속기간-빈도 곡선
- 수문 자료

등이 포함된다.

우수관거의 설계는 일반적으로 다음과 같은 설계기준을 고려하여야 한다.

- 우수관거의 흐름은 자유표면(free water surface)을 가진 중력흐름(gravity flow)으로 상수도시스템과는 달리 압력 흐름을 고려하지 않는다.
- 우수관거의 크기는 상용화된 우수관거의 크기 중에서 설계홍수량을 견딜 수 있는 최소의 크기로 선택한다.
- 우수관거는 동파에 견딜 수 있고, 지상의 하중으로부터 파열되지 않도록 지표로부터 최소깊이 이상의 지하에 매설하여야 한다.
- 우수관거에는 퇴적물이 쌓이지 않도록 설계유량이 최소속도 이상을 유지하도록 설계되어야 한다.
- 우수관거는 세굴 등의 피해가 일어나지 않도록 설계유량이 최대 속도 이하를 유지하도록 설계되어야 한다.
- 접점(junction)에서는 흐름이 방해받지 않도록 하류 우수관거가 상류 우수관거보다 지표로부터 아래에 위치하여야 한다.
- 접점에서 하류 우수관거의 크기는 접점에서 접하고 있는 상류의 어떤 관거보다도 커야 한다.
- 우수관거의 전체적인 흐름은 항상 하류 방향으로 유지하여야 하며, 폐쇄 흐름 또는 순환흐름을 유지해서는 안 된다.

표 9.9는 위의 설계기준을 정량화한 사례로 미국의 경우를 보여주고 있다.

9.4.3 관거의 크기

우수관거의 크기는 설계홍수량을 견딜 수 있는 최소지름을 Manning 식으로 계산하나 실제로는 상용화된 크기 중 최소 지름보다 다음으로 큰 지름을 선택하여야 한다. 등류의 흐름을 가정하고 마찰경사가 하상경사와 같다고 가정하면, Manning 식은 다음과 같이 쓸 수 있다.

$$Q = \frac{1.49}{n} S_f^{1/2} AR^{2/3} = \frac{1.49}{n} S_0^{1/2} \left(\pi \frac{D^2}{4} \right) \left(\frac{D}{4} \right)^{2/3} = \frac{0.463}{n} S_0^{1/2} D^{8/3} \qquad (9.17)$$

그러므로 관거의 지름 D는

$$D = \left(\frac{2.16\, Qn}{\sqrt{S_0}} \right)^{3/8} \qquad (9.18)$$

■ 표 9.9 우수거 설계기준(Urbonas & Roesner, 1993)

속도	
최소설계속도	2~3ft/s(0.6~0.9m/s)
최대설계속도	
고정관	15~21ft/s(4.6~6.4m/s)
유동관	10~15ft/s(3.0~4.6m/s)
최대맨홀크기 (관 크기의 함수)	400~600ft(122~183m)
관 최소크기	12~24in(0.3~0.6m)
맨홀에서의 연직 수로노선	
이형관	수관이나 80~85%의 수심선에 맞춤
동형관	최저부 낙차공의 0.1~0.2ft(0.03~0.06m) 중 최소값
표층 최소두께	12~24in(0.3~0.6m)
최종수리설계	배수분석에 의한 잉여수나 접합손실에 대한 설계 점검
유입구 위치	거리에서 허용 측구 흐름용량을 초과하는 곳

여기서 Q는 설계홍수량이며 일반적으로 합리식으로 결정한다. 앞서 언급한 바와 같이 합리식은 간단하고 관거의 제원을 미리 알아야 할 필요가 없으므로 우수관거 설계에 가장 널리 사용되고 있다. 합리식을 사용하기 위해서는 강우강도를 결정해야 하며 강우강도는 주어진 설계빈도에 대하여 강우 지속기간의 함수이다. 우수관거의 설계에 있어 지속기간은 일반적으로 도달시간을 의미하며 이는 앞서 언급한 바와 같이 유역의 한 지점에서 관거까지의 유하시간과 관거에서의 유하시간의 합으로 나타낼 수 있다.

예제 9.8

그림 (1)과 같이 7개의 소유역으로 구성되어 있는 임의의 유역에서 재현기간 5년의 강우가 내릴 경우, 소유역 Ⅲ의 우수관거 EB에 대한 설계단면을 결정하시오.

소유역 Ⅲ의 유역면적은 16000m^2, 유출계수는 0.6, 유입시간은 10min이며, 이 지역의 강우강도식은 $I=120T^{0.175}/(t_d+27)$과 같다. 여기서, I는 강우강도(inch/hour), T는 재현기간(year), 그리고 t_d는 강우의 지속기간(min)이다.

또한, E와 B의 해발(海拔)이 각각 168m와 165m이고, 파이프 EB의 길이가 150m일 때 E에서 B까지의 흐름 시간을 계산하시오. 단, Manning의 조도계수 n은 0.015로 가정한다.

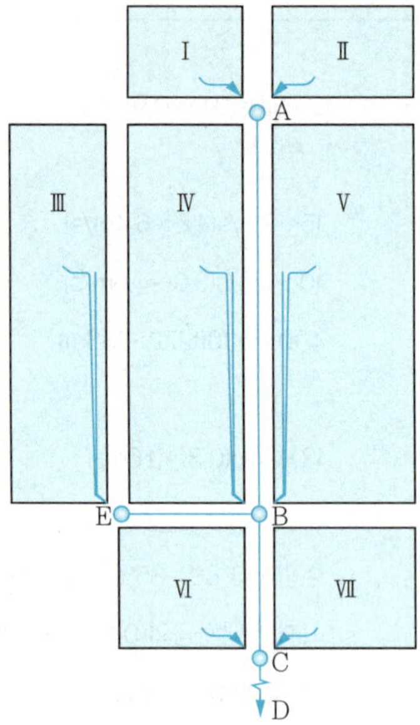

그림 (1) 배수유역 및 하수관망 시스템

| 풀이 |

소유역 Ⅲ에서 우수관거 EB까지의 도달시간은 소유역 Ⅲ에서 E까지의 유입시간이라 할 수 있으므로, t_d =10min이 된다. 따라서, T=5년일 때의 설계강우강도는 다음과 같이 구할 수 있다.

$$I = \frac{120\,T^{0.175}}{(T_d+27)} = \frac{120(5)^{0.175}}{(10+27)} = 4.300 \text{ in/h} = 0.109 \text{ m/h}$$

식 (15.1.1)을 이용하여 설계홍수량을 구하면 다음과 같다.

$$Q = CIA = 0.6\times0.109\times16{,}000 = 0.291 \text{ cms}$$

우수관거 EB의 경사(S_o)는 다음과 같이 E와 B의 해발 차이를 두 점간의 거리로 나누어 구할 수 있다.

$$S_o = (168-165)/150 = 0.02$$

그러므로, 우수관거 EB의 설계단면(지름)은 식 (10.43)을 이용하여 계산할 수 있다.

$$D = \left(\frac{2.16\,Qn}{\sqrt{S_o}}\right)^{3/8} = \left(\frac{2.16\times0.291\times0.015}{\sqrt{0.02}}\right)^{3/8} = 0.362 \text{ m}$$

설계홍수량 Q가 관거를 꽉 채워서 흐른다고 가정하여 E에서 B까지의 흐름 시간을 계산하면 다음과 같다. 우수관거 EB를 통과하는 유속은 $V=Q/A=0.291/(\pi\times0.3622/4)=2.826$m/s이므로, 흐름 시간은 $L/V=150/2.826=53.06$sec$=0.885$min과 같이 계산할 수 있다. 위의 결과는 우수가 관거를 꽉 채워서 흐른다고 가정한 것으로 약간의 오차가 포함된다는 것을 유의해야 하며, 만약 부분적으로 차서 흐를 때의 유속을 구해야 한다면 수치해석기법을 이용해서 구할 수 있다.

참고문헌

건설교통부 (1993) 「1993년도 수자원관리기법개발연구조사보고서」.

건설교통부 (1992) 「국제수문개발계획 연구보고서, 국내 기존 합성단위유량도의 비교분석」.

건설교통부 (1974) 「홍수량 추정을 위한 합성단위유량도 유도의 연구조사보고서」.

한국건설기술연구원 (1989) 「설계홍수량 산정을 위한 단위유량도의 합성방법 개발」.

한국건설기술연구원 (2000) 「시험유역의 운영 및 수문특성 조사·연구-성단위도 개발을 중심으로-」.

한국수자원공사 (2001) 「수문자료빈도분석 및 일유출 모의시스템 구축용역 보고서」.

한국수자원학회·한국하천협회 (2020 예정) 「하천 설계기준 해설」.

佐藤勝夫, 洪水流出計算法, 山海堂, 1982.

Chow VT, Maidment DR, Mays LW (1988) *Applied Hydrology*, McGraw-Hill.

El-Jabi N, Sarraf S (1991) "Effect of maximum rainfall position on rainfall-runoff relationship," *Journal of Hydraulic Engineering* 117, 681-685.

Horner WW, Flynt FL (1936) "Relation between rainfall and runoff from small urban area," *Transactions of the American Society of Civil Engineers* 101, 140-183.

Huber WC, Dickinson RE (1988) *Stormwater management model, version 4: user's manual Ver. 2.1*, United States Army Corps of Engineers.

Mochus V (1957) *Use of Storm and Watershed Characteristics in Synthetic Hydrograph Analysis and Application*, U. S. Department of Agriculture Soil Conservation Service.

Ponce VM (1989) *Engineering Hydrology-Principles and Practices*, Prentice Hall.

Snyder FF (1938) "Synthetic unit-graphs," *Transaction of American Geophysical Union* 19, 447-454.

U. S. Department of Agriculture Soil Conservation Service (SCS) (1986) *Urban Hydrology for Small Watersheds, Technical Release 55*.

Urbonas BR, Roesner LA (1993) "Chapter 28, Hydrologic design for urban drainage and flood control," *Handbook of Hydrology*, McGraw-Hill.

United States Army Corps of Engineers (USACE) (1987) *SSARR User's Manual*.

United States Army Corps of Engineers (USACE) (2000) *HEC-HMS(version 1.0): Hydrological modeling system, Technical reference manual*.

Williams JR, Hann RW (1972) "HYMO, a Problem-oriented computer language for building hydrologic models," *Water Resources Research* 8, 79-86.

Yen BC, Chow VT (1980) "Design hyetographs for small drainage structures," *Journal of Hydraulic Engineering* 106, 1055-1076.

연습문제

(*는 필수 문제)

1* 예제 9.2에서 제시된 재현기간별 연간 피해액이 두 배가 되었다고 가정하자. 이 경우 최적 설계빈도는 얼마인가?

2 너비 60m, 경사 0.5%, 조도계수 0.040인 직사각형 수로를 설계하려고 한다. 설계 유량을 300cms로 계획한다면 수심은 얼마가 되는지 계산하시오. 만약 유량과 조도계수의 변동계수가 각각 0.3, 0.2이라면 수심의 표준오차는 얼마인가?

3 너비 15m, 높이 3m인 직사각형 수로에 평균이 150cms이고 변동계수가 0.2인 유량을 흐르도록 설계하고자 한다. 안전율이 정규분포를 따른다고 가정했을 때 이 직사각형 수로가 넘칠 확률을 불확실성의 일차분석을 통해 구하여라. 이 직사각형 수로의 경사와 조도계수는 0.01과 0.035이며, 이들의 변동계수는 0.10과 0.15로 주어졌다고 가정하자.

4 유역면적이 0.5km^2 주거 지역(단독 주택 지역)에서 주요 하도의 길이가 100m이며, 평균 경사는 0.003이라 한다. 2년 빈도에서 설계 강우는 i(mm/hr)$=635/t^{0.5}$(지속기간 t min)로 표시될 때, 유하시간을 구하여라.

5 예제 9.8의 그림과 같이 108,000m^{2}의 면적을 가진 배수유역의 관 AB, BC, CD의 지름을 구하여라. 각 소유역의 면적, 유출계수, 유입시간, 그리고 각 관의 길이 및 경사는 아래와 같이 제시되어 있다. 강우강도식은 예제 10.8에 제시된 것을 이용하고 관의 조도계수는 0.015로 가정하여라(힌트: 도달시간은 우수의 유역으로부터 관으로의 유입시간과 상류관의 유하시간을 모두 고려하여야 한다).

표 (1) 예제 9.8의 유역 특성 사항

유역	면적 A(m^2)	유출계수 c	유입시간 t_i(min)
I	8000	0.7	5
II	12000	0.7	7
III	16000	0.6	10
IV	16000	0.6	10
V	20000	0.5	15

표 (1) 계속

유역	면적 A(m^2)	유출계수 c	유입시간 t_i(min)
VI	18000	0.5	15
VII	18000	0.5	15

표 (2) 합리식에 의해 설계된 관

1	2	3	4
Sewer pipe	Length L(m)	Slope S_0(m/m)	total area drained(m^2)
EB	150	0.02	16000
AB	180	0.03	20000
BC	120	0.02	72000
CD	150	0.02	108000

6* 10년 빈도의 강우량은 다음과 같다.

시간(min)	5	10	20	30	60
강우량(mm)	7.6	12.4	17.8	22.9	25.9

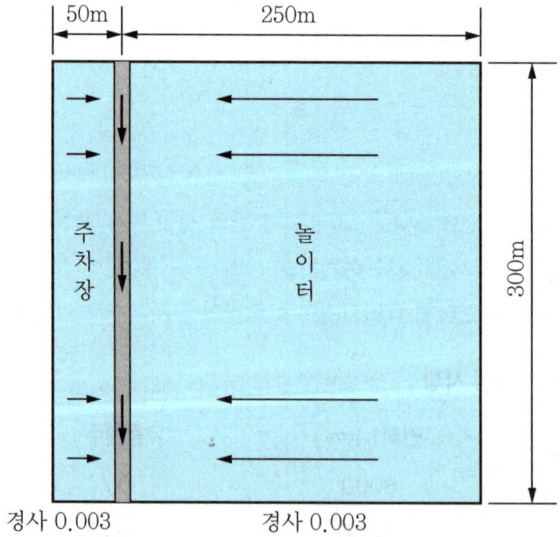

그림과 같은 주차장 및 놀이터에 우수거(雨水渠, storm sewer)를 설치하고자 할 때, 우수거의 최대 유량을 구하여라. 우수거의 최대 유속은 1m/sec를 초과하지 않도록 한다.

7* 어느 농촌 지역이 30년간에 걸쳐 도시화가 이루어졌다고 한다. 도시화가 이루어지기 이전의 유역 평균 침투율은 1.0cm/hr이던 것이 도시화가 이루어지면서 0.3cm/hr가 되었다고 한다. 도시화 이전과 이후의 1시간 단위유량도가 다음과 같을 때, 다음 물음에 답하여라.

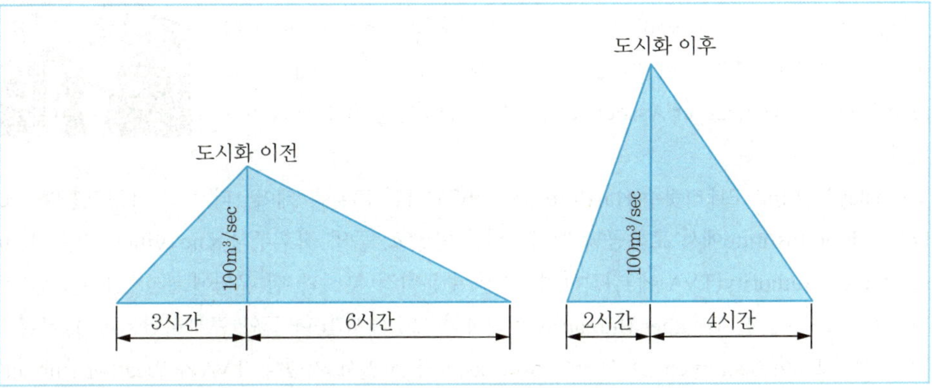

(1) 유역의 크기를 결정하여라(km^2).

(2) 강우가 첫 1시간 동안은 15.0mm/hr, 둘째 시간 동안은 20.3mm/hr로 내렸다고 하면 도시화 이전과 이후의 수문곡선은 어떻게 되겠는가?

(3) 도시화 이전과 이후의 유출계수를 구하여라.

8 다음 물음에 답하여라.

(1) 물의 순환 과정 중 도시화의 영향은 어떠한가?

(2) 첨두홍수량에 대한 도시화의 영향은 어떠한가?

(3) 총 유출체적에 대한 도시화의 영향은 어떠한가?

9 도시 근처에 있는 농촌 지역은 도시가 점차적으로 팽창되면서 도시화가 이루어진다. 보통 농촌의 도시화는 유역 하류로부터 상류로 진행되는 것이 보통이므로 상류의 개발로 인하여 하류는 홍수량이 증가되며 하류 지역 개발시의 계획 홍수량을 초과하게 된다. 이러한 상류의 개발로 인하여 하류 지역의 홍수 위험을 제거하기 위하여 상류를 개발할 경우, 하류에 유입되는 홍수량이 증가되지 않도록 상류 개발 지역 최하단(즉, 개발 지구와 미개발 지구의 경계)에 소류지(小留池, detention storage)를 설치한다. 이 소류지는 상류의 홍수를 일시적으로 저류하고 또 하류에 설계량 이상의 유량을 방류되지 않도록 여수로가 설계되어야 한다. 이러한 도시 유역의 소류지 설계 절차를 단계별로 기술하고, 실제 부근 유역을 선택하여 소류지의 크기, 여수로의 크기 등을 결정하여라.

수문학 인물사 9 Ray K. Linsley(1917~1990)

강우-유출 모형의 시조인 Stanford 전산 모형의 창시자 Ray K. Linsley는 오랜 병치레 끝에 1990년 11월 6일에 Santa Cruz에 있는 보양소에서 생을 마감했다. 그는 1950년부터 1975년까지 25년 동안 Stanford 대학의 토목공학과 교수로 헌신하였으며 생을 마감할 때까지 hydrologic modeling 회사인 Kraeger Associates Ltd.에서 끊임없는 열정을 보여주었다.

Linsley는 미국 코네티컷주 Hartford에서 1917년 1월 13일에 태어났다. 그는 1937년 Worcester Polytechnic Institute에서 토목공학 학사학위를 받았고, 졸업 직후부터 Knoxville에 있는 Tennessee Valley Authority(TVA)에 취직하여 3년간 수문학적 분석과 댐 운영에 관한 업무를 담당하였다. 그 후 그는 U. S. Weather Bureau로 이직하여 그곳에서 10년 동안 근무하였는데, 대부분의 시간을 캘리포니아 Sacramento에서 river forecaster를 하면서 지냈다. TVA와 Weather Bureau에서 일하는 동안 그는 University of Tennessee를 졸업하였고, Washington, D. C.에 있는 U. S. Department of Agriculture에서 기상학과 통계학에 대한 연구를 했으며, 수문학 과목을 가르치기도 했다.

1950년에 Linsley는 Weather Bureau를 떠나 Stanford 대학의 토목공학과 교수가 되었으며 당시 그는 이미 12개의 훌륭한 논문과 한권의 책을 편찬했는데 그것이 Mcgraw-Hill에서 1949년 출간한 "Applied Hydrology"이다. 그 후 그는 동료들과 Elements of Hydraulic Engineering, Hydrology for Engineers, Water Resources Engineering 등 3권의 책을 더 썼는데, 수자원공학 교과서로도 유명한 Water Resources Engineering이란 책은 현재 4판까지 이어져 아직까지 널리 사용되고 있다.

Stanford 대학에서 Linsely는 mechanics of overland flow, rainfall synthesis, stochastic hydrology, modeling of the hydrologic cycle 등을 주로 연구 했으며 현대 강우-유출 모형의 효시라 할 수 있는 Stanford Watershed Model의 탄생과 발전에 공헌했다.

또한 그는 1956년부터 1967년까지 토목공학과 학과장, 1955년부터 1958년까지 공대 부학장을 역임하였으며 1960년대 토목공학자의 영역을 사회적, 정치적, 경제적 분야까지 확장시킨 Stanford in Engineering-Economic Planning의 주요 인물이었다.

Linsley는 많은 명예를 얻기도 했다. 그는 Tau Beta Pi(an honorary engineering scholastic society)와 Sigma Xi의 멤버였고, 1976년에 National Academy of Engineers에 선출되었으며, Venezuelan Society of Hydraulic Engineers와 Japan Society of Civil Engineers의 명예회원이기도 했다. 그는 또한 1979년에는 Worcester Polytechnic Institute에서 명예박사 학위를 받았다.

1968년 존슨 대통령은 Linsley를 National Water Commission 위원 7인 중 유일한 engineer로 임명하여 수질 오염방지와 안정적인 물 공급에 관한 연구를 추진케 하였다. Linsley는 American Society of Civil Engineers로부터 Collingwood Prize 및 Hinds Award를 수상하였다.

그는 매우 가정적인 사람으로 53년 동안 그의 아내인 Anne Cutler Linsley와 살아가면서 항해, 여행 등을 하며 시간을 보냈고 4명의 자녀와 1명의 손자 그리고 2명의 증손자를 두고 눈을 감았다.

부록

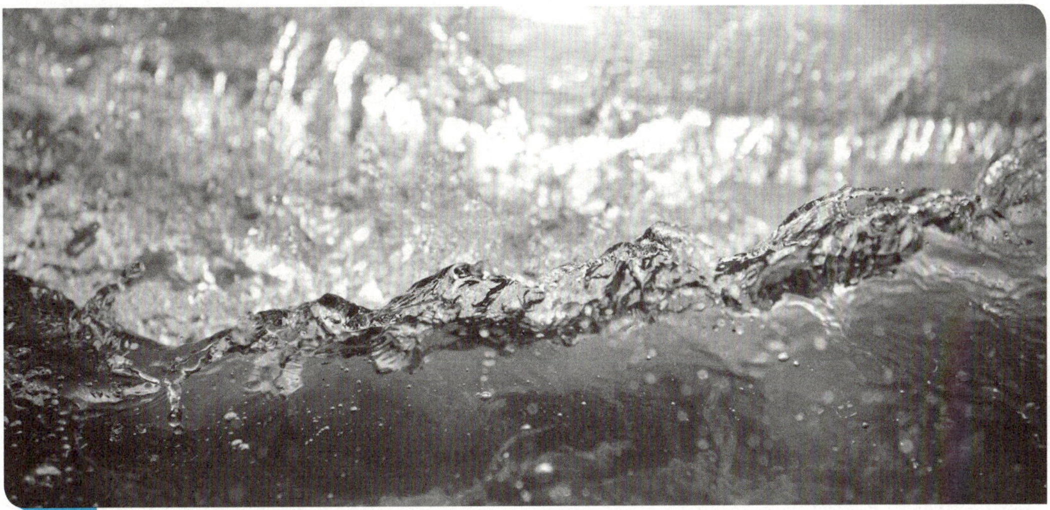

부록 | 기호 및 단위환산표

(i) 그리스 문자 기호

문자 표기	발음 표기	문자 표기	발음 표기
$A\ \alpha$	Alpha(알파)	$N\ \nu$	Nu(누)
$B\ \beta$	Beta(베타)	$\Xi\ \xi$	Xi/Ksi(크사이)
$\Gamma\ \gamma$	Gamma(감마)	$O\ o$	Omicron(오미크론)
$\Delta\ \delta$	Delta(델타)	$\Pi\ \pi$	Pi(파이)
$E\ \varepsilon$	Epsilon(입실론)	$P\ \rho$	Rho(로오)
$Z\ \zeta$	Zeta(제타)	$\Sigma\ \sigma$	Sigma(씨그마)
$H\ \eta$	Eta(에타)	$T\ \tau$	Tau(타우)
$\Theta\ \theta$	Theta(쎄타)	$Y\ \upsilon$	Upsilon(업실론)
$I\ \iota$	Lota(이오타)	$\Phi\ \phi$	Phi(파이)
$K\ \kappa$	Kappa(카파)	$X\ \chi$	Chi(카이)
$\Lambda\ \lambda$	Lambda(람다)	$\Psi\ \psi$	Psi(프사이)
$M\ \mu$	Mu(뮤)	$\Omega\ \omega$	Omega(오메가)

(ii) 크기 표현 접두어

접두어 명칭	기호	크기	접두어 명칭	기호	크기
엑사(exa)	E	10^{18}	데시(deci)	d	10^{-1}
페타(peta)	P	10^{15}	센티(centi)	c	10^{-2}
테라(tera)	T	10^{12}	밀리(milli)	m	10^{-3}
기가(giga)	G	10^{9}	마이크로(micro)	μ	10^{-6}
메가(mega)	M	10^{6}	나노(nano)	n	10^{-9}
킬로(kilo)	k	10^{3}	피코(pico)	p	10^{-12}
헥토(hecto)	h	10^{2}	펨토(femto)	f	10^{-15}
데카(deca)	da	10	아토(atto)	a	10^{-18}

(iii) 길이 환산(표준단위: m)

단위	mm	cm	m	km	in	ft	yd	mi
mm	1	0.1	0.001	10^{-6}	0.0394	0.00328	0.00109	6.21×10^{-7}
cm	10	1	0.01	10^{-5}	0.3937	0.0328	0.0109	6.21×10^{-6}
m	10^{3}	100	1	0.001	39.37	3.281	1.094	6.21×10^{-4}
km	10^{6}	105	10^{3}	1	39,370	3,281	1,093.6	0.621
in	25.4	2.54	0.0254	2.54×10^{-5}	1	0.0833	0.0278	1.58×10^{-5}
ft	304.8	30.48	0.3048	3.05×10^{-4}	12	1	0.333	1.89×10^{-4}
yd	914.4	91.44	0.9144	9.14×10^{-4}	36	3	1	5.68×10^{-4}
mi	1.61×10^{6}	1.61×10^{5}	1.61×10^{3}	1.6093	63,360	5,280	1,760	1

(iv) 면적 환산(표준단위: m^2)

단위	mm^2	m^2	km^2	ha	in^2	ft^2	yd^2	mi^2	ac
mm^2	1	10^{-4}	10^{-10}	10^{-8}	0.155	1.08×10^{-3}	1.2×10^{-4}	3.86×10^{-11}	2.47×10^{-8}
m^2	10^{4}	1	10^{-6}	10^{-4}	1,550	10.76	1.196	3.86×10^{-7}	2.47×10^{-4}
km^2	10^{10}	10^{6}	1	100	1.55×10^{9}	1.076×10^{7}	1.196×10^{6}	0.3861	247.1
ha	10^{8}	10^{4}	0.01	1	1.55×10^{7}	1.076×10^{5}	1.196×10^{4}	3.861×10^{-3}	2.471
in^2	6.452	6.45×10^{-4}	6.45×10^{-10}	6.45×10^{-8}	1	6.94×10^{-3}	7.7×10^{-4}	2.49×10^{-10}	1.59×10^{-7}
ft^2	929	0.0929	9.28×10^{-8}	9.29×10^{-6}	144	1	0.111	3.587×10^{-8}	2.3×10^{-5}
yd^2	8,361	0.8361	8.36×10^{-7}	8.36×10^{-5}	1,296	9	1	3.23×10^{-7}	2.07×10^{-4}
mi^2	2.59×10^{10}	2.59×10^{6}	2.59	259	4.01×10^{9}	2.79×10^{7}	3.098×10^{6}	1	640
ac	4.05×10^{7}	4,047	4.047×10^{-3}	0.4047	6.27×10^{6}	43,560	4,840	1.563×10^{-3}	1

(v) 체적 환산(표준단위: m^3)

단위	ml	liter	m^3	in^3	ft^3	gal	ac-ft	million gal
ml	1	0.001	10^{-6}	0.06102	3.53×10^{-5}	2.64×10^{-4}	8.1×10^{-10}	2.64×10^{-10}
liter	10^3	1	0.001	61.02	0.0353	0.264	8.1×10^{-7}	2.64×10^{-7}
m^3	10^6	10^3	1	61,023	35.31	264.17	8.1×10^{-4}	2.64×10^{-4}
in^3	16.39	1.64×10^{-2}	1.64×10^{-5}	1	5.79×10^{-4}	4.33×10^{-3}	1.33×10^{-8}	4.329×10^{-9}
ft^3	28,317	28.317	0.02832	1,728	1	7.48	2.296×10^{-5}	7.48×10^{-6}
gal	3,785.4	3.785	3.78×10^{-3}	231	0.134	1	3.069×10^{-6}	10^{-6}
ac-ft	1.233×10^9	1.233×10^6	1,233.5	75.27×10^6	43,560	3.26×10^5	1	0.326
m.gal	3.875×10^9	3.785×10^6	3,785	2.31×10^8	1.338×10^5	10^6	3.0684	1

(vi) 질량 환산(표준단위: kg)

단위	g	ton	carat	pound	slug	grain	ounce
g	1	10^{-6}	10^2	2.2×10^{-3}	6.85×10^{-5}	15.43	3.53×10^{-2}
ton	10^6	1	5×10^6	2.2×10^3	68.52	1.54×10^{-3}	3.53×10^4
carat	10^{-2}	2×10^{-7}	1	4.41×10^{-4}	1.37×10^{-5}	3.09	7.05×10^{-3}
pound	4.54×10^2	4.54×10^{-4}	2267.96	1	3.11×10^{-2}	7000	16
slug	1.46×10^4	1.46×10^{-2}	7.29×10^4	32.17	1	2.25×10^5	514.79
grain	6.48×10^{-2}	6.48×10^{-8}	0.32	1.43×10^{-4}	4.44×10^{-6}	1	2.29×10^{-3}
ounce	28.35	2.84×10^{-5}	141.75	6.25×10^{-2}	1.94×10^{-3}	437.5	1

(vii) 속도 환산(표준단위: m/s)

단위	ft/s	mi/hr	m/s	km/hr	knots
ft/s	1	0.6818	0.3048	1.097	0.5925
mi/hr	1.467	1	0.447	1.609	0.869
m/s	3.281	2.237	1	3.6	1.944
km/hr	0.9113	0.6214	0.2778	1	0.54
knots	1.688	1.151	0.5144	1.852	1

(viii) 압력 환산(표준단위: mbar)

단위	mm Hg	mbar	kPa	psi	kg/m^2
mm Hg(0°F)	1	1.333	0.1333	0.01934	13.6
milibar	0.7501	1	0.1	0.0145	10.2
kPa($N/m \times 10^3$)	7.501	10	1	0.145	102
lb/in^2(psi)	51.71	68.95	6.895	1	703.1
kg/m^2	0.07356	0.09807	0.009807	0.001422	1

(ix) 유량 환산(표준단위: m^3/sec)

단위	m^3/s	m^3/day	liter/s	ft^3/s	ft^3/day	ac-ft/day	gal/min	gal/day	mgd
m^3/s	1	8.64×10^4	10^3	35.31	3.051×10^6	70.05	1.58×10^4	2.282×10^7	22.824
m^3/d	1.16×10^{-5}	1	0.0116	4.09×10^{-4}	35.31	8.1×10^{-4}	0.1835	264.17	2.64×10^{-4}
liter/s	0.001	86.4	1	0.0353	3,051.2	0.07	15.85	2.28×10^4	2.28×10^{-2}
ft^3/s	0.0283	2,446.6	28.32	1	8.64×10^4	1.984	448.8	6.46×10^5	0.646
ft^3/d	3.28×10^{-7}	0.02832	3.28×10^{-4}	1.16×10^{-5}	1	2.3×10^{-5}	5.19×10^{-3}	7.48	7.48×10^{-6}
ac-ft/d	0.0143	1,233.5	14.276	0.5042	43,560	1	226.28	3.259×10^5	0.3258
gal/m	6.3×10^{-5}	5.451	0.0631	2.23×10^{-3}	192.5	4.42×10^{-3}	1	1,440	1.44×10^{-3}
gal/d	4.4×10^{-8}	3.79×10^{-3}	4.382×10^{-5}	1.55×10^{-6}	0.1337	3.07×10^{-6}	6.94×10^{-4}	1	10^{-6}
mgd	4.38×10^{-2}	3,785	43.82	1.55	1.337×10^5	3.07	694	10^6	1

(x) 에너지 환산(표준단위: Joule)

단위	Btu	cal	Joule	kW·hr	ft·lb	Hp·hr
Btu(60°F)	1	252	1,055	0.000293	777.9	0.0003929
cal(15℃)	0.003969	1	4.186	1.163×10^{-6}	3.087	1.559×10^{-6}
Joule	0.0009482	0.2389	1	2.788×10^{-7}	0.7376	3.725×10^{-7}
kW·hr	3,413	860,100	3.6×10^6	1	2.655×10^6	1.341
ft·lb	0.001286	0.3239	1.356	3.766×10^{-7}	1	5.051×10^{-7}
Hp·hr	2,545	641,300	2.685×10^6	0.7457	1.98×10^6	1

* Btu: British thermal unit

(xi) 힘 환산(표준단위: Newton)

단위	N	pdl	lbf	dyne	kg(킬로그램중)
N	1	7.23301	0.22480	100000	0.10197
pdl	0.138255	1	0.03108	13825.5	0.01409
lbf	4.44822	32.17402	1	444822	0.45359
dyne	10^{-5}	0.00007	0.000002	1	0.000001
kg(킬로그램중)	9.80665	70.93164	2.20462	980665	1

(xii) 투수계수(hydraulic conductivity) 환산

단위	m/s	ft/s	U.S. gal/day/ft^2
m/s	1	3.28	2.12×10^{6}
ft/s	3.05×10^{-1}	1	6.46×10^{5}
U.S. gal/day/ft^2	4.72×10^{-7}	1.55×10^{-6}	1

(xiii) 고유투수계수(permeability) 환산

단위	cm^2	ft^2	darcy
cm^2	1	1.08×10^{-3}	1.01×10^{8}
ft^2	9.29×10^{2}	1	9.42×10^{10}
darcy	9.87×10^{-9}	1.06×10^{-11}	1

부록 II 물의 성질

(i) 총괄 비교

온도 (℃)	비중	밀도 ρ (g/cm³)	증발열 l_v (cal/g)	점성계수 $\mu \times 10^3$ (N·s/m²)	동점성계수 $\nu \times 10^6$ (m²/s)	증기압 P_e (mmHg)	증기압 P_e (mb)	증기압 P_e (g/m²)
0	0.99987	0.99984	597.3	1.792	1.792	4.58	6.11	6.23
5	0.99999	0.99996	594.5	1.519	1.519	6.54	8.72	8.89
10	0.99973	0.99970	591.7	1.308	1.308	9.20	12.27	12.51
15	0.99913	0.99910	588.9	1.140	1.141	12.78	17.04	17.38
20	0.99824	0.99821	586.0	1.005	1.007	17.53	23.37	23.83
25	0.99708	0.99705	583.2	0.894	0.897	23.76	31.67	32.30
30	0.99568	0.99565	580.4	0.801	0.804	31.83	42.43	43.27
35	0.99407	0.99404	577.6	0.723	0.727	42.18	56.24	57.34
40	0.99225	0.99222	574.7	0.656	0.661	55.34	73.78	75.23
50	0.98807	0.98804	569.0	0.549	0.556	92.56	123.40	125.83
60	0.98323	0.98320	563.2	0.469	0.477	149.46	199.26	203.19
70	0.97780	0.97777	557.4	0.406	0.415	233.79	311.69	317.84
80	0.97182	0.97179	551.4	0.357	0.367	355.28	473.67	483.01
90	0.96534	0.96531	545.3	0.317	0.328	525.89	701.13	714.95
100	0.95839	0.95836	539.1	0.284	0.296	760.00	1,013.25	1,033.23

(ii) 물의 밀도(g/m^3)

℃	0.0	0.1	0.2	0.3	0.4	0.5	0.6	0.7	0.8	0.9
0	0.000868	875	881	888	894	900	905	911	916	922
1	927	932	936	941	945	949	953	957	961	965
2	968	971	974	977	980	982	984	987	989	691
3	992	994	995	996	997	998	999	999	999	000
4	1.00000	000	000	999	999	998	997	996	995	993
5	0.99992	990	998	986	984	982	980	977	974	971
6	968	965	962	958	955	951	947	943	939	934
7	930	925	920	915	910	905	899	894	888	882
8	876	870	864	858	851	845	838	831	824	817
9	809	802	794	786	778	770	762	754	746	737
10	738	719	710	701	692	683	673	663	653	643
11	0.999633	623	612	602	591	580	570	559	549	536
12	525	513	502	490	478	466	454	442	429	417
13	404	361	378	365	352	339	326	312	299	285
14	271	257	243	229	215	200	186	171	156	142
15	127	111	096	081	066	050	034	018	003	986
16	0.998970	954	938	921	905	888	871	854	837	810
17	803	786	768	750	733	715	697	679	661	643
18	624	606	587	569	550	531	512	493	474	454
19	435	415	396	376	356	336	316	296	275	255
20	234	214	193	172	151	130	109	088	066	045
21	0.998023	002	980	958	936	914	892	869	847	824
22	0.997802	779	756	734	710	987	664	641	617	594
23	570	547	523	499	475	451	426	402	378	353
24	329	304	279	254	229	204	179	154	128	103
25	077	051	026	000	974	948	921	895	869	842
26	0.996816	789	762	736	709	682	655	627	600	573
27	545	518	490	462	434	406	387	350	322	294
28	265	237	208	179	151	122	093	064	035	005
29	0.995976	947	917	888	858	828	798	768	738	703
30	678	648	617	587	556	526	495	464	433	402

(iii) 물의 표면장력

온도(℃)	표면장력(dyne/cm)	온도(℃)	표면장력
0	75.64	20	72.75
5	74.92	21	72.59
10	74.22	22	72.44
15	73.49	23	72.28
16	73.34	24	72.13
17	73.19	25	71.97
18	73.05	30	71.18
19	72.90		

(iv) 물의 점성계수

온도(℃)	점성계수(centipoise)	온도(℃)	점성계수(centipoise)
0	1.7921	16	1.1111
1	1.7313	17	1.0828
2	1.6727	18	1.0559
3	1.6191	19	1.0299
4	1.5674	20	1.0050
5	1.5188	21	0.9810
6	1.4728	22	0.9579
7	1.4284	23	0.9358
8	1.3860	24	0.9143
9	1.3462	25	0.8937
10	1.3077	26	0.8737
11	1.2713	27	0.8545
12	1.2363	28	0.8360
13	1.2028	29	0.8180
14	1.1708	30	0.8007
15	1.1404		

* centipoise = 0.01 poise = 0.01 dyne·sec/cm^2 = 0.001 N·s/m^2

(v) 물의 동점성계수($\times 10^{6} m^2$/sec)

℃	0.0	0.1	0.2	0.3	0.4	0.5	0.6	0.7	0.8	0.9
0	1.792	1.786	1.780	1.774	1.768	1.761	1.755	1.749	1.743	1.737
1	.731	.725	.719	.713	.707	.701	.696	.690	.684	.679
2	.673	.667	.661	.655	.650	.645	.639	.634	.629	.624
3	.619	.613	.603	.608	.598	.592	.582	.577	.572	.572
4	.567	.562	.557	.552	.542	.537	.537	.533	.528	.524
5	1.519	1.515	1.510	1.505	1.500	1.496	1.491	1.478	1.482	1.477
6	.473	.468	.464	.459	.455	.451	.446	.442	.438	.433
7	.428	.424	.420	.416	.412	.408	.403	.399	.395	.391
8	.386	.383	.379	.375	.371	.367	.363	.359	.355	.351
9	.346	.342	.339	.335	.331	.327	.323	.319	.315	.311
10	1.308	1.304	1.300	1.296	1.293	1.289	1.285	1.282	1.278	1.274
11	.274	.267	.264	.260	.256	.253	.250	.246	.243	.240
12	.237	.233	.230	.226	.223	.220	.217	.214	.211	.207
13	.204	.201	.198	.194	.191	.185	.182	.178	.175	.175
14	.172	.169	.166	.162	.159	.156	1.53	.150	.147	.144
15	1.141	1.138	1.135	1.132	1.129	1.126	1.123	1.120	1.117	1.115
16	.112	.109	.106	.103	.100	.098	.095	.092	.089	.063
17	.048	.081	.078	.075	.072	.069	.067	.065	.062	.059
18	.057	0.55	.053	.050	.047	.045	.042	.040	.037	.035
19	.032	0.29	0.26	.024	.022	0.19	.017	.014	.012	.009
20	1.007	1.004	1.002	1.000	0.997	0.995	0.993	0.990	0.988	0.986
21	0.983	0.981	0.978	0.076	.974	.972	.969	.967	.964	.962
22	.960	.958	.955	.953	.951	.949	.947	.945	.942	.940
23	.938	.936	.934	.932	.929	.927	.925	.923	.921	.919
24	.917	.915	.913	.911	.909	.907	.905	.903	.901	.899
25	0.897	0.895	0.893	0.893	0.891	0.889	0.887	0.885	0.883	0.879
26	.877	.875	.873	.871	.869	.867	.866	.864	.862	.860
27	.858	.856	.854	.852	.850	.848	.846	.845	.843	.841
28	.839	.837	.835	.833	.832	.830	.828	.826	.825	.823
29	.821	.819	.818	.816	.814	.813	.811	.809	.808	.806
30	0.804	0.803	0.801	0.799	0.798	0.796	0.794	0.793	0.791	0.790

부록 III 표준정규분포표

z	0.00	0.01	0.02	0.03	0.04	0.05	0.06	0.07	0.08	0.09
0.0	0.5000	0.5040	0.5080	0.5120	0.5160	0.5199	0.5239	0.5279	0.5319	0.5359
0.1	0.5398	0.5438	0.5478	0.5517	0.5557	0.5596	0.5636	0.5675	0.5714	0.5753
0.2	0.5793	0.5832	0.5871	0.5910	0.5948	0.5987	0.6026	0.6064	0.6103	0.6141
0.3	0.6179	0.6217	0.6255	0.6293	0.6331	0.6368	0.6406	0.6443	0.6480	0.6517
0.4	0.6554	0.6591	0.6628	0.6664	0.6700	0.6736	0.6772	0.6808	0.6844	0.6879
0.5	0.6915	0.6950	0.6985	0.7019	0.7054	0.7088	0.7123	0.7157	0.7190	0.7224
0.6	0.7257	0.7291	0.7324	0.7357	0.7389	0.7422	0.7454	0.7486	0.7517	0.7549
0.7	0.7580	0.7611	0.7642	0.7673	0.7704	0.7734	0.7764	0.7794	0.7823	0.7852
0.8	0.7881	0.7910	0.7939	0.7967	0.7995	0.8023	0.8051	0.8078	0.8106	0.8133
0.9	0.8159	0.8186	0.8212	0.8238	0.8264	0.8289	0.8315	0.8340	0.8365	0.8389
1.0	0.8413	0.8438	0.8461	0.8485	0.8508	0.8531	0.8554	0.8577	0.8599	0.8621
1.1	0.8643	0.8665	0.8686	0.8708	0.8729	0.8749	0.8770	0.8790	0.8810	0.8830
1.2	0.8849	0.8869	0.8888	0.8907	0.8925	0.8944	0.8962	0.8980	0.8997	0.9015
1.3	0.9032	0.9049	0.9066	0.9082	0.9099	0.9115	0.9131	0.9147	0.9162	0.9177
1.4	0.9192	0.9207	0.9222	0.9236	0.9251	0.9265	0.9279	0.9292	0.9306	0.9319
1.5	0.9332	0.9345	0.9357	0.9370	0.9382	0.9394	0.9406	0.9418	0.9429	0.9441
1.6	0.9452	0.9463	0.9474	0.9484	0.9495	0.9505	0.9515	0.9525	0.9535	0.9545
1.7	0.9554	0.9564	0.9573	0.9582	0.9591	0.9599	0.9608	0.9616	0.9625	0.9633
1.8	0.9641	0.9649	0.9656	0.9664	0.9671	0.9678	0.9686	0.9693	0.9699	0.9706
1.9	0.9713	0.9719	0.9726	0.9732	0.9738	0.9744	0.9750	0.9756	0.9761	0.9767
2.0	0.9772	0.9778	0.9783	0.9788	0.9793	0.9798	0.9803	0.9808	0.9812	0.9817
2.1	0.9821	0.9826	0.9830	0.9834	0.9838	0.9842	0.9846	0.9850	0.9854	0.9857
2.2	0.9861	0.9864	0.9868	0.9871	0.9875	0.9878	0.9881	0.9884	0.9887	0.9890
2.3	0.9893	0.9896	0.9898	0.9901	0.9904	0.9906	0.9909	0.9911	0.9913	0.9916
2.4	0.9918	0.9920	0.9922	0.9925	0.9927	0.9929	0.9931	0.9932	0.9934	0.9936
2.5	0.9938	0.9940	0.9941	0.9943	0.9945	0.9946	0.9948	0.9949	0.9951	0.9952
2.6	0.9953	0.9955	0.9956	0.9957	0.9959	0.9960	0.9961	0.9962	0.9963	0.9964
2.7	0.9965	0.9966	0.9967	0.9968	0.9969	0.9970	0.9971	0.9972	0.9973	0.9974
2.8	0.9974	0.9975	0.9976	0.9977	0.9977	0.9978	0.9979	0.9979	0.9980	0.9981
2.9	0.9981	0.9982	0.9982	0.9983	0.9984	0.9984	0.9985	0.9985	0.9986	0.9986
3.0	0.9987	0.9987	0.9987	0.9988	0.9988	0.9989	0.9989	0.9989	0.9990	0.9990

(i) χ^2 검정통계량

자유도(v)	누가확률 $F(\chi^2/v)$					
	0.5	0.75	0.9	0.95	0.975	0.99
	재현기간(T년)					
	2	4	10	20	40	100
1	0.46	1.32	2.71	3.84	5.02	6.63
2	1.39	2.77	4.61	5.99	7.38	9.21
3	2.37	4.11	6.25	7.81	9.35	11.34
4	3.36	5.39	7.78	9.49	11.14	13.28
5	4.35	6.63	9.24	11.07	12.83	15.09
6	5.35	7.84	10.64	12.59	14.45	16.81
7	6.35	9.04	12.02	14.07	16.01	18.48
8	7.34	10.22	13.36	15.51	17.53	20.09
9	8.34	11.39	14.68	16.92	19.02	21.67
10	9.34	12.55	15.99	18.31	20.48	23.21
11	10.34	13.70	17.28	19.68	21.92	24.73
12	11.34	14.85	18.55	21.03	23.34	26.22
13	12.34	15.98	19.81	22.36	24.74	27.69
14	13.34	17.12	21.06	23.68	26.12	29.14
15	14.34	18.25	22.31	25.00	27.49	30.58
16	15.34	19.37	23.54	26.30	28.85	32.00
17	16.34	20.49	24.77	27.59	30.19	33.41
18	17.34	21.60	25.99	28.87	31.53	34.81
19	18.34	22.72	27.20	30.14	32.85	36.19
20	19.34	23.83	28.41	31.41	34.17	37.57
21	20.34	24.93	29.62	32.67	35.48	38.93
22	21.34	26.04	30.81	33.92	36.78	40.29
23	22.34	27.14	32.01	35.17	38.08	41.64
24	23.34	28.24	33.20	36.42	39.36	42.98
25	24.34	29.34	34.38	37.65	40.65	44.31
26	25.34	30.43	35.56	38.89	41.92	45.64

자유도(v)	누가확률 $F(\chi^2/v)$					
	0.5	0.75	0.9	0.95	0.975	0.99
	재현기간(T년)					
	2	4	10	20	40	100
27	26.34	31.53	36.74	40.11	43.19	46.96
28	27.34	32.62	37.92	41.34	44.46	48.28
29	28.34	33.71	39.09	42.56	45.72	49.59
30	29.34	34.80	40.26	43.77	46.98	50.89
40	39.34	45.62	51.81	55.76	59.34	63.69
50	49.33	56.33	63.17	67.50	71.42	76.15
60	59.33	66.98	74.40	79.08	83.30	88.38
70	69.33	77.58	85.53	90.53	95.02	100.43
80	79.33	88.13	96.58	101.88	106.63	112.33
90	89.33	98.65	107.57	113.15	118.14	124.12
100	99.33	109.14	118.50	124.34	129.56	135.81

(ii) Kolmogorov-Smirnov 검정통계량

표본크기(n)	유의수준				
	0.2	0.15	0.10	0.05	0.01
1	0.900	0.925	0.950	0.975	0.995
2	0.684	0.726	0.776	0.842	0.929
3	0.565	0.597	0.642	0.708	0.829
4	0.494	0.525	0.564	0.624	0.734
5	0.446	0.474	0.510	0.563	0.669
6	0.410	0.436	0.470	0.521	0.618
7	0.381	0.405	0.438	0.486	0.577
8	0.358	0.381	0.411	0.457	0.543
9	0.339	0.360	0.388	0.432	0.514
10	0.322	0.342	0.368	0.409	0.486
11	0.307	0.326	0.352	0.391	0.468
12	0.295	0.313	0.338	0.375	0450
13	0.284	0.302	0.325	0.361	0.433
14	0.274	0.292	0.314	0.349	0.418
15	0.266	0.283	0.304	0.338	0.404

표 (ii) 계속

표본크기(n)	유의수준				
	0.2	0.15	0.10	0.05	0.01
16	0.258	0.274	0.295	0.328	0.391
17	0.250	0.266	0.286	0.318	0.380
18	0.244	0.259	0.278	0.309	0.370
19	0.237	0.252	0.272	0.301	0.361
20	0.231	0.246	0.264	0.294	0.352
25	0.21	0.22	0.24	0.264	0.32
30	0.19	0.20	0.22	0.242	0.29
35	0.18	0.19	0.21	0.23	0.27
40				0.21	0.25
50				0.19	0.23
60				0.17	0.21
70				0.16	0.19
80				0.15	0.18
90				0.14	
100				0.14	
Asymptotic Formula	$\frac{1.07}{\sqrt{n}}$	$\frac{1.14}{\sqrt{n}}$	$\frac{1.22}{\sqrt{n}}$	$\frac{1.36}{\sqrt{n}}$	$\frac{1.63}{\sqrt{n}}$

(iii) PPCC(Probability Plot Correlation Coefficient) 검정통계량

n	정규분포			검블분포		
	Significance level			Significance level		
	0.10	0.05	0.01	0.10	0.05	0.01
10	0.9347	0.9180	0.8804	0.9260	0.9084	0.8630
15	0.9506	0.9383	0.9110	0.9517	0.9390	0.9060
20	0.9600	0.9503	0.9290	0.9622	0.9526	0.9191
30	0.9707	0.9639	0.9490	0.9689	0.9594	0.9286
40	0.9767	0.9715	0.9597	0.9729	0.9646	0.9389
50	0.9807	0.9764	0.9664	0.9760	0.9685	0.9467
60	0.9835	0.9799	0.9710	0.9787	0.9720	0.9506
75	0.9865	0.9835	0.9757	0.9804	0.9747	0.9525
100	0.9893	0.9870	0.9812	0.9831	0.9779	0.9596
300	0.99602	0.99525	0.99354	0.9925	0.9902	0.9819
1000	0.99854	0.99824	0.99755	0.99708	0.99622	0.99334

부록 V 빈도계수

(i) 검블분포 빈도계수

표본크기 (n)	재현기간(year)										
	5	10	15	20	25	30	50	60	75	100	1,000
	초과확률										
	0.2	0.1	0.067	0.05	0.04	0.033	0.02	0.017	0.013	0.01	0.001
15	0.967	1.703	2.117	2.410	2.632	2.823	3.321	3.501	3.721	4.005	6.265
20	0.919	1.625	2.023	2.302	2.517	2.690	3.179	3.352	3.563	3.836	6.006
25	0.888	1.575	1.963	2.235	2.444	2.614	3.088	3.257	3.463	3.729	5.842
30	0.866	1.541	1.922	2.18	2.393	2.560	3.026	3.191	3.393	3.653	5.727
35	0.851	1.516	1.891	2.152	2.354	2.520	2.979	3.142	3.341	3.598	
40	0.838	1.495	1.866	2.126	2.326	2.489	2.943	3.104	3.301	3.554	5.576
45	0.829	1.478	1.847	2.104	2.303	2.464	2.913	3.078	3.268	3.520	
50	0.820	1.466	1.831	2.086	2.283	2.443	2.889	3.027	3.241	3.491	5.478
55	0.813	1.455	1.818	2.071	2.267	2.426	2.869	3.027	3.219	3.467	
60	0.807	1.455	1.818	2.071	2.267	2.426	2.869	3.008	3.219	3.467	
65	0.801	1.446	1.806	2.059	2.253	2.411	2.852	2.992	3.200	3.446	
70	0.797	1.437	1.796	2.048	2.241	2.398	2.837	2.979	3.183	3.429	
75	0.792	1.430	1.788	2.038	2.230	2.387	2.824	2.967	3.169	3.413	5.359
80	0.788	1.423	1.780	2.029	2.220	2.377	2.812	2.956	3.155	3.400	
85	0.785	1.413	1.767	2.020	2.212	2.368	2.802	2.946	3.145	3.387	
90	0.782	1.409	1.762	2.007	2.205	2.353	2.785	2.938	3.125	3.367	
95	0.780	1.405	1.757	2.002	2.193	2.347	2.777	2.930	3.116	3.357	
100	0.779	1.401	1.172	1.998	2.187	2.341	2.770	2.922	3.109	3.349	5.261

(ii) 제3형 피어슨분포 빈도계수

Skew Coefficient (γ)	재현기간(year)						
	2	5	10	25	50	100	200
	초과확률						
	0.5	0.2	0.1	0.04	0.02	0.01	0.005
3.0	−0.396	0.420	1.180	2.278	3.152	4.051	4.970
2.9	−0.390	0.440	1.195	2.277	3.134	4.013	4.909
2.8	−0.384	0.460	1.210	2.275	3.114	3.973	4.847
2.7	−0.376	0.479	1.224	2.272	3.093	3.932	4.783
2.6	−0.368	0.499	1.238	2.267	3.071	3.889	4.718
2.5	−0.360	0.518	1.250	2.262	3.048	3.845	4.652
2.4	−0.351	0.537	1.262	2.256	3.023	3.800	4.584
2.3	−0.341	0.555	1.274	2.248	2.997	3.753	4.515
2.2	−0.330	0.574	1.284	2.240	2.970	3.705	4.444
2.1	−0.319	0592	1.294	2.230	2942	3.656	4.372
2.0	−0.307	0609	1.302	2.219	2.912	3.605	4.298
1.9	−0.294	0.627	1.310	2.207	2.881	3.553	4.223
1.8	−0.282	0.643	1.318	2.193	2.848	3.499	4.147
1.7	−0.268	0.660	1.324	2.179	2.815	3.444	4.069
1.6	−0.254	0.675	1.329	2.163	2.780	3.388	3.990
1.5	−0.240	0.690	1.333	2.146	2.743	3.330	3.910
1.4	−0.225	0.705	1.337	2.128	2.706	3.271	3.828
1.3	−0.210	0.719	1.339	2.108	2.666	3.211	3.745
1.2	−0.195	0.732	1.340	2.087	2.626	3.149	3.661
1.1	−0.180	0.745	1.341	2.066	2.585	3.087	3.575
1.0	−0.164	0.758	1.340	2.043	2.542	3.022	3.489
0.9	−0.148	0.469	1.339	2.018	2.498	2.957	3.401
0.8	−0.132	0.780	1.336	1.993	2.453	2.891	3.312
0.7	−0.116	0.790	1.333	1.967	2.407	2.824	3.223
0.6	−0.099	0.800	1.328	1.939	2.359	2.755	3.132
0.5	−0.083	0.808	1.323	1.910	2.311	2.686	3.041
0.4	−0.066	0.816	1.317	1.880	2.261	2.615	2.949

표 (ii) 계속

Skew Coefficient (γ)	재현기간(year)						
	2	5	10	25	50	100	200
	초과확률						
	0.5	0.2	0.1	0.04	0.02	0.01	0.005
0.3	−0.050	0.824	1.309	1.849	2.211	2.544	2.856
0.2	−0.033	0.830	1.301	1.818	2.159	2.472	2.763
0.1	−0.017	0.836	1.292	1.785	2.107	2.400	2.670
0.0	0	0.842	1.282	1.751	2.054	2.326	2.576
−0.1	0.017	0.846	1.270	1.716	2.000	2.252	2.482
−0.2	0.033	0.850	1.258	1.680	1.945	2.178	2.388
−0.3	0.050	0.853	1.245	1.643	1.890	2.104	2.294
−0.4	0.066	0.855	1.231	1.606	1.834	2.029	2.201
−0.5	0.083	0.856	1.216	1.567	1.777	1.955	2.108
−0.6	0.099	0.857	1.200	1.528	1.720	1.880	2.016
−0.7	0.116	0.857	1.183	1.488	1.663	1.806	1.926
−0.8	0.132	0.856	1.166	1.448	1.606	1.733	1.837
−0.9	0.148	0.854	1.147	1.407	1.549	1.660	1.749
−1.0	0.164	0.852	1.128	1.366	1.492	1.588	1.664
−1.1	0.180	0.848	1.107	1.324	1.435	1.518	1.581
−1.2	0.195	0.844	1.086	1.282	1.379	1.449	1.501
−1.3	0.210	0.838	1.064	1.240	1.324	1.383	1.424
−1.4	0.225	0.832	1.041	1.198	1.270	1.318	1.351
−1.5	0.240	0.825	1.018	1.157	1.217	1.256	1.282
−1.6	0.254	0.817	0.994	1.116	1.166	1.197	1.216
−1.7	0.268	0.808	0.970	1.075	1.116	1.140	1.155
−1.8	0.282	0.799	0.945	1.035	1.069	1.087	1.097
−1.9	0.294	0.788	0.920	0.996	1.023	1.037	1.044
−2.0	0.307	0.777	0.895	0.959	0.980	0.990	0.995
−2.1	0.319	0.765	0.869	0.923	0.939	0.946	0.949
−2.2	0.330	0.752	0.844	0.888	0.900	0.905	0.907
−2.3	0.341	0.739	0.819	0.855	0.864	0.867	0.869
−2.4	0.351	0.725	0.795	0.823	0.830	0.832	0.833

표 (ii) 계속

Skew Coefficient (γ)	재현기간(year)						
	2	5	10	25	50	100	200
	초과확률						
	0.5	0.2	0.1	0.04	0.02	0.01	0.005
−2.5	0.360	0.711	0.771	0.793	0.798	0.799	0.800
−2.6	0.368	0.696	0.747	0.764	0.768	0.769	0.769
−2.7	0.376	0.681	0.724	0.738	0740	0.740	0.741
−2.8	0.384	0.666	0.702	0.712	0.714	0.714	0.714
−2.9	0.390	0.651	0.681	0.683	0.689	0.690	0.690
−3.0	0.396	0.636	0.666	0.666	0.666	0.667	0.667

ㄹ

ㅁ

ㅂ

ㅅ

ㅇ

ㅈ

ㅊ

ㅌ

ㅍ

P

R

S

T

기타